(148.-)
ant 43.-

Lärmschutz in der Praxis

von

Dipl.-Ing. Hans-Michael Bohny
Dipl.-Ing. Rüdiger Borgmann
Dipl.-Ing. Karl-Heinz Kellner
Dipl.-Ing. Rainer Kühne
Dr. rer. nat. Herbert Müller
Dipl.-Phys. Wolfgang Vierling
Dipl.-Ing. Peter Weigl

R. Oldenbourg Verlag München Wien 1986

CIP-Kurztitelaufnahme der Deutschen Bibliothek

Lärmschutz in der Praxis / von Hans-Michael Bohny ...
— München ; Wien : Oldenbourg, 1986.
ISBN 3-486-26251-3
NE: Bohny, Hans-Michael [Mitverf.]

© 1986 R. Oldenbourg Verlag GmbH, München

Das Werk ist urheberrechtlich geschützt. Die dadurch begründeten Rechte, insbesondere die der Übersetzung, des Nachdrucks, der Funksendung, der Wiedergabe auf photomechanischem oder ähnlichem Wege sowie der Speicherung und Auswertung in Datenverarbeitungsanlagen, bleiben auch bei auszugsweiser Verwertung vorbehalten. Werden mit schriftlicher Einwilligung des Verlages einzelne Vervielfältigungsstücke für gewerbliche Zwecke hergestellt, ist an den Verlag die nach § 54 Abs. 2 Urh.G. zu zahlende Vergütung zu entrichten, über deren Höhe der Verlag Auskunft gibt.

Gesamtherstellung: R. Oldenbourg Graphische Betriebe GmbH, München

ISBN 3-486-26251-3

Inhaltsverzeichnis

Vorwort VIII
Vorwort der Autoren... IX

Teil 1: Technische Akustik im Immissionsschutz
– Grundlagen und Begriffe –

Einleitung 7
1.1 Schallwellen in Gasen und Festkörpern 8
1.2 Fortschreitende Wellen.. 10
1.3 Der Effektivwert 14
1.4 Energiegrößen im Schallfeld einer fortschreitenden Welle 16
1.5 Schallpegel... 22
1.6 Mittelungspegel... 29
1.7 Spektraldarstellung von Geräuschen........................... 40
1.8 Richtcharakteristik von Schallquellen 45
1.9 Schallausbreitung im Freien................................... 49
1.10 Schallabsorption in Räumen................................... 69
1.11 Schallfelder in Räumen 74
1.12 Schalldämmung von Bauteilen................................. 78
1.13 Schallabstrahlung aus geschlossenen Räumen ins Freie 87
1.14 Schalldämmung von Fenstern 91
Anhang: Tabellen und Diagramme................................. 97
Literaturverzeichnis.. 119

Teil 2: Lärmmeßtechnik

2.1 Aufgaben der akustischen Meßtechnik......................... 124
2.2 Meß- und Auswerteverfahren................................. 125
2.3 Meß- und Auswertegeräte..................................... 138
2.4 Vorbereitung und Durchführung von Schallpegelmessungen 167
2.5 Meßfehler und Meßabweichungen 173
Anhang 2.1 Verzeichnis der eichfähigen Schallpegelmesser 176
Anhang 2.2 Meßprotokoll für Industrie- und Gewerbelärmmessung .. 177
Anhang 2.3 Verzeichnis der zugelassenen Meßstellen gemäß
           § 26 BImSchG.. 179

Teil 3: Gewerbelärm

3.1 Allgemeines 201
3.2 Öffentlich-rechtliche Verwaltungsverfahren.................... 207
3.3 Beurteilungsgrundlagen für die Lärmimmissionen 211
3.4 Ermittlung der Lärmimmissionen 232

| 3.5 | Schallschutzmaßnahmen | 252 |
| 3.6 | Auflagenmuster | 260 |

Anhang: Tabellen, Diagramme ... 268
Literaturverzeichnis ... 295

Teil 4: Straßenverkehrslärm

4.1	Allgemeines	300
4.2	Gesetzliche Grundlagen und Vorschriften	302
4.3	Schallpegelmessungen – Berechnungsverfahren	314
4.4	Berechnung der Schallemission	315
4.5	Schallausbreitung und Berechnung des Beurteilungspegels am Immissionsort	326
4.6	Graphische Darstellung von Lärmimmissionen	345
4.7	Schallschutzmaßnahmen	350
4.8	Maßnahmen zur Verminderung der Schallemission	353

Anhang: Bundesminister für Verkehr:
„Richtlinien für den Verkehrslärmschutz an Bundesfernstraßen in der Baulast des Bundes" vom 06.07.1983 ... 358
Literaturverzeichnis ... 360

Teil 5: Schienenverkehrslärm

5.1	Allgemeines	367
5.2	Regelungen für den Lärmschutz an Schienenbahnen	370
5.3	Luftschallemissionen	375
5.4	Schallausbreitung und Schallimmissionen	384
5.5	Schallschutzmaßnahmen	390
5.6	Körperschall und Erschütterungen	394
5.7	Schlußbetrachtung	396

Anhang: Tabellen und Diagramme ... 396
Literaturverzeichnis ... 414

Teil 6: Schallschutz in der Bauleitplanung

6.1	DIN 18005	425
6.2	Schutzziele	426
6.3	Schallausbreitung und zulässige Emissionen	444
6.4	Tatsächliche Emissionen	449
6.5	Maßnahmen gegen Straßenverkehrslärm	458
6.6	Darstellungen und Festsetzungen	466
6.7	Ausblick	475

Literaturverzeichnis ... 475

Teil 7: Vorschriften, Behörden

7.1 Gesetze und Verordnungen 482
7.2 Technische Normen, Richtlinien 509
7.3 Behörden, Institute 520

Stichwortverzeichnis. 537

Vorwort

Mit der Zunahme der Industriealisierung, des Verkehrs und verschiedener Formen der Freizeitbetätigung wuchs auch die Belastung der Menschen durch Lärm. Wie Umfragen zeigen, fühlt sich etwa die Hälfte der Bevölkerung in der Bundesrepublik Deutschland durch Umweltlärm gestört. Dabei muß bedacht werden, daß Lärm nicht nur Belästigung und Ärger mit sich bringt, sondern nach den Ergebnissen der Wirkungsforschung auch gesundheitliche Schädigungen hervorrufen kann. Trotz dieser Tatsachen spielt in der öffentlichen Diskussion und Behandlung von Umweltfragen der Schutz der Bevölkerung vor Lärm in den letzten Jahren nicht immer die Rolle, die er verdient. Dies ist umso bedauerlicher, als uns gerade zur Behandlung von Lärmschutzproblemen ein bewährtes technisch-physikalisches Wissen, ausgereifte technische Möglichkeiten und auch umfangreiche Regelungen zur Verfügung stehen.

Das vorliegende Buch will einen Beitrag dazu leisten, diese Kenntnisse zu vermitteln und auch die Diskussion der Fachleute zu beleben. Es wurde darauf geachtet, die Ausführungen durch Abbildungen und Beispiele aus der Praxis zu erläutern und die Sammlung mit Hilfe von Tabellen, Diagrammen und einem Stichwortverzeichnis leichter zugänglich zu machen.

Der Band umfaßt die Bereiche Gewerbelärm, Straßenverkehrslärm, Schienenverkehrslärm, Schallschutz in der Bauleitplanung und die Abschnitte Grundlagen und Begriffe sowie Vorschriften und Behörden. Fachleute auf dem Gebiet des Immissionsschutzes wenden sich damit an alle, die mit Lärmschutz zu tun haben oder die sich dafür interessieren, an Fachleute in der Staats- und Gemeindeverwaltung und in der gewerblichen Wirtschaft, aber auch an jüngere Leser, die studieren oder sich beruflich in den Lärmschutz einarbeiten wollen.

Ich würde mich freuen, wenn dieses Buch eine Lücke am Markt schließen würde und dazu beitrüge, die Entwicklung zu einer ruhigeren Umwelt zu fördern.

(Dr. Heinrich von Lersner)
Präsident des Umweltbundesamtes

Vorwort der Autoren

Lärmschutz ist als ein anwendungsorientiertes Teilgebiet der Akustik zu sehen, in dem Vertreter der verschiedenen Disziplinen, wie Mediziner, Soziologen, Architekten, Stadtplaner, Ingenieure unterschiedlicher Fachrichtungen, Physiker, Umweltschutzingenieure in den Behörden, Umweltschutzbeauftragte in den Betrieben, Betreiber von Industrie- und Gewerbeanlagen und nicht zuletzt naturwissenschaftlich interessierte Juristen arbeiten. Den Akustikern unter ihnen steht eine ausführliche wissenschaftliche Literatur zur Verfügung. Für jene aber, die sich anwendungsbezogen mit Lärmschutz befassen oder befassen müssen, gibt es derzeit nur wenig Literatur, die es ihnen gestattet, sich rasch, praxisnah und aufgabengerecht in das Fachgebiet einzulesen.

Für den Bereich Lärmschutz soll das vorliegende Buch diese Lücke schließen helfen.

Bei den einzelnen Teilen des Buches wurde jeweils auf eine Abgeschlossenheit der Kapitel Wert gelegt. Eine gewisse Überschneidung der Themen war dabei beabsichtigt. Soweit der Text Normen und Richtlinien behandelt, erfolgt dies in enger Anlehnung an deren Bezeichnungen und Nomenklatur, um dem Leser den Übergang zu den einschlägigen Vorschriften zu erleichtern.

Wir hoffen, daß diejenigen, die mit Lärmschutz in der Praxis befaßt sind, gerne zu diesem Buch greifen.

April 1986   Die Autoren

Teil 1
Technische Akustik im Immissionsschutz
– Grundlagen und Begriffe –
Herbert M. Müller

Inhaltsübersicht

Formelzeichen und Einheiten

Einleitung

1.1	Schallwellen in Gasen und Festkörpern
1.2	Fortschreitende Wellen
1.2.1	Ebene Welle
1.2.2	Kugelwelle
1.3	Der Effektivwert
1.4	Energiegrößen im Schallfeld einer fortschreitenden Welle
1.4.1	Schallintensität
1.4.2	Schalleistung
1.4.3	Schalleistung und Schallintensität eines ungerichteten Kugelstrahlers
1.4.4	Schalleistung und Schallintensität bei einem ungerichteten Linienstrahler
1.5	Schallpegel
1.5.1	Pegeldefinitionen
1.5.2	Bewertete Schallpegel
1.5.3	Schalldruck- und Schalleistungspegel
1.5.4	Rechnen mit Pegeln
1.6	Mittelungspegel
1.6.1	Einleitung
1.6.2	Beispiel zum Mittelungspegel
1.6.3	Stichprobenverfahren zur Ermittlung des Mittelungspegel
1.6.4	Anmerkungen zum Stichprobenverfahren
1.6.5	Taktmaximalpegel-Verfahren (Wirkpegel-Verfahren)
1.6.6	Der Äquivalenz-(Halbierungs-)parameter

1.7	Spektraldarstellung von Geräuschen	
1.7.1	Einführung	
1.7.2	Frequenzfilter	
1.7.3	Schallpegel und Frequenzband	
1.8	Richtcharakteristik von Schallquellen	
1.9	Schallausbreitung im Freien	
1.9.1	Berechnung der Immission einer Schallquelle	
1.9.1.1	Raumwinkelmaß K_Ω	
1.9.1.2	Luftabsorptionsmaß ΔL_L	
1.9.1.3	Bodendämpfungsmaß ΔL_B	
1.9.1.4	Bewuchsdämpfungsmaß ΔL_D	
1.9.1.5	Bebauungsdämpfungsmaß für offene Bebauung ΔL_G	
1.9.1.6	Eigenabschirmmaß ΔL_Z für unmittelbar vor oder in Wandfläche befindliche Schallquellen durch das Gebäude selbst	
1.9.1.7	Schallquellenform-Korrekturmaß K_Q	
1.9.2	Abschirmung durch Hindernisse	
1.9.2.1	Der Schirmwert z	
1.9.2.2	Das Abschirmmaß	
1.9.3	Meteorologische Einflüsse auf die Schallausbreitung	
1.9.3.1	Einfluß der vertikalen Temperaturschichtung auf die Schallausbreitung	
1.9.3.2	Einfluß von Wind auf die Schallausbreitung	
1.9.3.3	Behandlung des Witterungseinflusses	
1.10	Schallabsorption in Räumen	
1.10.1	Definition des Schallabsorptionsgrades	
1.10.2	Nachhallzeit	
1.10.3	Schallschluckanordnungen	
1.11	Schallfelder in Räumen	
1.11.1	Die Schallgrößen im diffusen Feld	
1.11.2	Der Hallradius	
1.11.3	Die Wirkung von zusätzlich angebrachten Schallschluckanordnungen	
1.11.4	Anmerkungen zum Schalldruckpegel L_I nach Gleichung (1.54)	
1.12	Schalldämmung von Bauteilen	
1.12.1	Definitionen und Begriffe	
1.12.2	Einschalige Wände	
1.12.3	Zweischalige Bauteile	
1.12.4	Der Einfluß von Biegwellen auf die Schalldämmung eines Bauteiles	
1.13	Schallabstrahlung aus geschlossenen Räumen ins Freie	
1.13.1	Berechnung des Schalldruckpegels an einem Immissionsort aus dem Halleninnenpegel	

Teil 1 Technische Akustik im Immissionsschutz   3

1.13.2 Berechnung des Schalldruckpegels an einem Immissionsort aus dem Schalleistungspgel der in einem Raum befindlichen Geräuschquellen

1.14 Schalldämmung von Fenstern

1.15 Literaturverzeichnis

Anhang Tabellen und Diagramme

Formelzeichen und Einheiten

Nachstehend sind die wichtigsten im Text verwendeten Formelzeichen mit Angabe ihrer Dimension und einer Kurz-Bedeutung aufgelistet.

A	äquivalente Schallabsorptionsfläche eines Raumes	m^2
a	Entfernung Quelle–Hinderniskante	m
B''	Biegesteife einer Platte	Nm
b	Entfernung Schirmkante–Immissionsort	m
c	Schallgeschwindigkeit	m/s
c_B	Biegewellengeschwindigkeit	m/s
$D(\varphi, \vartheta)$	Richtungsmaß	dB
E	Elastizitätsmodul	N/m^2
F	Oberfläche eines Raumes	m^2
F_i	i-te Teilfläche eines Raumes mit einheitlichem Schallabsorptionsgrad	m^2
f	Frequenz	Hz
f_g	Koinzidenzfrequenz	Hz
f_R	Resonanzfrequenz zweischaliger Bauteile	Hz
h	Plattendicke	m
h_Q, h_A	Höhe der Geräuschquelle bzw. des Immissionsortes (Aufpunktes) über Boden	m
h_{eff}	wirksame Schirmhöhe bei einem Hindernis	m
I	Schallintensität	W/m^2
I_0	Schallintensität an der Hörschwelle bei 1000 Hz: $I_0 = 10^{-12}$ W/m², Bezugswert für L_{Int}-Definition	W/m^2
I_D	Schallintensität im diffusen Feld eines Raumes	W/m^2
$I(s)$	Schallintensität im Abstand s von einem Kugel- oder Linienstrahler	W/m^2
$I_L(s)$	Schallintensität im Abstand s für einen Linienstrahler der Länge L	W/m^2
$I(x, t)$	Schallintensität am Ort x zur Zeit t einer ebenen Schallwelle	W/m^2

$I(s, t)$	Schallintensität im Abstand s eines Kugelstrahlers	W/m^2
K_Q	Schallquellenform-Korrekturmaß	dB
K_W	Korrekturfaktor für Witterungseinflüsse in ΔL_Z	
K_Ω	Raumwinkelmaß	dB
$\bar{k}, k_i$	Hilfsgrößen bei der Bildung des Mittelungspegels	
L	Schallpegel	dB
$\bar{L}$	Pegelmittelwert aus mehreren Pegelwerten	dB
L_{Int}, L_{IntA}	Schallintensitätspegel (unbewertet, A-bew.)	dB, dB(A)
L_p, L_{pA}	Schalldruckpegel (unbewertet, A-bew.)	dB, dB(A)
$L(s)$	Schalldruckpegel im Abstand s von einer Quelle	dB
$L(t)$	Schalldruckpegel in Abhängigkeit von der Zeit t	dB
L_W, L_{WA}	Schalleistungspegel (unbewertet, A-bew.)	dB, dB(A)
L_{AF}, L_{AS}, L_{AI}	A-bew. Schalldruckpegel in den Anzeigedynamiken A, S bzw. I	dB(A)
L_I	Schalldruckpegel im diffusen Feld eines Raumes	dB
$L_p(s_m), L_{pA}(s_m)$	Schalldruckpegel (unbewertet, A-bew.) im Abstand s_m vom akustischen Mittelpunkt der Quelle	dB, dB(A)
$L_{AFm}, L_{ASm}, L_{AIm}$	A-bewerteter Mittelungspegel Anzeigedynamik *F*ast, *S*low bzw. *I*mpuls	dB(A)
L_{AFTm}	Mittelungspegel nach dem Taktmaximalpegel-Verfahren mit der Anzeigedynamik Fast	dB(A)
M''	flächenbezogene Masse eines schweren Bauteils mit Vorsatzschale $M'' \gg m''$	kg/m^2
m''	allgemein: flächenbezogene Masse speziell: flächenbezogene Masse einer leichten Vorsatzschale	kg/m^2
P	Schalleistung	W
P_0	$P_0 = 10^{-12}$ W, Bezugswert für die L_P-Definition	W
p	Druck	Pa
$\hat{p}$	Druckamplitude	Pa
p_0	Schalldruck an der Hörschwelle bei 1000 Hz: $p_0 = 2 \cdot 10^{-5}$ Pa, Bezugswert für L_p-Definition	Pa
$p(t)$	an einem festen Ort durch eine Schallwelle hervorgerufene zeitliche Änderung des Druckes	Pa

$p_F(t)$, $p_S(t)$, $p_I(t)$	Zeitliche Änderung des Effektivwertes des Schalldruckes in den Anzeigendynamiken Schnell (Fast), Langsam (Slow) bzw. Impuls	Pa
$p(x, t)$	Schalldruck am Ort x zur Zeit t	Pa
p_{eff}	Effektivwert des Schalldruckes	Pa
q	Halbierungsparameter $g = q/\lg 2$	
R	Schalldämm-Maß	dB
R'	Bau-Schalldämm-Maß	dB
$\bar{R}$	mittleres Schalldämm-Maß	dB
$\bar{R}'$	mittleres Bau-Schalldämm-Maß	dB
R_w	bewertetes Schalldämm-Maß	dB
R'_w	bewertetes Bau-Schalldämm-Maß	dB
R_{ges}	Gesamtschalldämm-Maß	dB
$R_{w\,erf}$	erforderliches bewertetes Schalldämm-Maß für ein Fenster nach VDI 2719	dB
s	allgemein Abstand Quelle-Immissionsort (Aufpunkt)	m
s_H	Hallradius	m
s_m	Abstand vom akustischen Mittelpunkt einer ausgedehnten Quelle zum Immissionsort	m
T	Periodendauer $\left(f = \dfrac{1}{T}\right)$	s
T	Nachhallzeit eines Raumes	s
T_0	Integrationszeit	s
$u_x(z)$	Windgeschwindigkeit in x-Richtung in der Höhe z	m/s
v	Schallschnelle	m/s
$\hat{v}$	Amplitude der Schallschnelle	m/s
$v(x, t)$	Schallschnelle am Ort x zur Zeit t	m/s
z	Schirmwert	m
α	Schallabsorptionsgrad (Schallschluckgrad)	
$\bar{\alpha}$	mittlerer Schallabsorptionsgrad eines Raumes	
α_D	Bewuchsdämpfungsmaß je m	dB/m
α_L	Luftdämpfungsmaß je m	dB/m
$\Gamma(\varphi, \vartheta)$, $\Gamma^*(\varphi, \vartheta)$	Richtungsfaktoren	–
ΔL_s	Abstandsmaß	dB
ΔL_B	Bodendämpfungsmaß	dB
ΔL_D	Bewuchsdämpfungsmaß	dB

ΔL_G	Bebauungsdämpfungsmaß für offene Bebauung	dB
ΔL_L	Luftabsorptionsmaß	dB
ΔL_Z	Eigenabschirmmaß durch das Gebäude	dB
ΔL_z	Abschirmmaß durch Hindernisse	dB
ΔL_M	Witterungsdämpfungsmaß	dB
λ_L	Wellenlänge in Luft	m
λ_B	Biegewellenlänge	m
ϱ	Dichte	kg/m³
τ	Abtastzyklus beim Stichprobenverfahren	s
τ	Taktmaximalpegelverfahren: Dauer eines Zeitintervalles, über das jeweils der maximale Pegel bestimmt wird	s
τ	Einschwingzeit eines Filters	s
ω	Kreisfrequenz $\omega = 2\pi/T = 2\pi f$	Hz

Einleitung

Schallvorgänge sind räumliche und zeitliche Schwankungen der Dichte und des Druckes in einem elastischen Medium um einen Mittelwert, die sich mit einer dem Medium charakteristischen Geschwindigkeit, nämlich der Schallgeschwindigkeit des Mediums, fortpflanzen. Enthält ein Schallvorgang Frequenzanteile, die im Bereich von 16 Hz bis 16 000 Hz liegen, so kann das menschliche Ohr sie wahrnehmen. Man spricht dann zur Verdeutlichung von Hörschall, wenn gleich manchmal der Begriff „Schall" auf den Hörbereich des menschlichesn Ohres eingeengt ist (s. Darstellung 1.1).

Die Überlagerung von statistischem Druck p_- und statischer Dichte ϱ_- mit der durch die Schallwelle hervorgerufenen Schwankungen $p(t)$ und $\varrho(t)$ läßt sich an einem gegebenen Ort wie folgt schreiben:

(1.01) $\qquad p_{ges}(t) = p_- + p(t)$
(1.02) $\qquad \varrho_{ges}(t) = \varrho_- + \varrho(t)$

Bei einer Temperatur von 0 °C und einem Druck von $p_- = 1,013 \cdot 10^5$ Pa („Normalbedingung") beträgt die Dichte der Luft $\varrho_- = 1,29$ kg/m^3. Gegenüber diesen statischen Werten sind die durch Schallwellen hervorgerufenen Druck- und Dichteschwankungen sehr klein, beispielsweise betragen die Werte der Schall-

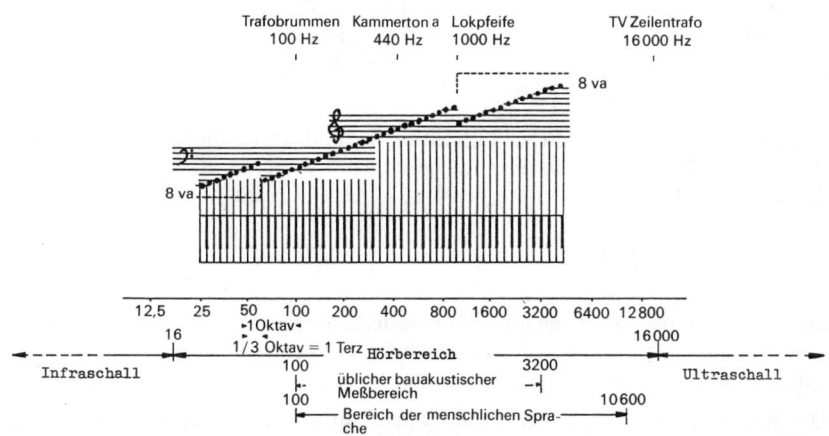

Darstellung 1.1 Zur Veranschaulichung des Frequenzumfangs des menschlichen Gehörs: Unter der Frequenzachse ist der Hörbereich eines jungen Erwachsenen eingetragen sowie der Frequenzbereich der menschlichen Sprache.
Über der Frequenzachse ist die Repräsentation der Töne entsprechend ihrer Frequenz auf einer Klaviertastatur und im Notenbild dargestellt. Darüber sind einige Schallsignale aus der Alltagserfahrung aufgetragen, die die Zuordnung zu einer bestimmten Frequenz gestatten.

druck- und Dichteschwankung an der Hörschwelle bei 1000 Hz $2 \cdot 10^{-5}$ Pa bzw. $4 \cdot 10^{-10}$ kg/m³, an der Schmerzschwelle $2 \cdot 10^1$ Pa bzw. $4 \cdot 10^{-4}$ kg/m³. – Wie häufig in Physik und Technik werden auch in der Akustik die statischen Größen außer Acht gelassen, und nur der Anteil der zeitlich veränderlichen Größen betrachtet.

1.1 Schallwellen in Gasen und Festkörpern

Der in Gasen und in unedlich ausgedehnten Flüssigkeiten einzig mögliche Wellentyp ist die Dichtewelle (Darstellung 1.2a). Es ist eine longitudinale Welle, d. h. die Luftteilchen[1] bewegen sich unter dem Einfluß der Schallwelle längs („longitudinal") der Ausbreitungsrichtung um ihre Mittellage hin und her.

Für die Geschwindigkeit (Phasengeschwindigkeit) c eines Wellenvorganges der Wellenlänge λ und der Frequenz f gilt allgemein c = λf. Bei der Schallgeschwindigkeit in Gasen gilt unabhängig von der Frequenz:

(1.03) $\qquad c = \sqrt{\dfrac{\kappa p_-}{\varrho_-}} = \sqrt{\kappa R_s T}$

κ – Adiabatenexponent (κ = 1,4 in Luft)
p_- – stat. Druck des Gases (p_- = 1,013 · 10⁵ Pa)
ϱ_- – Gasdichte (ϱ_- = 1,29 kg/m³)
R_s – spez. Gaskonstante (R_s = 287 J/ K kg)
T – Temperatur in Grad Kelvin

In freier Atmosphäre gelten für Luft unter Normalbedingungen die in Klammer stehenden Zahlenwerte. Für die Schallgeschwindigkeit in Luft ergibt sich folgende Gleichung (c in m/Δ, ϑ (Temperatur) in Grad Celsius):

(1.03a) $\qquad c = 332 + 0{,}6\,\vartheta$

Im nachfolgenden wird, wenn nichts anderes angegeben, mit einer Schallgeschwindigkeit in Luft von 340 m/s gerechnet. Dies entspricht einer Umgebungstemperatur von 15 °C.

Die Schallgeschwindigkeit ist in Gasen also nur von der Temperatur abhängig. Nach Gl. (1.03) könnte man annehmen, daß die Schallgeschwindigkeit auch

---

[1] Unter Luftteilchen sind nicht die einzelnen Luftmolekeln zu verstehen, sondern kleine Volumenelemente, deren Abmessungen sehr klein zur Wellenlänge, aber noch groß gegen die freie Weglänge sind. In einem solchen Volumenelement sind noch eine sehr große Zahl von Molekeln enthalten. Die freie Weglänge der Luftmolekeln unter Normalbedingung liegt bei 10^{-7} m.

vom Gasdruck abhängt. Da sich nach dem idealen Gasgesetz ($p_-/\varrho_- = R_s T$) die statischen Größen Druck und Dichte bei isothermer Zustandsänderung im gleichen Verhältnis ändern, bleibt die Schallgeschwindigkeit bei Änderung des statischen Druckes konstant.

Im unendlich ausgedehnten Festkörper gibt es außer der longitudinalen Dichtewelle auch noch den Wellentyp der Schub- oder Transversalwelle, bei der die Luftteilchen quer („transversal") zur Fortpflanzungsrichtung der Schallwelle um ihre gedachte Ruhelage schwingen (s. Darstellung 1.2b).

In einem Festkörper endlicher Ausdehnung gibt es weitere Wellentypen, z. B. die Oberflächenwelle, Dehnwelle, Torsionswelle und Biegewelle. In der technischen Akustik ist davon die Biegewelle die wichtigste. Sie existiert in Platten und Stäben. Die Festkörperteilchen führen dabei eine Biegebewegung, eine Art Transversalbewegung verbunden mit einer Winkeldehnung, aus (Darstellung 1.2c). Die Schallgeschwindigkeit der Biegewelle ist frequenzabhängig. Sie ist in einer Platte durch folgende Beziehung gegeben:

$$(1.04) \qquad c_B = \sqrt{2\pi f} \sqrt[4]{\frac{B''}{m''}}$$

mit Biegesteife $B'' \approx \dfrac{h^3 E}{12}$, m'' – Masse je Flächeneinheit (Flächenmasse) $m'' = \varrho h$ und f – Frequenz, E, ϱ – Elastizitätsmodul und Dichte der Platte, h – Plattendicke. Eine Besonderheit der Biegewellen gegenüber den anderen skizzierten Wellentypen fällt auf: Die Biegewellengeschwindigkeit ist frequenzabhängig, und zwar steigt sie mit der Wurzel aus der Frequenz an.

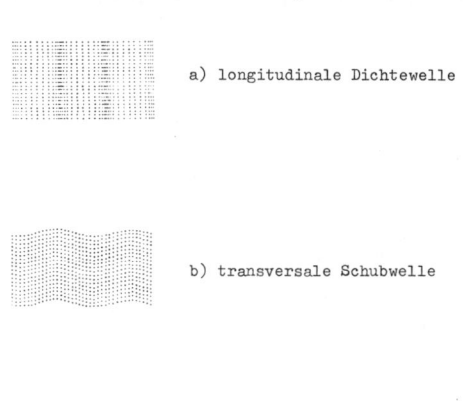

a) longitudinale Dichtewelle

b) transversale Schubwelle

c) Biegewellen in Balken und Platten

Darstellung 1.2 Wellentypen in Festkörpern. In Gasen ist die Dichtewelle der einzig mögliche Wellentyp.

Die Wellenlänge einer Biegewelle bei der Frequenz f errechnet sich aus der Beziehung c = λf zu:

(1.04a) $\quad \lambda_B = \dfrac{c_B}{f} = \sqrt{\dfrac{2\pi}{f}} \sqrt[4]{\dfrac{B''}{m''}}$

Während bei einer Schallwelle in Luft wegen der Konstanz der Schallgeschwindigkeit die Wellenlänge umgekehrt proportional zur Frequenz ($\lambda_{Luft} \sim 1/f$) abnimmt, nimmt die Biegewellenlänge wegen $c_B \sim \sqrt{f}$ nur umgekehrt proportional zur Wurzel aus der Frequenz ($\lambda_B \sim 1/\sqrt{f}$) ab. – Biegewellen spielen bei der Schallübertragung von Wänden eine große Rolle (s. 1.12.4). Für Frequenzen oberhalb der sog. Koinzidenzgrenzfrequenz f_g eines Bauteiles (Wand oder Platte), das ist die Frequenz, bei der die Biegewellengeschwindigkeit c_B des Bauteiles gleich der Schallgeschwindigkeit c_L in Luft ist ($c_B = c_L$ ist gleichbedeutend mit $\lambda_B = \lambda_L$), vermindert sich die Schalldämmung des Bauteiles erheblich.

Beispiel: Berechnung der Koinzidenzgrenzfrequenz für eine 12 cm starke Ziegelsteinwand:
Für die Koinzidenzgrenzfrequenz f_g gilt $\lambda_B = \lambda_L$, d. h.

$$\sqrt{\dfrac{2\pi}{f_g}} \sqrt[4]{\dfrac{B''_+}{m''}} = \dfrac{c_L}{f_g} \quad \text{oder} \quad f_g = \dfrac{c_L^2}{2\pi} \sqrt[4]{\dfrac{m''}{B''}} \qquad (1.05)$$

mit m" = 240 kg/m², B" = 2,56 · 10⁶ Nm ergibt sich f_g = 178 Hz.

Die Koinzidenzgrenzfrequenz für eine 12 cm starke Ziegelsteinwand beträgt 178 Hz, d. h. für Frequenzen unterhalb 178 Hz ist die Biegewellenlänge der Ziegelsteinwand kleiner, für Frequenzen oberhalb 178 Hz größer als die Schallwellenlänge in Luft.

1.2 Fortschreitende Wellen

1.2.1 Ebene Welle

Eine fortschreitende ebene Schallwelle einer Frequenz, die sich in positiver Richtung ausbreitet, wird beschrieben durch den Ausdruck

(1.06a) $\quad p(x, t) = \hat{p} \sin(kx - \omega t)$

p(x, t) ist der am Ort x zur Zeit t herrschende Schallwechseldruck (die Schwankung des Luftdruckes), $\hat{p}$ ist die Amplitude der Schwankung, k die Wellenzahl mit $k = 2\pi/\lambda$; $\omega = 2\pi f$ stellt die Kreisfrequenz dar, wobei für die Frequenz f und die Periodendauer T (s. Darstellung 1.3) die Beziehung f = 1/T gilt. Die Flächen gleicher Phasen sind Ebenen senkrecht zur x-Achse im Abstand der Wellenlänge.

Teil 1 Technische Akustik im Immissionsschutz

Für verschiedene Zeitabschnitte ist das Fortschreiten der Schallwelle in +x-Richtung in Darstellung 1.4 abgebildet.

Mit der Druckschwankung (Schalldruck) im Medium ist eine Schwingung der Teilchen um ihre Ruhelage verbunden, bei einer Longitudinalwelle längs der Ausbreitungsrichtung. In der Akustik wird dabei nicht die Auslenkung selbst, sondern ihre zeitliche Ableitung (d/dt), die „Schwinggeschwindigkeit" der Teilchen, ihre sog. Schnelle betrachtet.[2] Die Schnelle ist bei der fortschreitenden ebenen Welle direkt proportional zum Schalldruck und in Phase mit ihm:

(1.06 b) $\quad v(x, t) = \hat{v} \sin(kx - \omega t)$

Man kann zeigen, daß der Schalldruck p proportional der Schnelle v ist: $p = Zv$. Der Proportionalitätsfaktor $Z = \varrho c$ ist die Schallkennimpedanz oder der Schallwellenwiderstand des Mediums und wird allein durch die Stoffkonstanten Dichte und Schallgeschwindigkeit bestimmt. Die Analogie zum Ohmschen Gesetz ($U = RI$) der Elektrotechnik ist offensichtlich. Für Luft ist $Z = 408 \text{ Ns/m}^3$, für Wasser mit $\varrho = 1000 \text{ kg/m}^3$ und $c = 1440 \text{ m/s}$ ist $Z = 1,44 \cdot 10^6 \text{ NS/m}^3$ (s. Tabelle A 1.1).

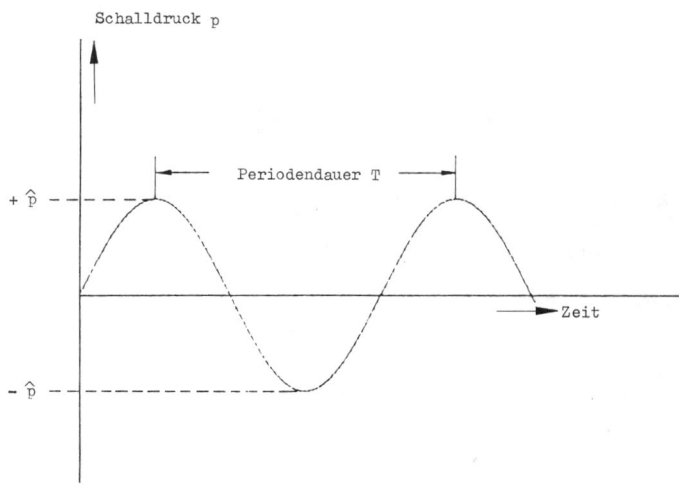

Darstellung 1.3 Schalldruckverlauf eines Sinustones in der Zeit mit der Frequenz $f = \dfrac{1}{T}$.

---

[2] Die Schnelle, das ist die Geschwindigkeit der Teilchen bei ihrer Bewegung um die Ruhelage, darf nicht verwechselt werden mit der Schallgeschwindigkeit, mit der sich eine elastische Störung in einem Medium ausbreitet.
Die Schnelle ist eine gerichtete Größe (Vektor). Im Fernfeld einer Geräuschquelle ist ihre Richtung immer in Ausbreitungsrichtung zu sehen. Die Vektoreigenschaft der Schnelle muß bei der Definition der Schallintensität, die ebenfalls eine Vektorgröße in Ausbreitungsrichtung darstellt, berücksichtigt werden (s. 1.4).

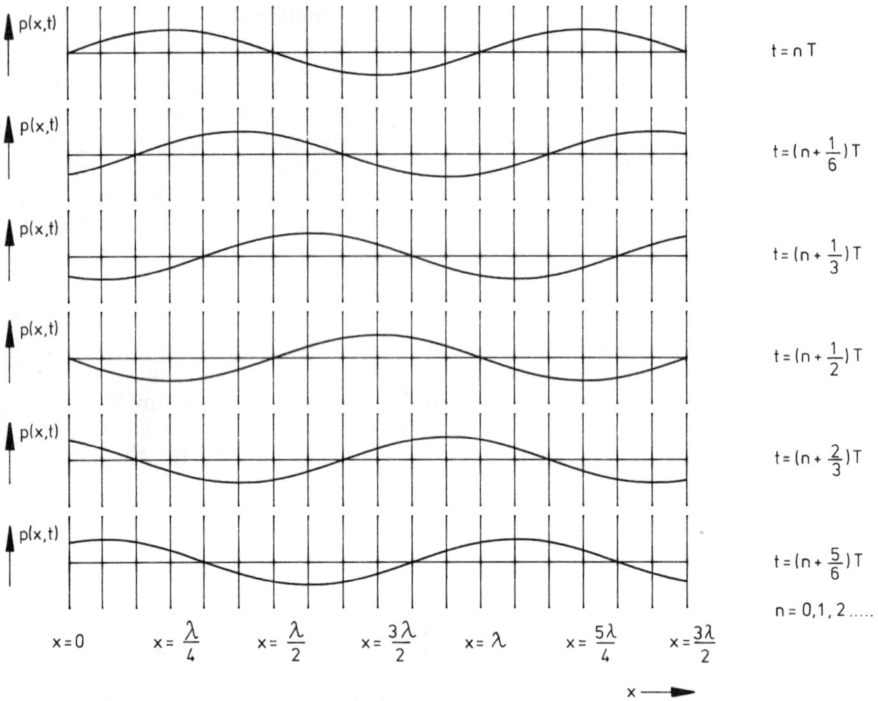

Darstellung 1.4 „Momentaufnahme" einer in positiver x-Richtung fortlaufenden ebenen Schallwelle $p(x, t) = p \sin(kx - \omega t)$, jeweils im zeitlichen Abstand von einem Sechstel der Schwingungsdauer (bei einem 500 Hz-Ton ist $T/6 = 0{,}33$ ms).

Daß durch die Beziehungen (1.06 a, b) eine in $+x$-Richtung laufende Welle dargestellt wird, erkennt man an folgendem: Wenn man sich die Phase an einem bestimmten Ort x_0 zu einer bestimmten Zeit t_0 an der den Druckverlauf darstellenden Sinuskurve markiert denkt und ihre Lage verfolgt, an der sie sich zu einer späteren Zeit $(t_0 + \Delta t)$ befindet (Darstellung 1.5), so muß hierfür gelten

$$kx_0 - \omega t = k(x_0 + \Delta x) - \omega(t_0 + \Delta t). \quad \Delta x = \frac{\omega}{k} \Delta t \text{ ist eine positive Größe,}$$

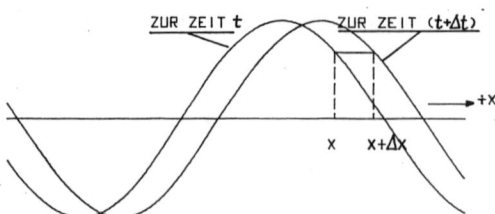

Darstellung 1.5 Schallausbreitung einer ebenen Welle in $+x$-Richtung.

weil Δt voraussetzungsgemäß positiv ist: Die Phase bei (x_0, t) ist in der Zeit Δt nach $x_0 + \Delta x$ gelaufen. Der Term ω/k stellt die Schallgeschwindigkeit (Phasengeschwindigkeit $c = \lambda f$) dar.

Man kann sich den Ausbreitungsvorgang so vorstellen, als ob die den Verlauf des Wechseldruckes darstellende Sinuskurve mit Schallgeschwindigkeit durch das Medium $+x$-Richtung gezogen würde.

Die ebene Welle stellt einen Fall der Wellenausbreitung dar, der für viele theoretische Überlegungen von großer Bedeutung ist. Im Labor wird die ebene Welle z. B. im schallharten Rohr (Kundt'sches Rohr) realisiert, dessen Durchmesser kleiner ist als etwa die halbe Wellenlänge.

1.2.2 Kugelwelle

Für die Praxis ist auch die fortschreitende Kugelwelle sehr wichtig. Der Zeitverlauf von Schalldruck und Schallschnelle für eine auslaufende Welle im Fernfeld wird für Entfernungen $s > 5\lambda$ von der Quelle, beschrieben durch

$$(1.07\,a, b) \qquad p = \frac{A}{s}\sin(ks - \omega t), \quad v = \frac{A}{\varrho cs}\sin(ks - \omega t).$$

Die Kugelwelle hat eine radiale Ausbreitungsrichtung. Die Phasenflächen (Flächen konstanter Phase) sind konzentrische Kugelflächen im Abstand λ. Die Richtung der Schallschnelle ist radial. Es wird in allen Richtungen gleichförmig, d. h. ungerichtet abgestrahlt. Die Schalldruck- und Schallschnelleamplitude nehmen umgekehrt proportional zur Entfernung ab.

Die Gleichphasigkeit von Schalldruck und Schallquelle entspricht der bei der ebenen Welle (vgl. (1.06 a, b) mit (1.07 a, b)). Allerdings gilt dies nur für große Abstände ($ks \gg 1$); im Nahbereich eines Kugelstrahlers gibt es nämlich kompressionslose Ausgleichsbewegungen des Mediums, die nicht in das Fernfeld abgestrahlt werden.

Eine Schallquelle, deren Druck- und Schnellverlauf durch Gl. (1.07 a, b) beschrieben werden, stellt den idealen Kugelstrahler dar. Er wird näherungsweise durch einen Lautsprecher in starrer Box repräsentiert, wenn die Wellenlänge des abgestrahlten Schalles groß ist im Vergleich zur Linearausdehnung der Lautsprecherbox. Im Wasser stellt eine Luftblase, deren Blasenwand radial schwingt (atmende Kugel), einen idealen Kugelstrahler dar.

1.3 Der Effektivwert

Der an einem Ort eines Schallfeldes vorhandene Schalldruckverlauf kann nur mit Geräten, wie Oszillograph oder Lichtschreiber, direkt beobachtet werden, die Interpretation des Schalldruckverlaufes ist i.a. schwierig. In der Physik und Technik ist es üblich, bei Wechselvorgängen nicht den Amplitudenverlauf eines Vorganges zu messen, sondern einen Gleichwert. Bei Schwingungs- und Wellenvorgängen mechanischer oder elektrischer Art wird dabei nicht der zeitliche arithmetische Mittelwert, definiert als $\bar{z} = \dfrac{1}{T_0} \int_{T_0} z(t)\,dt$, verwendet, da ein solcher Mittelwert den Wert 0 ergibt, sondern als Gleichwert wird der sog. quadratische Mittelwert oder Effektivwert[3], benutzt (z. exponentiell gewichteten Effektivwert s. 2.3.2.1):

$$(1.08) \qquad p_{\text{eff}}^{(t)} = \tilde{p}(t) = \sqrt{\dfrac{1}{T_0} \int_{t-T_0}^{t} p^2(\tau)\,d\tau}$$

T_0 – Integrationszeit; sie muß groß sein gegenüber den Zeiten, in denen der Schalldruck sich ändert.

Der Effektivwert für die Schnelle oder für eine Wechselspannung oder einen Wechselstrom ist entsprechend definiert. Die Bedeutung des Effektivwertes liegt darin, daß das Quadrat des Effektivwertes proportional der Schallfeldenergie ist (s. nächsten Abschnitt). Für einen Sinuston $p(t) = \hat{p} \sin \omega t$ der Frequenz $\omega = 2\pi/T$ berechnet sich der Effektivwert des Schalldruckes zu

$$(1.09) \qquad \tilde{p}(t) = \tilde{p} = \dfrac{\hat{p}}{\sqrt{2}} \qquad \text{für} \quad T_0 \gg T,$$

d.h. der Effektivwert eines Sinussignales ist gleich der Amplitude (Scheitelwert) des Signales vermindert um den Faktor $1/\sqrt{2}$.

In der Schallmeßtechnik (DIN IEC 651) sind 3 Werte für die Integrationszeit T eingeführt, die schnelle Anzeige (*Fast*) mit T = 125 ms, die langsame Anzeige (*Slow*) mit T = 1000 ms und die Anzeige *I*mpuls mit der Integrationskonstante 35 ms für das ansteigende Signal und einer Halteschaltung mit einer Zeitkonstante von 3 s für das abfallende Signal. Die große Zeitkonstante für das abfallende Signal bewirkt, daß der mit der kurzen Integrationszeit sich einstellende Wert auch an einem Zeigergerät ohne nennenswerten Fehler ablesbar ist. Die international festgelegte Zeitkonstante von 35 ms in der Anzeige Impuls entspricht der Trägheitseigenschaft des Gehörs gegenüber Tonimpulsen. Die Anzeigedynamik „langsam" liefert auch für die tiefsten im Hörschallbereich vorkommenden Frequenzen, noch die Bedingung $T_0 \gg T$ erfüllend, den Effektivwert,

---

[3] In der englischen Literatur wird der Effektivwert als *root-mean-square* value bezeichnet. Er taucht häufig in Prospekten als RMS-Wert oder p_{RMS}, v_{RMS} etc. auf.

auftretende Spitzen werden nicht gehörrichtig bewertet. Die Anzeigedynamik schnell liegt mit T = 125 ms zwischen den Anzeigen S und I. Sie wird in sehr vielen Bereichen (bei Industrie- und Gewerbelärm für das Taktmaximalpegelverfahren, bei Straßen- und Schienenlärm) benützt. Sie stellt einen Kompromiß dar zwischen richtiger Effektivwertbildung für nicht zu tiefe Frequenzen und noch gehörrichtiger Bewertung nicht zu kurzer Pulsgeräusche. Zur gerätetechnischen Realisierung der Integrationszeiten s. Teil 2.

In Darstellung 1.6 sind in einem Oszillogramm der originale Schalldruckverlauf eines 100 Hz-Tonimpulses gezeigt sowie der in der Anzeige „Fast" gebildete Effektivwert. – Soweit eine Kennzeichnung der Zeitkonstante bei der Effektivwertbildung wichtig ist, geschieht es durch Subskripta mit den großen Buchstaben F, S oder I.

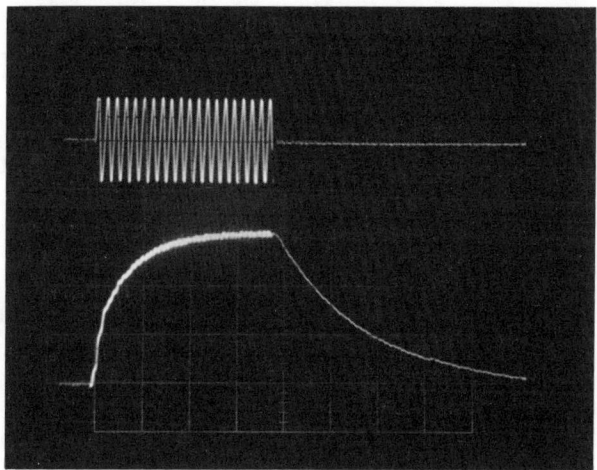

Darstellung 1.6 Zur Effektivwertbildung: Am Eingang des Schallpegelmessers liegt ein Tonimpuls u(t) der Frequenz 100 Hz und der Dauer von 200 ms an (oberes Signal). Das elektrische Signal u(t) ist proportional dem am Mikrofon anstehenden Schallwechseldruck p(t) (u(t) ~ p(t)). Durch die Effektivwertbildung, hier in der Anzeigedynamik „schnell" (T = 125 ms), entsteht am Gleichspannungsausgang (DC) das untere Signal, das nach 125 ms seinen vollen „Ausschlag" erreicht und bis zum Ende des Impulses beibehält.

1.4 Energiegrößen im Schallfeld einer fortschreitenden Welle

1.4.1 Schallintensität

Die momentane Schallintensität oder Schallstärke I einer Schallwelle ist diejenige Schalleistung zum Zeitpunkt t, die durch eine an der Stelle r_0 senkrecht zur Schallausbreitungsrichtung stehende Einheitsfläche strömt. Sie ist gegeben durch das Produkt von Schalldruck und Schallschnelle am Ort r_0 ($r_0 = (x_0, y_0, z_0)$-Ortsvektor):

(1.10) $\quad I(r_0, t) = p(r_0, t) v(r_0, t)$

für die Spezialfälle einer in $+x$-Richtung fortschreitenden, ebenen Welle gilt an der Stelle x_0:

(1.10a) $\quad I(x_0, t) = \dfrac{\hat{p}^2}{\varrho c} \sin^2(kx_0 - \omega t)$

oder einer Kugelwelle im Abstand $s_0 > 5\lambda$ vom Kugelstrahler:

(1.10b) $\quad I(s_0, t) = \dfrac{A^2}{\varrho c s_0^2} \sin^2(ks_0 - \omega t)$

Die Schallintensität stellt diejenige momentane Leistung dar, die beim Ausbreitungsvorgang an einem Ort durch die Einheitsfläche transportiert wird.

Da p eine skalare, v jedoch eine vektorielle Größe ist, ist auch die Schallintensität $I = pv$ ein Vektor, der in die Richtung der Schallschnelle v, d. h. in Ausbreitungsrichtung, zeigt. Die Gleichphasigkeit von p und v bei der ebenen Welle und bei der Kugelwelle im Fernfeld bewirkt, daß die Schallintensität momentan an einem Ort zwar den Wert 0 annehmen kann, aber nie ihr Vorzeichen (Richtung) umkehrt[4]. Die Vektoreigenschaften brauchen im Fernfeld einer Schallquelle dann nicht berücksichtigt zu werden, wenn man daran denkt, daß der Intensitätsvektor I wie der Schnellevektor in Ausbreitungsrichtung weist.

Die Schallintensität I, die im zeitlichen Mittel durch eine zur Schallausbreitungsrichtung senkrechte Einheitsfläche fließt, ist gegeben durch

(1.11) $\quad I = \dfrac{1}{T_0} \displaystyle\int_{t-T_0}^{t} pv\, dt$

---

[4] Die Größe $p \cdot v$ kann man sich veranschaulichen, wenn man sich erinnert, daß $p\Delta V$ die an einem Volumen V vom Druck p geleistete Arbeit darstellt, wenn es eine Volumenänderung ΔV erfährt. Nun ist $pv = p\dfrac{\Delta s}{\Delta t} \cdot \dfrac{F_E}{F_E} = p\Delta V / (\Delta t \cdot F_E)$, d. h. pv ist die geleistete Arbeit je Zeit Δt und Fläche F_E.

Bei einer ebenen Welle ist unabhängig von der Stelle x

(1.11a) $\quad I = \tilde{p}\tilde{v} = \dfrac{\tilde{p}^2}{\varrho c} = \varrho c \tilde{v}^2$

bei einer Kugelwelle gilt im Abstand $s \gg \lambda$ von der Quelle

(1.11b) $\quad I(s) = p(s)\,v(s) = \dfrac{1}{2}\dfrac{A^2}{\varrho c s^2}$

Aus Gleichung (1.11a, b) wird die Bedeutung der Effektivwerte ersichtlich. Das Quadrat des Effektivwertes ist proportional dem zeitlichen Mittel der Schalleistung oder -energie eines Schallfeldes[5]. Während die Schallintensität im zeitlichen Mittel bei einer ebenen Welle im Raum konstant bleibt, nimmt sie bei einer Kugelwelle umgekehrt proportional zum Abstandsquadrat ab ($1/s^2$-Gesetz). Für die Praxis ist weniger die ideale Kugelwelle bedeutsam, als vielmehr der ungerichtete Kugelstrahler, dessen Intensitätsabnahme von der Quelle nach Gl. 1.11b beschrieben wird, unabhängig von der Richtung zur Quelle. Die Intensitätsabnahme kann anschaulich auch aus der Darstellung 1.7 abgeleitet werden.

Der ungerichtete Kugelstrahler ist in der Akustik deshalb von besonderer Bedeutung, weil in der Praxis sehr häufig eine Quelle im Abstand s_m, mit s_m größer dem 1,5-fachen der größten Linearausdehnung der Quelle, sich wie ein ungerichteter Kugelstrahler verhält. Die Quelle kann dabei aus einer Vielzahl von Einzelquellen bestehen. Aber auch bei Quellen mit ausgesprochener Richtcharakteri-

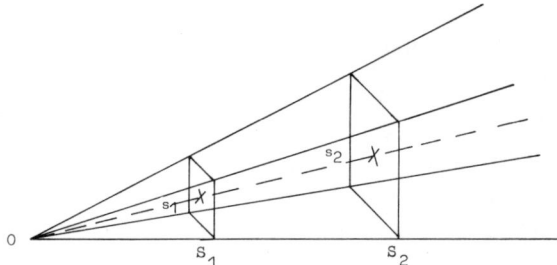

Darstellung 1.7 Das $\dfrac{1}{s^2}$-Gesetz eines ungerichteten, punktförmigen Schallstrahles: Die durch die Fläche S_1 tretende Schalleistung muß gleich der durch die Fläche S_2 tretende Schalleistung sein, d.h.

(1.12) $\quad \left.\begin{array}{r} I_1 S_1 = I_2 S_2, \\ \text{ferner gilt } S_1 : S_2 = s_1^2 : s_2^2 \end{array}\right\} I_2 = I_1 \dfrac{s_1^2}{s_2^2}$

---

[5] Im nachfolgenden Text wird unter p und v in der Regel immer der Effektivwert dieser Größen verstanden.

stik erfolgt in gleicher Raumrichtung die Abnahme der Schallintensität nach dem $1/s^2$-Gesetz.

Die Schallintensitäten zu den in 1.1 genannten Drücken sind an der Hörschwelle bei 1000 Hz gleich $I_0 = p_0^2/(\varrho c) = (2 \cdot 10^{-5})^2/408 = 0,98 \cdot 10^{-12}\,\text{W}/\text{m}^2$, an der Schmerzgrenze $I_s = p_s^2/(\varrho c) = 0,98\,\text{W}/\text{m}^2$, das bedeutet, das menschliche Gehör kann Schallintensitäten verarbeiten, die sich wie 1 : 1.000.000.000.000 verhalten.
– In der akustischen Meßtechnik wird für die Schallintensität der gerundete Wert von $I_0 = 1 \cdot 10^{-12}\,\text{W}/\text{m}^2$ als Bezugswert) genommen (s. Definition des Intensitätspegels).

1.4.2 Schalleistung

Die Schalleistung P [Watt], die durch eine Schallquelle der Intensität I durch eine ebene Fläche S transportiert wird, ist gegeben durch

(1.13) $P = I S_n$ mit $S_n = S\cos(I, S)$.

$\cos(I, S)$ ist der Winkel zwischen Schallausbreitungsrichtung und Flächennormale (vgl. Darstellung 1.8).

Die von einer Schallquelle insgesamt abgestrahlte Schalleistung erhält man durch Integration der Schallintensität über eine die Quelle einschließende, konvexe Fläche S

(1.14) $P = \oint_S I dS_n$.

dS_n sind die einzelnen Flächenelemente dS der Hüllfläche, multipliziert mit dem jeweiligen Zwischenwinkelkonsinus $\cos(I, dS)$.

Der dem Schalldruck p_0 an der Hörschwelle bei 1000 Hz entsprechende Wert der Schalleistung ist $P_0 = 1 \cdot 10^{-12}\,\text{W}$. Es ist die Schalleistung, die durch eine senkrecht zur Ausbreitungsrichtung stehende Fläche von $1\,\text{m}^2$ fließt, wenn eine Schallwelle mit der Intensität $I_0 = 1 \cdot 10^{-12}\,\text{W}/\text{m}^2$ oder einer Schalldruckamplitude von $p_0 = 2 \cdot 10^{-5}\,\text{P}_a$ durch die Fläche strömt.

Für Ausbreitungsrechnungen ist der Begriff Schalleistung von großer Bedeutung. Die abgestrahlte Schalleistung ist eine Eigenschaft der Geräuschquelle, die unabhängig von einer gewählten Hüllfläche ist.

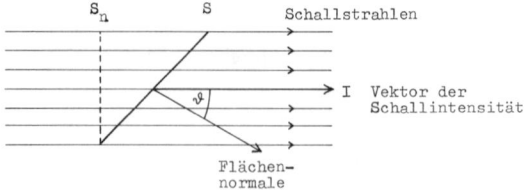

Darstellung 1.8 Schalleistung $P = IS_n$, durch eine zur Ausbreitungsrichtung geneigten Fläche S: $S_n = S\cos(I, S)$; $\cos(I, S) = \cos\vartheta$.

1.4.3 Schalleistung und Schallintensität eines ungerichteten Kugelstrahlers

Bei einem ungerichteten Kugelstrahler ist die Intensität an einem Aufpunkt nur von seinem Abstand s von der Quelle, nicht aber von der Richtung des Aufpunktes zur Geräuschquelle abhängig, d.h. seine Schalleistung bestimmt sich aus der Schallintensität I(s) und der Kugeloberfläche $4\pi s^2$:

(1.15) $\qquad P = 4\pi s^2 I(s)$

In Verbindung mit Gl. (1.14) erkennt man, daß die Schalleistung von der Kugeloberfläche unabhängig ist, denn um den Faktor, um den die Intensität bei einem größeren Radius abnimmt, nimmt die Oberfläche der Kugel zu. Ist P die Schalleistung eines Kugelstrahlers, so berechnet sich nach Gl. (1.15) die Schallintensität I(s) im Abstand s bei freier Schallausbreitung:

(1.16a) $\qquad I(s) = \dfrac{P}{4\pi s^2}$

Die Schallintensität beim Kugelstrahler nimmt, vgl. Gl. (1.11b), umgekehrt proportional zum Quadrat der Entfernung ab. Die Bedeutung des $1/s^2$-Gesetzes – in der nachfolgenden Pegelbetrachtung entspricht dies einer 6 dB-Abnahme des Schalldruckpegels je Entfernungsverdoppelung – liegt darin, daß es auch für gerichtete Schallquellen im größeren Abstand gilt, wenn man sich in einer Ausbreitungsrichtung auf kleine Öffnungswinkel beschränkt. Bei Abschätzungen der zu erwartenden Schallintensität oder des Schalldruckpegels an einem Immissionsort rechnet man überschlägig oft nur mit der $1/s^2$-Abnahme unter Vernachlässigung der anderen Gesetze der Schallminderung bei der Ausbreitung. Der so abgeschätzte Wert stellt eine obere Grenze für die zu erwartende Schallintensität oder die daraus abgeleitete Pegelgröße (s. Abschnitt 1.9) dar.

Nach Darstellung 1.7 kann man sich das $1/s^2$-Gesetz aus geometrischen Überlegungen erklären. Man bezeichnet deshalb die $1/s^2$-Abnahme der Schallintensität auch als die durch die geometrische Ausbreitung bedingte Intensitätsabnahme, manchmal im Jargon etwas ungenau als geometrische Ausbreitungsdämpfung.

Wenn ein Kugelstrahler mit der Schalleistung P sich dicht über einer schallharten, großen Fläche befindet, dann wird durch Reflexion an der schallharten Fläche in den darüberliegenden Halbraum die doppelte Schalleistung eingespeist, d.h. es gilt für $I_H(s)$ (Index H für Halbraum):

(1.16b) $\qquad I_H(s) = \dfrac{P}{2\pi s^2}$

1.4.4 Schalleistung und Schallintensität bei einem ungerichteten Linienstrahler

Ein ungerichteter Linienstrahler, auch „inkohärente[6] Linienschallquelle", ist eine längs einer Geraden ausgedehnte Schallquelle, deren Intensität an einem Aufpunkt nur vom Abstand dieses Punktes von dieser Geraden abhängt. Eine Straße mit dichtem Verkehr kann als Näherung eines ungerichteten Linienstrahlers aufgefaßt werden. Das einzelne Linienelement der Länge dx eines solchen Strahlers habe eine konstante Schalleistung P_L je Längeneinheit. Die einzelnen Linienelemente werden als inkohärente und ungerichtete Kugelstrahler in einem Halbraum betrachtet, d. h. es werden im Aufpunkt P die Schallintensitäten und nicht die Schalldruckamplituden addiert. Die Linienquelle stelle die x-Achse dar, das Lot von P auf sie den Koordinaten-Nullpunkt (Bild 1.9). Von einem Linienelement wird zur Abstrahlung in den Halbraum nach Gl.(1.16b)

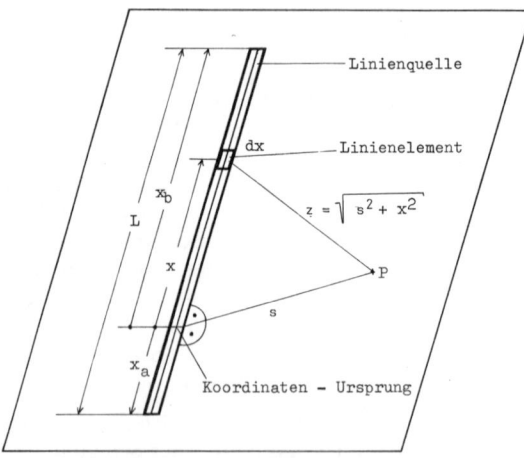

Darstellung 1.9 Schallabstrahlung von einer (inkohärenten) geraden Linienquelle. Der Fußpunkt des Lotes, das von P aus auf die Linienquelle gefällt wird, ist als Koordinatenursprung gewählt.

---

[6] Inkohärent bedeutet, daß die Amplituden (Druck, Schnelle) mehrerer Quellen oder der einzelnen Elemente einer ausgedehnten Quelle in völlig regelloser Phasenbeziehung zu einander stehen. Aus der Statistik folgt dann, daß an einem Aufpunkt nur die Quadrate der Amplituden, d. h. die Intensitäten der einwirkenden Quellen oder der einzelnen Elemente zu addieren sind. Bei kohärenten Quellen stehen die Amplituden in einer festen Phasenbeziehung, so daß die Amplituden nur unter Berücksichtigung dieser Phasenbeziehungen addiert werden dürfen. Es kann dabei zur Verstärkung oder Auslöschung (Interferenz) der Amplituden kommen.
Technische Geräuschquellen sind meist zueinander inkohärent. Beispiele für eine kohärente Schallquelle sind ein aus mehreren Lautsprechern bestehender Strahler, die von einem Sinusgenerator gespeist werden, oder Netztransformatoren.

der Beitrag $dI = P_L dx/[2\pi(s^2 + x^2)]$ geliefert. Diese Beiträge der einzelnen Elemente einer Linienquelle, die sich von x_a bis x_b erstrecken soll, summieren sich im Aufpunkt P im Abstand s zur Schallintensität $I(s)$[7]:

(1.17) $$I(s) = \frac{P_L}{2\pi} \int_{x_a}^{x_b} \frac{dx}{s^2 + x^2} = \frac{P_L}{2\pi s} \left[\arctg\frac{x_b}{s} - \arctg\frac{x_a}{s} \right]$$

Für eine unendlich lange Linienquelle, mit $x_b \to \infty$, $x_a \to -\infty$ liefern arctg x_b/s und arctg x_a/s die Werte $+\pi/2$ und $-\pi/2$:

(1.18) $$I(s) = \frac{P_L}{2s}$$

oder für Aufpunkte P_1 und P_2, die im Abstand s_1 bzw. s_2 von der Linienquelle entfernt sind, für die Schallintensitäten $I(s_1)$ und $I(s_2)$:

(1.18a) $$I(s_2) = I(s_1) \frac{s_1}{s_2}$$

Die Schallintensität nimmt bei einer unendlich ausgedehnten Linienquelle umgekehrt proportional zum Abstand ab, sie verteilt sich auf Zylinderflächen. Für einen endlichen Linienabschnitt der Länge $L = [x_b - x_a]$ tritt, wie ein Vergleich von Gl. (1.18) mit Gl. (1.17) zeigt, zu $I(s)$ ein Korrekturfaktor K $= \frac{1}{\pi} \left[\arctg\frac{x_b}{s} - \arctg\frac{x_b}{s} \right]$:

(1.19) $$I_L(s) = I(s) K$$

Korrekturfaktoren dieser Art spielen als Schallquellenformkorrektur (s. 1.9.1.7) eine Rolle, s.a. DIN 18005 und RLS 81.
Ein anderer Sonderfall von Gl. (1.17) ist gegeben für $|x_b| \ll s |x_a| \ll s$; dann gilt die Näherung $\arctg\frac{x}{s} \approx \frac{x}{s}$, d.h. es wird

(1.20) $$I_L(s) = \frac{P_L}{2\pi s^2} (x_b - x_a)$$

$P_L(x_b - x_a)$ stellt die Schalleistung des Linienelementes der Länge $(x_b - x_a)$ dar, dessen Schallintensität wie beim Kugelstrahler im Halbraum mit dem Quadrat

---

[7] 1. $\int \frac{dx}{s^2 + x^2} = \frac{1}{s} \arctg\frac{x}{s}$

2. $\arctg\frac{x}{s} \approx \frac{x}{s}$ für $\left|\frac{x}{s}\right| \ll 1$

der Entfernung abnimmt. Aus den Gleichungen 1.18 bis 1.20 erkennt man, daß bei einem endlichen ungerichteten Linienstrahler für Abstände s, die klein zur Ausdehnung $L = [x_b - x_a]$ sind, die Schallintensitätsabnahme mit $1/s$ und für Abstände s, die groß zur Ausdehnung L sind, mit $1/s^2$ erfolgt, also wie beim Kugelstrahler.

Die letzte Aussage gilt allgemein auch für Flächenstrahler. Im größeren Abstand haben auch sie von akustischen Mittelpunkt in eine Raumrichtung gesehen eine Abnahme der Schallintensität I mit $1/s^2$. Dies gilt bei einer Fläche, die mit Quellen nicht zu unterschiedlicher Schalleistung belegt ist, für Abstände s_m vom akustischen Mittelpunkt, die größer als das 1,5-fache der größten Linearausdehnung l_{max} der Flächenquelle betragen, als für $s_m > 1{,}5\,l_{max}$.

Beispiel:

Das Prozeßfeld einer Raffinerie mit einer Ausdehnung von etwa 200 m × 80 m kann, begünstigt durch Vielfachstreuung, Beugung und Reflexionen an vielen Rohrleitungen, Maschinen- und Anlagenteilen und Gebäudefassaden, für Abstände größer 325 m als ungerichtete Punktschallquelle aufgefaßt werden.

1.5 Schallpegel

1.5.1 Pegeldefinitionen

In der Akustik, besonders in der Geräuschmeßtechnik, wird meist mit Pegeln gerechnet, die wie folgt definiert sind (lg = Logarithmus zur Basis 10):

Schalldruckpegel L_p, und Schallintensitätspegel L_{Int} und Schalleistungspegel L_W:

(1.21a) $\qquad L_p = 10 \lg \dfrac{p^2}{p_0^2} \quad$ mit $\quad p_0 = 2 \cdot 10^{-5}$ Pa

(1.21b) $\qquad L_{Int} = 10 \lg \dfrac{I}{I_0} \quad$ mit $\quad I_0 = 1 \cdot 10^{-12}$ W/m²

(1.21c) $\qquad L_W = 10 \lg \dfrac{P}{P_0} \quad$ mit $\quad P_0 = 1 \cdot 10^{-12}$ W

Ihre (dimensionslose) Einheit ist jeweils das Dezibel (dB) = 1/10 Bel(B)[9]. Zwischen dem Schalldruckpegel und dem Schallintensitätspegel besteht im Fernfeld einer Schallquelle kein numerischer Unterschied.

---

[9] Alexander Graham Bell (1847–1922): schott.-am. Physiker u. Taubstummenlehrer; Erfinder des 1. techn. verwendbaren Telefons (1876).

Der Logarithmus bei der Schallpegeldefinition zusammen mit dem Faktor 10 vor dem Logarithmus bewirkt, daß die unhandlichen Zahlen von 1 bis 10^{+12}, wie sie der Dynamik des menschlichen Gehörs entsprechen, in den Zahlenbereich von 0 bis 120 umgesetzt werden. Die Einführung des Logarithmus ist im wesentlichen im Weber-Fechnerschen Gesetz[10] begründet. Es besagt in seiner differentiellen Form (Weber), daß eine Empfindungsänderung ΔE proportional ist der relativen Änderungen des physikalischen Reizes $\Delta R/R$, in Formel: $E \sim \Delta R/R$. Es stellt in dieser Form ein Grundgesetz der Sinnesphysiologie dar. Die Integration führt auf die nicht unumstrittene Beziehung: Empfindung $E = k \log R + K$ wie sie der Schallpegeldefinition zugrundeliegt (k, K-Proportionalitätsfaktor bzw. Integrationskonstante).

Werte für Schalldruckpegel sind in Tabelle 1.1 angegeben. Zum Verständnis der Einheit „dB" können folgende Werte nützlich sein:

Pegelunterschied ΔL	Bedeutung:
1 dB	Gerade noch hörbarer Unterschied im Lautheitsempfinden zweier Geräusche
3 dB	Physikalisch: Halbierung oder Verdopplung der Schallenergie. Sehr gut hörbarer Unterschied im Lautheitsempfinden
10 dB	Halbierung oder Verdopplung des subjektiven Lautheitseindrucks

Da nach dieser Übersicht ein Pegelunterschied von 1 dB gerade noch hörbar ist, sollten Pegelangaben im Rahmen von Umweltschutzaufgaben immer auf ganze dB-Werte gerundet werden. Es ist dabei auch zu beachten, daß die Genauigkeit der Meßgeräte in der Regel im Bereich von 1 dB liegt (Zum Einfluß der Meteorologie auf die Ergebnisse von Messungen und Prognoserechnungen s. 1.9.3.3).

1.5.2 Bewertete Schallpegel

Durch Frequenzbewertung erhält man aus (1.21 a–c) die sog. bewerteten Schallpegel. In Darstellung 1.10 sind die Bewertungskurven A, B, C, D abgebildet. Die weitaus wichtigste ist die A-Kurve für den „A-bewerteten Schallpegel", die (dimensionslose) Einheit ist das dB(A).

A-bewerteter Schalldruckpegel:

(1.22a) $$L_A = 10 \lg \frac{p_A^2}{p_0^2} \quad \text{in dB(A)}$$

---

[10] Eduard Ernst Heinrich Weber (1795–1878): Anatom u. Physiologe, Gustav Theodor Fechner (1801–1887): Philosoph, Psychologe u. Physiker.

Tabelle 1.1 Einige typische Geräuschquellen und ihre Schalldruckpegel (dB(A)) sowie die entsprechenden Schalldrücke (1 Pa = 1 N/m^2) und Schallintensitäten (W/m^2), jeweils A-bewertet

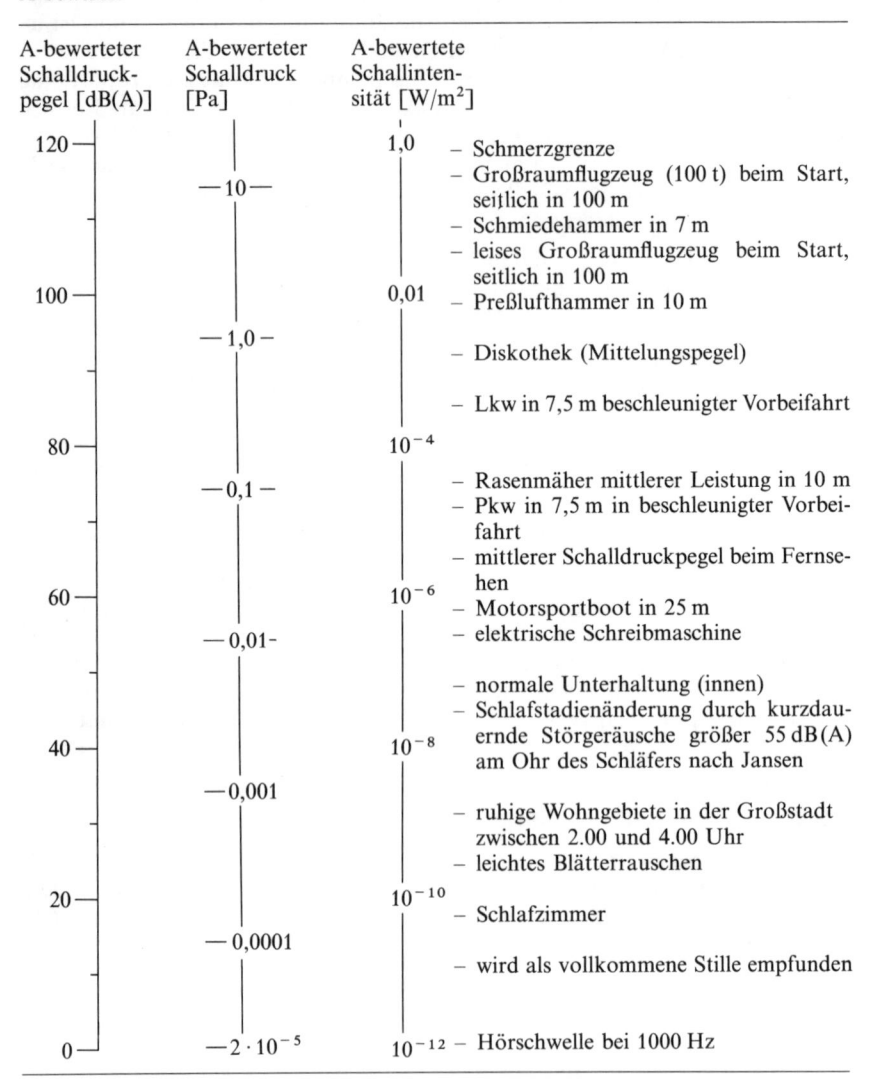

A-bewerteter Schalldruckpegel [dB(A)]	A-bewerteter Schalldruck [Pa]	A-bewertete Schallintensität [W/m^2]	
120		1,0	– Schmerzgrenze
	–10–		– Großraumflugzeug (100 t) beim Start, seitlich in 100 m
			– Schmiedehammer in 7 m
			– leises Großraumflugzeug beim Start, seitlich in 100 m
100		0,01	– Preßlufthammer in 10 m
	–1,0–		
			– Diskothek (Mittelungspegel)
			– Lkw in 7,5 m beschleunigter Vorbeifahrt
80		10^{-4}	
	–0,1–		– Rasenmäher mittlerer Leistung in 10 m
			– Pkw in 7,5 m in beschleunigter Vorbeifahrt
			– mittlerer Schalldruckpegel beim Fernsehen
60		10^{-6}	– Motorsportboot in 25 m
	–0,01–		– elektrische Schreibmaschine
			– normale Unterhaltung (innen)
			– Schlafstadienänderung durch kurzdauernde Störgeräusche größer 55 dB(A) am Ohr des Schläfers nach Jansen
40		10^{-8}	
	–0,001		
			– ruhige Wohngebiete in der Großstadt zwischen 2.00 und 4.00 Uhr
			– leichtes Blätterrauschen
20		10^{-10}	– Schlafzimmer
	–0,0001		
			– wird als vollkommene Stille empfunden
0	–2·10^{-5}	10^{-12}	– Hörschwelle bei 1000 Hz

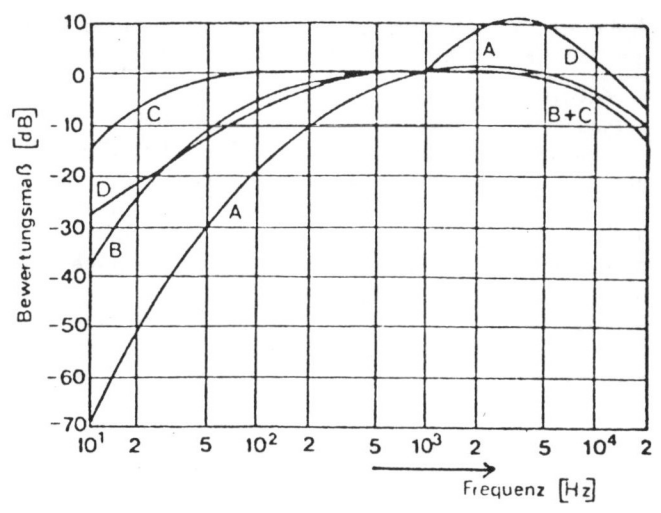

Teil 1   Technische Akustik im Immissionsschutz   25

Darstellung 1.10   Bewertungskurven für die Frequenzbewertungen A-, B-, C- und D.

Ein Bewertungsmaß von $-20\,\mathrm{dB}$, das in der A-Kurve bei etwas unter 100 Hz erreicht wird, bedeutet, daß ein Geräusch dieser Frequenz im Pegel um 19 dB höher sein muß als ein Geräusch bei 1000 Hz, um den gleichen A- bewerteten Schallpegel zu erreichen. In der Schallintität entspricht dies fast einem Faktor 100, im Schalldruckpegel einem Faktor 10 den dieses Geräusch größer sein muß als ein Geräusch bei 1000 Hz.

A-bewerteter Schallintensitätspegel:

(1.22 b) $\qquad L_{IntA} = 10\lg\dfrac{I_A}{I_0}\quad$ in $\mathrm{dB(A)}$

A-bewerteter Schalleistungspegel:

(1.22 c) $\qquad L_{WA} = 10\lg\dfrac{P_A}{P_0}\quad$ in $\mathrm{dB(A)}$

Die A-Bewertung eines Geräusches erhält man, wenn man beispielsweise am Schallpegelmesser das A-Filter einschaltet. Das ist ein Filter dessen Durchlaßkurve der A-Kurve in Darstellung 1.10 entspricht, oder wenn man, z. B. von den Terz- oder Oktavpegeln eines Geräusches ausgehend, die einzelnen Frequenzbänder nach der Tabelle A 1.2 bewertet. Die Bewertungskurven tragen dem Rechnung, daß die Empfindlichkeit des Ohres zu tiefen und zu sehr hohen Frequenzen hin abnimmt. Von den Bewertungskurven B, C und D hat heute nur noch die Kurve C eine Bedeutung. Bei Lärm am Arbeitsplatz beispielsweise ist die Messung sehr hoher Einzelimpulse, die Gehörschäden auslösen können, nach VDI 2058 Bl. 2 mit der C-Bewertung durchzuführen. Bei Umweltschutz-

Aufgaben wird der C-bewertete Schalldruckpegel zur Beurteilung des tieffrequenten Spektralanteils eines Geräusches herangezogen.

Das dB(A)-Verfahren hat das DIN-phon-Verfahren, bei dem drei Bewertungskurven benutzt wurden, verdrängt. Es hat sich in der Praxis der Lärmmeßtechnik auch gegenüber den anderen Meßverfahren, die auf Bewertung einzelner Frequenzbänder beruhen, wie z. B. die verschiedenen Arten der Lautstärke-Meßverfahren oder Meßverfahren zur Bewertung von Kommunikationsstörungen durchgesetzt, nicht nur weil der meßtechnische Aufwand geringer ist, sondern weil in medizinischen wie sozialpsychologischen Felduntersuchungen die anderen Verfahren keine wesentlich höhere Korrelation zu medizinischen Befunden oder zu den Aussagen über Lärmbelästigung erbrachten, die den höheren meßtechnischen Aufwand derzeit rechtfertigen würde. Der Einsatz von Mikroprozessoren in der Schallmeßtechnik könnte hier eine Änderung einleiten.

1.5.3 Schalldruck- und Schalleistungspegel

Aus dem Schalleistungspegel berechnet sich bei einem ungerichteten Kugelstrahler der Schalldruckpegel im Abstand s entsprechend Gl. (1.16 a, b) bei Abstrahlung
in den Vollraum

(1.23 a) $\quad L(s) = L_W - 11 - 20 \lg s$,

in den Halbraum

(1.23 b) $\quad L(s) = L_W - 8 - 20 \lg s$.

Der Term $-20 \lg s$ bedeutet, daß eine Verdoppelung des Abstandes eine Pegeländerung $\Delta L = -6$ dB, eine Verzehnfachung des Abstandes eine Pegeländerung von $\Delta L = -20$ dB zur Folge hat.

Bei einer unendlich lang gedachten Linienquelle ergibt sich der Schalldruckpegel nach Gl. (1.18), wenn L_{WL} der Schalleistungspegel je Längeneinheit ist:

(1.24) $\quad L(s) = L_{WL} - 3 - 10 \lg s \quad$ und

(1.25) $\quad L(s) = L(s_0) - 10 \lg \dfrac{s}{s_0}$.

Eine Abstandsverdoppelung bedeutet eine Pegeländerung $\Delta L = -3$ dB, eine Verzehnfachung des Abstandes ein $\Delta L = -20$ dB.

1.5.4 Rechnen mit Pegeln

Da der Schalldruckpegel definitionsgemäß ein logarithmisches Größenverhältnis darstellt, gelten für ihn etwas andere Rechenregeln, als man es für lineare Größen gewohnt ist. Es ist zu beachten, daß man nur Energien oder Leistungen addieren darf und daß diese Größen zu p^2 proportional sind.

Teil 1   Technische Akustik im Immissionsschutz   27

Für die energetische Pegeladdition zweier Geräusche mit den Schalldruckpegeln L_1 und L_2 gilt (L_{ges} – Gesamtpegel)

(1.26) $\quad L_{ges} = 10 \lg(10^{0,1L_1} + 10^{0,1L_2})$,

denn aus $L_i = 10 \lg p_i^2/p_0^2$ (i = 1,2) ergibt sich mit $p_i^2 = p_0^2 \, 10^{0,1L_i}$

$$L_{ges} = 10 \lg \frac{p_1^2 + p_2^2}{p_0} = 10 \lg(10^{0,1L_1} + 10^{0,1L_2}).$$

Beispiel:

1) Zwei Schallquellen mit gleichem Schalldruckpegel L wirken auf einen Immissionsort ein. $L_{ges} = 10 \lg(2 \cdot 10^{0,1L}) = L + 3$. Der Gesamtpegel beträgt um 3 dB mehr als der Pegel der Einzelquelle für sich[11].

2) Zahlenbeispiel: $L_1 = 64\,dB(A)$, $L_2 = 58\,dB(A)$; $L_{ges} = 10 \lg(2,5 \cdot 10^6 + 6,3 \cdot 10^5) = 65\,dB(A)$.
Der Gesamtpegel beträgt 65 dB(A).

Für n Schallquellen läßt sich der Gesamtpegel L_{ges} wie folgt berechnen:

(1.27) $\quad L_{ges} = 10 \lg \sum_{i=1}^{n} 10^{0,1L_i}$

Zur Bildung des Gesamtpegels aus den Pegeln L_1 und L_2 kann das Nomogramm in Darstellung 1.11a nützlich sein: Man bildet die Differenz aus den Pegeln L_1 und L_2, geht mit dieser Differenz in die untere Reihe von Darstellung 1.11a ein und bestimmt in der oberen Reihe den zugehörigen Wert ΔL. Man erhält den Gesamtpegel, wenn man ΔL zum größeren Pegel von L_1 und L_2 dazu addiert. Bei der Addition mehrerer Pegel ist dabei die Reihenfolge der Addition beliebig. Im obigen Beispiel beträgt die Differenz 6 dB; das ergibt ein $\Delta L = 1\,dB$, das zu $L_1 = 64\,dB(A)$ addiert werden muß.

Manchmal möchte man von einem Gesamtpegel L_{ges} einen Pegel abziehen, z.B. wenn ein Anlagengeräusch von einem Fremdgeräusch überlagert ist, das beispielsweise nicht abgeschaltet werden kann. Hierzu dient das Nomogramm in Darstellung 1.11b.

---

[11] Das gilt für Geräusche von inkohärenten, d.h. voneinander unabhängigen Quellen. Bei kohärenten Quellen werden Druckamplituden phasenrichtig addiert, im Falle der Druckerhöhung an einem Immissionsort müßte es dann im Beispiel statt $10 \lg \dfrac{2p^2}{p_0}$
heißen $10 \lg \dfrac{(2p)^2}{p_0}$, was zu einer Schalldruckpegel-Erhöhung von 6 dB(A) führt. Zwei Lautsprecher, die von einem Sinusgenerator gespeist werden, wären beispielsweise zueinander kohärent.

Korrekturwert Δ L, der zum größeren
Wert von L_1, L_2 zu addieren ist

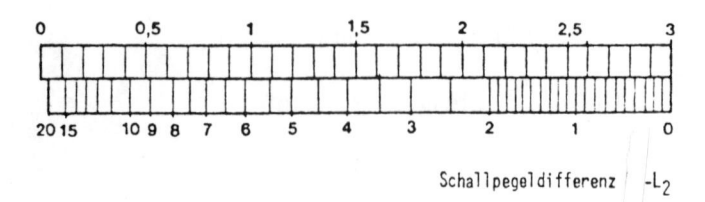

Schallpegeldifferenz $-L_2$

a) Pegeladdition

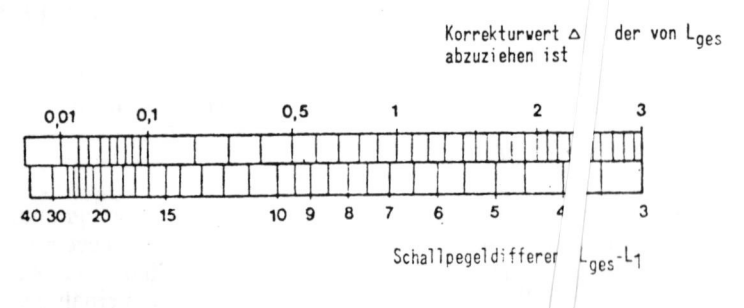

Korrekturwert Δ der von L_{ges}
abzuziehen ist

Schallpegeldifferenz $L_{ges}-L_1$

b) Pegelsubtraktion

Darstellung 1.11 Nomogramm zur Addition und Subtraktion von Pegeln.

Für den Pegelmittelwert $\bar{L}$ einer Menge von n Pegeln gilt:

$$(1.28) \qquad \bar{L} = 10\lg\frac{1}{n}\left(\sum_{i=1}^{n} 10^{0,1L_i}\right) = 10\lg\sum_{i=1}^{n} 10^{0,1L_i} - 10\lg n$$

Wenn die zu mittelnden Pegelwerte nur eine kleine Streuung aufweisen, kann näherungsweise auch arithmetisch gemittelt werden. Der Unterschied zwischen dem größten und dem kleinsten vorkommenden Pegel (Spannweite) soll dabei 5 dB nicht überschreiten.

1.6 Mittelungspegel

1.6.1 Einleitung

Die in der Praxis auftretenden Geräusche sind häufig mehr oder minder stark schwankend. Man denke an den Straßenlärm: Die vorbeifahrenden Pkw und Lkw lassen das Geräusch ansteigen und abfallen. Am Meßgerät beobachtet man große Pegelausschläge, auf einem angeschlossenen Schreiber einen Pegelverlauf, wie er z. B. für Verkehrslärm in Darstellung 1.12 skizziert ist. Zur Beurteilung eines solchen Geräusches muß man einen Mittelungspegel über die Zeit, den sog. äquivalenten Dauerschallpegel, bilden. Die Bedeutung des äquivalenten Dauerschallpegels ist in der Hypothese zu sehen, daß ein schwankendes Geräusch in seiner Störwirkung „äquivalent" ist einem gleichbleibendem Geräusch, dessen Pegel gleich ist dem Mittelungspegel des zeitlich schwankenden Geräusches. Man spricht vom energieäquivalenten Dauerschallpegel, wenn die Mittelung energierichtig durchgeführt wird. Die obige Hypothese kann nicht für alle Fälle gelten. Sie gilt z. B. nicht, wenn durch sehr schnelle Pegeländerungen beim Menschen Schreckreaktionen ausgelöst werden, wie beispielsweise bei Überschallknallen oder bei Schießlärm, oder wenn Aussagen über die Schlafstörung (Weckreaktion) eines Geräusches zu treffen sind. In solchen Fällen müssen Aussagen über den Spitzenpegel gemacht werden (vgl. TALärm 2.422.6).

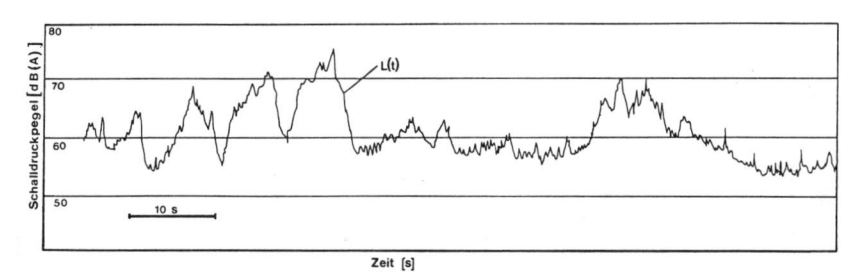

Darstellung 1.12 Schallpegelverlauf an einer Straße.

Die Bildung des Dauerschallpegels läuft in folgenden Schritten ab:

1. Schritt: Umwandlung der logarithmischen Größen L(t) in ihre lineare schallintensitätsproportionale Größe $10^{0,1 L(t)}$.

2. Schritt: Summierung der linearen Größe über die Zeit:

$$\int_T 10^{0,1 L(t)} dt$$

3. Schritt: Mittelung der Summengröße durch Division mit T:

$$\frac{1}{T} \int_T 10^{0,1 L(t)} dt$$

4. Schritt: Rückwandlung der gemittelten Summengröße in den Pegelwert (Mittelungspegel L_m)

(1.29) $$L_m = 10 \lg \left[\frac{1}{T} \int_T 10^{0,1 L(t)} dt \right]$$

In der Praxis führt man diese Integration als Summierung aus, wie sie in Darstellung 1.13 schematisch abgebildet ist. Man bildet Streifen gleicher Zeitdauer τ. Es wird in jedem Intervall ein Wert des Kurvenverlaufs $L(t)$ genommen, beispielsweise im k-ten Intervall der Wert $10^{0,1 L_k}$, der mit der Intervallänge τ multipliziert wird.

Für alle n Intervalle ergibt sich die Summe

$$\sum_{k=1}^{n} \tau 10^{0,1 L_k}.$$

Der Mittelungspegel ist dann:

(1.30) $$L_m = 10 \lg \frac{1}{T} \sum_{k=1}^{n} 10^{0,1 L_k} \tau \quad \text{mit} \quad T = n\tau$$

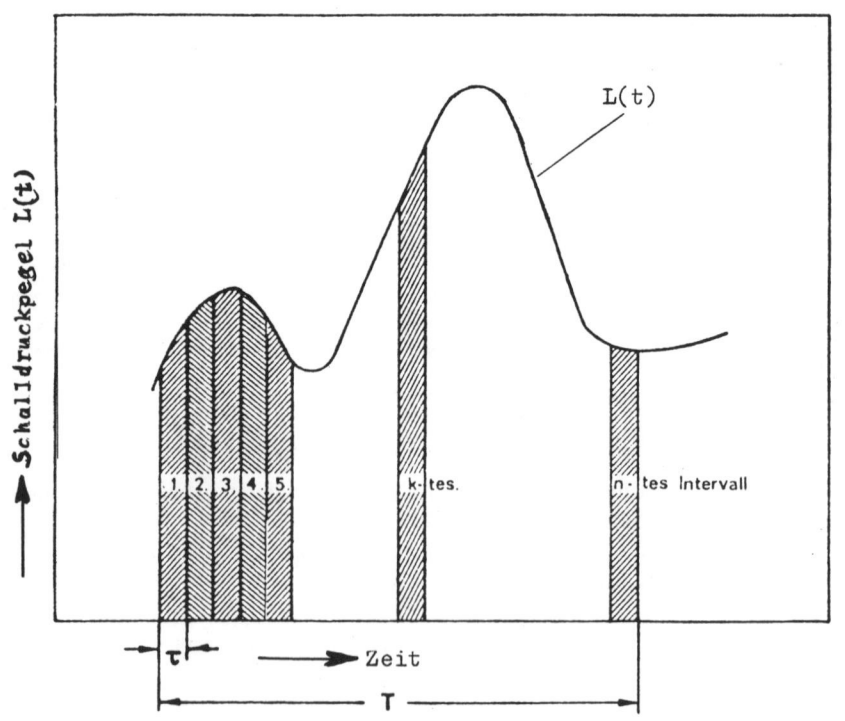

Darstellung 1.13 Integration durch Summation.

Teil 1 Technische Akustik im Immissionsschutz   31

Die Bestimmung des Mittelungspegels kann mit Hilfe kommerzieller integrierender Meßgeräte, oder mit einem Rechner erfolgen. Wenn derartige Geräte nicht verfügbar sind, kann der Mittelungspegel mit einem Klassiergerät oder in vielen Fällen auch in unmittelbarer Ablesung („Handablesungen") bestimmt werden.

1.6.2 Beispiel zum Mittelungspegel

Bevor das Stichprobenverfahren in 1.6.3 erläutert wird, soll ein einfaches Beispiel zur Bildung des Mittelungspegels behandelt werden.

Beispiel:

Ein Betrieb verursacht in seinem Nahbereich i.a. einen Pegel $L_{A1} = 60$ dB(A); für 6 Minuten je Stunde läuft jedoch in dem Betrieb zusätzlich ein Aggregat, beispielsweise ein akustisch unzureichend aufgestellter Kompressor, ein Gebläse, ein Rüttler o. ä.; durch das zusätzliche Aggregat steigt der vom Betrieb ausgehende Pegel L_{A2} auf 80 dB(A). Man berechne den zeitlichen Mittelungspegel (Der Pegelverlauf ist schematisch in Darstellung 1.14a gezeigt).

Die Berechnung für eine lineare Größe, z. B. die Berechnung der mittleren Geschwindigkeit eines Autos, das im Durchschnitt gesehen 54 Minuten lang mit $v_1 = 60$ km/h und 6 Minuten lang mit $v_2 = 80$ km/h fährt (Darstellung 1.14b), ergibt sich wie folgt: Die mittlere Geschwindigkeit $v_m = \dfrac{v_1 t_1 + v_2 t_2}{t_1 + t_2}$ beträgt 62 km/h. Die mittlere Geschwindigkeit des Autos ist also 62 km/h.

Für den Mittelungspegel L_{Am} ergibt sich nach (1.30) die zu v_m analoge Beziehung

$$L_{Am} = 10 \lg \frac{10^{0,1 L_{A1}} t_1 + 10^{0,1 L_{A2}} t_2}{t_1 + t_2}$$

Mit den gegebenen Zahlen errechnet sich $L_{Am} = 10 \lg \dfrac{10^6 \cdot 54 + 10^8 \cdot 6}{60} = 70,4$,

d. h. der Mittelungspegel beträgt also 70 dB(A).

Der Mittelungspegel wird von dem kurzen, hohen Pegel von 80 dB(A) bestimmt, was man daran erkennt, wenn man den 1. Term in der Rechnung wegläßt. Es würde sich dann rechnerisch ein Mittelungspegel von 70,0 dB(A) ergeben. Im Gegensatz dazu steht das Ergebnis für die mittlere Geschwindigkeit: Sie wird durch die kurzzeitig gefahrene höhere Geschwindigkeit wenig beeinflußt.

Für den Mittelungspegel, wie auch für die mittlere Geschwindigkeit, ist es dabei unwesentlich, in welcher zeitlichen Verteilung die 6 Minuten mit dem höheren Pegel zustande kommen. Bei einem Steinfertiger wäre es z. B. denkbar, daß die Vorbereitungszeit für den Rüttelvorgang im Durchschnitt $4^1/_2$ Minuten dauert, der Rüttelvorgang mit dem höheren Pegel eine halbe Minute.

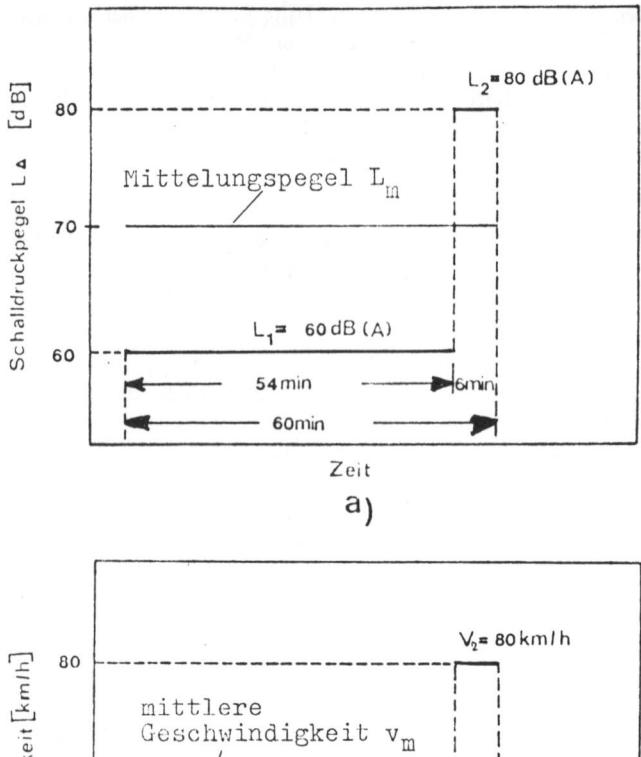

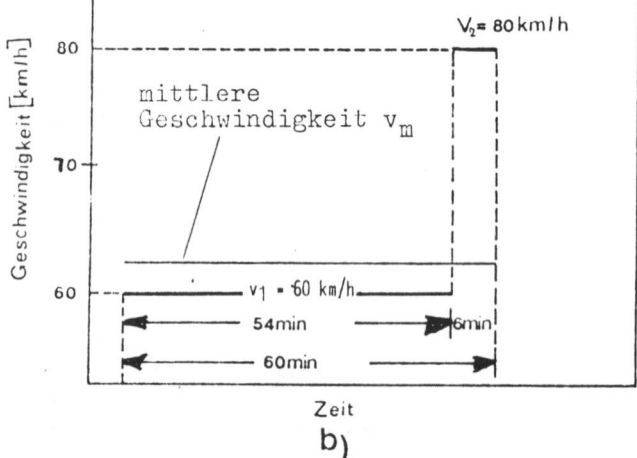

Darstellung 1.14 Mittelungsbildung
a) Schalldruckpegel (logarithmische Größe)
b) Geschwindigkeit (lineare Größe)

Teil 1 Technische Akustik im Immissionsschutz   33

Bei unterschiedlichen Zeitabschnitten t_i mit Pegeln L_i berechnet sich der Mittelungspegel für einen Zeitraum $T = \sum\limits_{1}^{k} t_i$ zu

(1.31) $$L_m = 10 \lg \left(\sum_{i=1}^{k} \frac{t_i}{T} 10^{0,1 L_i} \right)$$

Für den Sonderfall, daß von einer Anlage in einem Zeitraum t ein Pegel L verursacht wird und daraus der Mittelungspegel L_m für einen Zeitraum T berechnet werden soll, ist

(1.31 a) $$L_m = 10 \lg \left(\frac{t}{T} 10^{0,1 L} \right) = L - 10 \lg \frac{T}{t}$$

Für die praktische Berechnung kann man für den Term $-10 \lg T/t$ auch auf Tabellen zurückgreifen, s. Tabelle A 1.3 und A 1.4; das Verhältnis T/t entspricht dem Faktor k und $10 \lg \dfrac{T}{t}$ dem Ausdruck ΔL.

Beispiel:

Für die Anlage eines Betonteilefertigers, der in seiner 10-stündigen Arbeitszeit einen Mittelungspegel von 63 dB(A) verursacht, errechnet sich für die 16-stündige Tageszeit (06.00 bis 22.00 Uhr) ein Mittelungspegel $L_{m 16 h} = 63 - 10 \lg \dfrac{16}{10}$
$= 61$.

1.6.3 Stichprobenverfahren zur Ermittlung des Mittelungspegels

Beim Stichprobenverfahren wird der Pegelbereich in Klassen gleicher Breite aufgeteilt, z. B. der Breite von 5 dB. Zu bestimmten Zeitpunkten, z. B. alle 0,1 s, 0,3 s, 1 s oder alle 5 s oder auch in beliebiger Zeitfolge[12], wird der auftretende Pegel bestimmt. Es wird aber nicht mehr der tatsächliche auftretende Pegelwert ausgewertet, sondern die Häufigkeit des Auftretens der jeweiligen Pegelklasse gezählt. Der Mittelungspegel ist dann

(1.32)[13] $$L_m = 10 \lg \left(\frac{1}{N} \sum_{i=1}^{l} 10^{0,1 L_i} N_i \right)$$

---

[12] Nach der Theorie ist für die Bildung des Mittelungspegels nur eine genügend große Zahl voneinander unabhängiger Meßwerte erforderlich, s. DIN 45 641. In der Meßpraxis haben sich jedoch feste Abtastraten in vielen Fällen als günstig erwiesen.

[13] Zur Herleitung der Beziehung (1.32) kann man sich vorstellen, daß mit einem konstanten Abtastzyklus τ gearbeitet wird. $N \tau$ entspricht der Zeitdauer T; $N_i \tau$ entspricht der Zeitdauer, die die Pegelklasse i im Zeitraum T als aufgetreten betrachtet wird. Dann

L_i ist der Mittenpegel in der i-ten Klasse, N_i die Zahl, die die Häufigkeit des Auftretens in der i-ten Klasse angibt und l die Anzahl der Klassen. Die Gesamtzahl der Abtastungen ist $N = \sum_{i=1}^{l} N_i$.

Um bei Berechnungen nach Gl. (1.32) zu handlicheren Zahlen zu kommen, wählt man einen Bezugspegel L_0 mit $L_i = L_0 + \Delta L_i$. Entsprechend der Definition von L_i ist ΔL_i der Unterschied von L_0 zum i-ten Klassenmittenpegel (vgl. Darstellung 1.15). Damit ergibt sich für den Mittelungspegel

(1.32a) $$L_m = 10 \lg \left(\frac{1}{N} \sum_{i=1}^{l} 10^{0,1(L_0 + \Delta L_i)} N_i \right)$$

$$= L_0 + 10 \lg \frac{1}{N} \left(\sum_{i=1}^{l} 10^{0,1 \Delta L_i} N_i \right)$$

Man führt nun die Hilfsgrößen ein:

(1.32a) $\quad k_i = 10^{0,1 \Delta L_i}$

(1.32b) $\quad \bar{k} = \frac{1}{N} \sum_{i=1}^{l} k_i N_i$

(1.32c) $\quad \Delta L_m = 10 \lg \bar{k}$

und erhält für den äquivalenten Dauerschallpegel

(1.32d) $\quad L_m = L_0 + \Delta L_m$.

Die zugeordneten Werte ΔL_i, k_i und $\bar{k}$, L_m sind jeweils tabelliert (s. Tabellen A1.3 und A1.4). In Darstellung 1.15 ist ein Beispiel für diesen Rechengang durchgerechnet.

1.6.4 Anmerkungen zum Stichproben-Verfahren

Man könnte meinen, daß die verwendete Klassenbreite den Wert des Mittelungspegels erheblich beeinflußt. Dies ist nicht der Fall, so lange die Pegelschwankungen über mehrere Klassen eine gewisse Verteilung aufweisen.

Dagegen ist der Mittelungspegel z.T. von der Einstellung der Anzeigedynamik am Meßgerät abhängig.

---

gilt: $L_m = 10 \lg \frac{1}{N\tau} \sum_{i=1}^{l} 10^{0,1 L_i} N_i \tau$. In (1.30) wird die Summation über die einzelnen Zeitintervalle ausgeführt, während in (1.32) über die Pegelklassen summiert wird.

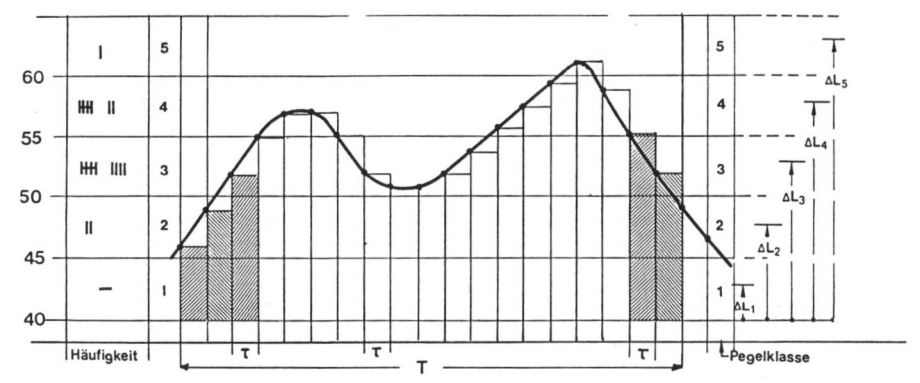

Teil 1 Technische Akustik im Immissionsschutz 35

Darstellung 1.15 Mittelungspegel nach dem Stichprobenverfahren (Rechenbeispiel)

Bezugspegel: $L_0 = 40\,\text{dB(A)}$

Pegelklasse		ΔL_i	k_i	N_i	$k_i N_i$
1	über 0 bis 5	2,5	1,8	0	0
2	über 5 bis 10	7,5	5,6	2	11,2
3	über 10 bis 15	12,5	18	9	162
4	über 15 bis 20	17,5	56	7	392
5	über 20 bis 25	22,5	180	1	180

$$N = \sum_1^r N_i = 19 \qquad \sum_1^5 k_i N_i = 745{,}2$$

$$\bar{k} = \frac{1}{N}\sum_{i=1}^{5} k_i N_i = \frac{745{,}2}{19} = 39{,}2$$

$\Delta L_m = 10\lg \bar{k} = 15{,}9$ (s. Tab. A 1.4) $L_m = L_0 + \Delta L_m = 40 + 16 = 56\,\text{dB(A)}$

Ergebnis: Der Mittelungspegel beträgt für den oben schematisch dargestellten Pegelverlauf 56 dB(A).

Je nach der bei der Messung gewählten Anzeigedynamik bezeichnet man den A-bewerteten Schalldruckpegel mit L_{AF}, L_{AS} oder L_{AI}, den A-bewerteten Mittelungspegel mit L_{AFm}, L_{ASm}, L_{AIm}. Der Unterschied der 3 Anzeigearten im Pegelverlauf ist in Darstellung 1.16 abgebildet.

Bei sehr kurzdauernden Geräuschen vollführen die Zeiger oder der Schreibstift in der Anzeige „Impuls" infolge der niedrigen Mittelungszeitkonstante bei der Effektivwertbildung einen größeren Ausschlag als in der Anzeige „Fast" oder gar in der Anzeige „Slow". Dem großen Ausschlag folgt wegen der großen Rücklaufzeitkonstante in der Anzeige „Impuls" ein langsamer Abfall (vgl. Darstellung 1.16c). Man erhält in der Einstellung „Impuls" sägezahnartige Pegelverläufe. Für die Mittelungspegel gilt: $L_{AFm} = L_{ASm}$ = energieäquivalenter Dauerschallpegel L_{eq}. Für den Impuls-Mittelungspegel: $L_{AIm} \geqq L_{AFm}$. Es ist festzuhalten, daß der Mittelungsvorgang selbst bei der Bildung von L_{AFm}, L'_{ASm} und L_{AIm} jeweils gleich, nur die Anzeigeart verschieden ist. Der zweckmäßige Abfragezyklus bei der Pegelklassierung liegt für L_{AFm} und L_{AIm} zwischen 0,1 und 1,0 s, für L_{ASm} zwischen 0,5 und 1,0 s. Bei Bildung des Mittelungspegels L_{AFm} oder L_{ASm} direkt von einem Handpegelmesser ist ein Abfragezyklus von 5 s zweckmäßig. Der Pegel, genauer die Häufigkeit des Auftretens einer Pegelklasse wird zu einem festen Zeitpunkt registriert, bei einem Abfragezyklus mit einem konstanten Takt zu den Zeitpunkten τ, 2τ, 3τ usw. Dies ist wichtig festzuhalten, um den Unterschied zum Takt-Maximalpegel (Wirkpegel-)Verfahren zu verstehen. Die unterschiedlichen Integrationsflächen bei der Bildung von L_{AFm}, L_{AFTm} und L_{AIm} sind in Darstellung 1.17 skizziert.

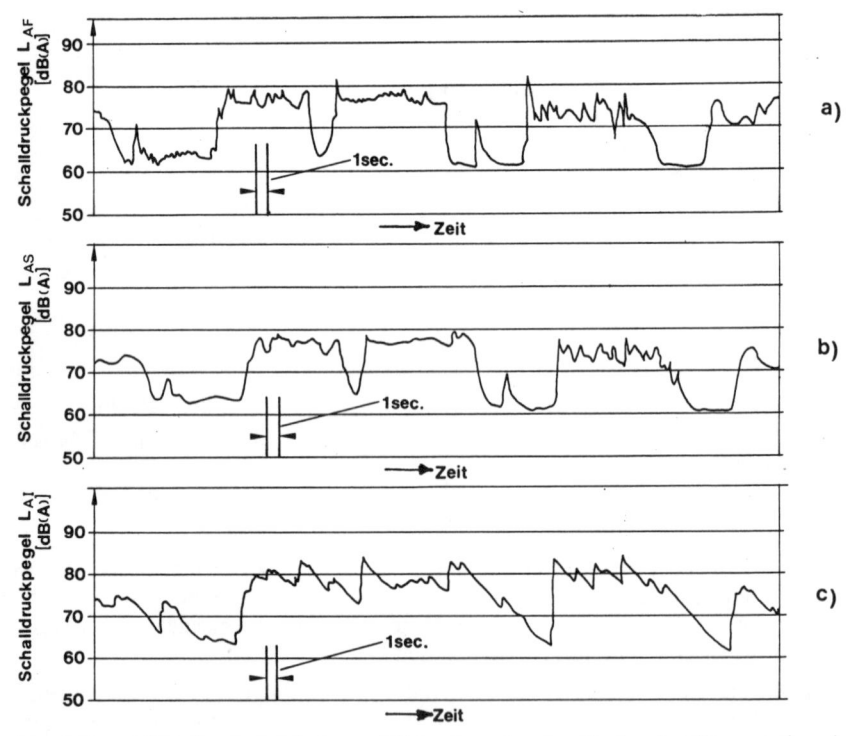

Darstellung 1.16 Pegelschrieb eines zeitlich schwankenden Geräusches (Kappstation eines Sägewerkes) in der Anzeigedynamik.
a) Schnell (Fast), b) Langsam (Slow), c) Impuls

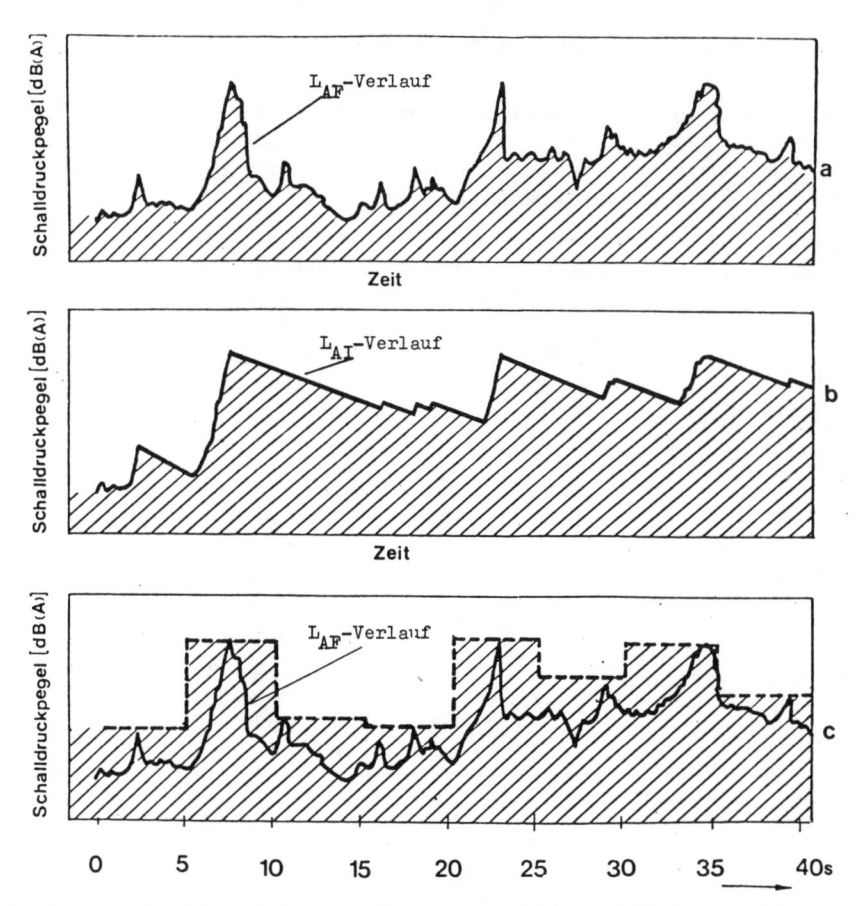

Teil 1 Technische Akustik im Immissionsschutz   37

Darstellung 1.17 Schematische Darstellung der verschiedenen Mittelungspegel L_{AFm}, L_{AIm}, L_{AFTm}.
(Das schraffierte Feld gibt jeweils die Fläche an, über die der Mittelungspegel gebildet wird.)

1.6.5 Taktmaximalpegel-Verfahren (Wirkpegel-Verfahren)

Beim Taktmaximalpegel (abgekürzt: L_{AFTm}) wird nicht der Pegel in einem festen Zeitpunkt abgelesen, sondern es ist (in der Anzeige „Fast") der in jedem Intervall der Zeitdauer τ auftretende maximale Pegel zur Bildung des Mittelungspegels heranzuziehen. Von der unterschiedlichen Ablesung abgesehen, wird bei der Bildung des Mittelungspegels L_{AFTm}, wie oben beschrieben, verfahren:

Aus der Häufigkeit der auftretenden Klassen der Maximalpegel ist mit Hilfe der Tabellen der Wirkpegel zu berechnen. Als Intervallänge wird die Zeitdauer $\tau = 5$ s gewählt[14].

L_{AFm} und L_{ASm} stellen die energetische Mittelung der A-bewerteten Schallenergien dar; sie repräsentieren einen physikalischen Sachverhalt. Mit L_{AFTm} und L_{AIm} wird versucht, die Wirkung von zeitlichen Schwankungen eines Geräusches auf den Menschen mit zu berücksichtigen.

So lange ein Geräusch zeitlich in seinem Pegel konstant ist, ergibt sich für L_{AFm}, L_{ASm}, L_{AIm} und L_{AFTm} der gleiche Wert. Je mehr das Geräusch zeitlich im Pegel schwankt, desto größer wird der Unterschied von L_{AFTm} und L_{AIm} zu L_{AFm} und L_{ASm}. Man geht von der Annahme und Erfahrung aus, daß rasch veränderliche Lärmpegel auf den Menschen eine längerdauernde Wirkung haben als durch ihren Wert des energieäquivalenten Dauerschallpegels zum Ausdruck kommt („Wirkpegel").

In Tabelle 1.2 sind alle 4 Verfahren und ihre Eigenschaften zusammengefaßt.

Tabelle 1.2 Übersicht über die Mittelungspegel L_{AFm}, L_{ASm}, L_{AIm}, L_{AFTm}

Mittelungspegel	Anzeigedynamik am Meßgerät	zweckmäßige Abtastrate/Intervall-Länge	zur Mittelungswertbildung benutzer Wert	Bedeutung	Beziehungen
L_{AFm}	fast	0,1–1 sec	Pegel im Zeitpunkt $\tau, 2\tau, \ldots n\tau$	Energiemittelung	$L_{AFm} = L_{ASm}$ $= L_{eq}$
L_{ASm}	slow	0,5–1 sec	Pegel im Zeitpunkt $\tau, 2\tau, \ldots n\tau$	Energiemittelung	
L_{AIm}	impulse	0,1–0,5 sec	Pegel im Zeitpunkt $\tau, 2\tau, \ldots n\tau$	Wirkung	$L_{AIm} \approx L_{AFTm}$
L_{AFTm}	fast	Intervalllänge $\tau = 5$ sec	Maximaler Pegel im 1., 2., … n-ten Intervall	Wirkung	$L_{AFm} \leqq L_{AFTm}$

---

[14] Im Unterschied zu L_{ASm}, L_{ASm} ist der Wert vom L_{AFTm} von der Länge des Intervalles abhängig, und zwar gilt für schwankende Pegelverläufe je größer das Intervall um so höher der nach dem Taktmaximal-Verfahren gebildete Mittelungspegel. In der TA-Lärm ist das 5s-Intervall nicht zwingend vorgeschrieben (vgl. Ziffer 2.422.2). Im Bereich des Umweltschutzes wird in der Verwaltungspraxis $\tau = 5$ s einheitlich in Deutschland angewendet. Im Bereich des Arbeitsschutzes geht der Trend zu einer Intervallänge von $\tau = 3$ s (s. DIN 45645 Bl. 1 und 2).

1.6.6 Der Äquivalenz-(Halbierungs-)parameter

Die Gl. (1.29) für den äquivalenten Dauerschallpegel kann in folgender Form verallgemeinert werden:

$$(1.33) \qquad L_m = g \lg \frac{1}{T} \int_T 10^{\frac{1}{g}L(t)} dt \quad \text{mit} \quad g = q/\lg 2$$

q bezeichnet man als Äquivalenz- oder Halbierungsparameter. Er gibt an, um wieviel dB der Schalldruckpegel erhöht werden muß, wenn bei Halbierung der Einwirkdauer, derselbe Mittelungspegel L_m, sich errechnen soll. q = 3 führt zu g = 10, dem bisherigen Wert in Gl. (1.29). Es ergibt sich erwartungsgemäß, daß der Schalldruckpegel bei Halbierung der Einwirkzeit um 3 dB erhöht werden muß, wenn der Wert für den äquivalenten Dauerschallpegel gleich bleiben soll; für q = 4 (g = 13,3), wie es bei dem äquivalenten Dauerschallpegel nach Fluglärmgesetz vorgeschrieben ist, ist L = 4 dB; der Wert q = 5 (g = 16,6) ist in der amerikanischen Arbeitsschutzgesetzgebung vorgegeben.

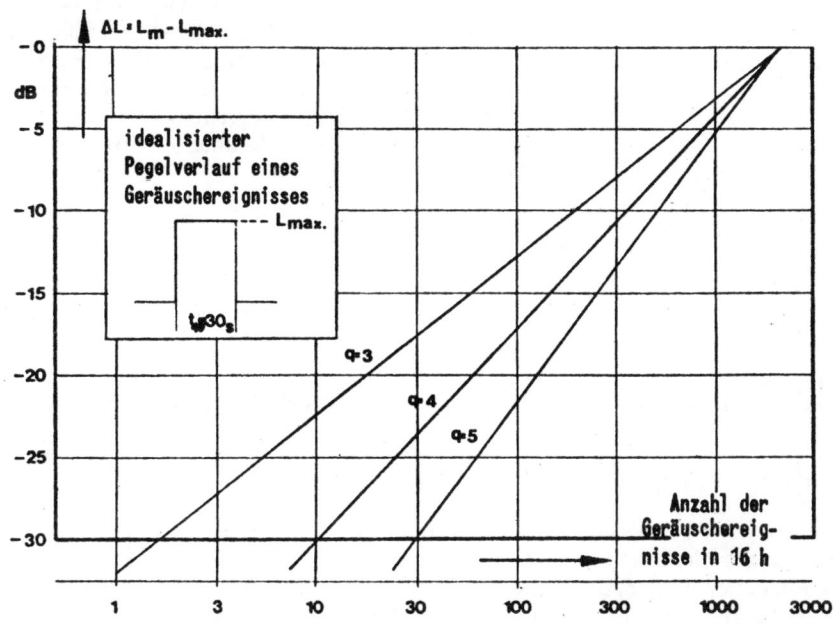

Darstellung 1.18 Einfluß des Äquivalenzparameters auf den Mittelungspegel L_m, dargestellt für sich wiederholende Geräuschereignisse des oben angegebenen Verlaufs, z. B. Überflüge mit L_{max} und $t_{10} = 30$ s.
Beispiel: Bei 30 Geräuschereignissen in einem 16-stündigen Bezugszeitraum mit L_{max} = 80 dB(A) beträgt der Mittelungspegel 62, 57 und 50 dB(A) für q = 3, 4 bzw. 5.

In Darstellung 1.18 ist der Einfluß des Halbierungsparameters auf den äquivalenten Dauerschallpegel für den einfachen Fall von Lärmereignissen nicht überlappender „Rechteckereignisse", die alle den gleichen Schalldruckpegel L_{max} und die gleiche Einwirkdauer von 30 s haben sollen (idealisierte Vorbeiflüge), dargestellt. Man erkennt, daß der Mittelungspegel bei gleicher Anzahl von Lärmereignissen umso kleiner ist, je größer q ist. Die Abweichung nimmt mit zunehmender Häufigkeit der Lärmereignisse ab und verschwindet, wenn die Einzelereignisse den ganzen Mittelungszeitraum, im gewählten Beispiel 16 h, überdecken.

Die Rechtfertigung für die Anwendung von q-Werten größer als 3 beruht darauf, daß bei hohen Lärmpegeln die temperäre Gehörschwellenverschiebung, d. h. die momentane reversible Vertäubung, als Indikator für eine spätere permanente Schwellenverschiebung, bei zeitlich intermittierenden Geräuschen, also bei einem Geräusch mit Lärmpausen, geringer ist als bei Geräuschen mit zeitlich konstantem Pegel, gleiche Dauerschallpegel vorausgesetzt. Aber auch bei Geräuschen unterhalb des Pegels, der zur physischen Schädigung des Gehörs führen kann, im Bereich der Belästigung und Störung bestimmter Aktivitäten durch Lärm, ist bekannt, daß eine kürzere, laute Geräuscheinwirkung in der Öffentlichkeit gegenüber einem länger andauernden, weniger lauten Geräusch bevorzugt wird, z. B. bei öffentlichen Bauarbeiten, für die zwei verschiedene Bauverfahren möglich sind. Solche Ergebnisse wie sie aus den Befragungen von Betroffenen bekannt sind, dürfen nicht verallgemeinert werden. Sie beruhen auf der Voraussetzung, daß die Geräuscheinwirkung zeitlich begrenzt und überschaubar ist. Die Geräuschbeurteilung bei Schalldruckpegeln unter 85 dB(A) sollte nach derzeitigem Wissensstand mit q = 3 erfolgen.

1.7
Spektraldarstellung von Geräuschen

1.7.1 Einführung

Neben der Pegelangabe gehört die Kenntnis über die spektrale Zusammensetzung eines Geräusches zu seiner wichtigsten Charakterisierung, um gezielte Maßnahmen bei der Auslegung von Schallschutzmaßnahmen treffen zu können oder die Tonhaltigkeit eines Geräusches einer bestimmten Drehzahl, Zahneingriffsfrequenz oder Zündfolgefrequenz u.s.w. zuordnen zu können.

Wegen des großen Frequenzumfanges des menschlichen Gehörs (s. Darstellung 1.1) wird bei Spektraldarstellung von Geräuschen die Frequenzachse sehr häufig logarithmisch eingeteilt. Die logarithmische Darstellung bewirkt, daß gleich große Frequenzverhältnisse[15], z. B. Verhältnisse von 2 : 1 (Oktave) auf der Frequenzachse gleich große Abstände haben. Das entspricht (im Einklang mit den Erfahrungen der musikalischen Akustik) den Aussagen des Weber-Fechnerschen Gesetzes, daß gleiche Frequenzverhältnisse als ähnlich empfunden werden. Frequenzverhältnisse eines 100 Hz-Tones zu einem 50 Hz-Ton oder eines 200 Hz-Tones zu einem 100 Hz-Ton werden jeweils als eine Oktave empfunden. Lineare Frequenzauftragungen werden dann bevorzugt, wenn es sich um Darstellungen eines kleineren Frequenzbereiches handelt. Bei den modernen Digitalgeräten wird das Pegelspektrum häufig auch über eine linear geteilte Frequenzachse dargestellt. Das ist deshalb sinnvoll, weil hier mit Filtern konstanter absoluter Bandbreite (s. u.) analysiert wird (Beispiele für Geräuschspektren, s. Teil 3).

1.7.2 Frequenzfilter

Die idealisierte Durchlaßkurve eines Filters (Bandpasses) für die Spektralanalyse ist in Darstellung 1.19 angegeben. Als Bandbreite B (oder Δf) eines Filters ist $B = f_o - f_u$ definiert, wobei f_o, f_u jeweils die Frequenz am oberen bzw. unteren sog. 3 dB-Punkt darstellen. Meist wird die Filterkurve noch weiter als Rechteck-Verlauf idealisiert, die im Durchlaßbereich eine Dämpfung von 0, außerhalb davon von $-\infty$ besitzt. In Wirklichkeit haben die Filter Flanken großer, aber endlicher Steilheit, d. h. ein Sinuston im Durchlaßbereich eines Filters beeinflußt entsprechend der Steilheit der Filterflanken auch die Anzeige in den beiden benachbarten Filtern. Dieser Effekt auf das Nachbarfilter ist umso stärker, je näher beispielsweise eine Sinuston an eine der Grenzen f_o oder f_u zu liegen kommt.

Die Mittenfrequenz f_m eines Filters ist definiert als

(1.34) $$f_m = \sqrt{f_o f_u}$$

näherungsweise bei kleinen Bandbreiten

(1.34a) $$f_m = \frac{1}{2}(f_o + f_u).$$

---

[15] Frequenzverhältnisse werden in der musikalischen Akustik als Intervalle bezeichnet. Wichtige Intervalle und die dazugehörigen Frequenzverhältnisse sind die

kl. Prime (Halbton) $\sqrt[12]{2} : 1 = 1{,}059$ (16:15 = 1,067)

gr. Terz $\sqrt[12]{2^4} : 1 = 1{,}260$ (5:4 = 1,250)

Quinte $\sqrt[12]{2^8} : 1 = 1{,}587$ (3:2 = 1,500)

Oktave $\sqrt[12]{2^{12}} : 1 = 2$ (2:1 = 2)

Die links stehenden Zahlen geben die Frequenzverhältnisse nach der „gleichschwebend temperierten Stimmung", die rechts stehenden, in Klammern befindlichen Werte beziehen sich auf die sog. „reine Stimmung". In der gleichschwebend temperierten Stimmung ergeben, drei aufeinanderfolgende Terzen ($\sqrt[12]{2^4})^3$ exakt ein Frequenzverhältnis von 2, bei der reinen Stimmung jedoch von 1,95.

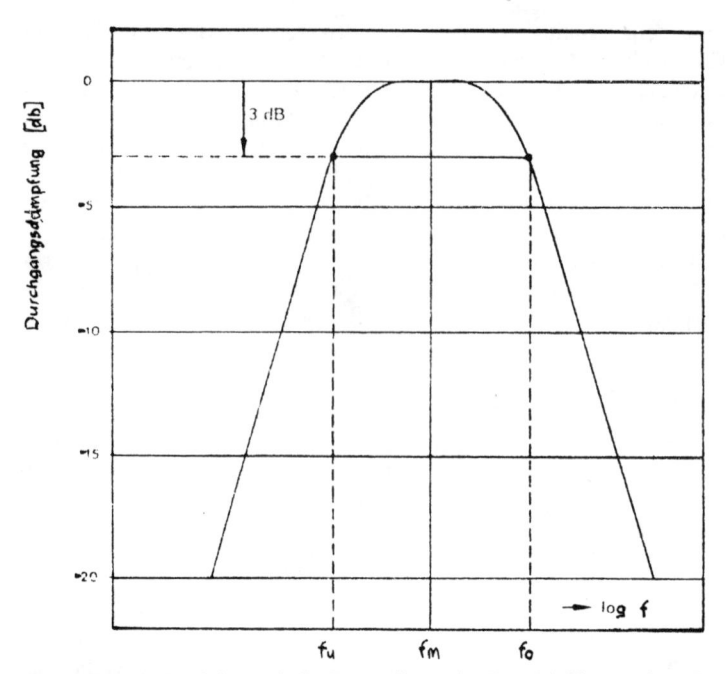

Darstellung 1.19 Schematische Darstellung der Durchlaßkurve eines Bandfilters.
f_o, f_u – obere bzw. untere Grenzfrequenz
f_m – Mittenfrequenz des Bandfilters

Bei Analysatoren unterscheidet man Filtersysteme mit konstanter absoluter Bandbreite B_a oder mit konstanter relativer Bandbreite B_r. Bei ersteren ist die Bandbreite über den ganzen zu analysierenden Frequenzbereich konstant, bei letzteren die Größe $B_r = (f_o - f_u)/f_m$.

Ein weiteres Unterscheidungsmerkmal bei Analysatoren ist die Bandbreite der Filter im Verhältnis zur jeweiligen Bandmittenfrequenz. Als Schmalband-Analysatoren bezeichnet man Geräte, deren relative Bandbreite $B_r \leq 0,1$ ist. Ein Analysator für den Frequenzbereich von 20 Hz bis 20000 Hz mit einer konstanten Bandbreite von 10 Hz ist, vom ganz tiefen Frequenzbereich abgesehen, als Schmalband-Analysator, ein Terzband-Analysator (s.u.) mit $B_r = 0,23$ als Breitband-Analysator anzusehen.

Mit der Bandbreite B eines Filters ist seine Einschwingzeit τ verknüpft: $\tau \approx \dfrac{1}{B}$, d.h. je kleiner die Bandbreite, umso größer ist die Einschwingzeit eines Filters und umgekehrt. Bei der Frequenzanalyse muß für diese Zeit τ das anliegende Schallsignal stationär sein. Kurze Schallsignale wurden deshalb früher auf Band gespeichert und in einer Bandschleife analysiert, heute können sie in einem Transienten-Speicher aufgezeichnet und von dort verarbeitet werden. Zum Aufbau von Analysatoren s. 2.3.2.5.

In der technischen Akustik werden für sehr viele Anwendungen entweder Terzband- oder Oktavband-Analysatoren benutzt. Es sind Analysatoren mit konstanter relativer Bandbreite. Für die obere und untere Grenzfrequenz gelten die Beziehungen:

$f_o = 2 f_u$ (Oktavband) bzw. $f_o = \sqrt[3]{2} f_u$ (Terzband).

In Tabelle 1.3 sind Bandbreite (Definitionsgleichung), f_m und B_r als Funktion von f_o und f_u gegeben. Die Mittelfrequenz und der dazugehörige Durchlaßbereich für Oktavband und Terzbandfilter sind in DIN 45651 und 45652 genormt (s. Tabelle A 1.5).

Tabelle 1.3 Frequenzgrenzen, Bandmittenfrequenz und relative Bandbreite bei Oktavband- und bei Terzbandfiltern

	Oktavband	Terzband
Frequenzgrenzen	$f_o = 2 f_u$	$f_o = \sqrt[3]{2} f_u$ ($f_o \approx 1{,}26 f_u$)
Bandmittenfrequenz $f_m = \sqrt{f_o f_u}$	$f_m = \sqrt{2} f_u$ ($f_m \approx 1{,}41 f_u$)	$f_m = \sqrt[6]{2} f_u$ ($f_m \approx 1{,}12 f_u$)
relative Bandbreite $B_r = (f_o - f_u)/f_m$	$B_r = \dfrac{1}{\sqrt{2}}$ ($B_r \approx 0{,}707$)	$B_r = \left(\sqrt[6]{2} - \dfrac{1}{\sqrt[6]{2}}\right)$ ($B_r \approx 0{,}23$)

1.7.3 Schallpegel und Frequenzband

Frequenzanalysen können quantitativ bezüglich des Pegels nur ausgewertet werden, wenn bekannt ist, mit welcher Bandbreite das Spektrum gemessen oder berechnet wurde. Gelegentlich werden die in einem Frequenzband gemessenen Pegel als sogenannte 1 Hz-Pegel angegeben. Für ihre Umrechnung gilt:

(1.35) $\quad L_{1\,Hz}(f) = L_B(f) - 10 \lg B$

$L_{1\,Hz}(f)$, $L_B(f)$ sind hierbei der Pegel bei der Frequenz f bzogen auf 1 Hz bzw. auf die Bandbreite B, B ist die Bandbreite des betrachteten Filters.

Häufig muß man aus einem Terzband- oder Oktavband-Spektrum den Gesamtpegel oder den A-bewerteten Gesamtpegel bestimmen. Im ersteren Fall sind nur die einzelnen Pegelwerte energetisch nach Gl. (1.27) zu addieren, im zweiten Fall hat man zuerst bandweise die A-Bewertung nach Tabelle A 1.2 durchzuführen.

Man erhält dann die A-bewerteten Terzband- oder Oktavbandpegel, die man für den A-bewerteten Gesamtpegel wiederum energetisch addiert (s. Beispiel).

Wenn für eine Berechnung ein Spektrum nur in Terzbändern zur Verfügung steht, aber nur in Oktavbändern gerechnet werden soll, braucht man, um das Oktavspektrum zu erhalten, lediglich die zu einer Oktav gehörenden Terzspektren energetisch zu addieren. Seien beispielsweise 92, 91 und 86 dB die Schalleistungspegel der Terzbänder mit f_m = 800, 1000 bzw. 1250 Hz, dann beträgt der Oktavband-Schalleistungspegel für 1000 Hz 95 dB. Die umgekehrte Rechnung aus dem Oktavband-Pegel die dazugehörigen Terzband-Pegel ist ohne weitere Informationen im allgemeinen nicht möglich. Bei geringer Abhängigkeit des Spektrums von der Frequenz kann man näherungsweise $L_T = L_0 - 5$ schreiben (L_T, L_0 – Terzband- bzw. Oktavbandpegel, $10 \lg 3 = 5$).

Beispiel:

An einem Immissionsort werden folgende Oktavband-Schalldruckpegel für die Oktavmittenfrequenzen 31.5 bis 4000 Hz gemessen: 55, 59, 52, 45, 50, 50, 42, 33 dB. Es ist der A-bewertete Gesamtschalldruckpegel zu bestimmen.

Zur Lösung macht man sich am besten untenstehendes Schema: Zeile 1 für die Oktavmittenfrequenzen, Zeile 2 für die o.a. Schalldruckpegel, Zeile 3 für die A-Bewertung nach Tabelle A 1.02, Zeile 4 für die A-bewerteten Oktavband-Schalldruckpegel:

1	31,5	63	125	250	500	1000	2000	4000
2	55	59	52	45	50	50	42	33
3	−38	−25	−16	−9	−3	0	1	1
4	17	34	36	36	47	50	43	34

Durch Addition der in Zeile 4 stehenden A-bewerteten Oktavband-Schalldruckpegel erhält man den A-bewerteten Schalldruckpegel zu 53 dB(A).

Man erkennt an diesem Beispiel, daß die Pegel in den tiefen Frequenzen kaum etwas zum A-bewerteten (Gesamt-)Schalldruckpegel beitragen. Dennoch können die tieffrequenten Frequenzanteile in einem Geräusch sehr störend und lästig sein (vgl. 3.3.5, Frequenzbewertungskurve A bei niederfrequenten Schallteilen).

1.8 Die Richtcharakteristik von Schallquellen

Viele Geräuschquellen strahlen nicht ungerichtet, d. h. gleichmäßig in den Raum ab, sondern sie haben ausgesprochene Vorzugsrichtungen, in die das Geräusch abgestrahlt wird. Man denke an ein startendes Flugzeug: Es hat einen Aufpunkt schon längst überflogen und ist bereits in größerer Entfernung, trotzdem hört man noch deutlich einen Geräuschanstieg, wenn man vom richtungsabhängigen Abstrahlmaximum des Düsenstrahllärms „getroffen" wird. In Darstellung 1.20 ist die Richtcharakteristik einer technischen Geräuschquelle – ein Kühlgerät an einem Sattelauflieger – abgebildet.

Die Richtungsabhängigkeit wird durch einen Richtwirkungsfaktor in Polarkoordinaten beschrieben, für den es in der Literatur üblicherweise 2 Definitionen gibt:

(1.36a) $\Gamma(\varphi, \vartheta) = \dfrac{p(s, \varphi, \vartheta)}{p(s, \varphi_0, \vartheta_0)}$ 1. Definition

a)

b)

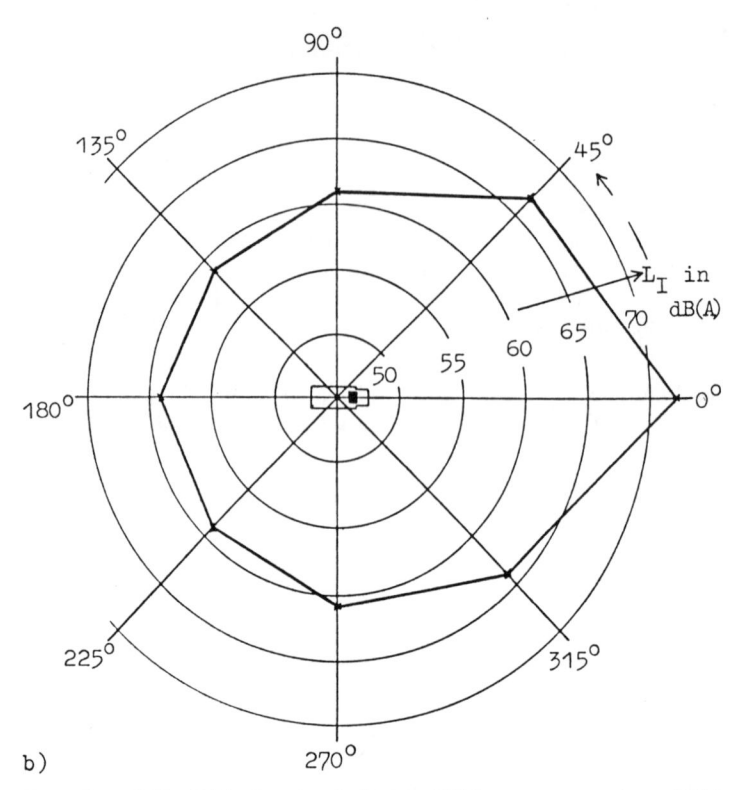

Darstellung 1.20 Richtcharakteristik eines Kühlaggregates an einem Kühlwagen, der im Koordinatenursprung in 0°-Richtung steht. Die Werte der radialen Koordinate wurden auf einem Kreis mit r = 20 m, 2 m ü. B. gemessen.
Im Polardiagramm ist in Abhängigkeit des Winkels als r-Koordinate aufgetragen in
a) die A-bewertete Schallintensität I_A in µW/m²
b) der A-bewertete Intensitätspegel $L_{IA} = 10 \lg \frac{I_A}{I_0}$ mit $I_0 = 10^{-12}$ W/m²
(Der Wert des Intensitätspegels im Fernfeld ist definitionsgemäß gleich dem des Schalldruckpegels)

Die Geräuschquelle befindet sich im Polarkoordinaten-Ursprung (Darstellung 1.21). Es wird im Fernfeld im Abstand s gemessen. φ_0, ϑ_0 kennzeichnen eine ausgezeichnete Richtung, z. B. ein Hauptmaximum der Quelle, auf die die Schalldrücke in beliebiger Richtung (φ, ϑ) bezogen werden.

Bei der 2. Definition des Richtwirkungsfaktors wird der Schalldruck $p(s, \varphi, \vartheta)$ in Richtung φ, ϑ auf den Schalldruck $p(s)$ im Abstand s von der Schallquelle bezogen, der sich aus der Schalleistung P der Quelle berechnet unter der Annahme, daß die Quelle ein Kugelstrahler wäre:

(1.36b) $\quad \Gamma^*(\varphi, \vartheta) = \dfrac{p(s, \varphi, \vartheta)}{p(s)} \quad$ (2. Definition);

für $p(s)$ gilt: $p^2(s) = I(s)\varrho c = \dfrac{\varrho c P}{4\pi s^2}$.

Der Richtwirkungsgrad einer Schallquelle ist als Γ^{*2} festgelegt: Es gilt

(1.36c) $\quad \Gamma^{*2}(\varphi, \vartheta) = \dfrac{p^2(s, \varphi, \vartheta)}{p^2(s)} = \dfrac{I(s, \varphi, \vartheta)}{I(s)}$

I(s) ist die Intensität im Abstand s eines gedachten Kugelstrahlers, der die Schalleistung P der betrachteten Schallquelle besitzt.

Als Richtwirkungsmaß D wird die Größe definiert[16]:

(1.36d) $\quad D(\varphi, \vartheta) = 10 \lg \Gamma^{*2} = 20 \lg \Gamma^*$.

Aus (1.36c) folgt:

(1.36e) $\quad I(s, \varphi, \vartheta) = I(s)\, \Gamma^{*2}(\varphi, \vartheta)$

Der Schallintensitätspegel, im Fernfeld gleich dem Wert des Schalldruckpegels, bestimmt sich daraus:

(1.36f) $\quad L(s, \varphi, \vartheta) = L(s) + D(\varphi, \vartheta) = L_W - 11 - 20 \lg s + D(\varphi, \vartheta)$.

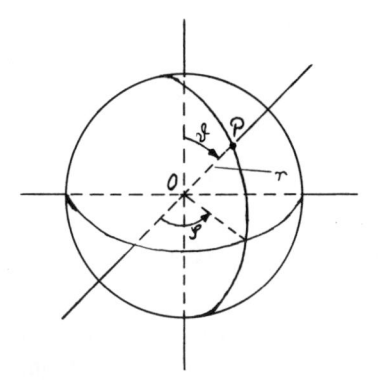

Darstellung 1.21 Die Polarkoordinaten (r, φ, ϑ) eines Aufpunktes P

---

[16] Es darf an DIN 5485 erinnert werden, wonach zu bezeichnen sind ein Amplitudenverhältnis als ... -faktor, ein Energie- oder Leistungsverhältnis als ... -grad, der zehnfache Logarithmus des Energie- oder Leistungsverhältnisses als ... -maß. Hier Γ^*-Richtwirkungsfaktor, Γ^{*2}-Richtwirkungsgrad, $10 \log \Gamma^{*2}$-Richtwirkungsmaß.
Im Richtlinienentwurf 2714 „Schallausbreitung im Freien" wird das Richtwirkungsmaß $(D(\varphi, \vartheta))$ mit DI (directivity index) bezeichnet.

Beispiel:

Es soll aus Darstellung 1.20 $\Gamma^{*2}(\varphi, \vartheta)$ und $D(\varphi, \vartheta)$ punktweise berechnet werden (In der nachstehenden Tabelle sind die Werte für I_A und L_{IA} aus Darstellung 1.20 in Spalte 2 und 3 übernommen worden).

Zunächst wird $I(s)$ berechnet (Gl. (24b)):
$I(s) = P/(2\pi s^2)$ mit $s = 20$ m. Hierzu muß als erstes die Schalleistung P berechnet werden: $P = \int\limits_{\text{Halbkugel}} I dS$ oder näherungsweise für Teilflächen: $P = \sum\limits_{1}^{8} I_k S_k$. Als Teilfläche bietet sich im vorliegendem Falle an, ein Achtel der Halbkugelfläche gleich $\frac{1}{4} s^2 \pi$ zu nehmen, die vor das Summenzeichen gezogen werden kann. ΣI_A ist aus der nachstehenden Tabelle zu errechnen.

Tabelle zur Berechnung von $\Gamma^{*2}(\varphi, \vartheta)$ und $D(\varphi, \vartheta)$ aus Darstellung 1.19.

In Spalte 2 und 3 sind die Werte der Schallintensität I_A bzw. Schallintensitätspegel L_{IA} aus der Darstellung 1.19 übertragen worden. In Spalte 4 und 5 sind die nach (1.36c) und (1.36d) berechneten Richtwirkungsgrade bzw. Richtwirkungsmaße eingetragen.

Winkel	I_A in W/m²	L_{pA} in dB(A)	$\Gamma^*(\varphi, \vartheta)$	$D(\varphi, \vartheta)$
0°	$16 \cdot 10^{-6}$	72	4,5	7
45°	$5 \cdot 10^{-6}$	67	1,4	1
90°	$1,3 \cdot 10^{-6}$	61	0,4	-4
135°	$0,8 \cdot 10^{-6}$	59	0,2	-7
180°	$0,8 \cdot 10^{-6}$	59	0,2	-7
225°	$0,8 \cdot 10^{-6}$	59	0,2	-7
270°	$1,3 \cdot 10^{-6}$	61	0,4	-4
315°	$2,5 \cdot 10^{-6}$	64	0,7	-2

$\Sigma I_A = 28{,}5 \cdot 10^{-6}$ W/m²

$$P = \frac{1}{4} s^2 \pi \Sigma I_A = \frac{1}{4} 400 \pi \cdot 28{,}5 \cdot 10^{-6} = 9{,}0 \cdot 10^{-3} \text{ W}$$

$$I(20\,\text{m}) = \frac{P}{2\pi s^2} = \frac{9 \cdot 10^{-3}}{2 \cdot 3{,}14 \cdot 400} = 3{,}6 \cdot 10^{-6} \text{ W/m}^2$$

Durch die Division der I_A-Werte durch $3{,}6 \cdot 10^{-6}$ W/m² erhält man den Richtwirkungsgrad der Quelle. Das Richtwirkungsmaß ergibt sich hieraus durch Bildung des zehnfachen Logarithmus (Spalte 5 d. Tabelle).

Die Schallintensität ist hier nur in einer Ebene 2 m über der Standfläche des Kühlwagens gemessen worden. Insofern ist das in der Tabelle angegebene Resultat für $\Gamma^{*2}(\varphi, \vartheta)$ nicht für beliebige Polarwinkel gültig, sondern nur im Bereich des Erhebungswinkels von 0° bis 15° entsprechend einem Polarwinkel ϑ von 75° bis 90°. Hierbei ist angenommen, daß das in 2 m Höhe gewonnene Ergebnis noch bis in eine Höhe von 5 m gültig ist.

1.9 Schallausbreitung im Freien

Mit den Gln. (1.16a, b) und (1.23a, b) wurde die Abnahme der Schallintensität bzw. des Schalldruckpegels einer ungerichteten Schallquelle bei Abstandsänderung beschrieben. Mit dem in 1.8 eingeführten Begriff Richtwirkungsmaß wurden die Beziehungen (1.23a, b) für gerichtete Schallquellen erweitert (Gl. (1.36 f).

Bei der Ausbreitung des Schalles von einer Quelle zu einem Immissionsort sind jedoch noch andere Größen wie Luftabsorption, Bodeneigenschaften, Bewuchs und Bebauung, Hindernisse und meteorologische Bedingungen von Bedeutung, die in diesem Abschnitt behandelt werden sollen. Der exakte Einfluß dieser Größen auf die Schallausbreitung und ihre Verknüpfung untereinander ist noch nicht endgültig geklärt. Für die Praxis liefert der VDI-Richtlinienentwurf 2714(E), Schallausbreitung im Freien, in Verbindung mit dem VDI-Richtlinien-Entwurf 2720(E) Bl. 1, Schallschutz durch Abschirmung im Freien, einen praktikablen, einheitlichen Ansatz, wie die Schallausbreitung bei der Prognose zu behandeln ist, die Resultate einer Emissionsmessung auf einen ferneren Immissionsort (Aufpunkt) umzurechnen sind und was bei der Interpretation eines Meßergebnisses bei vorgegebener Wetterlage zu beachten ist. Die Entwürfe dieser Richtlinie sind vom Dezember 1976 bzw. Juni 1981. Aus Gründen einer einheitlichen Vorgehensweise bei Schallausbreitungsrechnungen erfolgt die Behandlung der Schallausbreitung in enger Anlehnung an diese Richtlinien, wobei jüngste Änderungsvorstellungen, die bis 1985 bekannt wurden, im folgenden berücksichtigt werden.

1.9.1 Berechnung der Immission einer Schallquelle

Der Schalldruckpegel $L(s_m)$ (oder der A-bewertete Schalldruckpegel $L_A(s_m)$ an einem Immissionsort im Abstand s_m vom Mittelpunkt der Schallquelle mit einem Schalleistungspegel L_W (oder A-bewerteten Schalleistungspegel L_{WA}) berechnen sich zu:

(1.37) $L(s_m) = L_W + DI + K_\Omega - \Delta L_s$
            $- \Delta L_L - \Delta L_B - \Delta L_D - \Delta L_G - \Delta L_Z - \Delta L_z - \Delta L_M$

mit ΔL_s – Abstandsmaß, $\Delta L_s = 10 \lg\ (4\pi s_m^2/s_0^2) = 20 \lg s_m/s_0 + 11$; mit $s_0 = 1$ m

DI – Richtwirkungsmaß
K_Ω – Raumwinkelmaß (s. 1.9.1.1)
ΔL_L – Luftabsorptionsmaß (s. 1.9.1.2)
ΔL_B – Bodendämpfungsmaß (s. 1.9.1.3)
ΔL_D – Bewuchsdämpfungsmaß (s. 1.9.1.4)
ΔL_G – Bebauungsdämpfungsmaß für offene Bebauung (s. 1.9.1.5)
ΔL_Z – Eigenabschirmmaß für unmittelbar vor oder in Wandflächen befindliche Schallquellen durch die Flächen selbst (s. 1.9.1.6)

ΔL_z – Abschirmmaß durch Hindernisse (s. 1.9.2)
ΔL_M – Witterungsdämpfungsmaß (s. 1.9.3)

Durch Klein- und Großbuchstaben des Index bei ΔL_z und ΔL_Z soll hier im Gegensatz zu VDI 2571 und VDI 2714(E) unterschieden werden zwischen der Abschirmung durch ein Hindernis auf dem Ausbreitungsweg und der Eigenabschirmung für unmittelbar vor oder in Wandflächen befindliche Schallquellen, wie abstrahlende Wände, Öffnungen, Fenster, Türen, Ventilatoren usw., durch das Gebäude selbst.

In 1.9.1.7 wird das Schallquellenform-Korrekturmaß K_Q behandelt. Es wird in der Gleichung (1.32) nicht gesondert ausgewiesen, da es nur in Sonderfällen – Abstand s_m kleiner als das 1,5-fache der größten Linear-Ausdehnung der Schallquelle – angewendet werden muß.

1.9.1.1 Raumwinkelmaß

Das Raumwinkelmaß K_Ω beschreibt die Pegelzunahme einer Geräuschquelle, die ihre Schalleistung nicht in den freien Raum abgestrahlt, sondern durch in der Nähe der Quelle befindliche, reflektierende Flächen nur in einem Raum mit dem Öffnungswinkel Ω abstrahlt. Der in diesem Raumwinkel abgestrahlte Schalleistungspegel erhöht sich dann um K_Ω:

$$(1.38) \qquad K_\Omega = 10 \lg \frac{4\pi}{\Omega}$$

Für die Sonderfälle einer ungerichteten Schallabstrahlung in den Vollraum, Halb-, Viertel- oder Achtelraum gilt $K_\Omega = 0, +3, +6$ bzw. $+9$ dB (s. Tabelle A 1.6).

1.9.1.2 Luftabsorptionsmaß ΔL_L

Bei der Schallausbreitung in der Luft wird durch Umwandlung von Schallenergie in Wärme dem Schallfeld Energie entzogen. Die dadurch bedingte Pegelminderung ΔL_L in dB ist der Länge des Schallweges s_m proportional:

$$(1.39) \qquad \Delta L_L = \alpha_L s_m$$

Das Luftdämpfungsmaß je m (α_L) ist von Temperatur und Feuchte und sehr stark von der Frequenz abhängig. Werte für α_L s. Tabelle A 1.7. Zu Planungszwecken rechnet man mit Werten für eine Temperatur von 10 °C und eine relative Feuchte von 70%. Für Geräusche deren Hauptfrequenzen unterhalb 500 Hz liegen kann man für Abstände $s_m \leq 500$ bis 1000 m die Luftabsorption vernachlässigen.

In Überschlagsrechnungen kann man ausgehend von einem A-bewerteten Schalleistungspegel L_{WA} den Schalldruckpegel $L_A(s_m)$ unter Vernachlässigung der anderen Ausbreitungsmechanismen wie folgt bestimmen:

Teil 1 Technische Akustik im Immissionsschutz

(1.37a) $\quad L_A(s_m) = L_{WA} - \Delta L'_s$

mit $\quad \Delta L'_s = 8 + 10 \lg s_m^2 + 0{,}22 \cdot 10^{-2} \, s_m$.

Im Ausdruck für $\Delta L'_s$ ist $K_\Omega = 3$ gesetzt und die Luftabsorption für 500 Hz berücksichtigt. Der so berechnete A-bewertete Schalldruckpegel, liegt für Geräusche, deren pegelbestimmende Frequenzen oberhalb 500 Hz liegt, etwas zu hoch.

1.9.1.3 Bodendämpfungsmaß ΔL_B

Als Bodendämpfungsmaß wird angesetzt:

(1.40) $\quad \Delta L_B = \begin{cases} 2 \, dB & \text{für} \quad s_m > 10 \, (h_Q + h_A) \\ 0 \, dB & \text{für} \quad s_m \leq 10 \, (h_Q + h_A) \end{cases}$

h_Q, h_A sind hierbei die Höhe der Quelle bzw. des Aufpunktes über Boden.

Bei der Schallabstrahlung in den Halbraum wurde für die Gültigkeit von (1.23b) angenommen, daß sich die Quelle über einer vollständig reflektierenden Fläche befindet. In Wirklichkeit ist durch Absorption und Streuung am Boden die Reflektion nicht vollständig. Interferenzerscheinungen zwischen direktem und reflektierten Strahl (s. Darstellung 1.22) brauchen bei Geräuschen mit einer Bandbreite von mehr als einer Oktave nicht beachtet zu werden. Lediglich bei schmalbandigen Geräuschen, wie z.B. bei Transformatoren, treten Interferenzerscheinungen auf. Der Zuschlag für das Raumwinkelmaß K_Ω von 3 dB gilt dann nur im räumlichen Mittel. Soweit im Einzelfall keine genaueren Untersu-

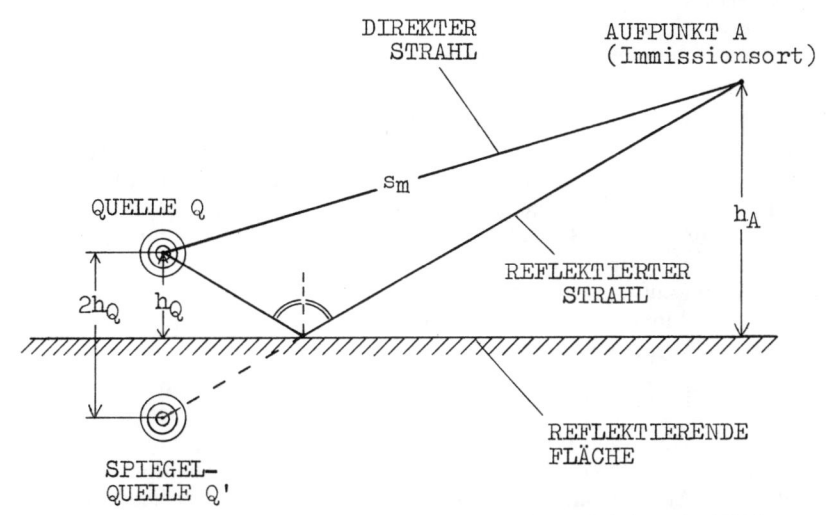

Darstellung 1.22 Zur Reflektion einer Schallquelle an einer reflektierenden Fläche.

chungen über Reflexionsverhalten des Bodens und der Interferenzerscheinungen vorliegen, läßt sich mit (1.40) der Bodeneinfluß bei Ausbreitungsrechnungen pauschal berücksichtigen.

Neuerdings wird diskutiert, das Bodendämpfungsmaß mit dem Witterungsdämpfungsmaß zu einer Größe zusammenzufassen (s. 1.9.3).

1.9.1.4 Bewuchsdämpfungsmaß ΔL_D

Bei der Schallausbreitung durch höheren Bewuchs (Wald, hohes Buschwerk) tritt eine zusätzliche Pegelminderung durch Streuung und Absorption auf. Die Pegelminderung wird proportional der Länge des Schallweges durch den Bewuchs angesetzt:

(1.41) $\quad \Delta L_D = \alpha_D s_D$

ΔL_D – Bewuchsdämpfungsmaß in dB
s_D – Länge des Schallweges durch den Bewuchs
α_D – Bewuchsdämpfungsmaß je m

In Tabelle A 1.8 sind die Dämpfungskoeffizienten α_D in Abhängigkeit von ihrer Frequenz, wie sie die VDI 2714(E) für Planungszwecke empfiehlt, angegeben. Für das Rechnen mit A-bewerteten Schalldruckpegeln wird meist als α_D der Wert bei 500 Hz genommen, also $\alpha_D = 0{,}08$ dB/m. Das heißt ein 100 m tiefes Waldstück bewirkt eine Minderung des A-bewerteten Schalldruckpegels von 8 dB. Man erkennt daraus oder allgemein aus T ab. A 1.8, daß Bewuchs in ausreichender Tiefe vorhanden sein muß, wenn dadurch eine größere Pegelabnahme erreicht werden soll. Bewuchs, bestehend aus 1–2 Baumreihen, wie er manchmal längs Verkehrswegen oder eines Werksgeländes zum Schutz von Wohngebieten vor Geräuscheinwirkung vorgeschlagen wird. bringt außer einem Sichtschutz, dessen psychologische Wirkung bei der Geräuschbekämpfung nicht unterschätzt werden sollte, kaum eine Pegelminderung.

Bei Schallausbreitung in Windrichtung mit vertikaler Windgeschwindigkeitszunahme mit der Höhe („positiver vertikaler Windgradient") oder/und bei Temperaturinversionen ergeben sich, wie in 1.9.3 im einzelnen gezeigt werden wird, nach unten gekrümmte Schallstrahlen, wodurch die Wirksamkeit der Schallpegelminderung durch Bewuchs herabgesetzt wird. Als Krümmungsgradius ist von einem mittleren Wert r = 5000 m auszugehen. Die Ermittlung der Länge des wirksamen Laufweges s_D durch Bewuchs bei gekrümmten Schallstrahlen erfolgt nach Darstellung 1.23a. Zum Zusammenwirken von Bewuchs und Bebauung, s. vorletzten Absatz von 1.9.1.5.

1.9.1.5 Bebauungsdämpfungsmaß für offene Bebauung

Bei Schallausbreitung über bebaute Flächen tritt eine Pegelminderung durch Abschirmung, Reflektion, Streuung und Absorption an den dort befindlichen Gebäuden, Anlagen und ähnlichen Hindernissen auf. Bei geschlossener Bebauung, z. B. einer Häuserzeile oder einer längeren Fabrikhalle, kann man die durch

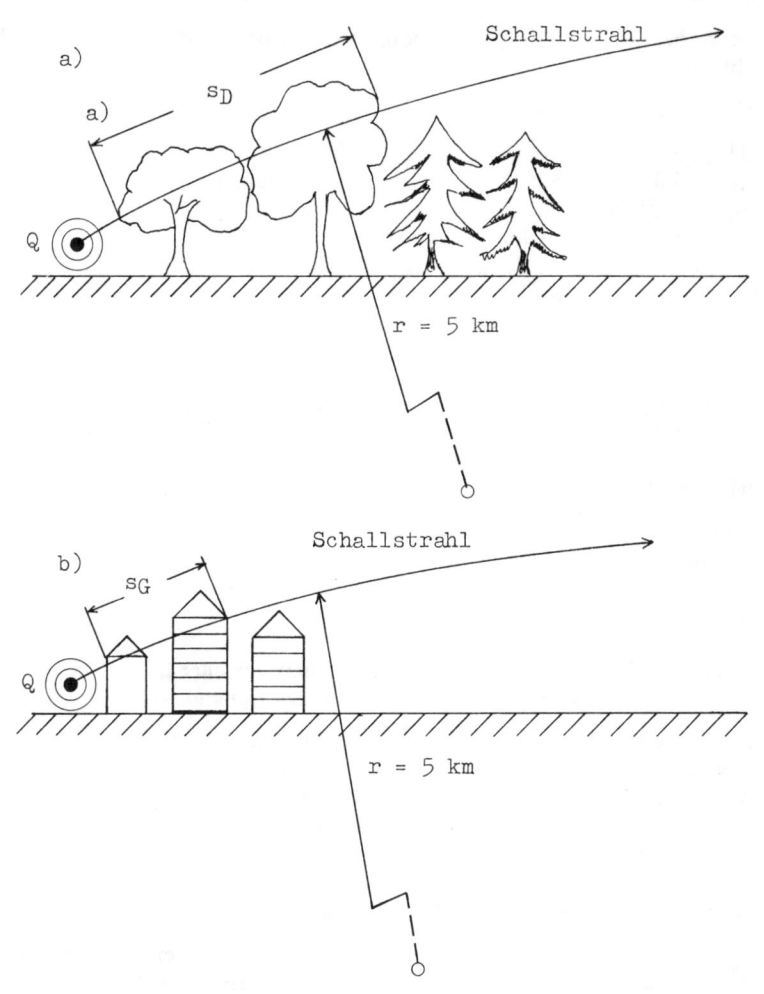

Darstellung 1.23 Verlauf des Schallstrahls durch Bewuchs oder Bebauung bei Schallausbreitung mit dem Wind und bei Temperaturinversion (aus VDI 2714(E)).

sie bewirkte Pegelminderung für einen Immissionsort, der von der Geräuschquelle durch die geschlossene Bebauung abgeschirmt wird, nach 1.9.2. berechnen.

Soweit man bei offener Bebauung, z. B. Einzelgebäuden, Punkthochhäuser, die Schallpegelminderung durch Analyse mit Hilfe von Spiegelschallquellen, Berechnung der Abschirmung usw. im Einzelfall nicht quantitativ bestimmen kann, setzt man das Dämpfungsmaß bei offener Bebauung wie beim Bewuchsdämpfungsmaß proportional der Länge des Schallweges durch die Bebauung an, wobei die Höhe des Proportionalitätsfaktors von der Dichte der Bebauung abhängt:

(1.42) $\quad \Delta L_G = \alpha_G s_G$

ΔL_G – Bebauungsdämpfungsmaß in dB
s_G – Länge des Schallweges durch die Bebauung
α_G – 0,01 bis 0,1 dB/m je nach Bebauungsdichte
a) für quellnahe Industriebebauung:
$\alpha_G = 0,05$ dB/m
b) für Wohnbebauung:
$$\alpha_G = 0,1 \cdot \frac{\text{bebaute Fläche}}{\text{Gesamtfläche}}$$

Eine Frequenzabhängigkeit des Bebauungsdämpfungsmaßes wird nicht betrachtet. Als obere Grenze für die Pegelminderung durch offene Bebauung allein, aber auch beim Zusammenwirken von offener Bebauung und Bewuchs wird im Regelfall ein Wert von 15 dB angesehen.

Soll die Krümmung der Schallstrahlen nach unten wegen einer Temperaturzunahme mit der Höhe oder/und eines positiven Mitwindgradienten berücksichtigt werden, bestimmt man die Länge des Schallweges durch offene Bebauung so, wie in Darstellung 1.23 skizziert.

1.9.1.6 Eigenabschirmmaß für unmittelbar vor oder in Wandflächen befindliche Schallquellen durch das Gebäude selbst

Schallquellen, die sich unmittelbar vor oder in Wandflächen oder Dächern eines Gebäudes befinden, erfahren durch das Gebäude selbst eine Abschirmung. Das wirksame Abschirmmaß ΔL_z läßt sich aus Darstellung A 1.9 entnehmen. Das Abschirmmaß ΔL_z ist als frequenzunabhängig zu betrachten und ist nur von der Orientierung der Wandfläche zum Immissionsort abhängig.

1.9.1.7 Schallquellenform-Korrekturmaß

Häufig muß man im Nahbereich einer Schallquelle messen, um Geräusche anderer Schallquellen ausschließen zu können. Bei ausgedehnten Schallquellen (abstrahlende Gebäudeflächen, Luftkühlerbänke, Parkplätze usw.) muß dann für den jeweiligen Meßort ein Korrekturwert, das sog. Schallquellenform-Korrekturmaß, aus Form und Pegelverteilung der Quelle berücksichtigt werden, damit man aus dem gemessenen Schalldruckpegel den Schalleistungspegel der Quelle bestimmen kann. Es gilt

(1.43) $\quad L_W = L_s - K_Q - K_\Omega + \Delta L_s$

mit K_Q – Schallquellenform-Korrekturmaß[17].

---

[17] Die übrigen Terme der Formel (1.37) können bei einer Nahfeldmessung unberücksichtigt bleiben.

Das Schallquellen-Korrekturmaß läßt sich für gleichmäßig belegte inkohärente Linien- und Flächenschallquellen aus der Geometrie der Quelle berechnen, s. Darstellungen A 1.10 und A 1.11.

Beispiel zum Schallquellenkorrekturmaß

Es soll die Geräuscheinwirkung bestimmt werden, die ein Parkplatz an einem Immissionsort (IO) verursacht, der 150 m vom Mittelpunkt des Platzes entfernt ist, wenn der energieäquivalente Dauerschallpegel nur an einem Meßpunkt (MP) 60 m seitlich des Parkplatzes (s. Skizze) mit 63 dB(A) gemessen wurde.

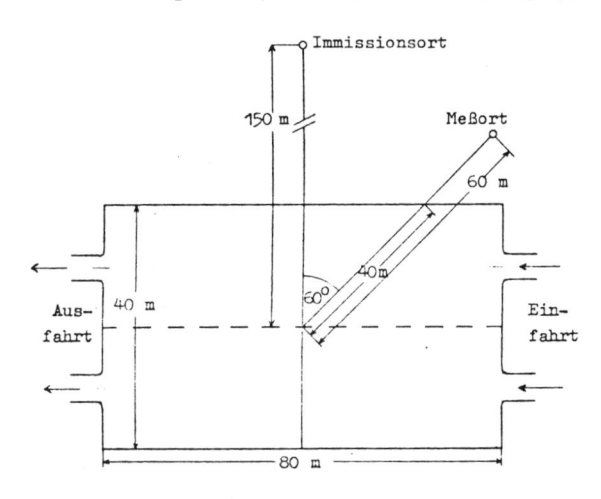

Lageskizze (nicht maßstäblich)

Lösung:

Im vorliegenden Fall betragen $s_m = 60$ m und $s_i = 40$ m, d. h. $\frac{s_m - s_i}{s_i} = 0{,}5$. Aus A 1.11 b ergibt sich ein $K_Q = 2$ dB. Nach Gl. 1.43 errechnet sich der Schalleistungspegel L_W des Parkplatzes aus $L_{WA} = 63 - 2 - 3 + 44 = 102$ dB(A).

Da der Abstand des Immissionsortes mit 150 m größer als das 1,5-fache der Diagonale, der größten Ausdehnung des Parkplatzes, ist, kann für diese Entfernung der Parkplatz wie eine Punktschallquelle aufgefaßt werden, d. h., es gilt für den Schalldruck $L(150) = 102 + 3 - 10 \lg 4\pi (150)^2 = 50$ dB(A).

1.9.2 Abschirmung durch Hindernisse

Die Abschirmung einer Geräuschquelle durch Hindernisse ist in der Lärmbekämpfung eine der wichtigsten und am häufigsten angewandte Maßnahme zum Schallschutz, vielfach die einzig mögliche, wenn an der Quelle selbst keine Möglichkeiten zur Emissionssenkung gegeben sind, z. B. an Straßen, Schienenwegen oder bei gewerblichen Freianlagen. Die Abschirmung kann durch Wände, Mauerwerk, Erdwälle oder Gebäude erreicht werden. Die Schirmwirkung kommt, wie Darstellung 1.24 zeigt, durch Schattenbildung zustande, die deswegen nicht vollkommen ist, weil aufgrund der Wellennatur des Schalls Schallenergie in den Schattenbereich gebeugt wird.

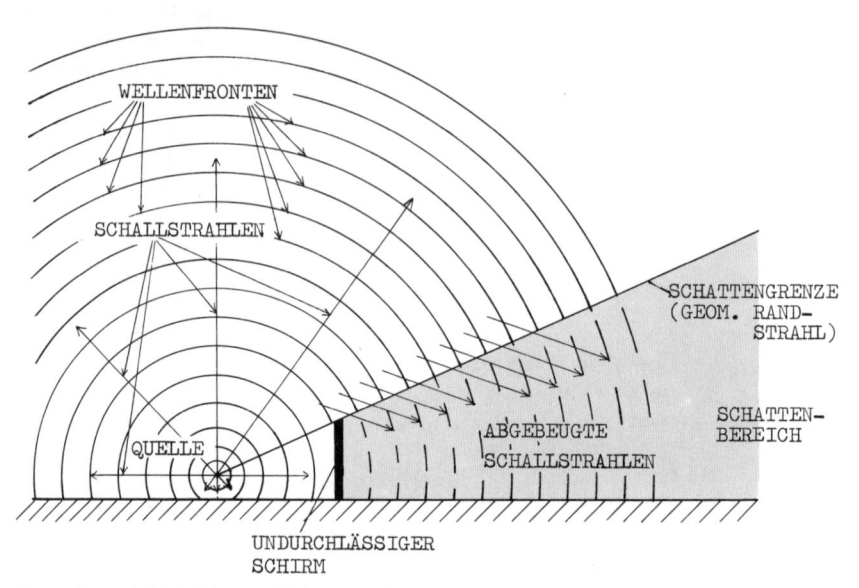

Darstellung 1.24 Schattenbildung und Beugung an einem undurchlässigen Schirm. Durch Beugung dringen Schallwellen in den Schattenbereich. Die Beugungseffekte sind umso ausgeprägter, je größer das Verhältnis von Wellenlänge zur Schirmausdehnung ist.

1.9.2.1 Der Schirmwert z

Der Schirmwert z eines Hindernisses ist definiert als Differenz des Schall-Laufweges um ein Hindernis und der direkten Verbindungsstrecke von Geräuschquelle mit dem Aufpunkt (Bezeichnungen s. Darstellung 1.25a und b):

(1.44a)   am dünnen Schirm $z = (a + b) - s$
(1.44b)   am dicken Schirm $z = (a + b + c) - s$

Der Schirmwert z wird, soweit er nicht nach bekannten Dreiecksformeln berechnet wird, häufig aus Zeichnungen bestimmt. Eine zeichnerische Bestimmung nach Gl. (1.44a oder b) ist aber sehr ungenau, wenn (a + b) und c etwa von gleicher Größenordnung sind. Besser eignet sich dafür die nachstehende Näher-

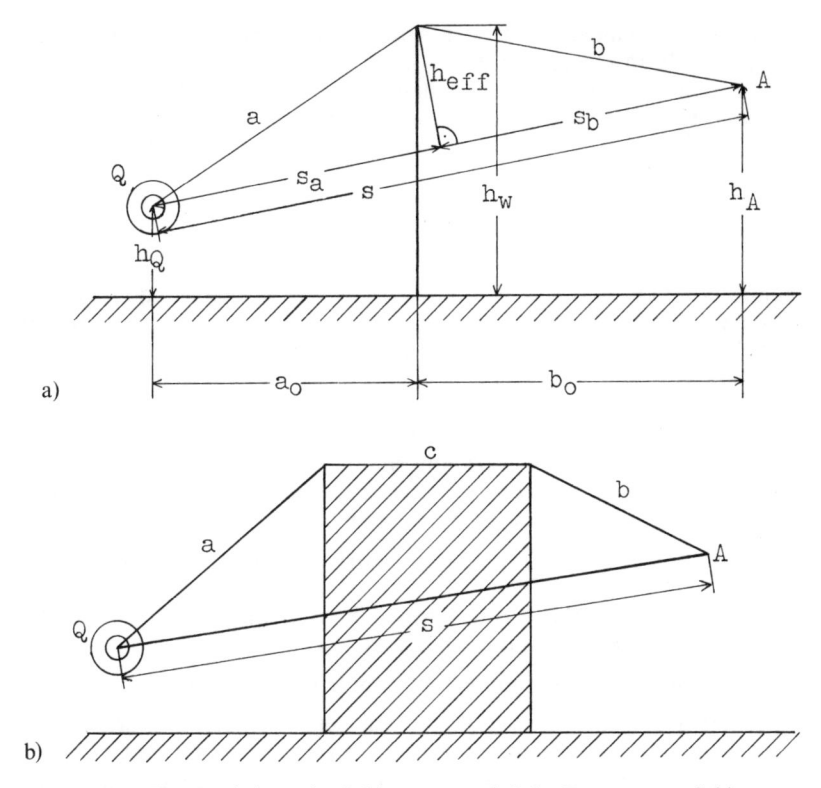

Teil 1 Technische Akustik im Immissionsschutz

Darstellung 1.25 Zur Ermittlung des Schirmwertes z bei der Beugung am Schirm
a) am dünnen Schallschirm z = (a + b) − s
h_{eff} ist die sog. wirksame Schirmhöhe am dünnen Schirm
b) am dicken Schallschirm z = (a + b + c) − s

ungsformel, die unter den Bedingungen h_{eff}/s_a und h_{eff}/s_b oder h_{eff}/a und h_{eff}/b kleiner als 3 (h_{eff} − wirksame Schirmhöhe s. Darstellung 1.25a) gilt:

(1.44c) $\quad z = \dfrac{h_{eff}^2}{2}\left(\dfrac{1}{s_a}+\dfrac{1}{s_b}\right) \quad \text{oder} \quad z = \dfrac{h_{eff}^2}{2}\left(\dfrac{1}{a}+\dfrac{1}{b}\right)$

1.9.2.2 Das Abschirmmaß

Das Abschirmmaß ΔL_z eines dünnen Hindernisses im Ausbreitungsweg zwischen Schallquelle und Immissionsort berechnet sich nach der Formel

(1.45) $\quad \Delta L_z = 10\lg\left(3+\dfrac{c_2}{\lambda}\,z\,K_W\right)$

mit λ – Wellenlänge, für die das Abschirmmaß berechnet werden soll
z – Schirmwert nach 1.9.2.1
c_2 – Proportionalitätsfaktor, dessen Wert zwischen 10 und 40 liegt (s. u.)
K_W– Korrekturfaktor für Witterungseinflüsse

$$K_W = e^{-\frac{1}{8060}\sqrt{\frac{a \cdot b \cdot s}{z}}} \quad \text{für } z > 0$$
$$= 1 \quad \text{für } z \leq 0$$
(a, b, s, z in m)

Wenn das Hindernis die Sichtverbindungslinie zwischen Schallquelle und Immisionswert, nicht unterbricht, ist z Negativ in (1.45) einzusetzen. Für z = 0, d. i. ein Schallstrahl der Sichtgrenzlinie, wenn Quellpunkt, obere Kante des Hindernisses und Aufpunkt auf einer Geraden liegen, ist unabhängig von der Wahl von c_2 und K_W $\Delta L_z = 5$ dB. – Der Korrekturfaktor K_W soll dem Umstand Rechnung tragen, daß durch Windgeschwindigkeits- und Temperaturgradienten, die Schallstrahlen nach unten gekrümmt sind (s. 1.9.3), wodurch die Wirksamkeit von Schallwänden über größere Entfernungen teilweise aufgehoben wird. Für Entfernungen a, b < 100 m rechnet man mit $K_W = 1$.

Für c_2 werden in der VDI-Richtlinie 2720 (E) Bl. 1 folgende Werte vorgeschlagen:

c_2 = 20 für gewerbliche Anlagen und Freizeiteinrichtungen unter Berücksichtigung des Bodeneinflusses

$c_2/\lambda = 80$ Straßenverkehr mit $h_Q = 0,5$ m; a ist bezogen auf Fahrstreifenmitte

$c_2/\lambda = 50$ Schienenverkehr mit h_Q = Schienenoberkante; a ist bezogen auf die schirmnahe Schiene (Rad-Schiene-Systeme mit elektrischem Antrieb, nicht für Straßenbahnen auf in Pflaster eingelassener Schiene).

Der Term $\frac{c_2}{\lambda}$ z in (1.45) bedeutet, daß für die Pegelminderung an einem Schallschirm der Schirmwert (Wegdifferenz) z gemessen in Vielfachen der Wellenlänge λ maßgebend ist. Die Berechnung des Abschirmaßes kann entweder für einzelne Wellenlängen, z. B. für die Wellenlängen, die den Bandmittenfrequenzen der Oktavbänder entsprechen, erfolgen oder sie kann für die dem A-bewerteten Frequenzschwerpunkt zugeordnete Wellenlänge durchgeführt werden, wenn die Rechnung mit A-bewerteten Schallpegel genügt. Bei gewerblichen Geräuschquellen geht man hierfür von einer Wellenlänge $\lambda = 0,7$ m entsprechend einer Frequenz von 500 Hz aus, sofern über das Frequenzspektrum der Quelle keine speziellen Informationen vorliegen. Durch die obige Festlegung von c_2 beim Straßen- und Schienenverkehr ist das Abschirmmaß dort frequenzunabhängig.

Für das Abschirmmaß ΔL_{zz} bei Mehrfachbeugung an einem dicken oder an mehreren dünnen Schirmen (vgl. Darstellung 1.25 b) soll angesetzt werden:

(1.45 a) $\quad \Delta L_{zz} = \Delta L_z + 5$

Ergeben sich bei der Berechnung von ΔL_z oder ΔL_{zz} größere Werte als 15 bzw.

20 dB, so sind die Abschirmmaße in der Regel auf 15 dB bzw. 20 dB zu begrenzen. Die höchsten Schirmwerte und damit die höchsten Abschirmmaße bei vorgegebener Schirmhöhe erhält man, wenn das Hindernis entweder möglichst dicht an der Schallquelle oder am Immissionsort errichtet wird, der kleinste Schirmwert und entsprechend das kleinste ΔL_z ergeben sich i.a., wenn die Schallschutzwand gleichweit von Schallquelle und Immissionsort entfernt ist.

Bei der Bestimmung der Schirmwirkung ist auch die Beugung um andere Schirmkanten zu berücksichtigen (s. Darstellung 1.26). Man berechnet zunächst

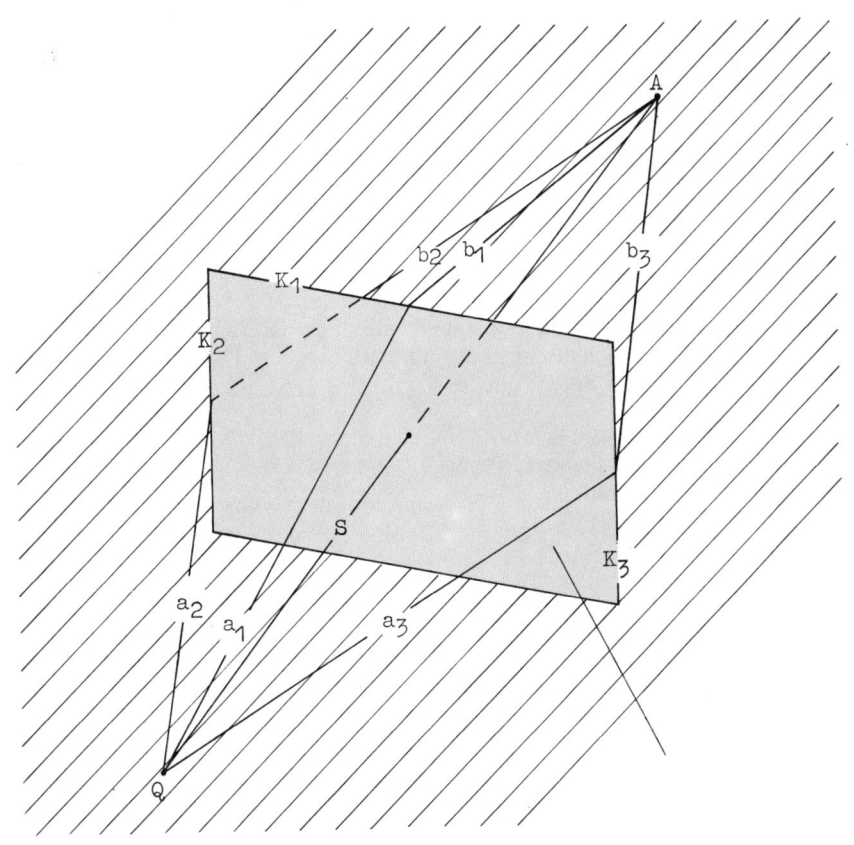

Darstellung 1.26 Beugung an einem Schirm geringer Längsausdehnung: Es sind die Schirmwerte um die 3 Kanten zu berücksichtigen und die Pegelminderung durch den Schirm nach (1.45) zu berechnen.

K_1: $z_1 = (a_1 + b_1) - s$,
K_2: $z_2 = (a_2 + b_2) - s$,
K_3: $z_2 = (a_3 + b_3) - s$.

die Schirmwerte zu jeder Schirmkante und daraus für jeden Umweg das Abschirmmaß, z. B. z_1, z_2, z_3 und $\Delta L_{z1}, \Delta L_{z2}, \Delta L_{z3}$ für die Umwege um die Kanten 1, 2 und 3. Das Gesamtabschirmmaß $\Delta L_{z\,ges}$ erhält man daraus zu

(1.45 b) $\quad \Delta L_{z\,ges} = -10\lg(10^{-0,1\,\Delta L_{z1}} + 10^{-0,1\,\Delta L_{z2}} + 10^{-0,1\,\Delta L_{z3}})$

Von einer Berücksichtigung einer fernen Kante für die Schirmwirkung kann abgesehen werden, wenn die wirksame Schirmhöhe h_{eff} dieser Kante wenigstens dreimal größer ist als die wirksame Schirmhöhe der nächsten Kante.

Die Wirksamkeit eines Schirmes kann auch durch Reflektion an einer nahen Wand herabgesetzt sein (s. Darstellung 1.27). Hier muß je eine Ausbreitungsrechnung für die Quelle und für die Spiegelquelle durchgeführt werden und es müssen die beiden, aus den Rechnungen resultierenden Teilpegel addiert werden. Für die Pegelminderung ΔL_r bei der Reflexion setzt man an:

glatte Wand	0–1 dB
Wand mit offenporigen Putz, stark strukturierte Wand (Hausfront mit Balkonen)	1–2 dB
absorbierend verkleidete Wand	5 dB

Für eine ungerichtete Schallquelle mit einem A-bewerteten Schalleistungspegel L_{WA} ergibt sich ohne Schallschirm am Immissionsort ein Pegel L_0 aus den Beiträgen von Quelle und Spiegelquelle:

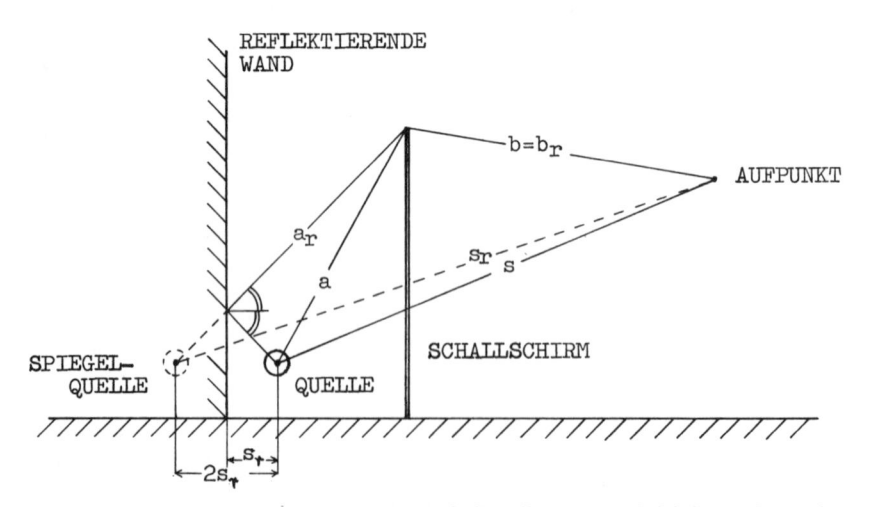

Darstellung 1.27 Einbeziehung der Spiegelschallquelle zur Berücksichtigung der an einer Wand reflektierten Schallstrahlen bei der Beugung am Schirm.
Schirmwert für die Quelle und Spiegelquelle: $z = (a + b) - s$ bzw. $z_r = (a_r + b_r) - s_r$.

(1.46a) $\quad L_0 = L_{WA} - 11 - 20 \lg s + 10 \lg [1 + \left(\dfrac{s}{s_r}\right)^2 \cdot 10^{-0{,}1\Delta L_r}]$

Mit Schallschirm errechnet sich ein Pegel L_m:

(1.46b) $\quad L_m = L_{WA} - 11 - 20 \lg s + 10 \lg [10^{-0{,}1\Delta L_z} + \left(\dfrac{s}{s_r}\right)^2 \cdot 10^{-0{,}1(\Delta L_r + \Delta L_{zr})}]$

mit ΔL_r – Pegelminderung bei der Reflexion
s, s_r – Abstand Aufpunkt – Quelle bzw. Aufpunkt – Spiegelquelle
$\Delta L_z, \Delta L_{zr}$ – Abschirmmaß für Quelle bzw. für Spiegelquelle

Der Pegelunterschied ΔL_{zu} zwischen Schalldruckpegel L_0 ohne Schallschirm und Schalldruckpegel L_m mit Schallschirm stellt das wirksame Abschirmmaß dar, das durch den Schallschirm unter Berücksichtigung der Reflektion an der Wand (s. Darstellung 1.27) erreicht wird („Einfügungsdämm-Maß"):

(1.47) $\quad \Delta L_{zu} = -10 \lg \dfrac{10^{-0{,}1\Delta L_z} + \left(\dfrac{s}{s_r}\right)^2 10^{-0{,}1(\Delta L_r + \Delta L_{zr})}}{1 + \left(\dfrac{s}{s_r}\right)^2 10^{-0{,}1\Delta L_r}}$

Mit der Beziehung (1.47) kann berechnet werden, ob eine absorbierende Verkleidung der reflektierenden Wand für eine Verbesserung der Schirmwirkung sinnvoll ist. Sei beispielsweise $\Delta L_z = 13$ dB, $\Delta L_{zr} = 9$ dB, $\Delta L_r = 1$ dB, $s/s_r = 0{,}9$, dann ist $\Delta L_{zu} = 11$ dB. Wird durch eine absorbierende Verkleidung ΔL_r auf 5 dB erhöht, ergibt sich eine Pegelminderung durch den Schirm von $\Delta L_{zu} = 12$ dB.

Eine Schallschutzwand soll eine flächenbezogene Masse von mindestens 10 kg/m² besitzen, eine Forderung, die bereits aus statischen Gründen in den meisten Fällen erfüllt ist. Sie muß fugendicht ausgeführt sein. – Eine schallabsorbierende Verkleidung eines Schallschirmes hat im allgemeinen keinen nennenswerten Einfluß auf die Schirmwirkung eines Hindernisses. Eine absorbierende Verkleidung einer Schallschutzwand ist erforderlich, wenn an einem Immissionsort, der nicht durch die Wand geschützt wird, eine zusätzliche Geräuscheinwirkung durch Reflexion an der Schallschutzwand vermieden werden soll. Die VDI-Richtlinie 2720 Bl. 1 (E) enthält eine Reihe von Hinweisen für Gestaltung und Ausführung von Schallschutzwänden.

Ein Formblatt aus der VDI 2720 Bl. 1 (E) zur Berechnung von ΔL_z ist in A 3.23 wiedergegeben.

1.9.3 Meteorologische Einflüsse auf die Schallausbreitung

Es ist eine Erfahrung des täglichen Lebens, daß die Witterungsbedingungen die Schallausbreitung erheblich beeinflussen. Die Geräusche von einer dicht befahrenen Straße, einer Eisenbahnstrecke, von einem startenden Flugzeug oder von einem Industriebetrieb, die tagsüber wenig wahrgenommen werden, machen sich am Abend und in der Nacht oder auch nach einem Gewitter, wenn sich die Luftmassen abgekühlt und homogenisiert haben, plötzlich störend bemerkbar, und das nicht nur deshalb, weil am Abend die übrigen Geräusche abgeebbt sind. Vielmehr nehmen die durch Konvektion bedingten Turbulenzen und die Windböen am Abend und in der Nacht ab. Aus der tagsüber vorhandenen Temperaturabnahme mit der Höhe (vgl. Darstellung 1.28) entsteht nachts durch Abkühlung der Erdoberfläche in den bodennahen Luftschichten eine Temperaturverteilung mit positiven Temperaturgradienten nach oben („Bodeninversion"). Dies führt, evtl. noch verstärkt durch eine leichte Mitwindsituation, zu Ausbreitungsbedingungen, die durch eine geringe Pegelminderung längs des Schallweges gekennzeichnet sind. In diesem Abschnitt sollen die Einflüsse von Temperatur (1.9.3.1) und Windgradienten (1.9.3.2) unter idealisierten Bedingungen auf die Schallausbreitung erläutert werden. Temperatur- und Windgradienten führen wie bereits angeführt, zu gekrümmten Schallstrahlen. In 1.9.3.3 werden die Anhaltswerte des Witterungsdämpfmaßes ΔL_M nach VDI 2714(E) erläutert.

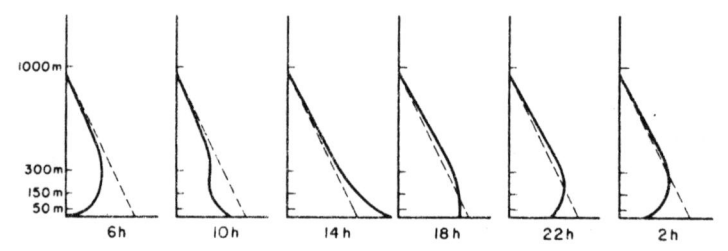

Darstellung 1.28 Typische Temperaturprofile der Bodenschichten an einem sonnigen Tag. Die gestrichelte Linie gibt die adiabatische Temperaturabnahme wieder (aus R. Scorer, Air Pollution, Pergamon Press 1972).

1.9.3.1 Einfluß der vertikalen Temperaturschichtung auf die Schallausbreitung

Die Schallausbreitung über Entfernungen von mehr als 200 m bis zu einigen 1000 m erfolgt in den bodennahen Luftschichten bis zu Höhen von etwa 500 m. Am Tage nimmt dabei i. a. die Temperatur mit der Höhe ab, etwa mit 1 K/100 m ($dT/dz = -0{,}01\,K/m$). Nach Sonnenuntergang kühlt sich die Erdoberfläche durch Ausstrahlung ab. Es kommt bis zu einer Höhe von einigen 100 m zur Ausbildung einer Bodeninversion, in der der Temperaturgradient positiv ist. Im Grenzfall ist er gleich null (Isothermie) und kann nach oben Werte bis zu $+10\,K/100\,m$ ($dT/dz = +0{,}1\,K/m$) annehmen. Zur Ausbildung von Bodeninversionen im tageszeitlichen Verlauf, vgl. Darstellung 1.28. – In den Schichten unterhalb 2 m kann der Temperaturgradient im Einzelfall positiv wie negativ sehr hoch sein, z. B. an einem heißen Sommertag über einer Asphaltfläche.

Teil 1 Technische Akustik im Immissionsschutz   63

Die Schallgeschwindigkeit hängt von der Temperatur ab. An der Grenze zweier Luftschichten unterschiedlicher Temperatur erfährt ein Schallstrahl eine Brechung, und zwar gilt nach dem Brechungsgesetz $\sin\alpha/\sin\beta = c_1/c_2$ oder, mit $c_i = \sqrt{\kappa R_s T_i}$, Gl. (1.03), $\sin\alpha/\sin\beta = \sqrt{T_1}/\sqrt{T_2}$. Darin sind α, β der Einfall- bzw. Ausfallwinkel, c_1, c_2 die Schallgeschwindigkeit in Schicht 1 bzw. 2 und T_1, T_2 die dazugehörigen Lufttemperaturen in Grad Kelvin. Für $T_1 > T_2$ wird der Schallstrahl zum Lot hin-, für $T_1 < T_2$ vom Lot weggebrochen, s. Darstellung 1.29.

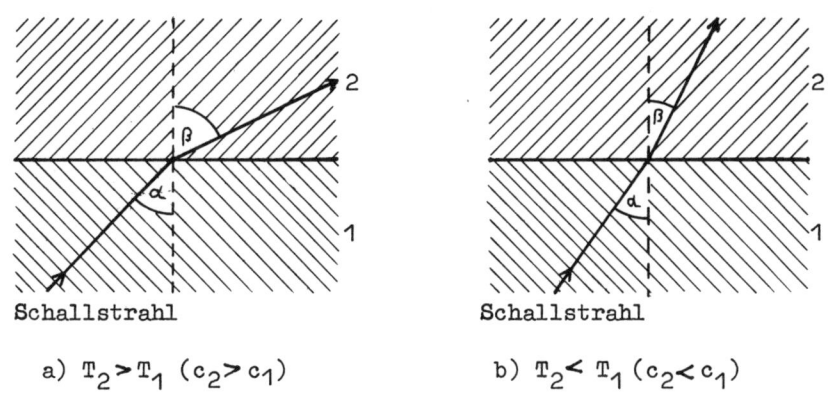

a) $T_2 > T_1$ ($c_2 > c_1$)   b) $T_2 < T_1$ ($c_2 < c_1$)

Darstellung 1.29 Ablenkung eines Schallstrahles an der Grenzschicht zweier Luftschichten mit unterschiedlichen Temperaturen (Schallgeschwindigkeiten).

Die Krümmung, d.i. der reziproke Radius der Schallstrahlen, ist direkt proportional der relativen örtlichen Änderung der Temperatur; bei einer vertikalen Temperaturschichtung ohne Wind gilt (T in Kelvin):

(1.48) $$K = \frac{1}{R} = \frac{1}{2}\frac{1}{T}\frac{dT}{dz}$$

Bei einer Temperaturzunahme von 1 oder 10 K je 100 m, d.h. $\frac{dT}{dz} = 0,01\,\text{K/m}$ bzw. 0,1 K/m, ergeben sich Radien von 57 km und 5,7 km.

Bei kontinuierlicher Temperaturabnahme in vertikaler Richtung ($dT/dz < 0$, „negativer Temperaturgradient") oder -zunahme ($dT/dz > 0$, „positiver Temperaturgradient"), wie er bei einer adiabatischen Verteilung bzw. bei einer Inversion auftritt, erhält man Schallstrahlenverläufe wie in Darstellung 1.30a und b. Die Schallstrahlen sind in Richtung abnehmender Temperatur gekrümmt, für $dT/dz < 0$ nach oben, für $dT/dz > 0$ nach unten. Die nach unten gekrümmten Schallstrahlen können dabei, wie aus Darstellung 1.30a ersichtlich, Hindernisse wie Gebäude, Wälle, Bepflanzung usw. mit geringeren Verlusten überwinden, als dies bei geradliniger Ausbreitung der Schallstrahlen der Fall wäre.

a) dT/dz > 0

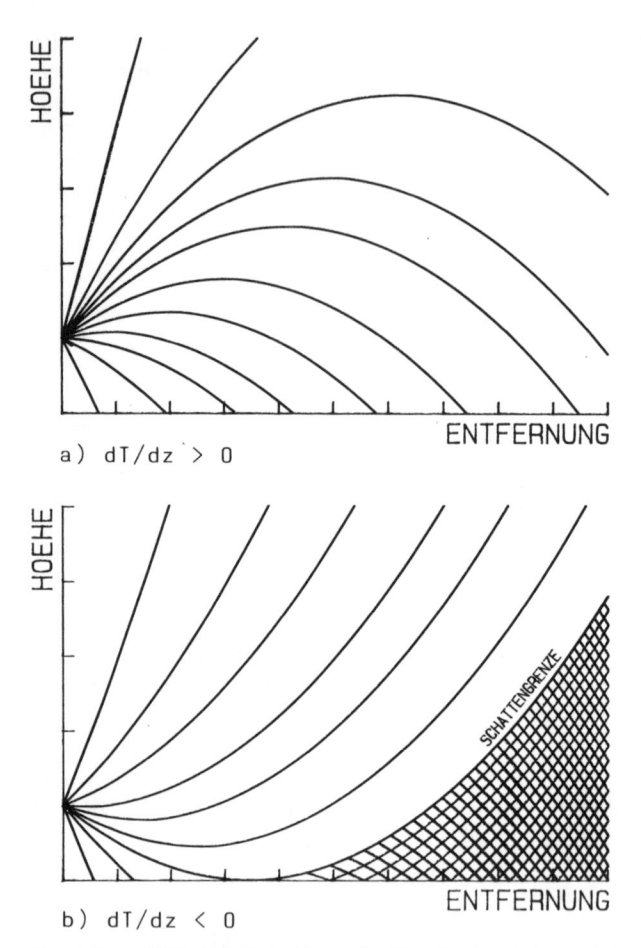

b) dT/dz < 0

Darstellung 1.30 Schallstrahlenverlauf im horizontal geschichteten Medium
a) Temperaturzunahme mit der Höhe („Inversion")
b) Temperaturabnahme mit der Höhe: Es bildet sich eine Schattengrenze aus. In der Natur gibt es derartige scharfe Schattengrenzen nicht. Wohl aber werden Pegelabnahmen, die weit über die in 1.9.1 bis 1.9.1.6 beschriebenen Pegelminderungen bei der Ausbreitung hinausgehen, häufig beobachtet (s. Kurve 4 in Darst. 1.33, vgl. a. Darst. 1.32).

Die Krümmung der Schallstrahlen nach unten kann im Zusammenwirken mit der Bodenreflektion ferner bewirken, daß die in einem Raumwinkel α befindlichen Schallstrahlen, s. Darstellung 1.31 bei ihrer Ausbreitung auf einen Raum zwischen den Ebenen $z = 0$ und $z = h$ beschränkt bleiben. Das bedeutet, die geometrische Pegelabnahme erfolgt für Aufpunkte $z < h$ und $s > 1,5$ h im räumlichen Mittel mit $-10\lg s$ und nicht mit $-20\lg s$. Ist dabei die Reflektion am Boden sehr verlustarm oder findet an den bodennahen Luftschichten eine Totalreflektion statt, so ergeben sich Ausbreitungsbedingungen geringer Verluste.

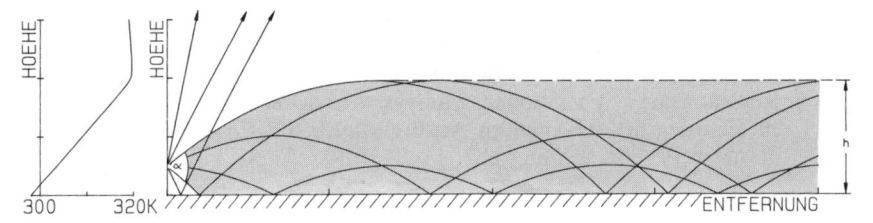

Darstellung 1.31 Schallstrahlenverläufe eines Kugelstrahlers für die dargestellte Temperaturverteilung (unterhalb 200 m ist $dT/dz = 0{,}11\,K/m$, oberhalb gleich $-0{,}02\,K/m$). Der Boden ist als reflektierend angenommen. Die im Winkelbereich α abgestrahlten Schallstrahlen bleiben in dem grau angelegten Bereich, nur die außerhalb liegenden Schallstrahlen können diesen Bereich verlassen. In dieser strahlengeometrischen Betrachtung gilt für die in den Winkelbereich abgestrahlte Schallenergie bei Abständen $s > 1{,}5\,h$ eine Schallintensitätsabnahme umgekehrt proportional zum Abstand, d. h. eine Pegelabnahme proportional zu $-10\lg r$.

1.9.3.2 Einfluß von Wind auf die Schallausbreitung

Neben der Lufttemperatur und ihrer räumlichen Verteilung hat die Luftbewegung großen Einfluß auf die Schallausbreitung. Der Einfluß ist etwas komplizierter als der der Temperatur, da die Windgeschwindigkeit eine Vektorgröße ist, die sich nach Betrag (Größe der Geschwindigkeit) und Richtung örtlich wie zeitlich ändern kann. Für die Schallausbreitung kommt es auf diese Änderungen an. Die ungeordneten, der großräumigen horizontalen Strömung überlagerten Luftbewegungen (Turbulenzen) und vertikalen Luftzirkulationen, die vor allem am Tage durch die Sonneneinstrahlung induziert werden, bewirken durch Streuung und Brechung des Schalls eine hohe Pegelminderung. Am Abend nehmen diese Luftbewegungen i. a. ab, zur Nachtzeit überwiegt eine horizontale Luftströmung, die am Erdboden die Geschwindigkeit 0 hat, nach oben in der Regel zunimmt und je nach Orographie, Bewuchs und Bebauung in einigen 100 m über Boden die Windgeschwindigkeit der ungestörten Strömung erreicht.

Zum Verständnis der Schallausbreitung kann man idealisierend annehmen, daß der Wind mit nicht zu großer Stärke und gleichmäßig in eine Richtung – sie sei die Richtung der positiven x-Achse – weht und daß die Geschwindigkeit nur von der Höhe über den Boden – dies sei wiederum die z-Richtung – abhängig ist, d. h. $u_x = u_x(z)$ mit $u_x(z_2) \geqq u(z_1)$ für $z_2 > z_1$. In Darstellung 1.32 ist der Verlauf der Schallstrahlen für Mit- und Gegenwindsituation bei konstanter Lufttemperatur gezeigt. Es gilt allgemein: Der Schallstrahl ist in Richtung abnehmender Windgeschwindigkeiten gekrümmt, wenn Schallstrahl-Richtung und Windgeschwindigkeitsvektor einen Winkel kleiner $90°$ einschließen (Mitwindsituation), der Schallstrahl ist in Richtung zunehmender Windgeschwindigkeiten gekrümmt, wenn Schallstrahl-Richtung und Windgeschwindigkeitsvektor einen Winkel zwischen 90° und 180° einschließen. Bei Wetterlagen mit Temperaturschichtung werden die infolge eines Windgradienten gekrümmten Schallstrahlen zusätzlich beeinflußt. Bei Mitwindsituation können ähnlich wie bei Temperaturinversion die Schallstrahlen über Hindernisse so hinweggebrochen werden, daß ihre Abschirmwirkung nur bedingt zur Wirkung kommt. Eine Bodendämpfung braucht i. a. für eine solche Ausbreitungssituation nicht in Rechnung gestellt werden. Bei hohen Reflexionsgraden des Bodens kann es wie bei der Schallausbreitung mit positiven Temperaturgradienten zu Ausbreitungsbedingungen mit vergleichsweiser geringen Pegelminderung über große Entfernungen kommen.

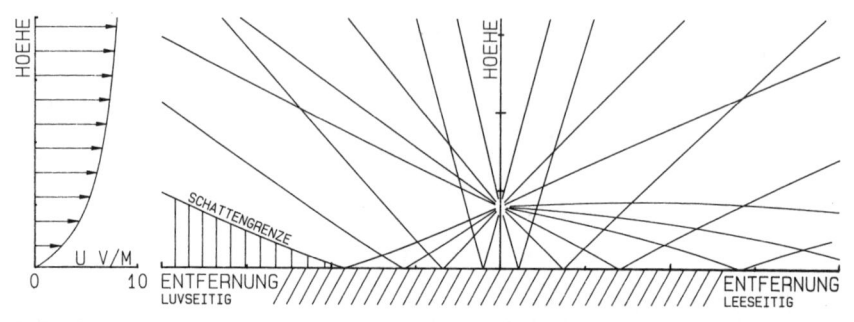

Darstellung 1.32 Schallstrahlenverläufe eines Kugelstrahlers für die dargestellte Windverteilung. Die Temperatur ist als konstant angenommen. Leeseitig sind die Schallstrahlen nach unten gekrümmt, luvseitig nach oben und zwar ist die Krümmung umso stärker je größer der Windgradient ist und je flacher der Winkel des Schallstrahles zur Wind- oder Windgegenrichtung ist. Luvseitig kommt es zur Abbildung einer Schattengrenze.

1.9.3.3 Behandlung des Witterungseinflusses

Für die Anwendung stellt sich die Frage, welches Witterungs-(Meteorologie-)dämpfungsmaß ΔL_M bei einer Schallausbreitungsrechnung angesetzt werden muß oder mit welchem Witterungsdämpfungsmaß ΔL_M eine Einzelmessung aufgrund einer gegebenen meteorologischen Situation behaftet sein kann. Bild 9 des VDI-Richtlinien-Entwurfs 2714, Schallausbreitung im Freien, Dezember 1976 gibt hierfür folgende Anhaltswerte, s. Darstellung 1.33:

Planungsfall:

Ein Wert des Witterungsdämpfungsmaßes nach Kurve 1 in Darstellung 1.33 ist anzuwenden, wenn die leichte Mitwindwetterlage vom Emittent zum Immissionsort bei Temperaturinversion[18] die vorherrschende Wetterlage (s. Mitwind-

---

[18] Zur Ausbildung von Temperaturinversionen in bodennahen Schichten kommt es in fast jeder wolkenarmen, schwachwindigen Nacht.

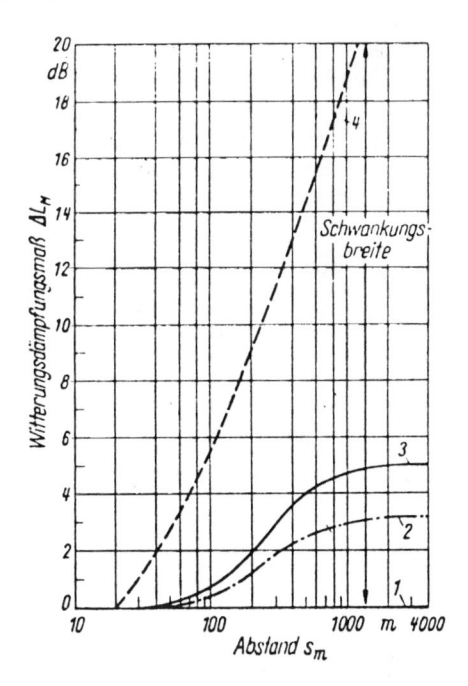

Teil 1 Technische Akustik im Immissionsschutz

Darstellung 1.33 Witterungsdämpfungsmaß ΔL_M für verschiedene meteorologische Bedingungen (nach VDI 2714(E))

1. Kurve 1 und die Annahme eines Schallweges auf einem Kreisbogen mit dem Radius 5 km führt zu einem Immissionspegel, der über längere Zeit nur selten erreicht wird.
2. Kurve 2 und die Annahme eines Schallweges auf einem Kreisbogen mit dem Radius 5 km führt zu einem Immissionspegel, der langfristig dem energetischen Mittelwert bei leichtem Mitwind (Windrichtungsschwankungsbreite $\pm 45°$) und leichter Temperaturinversion während der Nachtzeit entspricht (Mitwind-Mittelungspegel).
Kurve 2 errechnet sich zu

$$\Delta L_M \text{ in dB} = \frac{5 \cdot 10^{-5} (s_m/s_0)^2}{1 + 1{,}6 \cdot 10^{-5} (s_m/s_0)^2}$$

3. Kurve 3 und die Annahme eines Schallweges auf einem Kreisbogen mit dem Radius 5 km führt zu einem Immissionspegel, der langfristig dem energetischen Mittelwert während der Nachtzeit bei etwa gleicher Häufigkeit aller Windrichtungen entspricht (Langzeit-Mittelungspegel).
Kurve 3 errechnet sich zu

$$\Delta L_M \text{ in dB} = \frac{8 \cdot 10^{-5} (s_m/s_0)^2}{1 + 1{,}6 \cdot 10^{-5} (s_m/s_0)^2}$$

4. Kurve 4 führt zu einem Immissionsschallpegel, der langfristig nur selten unterschritten wird.

wetterlage und vorherrschende Wetterlage in 3.3.5) darstellt und die Schallausbreitungsrechnung für die Nachtzeit erfolgt.

Von Kurve 2 ist in der Planung auszugehen, wenn die Auslegung für die Nachtzeit erfolgt und die Mitwindsituation und Temperaturinversion nicht die vorherrschende Wetterlage ist oder wenn bei der Auslegung nur für die Tageszeit die Mitwindsituation die vorherrschende Wetterlage darstellt.

Kurve 3 der Darstellung 1.33 gilt im Planungsfall für die Tageszeit, wenn die Mitwindsituation mit Temperaturinversionen nicht die vorherrschenden Wetterlagen sind. Im Einzelfall kann jedoch das Witterungsdämpfungsmaß am Tag einen durch die Kurven 1 und 4 begrenzten Schwankungsbereich aufweisen. Man denke beispielsweise an einen Herbsttag mit hochnebelartiger Bewölkung bei Windstille oder leichtem Wind (Kurve 1) und im Gegensatz dazu an einem Sommertag mit thermischen Turbulenzen und aufsteigender Luftbewegung großer Geschwindigkeiten (Kurve 4).

Kurve 4 kann nicht für den Planungsfall herangezogen werden.

Messungen:

Messungen der von einer Anlage ausgehenden Geräusche können an einem Immissionsort nach dem eben Gesagten mit einem Witterungsdämpfungsmaß behaftet sein, dessen Schwankungsbereich durch das Gebiet zwischen den Kurve 1 und 4 in Darstellung 1.33 gekennzeichnet ist. Bei Schallausbreitung über mehr als 200 m kann dann ein Immissionswert nur mit statistischen Methoden als Mittelwert mit einem Vertrauensbereich bestimmt werden (vgl. VDI-Richtlinie 3723(E)). Um den Meßaufwand zu beschränken, wird folgendes Vorgehen empfohlen:

Es werden drei unabhängige Immissionsmessungen bei Temperaturinversion und leichter Mitwindwetterlage durchgeführt. Aus den Meßwerten werden, wenn sich ihr größter und kleinster Wert um nicht mehr als 5 dB(A) unterscheidet, der Mittelwert berechnet; andernfalls ist eine weitere Messung erforderlich. der Mittelwert ist dann aus den 3 Messungen zu bilden, die innerhalb einer 5 dB-Spanne liegen. In Sonderfällen können zusätzliche Messungen notwendig sein. Der so berechnete Mittelwert, eventuell noch versehen mit den Zu- und Abschlägen nach den einschlägigen Verwaltungsvorschriften und Richtlinien, ist als der an dem Immissionsort gültige Beurteilungspegel der Anlage anzusehen, wenn die Mitwindwetterlage die vorherrschende Wetterlage darstellt. Wenn letztere Bedingung nicht zutrifft, ist von diesem Mittelwert ein ΔL_M nach Kurve 2 oder 3 der Darstellung 1.31 abzuziehen, wenn der Beurteilungspegel für die Nacht bzw. für den Tag gebildet werden soll.

Im Anhang 3.20 ist das Formblatt aus der VDI-Richtlinie 2714(E) wiedergegeben, das bei Ausbreitungsrechnungen die Ergebnisse von Rechenzwischenschritten übersichtlich einzutragen und aufsummieren gestattet. Das Formblatt ist vorwiegend für Rechnungen mit A-bewertetem Schalldruckpegel geeignet.

Die Spalten können für die Werte der Einzelschall- und Teilschallquellen benutzt werden. Bei Rechnungen mit Frequenzbändern, z. B. Oktavbändern, können die Spalten auch für die Eintragung der Frequenzwerte einer Einzelschallquelle dienen.

1.10 Schallabsorption in Räumen

Die Behandlung der Schallfelder in Räumen, wie in Fabrikhallen, Büroräumen, Vortragssälen oder Theatern, und die Berechnung der Schallübertragung aus einem Raum in Nachbarräume oder ins Freie, erfolgen nach den Methoden der wellentheoretischen und statistischen Raumakustik. Für eine vereinfachte, in vielen Anwendungsfällen jedoch brauchbare theoretische Beschreibung muß man zwei Annahmen treffen:

1. Die Ausdehnung des betrachteten Raumes ist in allen 3 Raumdimensionen größer als $\lambda/2$, der größten vorkommenden Wellenlänge.

2. Das Schallfeld ist diffus, d. h. alle Ausbreitungsrichtungen im Raum kommen gleich wahrscheinlich vor. Es treten im Raum keine stehenden Wellen auf. In den für die akustische Meßtechnik wichtigen Hallräumen wird die Diffusität mit Streukörpern („Diffusoren"), meist frei aufgehängten, gekrümmten Platten, erreicht, wobei häufig zusätzlich zur Vermeidung von stehenden Wellen gegenüberliegende Wände nicht parallel ausgeführt sind. In der Praxis, z. B. einer Werkhalle, ist durch die Maschinen, Ver- und Entsorgungsleitungen, Beleuchtungskörper, unregelmäßige Wand- oder Deckenbegrenzungen eine gewisse Diffusität in einem bestimmten Abstand von den Geräuschquellen näherungsweise meist gegeben.

Mit diesen Voraussetzungen ist das Schallfeld einer Quelle durch das Volumen V des Raumes, die Fläche F seiner Raumbegrenzungen und den Schallabsorptionsgrad (Schluckgrad) α der Wände bestimmt.

1.10.1 Definition des Schallabsorptionsgrades

Der Schallabsorptionsgrad (Schallschluckgrad) α einer Wand ist das Verhältnis der an einer Wand nicht-reflektierenden Schallintensität zur (diffus) auftreffenden Schallintensität:

(1.49) $$\alpha = \frac{I_{\text{nicht-reflektiert}}}{I_{\text{auftreffend}}}$$

Die Größe $I_{\text{nicht-reflektiert}}$ in der Definition des Schallabsorptionsgrades läßt offen, wie die Schallenergie dem Schallfeld entzogen wird: durch echte Energiedissipation oder durch Übergang in ein anderes Medium, evtl. verbunden mit Umwandlung in eine andere Wellenform, wenn dabei nur nicht Schallenergie in den betrachteten Raum zurückgeführt wird. Der Schallabsorptionsgrad kann Werte zwischen 0 und 1 annehmen; eine ideale schallharte Wand, angenähert realisiert durch eine porenlose, glatte und harte Wand, hat einen Schallabsorptionsgrad von 0, ein offenes Fenster, durch das die auftreffende Schallintensität nicht reflektiert, sondern vollständig ins Freie geleitet wird, hat einen Schluckgrad von $\alpha = 1$.

Für den Reflexionsgrad ϱ gilt:

(1.50) $\qquad \varrho = 1 - \alpha$

Die Begrenzung eines Raumes ist in der Regel aus Teilflächen F_i von Materialien unterschiedlicher Schallabsorptionsgrade α_i zusammengesetzt. Man berechnet den mittleren Schallabsorptionsgrad wie folgt:

(1.51) $\qquad \bar{\alpha} = \dfrac{1}{F} \Sigma \alpha_i \quad \text{mit} \quad F = \Sigma F_i$

Die Größe $A = \bar{\alpha} F$ heißt die äquivalente Schallabsorptionsfläche. Sie kann bei einer Berechnung des Schallfeldes in einem Raum als der Teil der Gesamtbegrenzungsfläche aufgefaßt werden, der fiktiv einer Teilfläche (z. B. Fläche eines offenen Fensters) mit $\alpha = 1$ äquivalent ist, während der übrige Teil der Begrenzungsfläche als schallharte Wand mit $\alpha = 0$ zu betrachten ist.

Anhaltswerte für den mittleren Schallschluckgrad $\bar{\alpha}$ aller Begrenzungsflächen eines Raumes unter Vernachlässigung der Frequenzabhängigkeit sind in Tabelle 1.5 gegeben.

Tabelle 1.5 Anhaltswerte für den mittleren Schallschluckgrad von Räumen

$\bar{\alpha} = 0{,}05$	leere Räume und leere Fabrikationshalle mit glatten, harten Wänden aus (verputzten) Betonmauerwerk oder mit gefließten Wänden
$\bar{\alpha} = 0{,}1$	teilweise möblierte Räume mit glatten Wänden
$\bar{\alpha} = 0{,}15\text{--}0{,}2$	möblierte Räume, Maschinen- und Fabrikationshallen
$\bar{\alpha} = 0{,}3$	Räume mit Polstermöblierung, Maschinen- und Fabrikhallen mit schallschluckender Auskleidung (z. B. Decke)
$\bar{\alpha} = 0{,}4$	Räume mit schallschluckender Auskleidung an Decke und Wänden

1.10.2 Nachhallzeit

Mit den Schallabsorptionseigenschaften eines Raumes steht sein Nachhall in unmittelbarem Zusammenhang. Man versteht darunter die Eigenschaft eines Raumes, daß nach Abschalten einer Geräuschquelle der Schall im Raum nachklingt, wie es am auffälligsten in Kirchen beobachtet werden kann. Als Nachhallzeit T ist die Zeit definiert, in der die Energiedichte nach Abschalten der Schallquelle auf den millionsten Teil, d.h. der Schalldruckpegel im Raum um 60 dB absinkt. Meßtechnisch wird die halbe Nachhallzeit (T/2) nach DIN 52212 als die Zeit ermittelt, die zwischen −5 dB und −35 dB liegt. Darstellung 1.34 zeigt den Verlauf des Pegelabfalls, die sog. Nachhallkurve für ein Besprechungszimmer. Für den akustischen Raumeindruck eines Konzertsaales, eines Theaters oder Vortragssaales und für Schallberechnungen, stellt die Nachhallzeit eine wichtige Auslegungsgröße dar. Die Nachhallzeit T ist mit dem Volumen V und der äquivalenten Schallabsorptionsfläche A wie folgt verknüpft (Sabinesche Nachhallformel[19]):

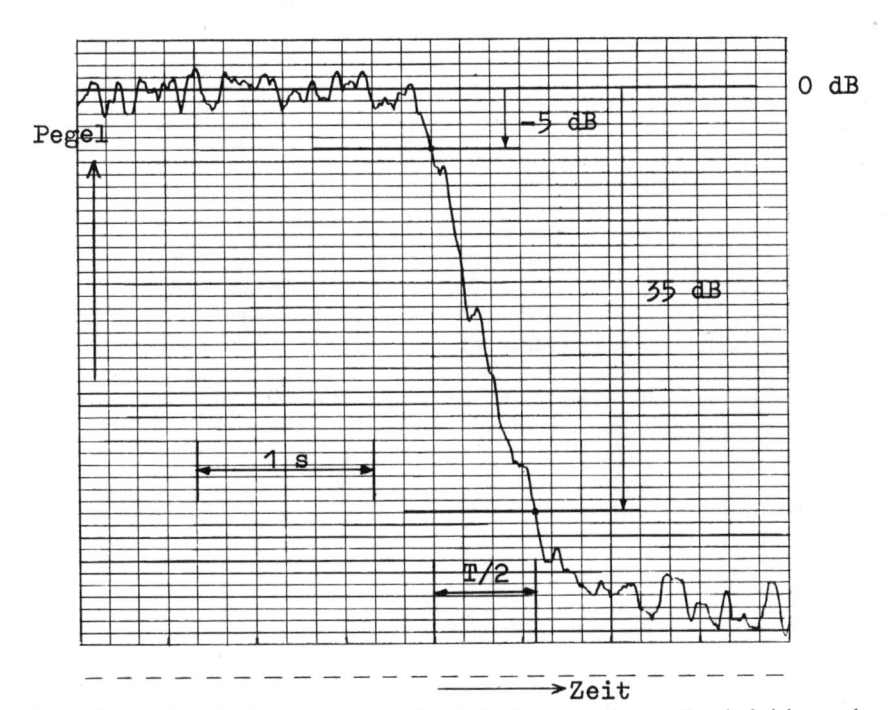

(1.52) $$T = 0{,}16\frac{V}{A}$$

Darstellung 1.34 Bestimmung der Nachhallzeit aus einem Pegelschrieb nach DIN 52212. Die halbe Nachhallzeit (T/2) ist als diejenige Zeit definiert, die nach Abschalten der Geräuschquelle verstreicht, bis das Schallfeld eines Raumes von −5 dB auf −35 dB abklingt. Die 0 dB-Linie stellt den mittleren Ausgangspegel vor der Abschaltung dar. Die Nachhallzeit beträgt im vorliegenden Beispiel 1,2 s.

---

[19] Wallace Clement Sabine (1869–1919): am. Physiker und Akustiker.

Auf der Basis dieser Formel werden im Hallraum die Schluckgrade von Absorberanordnungen bestimmt. Es können sich dabei auch Werte von α größer 1 einstellen (s. A. 1.12). Die Ursache hierfür können außer gewissen Vereinfachungen bei der Ableitung von (1.52) Effekte an den Kanten der Absorber wie auch eine geänderte Raumdiffusität durch das Einbringen von dem Absorbermaterial sein. – Der Schallabsorptionsgrad und damit auch die Nachhallzeit sind, von der Frequenz abhängig, im allgemeinen nimmt der Schallabsorptionsgrad zu höheren Frequenzen zu, entsprechend die Nachhallzeit ab.

Die Nachhallzeit oder die Absorptionseigenschaften eines Raumes sind beim Lärmschutz für die Berechnung des Innenpegels wichtig (s. 1.12.3). Der Einfluß der Luftabsorption auf die Nachhallzeit kann für diese Fragestellung außer acht bleiben.

Tabelle 1.6 Richtwerte für Nachhallzeiten bei Veranstaltungsräumen

Funktion des Raumes	Nachhallzeit in s
Vortragsräume (s. DIN 18041), Sprechtheater	0,9–1,2
Opernhaus	1,3–1,6
Konzertsaal	1,7–2,0
Kirchenraum für Orgelmusik	2,5

In Büroräumen strebt man durch schallschluckende Auskleidung der Wände und insbesondere der Decken möglichst kurze Nachhallzeiten an. In Werkhallen werden dazu häufig auch absorbierende Raumelemente, wie z. B. Absorberbalken, Baffle-Elemente und Kompaktabsorber, eingesetzt. Die erzielte Pegelminderung durch Schallschluckanordnungen in einem Raum wird allerdings manchmal überschätzt. Die Nachhallzeit eines Raumes kann mit den Überschlagswerten für die mittleren Schallabsorptionsgrade nach Tabelle 1.5 und Gleichung (1.52) mit $F = gV^{2/3}$ abgeschätzt werden. Für quaderförmige Räume mit Raumproportionen $1:1:1$ bis $1:2:5$ ist $g = 6,5$, für quaderförmige Räume mit Raumproportionen $1:2:5$ bis $1:3:10$ ist $g = 8$ (V, F-Volumen bzw. Oberfläche des Raumes).

1.10.3 Schallschluckanordnungen

Die wichtigsten in der Akustik eingesetzten Schallschluckanordnungen sind

– poröse Schallabsorber (Höhenabsorber)
– Schlitz- oder Lochabsorber (Mittenabsorber)
– Plattenabsorber (Tiefenabsorber)

oder Kombinationen daraus (s. Darstellung 1.35).

Außer flächenhaften Schallschluckanordnungen gibt es, wie oben erwähnt, absorbierende linienhaft konzentrierte Raumelemente in langgestreckter zylindri-

Teil 1 Technische Akustik im Immissionsschutz 73

scher oder prismenförmiger Gestalt. Ihr Vorteil besteht darin, daß sie unmittelbar um die Lärmquelle angebracht werden können.

In Tabelle A 1.12 sind die Schallabsorptionsgrade für verschiedene Materialien und Schallschluckanordnungen angegeben.

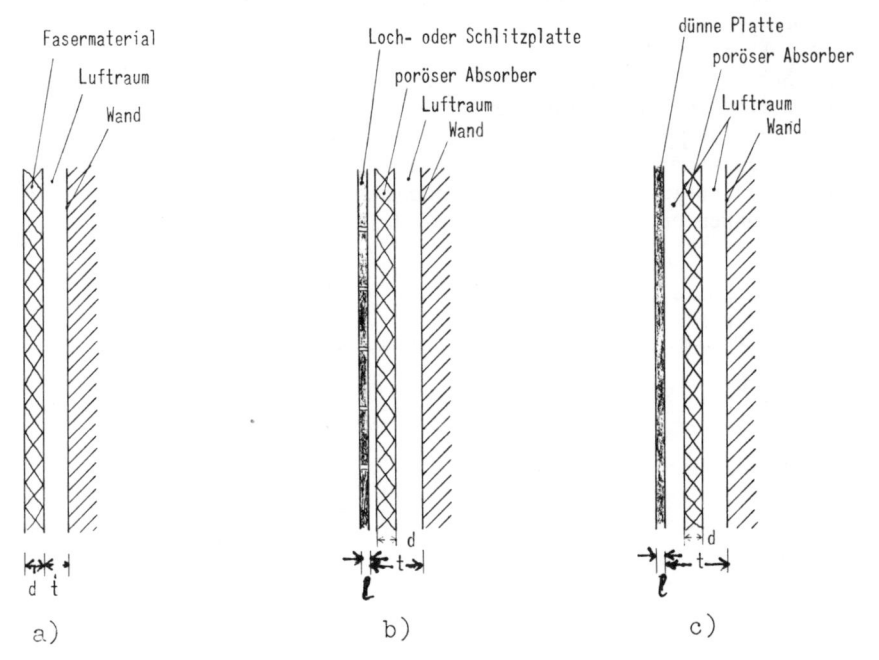

a) Fasermaterial / Luftraum / Wand

b) Loch- oder Schlitzplatte / poröser Absorber / Luftraum / Wand

c) dünne Platte / poröser Absorber / Luftraum / Wand

Darstellung 1.35 Schallschluckanordnungen vor starrer Wand
a) Poröser Schallabsorber: Fasermatte oder -platte vor schallharter Wand
b) Schlitz- oder Lochabsorber: Loch oder Schlitzplatte mit einem Luftpolster. Die Resonanzfrequenz f_R berechnet sich zu $f_R = 54\sqrt{\varepsilon/(l' \cdot t)}$, ε-relativer Lochflächenanteil, $l' = l + k$ mit k-Mündungskorrektur (für kreisrunde Öffnungen $k = 1,6\,r$); l, t und r in m.
c) Plattenabsorber: Resonanzabsorber, dessen Masse eine Folie oder dünne Platte und dessen Feder das Luftpolster zwischen Folie und starrer Wand zusammen mit der Eigenbiegesteifigkeit von Folie oder Platte bilden.
Für eine biegeweiche Folie oder Platte errechnet sich die Resonanzfrequenz f_R zu $f_R = 60/\sqrt{m'' \cdot t}$ (m''-Flächenmasse (kg/m²) der Folie oder Platte, t-Tiefe des Luftpolsters).

1.11 Schallfelder in Räumen

1.11.1 Schallfeldgrößen im diffusen Feld

An einem beliebigen Aufpunkt im Raum setzt sich der Schalldruck von einer Geräuschquelle aus einem direkten Anteil wie im Freifeld und aus einem reflektierten Anteil von den Begrenzungsflächen zusammen. Solange im Nahbereich einer Schallquelle der direkte Anteil überwiegt, hat man Ausbreitungsverhältnisse wie im Freifeld, d. h. für einen Kugelstrahler eine Pegelabnahme von 6 dB je Distanzverdoppelung (-6 dB/dd), bei größerem Abstand von der Quelle ergibt sich ein annähernd konstant bleibender Pegel (Darstellung 1.36). Man befindet sich im diffusen Feld. Die Schallintensität I_D [W/m²] ist im diffusen Feld als die Schalleistung definiert, die durch ein beliebig orientiertes Flächenelement

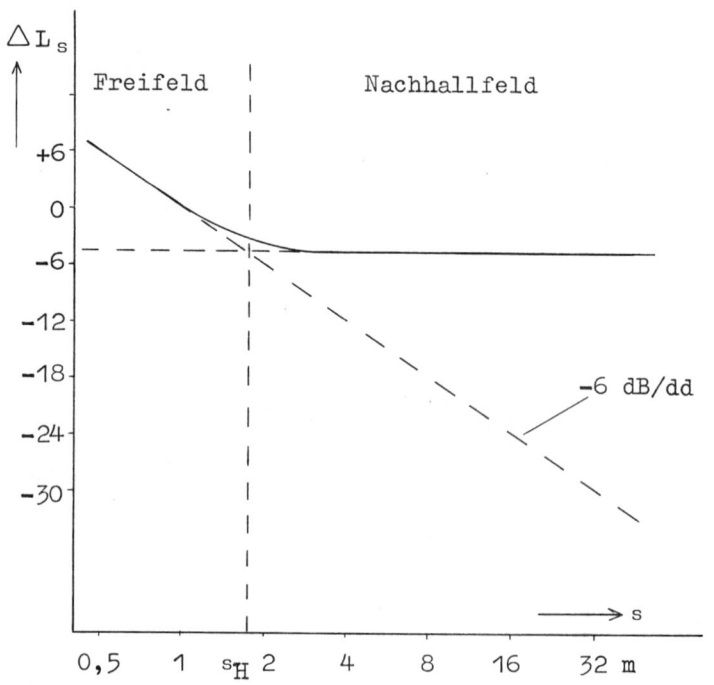

Darstellung 1.36 Pegelabnahme mit der Entfernung bei einer Geräuschquelle im geschlossenen Raum ($\Delta L_s = L(s) - L(1\,m)$).
Bis zu einer Entfernung $s < s_H$ (Hallradius) von einer Schallquelle nimmt der Raumpegel mit 6 dB je Distanzverdoppelung ab (-6 dB/dd), für Entfernungen $s > s_H$ bleibt der Pegel konstant.
(Diese Aussage gilt im räumlichen Mittel. Für einzelne Entfernungen werden beträchtliche Schwankungen um die ausgezogene Kurve beobachtet)

Teil 1 Technische Akustik im Immissionsschutz   75

von einer Seite einfällt. Der Wert von I_D, der sich aufgrund einer Schallquelle mit der Schalleistung P [W] in einem Raum einstellt, ist gegeben durch

(1.53a) $\qquad I_D = \dfrac{P}{A}$

A – äquivalente Schallabsorptionsfläche

Schallintensität und Schalldruck sind im diffusen Schallfeld abweichend von Gl. (1.11a), die für eine fortschreitende Welle gilt, in der Beziehung verknüpft

(1.53b) $\qquad I_D = \dfrac{p^2}{4\varrho c}$

Der Schalldruck-Innenpegel L_I für das diffuse Feld berechnet sich nach (1.53a und b) und (1.52) zu

(1.54) $\qquad L_I = L_W + 10\lg T - 10\lg V + 14$
$\qquad\qquad = L_W - 10\lg A + 6$

L_I – Schalldruckpegel im diffusen Schallfeld eines Raumes
L_W – Schalleistungspegel ($L_W = 10\lg P/P_0$) der Geräuschquelle, die den Raum anregt
V – Raumvolumen
T = 0,16 V/A Nachhallzeit, A – äquivalente Absorptionsfläche

Der Schalldruckinnenpegel ist also umso größer, je höher der Schalleistungspegel der Quelle, und die Nachhallzeit des betrachteten Raumes sind, und um so niedriger, je größer das Volumen ist, auf das sich die Schalleistung der Quelle verteilen muß. L_W in (1.54) kann dabei eine Summe von Schalleistungspegeln mehrerer Geräuschquellen im Raum sein, wenn der Aufpunkt von jeder Quelle mindestens den Abstand des Hallradius hat.

1.11.2 Der Hallradius

Der Übergang von der Freifeldabnahme zum konstanten Pegel des Nachhallfeldes erfolgt im Abstand des sog. Hallradius von der Quelle (s. Darstellung 1.6):

(1.55) $\qquad s_H = \sqrt{\dfrac{A}{16\pi}} \qquad$ oder

(1.55a) $\qquad s_H = 0{,}057\sqrt{V/T}$

Der Hallradius ist nur von den Raumeigenschaften abhängig. Er ist proportional der Wurzel aus der Absorptionsfläche, d. h. er ist umso größer je abgeschwächter die allseits reflektierten Anteile des Schallfeldes zurückgeworfen werden, oder nach Gl. (1.55a), der Hallradius ist umso größer, je größer der Raum ist, in dem die Schallquelle sich befindet, und umso kleiner, je halliger der Raum ist.

1.11.3 Die Wirkung von zusätzlich angebrachten Schallschluckanordnungen

Für einen Beschäftigten, dessen Arbeitsplatz sich unmittelbar an einer lautstarken Maschine befindet, also innerhalb des Hallradius des Raumes, wird durch eine zusätzliche Schallschluckung keine Minderung des auf ihn einwirkenden Geräusches erzielt. Die Pegelminderung ΔL_I, die man für einen Aufpunkt außerhalb des Hallradius vor und nach dem Einbau schallschluckender Materialien erzielen kann, ergibt sich aus der Beziehung (1.54) mit $A_i = 0{,}16 \, V/T_i$:

(1.56) $\qquad \Delta L_I = 10 \lg A_2/A_1$

(A_1, A_2-äquivalente Absorptionsfläche vor bzw. nach dem Einbau von Schallschluckanordnungen). In der Praxis erzielt man Pegelminderungen von etwa 3 dB in Büroräumen, 5–6 dB in ursprünglich unbehandelten Fabrikationshallen und Maschinenräumen. Der sinnvolle Einbau von Schallschluckkonstruktion in einem Arbeitsraum zur Senkung des Hallinnenpegels sei es für die Beschäftigten im Raum, sei es für die Abstrahlung ins Freie, bedarf einer sorgfältigen Planung. Für den Betreiber kann es sich als nützlich erweisen, zur optimalen Auslegung von Schallschluckanordnungen hinsichtlich Kosten und Wirkung einen unabhängigen und erfahrenen Spezialisten hinzuzuziehen.

Unerläßlich ist die schallabsorbierende Verkleidung bei Schallschutzhauben (Kapseln) um Maschinen und Anlagen. Durch die absorbierende Auskleidung der Kapseln wird der Innenpegel gesenkt, was gleichbedeutend mit einer Erhöhung des Einfügungsdämm-Maßes der Kapsel ist. Das Einfügungsdämm-Maß D_e ist die an einem Immissionsort gemessene Differenz der Pegel, die einmal mit und einmal ohne Schallschutzhaube gemessen wird ($D_e = L_{ohne} - L_{mit}$).

1.11.4 Anmerkungen zum Schalldruckpegel L_I nach Gleichung (1.54)

Die Beziehung (1.54) wird in der akustischen Meßtechnik in zweifacher Hinsicht benutzt: Aus der Messung von L_I kann man den Schalleistungspegel einer Maschine bestimmen. Das kann im Nachhallraum unter definierten Bedingungen (s. DIN 45635, Teil 2) oder näherungsweise unter gegebenen Bedingungen in einem Werkraum oder einer Montagehalle erfolgen. Umgekehrt kann man, z. B. im Prognosefall, den Hallinnenpegel berechnen, wenn die Schalleistungspegel der zur Aufstellung kommenden Maschinen bekannt sind (s. a. Abschnitt 1.13).

Die Aussagen über das Schallfeld in einem Raum, die mit Gl. (1.54) und Darstellung 1.36 beschrieben sind, gelten, so lange die Voraussetzungen der statistischen Raumakustik gültig sind (s. 1.10). Für den in der Praxis wichtigen Fall des Flachraumes, das sind Räume, deren Höhe H sehr klein ist gegen die Längenausdehnung, ergeben sich die in Darstellung 1.37 skizzierten Pegelabnahmen, von einer Geräuschquelle: Bei einem Flachraum mit wenig absorbierender Decke nimmt der Innenpegel im Abstand $s > H$ mit $10 \lg s$ ab. Wenn die Decke dagegen schallschluckend verkleidet ist und im Raum viele Streukörper verteilt

Teil 1 Technische Akustik im Immissionsschutz   77

sind, dann erhält man den in Darstellung 1.37 gestrichelten Verlauf. Bemerkenswert ist dabei die zunächst geringe Pegelabnahme bei kleinen Abständen, die durch Rückstreuung an den Streukörpern verursacht wird. Bei Berechnungen des Halleninnenpegels zur Auslegung der Schalldämmung von Bauteilen, liegt man mit Gleichung (1.54) meist auf der sicheren Seite, d. h. der wirkliche Halleninnenpegel ist im i. a. niedriger als der berechnete. Ausnahmen sind nur zu erwarten, wenn eine Geräuschquelle sich unmittelbar vor einem Bauteil geringer Schalldämmung befindet, über das der Schall nach außen dringt.

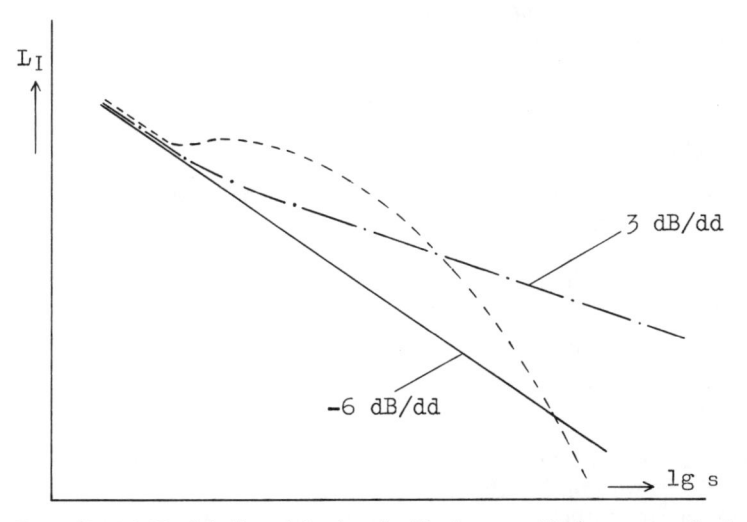

Darstellung 1.37 Schallpegelabnahme im Flachraum; s-Entfernung zur Geräuschquelle.

—·— Flachraum mit schwachabsorbierender Decke:
Schalldruckpegel nimmt proportional zu $-10 \lg s$ ab
(-3 dB je Entfernungsverdoppelung)

——— Flachraum mit stark absorbierender Decke ohne Streukörper (entspricht den Freifeldbedingungen):
Schalldruckpegel nimmt proportional zu $-20 \lg s$ ab
(-6 dB je Entfernungsverdoppelung)

- - - - Flachraum mit stark absorbierender Decke und absorbierenden, im Raum verteilten Streukörpern

1.12 Schalldämmung von Bauteilen

In der Lärmbekämpfung spielt die Schalldämmung eines Bauteiles eine große Rolle. Unter Schalldämmung versteht man die Eigenschaft eines Bauteiles in Form einer Wand, Decke, Abschirmkapsel, eines Fensters, Tores usw. die auftreffende Schalleistung nur teilweise durchzulassen. Unberücksichtigt bleibt hierbei, ob die Schallenergie in dem Bauteil durch Umwandlung in Wärme vernichtet, als Körperschall im Bauteil abgeleitet oder an der Bauteiloberfläche reflektiert wird. Die Reflexion zur Quelle zurück macht normalerweise den Hauptteil der Pegelminderung aus.

1.12.1 Definitionen und Begriffe

Die Dämmwirkung eines Bauteiles wird durch das Schalldämm-Maß R beschrieben, das wie folgt definiert ist:

(1.57) $$R = 10 \lg \frac{P_1}{P_2}$$

P_1 – sendeseitig auf das Bauteil auffallende Schalleistung
P_2 – in den Empfangsraum abgestrahlte Schalleistung
(Transmissionsgrad: $\tau = P_2/P_1$)

Das Schalldämm-Maß ist im allgemeinen eine Funktion der Frequenz und des Einfallwinkels. Es wird nach DIN 52210, Bl. 1 entweder auf einem Prüfstand mit sorgfältiger Unterdrückung der Nebenwege oder am Bau als Bau-Schalldämm-Maß R' mit bauüblicher Nebenwegübertragung (s. Darstellung 1.41) bestimmt. Für die Theorie wird vorausgesetzt, daß sendeseitig wie empfangsseitig ein diffuses Schallfeld vorliegt.

Für die auffallende Schalleistung kann man mit S als Fläche des Bauteiles und mit I_1 als auftreffende Schallintensität schreiben: $P_1 = S I_1$ mit $I_1 = p_1^2/(4\varrho c)$ im diffusen Feld (Gl. 1.53b), für die abgestrahlte Schalleistung nach (1.53a und b) $P_2 = p_2^2 A/(4\varrho c)$. Dies in (1.57) eingesetzt ergibt:

(1.58) $$R = L_1 - L_2 + 10 \lg \frac{S}{A}$$

L_1, L_2 – Schalldruckpegel im Sende- bzw. Empfangsraum
A – äquivalenter Schallabsorptionsfläche im Empfangsraum

Es wird der Schalldruckpegel im Senderaum L_1 und im Empfangsraum L_2 gemessen, ferner die äquivalente Absorptionsfläche empfangsseitig über die Messung der Nachhallzeit (Gl. (1.52)) bestimmt. Einzelheiten der Meßvorschriften s. DIN 52210, Teil 1.

Teil 1   Technische Akustik im Immissionsschutz   79

In der Bauakustik wird das Schalldämm-Maß üblicherweise in Terzbändern von 100 bis 3200 Hz gemessen und daraus das Luftschallschutzmaß LSM, am Bau LSM', als Einzahlangabe zur Beschreibung der Schalldämmwirkung des Bauteiles bestimmt. Das geschieht mit Hilfe des in A. 1.13 angegebenen Diagramms. Das Luftschallschutzmaß wird ermittelt, indem man die Sollkurve lotrecht und parallel um ganze dB verschiebt, bis die mittlere Abweichung zwischen den Meßpunkten und der verschobenen Sollkurve ≤ 2 dB ist. Die hierfür notwendige Verschiebung in ganzen dB ist das Luftschallschutzmaß. Die mittlere Abweichung wird so berechnet, daß die Unterschiede der Meßwerte, die auf der ungünstigsten Seite der verschobenen Sollkurve liegen, zur verschobenen Sollkurve arithmetisch addiert werden und die Summe durch (n − 1) dividiert wird, wenn n die Anzahl der Frequenzbänder ist, z. B. (n − 1) = 15 bei Terzbändern. Mögliche ungünstige Abweichungen von der Sollkurve bei 100 Hz und 3200 Hz werden bei der Summenbildung nur mit ihrem halben Wert eingesetzt. Die im günstigsten Sinn abweichenden Werte oder die, welche auf der verschobenen Sollkurve liegen, werden bei Bildung der Summe nicht berücksichtigt (Beispiel s. Darstellung 1.38).

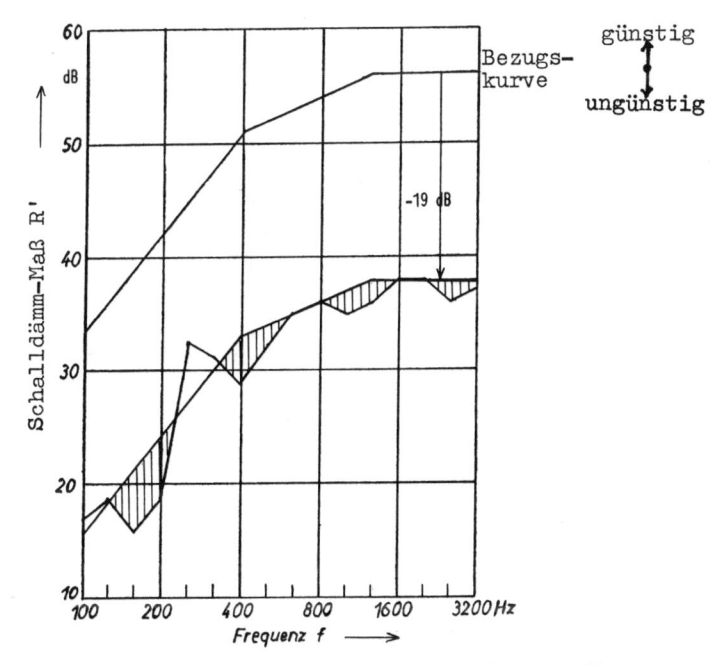

Darstellung 1.38   Zur Ermittlung des Luftschalldämm-Maßes eines Bauteiles. (Raumteiler aus 2 × 13 mm Spanplatte im Abstand von 75 mm, Luftraum mit Steinwolle ausgefüllt. Das Luftschalldämm-Maß beträgt −19 dB)

Als weitere Einzahl-Angaben zur Charakterisierung der Dämmwirkung eines Bauteiles im Frequenzbereich von 100 bis 3200 Hz sind gebräuchlich

- das bewertete Schalldämm-Maß R_w:

(1.58a) $\quad R_w = LSM + 52\,dB$

- das mittlere Schalldämm-Maß $\bar{R}$:

(1.58b) $\quad \bar{R} = \dfrac{1}{n} \sum\limits_{i=1}^{n} R_i$

R_i – Luftschalldämm-Maß im i-ten Frequenzband
n – Anzahl der Frequenzbänder

Zwischen LSM und R_w einerseits und $\bar{R}$ andererseits besteht keine strenge und eindeutige Beziehung, näherungsweise kann aufgrund von Erfahrungswerten von folgenden Beziehungen ausgegangen werden:

(1.58c) $\quad \bar{R} \approx LSM + 50\,dB$
(1.58d) $\quad \bar{R} \approx R_w - 2\,dB$

Bei Ausbreitungsrechnungen im Rahmen von Umweltschutzaufgaben wird mit Oktavbandpegeln gerechnet, und zwar häufig über den bauakustischen Frequenzbereich hinausgehend vom 31,5 Hz-Oktavband bis zum 4000 Hz-Oktavband.[20] Für viele Zwecke ist aber auch eine Rechnung mit A-bewerteten Schallpegeln und bewerteten Schalldämm-Maßen der einzelnen Bauteile ausreichend. Eine solche Vereinfachung ist dann zulässig, wenn der Schwerpunkt des A-bewerteten Schalldruckspektrums zwischen 250 und 1000 Hz liegt und die bewerteten Schalldämm-Maße der hauptsächlich übertragenden Bauteile die Schalldämmung in diesem Frequenzbereich ausreichend beschreiben.

Die DIN 4109 Bl. 2 vom Sept. 1962, Schallschutz im Hochbau, und die verschiedenen Neuentwürfe der letzten Jahre enthalten Richtwerte für den Mindestschallschutz und Vorschläge für den erhöhten Schallschutz, die Bauteile zum Schutz gegen Schallübertragung aus einem fremden Wohn- und Arbeitsbereich erfüllen sollen.

1.12.2 Einschalige Wände

Bei einer biegeweichen Wand, die nur aus einer Schale besteht, errechnet sich das Schalldämm-Maß für allseitigen (diffusen) Schalleinfall nach dem sog. Bergerschen Massegesetz:

(1.59) $\quad R = 20 \lg \dfrac{2{,}2\,m''f}{Z}$

---

[20] s. hierzu 1.12.3, letzter Absatz.

Teil 1   Technische Akustik im Immissionsschutz

m″ – Flächenmasse in kg/m^2
f   – Frequenz
Z – Schallwellenwiderstand in Luft (Z = 408 Ns/m^3)

Das Schalldämm-Maß ist vom zehnfachen Logarithmus des Quadrates der Flächenmasse und der Frequenz abhängig. Der Verlauf des Schalldämm-Maßes in Abhängigkeit von der flächenbezogenen Masse zeigt Darstellung 1.39. Kurve c entspricht dem theoretischen Verlauf nach (1.59), wie er beispielsweise mit Stahlblech bis 2 mm (m″ = 16 kg/m^2) oder mit Bleiblech realisiert werden kann. Wegen Biegewellenanregung der Wand (s. 1.12.4) wird die Schalldämmung nach dem Bergerschen Massengesetz nicht erreicht. In der Praxis ergeben sich etwa Werte für das bewertete Bauschalldämm-Maß R'_w, wie es mit den Kurven a und b schematisch dargestellt ist. Als Faustregel für das mittlere Schalldämm-Maß $\bar{R}$ von Mauerwerk o.dgl. gilt $\bar{R} \approx 20 \lg m''$ (m″ in kg/m^2) oder $R_w \approx 20 \lg m'' + 2$. Eine Wand, deren Schalldämmung durch Nebenwege nicht unzulässig verschlechtert wird, besitzt bei einer flächenbezogenen Masse von 350 bis 400 kg/m^2 ein LSM′ = 0 oder R'_w = 52 dB. Sie wird beispielsweise realisiert durch eine Ziegelwand von 24 cm mit einer echten Steinrohdichte im ausgetrockneten Zustand von 1500 kg/m^3 und einem Putz von je 1,5 cm Stärke.

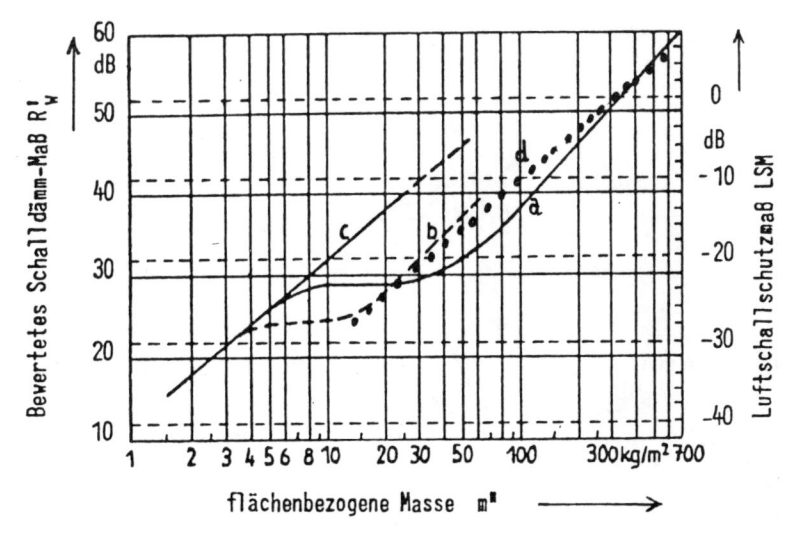

Darstellung 1.39 Schalldämm-Maß R'_w und Luftschallschutzmaß LSM in Abhängigkeit von der flächenbezogenen Masse m″ einschaliger Bauteile (nach DIN 4109(E) Teil 2)
– Kurve a: Beton, Mauerwerk, Gips, Glas u. ä.
– Kurve b: Holz und Holzwerkstoffe
– Kurve c: Stahlblech bis 2 mm, Bleiblech
– Kurve d: Näherungsformel $\bar{R} = 20 \lg m''$ oder $R'_w = 20 \lg m'' + 2$ für Mauerwerk (m″ – Flächenmasse in kg/m^2)

1.12.3 Zweischalige Bauteile

Zur Erreichung einer guten Schalldämmung ist bei einschaligen Wänden eine hohe Flächenmasse m'' erforderlich. Mit einem Bauteil, das aus zwei Wänden im Abstand d aufgebaut ist, wobei entweder der Zwischenraum nur mit Luft oder – zur Unterdrückung der Dämmungseinbrüche bei hohen Frequenzen – mit weichen Fasermatten ausgefüllt ist, läßt sich eine bis zu etwa 15 dB höhere Schalldämmung erzielen als mit der gleichschweren einschaligen Wand. Der prinzipielle Verlauf der Schalldämmung über der Frequenz ist in Darstellung 1.40 wiedergegeben. Bei tiefen Frequenzen unterhalb der sog. Resonanzfrequenz f_R verhält sich eine zweischalige Konstruktion wie eine einschalige gleichschwere Wand; ein geringerer Dämmwert als bei der einschaligen Wand ergibt sich im Bereich der Frequenz f_R wegen einer Resonanz der beiden Wandmassen m_1'' und m_2'' mit dem dazwischenliegenden Luftpolster als Federung. Die Resonanzfrequenz dieses Masse-Feder-Masse-Systems („Tonpilz") berechnet sich mit $s'' = \varrho c^2/d$, der flächenbezogenen Steife des Luftpolsters, und der flächenbezogenen Masse

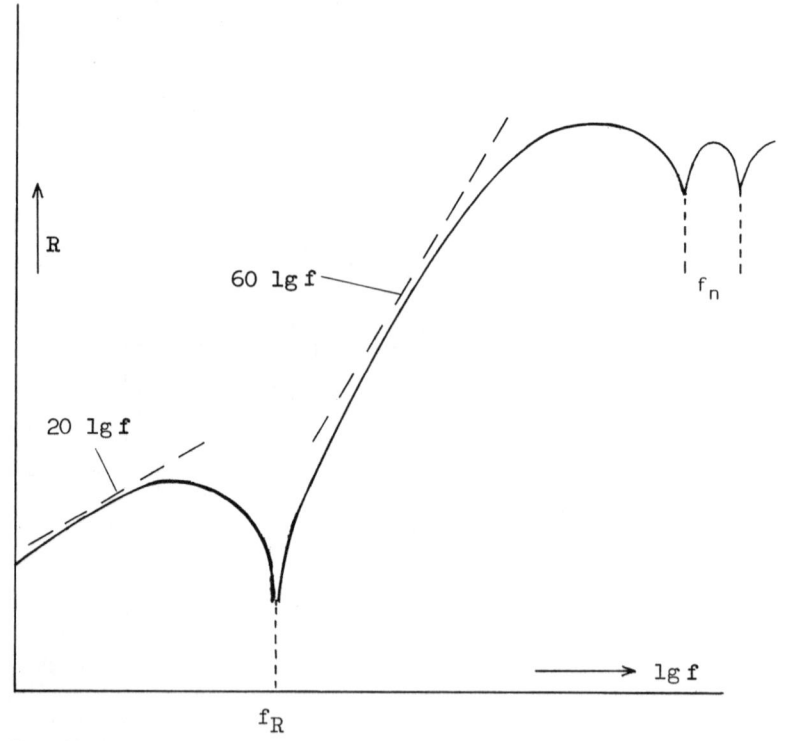

Darstellung 1.40 Prinzipieller Verlauf des Schalldämm-Maßes R eines zweischaligen Bauteiles.

Teil 1 Technische Akustik im Immissionsschutz   83

$m'' = m_1'' m_2'' / (m_1'' + m_2'')$ (m_1'', m_2'' – Masse je Flächeneinheit der beiden Schalen)

aus $f_R = \dfrac{1}{2\pi} \sqrt{\dfrac{s''}{m''}}$ zu

(1.60) $\qquad f_R = 60 \sqrt{\dfrac{m_1'' + m_2''}{m_1'' m_2'' d}}$ (m_1'', m_2'' in kg/m², d in m)

Man versucht, f_R möglichst weit unterhalb des interessierenden Frequenzbereiches zu legen, beispielsweise durch ein großes d, um den steilen Anstieg oberhalb f_R mit 18 dB je Oktav ausnützen zu können. Für die Sonderfälle der gleichschweren Schalen und der leichten Vorsatzschale vor schwerem Bauteil ($m_1'' = M'' \gg m_2'' = m''$) sind in der Tabelle A1.14 die Formeln zur Berechnung der Resonanzfrequenz angegeben.

Werden die beiden Schalen über ein wenig elastisches Zwischenmaterial miteinander verbunden, so kann die Schalldämmung des zweischaligen Bauteiles schlechter als die der gleichschweren einschaligen Wand sein. Das kommt des öfteren bei der Anbringung einer zweiten Schale zur Wärmedämmung vor, z. B. bei Heizungsnischen in Fassaden-Außenwänden. Sie bestehen meist aus einer Halbstein-Ziegelwand (12 cm), auf die ca. 2–3 cm Hartschaum-Platten mit 1,5 mm Putz angebracht sind. Mit der Steifigkeit der Zwischenschicht $s'' \approx 10^{+8}$ N/m³ und der Flächenmasse des Putzes $m'' \approx 25$ km/m² ergibt sich nach Tabelle A1.14 für die Resonanzfrequenz $f_R = \dfrac{1}{2\pi} \sqrt{\dfrac{10^8}{25}} = 320$ Hz.

Der steile Anstieg der Schalldämmung oberhalb f_R mündet in Einbrüchen der Schalldämmung bei der Koinzidenzgrenzfrequenz der Schalen selbst oder bei den Frequenzen, die sich aus der „Dickenresonanz" des Luftpolsters ergeben, das sind jene Frequenzen f_n, bei denen der Wandabstand gerade $\lambda/2$ oder Vielfachen von $\lambda/2$ entspricht ($f_n = cn/2d$). Bei einem Schalenabstand von 10 cm errechnet sich die erste Resonanz bei 1700 Hz. Durch Einbringen von lockeren porösen Schallschluckstoffen können diese Resonanzen bedämpft werden. – Der Einbruch der Schalldämmung durch Biegewellen-Anregung kann dadurch vermieden werden, daß man die Schalen biegeweich ausführt, d. h. die Koinzidenzgrenzfrequenz oberhalb des interessierenden Frequenzbereiches legt.

Durch die häufig notwendige Befestigung der Schalen an einem gemeinsamen Träger kann die Wirkung der Doppelschaligkeit sich verschlechtern.

Biegeweiche Vorsatzschalen werden in der Lärmbekämpfung viel angewandt, um die Schalldämmung eines biegesteifen, einschaligen Bauteils, z. B. einer Wand, Decke oder eines Maschinengehäuses zu verbessern. Die Voraussetzung für eine gute Wirksamkeit einer Vorsatzschale zur Vermeidung der Geräuschübertragung von einem Raum in einen anderen ist, daß keine Nebenweg-Übertragung stattfindet (Darstellung 1.41). Im Anhang A1.15 sind die Schalldämm-Maße häufiger Wand- und Deckenkonstruktionen zusammengestellt.

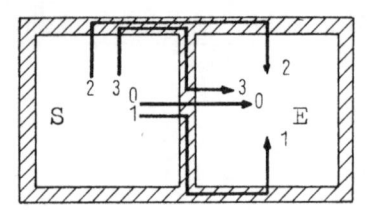

84 Teil 1 Technische Akustik im Immissionsschutz

Darstellung 1.41 Schallübertragung mit Nebenwegen.
0 – direkter Schalldurchgang durch das Bauteil, 1 bis 3 – Nebenwege

Während beim Wohnungsbau die Kenntnis des Schalldämm-Maßes im bauakustischen Frequenzbereich von 100 Hz bis 3150 Hz ausreichend ist, muß bei der Berechnung der Schallabstrahlung von Industriegeräuschen das Schalldämm-Maß der Fassadenteile manchmal auch für die Oktavbänder 63 Hz und 31,5 Hz bekannt sein. Auf Prüfständen kann das Schalldämm-Maß häufig nicht mehr ausreichend genau bestimmt werden, weil die Voraussetzungen der statistischen Raumakustik – Raumdimensionen der Prüfstandsräume größer $\lambda/2$ – nicht mehr erfüllt sind. Wenn die Anregung freier Biegewellen (s. 1.12.4) auf der Wand in diesem Frequenzbereich keine nennenswerte Rolle für die Schallübertragung spielt, sei es, daß die Koinzidenzfrequenz oberhalb von 125 Hz liegt oder sei es, daß die Wanddämpfung sehr groß ist, kann man sich mit dem Bergerschen Massegesetz behelfen und von dem Schalldämm-Maß für das 125 Hz-Oktavband ausgehend mit jeweils -6 dB/Oktav die Schalldämm-Maße für das 63 Hz- und das 31,5 Hz-Oktavband extrapolieren. Eine solche Extrapolation ergibt eher zu niedrige Werte, weil die zusätzliche Massenbelastung der Wand an der „Einspannung" hierbei nicht berücksichtigt wird.

1.12.4 Der Einfluß von Biegewellen auf die Schalldämmung eines Bauteiles

Der Wellentyp Biegewelle wurde bereits in der Einleitung beschrieben. Die Biegewellengeschwindigkeit nimmt proportional $\sqrt{f}$ zu, die Biegewellenlänge ist umgekehrt porportional zu $\sqrt{f}$. Bei einer bestimmten Frequenz, der sog. Koinzidenzgrenzfrequenz f_g, sind die Biegewellengeschwindigkeit und -wellenlänge auf der Wand gleich der Luftschallgeschwindigkeit und -wellenlänge ($c_B = c_L$, $\lambda_B = \lambda_L$), für Frequenzen oberhalb der Koinzidenzgrenzfrequenz gilt $\lambda_B > \lambda_L$. Trifft eine ebene Welle auf eine Wand auf (s. Darstellung 1.42), so wird durch die sog. Spurwelle längs der Wand eine erzwungene Biegewelle angeregt mit $\lambda_B = \lambda_L/\sin \vartheta$. Liegt nun die Frequenz der einfallenden Luftschallwelle oberhalb der Koinzidenzgrenzfrequenz, so gibt es einen Einfallswinkel, für den die Wellenlänge der auf der Wand erzwungenen Biegewellenlänge gleich ist der Wellenlänge der sog. freien Biegewellen, d.h. der Biegewellen, die sich auf der Wand aufgrund der Wandeigenschaften, nämlich Biegesteife B'' und Flächenmasse m'', bei der Frequenz gemäß Gl. (1.04) einstellt. Für den Fall, daß für die Spurwellenlänge λ_{Sp} gilt: $\lambda_{Sp} = \lambda_L/\sin\vartheta = \lambda_B$ mit $\lambda_B = \sqrt{\dfrac{2\pi}{f}}\sqrt[4]{\dfrac{B''}{m''}}$ findet eine Resonanzübertragung der Schallenergie durch die Wand statt, die eine Verschlechterung des Schalldämm-Maßes bewirkt. Die Verschlechterung ist dabei umso größer je niedriger die Dämpfung der Wand ist.

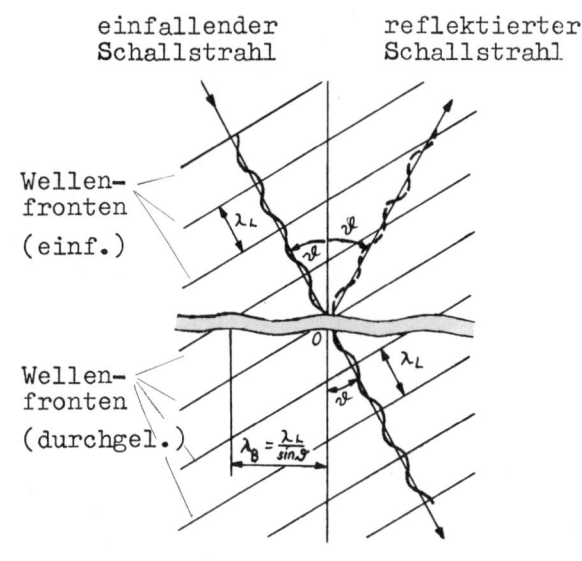

Darstellung 1.42 Anregung von Biegewellen auf einem Bauteil durch eine unter Winkel ϑ einfallende Luftschallwelle. Es gilt: $\lambda_B = \lambda_L/\sin\vartheta$.
(Von der reflektierten Welle wurden die Wellenfronten der Übersichtlichkeit wegen nicht eingezeichnet)

Die Koinzidenzgrenzfrequenz f_g berechnet sich aus der Bedingung, daß die Schallgeschwindigkeit c_L in Luft gleich der Schallgeschwindigkeit c_B der Biegewelle auf dem Bauteil ist. Mit der Beziehung (1.05) $f_g = \dfrac{c_L^2}{2\pi}\sqrt{\dfrac{m''}{B''}}$ ergibt sich

für homogene Platten $f_g = 6{,}5 \cdot 10^4 \dfrac{1}{h}\sqrt{\dfrac{\varrho}{E}}$.

(c_L – Schallgeschwindigkeit in Luft (343 m/s), m'' – Flächenmasse: $m'' = \varrho h$; ϱ-Dichte [kg/m^3], h-Dicke der Platte [m], B'' – Biegesteife der Platte $B'' \approx Eh^3/12$ [Nm]).

Die Koinzidenzgrenzfrequenz f_g ist in Abhängigkeit von der Dicke einer Wand für verschiedene Materialien in Darstellung 1.43 aufgetragen.

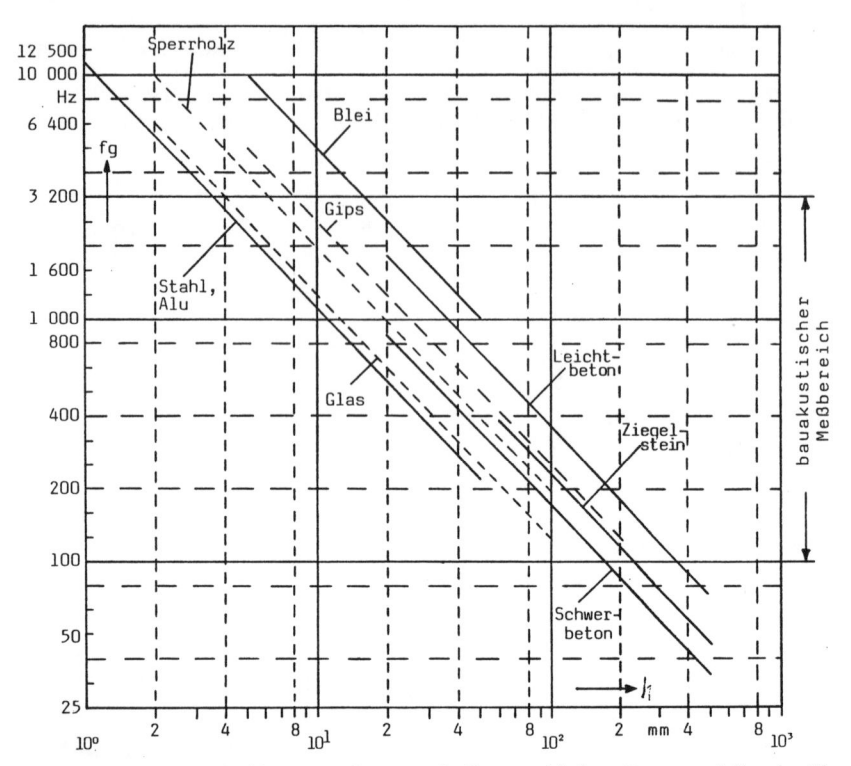

Darstellung 1.43 Koinzidenzgrenzfrequenz f_g für verschiedene Baumaterialien in Abhängigkeit von der Plattendicke h.

Bauteile mit einer Koinzidenzgrenzfrequenz oberhalb 2000 Hz gelten als biegeweich. Biegeweiche Platten sind für die Konstruktion zweischaliger Bauteile wichtig. Zu biegeweichen Platten zählen:

- Gipskartonplatten bis 18 mm
- Putzschalen auf Rohr oder Drahtgewebe
- Holzwolle-Leichtbauplatten, einseitig verputzt (und nicht starr mit Decke oder Wand verbunden)
- Glasscheiben bis 6 mm
- Stahlblech bis 2 mm
- Holzspanplatten bis 16 mm

Liegt die Koinzidenzgrenzfrequenz im Frequenzbereich unterhalb 200 Hz, dann beruht die Schalldämmung für Frequenzen oberhalb 200 Hz sowohl auf der Wirkung der Masse als auch der Biegesteifigkeit der Platte, z.B. bei Wänden oder Decken aus Beton, Leichtbeton oder Mauerwerk mit flächenbezogenen

Massen größer als 150 kg/m². Bei Koinzidenzgrenzfrequenzen zwischen 200 Hz und 2000 Hz erfolgt die oben beschriebene Übertragung mit erheblicher Verschlechterung der Schalldämmung des Bauteiles gegenüber der Schalldämmung, die man nach dem Massengesetz erwarten würde. Dies trifft zu für:

- Wände aus Beton, Leichtbeton, Mauerwerk, Gipsplatten und Glasscheiben mit Flächenmassen zwischen 15 und 100 kg/m².
- Platten aus Holz und Holzwerkstoffen mit flächenbezogenen Massen über 15 kg/m².

1.13 Schallabstrahlung aus geschlossenen Räumen ins Freie

1.13.1 Berechnung des Schalldruckpegels an einem Immissionsort aus dem Halleninnenpegel

Um den Schalldruckpegel an einem Immissionsort P zu berechnen, der durch die Schallabstrahlung aus einem geschlossenen Raum hervorgerufen wird, sei zunächst angenommen, daß nur ein Fassadenelement an der Schallabstrahlung beteiligt ist (s. Darstellung 1.44). Eine solche Berechnung wird wegen der häufig vorliegenden Frequenzabhängigkeit des Innengeräusches und der Schalldämm-Maße in einzelnen Frequenzbändern, üblicherweise in Oktavbändern, durchgeführt. Nach (1.57) ist das Schalldämm-Maß $R = 10 \lg P_1/P_2$. Die auf das Fassadenelement der Fläche S einfallende Schalleistung ist gleich $P_1 = I_D S$. I_D ist die Schallintensität, die im diffusen Schallfeld mit $I_D = \dfrac{p^2}{4\varrho c}$ gegeben ist (s. Gl. 1.53b).

Somit ergibt sich für den Schalleistungspegel an dem Fassadenelement $L_{W1} = L_I + 10 \lg S - 10 \lg 4$ mit L_I-Schalldruckinnenpegel im diffusen Schallfeld eines Raumes. Der Leistungspegel der durchgelassenen Schallwelle errechnet sich unter der Voraussetzung der gleichmäßigen Abstrahlung in den Halbraum, für Abstände $s_m > 1,5\, l_{max}$ (s_m – Abstand des betrachteten Aufpunktes (Immissionsortes) vom Mittelpunkt des Fassadenelementes, l_{max} – größte Linear-Ausdehnung des betrachteten Fassadenelementes) nach Gl. (1.23b) zu $L_{W2} = L_p(s_m) + 10 \lg 2\pi s_m^2$.

L_{W1} und L_{W2} in die Formel für das Schalldämm-Maß eingesetzt, ergibt für $L_p(s_m)$ am Immissionsort:

(1.61) $\qquad L_p(s_m) = L_I - R' - 6 + 10 \lg S - 10 \lg 2\pi s_m^2$

Dies ist i.w. die Beziehung (7a) in VDI-Richtlinie 2571 „Schallabstrahlung von

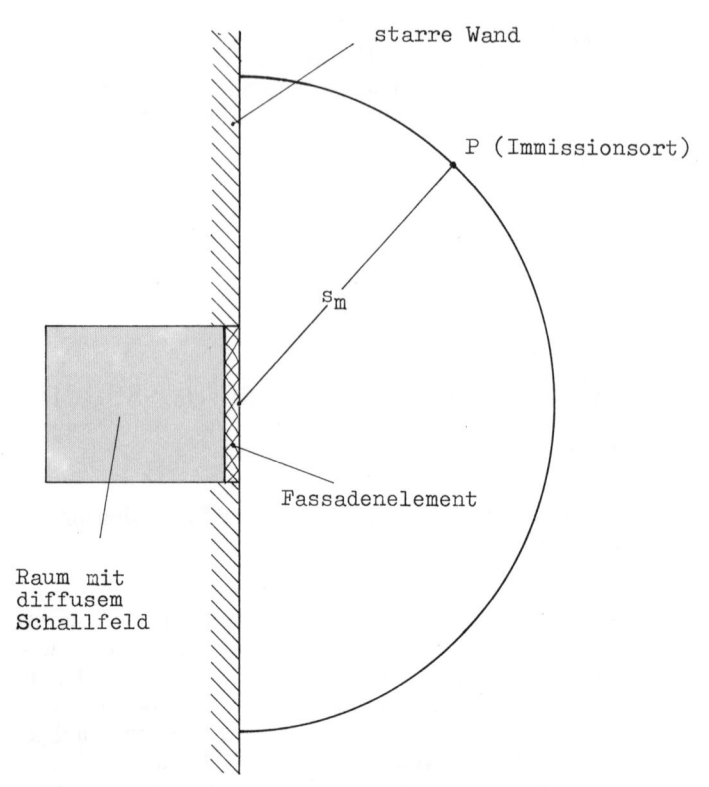

Darstellung 1.44 Schallabstrahlung aus einem geschlossenen Raum mit diffusem Schallfeld über ein Fassadenelement der Fläche S und des Schalldämm-Maßes R'.

Industriebauten". Die beiden letzten Terme sind dort als Abstandsmaß ΔL_s = 10 lg 2 π s_m^2/S zusammengefaßt und in einem Diagramm (s. A 1.16) dargestellt.

Des weiteren ist in der VDI-Richtlinie 2571 das Abschirmmaß ΔL_Z nach A1.9 eingeführt. Mit dem Term D in Gleichung (1.62) sollen pauschal die übrigen Dämpfungs- und Dämmungsmechanismen erfaßt werden, wie z. B. Schallabsorption in der Luft, Bodenabsorption, Abschirmung usw. (s. 1.9.1):

(1.62) $L_p(s_m) = L_I - R' - 6 - \Delta L_s - \Delta L_Z - D$

Bei mehreren Übertragungswegen (z. B. Dach, Seitenwände, Fenster, Tore, Luftein- und -auslässe usw.) muß für jedes geräuschrelevante Fassadenelement der Schalldruckpegel nach (1.62) bestimmt werden. Den Gesamtschalldruckpegel am Immissionsort, verursacht durch die Schallabstrahlung aus einem Raum, erhält man durch Addition der von den einzelnen Übertragunswegen in den einzelnen Frequenzbändern herrührenden Schallpegeln.

Ob ein Fassadenelement nennenswert zum Gesamtschallpegel an einem Immissionsort beiträgt, wird nicht allein durch sein Schalldämm-Maß R' oder R'_w bestimmt, sondern auch durch seine Fläche und die Größe des Eigenabschirmmaßes ΔL_Z bestimmt.

Statt in einzelnen Frequenzbändern kann für vereinfachte Berechnungen der A-bewertete Schalldruckpegel und das bewertete Bauschalldämm-Maß $R'_w = \bar{R} + 2$ benutzt werden:

(1.62a) $\qquad L_{pA}(s_m) = L_{IA} - R'_w - 4 - L_s - L_Z - D_A$

$L_{pA}(s_m)$, L_{IA} sind der A-bewertete Schalldruckpegel außen im Abstand s_m vom Mittelpunkt des abstrahlenden Bauteils bzw. der A-bewertete Halleninnenpegel.

Für die Berechnung der von einem Außenhautelement ins Freie abgestrahlten Schalleistung ist nach VDI 2571, Ziff. 3.1 „der innen in seiner unmittelbaren Nähe (etwa 1 m Abstand) herrschende Schalldruckpegel" maßgebend. Ergeben sich hierbei unterschiedliche Pegel entlang eines Fassadenelementes, so kann bei kleinen Pegelunterschieden von einem gemittelten Pegel über diesen Teil der Außenfassade ausgegangen werden; für größere Pegelunterschiede empfiehlt es sich das Außenhautelement in Teilflächen aufzuteilen, so daß jeder Teilfläche bei nur jeweils kleinen Pegelunterschieden ein mittlerer Pegel zugeordnet werden kann. Pegelunterschiede treten z. B. auf, wenn eine Geräuschquelle nahe an dem betrachteten Fassadenelement steht, so daß an der Wand die Bedingungen für ein diffuses Feld nicht erfüllt sind.

Ist eine Wand stark schallabsorbierend oder mißt man in der unmittelbaren Nähe von Öffnungen, dann ist in den Gleichungen (1.62) und (1.62a) für den Halleninnenpegel ein um 3 dB höherer Wert als der dort gewonnene Meßwert anzusetzen.

In unmittelbarer Nähe (z. B. 10 cm) des abstrahlenden Fassadenelementes gilt nach VDI 2571 folgende vereinfachte Beziehung, die zur Überprüfung der bei der Planung verwendeten Schalldämm-Maße einzelner Bauteile dienen kann:

(1.63) $\qquad L_p(0{,}1 \text{ m}) = L_I - R' - 3 \quad$ oder

(1.63a) $\qquad L_{pA}(0{,}1 \text{ m}) = L_{IA} - R'_w - 1$

In Prognosefällen kann, meist mit ausreichender Genauigkeit, auf Erfahrungswerte von Halleninnenpegel L_I von Werkräumen entsprechend ihrer Nutzung zurückgegriffen werden (s. A 3). Ein Formblatt zur Erleichterung der Berechnungen nach Gl. (1,62) oder (1.62a) ist ebenfalls im Anhang zu Teil 3 angegeben.

1.13.2 Berechnung des Schalldruckpegels an einem Immissionsort aus den Schalleistungspegeln der in einem Raum befindlichen Geräuschquellen

Der Halleninnenpegel kann aus den Schalleistungspegel der darin aufgestellten Maschinen nach Gleichung (1.54) ermittelt werden. Das ergibt für den Schalldruckpegel an einem Immissionsort:

(1.64) $L_p(s_m) = L_W - R' + 8 + 10 \lg T/V - \Delta L_s - \Delta L_Z - D$

(1.64a) $L_{pA}(s_m) = L_{WA} - R'_w + 10 + 10 \lg T/V - \Delta L_s - \Delta L_Z - D_A$

Setzt man anstelle von L_p oder L_{pA} in den Gleichungen (1.64) und (1.64a) den an dem betrachteten Einwirkungsort zulässigen Schalldruckpegel L_{pz} oder L_{pAz} und löst die Gleichung nach L_W bzw. L_{WA} auf, dann erhält man den zulässigen Schalleistungspegel L_{Wz}, L_{WAz}, den eine Schallquelle in der Halle abstrahlen darf, um bei Schallübertragung über das Fassadenelement den zulässigen Schalldruckpegel am Immissionsort gerade nicht zu überschreiten.

Üblicherweise sind an einer Übertragung des Halleninnenpegels an einem Immissionsort mehrere Wege (Fassadenelemente, z. B. Außenwände, Fenster, Dach, Tor, Abluftöffnungen etc.) beteiligt. Um den zulässigen Schalleistungspegel einer neu zu genehmigenden Teilanlage bestimmen zu können, ist folgender Weg zu empfehlen, hier für den A-bewerteten Schalldruckpegel:

Man berechnet zunächst für jeden Übertragungsweg eines Außenhautelementes den für diesen Teil allein zulässigen Schalleistungspegel L_{pAz}, also für das i-te Außenhautelement:

(1.65) $L_{WAi} = L_{pAz} - 10 \lg \dfrac{T}{V} - 10$
            $+ R'_{wi} + \Delta L_{si} + \Delta L_{Zi} + D_{Ai}$

Bei n an der Übertragung beteiligten Fassadenelementen erhält man n Werte $L_{WA1}, L_{WA2}, \ldots, L_{WAn}$. Von diesen Werten wählt man den niedrigsten Schalleistungspegel $L_{WA\,min}$ aus:

$L_{WA\,min} = \text{Min}(L_{WA1}, L_{WA2}, \ldots, L_{WAn})$. Man bildet für alle n Schalleistungspegel die Größe $10^{0,1(L_{WA\,min} - L_{WAi})}$ und berechnet eine Hilfsgröße C nach:

(1.66) $C = 10 \lg \sum_{i=1}^{n} 10^{0,1(L_{WA\,min} - L_{WAi})}$

Den zulässigen Schalleistungspegel L_{WAz}, den die Teilanlage in dem Raum haben darf, ergibt sich dann aus:

(1.67) $L_{WAz} = L_{WA\,min} - C$

Teil 1   Technische Akustik im Immissionsschutz   91

Beispiel:

Gesucht L_{WAz}, wenn an einem Immissionsort der von einer aufzustellenden Maschine der Schalldruckpegel von 50 dB(A) nicht überschritten werden darf. Die Maschine sei in einer Werkhalle zu errichten mit den in der Tabelle angegebenen Übertragungswegen.

Die in Spalte 3 der Tabelle angegebenen Werte sind nach Gleichung (1.65) berechnet, und zwar in der Weise, daß für jeden Übertragungsweg für sich allein die 50 dB(A) eingehalten werden.

i	Vorgabe		Berechnung	Kontrolle	
	Übertragungsweg über	L_{WAi} n. (1.65)	$10^{0,1(L_{WAmin}-L_{WAi})}$	$L_{WAi} - L_{WAz}$	L_{pAi}
1	Dach	98	1,0	4	46
2	Tor	101	0,50	7	43
3	Fensterband	104	0,25	10	40
4	Lüftungsöffnung	98	1,0	4	46
5	Außenmauer	118	0,01	24	26
	$L_{WAmin} =$	98	$C = 10 \lg 2,76$ $= 4,4$ (n. Gl. (1.66))	$L_{ges} = 10 \lg \Sigma 10^{0,1 L_{pAi}}$ $= 50$ dB	

Der höchstzulässige Schalleistungspegel L_{WAz}, den die aufzustellende Maschine nicht überschreiten darf, beträgt $98 - 4 = 94$ dB(A). – Die letzten zwei Spalten der oben stehenden Tabelle dienen lediglich der Kontrolle, ob am Immissionsort der Pegel von 50 dB(A) eingehalten wird.

1.14   Schalldämmung von Fenstern

Bei der Schalldämmung von Fenstern steht meist die Frage im Vordergrund, welchen Schallpegel eine im Außenraum befindliche Geräuschquelle bei Übertragung der Schallwellen über die Außenhautelemente im Rauminneren erzeugt, wobei die Einengung der Betrachtung auf das Fenster als den schwächsten Übertragungsweg meist berechtigt ist. Als Lärmschutzmaßnahme muß der Einbau von Schallschutzfenstern in Wohngebäuden, manchmal als Einbunkerung oder „Aquariums"-Maßnahme apostrophiert, als letztes Mittel des Lärmschutzes angesehen werden, wenn es keine anderen Möglichkeiten zum Schallschutz gibt, z.B. für die Bewohner in der Nachbarschaft von Verkehrsflughäfen oder Militärflugplätzen, bei der Straßenplanung, wenn eine andere Trassenführung nicht realisierbar ist und aufgrund der orographischen Gegebenheiten Abschirmvorrichtungen nicht oder nicht ausreichend möglich sind, oder bei einer

Siedlung, die im Einwirkungsbereich eines Verkehrsweges oder Industriegebietes geplant wird, als flankierende Maßnahme um die Wirkung von lärmgeschützten Anordnungen und Orientierungen der Wohngebäude zu unterstützen. Die zusätzlichen Kosten für den Einbau von Schallschutzfenstern können bei einem Neubau als geringfügig angesehen werden, wenn man dabei berücksichtigt, daß die Anforderungen an einen verbesserten Wärmeschutz – Doppelverglasung, Dichtigkeit – zu einem gewissen Grade parallel den schalltechnischen Anforderungen sind. Abgesehen von Fluggeräuscheinwirkungen sollte dort, wo Lärmschutzfenster die einzige Möglichkeit der Lärmabschirmung darstellen, immer ein gewisser Schutz des Außenraumes, z. B. durch Maßnahmen an der Straße, angestrebt werden, beispielsweise für Kinderspielplätze, Freizeitflächen. Als Einwand gegen den Einbau von Schallschutzfenstern wird die Beobachtung

Tabelle 1.7 Anhaltswerte für Innengeräuschpegel für von außen in Aufenthaltsräume eindringenden Schall (nach VDI 2719)

Raumart	Mittelungspegel $L_m{}^2)\,{}^1)$ dB(A)	mittlere Maximalpegel (L_1) dB(A)
1 **Schlafräume nachts** [3])		
1.1 in reinen und allgemeinen Wohngebieten, Krankenhaus- und Kurgebieten	25 bis 30	35 bis 40
1.2 in allen übrigen Gebieten	30 bis 35	40 bis 45
2 **Wohnräume tagsüber** [3])		
2.1 in reinen und allgemeinen Wohngebieten, Krankenhaus- und Kurgebieten	30 bis 35	40 bis 45
2.2 in allen übrigen Gebieten	35 bis 40	45 bis 50
3 **Kommunikations- und Arbeitsräume, tagsüber**		
3.1 Unterrichtsräume, ruhebedürftige Einzelbüros, wissenschaftliche Arbeitsräume, Bibliotheken, Konferenz- und Vortragsräume, Arztpraxen, Operationsräume, Kirchen, Aulen	30 bis 40	40 bis 50
3.2 Büros für mehrere Personen	35 bis 45	45 bis 55
3.3 Großraumbüros, Gaststätten, Schalterräume	40 bis 50	50 bis 60

[1]) Für Flugverkehrsgeräusche äquivalenter Dauerschallpegel nach FluglärmG
[2]) Ist $L_m < L_1 - 10\,dB$, so ist bei der Ermittlung der Schallschutzklasse von L_1 auszugehen.
[3]) Hierbei ist von der lautesten Nachtstunde zwischen 22.00 und 6.00 Uhr auszugehen; sie ist weitgehend von den örtlichen Gegebenheiten abhängig. Da in der lautesten Nachtstunde erfahrungsgemäß der Mittelungspegel um etwa 5 dB unter dem am Tage herrschenden Wert liegt, sind die Anforderungen (Schallschutzklassen) für die Raumarten 1 und 2 gleich.

angeführt, daß die Schallschutzfenster, auch wenn sie mit Lüftungskanälen ausgestattet sind, häufig offenstehen. Dies kann man nicht als Einwand gegen die Zweckmäßigkeit des Einbaus von Schallschutzfenstern gelten lassen, da der Betroffene bei bestimmten Tätigkeiten, wie z. B. Radiohören, Fernsehen, Telefonieren, konzentriertem Arbeiten, Schlafen, die Möglichkeit hat, die Fenster zu schließen. In den allermeisten Fällen äußern sich die Betroffenen sehr zufrieden über den Einbau von Schallschutzfenstern in lärmexponierten Lagen.

Zur Auslegung der erforderlichen Fensterdämmung wird meist die VDI-Richtlinie 2719 „Schalldämmung von Fenstern", August 1976[21], herangezogen, die außerdem eine Einführung in fenster- und lüftungstechnische Begriffen gibt. Die Abschätzung des erforderlichen bewerteten Schalldämm-Maßes von Fenstern erfolgt nach folgender Beziehung, vgl. (1.58):

(1.68) $\quad R_{w_{erf}} = L_{A_a} - L_{A_i} + 10 \lg S/A + 5$

$R_{w_{erf}}$ – erforderliches bewertetes Schalldämm-Maß des Fensters in dB
L_{A_a} – A-bewerteter Schalldruckpegel außen in dB(A).
  Für L_{A_a} ist der Mittelungspegel L_m einzusetzen, es sei denn, für den mittleren Maximalpegel L_1 gilt: $L_1 > L_m + 10$; in diesem Fall ist von L_1 auszugehen.
L_{A_i} – A-bewerteter Schalldruckpegel innen in dB(A), der nicht überschritten werden soll, s. Tabelle 1.7.
S – Fensteröffnung in m² (alle Fenster des Raumes zusammen)
A – äquivalente Absorptionsfläche des Empfangsraumes; nach 2719(E) vom Sept. 83 kann man näherungsweise $A \approx 0,8 \times$ Grundfläche des Empfangsraumes nehmen.
L_1 – mittlerer Spitzenpegel; es ist der Pegel der in 1% der Zeit erreicht oder überschritten wird.

Der Wert des konstanten Summanden auf der rechten Seite ist nicht unumstritten. Er ist von der Art der Quelle, Frequenzzusammensetzung des abgestrahlten Geräusches, Punktquelle oder Linienquelle und der Einfallsrichtung abhängig. In der VDI 2719 wird der Wert 5, der bereits einen Sicherheitszuschlag von 3 dB gegenüber den Ergebnissen von Gösele enthält, empfohlen. Der Sicherheitszuschlag entspricht der (aufgerundeten) halben Breite der Schallschutzklasse, nach denen die Fenster klassiert werden. Wird bei Messungen, wie es in der Praxis oft geschieht, der Außenpegel in der Frequenzbewertung C, der Schalldruckpegel innen jedoch in A bestimmt, dann entfällt der Summand „+5".

In Tabelle 1.7 sind die Anhaltswerte nach VDI 2719 für die Schalldruckpegel innen entsprechend ihrer Raumnutzung aufgeführt. Die Tabelle 1.8 enthält die Festlegung der Schallschutzklasse von Fenstern mit Hinweisen auf ihre Konstruktionsmerkmale.

---

[21] Soweit auf den Entwurf der 2719 vom Sept. 1983 „Schalldämmung von Fenstern und deren Zusatzeinrichtungen" bezug genommen wird, wird dies besonders vermerkt.

Tabelle 1.8 Schallschutzklassen von Fenstern (nach VDI 2719; unter MD-Verglasung versteht man eine Verglasung von 2,8 mm Dicke (m″ = 7,5 kg/m², R_w = 28 dB); Dickglas ist ein Fensterglas mit einer Dicke von 4,5 mm und mehr).
Nach der VDI 2719(E) vom Sept. 1983 soll ein Fenster ab Schallschutzklasse 1 dann zu einer Schallschutzklasse gehören, wenn es im Labor funktionsfähig eingebaut das bewertete Schalldämm-Maß an der unteren Klassengrenze um mindestens 2 dB übertrifft.

Schall-schutz-klasse	bewertetes Schalldämm-Maß R_w dB	Orientierende Hinweise auf Konstruktionsmerkmale von Fenstern ohne Lüftungseinrichtungen
6	≧ 50	Kastenfenster mit getrennten Blendrahmen, besonderer Dichtung, sehr großem Scheibenabstand und Verglasung aus Dickglas
5	45 bis 49	Kastenfenster mit besonderer Dichtung, großem Scheibenabstand und Verglasung aus Dickglas; Verbundfenster mit akustisch entkoppelten Flügelrahmen, besonderer Dichtung, Scheibenabstand über ca. 100 mm und Verglasung aus Dickglas
4	40 bis 44	Kastenfenster mit zusätzlicher Dichtung und MD-Verglasung; Verbundfenster mit besonderer Dichtung, Scheibenabstand über ca. 60 mm und Verglasung aus Dickglas
3	35 bis 39	Kastenfenster ohne zusätzliche Dichtung und mit MD-Glas; Verbundfenster mit zusätzlicher Dichtung, 40 bis 50 mm Scheibenabstand und Verglasung aus Dickglas; Isolierverglasung in schwerer mehrschichtiger Ausführung; 12 mm-Glas, fest eingebaut oder in dichten Fenstern
2	30 bis 34	Verbundfenster mit zusätzlicher Dichtung und MD-Verglasung; dicke Isolierverglasung, fest eingebaut oder in dichten Fenstern; 6 mm-Glas, fest eingebaut oder in dichten Fenstern
1	25 bis 29	Verbundfenster ohne zusätzliche Dichtung und mit MD-Verglasung; dünne Isolierverglasung in Fenstern ohne zusätzliche Dichtung
0	≦ 24	Undichte Fenster mit Einfach- oder Isolierverglasung

Wenn bei der Schallübertragung von Außen nach Innen mehrere Übertragungswege geräuschbedeutsam sind, z. B. außer den Fenstern Außentüren, Rolladenkästen, Leichtbauwände, Dach usw., dann kann man für jeden Übertragungsweg den Innenpegel berechnen und die einzelnen Pegel zum Gesamtpegel addieren. Das Gesamtschalldämm-Maß R_{ges} einer Wand, die sich aus Bauteilen mit unterschiedlichen Schalldämm-Maßen zusammengesetzt, kann man nach dem Diagramm in Darstellung 1.45 bestimmen. Bei einer Wand, die aus mehr als 2 Bauteilen besteht, muß das in dem Diagramm angegebene Verfahren entsprechend oft wiederholt werden, wobei die Reihenfolge beliebig sein kann.

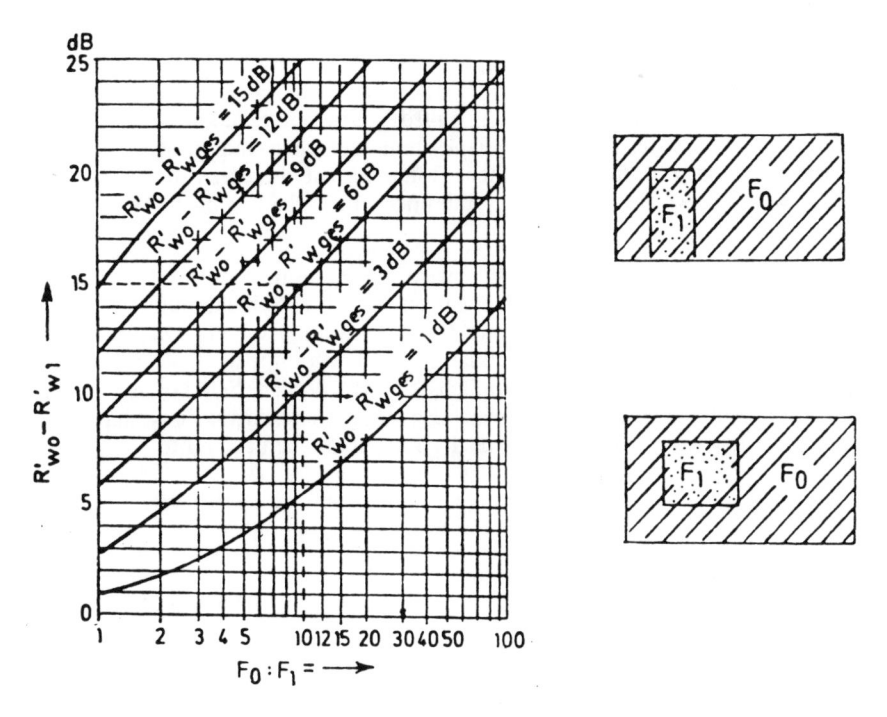

Darstellung 1.45 Bestimmung des bewerteten Gesamtschalldämm-Maßes $R'_{w\,ges}$ einer Fassade, die sich aus zwei Einzelflächen unterschiedlichen Schalldämm-Maßes zusammengesetzt (nach SchallschutzV).

R'_{w_0}: bewertetes Schalldämm-Maß des Bauteils mit höherer Schalldämmung, z. B. Wand allein;

R'_{w_1}: bewertetes Schalldämm-Maß des Bauteils mit geringerer Schalldämmung, z. B. Tür oder Fenster

F_0: Fläche beider Bauteilarten zusammengenommen, z. B. Wandfläche einschließlich Tür- und Fensterfläche

F_1: Fläche des Bauteils mit geringerer Schalldämmung, z. Tür- oder Fensterfläche

Beispiel:

In einer Außenwand mit einer Gesamtfläche F_0 (einschließlich Fensterfläche) von 20 m² beträgt die Fensterfläche $F_1 = 5$ m² mit $R'_{W1} = 30$ dB (Schallschutzklasse 2). Die Wand mit 15 m² hat ein bewertetes Schalldämm-Maß R'_{W0} von 44 dB. Wie hoch ist R'_{Wges}?

Zur Berechnung des Gesamtschalldämm-Maßes R'_{Wges} werden zuerst das Verhältnis $F_0/F_1 = 4$ und die Differenz $R'_{W0} - R'_{W1} = 14$ gebildet und in den zugehörigen Achsenabschnitten in Darstellung 1.45 die Parallelen zu den Achsen gezogen. In ihrem Schnittpunkt findet man mit Hilfe der Parameterkurven den Wert $R'_{W0} - R'_{Wges}$. Im vorliegenden Fall $R'_{W0} - R'_{Wges} = 9$ dB, d.h. $R'_{Wges} = 35$ dB.

Das Gesamtschalldämm-Maß R'_{Wges} beträgt 35 dB. Baute man Fenster der Schallschutzklasse 3 ein ($R'_{W1} = 35$ dB, $R'_{W0} - R'_{W1} = 9$), ergibt sich ein $R'_{W0} - R'_{Wges} = 4$ dB, d.h. ein $R'_{Wges} = 40$ dB. Über ein Schalldämm-Maß von 35 dB für die Fenster in diesem Beispiel hinauszugehen, dürfte sich vom Aufwand und Nutzen her nicht mehr lohnen. Mit Fenstern der Klasse 5 ($R'_{W1} = 40$ dB) würde man für R'_{Wges} nur noch eine Verbesserung von 3 dB erhalten.

Im VDI-Entwurf 2719 vom Sept. 1983 wird im Gegensatz zur derzeit noch gültigen VDI-Richtlinie 2719 nicht von den bewerteten Bau-Schalldämm-Maßen der einzelnen Bauteile ausgegangen, aus denen dann mit Hilfe des Diagramms in Darstellung 1.45 das Gesamtschalldämm-Maß bestimmt wird, vielmehr wird hier in umgekehrter Reihenfolge zunächst die erforderliche Schalldämmung der gesamten Außenfläche eines Raumes ausgegangen und daraus in weiteren Rechenschritten das Schalldämm-Maß der Einzelbauteile bestimmt.

1.15 Lehr- und Fachbücher der Akustik

Cremer, L., Hubert M., Vorlesungen über Technische Akustik, Springer, Berlin 1985

Heckl, M., Müller, H. A. (Hsgb), Taschenbuch der Technischen Akustik, Springer, Berlin 1975

Henn, H., Sinambari, Ch. R., Faller, M., Ingenieurakustik, Vieweg, Braunschweig 1984

Kraak, W., Weißing, H., Schallpegelmeßtechnik, VEB Verlag Technik, Berlin 1970

Kurtze, G., Schmidt, H., Westphal, W., Physik und Technik der Lärmbekämpfung, Braun, Karlsruhe 1975

Meyer, E., Neumann, E.-G., Physikalische und Technische Akustik, Vieweg, Braunschweig 1967

Meyer, E., Guicking, D., Schwingungslehre, Vieweg, Braunschweig

Reichardt, W., Grundlagen der technischen Akustik, Akademische Verlagsgesellschaft, Leipzig 1968

Schirmer, W., Lärmbekämpfung, Verlag Tribüne, Berlin 1974

Zwicker, E., Psychoakustik, Springer, Berlin 1982

Zwicker, E., Zollner M., Elektroakustik, Springer, Berlin 1984

Anhang 1.1
Mechanische Daten
Tabellen und Diagramme
a) von einigen Gasen (20°, 1 atm) und Wasser
b) von einigen Baustoffen

a)

Stoff	Dichte kg/m³	Schallgeschwindigkeit m/s	Schallkennimpedanz kg m² s⁻¹
Luft (trocken)	1,20	341	410
Sauerstoff	1,33	324	431
Stickstoff	1,16	346	401
Helium	0,17	984	167
Wasser	1000	1480	$1{,}48 \cdot 10^6$

b)

Stoff	Dichte kg/m³	E-Modul MN/m²
Beton		
Leichtbeton	800–1 300	1 500– 3 000
Schwerbeton	2 100–2 300	25 000–40 000
Blei	11 300	18 000
Gipsplatten	1 200	4 000– 7 000
Glas	2,5	75 000
Holz		
Eiche	700–1 000	2 000–10 000
Fichte	400– 700	1 000– 5 000
Holzspanplatten	600– 800	4 500
Stahl	7 800	210 000
Ziegelstein	1 900–2 200	15 000–18 000

Anhang 1.2
Korrekturwerte für die A-Bewertung nach VDI 2714(E) (auf 0,5 dB gerundet)

Mittenfrequenz in Hz	50	63	80	100	125	160	200	250	315	400	500	630
Terzpegel in dB	−30	−26	−22,5	−19	−16	−13,5	−11	−8,5	−6,5	−5	−3	−2
Oktavpegel in dB		−26			−16			−8,5			−3	

Mittenfrequenz in Hz	800	1000	1250	1600	2000	2500	3150	4000	5000	6300	8000	10000
Terzpegel in dB	−1	0	0,5	1	1	1,5	1	1	0,5	0	−1	−2,5
Oktavpegel in dB		0			1			1			−1	

Anhang 1.3
Hilfsgrößen ΔL_i und k_i nach Gl. (1.32a) zur Berechnung des Mittelungspegels

$\Delta \bar{L}_i$ dB	k_i
50	56 000
45	18 000
40	5 600
35	1 800
30	560
25	180
20	56
15	18
10	5,6
5	1,8
0	0,56
−5	0,18
−10	

a) 5 dB-Klassenbreite

$\Delta \bar{L}_i$ dB	k_i
50	75 000
47,5	42 000
45	24 000
42,5	13 000
40	7 500
37,5	4 200
35	2 400
32,5	1 300
30	750
27,5	420
25	240
22,5	130
20	75
17,5	42
15	24
12,5	13
10	7,5
7,5	4,2
5	2,4
2,5	1,3
0	0,75
−2,5	0,42
−5	0,24
−7,5	0,13
−10	

b) 2,5 dB-Klassenbreite

$\Delta \bar{L}_i$ dB	k_i
40	10 000
39	8 000
38	6 300
37	5 000
36	4 000
35	3 200
34	2 500
33	2 000
32	1 600
31	1 300
30	1 000
29	800
28	630
27	500
26	400
25	320
24	250
23	200
22	160
21	130
20	100
19	80
18	63
17	50
16	40

$\Delta \bar{L}_i$ dB	k_i
15	32
14	25
13	20
12	16
11	13
10	10
9	8,0
8	6,3
7	5,0
6	4,0
5	3,2
4	2,5
3	2,0
2	1,6
1	1,3
0	1,00
−1	0,80
−2	0,63
−3	0,50
−4	0,40
−5	0,32
−6	0,25
−7	0,20
−8	0,16
−9	0,13
−10	0,10

c) 1 dB-Klassenbreite

Anhang 1.4
Bestimmung von ΔL_m aus $\bar{k}$ nach Gl. (1.32c)

$\bar{k}$	ΔL_m	$\bar{k}$	ΔL_m
8910	39	28,2	15
7080	38	22,4	14
5620	37	17,8	13
4470	36	14,1	12
3550	35	11,2	11
2820	34	8,91	10
2240	33	7,08	9
1780	32	5,62	8
1410	31	4,47	7
1120	10	3,55	6
891	29	2,82	5
708	28	2,24	4
562	27	1,78	3
447	26	1,41	2
355	25	1,12	1
282	24	0,891	0
224	23	0,708	−1
178	22	0,562	−2
141	21	0,447	−3
112	20	0,355	−4
89,1	19	0,282	−5
70,8	18	0,224	−6
56,2	17	0,178	−7
44,7	16	0,141	−8
35,5	15	0,112	−9

Anhang 1.5

Mittenfrequenz und Nenndurchlaßbereiche für Oktav- und Terzfilter nach DIN 45651 bzw. 45652

Mittenfrequenz f_m Hz	Nenndurchlaßbereich f_u bis f_o Hz	Mittenfrequenz f_m Hz	Nenndurchlaßbereich f_u bis f_o Hz
63	45 bis 90	40	35,5 bis 45
125	90 bis 180	50	45 bis 56
250	180 bis 355	63	56 bis 71
500	355 bis 710	80	71 bis 90
1000	710 bis 1400	100	90 bis 112
2000	1400 bis 2800	125	112 bis 140
4000	2800 bis 5600	160	140 bis 180
8000	5600 bis 11200	200	180 bis 224
16000	11200 bis 22400	250	224 bis 280
		315	280 bis 355
		400	355 bis 450
		500	450 bis 560
		630	560 bis 710
		800	710 bis 900
		1000	900 bis 1120
		1250	1120 bis 1400
		1600	1400 bis 1800
		2000	1800 bis 2240
		2500	2240 bis 2800
		3150	2800 bis 3550
		4000	3550 bis 4500
		5000	4500 bis 5600
		6300	5600 bis 7100
		8000	7100 bis 9000
		10000	9000 bis 11200
		12500	11200 bis 14000
		16000	14000 bis 18000
		20000	18000 bis 22400

a) Oktavfilter   b) Terzfilter

Anhang 1.6

Raumwinkelmaß K_Ω für verschiedene Abstrahlcharakteristiken nach VDI 2714(E); berechnet nach Gl. (1.38)

Abstrahlcharakteristik	Ω in sr	K_Ω in dB
gleichmäßig in alle Richtungen abstrahlend	4π	0
ungerichtete Schallquelle in oder unmittelbar vor (über) einer reflektierenden Fläche*) (z. B. Dach, Boden), für $h_Q < s_m$	2π	+3
ungerichtete Schallquelle vor zwei aufeinander senkrecht stehenden Flächen*) (Kante)	π	+6
ungerichtete Schallquelle vor drei aufeinander senkrecht stehenden Flächen*) (Ecke)	$\pi/2$	+9

*) Die reflektierenden Flächen verändern jedoch den Abstrahlraumwinkel in der angegebenen Weise nur dann, wenn sie durch Größe und Lage eine nahezu vollständige Schallreflexion zum Aufpunkt bewirken. Bei großer Annäherung der reflektierenden Wand an die Schallquelle kann eine Änderung der abgestrahlten Schalleistung auftreten.

Anhang 1.7

Dämpfungskoeffizient für die Absorption in der Luft α_L in 10^{-2} dB/m nach VDI 2714(E)
a) für Oktavbänder
b) für Terzbänder

Oktavmittenfrequenz Hz	Temperatur 0 °C relative Feuchte			Temperatur 10 °C relative Feuchte			Temperatur 20 °C relative Feuchte		
	50 %	70 %	90 %	50 %	70 %	90 %	50 %	70 %	90 %
63	0,02	0,02	0,02	0,02	0,02	0,02	0,03	0,03	0,03
125	0,04	0,04	0,04	0,04	0,04	0,04	0,05	0,05	0,05
250	0,08	0,07	0,07	0,09	0,09	0,09	0,11	0,11	0,11
500	0,21	0,16	0,14	0,17	0,17	0,17	0,21	0,21	0,21
1000	0,61	0,42	0,33	0,39	0,35	0,35	0,42	0,42	0,42
2000	1,8	1,2	0,93	1,4	0,78	0,91	0,85	0,85	0,85
4000	4,8	3,6	2,8	3,1	2,1	1,7	2,0	1,7	1,7
8000	12	9,6	7,7	8,6	6,1	4,6	5,3	3,9	3,4

a)

Terz-mitten-frequenz Hz	Temperatur 0 °C rel. Feuchte in %			Temperatur 10 °C rel. Feuchte in %			Temperatur 20 °C rel. Feuchte in %		
	50 %	70 %	90 %	50 %	70 %	90 %	50 %	70 %	90 %
25	0,01	0,01	0,01	0,01	0,01	0,01	0,01	0,01	0,01
31,5	0,01	0,01	0,01	0,01	0,01	0,01	0,02	0,02	0,02
40	0,01	0,01	0,01	0,02	0,02	0,02	0,02	0,02	0,02
50	0,02	0,02	0,02	0,02	0,02	0,02	0,03	0,03	0,03
63	0,02	0,02	0,02	0,03	0,03	0,03	0,03	0,03	0,03
80	0,03	0,03	0,03	0,03	0,03	0,03	0,04	0,04	0,04
100	0,04	0,04	0,04	0,04	0,04	0,04	0,05	0,05	0,05
125	0,04	0,04	0,04	0,05	0,05	0,05	0,07	0,07	0,07
160	0,06	0,06	0,06	0,07	0,07	0,07	0,08	0,08	0,08
200	0,08	0,07	0,07	0,09	0,09	0,09	0,11	0,11	0,11
250	0,10	0,09	0,09	0,11	0,11	0,11	0,13	0,13	0,13
315	0,15	0,12	0,12	0,14	0,14	0,14	0,17	0,17	0,17
400	0,21	0,16	0,14	0,17	0,17	0,17	0,21	0,21	0,21
500	0,29	0,21	0,19	0,22	0,22	0,22	0,26	0,26	0,26
630	0,42	0,30	0,25	0,29	0,28	0,28	0,33	0,33	0,33
800	0,61	0,42	0,33	0,39	0,35	0,35	0,42	0,42	0,42
1 k	0,86	0,59	0,46	0,52	0,44	0,44	0,53	0,53	0,53
1,25	1,20	0,84	0,64	0,72	0,58	0,55	0,66	0,66	0,66
1,6	1,8	1,2	0,93	1,0	0,78	0,70	0,85	0,85	0,85
2	2,4	1,8	1,3	1,4	1,1	0,91	1,1	1,1	1,1
2,5	3,4	2,4	1,9	2,1	1,5	1,2	1,4	1,3	1,3
3,15	4,8	3,6	2,8	3,1	2,1	1,7	2,0	1,7	1,7
4	5,3	5,0	3,9	4,3	3,0	2,3	2,7	2,2	2,1
5	8,9	8,7	5,4	6,1	4,3	3,2	3,7	2,9	2,7
6,3	12	9,6	7,7	8,6	6,1	4,6	5,3	3,9	3,4
8	15	14	11	12	8,9	6,7	7,7	5,3	4,6
10	18	19	15	17	12	9,5	11	7,6	6,1
12,5	21	24	21	24	17	14	16	11	8,3
16	25	31	30	35	26	20	23	16	12,0

b)

Anmerkung:
1. Die Werte der Terzbänder wurden für die Terzmittenfrequenzen berechnet.
2. Für die Oktavbänder wurden die Werte der unteren Terz des betreffenden Oktavbandes angegeben. Dadurch wird berücksichtigt, daß sich der den Schallpegel bestimmende Frequenzbereich mit zunehmender Entfernung zu niedrigeren Frequenzen verschiebt.
3. Die Werte weichen von den für die Durchführung des Gesetzes zum Schutz gegen Fluglärm verwendeten Werten ab.

Anhang 1.8

Dämpfungskoeffizient für Bewuchs α_D in dB/m nach VDI 2714(E)

Terzmitten- frequenz Hz	α_D dB/m	Oktavmitten- frequenz Hz	α_D dB/m
50	0,04	63	0,04
63	0,04		
80	0,045		
100	0,045	125	0,045
125	0,05		
160	0,055		
200	0,06	250	0,06
250	0,065		
315	0,07		
400	0,075	500	0,075
500	0,08		
630	0,085		
800	0,09	1000	0,09
1000	0,1		
1250	0,11		
1600	0,12	2000	0,12
2000	0,125		
2500	0,135		
3150	0,15	4000	0,15
4000	0,16		
5000	0,17		
6300	0,185	8000	0,185
8000	0,2		
10000	0,215		

Anhang 1.9

Abschirmmaße ΔL_z (Mindestwerte) nach VDI 2714(E) für Außenbauteile bei Abschirmung durch das Gebäude selbst und für unmittelbar in oder vor den Wandflächen befindlichen Einzelschallquellen (z. B. Ventilatoren)

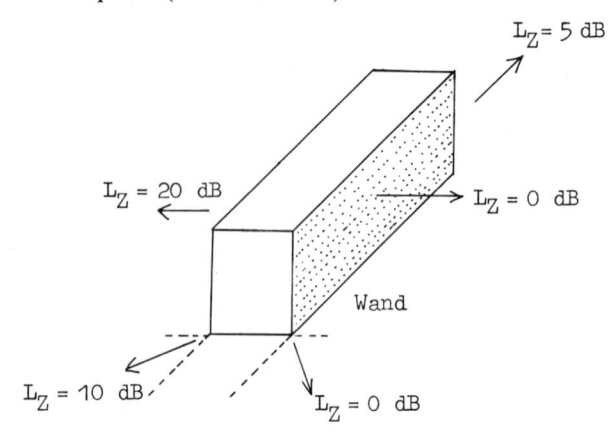

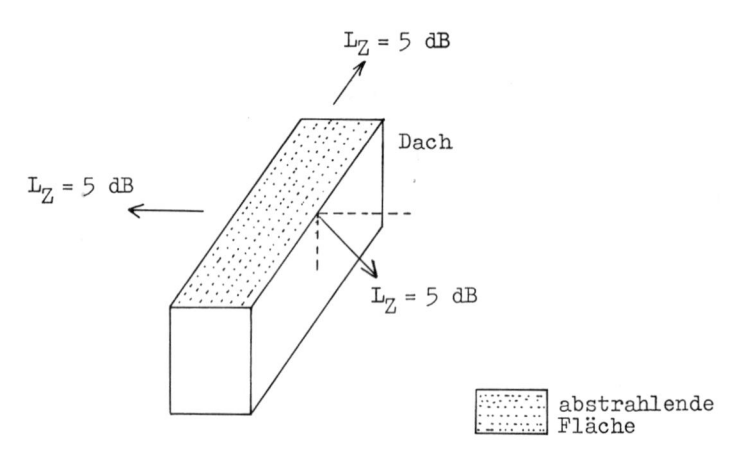

Wand:
- $L_Z = 5$ dB (oben)
- $L_Z = 20$ dB (hinten)
- $L_Z = 0$ dB (vorne, seitlich)
- $L_Z = 10$ dB (unten hinten)
- $L_Z = 0$ dB (unten)

Dach:
- $L_Z = 5$ dB (oben)
- $L_Z = 5$ dB (seitlich)
- $L_Z = 5$ dB (vorne)

abstrahlende Fläche

Anmerkung: Die für ΔL_Z angebenen Werte gelten jeweils für die in Pfeilrichtung befindlichen Aufpunkte (Wohnhäuser usw.)

Anhang 1.10

Schallquellenform-Korrekturmaß K_{QL} für gleichmäßig belegte, inkohärente und ungerichtete Linien- und Flächenschallquellen nach VDI 2714(E)

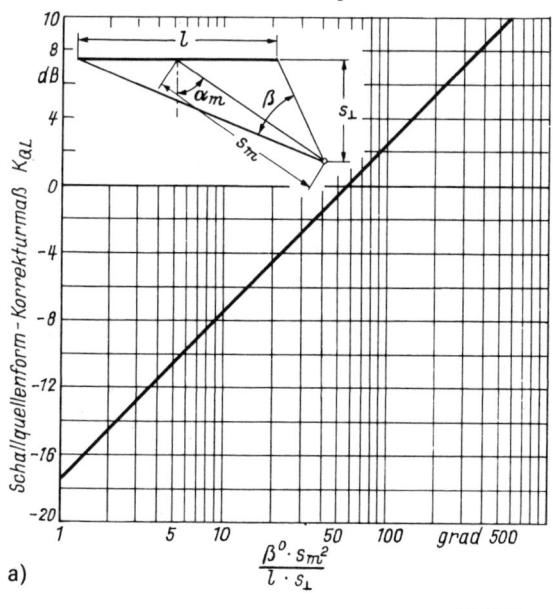

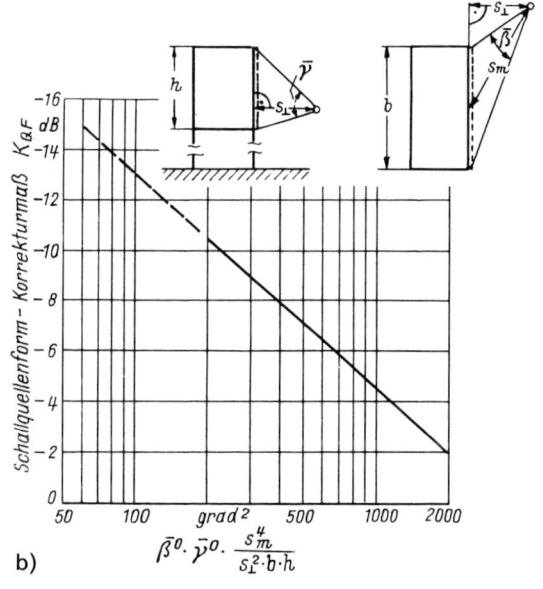

a) $\dfrac{\beta^0 \cdot s_m^2}{l \cdot s_\perp}$

b) $\beta^0 \cdot \bar{\gamma}^0 \cdot \dfrac{s_m^4}{s_\perp^2 \cdot b \cdot h}$

a) K_{QL} für Linienschallquellen, berechnet nach

$$K_{QL} \text{ in dB} = 10 \cdot \lg\left(\frac{\beta° \cdot s_m^2 \cdot \pi}{1 \cdot s_\perp \cdot 180°}\right) = 10 \lg\left(\frac{\beta° \cdot s_m \cdot \pi}{1 \cdot \cos\alpha_m \cdot 180°}\right) \quad \text{(a)}$$

b) K_{QF} für Flächenschallquellen für Aufpunkte über oder vor der abstrahlenden Fläche, berechnet nach

$$K_{QF} \text{ in dB} \approx 8{,}6 \lg\left[\overline{\beta°} \cdot \overline{\gamma°} \cdot \left(\frac{\pi}{180°}\right)^2 \cdot \frac{s_m^4}{s_\perp^2 \cdot b \cdot h}\right] \quad \text{(b)}$$

Anmerkung zu a): Die Beziehung $L_s = L_W + K_{QL} + K_\Omega + \Delta L_s$ entspricht mit $K_\Omega = 3$ (Abstrahlung in den Halbraum) der Beziehung (1.17), wenn man berücksichtigt, daß gilt

- $\left[\arctg\dfrac{x_b}{s} - \arctg\dfrac{x_a}{s}\right] = \beta^{rad}$, β^{rad} in Bogenmaß, d.h. $\beta^{rad} = \beta° \dfrac{\pi}{180°}$
- $10 \lg[P_L(x_b - x_a)] = L_W$
- $s = s_\perp = s_m \cos\alpha_m$ und $\Delta L_s = 10 \lg 4\pi s_m^2/s_0^2$

Anhang 1.11

Schallquellenform-Korrektur K_{QF}, für Aufpunkte in der Ebene einer gleichmäßig belegten, inkohärenten und ungerichteten Flächenschallquelle für Seitenverhältnisse 1:1, 1:2, 1:4 und 1:8 nach VDI 2714(E).
Die eingetragenen Zeichen markieren für den jeweiligen Winkel die Stellen, an denen s_m gleich dem 1,5-fachen der größten Linearausdehnung ist. Es gelten die Zeichen $\bigcirc$, $\blacklozenge$, $\square$, x, $\diamondsuit$, + für die Winkel 0°, 30°, 45°, 60°, 75° und 90°.

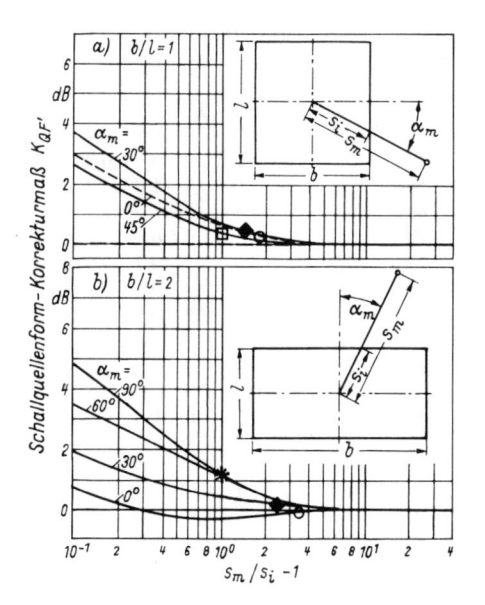

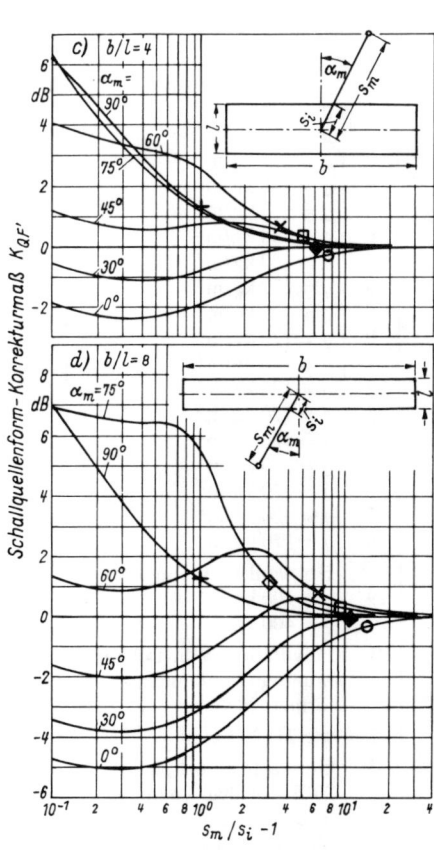

Anhang 1.12

Absorptionsgrade α von Schallschluckanordnungen (Werte aus Literatur und Prüfberichten): Bezeichnungen (s. a. Darstellung 1.35): l – Dicke der Loch- oder Schlitzplatte oder Abdeckplatte, t – Tiefe des Luftraumes hinter der Loch-, Schlitz- oder Abdeckplatte oder hinter dem Schluckmaterial, wenn die Absorberanordnung nur aus Schluckmaterial mit Wandabstand besteht, d – Dicke des Schluckmaterials

Nr.	Material und Aufbau	Maße in mm			Absorptionsgrad α Frequenz in Hz					
		l	t	d	125	250	500	1000	2000	4000
	Mineralfaserplatten									
1	$\varrho = 38$ kg/m^3	–	0	30	0,1	0,4	0,8	0,9	0,9	0,9
2	$\varrho = 38$ kg/m^3	–	50	30	0,2	0,6	0,9	0,9	0,8	0,9
3	$\varrho = 38$ kg/m^3	–	0	50	0,3	0,8	1,0	0,9	0,9	0,9
4	$\varrho = 38$ kg/m^3	–	50	50	0,4	0,9	1,0	0,9	1,0	0,9
5	$\varrho = 38$ kg/m^3	–	0	80	0,9	1,1	1,1	0,9	1,0	1,0
6	$\varrho = 38$ kg/m^3	–	50	80	0,8	1,1	1,1	1,0	0,9	0,9
7	$\varrho = 120$ kg/m^3	–	0	10	0,0	0,1	0,2	0,5	0,7	0,9
8	$\varrho = 120$ kg/m^3	–	50	10	0,1	0,2	0,5	0,9	0,8	0,7
9	$\varrho = 120$ kg/m^3	–	100	10	0,1	0,3	0,7	0,9	0,7	0,7
10	$\varrho = 120$ kg/m^3	–	200	10	0,2	0,7	0,9	0,7	0,8	0,8
11	$\varrho = 120$ kg/m^3	–	0	30	0,1	0,3	0,7	0,8	0,9	1,0
12	$\varrho = 120$ kg/m^3	–	50	30	0,2	0,5	0,9	1,0	0,9	0,9
13	$\varrho = 120$ kg/m^3	–	100	30	0,3	0,7	1,0	1,0	1,0	0,9
14	$\varrho = 120$ kg/m^3	–	200	30	0,3	0,9	1,0	0,8	0,9	0,9
15	$\varrho = 120$ kg/m^3	–	0	50	0,2	0,7	1,0	1,1	1,0	1,0
16	$\varrho = 120$ kg/m^3	–	50	50	0,3	0,9	1,1	1,0	1,0	0,9
17	$\varrho = 120$ kg/m^3	–	100	50	0,4	1,0	1,1	1,0	1,0	1,0
18	$\varrho = 120$ kg/m^3	–	200	50	0,4	0,8	1,0	1,0	1,0	0,9
	Holzwolleleichtbauplatte									
19	$\varrho = 400$ kg/m^3	–	0	50	0,1	0,2	0,4	0,8	0,6	0,8
20	$\varrho = 400$ kg/m^3	–	30	50	0,1	0,2	0,6	0,6	0,7	0,7
21	Polyurethan-Weichschaum, raumseitig pyramidenförmig, 20 kg/m^3	–	0	70	0,1	0,3	0,6	1,1	1,1	1,0
22	wie 21, 28 kg/m^3	–	0	100	0,1	0,5	0,9	1,0	1,0	1,0
23	Gipskarton-Lochplatte 20 % Lochflächenanteil, Radien 20 und 12 mm ohne Hinterlegung	12,5	30	–	0,0	0,1	0,1	0,3	0,1	0,1
24	wie 23, aber mit wandseitiger Mineralfaserhinterlegung, 90 km/m^3	12,5	30	20	0,0	0,1	0,5	0,7	0,3	0,2
25	Gipskarton-Lochplatte, 20 % Lochanteil, Lochradius 15 mm, 30 mm Mineralfasermatte mit Faservlies plattenseitig hinterlegt	9,5	100	30	0,3	0,7	1,0	0,8	0,7	0,6

Anhang 1.12 (Fortsetzung)

Nr.	Material und Aufbau	Maße in mm			Absorptionsgrad α Frequenz in Hz					
		l	t	d	125	250	500	1000	2000	4000
26	wie 25 aber:	9,5	200	30	0,4	0,9	0,9	0,7	0,7	0,6
27	wie 25 aber:	9,5	400	30	0,7	1,0	0,7	0,8	0,7	0,6
28	Gipskarton-Kassette, 625 × 625 mm², geschlitzt, Schlitzflächenanteil 8% ohne Hinterlegung	9,5	30	0	0,1	0,1	0,3	0,3	0,1	0,1
29	wie 28, aber wandseitig mit 20 mm Mineralfaser hinterlegt	9,5	30	20	0,1	0,3	0,9	0,6	0,2	0,1
30	Metallpaneele aus 0,5 mm Alu, 85 mm breit, Fuge 15 mm, paneelseitig mit 20 mm Mineralfaserplatte 12,5 kg/m³ hinterlegt Luftraumtiefe 164 mm	16	164	20	0,3	0,6	0,8	0,6	0,3	0,2
31	wie 30, aber Luftraumtiefe 344 mm	16	344	20	0,6	0,8	0,7	0,7	0,3	0,2
32	Holzpaneele aus Fichte, 100 mm breit, 20 mm stark, genutet, gehobelt und unlackiert, wandseitig mit 20 mm Mineralfasermatte auf Bitumenpapier 7,5 kg/m², Fugenbreite von Brett zu Brett 10 mm	20	50	20	0,2	0,4	0,8	0,2	0,1	0,2
33	9,5 mm Gipskartonplatte, 8,3 kg/m², auf Lattung 1500 × 420 mm² ohne Hinterlegung Luftraumtiefe 100 mm	9,5	100	–	0,1	0,1	0,1	0,0	0,0	0,0
34	wie 33, aber Luftraumtiefe 400 mm	9,5	400	–	0,1	0,1	0,1	0,0	0,1	0,1
35	9,5 mm Gipskartonplatte, 8,3 kg/m², plattenseitig mit 30 mm Mineralfasermatte 1 kg/m² hinterlegt, Luftraumtiefe 100 mm	9,5	100	30	0,3	0,1	0,1	0,1	0,1	0,1
36	wie 35, aber Luftraumtiefe 400 mm	9,5	400	300	0,2	0,1	0,1	0,1	0,1	0,1
37	12,5 mm Gipskartonplatte 11,0 kg/m². Luftraumtiefe 30 mm, ohne Hinterlegung	12,5	30	–	0,3	0,2	0,0	0,0	0,0	0,0
38	wie 37, aber wandseitig mit 20 mm Mineralfaserplatte 90 kg/m³ hinterlegt	12,5	30	20	0,5	0,1	0,0	0,0	0,0	0,0
39	Holzspanplatte auf Lattung 625 × 625 mm² ohne Hinterlegung, Dicke 8 mm, 5 kg/m²	8	30	–	0,3	0,2	0	0	0	0,1

Anhang 1.12 (Fortsetzung)

Nr.	Material und Aufbau	Maße in mm l	t	d	Absorptionsgrad α Frequenz in Hz 125	250	500	1000	2000	4000
40	wie 39, aber Dicke 16 mm, 10 kg/m²	16	30	–	0,3	0,1	0	0	0	0
41	wie 39, aber Dicke 25 mm, 15,5 kg/m²	25	30	–	0,2	0,1	0	0	0	0
42	Holzspanplatte 8 mm, 5 kg/m² mit wandseitiger Mineralfaserplatte (90 kg/m³) von 20 mm	8	30	20	0,4	0,2	0	0	0	0,1
43	wie 42, aber Holzspanplatte 16 mm, 10 kg/m²	16	30	20	0,4	0,1	0	0	0	0
44	wie 42, aber 25 mm, 15,5 kg/m²	25	30	20	0,1	0,1	0	0	0	0
45	Sperrholzplatte 6 mm, 4,2 kg/m², auf Lattung 1000 × 500 mm², ohne Hinterlegung	6	50	–	0,2	0,3	0,1	0,1	0	0
46	wie 45, aber Luftraum mit Mineralfaserplatte 100 kg/m³ aufgefüllt	6	50	50	0,6	0,4	0,1	0,1	0,1	0
47	PVC-Folie 0,2 mm dick, 0,2 kg/m², glattgespannt im Abstand 20 mm von der Wand	0,2	20	–	0	0	0,6	0,2	0,1	0
48	Mauerwerk aus Vollziegel (207 × 100 × 50 mm³) in Kalk-Zementmörtel, vollfugig verlegt vor starrer Wand, Luftraumtiefe 30 mm	100	30	–	0,2	0,1	0,2	0,1	0,1	0,1
49	wie 48, aber senkrechte Stoßfugen unvermörtelt 7% Schlitzflächenanteil	100	30	–	0,1	0,4	0,3	0,3	0,4	0,5
50	Lochziegel (250 × 125 × 50 mm³), glasierte Oberfläche, hochkant in Kalk-Zementmörtel, verlegt mit 17% Lochanteil im Abstand von 25 mm vor starrer Wand ohne Hinterlegung	50	25	–	0	0,1	0,1	0,2	0,1	0,1
51	wie 50, aber mit Mineralfaserplatte 10 mm, 90 kg/m³ hinterlegt	50	25	10	0	0,1	0,6	0,4	0,4	0,2

Anhang 1.12 (Fortsetzung)

Nr.	Material und Aufbau	Maße in mm			Absorptionsgrad α Frequenz in Hz					
		l	t	d	125	250	500	1000	2000	4000
52	Kalkzementputz	20	0	–	0	0	0	0	0,1	0,1
53	Becherabsorber aus tiefgezogener Hart-PVC-Folie mit gleich dicker Rückwand verschweißt, Bechergröße 80 × 70 × 30 mm², auf der Wand aufliegend	30	0	–	0	0,2	0,4	0,6	0,7	0,3
54	wie 53, aber Luftraumtiefe von 100 mm	30	100	–	0,1	0,7	0,7	0,9	0,7	0,5
55	Doppelseitiger Becherabsorber, bestehend aus zwei tiefgezogenen doppelbodigen Hart-PVC-Folien, die rückseitig ohne eine Rückwand aneinander geschweißt sind, auf der Wand aufliegend	60	0	–	0,1	1,1	1,0	0,8	0,9	0,4
	wie 55, aber 25 mm Wandabstand	60	25	–	0,1	1,2	0,9	0,9	0,9	0,4
56	wie 55, als Raumabsorber frei im Raum aufgehängt	60	–	–	0,1	0,2	0,8	0,8	0,8	0,5
57	Raumabsorber aus Mineralfaser, Länge 1200 mm, Durchmesser 220 mm, Böden aus Stahlblech	–	–	–	0,1	0,3	0,6	0,8	0,9	0,9

Anhang 1.13
Formblatt zur Bestimmung der Luftschalldämmung nach DIN 52210 Teil 3

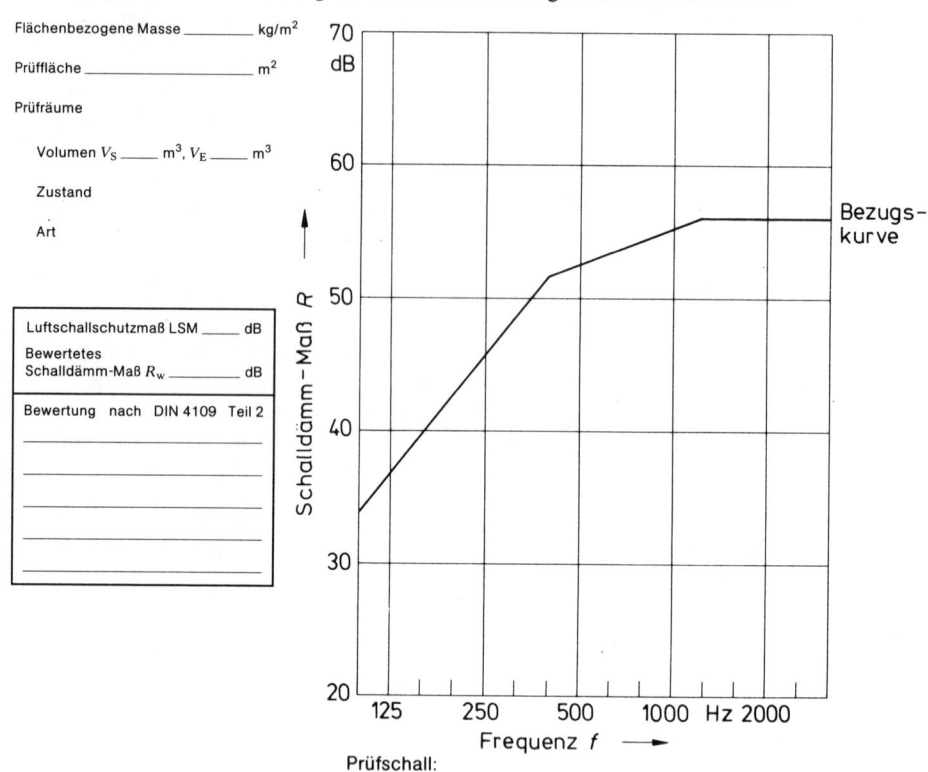

Flächenbezogene Masse _____ kg/m²

Prüffläche _____ m²

Prüfräume

Volumen V_S _____ m³, V_E _____ m³

Zustand

Art

| Luftschallschutzmaß LSM _____ dB |
| Bewertetes Schalldämm-Maß R_w _____ dB |
| Bewertung nach DIN 4109 Teil 2 |
| _____ |
| _____ |
| _____ |
| _____ |

Schalldämm-Maß R [dB] vs. Frequenz f [Hz] — Bezugskurve

Prüfschall:

Empfangsfilter:

Anhang 1.14

Resonanzfrequenz zweischaliger Bauteile (nach VDI 2571)

f_R – Resonanzfrequenz des zweischaligen Systems in Hz
m'' – flächenbezogene Masse der Einzelschale in kg/m²
d – Zwischenraum in m
s'' – dynamische Steifigkeit der Dämmschicht in N/m³

Ausfüllung des Zwischenraumes	Doppelwand aus zwei gleichschweren biegeweichen Schalen	Biegeweiche Vorsatzschale vor schwerem Bauteil
Luftschicht mit schallschluckender Einlage, z. B. Faserdämmstoffe	$f_R \approx \dfrac{85}{\sqrt{m'' \cdot d}}$	$f_R \approx \dfrac{85}{\sqrt{m'' \cdot d}}$
Dämmschicht mit beiden Schalen vollflächig verbunden	$f_R \approx 0{,}225 \sqrt{\dfrac{s''}{m''}}$	$f_R \approx 0{,}16 \sqrt{\dfrac{s''}{m''}}$

Anhang 1.15

Zusammenstellung der Schalldämm-Maße üblicher Bauelemente für Industriebauten nach VDI 2571, Anhang B
(Hinweis: Durch ungünstige Einbaubedingungen werden häufig wesentlich geringere Dämm-Maße erreicht)

Ziffer	Bauteilbezeichnung	Gesamt-dicke mm	Flächen-gewicht kg/m²	R'_w dB	Schalldämm-Maß in der Oktave mit der Mittenfrequenz					
					125 Hz dB	250 Hz dB	500 Hz dB	1 000 Hz dB	2 000 Hz dB	4 000 Hz dB
B 1.	Dächer									
B 1.1.	Massivdächer entsprechend DIN 4109 Bl. 3									
B 1.1.1.	Stahlbetonplatten aus Kiesbeton nach DIN 1045	100	230	47	36	36	41	51	59	65
		150	345	54	39	41	50	57	63	71
		180	430	57	44	46	52	61	65	68
B 1.1.2.	Stahlsteindecke nach DIN 4159	165	250	46	35	39	42	46	50	60
B 1.1.3.	Gasbeton-Deckenplatten nach DIN 4164	240	160	45	33	37	38	47	53	57
	Spannbeton-Hohldielen nach DIN 4227	120	220	49	36	39	45	50	56	57
	Bimsbeton-Hohldielen	120	185	49	36	37	45	51	57	63
B 1.2.	Dächer aus Well- und Trapezprofilen									
B 1.2.1.	1 mm-Stahlblech (flach)									
	1 mm-Stahlblech (Trapezprofil)	s. Ziffer B 2.3.1								
	1 mm-Stahlblech (Doppeltrapezprofil)									
B 1.2.2.	1 mm-Stahlblech (Trapezprofil) mit Mineralfaserplatten	s. Ziffer B 2.3.2								
	1 mm-Stahlblech (Doppeltrapezprofil) mit Mineralfaserplatten									
B 1.2.3.	Wellasbestzementplatten ■) (6 mm)	55	12,5	19	12	17	19	17	20	24
B 1.2.4.	Wellasbestzementplatten ■) (6 mm) mit Mineralwolle-platten, Bild B 1 *)	330		28	12	21	24	27	31	38
	Wellasbestzementplatten ■) (6 mm) mit Mineralwolle-platten und Alufolie, Bild B 2 *)	330		29	11	20	27	31	40	54
B 1.3.	Holzdächer									
B 1.3.1.	Holzdach mit Steifen (25 mm dick), Bild B 3 *)	115•)	14,5	27	16	25	26	24	30	36
B 2.	Wände									
B 2.1.	Mauerwerkswände (verputzt)									
B 2.1.1.	Vollziegel, Kalksandstein	115•)	270	49	37	39	43	52	58	61
		240•)	450	55	43	45	51	57	63	66
B 2.1.2.	Hochlochziegel	115•)	200	47	34	37	42	49	55	65
B 2.1.3.	Leichtbeton-Hohlblocksteine	175•)	245	45	31	35	40	47	52	56
	Bims-Hohlblocksteine	240•)	270	50	40	41	44	51	55	60
B 2.1.4.	Bimsbeton-Vollsteine	115•)	150	42	32	35	35	43	49	55
		365•)	490	54	44	44	50	56	58	62
B 2.1.5.	Bimsvollsteine mit Vorsatzschale, Bild B 4 *)	160•)		53	37	42	49	56	60	61
B 2.2.	Betonwände									
B 2.2.1.	Stahlbetonplatten aus Kiesbeton	s. Ziffer B 1.1.1								

■) Stirnseite abgedichtet •) Rohbaudicke *) Abbildungen siehe Seite 117

Anhang 1.15 (Fortsetzung)
Zusammenstellung der Schalldämm-Meße für Industriebauten nach VDI 2571, Anhang B

Ziffer	Bauteilbezeichnung	Gesamt-dicke mm	Flächen-gewicht kg/m²	R'_w dB	Schalldämm-Maß in der Oktave mit der Mittenfrequenz					
					125 Hz dB	250 Hz dB	500 Hz dB	1000 Hz dB	2000 Hz dB	4000 Hz dB
B 2.2.2.	Geschoßhohe Gasbeton-platten	100■)	65	36	28	32	30	36	46	54
		150■)	100	41	31	32	34	43	50	55
		200■)	130	42	31	32	37	45	50	56
B 2.2.3.	Geschoßhohe Gasbeton-platten mit Vorsatz-schale, Bild B 4 *)	240●)		52	35	41	48	54	60	58
B 2.3.	Wände aus Well- und Trapezprofilen									
B 2.3.1.	1 mm-Stahlblech (flach)	1	8	26	15	17	22	27	32	38
	1 mm-Stahlblech (Trapezprofil), Bild B 5 *)		45	11	25	14	16	20	25	29	23
	1 mm-Stahlblech (Doppeltrapezprofil), Bild B 6 *)	190	22	35	18	23	33	43	48	39
B 2.3.2.	1 mm-Stahlblech (Trapezprofil) mit Mineralfaserplatten, Bild 10	120		32	15	20	28	37	43	40
	1 mm-Stahlblech (Doppeltrapezprofil) mit Mineralfaser-platten, Bild B 6 *)	190		41	20	29	43	48	56	57
B 2.3.3.	Doppelschalige Konstruktion aus 2 x 1,5 mm Stahlblech mit Hartschaum	60		40	20	28	41	51	58	54
B 2.3.4.	Wellasbestzementplatten (6 mm)									
B 2.3.5.	Wellasbestzementplatten (6 mm) mit Mineral-wolleplatten	s. Ziffer B 1.2.3 und 1.2.4								
	Wellasbestzementplatten (6 mm) mit Mineral-wolleplatten und Alufolie									
B 2.4.	Holzwände									
B 2.4.1.	Holzwand mit Steifen (25 mm dick)	s. Ziffer B 1.3.1								
B 3.	Fenster, Verglasungen und andere lichtdurchlässige Bauteile									
B 3.1.	Glasscheiben (festverglast)	2	5	27	16	18	23	27	31	33
		3	7	29	17	19	24	31	34	35
		6	15	33	18	25	30	34	35	23
		12	30	36	27	31	37	38	32	50
B 3.2.	Doppelscheibe aus 2 x 4 mm Glas mit 8 mm Luftraum	16	20	29	18	17	24	34	41	35
B 3.3.	Normales Fenster (zum Öffnen eingerichtet)	s. Abschn. 3.2.2								
B 3.4.	Doppelverglasungen (zum Öffnen eingerichtet), Bild B 7 und B 8 *)	150 bis 250		38	22	30	37	38	37	32▲)
B 3.5.	Glasbausteine									
	115 x 240	50	60	37	27	30	33	39	39	50
	190 x 190	80	80	45	35	36	41	46	50	53
B 3.6.	Kunststoffe									
B 3.6.1.	ACRYL-Glas	4	5	26	15	18	21	27	31	35
		6	7	29	19	21	24	30	33	36
	2 bis 10 mm dicke Acryl-gläser in 30 mm Abstand	50	12	32	21	24	28	33	34	27
B 3.6.2.	Lichtdurchlässige Bauteile	Wand- und Deckenbauelemente aus lichtdurchlässigem Kunststoff, die zur Vermeidung von Tauwasserbildung in der Regel zweischalig ausgebildet sind, haben wegen ihres geringen Gewichtes und der zahlreichen als Schallbrücken wirkenden Versteifungen ein mittleres Schalldämm-Maß, das noch unter den in Bild 1 dargestellten Gewichtskurven liegt. Es empfiehlt sich, die Frequenzabhängigkeit der Schalldämmung vom Hersteller durch Prüfzeugnisse nachweisen zu lassen.								
B 4.	Tore, Türen	s. Abschn. 3.2.2								

■) Stirnseite abgedichtet ●) Rohbaudicke ▲) Mittelwert aus 5 Meßwerten
*) Abbildungen siehe Seite 118

Anhang 1.15 (Fortsetzung und Ende)
Zusammenstellung der Schalldämm-Maße für Industriebauten nach VDI 2571, Anhang B

Bild B 1. Wellasbestzementplatten mit Mineralwolleplatten

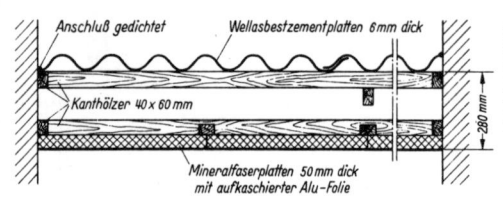

Bild B 2. Wellasbestzementplatten mit Mineralwolleplatten und Alufolie

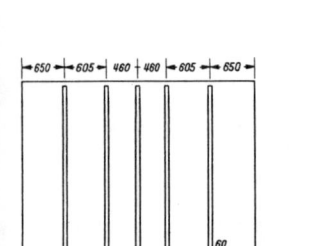

Bild B 3. Holzwand mit Steifen
Maße in mm

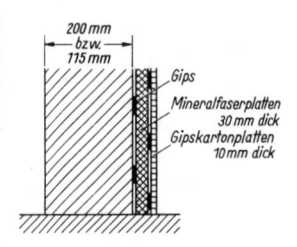

Bild B 4. Bimsvollsteine oder Gasbetonplatten mit Vorsatzschale

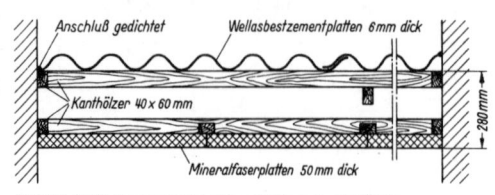

Bild B 5. Wand aus Trapezprofil mit und ohne Mineralfaserplatten

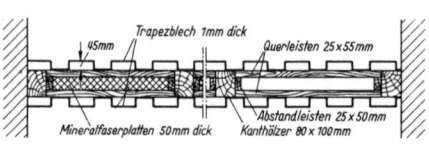

Bild B 6. Doppelwand aus Trapezprofil mit und ohne Mineralfaserplatten

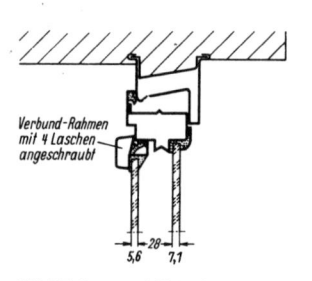

Bild B 7. Fenster mit Doppelverglasung
Maße in mm

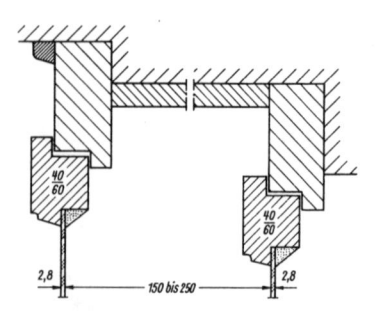

Bild B 8. Fenster mit Doppelverglasung
Maße in mm

Anhang 1.16
Pegelabnahme als Funktion des Abstandes vom Mittelpunkt eines Bauteils oder einer Schallquelle; berechnet mit ΔL_S in dB $= 10 \cdot \lg 2\pi s_m^2 / S$

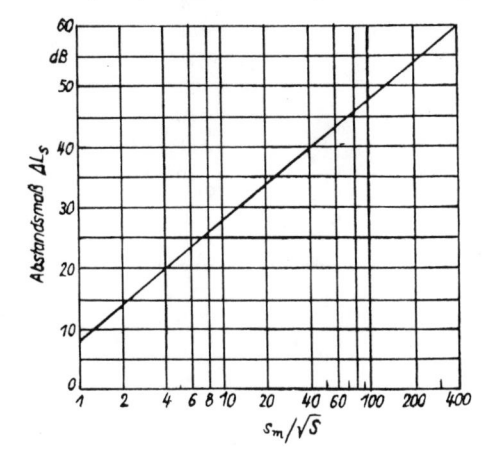

Teil 2
Lärmmeßtechnik

Rüdiger Borgmann

Inhaltsübersicht

Formelzeichen und Einheiten

2.1	Aufgaben der akustischen Meßtechnik
2.2	Meß- und Auswerteverfahren
2.2.1	Meß- und Beurteilungsgrößen
2.2.2	Stichprobenverfahren
2.2.3	Takt-Maximalwert-Verfahren
2.2.4	Mittelungspegel nach dem Fluglärmgesetz
2.2.5	Bestimmung der Luft- und Trittschalldämmung
2.2.6	Schalleistungsmessung
2.2.6.1	Hüllflächenverfahren nach DIN 45635 Bl. 1
2.2.6.2	Hallraumverfahren nach DIN 45635 Bl. 2
2.2.7	Frequenzanalyse
2.2.8	Untersuchung einzelner Schallvorgänge
2.2.9	Bestimmung der Geräuschintensität
2.3	Meß- und Auswertegeräte
2.3.1	Übersicht und Anwendung von Meß-, Speicher- und Auswertegeräten
2.3.2	Technischer Aufbau von Meß- und Auswertegeräten
2.3.2.1	Schallpegelmesser
2.3.2.2	Integrierende und klassierende Schallpegelmesser
2.3.2.3	Pegelschreiber
2.3.2.4	Magnetbandgeräte
2.3.2.5	Frequenzfilter
2.3.3	Akustische und technische Anforderungen an Schallpegelmesser und Auswertegeräte
2.3.4	Eichung von Schallpegelmeßgeräten
2.3.5	Gerätekombinationen und Meßsysteme
2.3.6	Meßzubehör
2.4	Vorbereitung und Durchführung von Schallpegelmessungen
2.4.1	Auswahl von Meßort und Meßzeit
2.4.2	Inbetriebnahme des Schallpegelmessers
2.4.3	Anschluß von Pegelschreiber und Tonbandgerät

2.4.4 Kontrolle während der Messung
2.4.5 Meßprotokoll
2.4.6 Wartung und Lagerung von Meßgeräten
2.5 Meßfehler und Meßabweichungen
2.5.1 Gerätebedingte Fehler
2.5.2 Umgebungsbedingungen
2.5.3 Abweichungen in der Schallausbreitung
A 2.1 Verzeichnis der eichfähigen Schallpegelmesser
A 2.2 Meßprotokoll für Industrie- und Gewerbelärmmessung
A 2.3 Verzeichnis der zugelassenen Meßstellen gemäß § 26 BImSchG

Formelzeichen und Einheiten

A	äquivalente Absorptionsfläche	m²
A, B, C, D	Frequenzbewertungen	–
F	Zeitbewertung „Fast" = Schnell	–
I	Zeitbewertung „Impuls"	–
$\vec{I}$	Vektor der Schallintensität	W/m²
I_n	Betrag der Schallintensität in Meßrichtung	W/m²
L	Schalldruckpegel	dB
$\bar{L}$	über die Meßfläche gemittelter Schalldruckpegel	dB/dB(A)
L_{AF}	A-bewerteter Schalldruckpegel mit Zeitbewertung F	dB(A)
L_{AI}	A-bewerteter Schalldruckpegel mit Zeitbewertung I	dB(A)
L_{AFm}	Mittelungspegel nach dem Stichproben-Verfahren	dB(A)
L_{AFTm}	Mittelungspegel (Wirkpegel) nach dem Takt-Maximalwert-Verfahren	dB(A)
L_{AITm}	Mittelungspegel mit Zeitbewertung I nach dem Takt-Maximalwert-Verfahren	dB(A)
L_{CS}	C-bewertete Schalldruckpegel mit Zeitbewertung S	dB(C)
L_{eq}	Mittelungspegel = energieäquivalenter Dauerschallpegel	dB(A)
L_{eqa}, L_{eqb}	Mittelungspegel nach dem Fluglärmverfahren	dB(A)
L_I	Halleninnenpegel (diffuses Schallfeld)	dB/dB(A)
L_i	i-ter Schallpegelmeßwert in einer Meßreihe	dB/dB(A)
L_m	Mittelungspegel	dB(A)

$L_{max,i}$	i-ter Spitzenpegel eines Vorbeifluges (Fluglärm)	dB(A)
L_N	Beurteilungspegel für die Nachtzeit	dB(A)
L_p	Schalldruckpegel an einem bestimmten Meßpunkt	dB/dB(A)
L_r	Beurteilungspegel	dB(A)
L_S	Meßflächenmaß beim Hüllflächenverfahren	dB
LSM	Luftschallschutzmaß (Schalldämmung von Fenster-, Wand- und Dachelementen	dB
L_T	Beurteilungspegel für die Tageszeit	dB(A)
L_W	Schall-Leistungspegel	dB
L_{WA}	A-bewerteter Schall-Leistungspegel	dB(A)
L_x	Percentil-Pegel (Summenhäufigkeitspegel z.B. L_1, L_{50}, L_{95})	dB(A)
ΔL	Pegeldifferenz zwischen zwei Meßräumen	dB
P	Schalleistung	Watt
P_0	Bezugsleistung = 10^{-12}	Watt
R	ohmscher Widerstand	Ω
RMS	Effektivwert eines elektrischen Signales	V
R_w	bewertetes Schalldämmaß	dB
R'_w	bewertetes Schalldämmaß mit Flankenübertragung	dB
S	Zeitbewertung „Slow" = Langsam; Hüllfläche über Schallquelle	m²
S_0	Bezugsfläche = 1	m²
T	Nachhallzeit in geschlossenen Räumen	s
U_{eff}	Effektivwert eines Spannungssignales	V
V	Volumen des Meßraumes	m²
f_m	Mittenfrequenz eines Frequenzfilters	Hz
f_o	Obere Grenzfrequenz eines Frequenzfilters	Hz
f_u	untere Grenzfrequenz eines Frequenzfilters	Hz
g_i	Gewichtsfaktor beim Fluglärmverfahren	–
i	Summierungsindex	–
n	Anzahl der Meßwerte	–
Δr	Mikrofon-Abstand der Intensitäts-Sonde	mm
t	Variable für den Zeitverlauf	s
t_i	i-te Vorbeiflugzeit beim Fluglärmverfahren	s
q	Halbierungsparameter bei der Pegelmittelung	–
$\vec{v}$	Vektor der Schallschnelle	m/s
v_n	Betrag der Schallschnelle in Meßrichtung	m/s
λ	Wellenlänge einer Sinusschwingung	m
ξ	Integrations-Variable für die Zeit	s
τ	Integrationszeit; Einschwingzeit	s

2.1 Aufgaben der akustischen Meßtechnik

Der Lautstärkeeindruck eines bestimmten Geräusches ist neben den physikalischen Parametern Schalldruck, Frequenzzusammensetzung und Zeitverlauf stark abhängig von subjektiven Einflußgrößen. Dazu gehören die persönliche Einstellung zu den Geräuschen, sowie die physische und psychische Verfassung, die zu erheblich voneinander abweichenden Lautstärkeempfindungen führen. Die „Signalverarbeitung" durch das menschliche Gehirn hängt von dem Bekanntheitsgrad, dem Informationsgehalt und der Einwirkdauer ab, so daß ein Vergleich der auftretenden Schallereignisse überwiegend qualitativ erfolgt. Eine quantitative Bestimmung der Lautstärke durch das Gehör ist nur in groben Stufen möglich und in der Regel nicht reproduzierbar. Um aber trotzdem eine objektive und quantitative Erfassung und Beschreibung der Lärmsituation zu ermöglichen, wurden mit den Schallpegelmessern Geräte entwickelt, die außer der Bestimmung der physikalischen Größe des Schalldruckes eine durchschnittliche Gehörempfindung durch eine Zeit- und eine Frequenzbewertung realisieren.

Die Hauptaufgabe der akustischen Meßtechnik beim Immissionsschutz besteht in der Ermittlung der repräsentativen Lärmbelastung an der im Einwirkungsbereich von Geräuschquellen liegenden Bebauung, wobei in erster Linie Wohngebäude zu berücksichtigen sind. Ziel dieser Messungen ist es, die komplexe Geräuschsituation in eine oder wenige mit der Lärmwirkung korrellierende Kenngrößen zu komprimieren. Diese Kenngrößen sind zu Aussagen über die Beeinträchtigung und Störwirkung vorhandener Schallimmissionen heranzuziehen. Sie sollen Aufschluß über die Lästigkeit und Zumutbarkeit von Geräuschen am jeweiligen Einwirkungsort geben. Dabei sind folgende Geräuscharten in ihrem Ausmaß und ihrer Auswirkung zu erfassen:

Straßen- und Schienenlärm,
Fluglärm,
Gewerbe- und Industrielärm,
Gaststätten- und Freizeitlärm,
Baustellenlärm.

Während bei vielen Lärmsituationen Immissionsmessungen im Einwirkungsbereich der Lärmquellen durchgeführt werden können, sind im Planungsfall keine oder nur unvollständige Bestimmungen der Immissionssituation möglich. Für die Beurteilung der Lärmbelastung müssen in diesem Fall Grunddaten an typischen Geräuschquellen in Form von Emissionsmessungen (Schall-Leistungspegel) oder Immissionsmessungen mit festgelegtem Abstand zur Schallquelle ermittelt werden. Sie gestatten unter Berücksichtigung der Ausbreitungsbedingungen eine rechnerische Bestimmung der Lärmbelastung wie auch die Zuordnung einzelner Immissionsanteile zu dem zugehörigen Emitenten bei der Einwirkung mehrerer Geräuschquellen. Weitere Meßaufgaben ergeben sich bei der

Untersuchung der Schallausbreitung in Abhängigkeit von meteorologischen Bedingungen wie Wind-, Temperatur- und Feuchteverhältnissen oder orographischen und geographischen Gegebenheiten wie Geländeformation und Bewuchs sowie bei der Bestimmung der Schalldämmung und -dämpfung von Wand- und Dachkonstruktionen und Schalldämm-Materialien.

Eine besondere und gerätetechnisch recht aufwendige Anwendung der akustischen Meßtechnik ergibt sich bei der Konzipierung und Durchführung von Schallschutzmaßnahmen, die von der Erstellung einer akustischen Energiebilanz aller auf den Immissionsort einwirkenden Schallquellen über die Auswirkung einzelner Pegelminderungen bis zur Überprüfung der resultierenden Gesamtsituation nach erfolgter Lärmsanierung reicht. In engem Zusammenhang stehen dazu die Abnahmemessungen bei genehmigungspflichtigen Anlagen nach dem BImSchG sowie Überwachungsmessungen bei bestehenden Anlagen. Im Bereich der Bauleitplanung und Raumordnung ist für eine Beweissicherung in manchen Fällen die Grundbelastung eines Gebietes zu ermitteln, um beurteilen zu können, welche Auswirkungen zusätzliche Lärmquellen haben werden. Nach Abschluß der Erweiterungen von Industrieanlagen oder Straßenbaumaßnahmen kann die Veränderung der Lärmsituation eindeutig ermittelt werden.

2.2 Meß- und Auswerteverfahren

2.2.1 Meß- und Beurteilungsgrößen

Für die Beschreibung akustischer Signale wurde als physikalische Grundgröße der Schalldruckpegel L mit der logarithmischen Einheit dB (Dezibel) eingeführt (s. Teil 1). Bei der Angabe von Geräuschkennwerten sind verschiedene, in der Ermittlung und Bewertung unterschiedliche Schalldruckpegel üblich. Es werden unterschieden:

Einzelmeßwert: Schalldruckpegel, der zu einem bestimmten Zeitpunkt vom Meßgerät angezeigt wird. Je nach Wahl der Zeitbewertung (Effektivwertbildung) „Fast(F)" = Schnell, „Slow(S)" = Langsam, „Impuls(I)" und der Frequenzbewertung A, B, C oder D wird er mit L_{AF}, L_{AI}, L_{CS} usw. gekennzeichnet (s. 2.3.2.1). Wird der Schalldruck ohne Frequenzbewertung gemessen, so wird bei der Angabe der Index „lin" für linear hinzugefügt.

Mittelungspegel, nach TA Lärm *Wirkpegel:* mittlerer, während der Messung auftretender Schalldruckpegel, der aus den Einzelmeßwerten nach verschiedenen, der Geräuschart entsprechenden Verfahren gebildet wird. Er ist für die Meßzeit die typische Kenngröße und wird als $L_{eq} \triangleq L_m \triangleq L_{AFm}$ (energieäquivalenter Dauerschallpegel oder als L_{AFTm} bzw. L_{AITm} (Wirkpegel nach dem Takt-Maximalwert-Verfahren) angegeben.

Beurteilungspegel: Auf den Bezugszeitraum Tag (15 h bzw. 16 h) oder Nacht (8 h bzw. 9 h) aus dem Wirkpegel umgerechneter mittlerer Schalldruckpegel, bei dem durch Pegelkorrekturen die Einwirkdauer einzelner Schallimmissionen, die Lästigkeit, der Anteil der Störgeräusche sowie die Meßunsicherheit zusätzlich berücksichtigt werden[1]. Er wird als Beurteilungsgrundlage für die Lärmsituation mit den vorgegebenen Orientierungs- bzw. Immissionsrichtwerten verglichen. Die Kennzeichnung erfolgt allgemein mit L_r, für die Tageszeit mit L_T, für die Nachtzeit mit L_N.

Schall-Leistungspegel: Eine für die Schallquelle typische Kenngröße, die die abgestrahlte Schall-Leistung angibt. Der Schall-Leistungspegel L_W wird auf eine Bezugsleistung bezogen und stimmt bei einer Hüllfläche von 1 m² mit dem Schalldruckpegel zahlenmäßig überein.

(2.1) $$L_W = 10 \lg \frac{P}{P_0}$$

(2.2) $$L_W = L_p + 10 \lg \frac{S}{S_0}$$

P: Leistung der Schallquelle
P_0: Bezugsleistung 10^{-12} [W]
S: Hüllfläche
S_0: Bezugsfläche 1 [m²]
L_p: Schalldruckpegel am Meßort

Häufig wird bei Maschinen und Geräten der frequenzbewertete Schalleistungspegel L_{WA} angegeben. Bei Anlagen mit kleinen Antriebsdrehzahlen sowie bei Heizungs- und Lüftungsanlagen liegt L_{WA} um etwa 10 dB unter dem unbewerteten Schalleistungspegel L_W.

---

[1] Beispiel für einen Beurteilungspegel nach TA Lärm (s. 3.3.2.1):
Lärmimmissionen einer Schreinerei in 50 m Abstand

Emitent	Wirkpegel L_{AFTm} [dB(A)]	Lästigkeitszuschlag [dB(A)]	Einwirkzeit [h]	Teilbeurteilungspegel [dB(A)]
Kreissäge	60	3	4	57
Schleifmaschine	55	–	2	47
Fräsmaschine	68	–	1	56
			Summenpegel	60
			Meßunsicherheit	−3
			Beurteilungspegel für den Tag (15 h)	57

Der Immissionsrichtwert für ein Mischgebiet (MI) während der Tageszeit von 60 dB(A) wird von den Geräuschimmissionen der Schreinerei eingehalten.

Teil 2 Lärmmeßtechnik 127

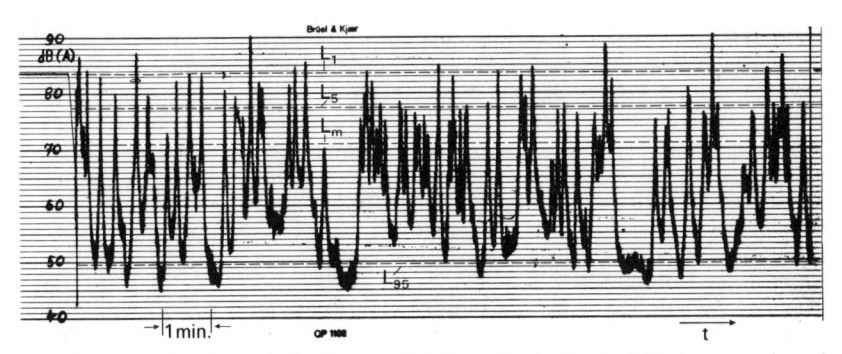

Darstellung 2.1 Straßenverkehrslärm – Schallpegelverlauf mit Mittelungspegel und Summenhäufigkeitspegel nach dem Stichprobenverfahren

Für die Auslegung von Schallschutzmaßnahmen sowie die Überprüfung bauakustischer Verhältnisse werden oft frequenzbegrenzte Schalleistungspegel herangezogen:

L_{WOkt} – Schalleistungspegel in einer bestimmten Oktave
L_{WTerz} – Schalleistungspegel in einer bestimmten Terz

2.2.2 Stichprobenverfahren

Die DIN 45641 gibt als Mittelungsverfahren ein Stichprobenverfahren an, nach dem aus den einzelnen Meßwerten der „energieäquivalente Dauerschallpegel" (L_{eq}, L_{AFm}) gebildet wird[2]. Hierbei wird mit einer empfohlenen Abtastrate von mindestens 5/s der Momentanwert des A-bewerteten Schalldruckes erfaßt und einem klassierenden oder integrierenden Speichergerät zugeführt. Nach Ablauf der Messung wird der Mittelungspegel durch energetische Mittelung der Einzelwerte bestimmt.

$$(2.3) \qquad L_{AFm} = 10 \lg \left[\frac{1}{n} \sum_{i=1}^{n} 10^{\frac{L_i}{10}} \right] dB(A)$$

L_i = Einzelmeßwert mit der Frequenzbewertung A und der Zeitbewertung F
n = Anzahl der Meßwerte

Der Mittelungspegel $L_{AFm} = L_{eq}$ entspricht dem 10fachen Logarithmus der mittleren, während der Meßzeit aufgetretenen Schallenergie. Die Mittelungspegel verschiedener Lärmquellen, die auf einen Immissionsort einwirken und getrennt voneinander meßtechnisch erfaßt wurden, können aufgrund der energeti-

---

[2] Weitere Meßvorschriften finden sich in der DIN 45642 „Messung von Verkehrsgeräuschen".

schen Überlagerung zu einem Summenpegel zusammengefaßt werden. Aus den in verschiedenen Zeitabschnitten bestimmten Mittelungspegeln innerhalb der Bezugsräume Tag (6.00 bzw. 7.00 bis 22.00 Uhr) und Nacht (22.00 bis 6.00 bzw. 7.00 Uhr) wird der Beurteilungspegel für die Tages- oder Nachtzeit berechnet und z. B. mit den Orientierungswerten der Bauleitplanung verglichen (s. 6.2).

Sind die Pegelschwankungen des zu messenden Geräusches nicht größer als der am Meßgerät zur Verfügung stehende, jeweils wählbare Meßbereich, so kann das Stichprobenverfahren mit Abtastraten von etwa einem Meßwert pro 2–3 s im Ableseverfahren durchgeführt werden. In den meisten Meßsituationen ist aber eine höhere Abtastrate und damit die Verwendung von Klassier- und Speichergeräten erforderlich. Die so gewonnenen Meßergebnisse verfügen aufgrund der großen Zahl von Einzelmeßwerten über eine relativ große statistische Sicherheit des Mittelwertes. Abweichungen bei wiederholten Messungen unter gleichen Bedingungen sind auch bei Geräuschen mit starken Pegelschwankungen (z. B. wenig befahrene Straße oder Eisenbahnlinie) gering. Bei Geräuschen mit impulshaltigen Anteilen und einer Ereignisdauer von wenigen ms können bei einem Zeitraster von 0,1–0,2 s zu geringe Werte ermittelt werden, die um mehrere dB vom tatsächlichen energetischen Mittelwert abweichen, weil extreme Pegelspitzen von dem für diese Signale zu trägen System nicht vollständig verarbeitet werden. Bei einzelnen Systemen können aber aufgrund von Überschwingern auch zu hohe Werte ermittelt werden.

Pegelverteilung und Summenhäufigkeitspegel:
Zur weiteren Beschreibung der Geräuschsituation können bei klassierenden Meßgeräten aus der Pegelverteilung zusätzlich zum Mittelungspegel die statistischen Summenhäufigkeitspegel (Percentile) bestimmt werden. Man versteht dabei unter L_x den Pegel, der in x-% der Meßzeit von dem momentanen Schallpegel erreicht oder überschritten wurde. Üblich ist die Angabe des „Spitzenpegels" L_1, der „häufigen Spitzenpegel" L_5, des „mittleren Pegels" L_{50} (nicht zu verwechseln mit dem L_{eq} = energieäquivalenter Dauerschallpegel), des „Hintergrundgeräusches" L_{95} sowie der „mittleren Pegelschwankung" $L_5 - L_{95}$ (s. Darstellung 2.1). Da diese Größen statistische Kennwerte sind, lassen sich Summenhäufigkeitspegel verschiedener Meßabschnitte nicht direkt zu Mittelwerten der gesamten Meßzeit zusammenfassen. Dies ist nur bei Kenntnis der Pegelverteilung der einzelnen Meßabschnitte möglich.

2.2.3 Takt-Maximalwert-Verfahren (L_{AFTm})

Für Anlagen und Betriebe, die nach § 4 BImSchG oder nach den Länderbaugesetzen in Verbindung mit § 22 BImSchG genehmigungspflichtig sind, schreibt die TALärm eine vom Stichprobenverfahren abweichend Pegelerfassung und -mittelung vor. Im Takt-Maximalwert-Verfahren wird der maximale Schalldruckpegel innerhalb eines Zeitintervalles von vorzugsweise 5 s[3] mit der Fre-

---

[3] Im Bereich des Arbeitsschutzes ist eine Taktlänge von 3 s üblich.

quenzbewertung A und der Zeitkonstante F ermittelt. Die einzelnen Maximalwerte werden während des Meßzeitraumes logarithmisch gemittelt und zum Wirkpegel zusammengefaßt. Je nach Schwankungsbreite der auftretenden Schallpegel sowie Steilheit des Pegelanstieges und -abfalles ergeben sich gegenüber dem Stichprobenverfahren durch dieses überenergetische Mittlungsverfahren größere Wirkpegel, die in gewissem Maße erhöhte Lästigkeit bei Geräuschen mit schwankendem Pegel berücksichtigen. Das Takt-Maximalwert-Verfahren kann bei Pegelschwankungen innerhalb des Ablesebereiches des Schallpegelmessers durch regelmäßiges Ablesen des Maximalwertes in einem Abstand von ca. 5 s ohne weitere integrierende und schreibende Meßgeräte durchgeführt werden. Bei längeren Messungen mit stark schwankendem Pegel empfiehlt sich die Verwendung eines klassierenden oder integrierenden Gerätes (s. 2.3.5) oder eines Schreibers (s. Darstellung 2.2).

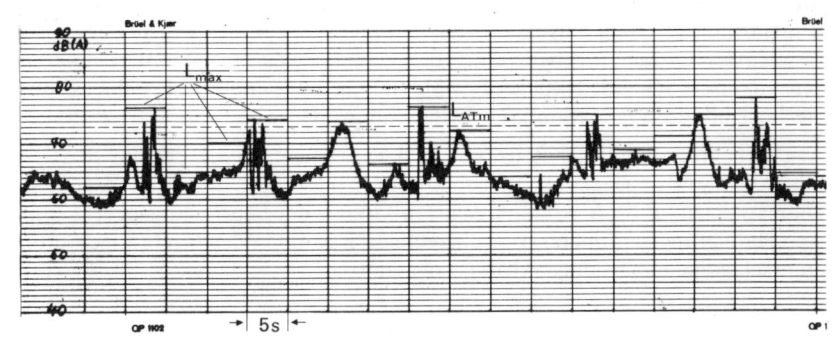

Darstellung 2.2 Betonmischanlage – Schallpegelverlauf mit Einzelwerten L_{max} und Wirkpegel L_{ATm} nach dem Takt-Maximalwert-Verfahren

Die nach diesem Verfahren ermittelten Wirkpegel werden unter Ansatz der Einwirkdauer auf den Bezugszeitraum von 16 h bei genehmigungspflichtigen Anlagen nach dem BImSchG während der Tageszeit bzw. 15 h bei den übrigen, oder 8 bzw. 9 h während der Nachtzeit umgerechnet. Außerdem werden bei der Berechnung des Beurteilungspegels auftretenden Stör- und Fremdgeräuschanteile abgezogen (s. 3.3.7, Tabelle 7). Für besonders lästige Frequenzanteile bei bestimmten Geräuschen können Zuschläge bis 5 dB erfolgen. Die „Meßunsicherheit" wird schließlich mit einem Abzug von 3 dB(A) berücksichtigt (s. 3.3.2.1).

Erfolgt die Beurteilung nach der VDI 2058 Bl. 1 „Beurteilung von Arbeitslärm in der Nachbarschaft", so wird für die Nachtzeit die lauteste Stunde ermittelt und als Beurteilungszeitraum angesetzt. Außerdem erfolgt in den Ruhezeiten ein Zuschlag von 6 dB(A). Der Abzug für Meßunsicherheit entfällt.

Der Beurteilungspegel wird mit den Immissionsrichtwerten (IRW), die nach TALärm oder VDI 2058 für den betreffenden Immissionsort festgelegt sind, verglichen. Da während der Nachtzeit auch einzelne Schallereignisse mit mehr als 20 dB über dem IRW als Überschreitung gewertet werden, müssen bei der Messung auch die Pegelspitzen von Einzelereignissen erfaßt werden.

Bei überwiegend oder ausschließlich impulshaltigen Geräuschen, wie Schießlärm, Lärm einer Tennisanlage oder Eisstockbahn, wird die Zeitbewertung Fast (F) durch die Impulsbewertung (I) ersetzt, die eine dem Ohr besser angepaßte Bewertung von Impulsgeräuschen mit einer Dauer < 100 ms darstellt (L_{AITm}) (s. 4.1).

2.2.4 Mittelungspegel nach dem Fluglärmgesetz

Für die Ausweisung von Lärmschutzzonen an Verkehrsflughäfen und militärischen Flugplätzen sowie für die Überwachung des Fluglärms in ihrer Umgebung wurde ein besonderes, auf die charakteristische Lärmsituation abgestimmtes Meß- und Beurteilungsverfahren im „Gesetz zum Schutz gegen Fluglärm" (FluglärmG) festgelegt. Weitere Meßbedingungen gibt die Norm DIN 45643 „Fluglärmüberwachung in der Umgebung von Flugplätzen" an. Hierbei werden der maximale Schalldruckpegel L_i während des Über- oder Vorbeifluges sowie die Vorbeiflugzeit t_i bestimmt (s. Darstellung 2.3).

Als Vorbeiflugzeit gilt der Zeitraum, in dem der Schallpegel, der um 10 dB(A) unter dem Spitzenpegel liegt, überschritten wird (10 dB-Downtime). Aus diesen Daten werden für die 6 verkehrsreichsten Monate der Beurteilungspegel L_{eq} mit dem Halbierungsparameter q = 4 berechnet. Für Tag- oder Nachtflüge werden unterschiedliche Gewichtsfaktoren angesetzt.

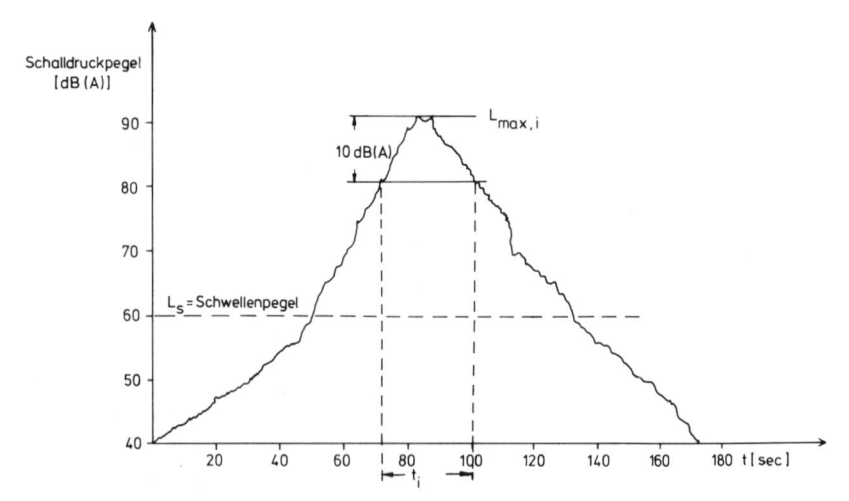

Darstellung 2.3 Fluglärm – Ermittlung des maximalen Vorbeiflugpegels $L_{max,i}$ und der Vorbeiflugzeit t_i

Teil 2 Lärmmeßtechnik   131

Für die Berechnung des äquivalenten Dauerschallpegels L_{eq}[4] werden folgende Formeln verwendet:

(2.4)

$$\text{a)}\ L_{eqa} = 13{,}3\lg \sum_{i=1}^{n} g_i \frac{t_i}{T} 10^{\frac{L_{max,i}}{13{,}3}}$$

mit $g_i = 1{,}5$ für Tagflüge,
$g_i = 0$ für Nachtflüge.

$$\text{b)}\ L_{eqb} = 13{,}3\lg \sum_{i=1}^{n} g_i \frac{t_i}{T} 10^{\frac{L_{max,i}}{13{,}3}}$$

mit $g_i = 1$ für Tagflüge,
$g_i = 5$ für Nachtflüge.

Bei der Bestimmung des L_{eqa} erfolgt nur eine Berücksichtigung der Tagflüge, während beim L_{eqb} auch die Nachtflüge mit einem entsprechend großen Gewichtsfaktor enthalten sind. Beschränkt sich der Flugbetrieb auf die Tageszeit (6.00 bis 22.00 Uhr), so ergibt sich der größere Wert für den L_{eqa}, bei häufigen Nachtflügen für den L_{eqb}. Zur Beurteilung der Lärmsituation wird der jeweils größere Wert herangezogen.

Für die Beurteilung der Lärmsituation von Landeplätzen für Leichtflugzeuge nach der Fluggeräusch-Richtlinie, bei der gegenüber der Lärmschädigung bei Großflughäfen gemäß Fluglärmgesetz die Lärmbelästigung im Vordergrund steht, wird der Beurteilungspegel mit dem Halbierungsparameter $q = 3$ berechnet. Der Bezugszeitraum ist hierbei der 24 h-Tag unter Berücksichtigung der Tages-, Ruhe- und Nachtzeit.

Messungen nach diesem Verfahren können mit mobilen Schallpegelmessern und Pegelschreibern erfolgen. Da aber für die Beurteilung der Immissionssituation in der Regel ein längerer Beobachtungszeitraum erforderlich ist, werden rechnergesteuerte, weitgehend automatisierte Meßsysteme dafür eingesetzt.

2.2.5 Bestimmung der Luft- und Trittschalldämmung

Während bei der Beurteilung und Abnahme von Bauvorhaben die Schallausbreitungsbedingungen in Gebäuden entsprechend der Norm DIN 4109 „Schallschutz im Hochbau" geprüft werden, sind im Rahmen des Immissionsschutzes und der Bauleitplanung ebenfalls bauakustische Messungen zur Bestimmung der Schalldämmung der Außenwände einschließlich Fenster, Tore und Türen erforderlich. Sind gewerblich genutzte Räume baulich mit Wohnräumen verbunden, so muß auch die Übertragung von Trittschall überprüft werden. Entsprechende Prüfverfahren sind in der Norm DIN 52210 „Luft- und Trittschalldämmung" definiert.

---

[4] Der Mittelungspegel nach dem Fluglärmgesetz stimmt nicht mit dem Mittelungspegel nach dem Stichproben-Verfahren (2.2.2) überein.

Bei der Bestimmung der Luftschalldämmung wird die zu untersuchende Wand-, Fenster- und Dachkonstruktion im Prüfstand oder auch im eingebauten Zustand auf der Sendeseite mit Terz- oder Oktavrauschen [5] beschallt, auf der anderen (Empfangsseite) der ankommende Geräuschpegel bestimmt.

Aus der sich ergebenden Pegeldifferenz ΔL und der im Empfangsraum ermittelten Nachhallzeit T (s. 1.10.2) kann daraus das bewertete Schalldämm-Maß R_w oder das Luftschallschutzmaß LSM ermittelt werden. Wird die Messung des Bauelementes am Gebäude in eingebautem Zustand durchgeführt, so wird auch die Flankenübertragung (Schall-Nebenwege) miterfaßt, die zu etwas geringeren Dämmwerten führt. Das unter diesen Bedingungen ermittelte Schalldämm-Maß wird mit R'_w angegeben.

Die Durchführung dieser Messungen bereitet im Prüfstand mit bekannten Meßbedingungen wie Volumen der Meßräume, Nachhallzeit und Flankenübertragung keine größeren Schwierigkeiten. Bei der Untersuchung der Schalldämmung in eingebautem Zustand des Bauelementes steht oft kein geeigneter Prüfschall zur Verfügung, der ausreichend hoch über dem Umgebungspegel liegt. Die Bestimmung des auf das Prüfobjekt auftreffenden Schalldruckes ist in der Regel auch nur mit einer nicht allzu großen Genauigkeit möglich.

Bei der Trittschalldämmungsmessung wird als Anregung ein Normhammerwerk [6] auf die Deckenmitte gesetzt und der dadurch erzeugte Schallpegel in den darunter- und danebenliegenden Räumen ermittelt. Auch hier erfolgt eine Korrektur des in Oktavschritten ermittelten Pegels entsprechend der Nachhallzeit im Empfangsraum. In das Meßergebnis geht neben dem Schalldämmverhalten der Bauelemente auch die Körperschalldämpfung durch den Bodenbelag ein.

2.2.6 Schalleistungsmessung

Der Schalleistungspegel L_W gibt die von einer Schallquelle abgestrahlte Schalleistung an. Als Meßverfahren werden in der Norm DIN 45635 „Geräuschmessungen an Maschinen" zwei verschiedene Meßverfahren definiert:

2.2.6.1 Hüllflächen-Verfahren nach DIN 45635 Bl. 1

Auf einer Meßfläche S, die in einem Abstand von 1 m in einer einfachen geometrischen Form (z. B. Quader) über die Maschinenoberfläche projiziert wird, werden eine Reihe von Meßpunkten gleichmäßig verteilt. Kann ein größerer Abstand zum Schallemittenten gewählt werden, so kann als Meßfläche die Oberflä-

---

[5] Unter Terz- und Oktavrauschen versteht man ein in der Leistung konstantes, im Zeitverlauf unregelmäßiges stochastisches Signal mit der Frequenzbandbreite einer Terz oder Oktave.

[6] Das Normhammerwerk, das von der Physikalisch-Technischen Bundesanstalt (PTB) überprüft wird, besteht aus 5 Hämmern mit einer Masse von 500 g, die aus einer Höhe von 40 mm auf die zu untersuchende Deckenkonstruktion frei fallen.

che einer Halbkugel verwendet werden. An den einzelnen Meßpunkten wird der A-bewertete, bzw. bei der Untersuchung einzelner Frequenzanteile der oktav- oder terzgefilterte Schalldruckpegel als energetischer Mittelwert bestimmt. Aus den einzelnen an den Meßpunkten ermittelten Pegeln wird der räumliche Mittelwert $\bar{L}$ gebildet. Der Schalleistungspegel ergibt sich aus der Addition des mittleren Schalldruckpegels $\bar{L}_p$ und dem Meßflächenmaß L_S

(2.5)
$$L_W = \bar{L} + L_S \qquad L_S = 10 \lg \frac{S}{S_0} \ [dB]$$
$$S_0 = 1 \ m^2$$

Verfügt die zu untersuchende Maschine über eine kompliziert und unregelmäßig geformte Oberfläche sowie eine sehr über die Kontur verteilte Schallabstrahlung, so muß die Zahl der Meßpunkte wesentlich erhöht werden. Bei einfachen geometrischen Formen und ungerichteter Abstrahlung reichen eine kleine Zahl von Meßpunkten (3–4) aus, wobei Symmetrieebenen und -achsen ausgenutzt werden können.

2.2.6.2 Hallraum-Verfahren nach DIN 45635 Bl. 2

Bei Maschinen mit konstanter Geräuschabstrahlung eignet sich auch das Hallraum-Verfahren für die Bestimmung des Schall-Leistungspegels. Die Maschine wird dafür in einem Meßraum aufgestellt und unter den üblichen Betriebsverhältnissen betrieben. Der Meßraum muß über ein Mindestvolumen von 100 m³ verfügen, und der mittlere Absorptionsgrad der begrenzenden Raumflächen darf den Wert 0,06 nicht überschreiten. An mehreren Mikrofonpositionen wird der Schalldruckpegel in Terz- oder Oktavbandbreite ermittelt und logarithmisch zum mittleren Schalldruckpegel im jeweiligen Frequenzband zusammengefaßt. Nach folgenden Formeln kann der Schall-Leistungspegel L_W unter Berücksichtigung des Raumvolumens V und der Nachhallzeit T im jeweiligen Frequenzband berechnet werden:

(2.6)
$$L_W = L_I + 10 \lg A - 6 \quad [dB]$$
$$A = \frac{0{,}16 \, V}{T} \quad [m^2]$$

L_W: unbewerteter Schall-Leistungspegel
L_I: Hallraum-Innenpegel
A: äquivalente Absorptionsfläche
T: Nachhallzeit
V: Raumvolumen

Der A-bewertete Schall-Leistungspegel kann aus den Pegeln in den einzelnen Frequenzbändern unter Verwendung der Korrekturwerte im Anhang D der DIN 45635 Bl. 2 berechnet werden.

2.2.7 Frequenzanalyse

Die spektrale Zusammensetzung der zu untersuchenden Immissionsgeräusche kann durch Analyse der einzelnen Geräuschanteile in den verschiedenen Frequenzbereichen bestimmt werden. Bei der Echtzeit-Analyse wird das Schallsignal durch parallel geschaltete Filter mit Terz- oder Oktavbandbreite in die einzelnen Frequenzkomponenten zerlegt und in der Regel auf einem Bildschirm dargestellt. Frequenzdiagramme können zu einem bestimmten Zeitpunkt gespeichert und durch einen angeschlossenen Pegelschreiber graphisch dargestellt werden (s. Darstellung 2.4). Für genauere Frequenzanalysen können Schmalband-Filter mit Bandbreiten bis zu 1 Hz verwendet werden.

Da bei Schmalband-Analysen die Einschwingzeit in den einzelnen Frequenzbändern relativ lang (s. 2.3.2.5) ist, wird bei vielen Frequenzanalysatoren das Spektrum aus einer Fourier-Transformation gewonnen. Dabei wird ein Ausschnitt aus dem Zeitsignal digital erfaßt und gespeichert und über die Fourier-Transformation die spektrale Verteilung berechnet. Mit einer exponentiellen Gewichtung der rasch aufeinanderfolgenden Einzelspektren ist eine quasi kontinuierliche Beobachtung der Frequenzanteile bei sich ändernden Signalen möglich. Durch besondere Speicher- und Rechenvorgänge lassen sich mehrere Spektren in ihren Einzelkomponenten mitteln, so daß kurz auftretende Signale unterdrückt und konstante Geräuschanteile bestimmt werden können.

Durch Frequenzanalysen kann die Lästigkeit einzelner Geräusche untersucht werden. Geräusche mit gleichmäßiger Verteilung der einzelnen Komponenten über den Frequenzbereich werden angenehmer empfunden als Geräusche mit einzelnen, besonders stark auftretenden Frequenzanteilen. Liegt bei einer Terzanalyse ein Terzpegel um mehr als 5 dB über den Nachbarfrequenzen, so ist bei dem Geräusch ein Tonhaltigkeitszuschlag nach TALärm bzw. VDI 2058 gerechtfertigt.

Die Frequenzanalyse gibt außerdem Aufschluß darüber, für welche Frequenzbereiche Schallschutzmaßnahmen ausgelegt werden müssen, um eine maximale Pegelminderung des Immissionsgeräusches zu erreichen.

Strahlen Lärmquellen Geräusche nur in bestimmten Frequenzbereichen ab, so kann ihr Pegelanteil bei Überlagerung am Immissionsort mit anderen Lärmimmissionen durch eine Frequenzanalyse bestimmt werden, wenn die spektrale Zusammensetzung durch eine Nahfeldmessung untersucht wurde.

2.2.8 Untersuchung einzelner Schallvorgänge

Bei kurzen, transienten Schallereignissen kann durch eine Darstellung des Schalldruckverlaufes auf einem Bildschirm (Speicher-Oszillograph) die primäre Schalldruckwelle von den im Nahfeld auftretenden Reflexionen getrennt werden. Ein derartiges Schallsignal wird von der Anzeige des Schallpegelmessers auf Grund der für diese Vorgänge zu trägen Anzeigedynamik zeitlich nicht mehr aufgelöst und als integrierter Pegelwert angezeigt.

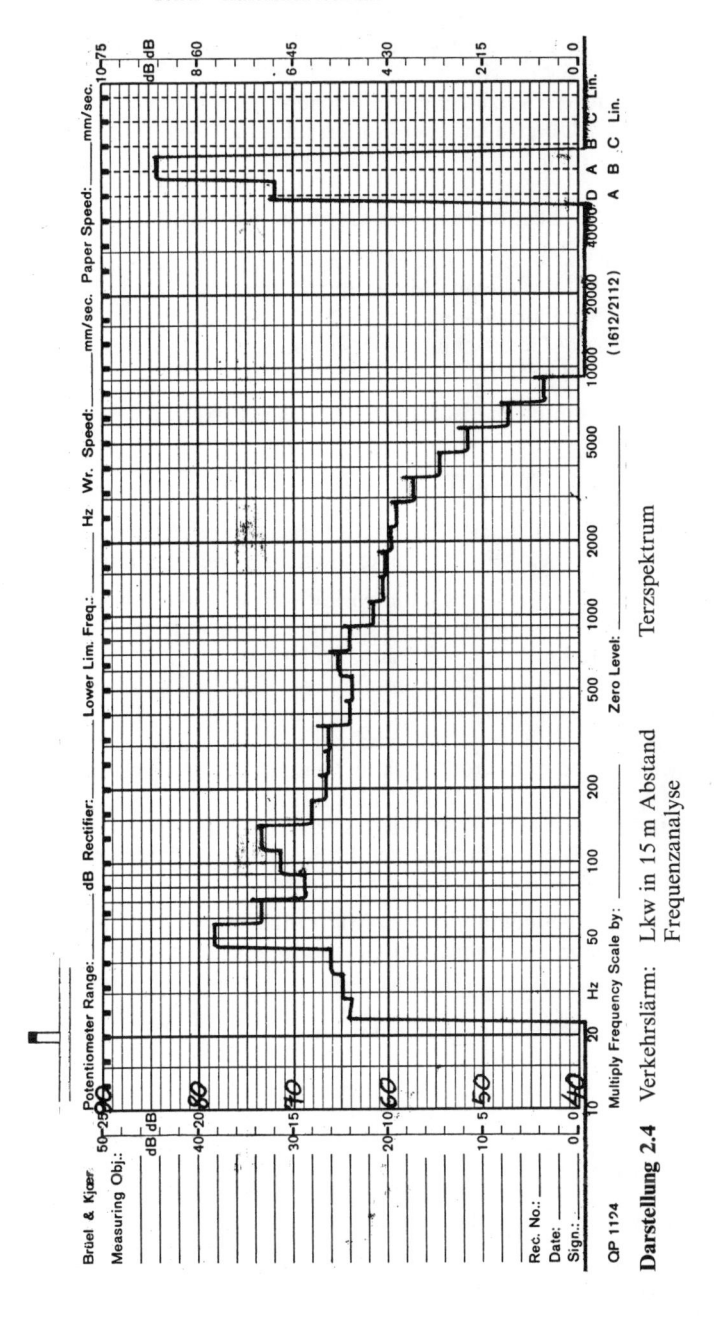

Teil 2 Lärmmeßtechnik 135

Darstellung 2.4 Verkehrslärm: Lkw in 15 m Abstand
Frequenzanalyse — Terzspektrum

Werden Meß- und Speichergeräte mit definierten Signalen (Sinus-, Rechteck-) gespeist, so kann durch eine Datstellung des Signales am Geräteausgang (Oszillogramm) die Verzerrung (Verfälschung des Signales durch nichtlineare Verstärker- und Übertragerstufen) untersucht und damit die Wiedergabequalität geprüft werden.

2.2.9 Bestimmung der Geräuschintensität

Als von der bisher üblichen Meßtechnik abweichendes Meßverfahren wird in letzter Zeit das Geräuschintensitäts-Meßverfahren eingesetzt. Während es sich bei der Schalldruckmessung um die Bestimmung einer skalaren Größe handelt, wird bei der Geräuschintensitätsmessung die vektorielle Größe der Schallintensität $\vec{I}$ ermittelt.

Die Schallintensität ist als Produkt des Schalldruckes p mit der Schallschnelle $\vec{v}$ definiert:

(2.7) $\quad \vec{I} = p(t) \cdot \vec{v}(t)$

Sie ist als zeitlicher Mittelwert der Schallenergie zu verstehen, die pro Zeiteinheit und Flächeneinheit durch eine festgelegte Meßfläche tritt (s. 1.4).

Zur Ermittlung der Schallintensität müssen daher zwei Feldgrößen bestimmt werden. Der Schalldruck p kann wie bei den anderen Meßverfahren mit einem Druckempfänger (Kondensator-Mikrofon) gemessen werden. Für die Schallschnelle v gibt es Schnelleempfänger (z. B. Druckgradient-Mikrofon). Da diese elektroakustischen Wandlertypen unterschiedliche Eigenschaften haben (Frequenzgang, Phasengang), wird bei der Geräuschintensitätsmessung überwiegend die „Zweimikrofontechnik" eingesetzt. Dabei werden zwei Kondensator-Mikrofone an einer Mikrofonhalterung sich gegenüber stehend in einem bestimmten Abstand Δr montiert. Die Verbindungslinie zwischen den Mikrofonen bildet die Meßrichtung, in der die Schalldruckdifferenz $p_A - p_B$ und die Schalldrucksumme $p_A + p_B$ bestimmt werden.

Unter der Bedingung, daß der Mikrofonabstand Δr klein gegenüber der Wellenlänge des zu bestimmenden Geräuschsignales ist,

(2.8) $\quad \Delta r \ll \lambda$

kann der Schalldruckgradient in erster Näherung aus dem Differenzenquotienten bestimmt werden:

(2.9) $\quad \dfrac{\delta p}{\delta n} \approx \dfrac{p_A - p_B}{\Delta r}$

Über die Beziehung

(2.10) $\quad v_n(t) = -\dfrac{1}{\varrho_0} \int \dfrac{p_A - p_B}{\Delta r} \, dt$

errechnet sich die Schnelle $v_n(t)$.

Für die Schallintensität in Richtung der Meßnormalen I_n ergibt sich dann die Beziehung:

$$(2.11) \qquad I_n = -\frac{1}{2} \frac{1}{\varrho_0 \cdot \Delta r} \int (p_A + p_B)(p_A - p_B) dt$$

Bei den zur Zeit verwendeten Meßsystemen für Intensitätsmessungen werden die beiden Schalldrucksignale getrennt digitalisiert und gefiltert. Die Differenz- und Summenbildung sowie Produktbildung und zeitliche Mittelung erfolgt in einem Rechner.

Durch die bei den Näherungsgleichungen vorzugebenden Randbedingungen werden für das Meßsystem obere und untere Grenzfrequenzen für die eindeutige Bestimmung der Geräuschintensität festgelegt. Die obere Grenzfrequenz f_0 wird durch den Mikrofonabstand Δr nach der Randbedingung (Gl. 2.8) bestimmt. Je größer Δr ist, umso niedriger wird f_0 bei Vorgabe eines maximal zulässigen Meßfehlers.

Die untere Grenzfrequenz f_u hängt von der Genauigkeit der Schalldruckerfassung bezüglich Amplitude und Phase ab. Für ausgesuchte Mikrofonpaare können in Abhängigkeit vom Mikrofonabstand Δr folgende Meßbereiche gewählt werden:

31,5 Hz bis 1,25 kHz bei $\Delta r = 50$ mm
125 Hz bis 5 kHz bei $\Delta r = 12$ mm
400 Hz bis 10 kHz bei $\Delta r = 6$ mm

Das Geräuschintensitätsmeßverfahren eignet sich besonders für die Bestimmung der Schall-Leistung einzelner Geräuschquellen, wobei Messungen auch in einer Umgebung mit Störpegeln in Größenordnung der Emissionspegel durchgeführt werden können. Außerdem können einzelne Geräuschquellen innerhalb komplizierter Großanlagen geortet und einzeln vermessen werden, wodurch gezielte Maßnahmen zur Schalldämmung entwickelt werden können.

Aufgrund des umfangreichen gerätetechnischen Aufwandes sowie der Beschränkung auf quasi stationäre Geräusche ist der Einsatz der Intensitätsmeßtechnik bei Messungen am Immissionsort nur bedingt geeignet. Da es sich in der Regel um Meßpunkte im Fernfeld der Geräuschquelle handelt, ist die Genauigkeit der Messung gegenüber dem Schalldruckmeßverfahren nur geringfügig verbessert. Bei Einwirkung mehrerer Geräuschquellen auf den Immissionsort unter komplizierten Schallausbreitungsbedingungen (z. B. Mehrfach-Reflexionen) kann der Einsatz der Geräuschintensitätsmessung dagegen sinnvoll sein.

2.3 Meß- und Auswertegeräte

2.3.1 Übersicht und Anwendung von Meß-, Speicher- und Auswertegeräten

Schallpegelmesser nach DIN 45634 bzw. IEC 651 Klasse 2:
Diese Geräte eignen sich für die Überwachung von Betriebszuständen an technischen Anlagen sowie die überschlägige Bestimmung von Emissionsdaten. Am Immissionsort können sie zu Informationsmessungen der Geräuschsituation und damit zur Langzeitbeobachtung der Immissionsverhältnisse verwendet werden.
Präzisionsschallpegelmesser nach DIN 45633 bzw. IEC 651 Klasse 1:
Mit ihnen können exakte Bestimmungen von Immissionen mit geringeren Schwankungen (20 dB) nach dem Stichproben- oder dem Takt-Maximalwertverfahren sowie Emissionsmessungen durchgeführt werden. Pegelspitzen können durch die Impulsbewertung und Halteschaltung eindeutig erfaßt werden. Bei größeren und rasch auftretenden Pegelschwankungen kann eine überschlägige Mittelwertbildung mit der Anzeige „Slow" erfolgen. Während der Anzeigebereich von 20 dB für Industrie- und Gewerbelärm meist ausreicht, müssen für Verkehrslärmmessungen mit größeren Pegelunterschieden Speicher- und Auswertegeräte nachgeschaltet werden. Eine größere Zahl dieser Geräte ist bauartgeprüft und eichfähig (s. Verzeichnis der bauartgeprüften Schallpegelmesser im Anhang 2.1).

Integrierende Meßgeräte:
Lärmdosimeter[7] und Schallpegelintegratoren stehen als Zusatzgeräte für Schallpegelmesser oder als selbständige Meßeinheit zur Verfügung. Sie integrieren während der laufenden Messung die Schallenergie nach verschiedenen, meist wählbaren Mittelungsverfahren auf und geben nach Beendigung der Schallpegelerfassung den jeweiligen Mittelungspegel, bei verschiedenen Geräten auch die Lärmdosis (auf 8 h bezogener Mittelwert), die Meßdauer und die Überschreitungsdauer (Teil der Meßzeit, bei der der Schalldruckpegel über dem eingestellten Meßbereich lag) an.

Sie können zur Bestimmung der allgemeinen Lärmbelastung herangezogen werden und eignen sich zur Sammlung von Daten für die Erstellung von Lärmkarten. Da zwischen „Nutz"- und „Störsignal" nicht unterschieden werden kann, sind sie für die Erfassung spezifischer Immissionsgeräusche nur bedingt einsetzbar.

Klassierende Meßgeräte:
Eine Weiterentwicklung der integrierenden Geräte bilden die klassierenden Schallpegelmesser, die mit einem Kleinrechner während der Meßwerterfassung in Verbindung mit einem Schallpegelmeßteil die Pegelhäufigkeitsverteilung be-

---

[7] hauptsächlich beim Arbeitsschutz verwendet.

stimmen. Aus dieser Verteilung können während und nach der Messung der Mittelungspegel sowie die Summenhäufigkeitspegel berechnet und digital ausgegeben oder auch auf einem X-Y-Schreiber graphisch dargestellt werden. Da Korrekturmöglichkeiten wie Austasten oder Rücklöschen von einzelnen Signalen bestehen, können Störgeräusche weitgehend eliminiert werden. Durch die Wahl verschiedener Zeitkonstanten, Abtastraten und Mittelungsverfahren sowie Meßbereiche mit einer Meßdynamik von 70 dB sind diese Geräte universell einsetzbar. Sie sind meist programmierbar und mit einer genormten digitalen Schnittstelle ausgestattet. Sie können daher auch in automatischen Meßstationen mit weiterer Datenverarbeitung eingesetzt werden.

Die Norm DIN 45655, die die technischen Anforderungen an diese Geräte definiert, liegt zur Zeit erst im Entwurf vor. Im Augenblick ist daher nur für wenige Geräte die Bauartprüfung abgeschlossen und die Eichfähigkeit erteilt worden.

Pegelschreiber:
Zur Aufzeichnung des Schallpegelverlaufes während der Messung können Schreiber verwendet werden, die an das Meßgerät angeschlossen werden. Da die meisten Schallpegelmesser nur über einen Schalldruck-proportionalen Ausgang verfügen, sind für die Darstellung des Schalldruckpegels logarithmische Schreiber (Pegelschreiber) erforderlich. Neben der Überwachung und Kontrolle der Geräuschsituation kann der Pegelschrieb bei einer ausreichenden Zeitauflösung (Vorschub 1 mm/s) auch zur Bestimmung des Mittelungspegels herangezogen werden. Auf die Abstimmung der dynamischen Eigenschaften des Pegelschreibers auf die beim Schallpegelmesser eingestellten Anzeigearten Fast und Impuls muß besonders geachtet werden. Bei Gleichspannungsschreibern kann die Steuerung durch den Gleichspannungsausgang des Schallpegelmessers erfolgen. Da die dynamischen Eigenschaften der Pegelschreiber bei impulshaltigen Signalen meist nicht den Anforderungen für Schallpegelmesser, wie sie in der DIN 651 festgelegt sind, genügen, sollte der Pegelschrieb nur zur Meßüberwachung und zeitlichen Darstellung der Geräuschsituation verwendet werden.

Tonbandgerät:
Zwischen Schallpegelmesser und Pegelschreiber bzw. Pegelklassierer kann ein Tonbandgerät als Zwischenspeicher geschaltet werden. Dadurch wird die Auswertung der Messung auf einen späteren Zeitpunkt verlegt. Bei starken Pegelschwankungen und großem Fremdgeräuschanteil kann damit der Meßabschnitt wiederholt abgehört und gezielt ausgewertet werden. Außerdem sind nachträglich noch Frequenzanalysen möglich. Auf eine ausreichende Qualität der Tonbandaufzeichnung bezüglich des Frequenzganges und der zur Verfügung stehenden Dynamik (Störspannungsabstand) muß geachtet werden. Sollen mit dem Magnetbandgerät auch Signale mit tiefen Frequenzanteilen bis in den Bereich des Infraschalles aufgezeichnet werden, so muß anstelle der vielfach üblichen Amplituden-Modulation (AM) ein Bandgerät mit Frequenzmodulation (FM) verwendet werden.

Für die digitale Aufzeichnung von Meßdaten werden mittlerweile auch Cassetten-Recorder und Disketten-Laufwerke eingesetzt, die über genormte Schnittstellen an Tischrechner oder Rechenanlagen angeschlossen werden können.

Frequenzfilter:
Neben den in den Schallpegelmessern integrierten Frequenzbewertungsfiltern A, B, C, D können zusätzlich Terz- oder Oktavfilter nach DIN 45651 bzw. 45652 eingeschleift oder angeschlossen werden. Soll das Frequenzspektrum über den gesamten Hörbereich gleichzeitig erfaßt und dargestellt werden, ist dazu ein Frequenzanalysator erforderlich. Die Frequenzanalyse erfolgt hier durch parallel geschaltete Terz- oder Oktavfilter, deren Pegelanteile auf einem Bildschirm dargestellt werden. Durch eine Speicherschaltung können einzelne Frequenzdiagramme festgehalten und auf einem XY-Schreiber oder einem synchronisierbaren YT-Schreiber ausgegeben werden.

Reicht die Frequenzauflösung durch Terzfilter nicht aus, so stehen verschiedene Schmalbandfilter zur Verfügung, die in der Regel nicht in Echtzeit betrieben werden, sondern das Signal durch eine Fourier-Transformation in die spektralen Anteile zerlegen. Die Darstellung erfolgt ebenfalls auf einem Bildschirm. Für besondere meßtechnische Probleme können rechnergesteuerte 2-kanalige Frequenzanalysatoren erforderlich werden, die eine Auto- oder Kreuzkorrelation durchführen.

2.3.2 Technischer Aufbau von Meß- und Auswertegeräten

2.3.2.1 Schallpegelmesser

Die von verschiedenen Herstellern angebotenen Schallpegelmesser verfügen alle über den gleichen von der Norm DIN/IEC 651 vorgegebenen Aufbau. Sie bestehen aus einem akustischen Meßwandler (Mikrofon), einem elektrischen Verstärker, einem logarithmischen Gleichrichter sowie einer Anzeigeeinheit (s. Darstellung 2.5).

Mikrofon:
Das Mikrofon ist ein elektroakustischer Wandler, der den Schalldruck in ein analoges elektrisches Signal umsetzt. Als Meßmikrofone werden bei Präzisions-Schallpegelmessern Kondensator-Mikrofone verwendet. Bei Schallpegelmessern mit geringeren Genauigkeitsanforderungen werden Keramik-, und seit einiger Zeit Elektret-Mikrofone eingesetzt. Versuche, die Elektretmikrofone auch für Präzisionsgeräte zu verwenden, sind bisher trotz der sonst ausgezeichneten Qualität an der geringen Temperaturbeständigkeit dieser Mikrofone gescheitert.

Bei der Mikrofonkapsel eines Kondensatormikrofones bildet die Empfangsmembran zusammen mit der Gegenelektrode einen Kondensator, der durch eine konstante Polarisationsspannung U_- (ca. 200–250 V) elektrisch aufgeladen wird. Die auftreffenden Schalldruckwellen verändern den Abstand zwischen den Elektroden und führen zu einer Ladungsverschiebung, die als schalldruckproportionale Wechselspannung $U_\sim$ über einem Widerstand abgegriffen wird (s.

Teil 2 Lärmmeßtechnik 141

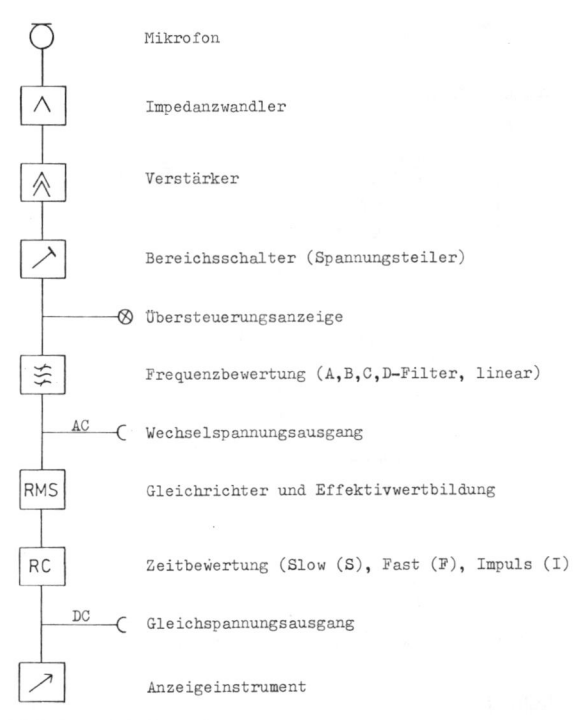

```
○         Mikrofon
│
∧         Impedanzwandler
│
⋀         Verstärker
│
⋏         Bereichsschalter (Spannungsteiler)
│
├──⊗      Übersteuerungsanzeige
│
≋         Frequenzbewertung (A,B,C,D-Filter, linear)
│
├──AC──(  Wechselspannungsausgang
│
RMS       Gleichrichter und Effektivwertbildung
│
RC        Zeitbewertung (Slow (S), Fast (F), Impuls (I))
│
├──DC──(  Gleichspannungsausgang
│
↗         Anzeigeinstrument
```

Darstellung 2.5 Blockschaltbild eines Schallpegelmessers

Darstellung 2.6). Bei Elektret-Mikrofonen wird die Polarisationsspannung durch eine dauerpolarisierte Kunststoff-Folie (Elektretschicht) zwischen den Kondensatorelektroden erzeugt.

Die Mikrofone in der akustischen Meßtechnik verfügen im Gegensatz zu Mikrofonen für Sprach- und Musikaufnahmen über keine bevorzugte Aufnahmerichtung (Richtcharakteristik). Geräusche werden aus allen Richtungen innerhalb der vorgeschriebenen Toleranzen gleichmäßig erfaßt (Kugelcharakteristik).

Beim Einsatz der Mikrofone muß man zwischen einer „Freifeld-Messung" mit frontalem Schalleinfall und einer „Innenraum-Messung" mit diffusem Schalleinfall unterscheiden. Bei frontalem Einfall einer ebenen Schallwelle entsteht bei höheren Frequenzen ein Staudruck vor der Mikrofonmembran, der zu einer Pegelerhöhung in diesem Frequenzbereich führt. Diese Anhebung wird durch den Vorverstärker ausgeglichen. Bei Messungen im diffusen Schallfeld (Hallraum) entfällt diese Frequenzgangkompensation. Bei Mikrofonen mit kleinem Membrandurchmesser ($1/2''$ oder $1/4''$ ∅) sind die Abweichungen gering und treten erst über 8 bis 10 kHz auf, so daß das für Immissionsmessungen gebräuch-

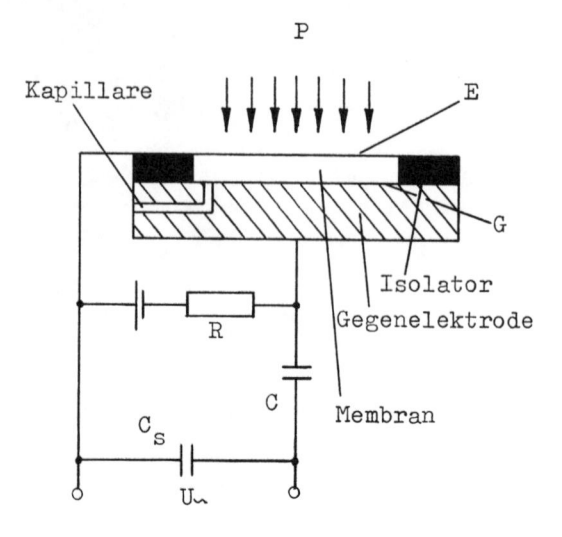

P = Schalldruck
E = Elektrode
G = Gegenelektrode

Darstellung 2.6 Schematische Darstellung eines Kondensatormikrofones

liche Freifeld-Mikrofon auch für Innenraum-Messungen verwendet werden kann.

Vorverstärker und Kalibriereinrichtung:
Das von der Mikrofonkapsel erzeugte elektrische Signal muß für die weitere Verarbeitung durch mehrere Verstärkerstufen auf einen ausreichenden Spannungswert verstärkt werden. Der durch die Bauelemente vorgegebene Verstärkungsfaktor kann durch die Kalibriereinrichtung (Regelpotentiometer) in einem bestimmten Pegelbereich (ca. 12–15 dB) verändert werden, so daß die Gesamtverstärkung bei einem anliegenden Kalibriersignal auf den Sollwert eingestellt werden kann.

Meßbereichsumschaltung:
Der vom Mikrofon erfaßbare Schallpegelbereich von 20 bis 140 dB wird in mehrere Meßbereiche von jeweils 20 dB, bei neueren Geräten von 50 dB Anzeigebereich aufgeteilt. Sie können in 10 dB, bei manchen Geräten in 20 oder 30 dB Stufen durch einen oder ggfs. zwei Meßbereichsschalter verändert werden. Die Meßbereichsverschiebung wird zunächst durch eine Dämpfung der vom Vorverstärker gelieferten Leistung durch einen Spannungsteiler oder, bei geringeren Signalen, durch weitere Verstärkung erreicht.

Übersteuerungsanzeige:
Eine, oder bei manchen Geräten zwei Übersteuerungsanzeigen leuchten auf,

wenn eine oder mehrere Verstärkerstufen durch das anliegende Signal übersteuert werden. Die Anzeige des Meßgerätes entspricht dann nur bedingt dem tatsächlichen Schalldruckpegel. Es muß in diesem Fall auf einen höheren Meßbereich umgeschaltet werden.

Durch tieffrequenten oder impulshaltigen Schall wird manchmal der Eingangsverstärker übersteuert, ohne daß die Anzeige über den eingestellten Meßbereich hinausgeht. Auch in diesem Fall sollte der Meßbereich erhöht, oder bei getrennt zu schaltenden Verstärkerstufen der Eingangsverstärker um 10 dB gedämpft, der Ausgangsverstärker um 10 dB erhöht werden.

Bewertungsfilter:
Um die Schallpegelerfassung der frequenzabhängigen Empfindlichkeit des menschlichen Ohres anzunähern, ist gegenüber der unbewerteten „linearen" Pegelanzeige die Frequenzbewertung durch verschiedene Filter erforderlich (siehe Abschnitt 1.1.3). Die in den einschlägigen Normen, Richtlinien und Verwaltungsvorschriften vorgeschriebene A-Bewertung ist bei allen Meßgeräten vorhanden. Sie bewirkt, daß die tiefen und hohen Frequenzen im Verhältnis zu den am Mikrofon auftreffenden Signalen unterbewertet werden, während der Bereich von 1000 bis 4000 Hz geringfügig stärker bewertet wird (siehe 1.7).

Es können in der Regel noch weitere Frequenz-Filter bei den Meßgeräten, wie B, C und D Filter an einem Wahlschalter eingestellt werden, die für eine Bestimmung des DIN-Phon erforderlich bzw. für Fluglärm (D-Bewertung) konzipiert waren. Bei Schallpegelmessungen im Rahmen des Immissionsschutzes kommt neben der A-Bewertung nur noch die C-Bewertung in Betracht, die annähernd einer linearen Frequenzbewertung entspricht und ersatzweise dafür verwendet werden kann.

Anstelle der eingebauten Filter besteht bei vielen Meßgeräten die Möglichkeit, externe Oktav- oder Terzfilter anzuschließen bzw. einzuschleifen, wobei die Anzeige in dem am Filter gewählten Frequenzbereich durch das eingebaute Anzeigeinstrument erfolgt.

Gleichrichter und Zeitbewertung:
Für die Anzeige des Schalldruckpegels als analogem Meßwert sowie für die Darstellung des Pegelverlaufes durch einen angeschlossenen Schreiber erfolgt eine Gleichrichtung des Meßsignales verbunden mit einer Effektivwertbildung. Bei den Schallpegelmessern ist eine exponentiell gewichtete Integration des quadrierten Signales und anschließende Radizierung nach folgender Formel üblich:

$$(2.7) \qquad U_{eff} = \sqrt{\frac{1}{\tau} \int_{\xi=0}^{t} e^{-\frac{\xi}{\tau}} \cdot U^2(t-\xi) d\xi}$$

Elektronisch wird dieser Vorgang durch ein Quadrierglied, ein Integrierglied mit veränderbarer Zeitkonstante und einem Radizierglied realisiert (s. Darstellung 2.7).

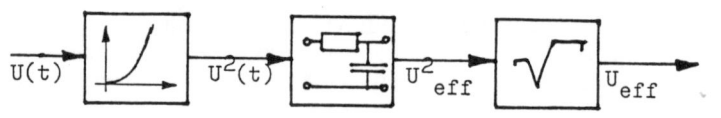

$U(t) \rightarrow \boxed{} \rightarrow U^2(t) \rightarrow \boxed{} \rightarrow U^2_{eff} \rightarrow \boxed{\sqrt{}} \rightarrow U_{eff} \rightarrow$

Darstellung 2.7 Bildung des Effektivwertes (RMS)[8]

Für die Bildung des Effektivwertes stehen zwei Zeitkonstanten zur Verfügung. Bei der Einstellung „Fast(F)" folgt die Anzeige mit einer Zeitkonstanten von τ = 125 ms dem tatsächlichen Schallpegelverlauf ohne größere Abweichungen. In dieser Anzeigeart sind alle wesentlichen Schallpegelspitzen zu erkennen sowie auch Geräuschpausen festzustellen. Für das Takt-Maximalwert-Verfahren (s. 2.2.3) ist diese Anzeigeart in der Regel anzuwenden. Schallimpulse mit einer Dauer erheblich unter 100 ms werden bei der Zeitkonstanten F nicht mehr in voller Höhe angezeigt.

Für die Bestimmung des mittleren Schallpegels ist bei stark schwankendem Pegel das Meßsignal in der Zeitbewertung „Slow(S)" am Anzeigeinstrument einfacher abzulesen, da bei einer Zeitkonstanten von 1 s bereits eine Mittelung durch das Meßgerät erfolgt. Schallpegelspitzen sowie Pegeleinbrüche können bei dieser Anzeigeart nicht beobachtet werden.

Als weitere Zeitbewertung steht bei Geräten nach DIN 45633 Bl. 2 bzw. DIN 651 Abschnitt 7 die Impulsbewertung zur Verfügung, mit der auch einzelne Pegelspitzen von weniger als 100 ms Dauer angezeigt werden. Bei der Schalterstellung „Impuls" springt die Anzeige mit einer Anstiegsflanke entsprechend einer Zeitkonstanten von 35 ms auf den maximalen Pegelwert, um dann mit einer Rücklauf- oder Abfallzeit von 3 s langsam auf den Grundpegel abzusinken. Der impulsbewertete Schalldruckpegel läßt sich dabei ohne Schwierigkeiten ablesen.

Eine weitere Möglichkeit, Spitzenpegel zu bestimmen, bietet die bei einigen Geräten vorhandene Speicher-Schaltung. In der Schalterstellung „Hold" oder „Speichern" wird der jeweils auftretende maximale Schallpegel festgehalten und so lange angezeigt, bis ein Schallereignis mit einem noch höheren Schallpegel auftritt. Durch einen Tastschalter (Reset) kann die Speicherschaltung zurückgesetzt werden.

Einige Meßgeräte bieten durch die Zeitbewertung „Peak" (Spitze) die Möglichkeit, die Schalldruckspitze eines Geräuschereignisses zu bestimmen. Dabei wird mit einem Spitzenwert-Detektor der maximal auftretende Schalldruck erfaßt und gespeichert.

Anzeigeinstrument:
Der Effektivwert des Schalldruckes wird am Ende der Verstärker- und Gleichrichterkette analog durch ein Drehspulinstrument angezeigt. Die Skala umfaßt einen Anzeigebereich von -10 dB bis $+10$ dB, wobei der Nullpunkt der Skala

---

[8] RMS = Root-Mean-Square Value.

jeweils dem am Bereichsschalter eingestellten Meßbereich entspricht. Steht beispielsweise der Bereichsschalter auf 70 [dB], so können am Meßgerät Pegelwerte von 60 bis 80 dB abgelesen werden, wobei die Ablesegenauigkeit im unteren Bereich zwischen − 5 und − 10 dB aufgrund der gedrängten Skalenteilung nicht sehr groß ist.

Neue Geräte verfügen zum Teil über einen analogen Anzeigebereich von 50 dB und zusätzlich über eine Digitalanzeige des Pegelwertes, da die Analog-Anzeige bei sich schnell ändernden Pegeln nicht mehr ausreichend genau abgelesen werden kann.

Wechselspannungsausgang:
Nach ausreichender Verstärkung und Frequenzfilterung steht das Schallsignal an einem Wechselspannungsausgang (AC)[9] zur Verfügung, der für den Anschluß eines Aufzeichnungsgerätes (Tonbandgerät, Pegelschreiber u. ä.) ausgelegt ist. Ist beim Schallpegelmesser eine Frequenzbewertung (A) eingeschaltet, so ist das Ausgangssignal ebenfalls frequenzbewertet.

Gleichspannungsausgang:
Für den Anschluß schreibender oder klassierender Zusatzgeräte steht bei einigen Geräten ein Gleichspannungsausgang (DC)[10] zur Verfügung, dessen Signal der Instrumentenanzeige mit der eingestellten Zeitkonstante entspricht. Bei Handschallpegelmessern ist das Signal in der Regel dem Schalldruck proportional (linearer Ausgang).

Bei stationären Geräten kann auf einen Ausgang mit elektronischer Logarithmierung, der eine dem Schallpegel proportionale elektrische Spannung liefert, umgeschaltet werden. Für die Darstellung des Verlaufes des impulsbewerteten Schallpegels muß immer der DC-Ausgang benutzt werden, da die Pegelschreiber nicht über diese besondere Zeitbewertung verfügen.

2.3.2.2 Integrierende und klassierende Schallpegelmesser

Als Weiterentwicklung der in Analogtechnik aufgebauten Schallpegelmesser sind mittlerweile verschiedene, durch Digital-Rechner und -Speicher erweiterte Schallpegelintegrierer und -klassierer im Einsatz. Da es zur Zeit noch keine verbindliche Normung für dieses Gerät gibt (s. 2.3.3), weichen die Geräte im technischen Aufbau zum Teil erheblich voneinander ab. Folgender schematischer Aufbau eines solchen Gerätes kann daher nur als Anhalt dienen (s. Darstellung 2.8). Es besteht in der Regel aus einem herkömmlichen Schalldruckmeßwandler in Analogtechnik, einer digitalen Datenverarbeitung und Speicherung und einer digitalen sowie analogen Meßwertanzeige.

Schalldruckmeßwandler:
Die Schalldruckwellen werden vom Meßmikrofon erfaßt, durch den Meßwand-

---

[9] AC: Alternating Current
[10] DC: Direct Current

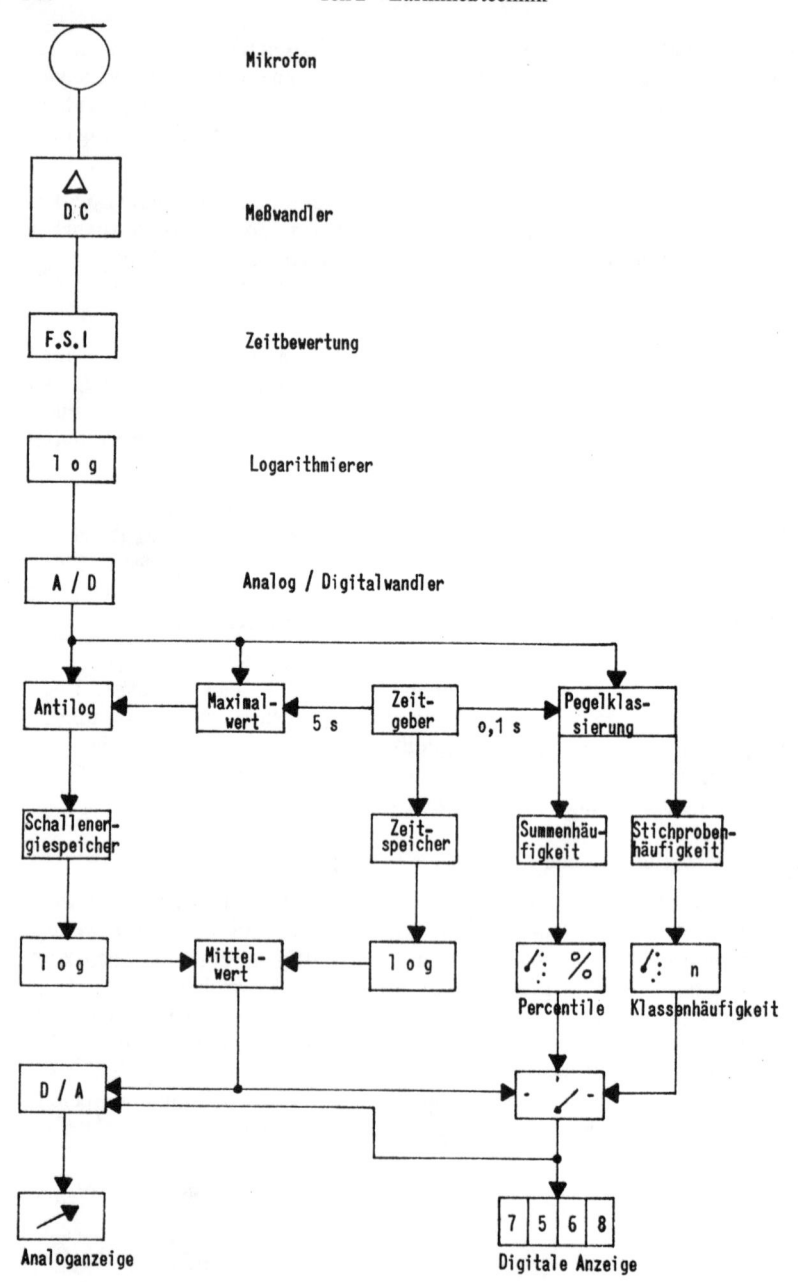

Darstellung 2.8 Blockschaltbild eines integrierenden Schallpegelmessers

ler umgeformt und elektrisch verstärkt und das elektrische Wechselspannungssignal gleichgerichtet. Es folgt eine Zeitbewertung des Signales entsprechend der gewählten Zeitkonstanten F, S, I sowie die Logarithmierung zur Bildung des Schalldruckpegels.

Digitalrechner und -Speicher:
Nach der Analog/Digitalwandlung mit Abtastraten mit mindestens 10 Werten/s kann der Schalldruckpegel auf verschiedene Arten verarbeitet werden. Für die Bildung des energieäquivalenten Dauerschallpegels L_{eq} bzw. L_{AFm} werden die einzelnen Werte delogarithmiert und energetisch aufsummiert. Parallel dazu wird die Meßzeit durch Integration gebildet und nach Meßende mit der Schallenergie zur Bildung des Mittelungspegels logarithmisch verknüpft.

Soll der Takt-Maximalwert ermittelt werden, durchlaufen die einzelnen Meßwerte zunächst einen Maximalwertspeicher, der von einem Zeitgeber gesteuert wird und alle 3 oder 5 s den jeweiligen Maximalwert an den Schallenergiespeicher weitergibt. Am Ende der Messung wird ebenfalls durch Verknüpfung mit der Meßdauer der Mittelungspegel berechnet.

Als dritte Art der Datenverarbeitung steht bei einigen Gerätetypen eine Pegelklassierung zur Verfügung. Dabei werden die digitalisierten Schalldruckpegel einem Klassierer zugeführt, der die Meßwerte in Pegelklassen von 0,5 bis 2 dB-Klassen je nach Speichergröße und Dynamik des Meßgerätes aufteilt und die Anzahl der Pegelwerte in der jeweiligen Pegelklasse speichert. Aus diesem Datenspeicher können die Stichprobenhäufigkeitsverteilung (distributive Verteilung) und/oder die Summenhäufigkeitsverteilung (cumulative Verteilung) beginnend mit der obersten noch belegten Pegelklasse berechnet werden. Über einen Wahlschalter können die Anzahl der Meßwerte in der jeweiligen Klasse abgerufen werden. Ein zweiter Wahlschalter ermöglicht das Abfragen nach einem bestimmten Percentil (Summenhäufigkeitspegel) (s. Darstellung 2.9).Da bei integrierenden Geräten mögliche Störgeräusche miterfaßt werden, verfügen einige Geräte über eine Austast- und Rücklöscheinrichtung. Dabei werden die Meßwerte zunächst einem digitalen Durchlaufspeicher zugeführt. Erst wenn dieser belegt ist, gibt er den am weitesten zurückliegenden Meßwert an den Hauptspeicher weiter. Tritt ein unerwartetes Störgeräusch auf, so wird der Durchlaufspeicher vollständig gelöscht und muß neu aufgefüllt werden. Solange die Löschtaste gedrückt wird, ist die Meßwerterfassung unterbrochen. Während beim Stichprobenverfahren, bei dem der Verlauf eines Meßabschnittes eine große Zahl von Meßwerten gewonnen wird (z. B. 9000 bei 15 Minuten), einige Austastvorgänge die statistische Sicherheit des Mittelungspegels nicht verschlechtern, können beim Takt-Maximal-Verfahren aufgrund der geringeren Zahl von Meßwerten (z. B. 180 bei 15 Minuten) und der Speicherung des jeweils größten Meßwertes während der 5 s größere Fehler auftreten. Systematisch zu hohe Mittelungspegel ergeben sich, wenn immer während „leiser" Passagen der Immissionsquelle Störgeräusche, die dann besonders auffallen, ausgetastet werden. Hier müssen aus dem begleitenden Pegelschrieb ggfls. Meßwerte ergänzt werden.

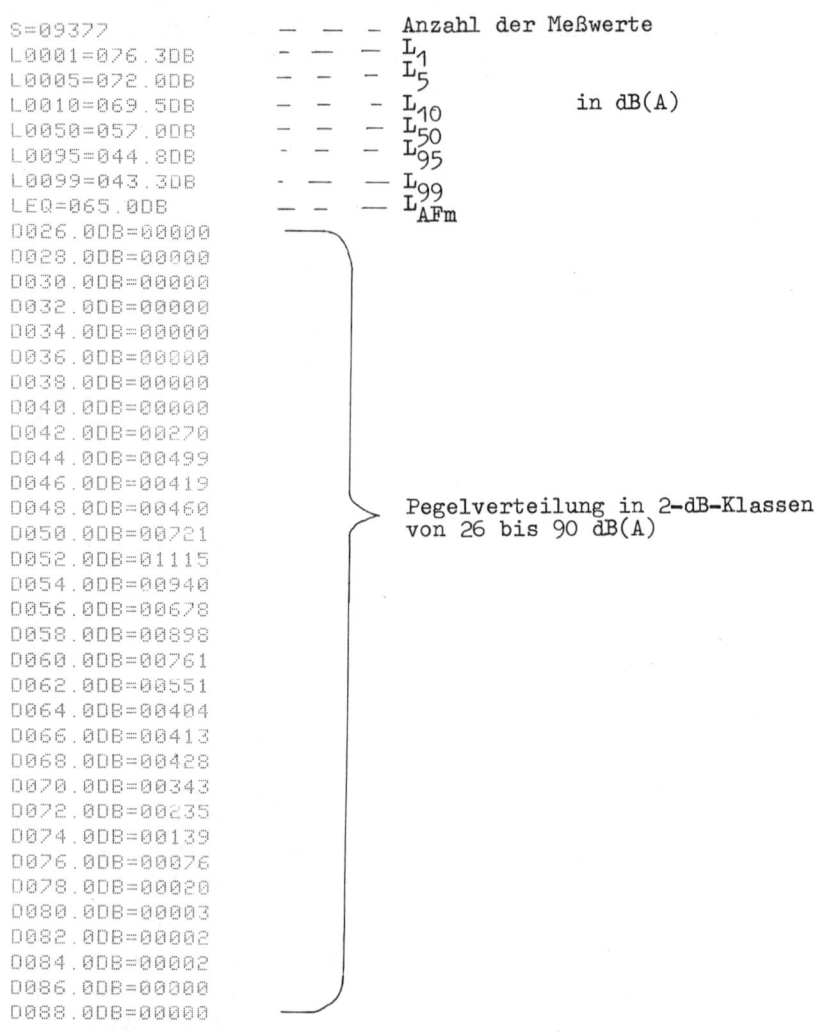

```
S=09377                          - - -  Anzahl der Meßwerte
L0001=076.3DB                    - - -  L_1
L0005=072.0DB                    - - -  L_5
L0010=069.5DB                    - - -  L_10           in dB(A)
L0050=057.0DB                    - - -  L_50
L0095=044.8DB                    - - -  L_95
L0099=043.3DB                    - - -  L_99
LEQ=065.0DB                      - - -  L_AFm
D026.0DB=00000  ─┐
D028.0DB=00000
D030.0DB=00000
D032.0DB=00000
D034.0DB=00000
D036.0DB=00000
D038.0DB=00000
D040.0DB=00000
D042.0DB=00270
D044.0DB=00499
D046.0DB=00419
D048.0DB=00460       Pegelverteilung in 2-dB-Klassen
D050.0DB=00721       von 26 bis 90 dB(A)
D052.0DB=01115
D054.0DB=00940
D056.0DB=00678
D058.0DB=00898
D060.0DB=00761
D062.0DB=00551
D064.0DB=00404
D066.0DB=00413
D068.0DB=00428
D070.0DB=00343
D072.0DB=00235
D074.0DB=00139
D076.0DB=00076
D078.0DB=00020
D080.0DB=00003
D082.0DB=00002
D084.0DB=00002
D086.0DB=00000
D088.0DB=00000  ─┘
```

Darstellung 2.9 Ausdruck der Percentile, des Mittelungspegels und der Pegelverteilung eines klassierenden Schallpegelmessers

Meßwertanzeige:
Alle durch den Rechner ermittelten Größen können wahlweise nacheinander mit einer digitalen Anzeige dargestellt werden. In der Regel ist auch der Anschluß eines Druckers zum Ausdruck der Meßwerte vorgesehen. Für die graphische Darstellung der Meßergebnisse durch einen XY oder YT-Schreiber sowie

durch eine Analoganzeige können die digitalen Werte bei verschiedenen Geräten wieder in analoge Signale umgeformt werden.

2.3.2.3 Pegelschreiber

Für die graphische Darstellung des Pegelverlaufes zur Überwachung der Messung am Immissionsort oder zur späteren Auswertung im Schall-Labor werden Signal-Schreiber an das Schallpegelmeßgerät angeschlossen. Da bisher nur wenige Schallpegelmesser über einen Pegel-proportionalen Spannungsausgang verfügen, an den ein linearer YT-Schreiber angeschlossen werden kann, werden meist Schreiber mit logarithmischer Signalverarbeitung, sog. „Pegelschreiber" eingesetzt.

In den Pegelschreibern sind elektronische und mechanische Bauelemente integriert. Man kann dabei die Funktion der Signalsteuerung und der Papiersteuerung unterscheiden.

Signalsteuerung (s. Darstellung 2.10):

Über einen regelbaren Verstärker kann das Eingangssignal auf die für den Schreiber erforderliche Steuerspannung eingestellt werden (Kalibrierung). Man benutzt dazu das Referenz-Signal des Schallpegelmessers oder die Kalibrierschallquelle mit einem bekannten Schalldruckpegel. Durch einen Zwischenverstärker wird das anliegende Signal an den Arbeitsbereich des Potentiometers angepaßt. Wird ein Wechselspannungssignal zur Steuerung des Schreibers verwendet, so wird der Wahlschalter auf AC gestellt. Das Signal durchläuft einen Effektivwertgleichrichter, bei dem mit einem Wahlschalter verschiedene Zeitkonstanten für die Effektivwertbildung eingestellt werden können. Die Schreiber verfügen in der Regel über die Zeitkonstanten $\tau = 125$ ms („Fast") und $\tau = s$ („Slow") sowie über 10 ms und 10 s. Bei manchen Schreibern sind diese Zeitkonstanten nur durch eine kombinierte Einstellung der maximalen Schreibgeschwindigkeit der unteren Grenzfrequenz des Gleichrichtersystems sowie des Dynamikbereiches (Range) anzunähern. Soll der Schreiber durch ein Gleichspannungssignal gesteuert werden, so wird in der Schalterstellung DC die Gleichrichtung und Effektivwertbildung umgangen.

Liefert der Schallpegelmesser bereits ein pegelproportionales Signal, so wird in der Schalterstellung Lin die Logarithmierung kurzgeschlossen. Bei schalldruckproportionalem Signal erfolgt in der Stellung Log durch einen logarithmischen Konverter eine Umsetzung des Signales in den Schalldruckpegel. Dabei kann in der Regel ein Darstellungsbereich von 10, 25 oder 50 dB gewählt werden. Bei manchen Pegelschreibern ist das allerdings nur durch Austausch des Meßpotentiometers möglich.

Das in dieser Form aufbereitete Gleichspannungssignal wird zur Steuerung des Schreibschlittens benutzt. Es wird einem Comparator zugeführt, der es mit einer über dem Meßpotentiometer abgegriffenen Referenzspannung vergleicht. Ist die anliegende Signalspannung größer als die Referenzspannung, so erfolgt ein Aus-

Signaleingang

Kalibrierung (regelbarer Verstärker)

Zwischenverstärker

AC DC

Effektivwertgleichrichter mit
Zeitkonstanten Wahlschalter (S,F)

log lin

logarithmischer Konverter

Antriebsverstärker
DC-Motor

Schreibschlitten

Comparator
Potentiometer
Ref

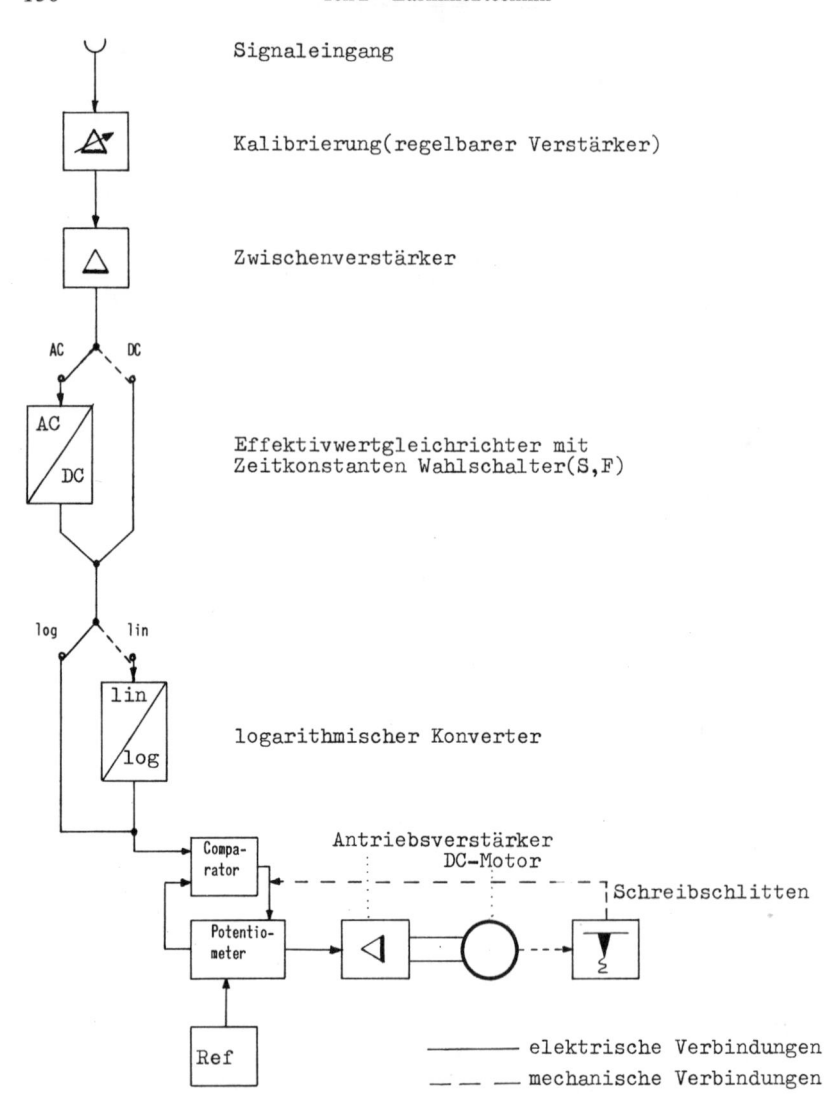

——— elektrische Verbindungen
– – – mechanische Verbindungen

Darstellung 2.10 Signalsteuerung eines Pegelschreibers

gleichsstrom, der über einen Antriebsverstärker dem Gleichspannungsmotor zugeleitet wird, der wiederum den Schreibschlitten bewegt. Mit dem Schreibschlitten ist mechanisch ein Abgriff (Schleifkontakt) des Meßpotentiometers verbunden, der die Referenzspannung so lange zurückregelt, bis sie mit der Eingangsspannung übereinstimmt. Der Schreibschlitten mit Schreibstift folgt so dem anliegenden Eingangssignal. Das Steuersystem verfügt aufgrund der mechanischen Trägheit und der elektronischen Kompensation über ein bestimmtes Einschwingverhalten, das bei Signalen mit extrem kurzen Anstiegszeiten zum Überschwingen des Schreibschlittens führen kann. Die Angaben und Hinweise der Gerätehersteller sind in dieser Hinsicht genau zu beachten.

Papiersteuerung (s. Darstellung 2.11):
Die Vorschubsteuerung des Schreibpapiers übernimmt entweder ein intern eingebauter Zeitgenerator, oder sie erfolgt durch eine externe Zeitsteuerung durch einen zweiten Pegelschreiber oder andere Zusatzgeräte. Der interne Zeitgenerator kann dagegen die Weiterschaltung von angeschlossenen Terz- und Oktavfiltern sowie Frequenzanalysatoren veranlassen. Auf diese Weise können auch

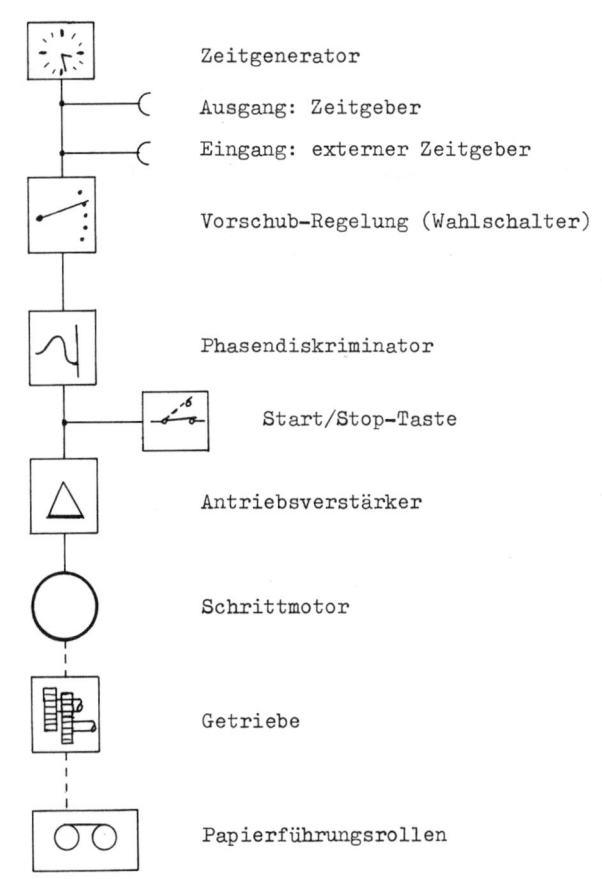

```
        ┌─────┐
        │ ⊙   │   Zeitgenerator
        └──┬──┘
           ├──( Ausgang: Zeitgeber
           ├──( Eingang: externer Zeitgeber
        ┌──┴──┐
        │  /  │   Vorschub-Regelung (Wahlschalter)
        └──┬──┘
        ┌──┴──┐
        │ ∿   │   Phasendiskriminator
        └──┬──┘
           ├──┤   Start/Stop-Taste
        ┌──┴──┐
        │  △  │   Antriebsverstärker
        └──┬──┘
         ┌─┴─┐
         │ ○ │    Schrittmotor
         └─┬─┘
        ┌──┴──┐
        │ ⚙   │   Getriebe
        └──┬──┘
        ┌──┴──┐
        │ ○○  │   Papierführungsrollen
        └─────┘
```

Darstellung 2.11 Papiersteuerung eines Pegelschreibers

Frequenz-Diagramme durch den Schreiber aufgezeichnet werden. Das Signal des Zeitgenerators wird durch einen Frequenzteiler verändert. Durch die Wahl der Frequenzteilung können verschiedene Vorschubgeschwindigkeiten eingestellt werden. Es stehen in der Regel Papiergeschwindigkeiten von 0,1 mm/s bis 30 mm/s zur Verfügung. Durch Vorlage einer anderen Getriebeübersetzung kann bei manchen Pegelschreibern der Vorschub noch vergrößert werden. Über einen Phasendiskriminator wird das Frequenzsignal in Schaltimpulse umgeformt, die über einen Antriebsverstärker den Schritt-Schalt-Motor weiterschalten. Der Motor ist über ein Getriebe mit der Antriebsachse für den Papiervorschub verbunden.

2.3.2.4 Magnetbandgeräte

Für die Aufzeichnung der Geräusche am Meßort für eine Auswertung und Analyse zu einem späteren Zeitpunkt werden als Signalspeicher Magnetbandgeräte verwendet. Die meisten Geräte benutzen für das Aufspielen der Signale auf das Magnetband die Amplituden-Modulation (AM). Hierbei moduliert das NF-Signal (Schalldruck) direkt den Magnetisierstrom am Aufnahmekopf. Sollen auch Signale mit Frequenzanteilen unter 30 Hz aufgezeichnet werden, so ist die aufwendigere Frequenzmodulation (FM) erforderlich. Für die Aufzeichnung digitaler Signale wird die Pulse-Code-Modulation (PCM) verwendet.

In letzter Zeit werden auch Cassetten-Recorder für Schallaufzeichnungen eingesetzt, wobei allerdings nur hochwertige Geräte mit ausreichenden Eigenschaften hinsichtlich der Dynamik und des Frequenzganges in Frage kommen (s. 2.3.3).

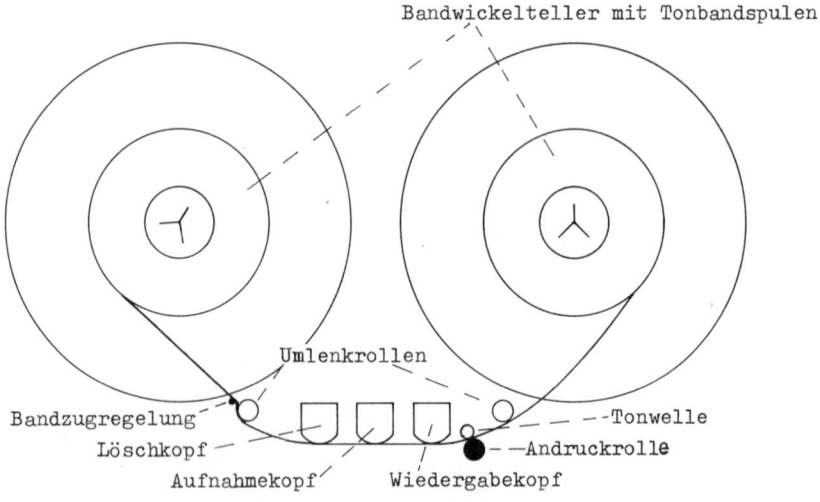

Darstellung 2.12 Mechanischer Aufbau eines Tonbandgerätes

Mechanischer Aufbau:
Alle auf dem Markt verfügbaren Geräte sind ähnlich aufgebaut. Sie bestehen aus zwei Spulentellern, die über eine Rutschkupplung mit dem Antriebsmotor gekoppelt sind, der Bandantriebswelle (Tonwelle) fest verbunden mit einem drehzahlgeregelten Antriebsmotor, dem Lösch- und dem Aufnahme- und/oder Wiedergabekopf sowie der Bandzugregelung mit verschiedenen Umlenkrollen (s. Darstellung 2.12). Über ein Bedienfeld werden die Aufnahme- und Wiedergabevorgänge mechanisch oder über eine elektrische Relais-Schaltung gesteuert (s. Darstellung 2.13).

Elektrischer Aufbau:
Die Magnetbandgeräte und Cassetten-Recorder verfügen meist über zwei Magnetbandspuren, aufwendige Geräte für Meßsysteme bis zu 14 Signalspuren, die zusammen mit einer Kommentarspur geringerer Tonqualität belegt werden können. Für jeden Aufzeichnungskanal sind folgende elektronische Bauelemente erforderlich, die bei den unterschiedlichen Geräten auch teilweise zusammengefaßt werden (s. Darstellung 2.14).

Signaleingänge:
Für den Anschluß verschiedener Tonträger stehen in ihrer Eingangsimpedanz unterschiedliche Wechselspannungseingänge zur Verfügung. Schallpegelmesser sollten an den hochohmigen Auxiliary-Eingang angeschlossen werden. Für das Kommentar-Mikrofon steht der niederohmige Mikrofoneingang zur Verfügung. Für Überspielungen von Band zu Band eignet sich der Phono-Eingang.

Aufnahmeregler:
Durch den Aufnahmeregler kann das Eingangssignal auf eine maximale Aussteuerung eingestellt werden. Um Übersteuerungen zu vermeiden, sollte das Signal der Kalibrierschallquelle mit seinem Zeigerausschlag um ca. 6 dB unter der Vollaussteuerung bleiben. Nach Aufspielen des Kalibriersignales darf der Aufnahmeregler nicht mehr verstellt werden!

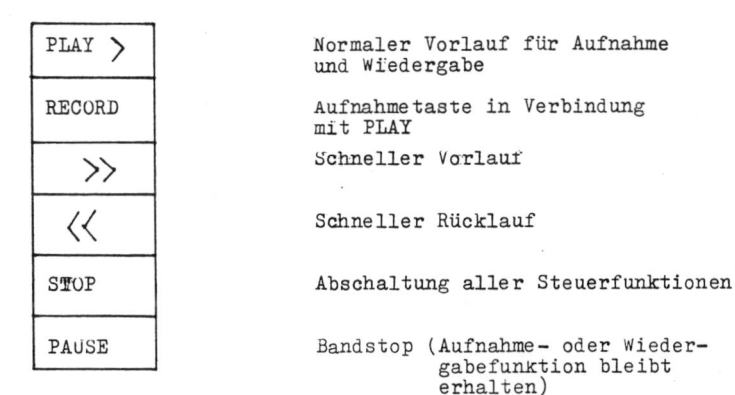

PLAY >	Normaler Vorlauf für Aufnahme und Wiedergabe
RECORD	Aufnahmetaste in Verbindung mit PLAY
>>	Schneller Vorlauf
<<	Schneller Rücklauf
STOP	Abschaltung aller Steuerfunktionen
PAUSE	Bandstop (Aufnahme- oder Wiedergabefunktion bleibt erhalten)

Darstellung 2.13 Bedienfeld mit Steuerfunktionen

154   Teil 2   Lärmmeßtechnik

Mikrofon / Phono / Auxiliary	Signaleingänge
	Aufnahmeregelung
	Aussteuerungsanzeige
NAB / IEC	Aufsprechverstärker mit Höhenanhebung
	Löschkopf
Aufnahmekopf	Hf-Vormagnetisierung
	Magnetband
	Wiedergabekopf
	Entzerrer
	Zwischenverstärker
Auxiliary / Phono	Signalausgänge
	Endverstärker
	Klangregler
	Lautsprecher

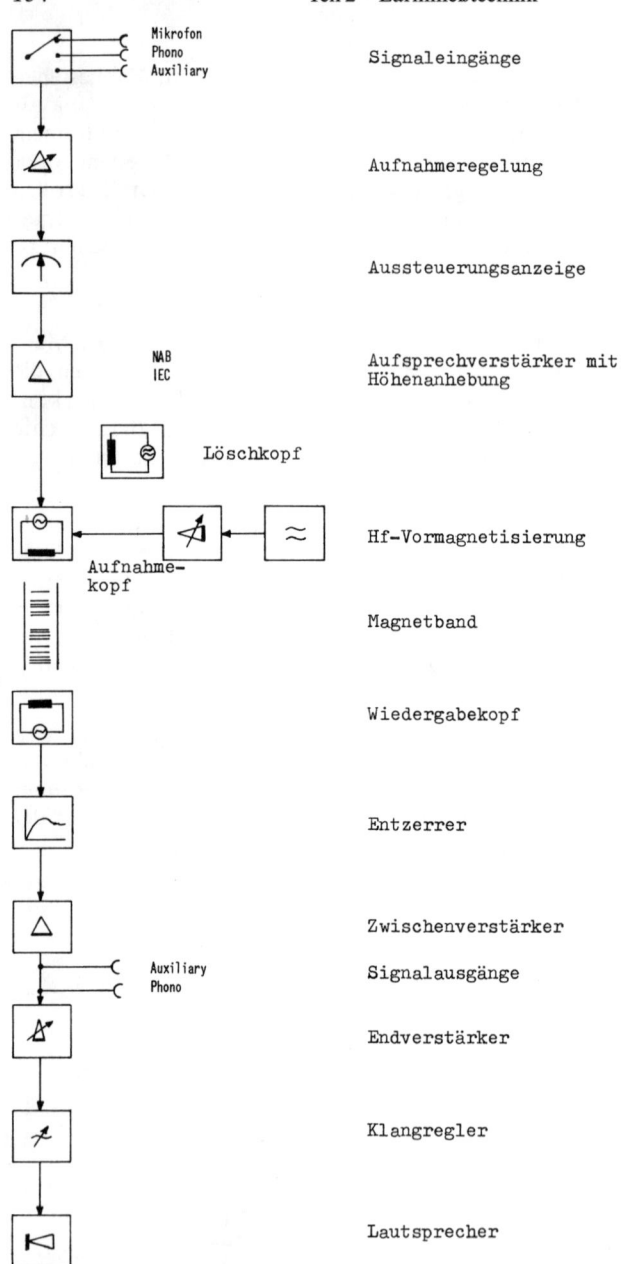

Darstellung 2.14   Elektrisches Blockschaltbild eines Magnetbandgerätes

Aussteuerungsanzeige:
Durch ein analoges oder auch digitales Anzeigeinstrument wird die Aussteuerung des Aufsprechverstärkers angezeigt. Bei ständiger Überschreitung des Aussteuerbereiches muß die Aufnahmeregelung einschließlich Kalibriersignal neu eingestellt werden.

Aufsprechverstärker:
Durch einen Verstärker mit frequenzabhängiger Verstärkung wird das Schallsignal für eine optimale Aufzeichnung „verzerrt". Dabei werden Geräuschanteile im oberen Frequenzbereich in der Amplitude stärker angehoben als im tieferen. Diese Signalveränderung erfolgt nach amerikanischer (NAB) oder europäischer Norm (IEC).

Löschkopf:
Durch den Löschkopf wird ein hochfrequentes Magnetfeld erzeugt, das die Signale auf einem bereits bespielten Magnetband löscht, indem die Elementarmagnete auf dem in unmittelbarer Nähe des Kopfes vorbeigeführten Magnetband in ihrer Richtung verändert und so verteilt werden, daß kein gerichtetes Magnetfeld zurückbleibt. Sind Magnetbänder vor längerer Zeit (mehrere Monate) bespielt worden, so kann es erforderlich sein, zum vollständigen Löschen der alten Aufnahmen einen zusätzlichen Löschvorgang bei zugeregeltem Aufnahmeverstärker bzw. mit einem externen Löschgerät (Degausser) durchzuführen. Bei der Aufzeichnung neuer Schallsignale wird die bestehende Aufnahme automatisch gelöscht.

Hf-Vormagnetisierung:
Durch die Überlagerung des Schallsignales durch ein Hochfrequenzsignal von 100 bis 125 kHz wird die Magnetisierbarkeit des Bandmaterials erheblich verbessert. Durch die Verlagerung des Arbeitsbereiches des Tonkopfes in ein Gebiet, in dem die Magnetisierung weitgehend im linearen Verhältnis zur anliegenden Spannung steht, werden nicht lineare Verzerrungen (Klirren) vermieden. Die Amplitude der Vormagnetisierung wird für das verwendete Bandmaterial auf einen optimalen Wert eingestellt. Werden andere Bandsorten als vom Hersteller angegeben verwendet, muß die Vormagnetisierung nachträglich darauf eingestellt werden.

Aufnahmekopf:
Der Aufnahmekopf erzeugt durch eine Spule um einen ringförmigen Permanentmagneten ein im Takt des Schallsignales schwankendes Magnetfeld. Das Magnetband wird am Spalt des Tonkopfes, an dem die maximale Feldstärke auftritt, vorbeigeführt und lokal magnetisiert. Liegt kein Signal an, so wirkt die überlagerte Hochfrequenz wie beim Löschkopf und löscht bestehende Restfelder auf dem Band.

Magnetband:
Das Magnetband besteht aus einer dünnen Trägerschicht aus Kunststoff (Polyester), auf der eine Schicht von Metallstaub (Eisen- und Chromlegierungen) aufgebracht ist. In Abhängigkeit von der Dicke der Trägerschicht und der Zu-

sammensetzung der Magnetschicht ergeben sich unterschiedliche Magnetisiereigenschaften, die bei der Vormagnetisierung berücksichtigt werden müssen. Da Magnetbänder durch stärkere Magnetfelder teilweise oder auch vollständig gelöscht werden, dürfen sie nicht in der Nähe von starken Elektromagneten wie Elektromotoren und Transformatoren, Lautsprechern u. ä. gelagert werden. Da sie aufgrund der elektrostatischen Ladung Staubpartikel anziehen, sollen sie in geschlossenen Hüllen und Kassetten aufbewahrt werden.

Wiedergabekopf:
Bei der Wiedergabe von Tonbandaufzeichnungen erzeugt das am Spalt des Wiedergabekopfes vorbeigeführte Magnetband ein schwankendes Magnetfeld, das durch eine Induktionsspule am Wiedergabekopf in die ursprünglichen Schallsignale umgewandelt wird. Da Aufnahme- und Wiedergabekopf im Aufbau gleich sind, wird oft nur ein Kopf für beide Funktionen verwendet. Steht ein separater Wiedergabekopf zur Verfügung, kann bereits während der Aufnahme das bespielte Band abgehört und auf Fehler untersucht werden (Hinterbandkontrolle).

Entzerrer:
Die vor der Aufzeichnung erfolgte Anhebung der oberen Frequenzen muß für die Wiedergabe mit einem inversen „Entzerrer" rückgängig gemacht werden. Der Entzerrer ist ein Frequenzfilter mit einer nach NAB oder IEC genormten Kennlinie.

Zwischenverstärker:
Durch einen Zwischenverstärker werden die Signale auf eine für die Ausgänge ausreichende Spannung verstärkt.

Signalausgänge:
Für die Wiedergabe durch Verstärkeranlagen sowie den Anschluß an andere Tonbandgeräte steht der Phono-Ausgang (mittelohmig) zur Verfügung. Für den Anschluß an Schreiber und Analysatoren eignet sich der Auxiliary-Ausgang.

Endverstärker:
Verschiedene Magnetbandgeräte verfügen über einen Leistungsverstärker, der eine Wiedergabe ohne zusätzliche Verstärkeranlage ermöglicht.

Klangregler:
Durch einen Hoch- und Tiefpaßregler kann die Frequenzzusammensetzung des Schallsignales bei der Wiedergabe verändert werden (Klangveränderung durch Baß- und/oder Höhenanhebung oder -absenkung).

Lautsprecher:
Durch den angeschlossenen Lautsprecher werden die elektrischen Signale in Schalldruckwellen umgewandelt. Zum Abhören der Aufnahme besteht auch eine Anschlußmöglichkeit für einen Kopfhörer.

2.3.2.5. Frequenzfilter

Für die Untersuchung der spektralen Zusammensetzung bestimmter Geräusche werden eine Reihe von sehr unterschiedlichen Frequenzfiltern und Frequenzanalysatoren verwendet. Neben den für Spezialuntersuchungen eingesetzten Schmalbandfiltern, Analysatoren mit Fourier-Analyse, Analysesystemen mit Kreuz- und Autokorrelation der Schalldrucksignale sind bei Schallpegelmessungen meist extern eingeschleifte Terz- und Oktav-Filter nach DIN 45651 bzw. 45652, oder separat betriebene Echtzeitanalysatoren üblich.

Terz/Oktav-Filter:
Das vom Schallpegelmesser erfaßte Schalldrucksignal wird als Wechselspannungssignal in den Eingangsverstärker eingespeist. Eine Übersteuerungsanzeige signalisiert, wenn zu große Spannungsspitzen die integrierten Schaltkreise übersteuern (s. Darstellung 2.15). Mit einem Wahlschalter wird die Mittenfrequenz f_m der zu untersuchenden Oktave bzw. Terz eingestellt. Dabei werden in dem Bandpaßfilter (vielfach ein 6-poliger Butterworth-Filter) die aktiven elektronischen Schwingkreise so abgestimmt, daß sie zwischen der oberen Grenzfrequenz f_0 und der unteren Grenzfrequenz f_u die Geräuschanteile ungedämpft verarbeiten und an den Ausgangsverstärker weiterleiten.

Geräuschanteile außerhalb dieses Bereiches werden entsprechend unterdrückt (s. Darstellung 2.16). Da der Dämpfungsanstieg an den Grenzfrequenzen nicht

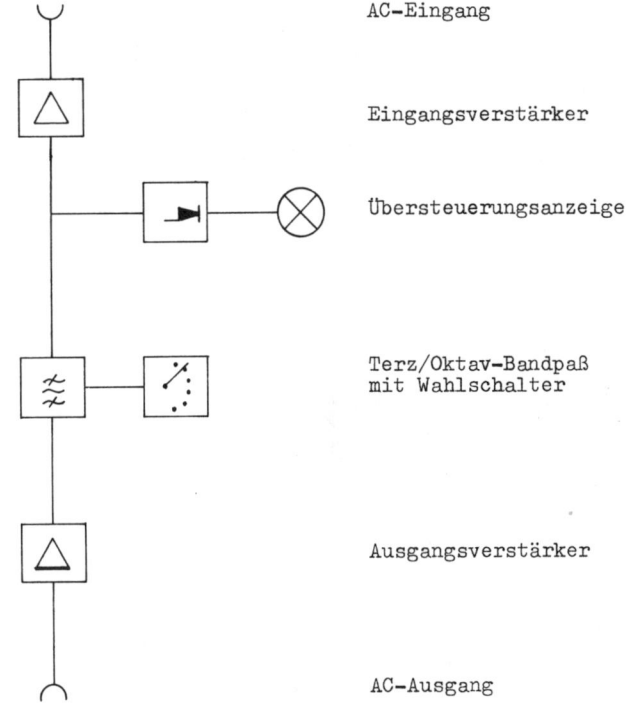

Darstellung 2.15 Blockschaltbild eines Terz/Oktav-Filters

beliebig steil durch die elektronischen Bauelemente realisiert werden kann, werden auch Geräuschanteile aus den benachbarten Frequenzbändern mitverarbeitet. Da hier die Dämpfung gegenüber dem Durchlaßbereich größer als 10 dB ist, liegt der Anzeigefehler des Effektivwertes unter 1 dB. Durch den Ausgangsverstärker wird das gefilterte Signal soweit verstärkt, daß es dem Eingangssignal entspricht (Verstärkung 1 : 1) und dem Anzeigeteil des Schallpegelmessers zugeführt.

Echtzeit-Analysatoren:
Für die Beobachtung von komplexen Geräuschen am Meßort eignet sich ein Terz-Analysator, der in „Echtzeit" die Auflösung der Geräusche in die einzelnen Terzbänder ermöglicht (s. Darstellung 2.17).

Das Wechselspannungssignal vom Schalldruckmeßwandler (Mikrofon) wird dabei parallel geschalteten Terz-Bandpaß-Filtern zugeleitet, die den gesamten Frequenzbereich von 20 bis 20 000 Hz abdecken. Über einen Wahlschalter kön-

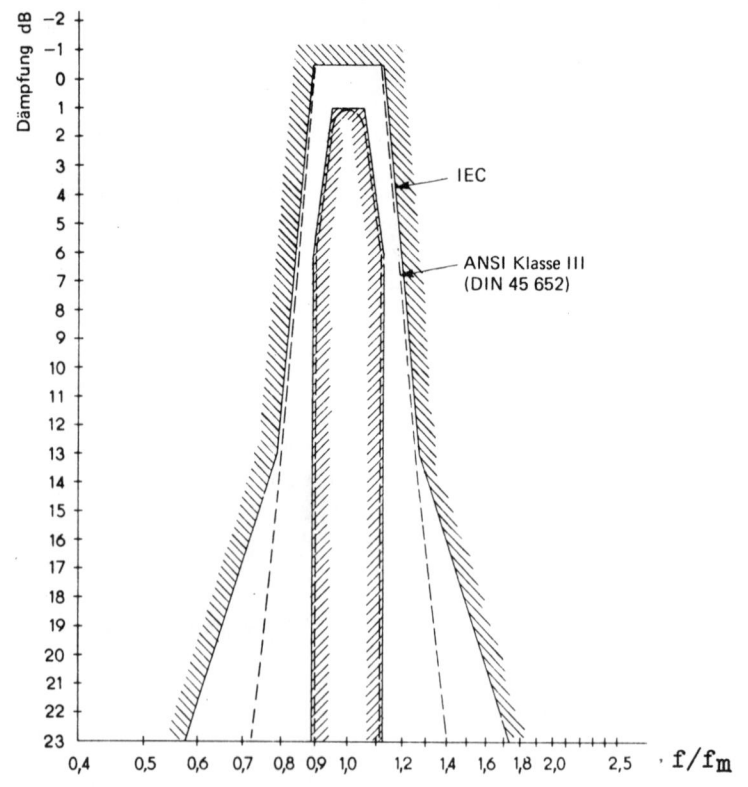

Darstellung 2.16.1 Durchlaßbereich eines Terzfilters

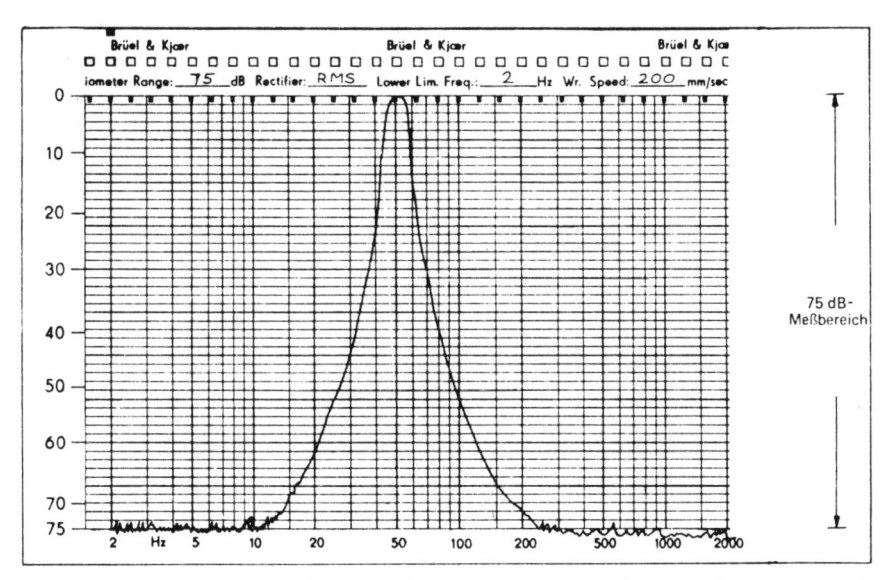

Darstellung 2.16.2 Dämpfungsverhalten eines Terzfilters mit einer Mittenfrequenz f_m = 50 Hz

nen die Ausgangssignale der einzelnen Filter abgefragt und einer Pegelanzeige zugeführt werden. Unabhängig davon erfolgt in den einzelnen Filterkanälen eine Effektivwertbildung und Zeitbewertung der anliegenden Geräuschanteile. Zusätzlich kann noch eine Speicherschaltung zur Ermittlung des Maximalwertes in der jeweiligen Terz aktiviert werden. Über ein Gatter werden die einzelnen Kanäle durch einen Multiplexer seriell abgefragt und über einen Ausgangsverstärker an einen Bildschirm weitergegeben. Der Multiplexer-Ausgang kann aber auch an einen Pegelschreiber zur graphischen Darstellung des Frequenzdiagrammes oder an weiterverarbeitende Rechner angeschlossen werden.

Bei der Durchführung von Frequenzanalysen muß man beachten, daß Filter mit einer endlichen Bandbreite eine bestimmte Einschwingzeit benötigen, in der das anliegende Signal sich vollständig aufgebaut hat und der tatsächliche Pegelwert am Ausgang des Filters abgegriffen werden kann. Die Einschwingzeit ist von der absoluten Bandbreite abhängig, d. h. je größer die Bandbreite ist, um so kürzer ist die Einschwingzeit des Filters. Für die bei Schallpegelmessungen verwendeten Terz- und Oktavfilter, die eine konstante relative Bandbreite besitzen – das Verhältnis obere zu unterer Grenzfrequenz ist immer gleich – bedeutet das, daß die Einschwingzeit bei tiefen Frequenzen mit geringer absoluter Bandbreite relativ lang ist und zu höheren Frequenzen hin immer kürzer wird. Für die häufig verwendeten Terzfilter besteht für die Einschwingzeit τ folgende Beziehung:

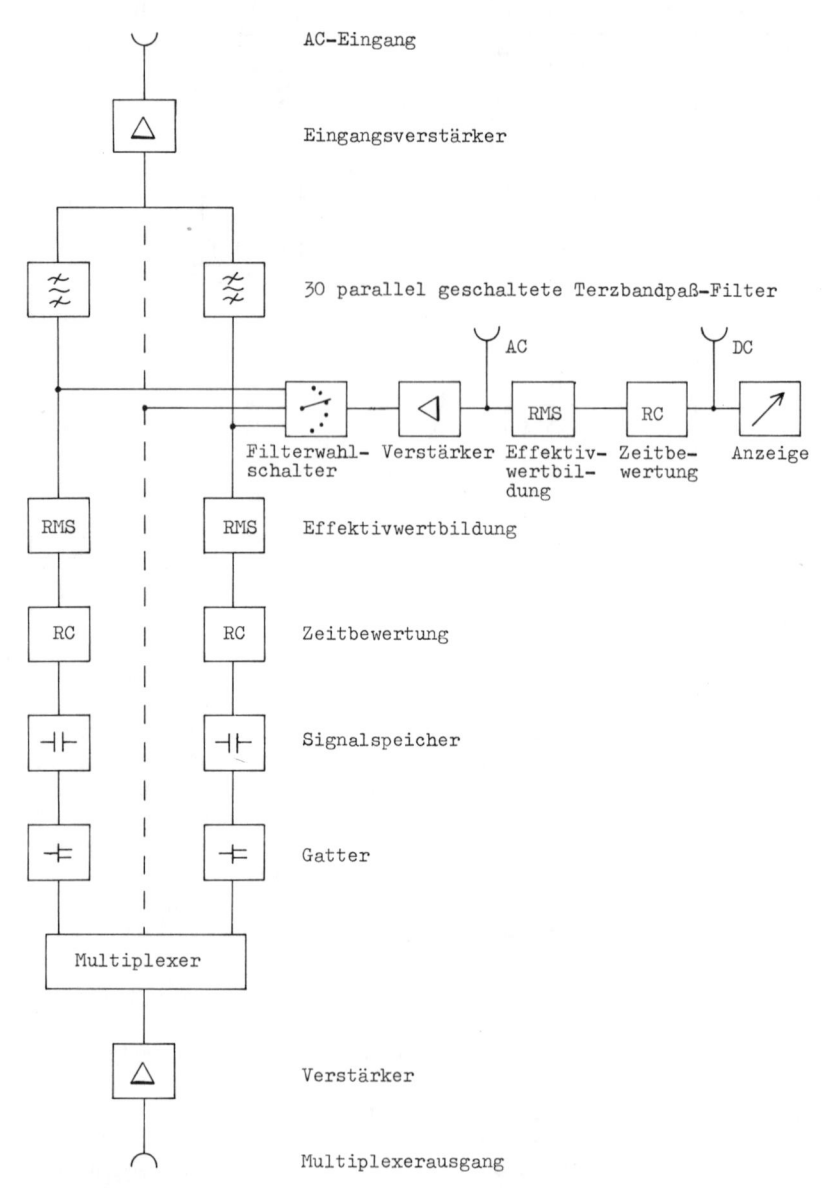

Darstellung 2.17 Blockschaltbild eines Echtzeit-Terz-Analysators

(2.8.1) $$\tau_{Terz} = \frac{109}{f} \ [s]$$

bei maximal 10% Abweichung vom tatsächlichen Wert

Bei 100 Hz liegt die Einschwingzeit bei 1 s, bei 2 kHz bei 50 ms. Bei Oktavfiltern verkürzt sich die Einschwingzeit auf ein Drittel:

(2.8.2) $$\tau_{Oktav} = \frac{36,2}{f} \ [s]$$

Bei Wahl der Analysenzeit bestimmt also die unterste noch zu untersuchende Terzmittenfrequenz die Dauer.

2.3.3 Akustische und technische Anforderung an Schallpegelmesser und Auswertegeräte

Die akustischen und elektrischen Anforderungen für Schallpegelmesser sind in den Normen DIN 45633 und DIN 45634 festgelegt, die weitgehend mit der internationalen Norm IEC 651 übereinstimmen. Die akustischen Anforderungen betreffen die Eigenschaften des Mikrofones. Es muß zusammen mit dem nachgeschalteten Vorverstärker einen konstanten Übertragungsfaktor über den gesamten Frequenzbereich sowie Pegelbereich besitzen. Außerdem soll die Aufnahmecharakteristik des Mikrofones weitgehend unabhängig vom Einfallswinkel des Schallsignales sein (Kugelcharakteristik). Die eingebauten Frequenzbewertungsfilter A, B, C, D müssen innerhalb der in den Normen definierten Bewertungstoleranzen liegen. Für die Anzeigearten Slow (S), Fast (F) und Impuls (I) muß die Meßgeräte-Anzeige ebenfalls in den von den Normen festgelegten Toleranzen liegen. Die Zeitkonstanten für die Meßwertanzeige liegen bei 1 s (Slow), 125 ms (Fast) und 35 ms (Impuls-Anstieg) sowie 3 s (Impuls-Abfall).

Für Übertragungs-, Speicher- und Auswertegeräte bestehen zur Zeit noch keine verbindlichen Normen. Für integrierende Meßgeräte liegt ein Entwurf der DIN 45655 vor, der aber zur Zeit mit der internationalen Normung abgestimmt wird. Für Signalspeicher (Tonbandgeräte) und Aufzeichnungsgeräte (Pegelschreiber) fehlen Normen für die Verwendung in der akustischen Meßtechnik vollständig. Aus der Forderung der TALärm, daß der Meßwert durch Verwendung von schreibenden und klassierenden Geräten nicht mehr als 1 dB von dem am Meßgerät abgelesenen Wert abweichen darf, ergeben sich verschiedene Anforderungen an die nachgeschalteten Geräte:

Tonbandgerät:
Frequenzgang:
Die Geräte müssen über einen konstanten Übertragungsfaktor im verwendeten Frequenzbereich verfügen.

Dynamik:
Der Störspannungsabstand sollte mindestens 45 dB betragen. (Abstand des maximal ausgesteuerten Signales zum Band- und Verstärkerrauschen).

Klirrfaktor:
Die Signalverzerrung durch nicht lineare Verstärker und Übertragungsglieder darf nicht mehr als 1% betragen.

Aufnahmedauer:
Die Geräte sollten mindestens über eine Aufnahmedauer von 15 min., in der Regel von 1 Stunde verfügen.

Pegelschreiber:
Darstellungsbereich:
Der Schallpegel sollte innerhalb eines Dynamikbereiches von 50 dB aufgezeichnet werden.

Effektivwertbildung und Zeitbewertung:
Wird der Pegelschreiber mit dem AC-Signal des Schallpegelmessers gesteuert, so muß er die Anforderungen der DIN 45633 bezüglich der Gleichrichtung und Anzeigearten „Fast" erfüllen. Bei Betrieb als Gleichspannungsschreiber mit dem DC-Signal des Schallpegelmessers darf der Schreiber nicht träger als die Zeitkonstanten Fast und Impuls sein.

Pegelintegrator:
Dynamik:
Wie bei Tonbandgeräten sollte der Arbeitsbereich des Integrators mindestens 50 dB betragen, um auch Geräuschsituationen mit stark schwankendem Pegel (Verkehrslärm) erfassen zu können.

Speicherdauer:
Die Mittelwertbildung sollte mindestens über eine Stunde durchgeführt werden können.

Lösch- und Stoppvorrichtung:
Zur Ausblendung von Störsignalen sollte eine Stopp- oder Rücklöschvorrichtung vorhanden sein. Die Zahl der ausgeblendeten Meßdaten sollte nach Beendigung der Messung feststellbar sein.

2.3.4 Eichung von Schallpegelmeßgeräten

In den Verordnungen über die Eichpflicht von Meßgeräten vom März 1972 und Juli 1978 wurden Schallpegelmesser für die Verkehrsüberwachung und für den Immissionsschutz unter die Eichpflicht gestellt. Nach § 2 des Eichgesetzes sind geeichte Geräte zur „Durchführung öffentlicher Überwachungsaufgaben, zur Erstattung von Gutachten für staatsanwaltschaftliche oder gerichtliche Verfahren, Schiedsverfahren oder für andere amtliche Zwecke oder zur Erstattung von Schiedsgutachten" zu verwenden. Bisher wurde die Bauartprüfung für eine größere Zahl von Präzisions-Schallpegelmessern von der Physikalisch-Technischen Bundesanstalt (PTB) durchgeführt und damit die Voraussetzung zur Eichung durch die zuständigen Eichämter geschaffen, die alle zwei Jahre erfolgen muß. Von den auf dem Markt befindlichen integrierenden Meßgeräten stehen zur Zeit nur einzelne Typen mit Eichmöglichkeit zur Verfügung (s. Verzeichnis der bauartgeprüften Schallpegelmesser im Anhang).

Für die Ersteichung nach Erwerb des Meßgerätes wurden von der PTB Fristen gesetzt, die bei vielen auf dem Markt befindlichen Geräten mittlerweile abgelaufen sind. Ist der Schallpegelmesser vor Ablauf dieser Frist geeicht worden, kann die Eichung bis auf weiteres beliebig oft wiederholt werden. Da ständig neue Geräte von der PTB für die Eichung freigegeben werden, sollte der aktuelle Stand beim zuständigen Eichamt erfragt werden.

Auch umfangreiche Schallpegelmeßanlagen, die aus verschiedenen Gerätekomponenten bestehen und mit Unterstützung eines freiprogrammierbaren Rechners mehrere Schallpegelsignale parallel verarbeiten, fallen bei entsprechendem Einsatz unter die Eichpflicht. Da bisher noch keine geeigneten Prüfbedingungen vorliegen, wird zur Zeit von der PTB in Zusammenarbeit mit den Eichämtern und Anwendern der Meßanlagen eine Ergänzung zum Eichgesetz erarbeitet.

Zusatzeinrichtungen, die zur Überwachung und Kontrolle der Messung dienen (Pegelschreiber, Tonbandgerät) und nicht zur Meßwertbildung herangezogen werden, fallen nicht unter die Eichpflicht.

2.3.5 Gerätekombinationen und Meßsysteme

Da in vielen Meßsituationen die Verwendung eines Schallpegelmessers für die Bildung des Wirkpegels nicht ausreicht oder nur zu ungenauen Ergebnisse führt, haben sich folgende Kombinationen von Meß- und Auswertegeräten als zweckmäßig erwiesen (s. Darstellung 2.18).

Die *mobile Meßeinheit* (Kombination 1–3) besteht aus einem Schallpegelmesser, an den ein netzunabhängiges Tonbandgerät und/oder ein Pegelschreiber angeschlossen wird. Sie eignet sich für Kurzzeit- und Stichprobenmessungen bei ausgedehnten Einwirkungsbereichen von Industrie- und Gewerbeanlagen sowie Hauptverkehrswegen, da die Meßkombination innerhalb kurzer Zeit an einem anderen Meßpunkt aufgebaut werden und so die Geräuschsituation an verschiedenen Immissionsorten erfaßt werden kann.

Für die *stationäre Meßeinheit* (Kombination 4) mit Meßverstärker und absetzbarem Mikrofon, Pegelschreiber, Klassiergerät, ggfs. Tonbandgerät und Zeitschaltuhr ist eine Stromversorgung erforderlich. Sie kann daher nur in oder an Gebäuden installiert werden, ermöglicht aber eine Beobachtung der Lärmsituation über einen mittleren Zeitraum. Unter sofortiger oder auch nachträglicher Ausschaltung der Störgeräusche (Hausgeräusche, Umgebungsgeräusche) können die Wirkpegel über den Meßzeitraum eines Tages bestimmt werden (Tagesgang der Geräuschsituation). Aufgrund der begrenzten Dynamik der Mittelungsgeräte und des Schreibers können aber ohne Bereichsumschaltung des Meßverstärkers nur Pegelschwankungen bis 50 dB verarbeitet werden. Die Tonbandaufzeichnung wird bei dieser Kombination zur nachträglichen Kontrolle

164 Teil 2 Lärmmeßtechnik

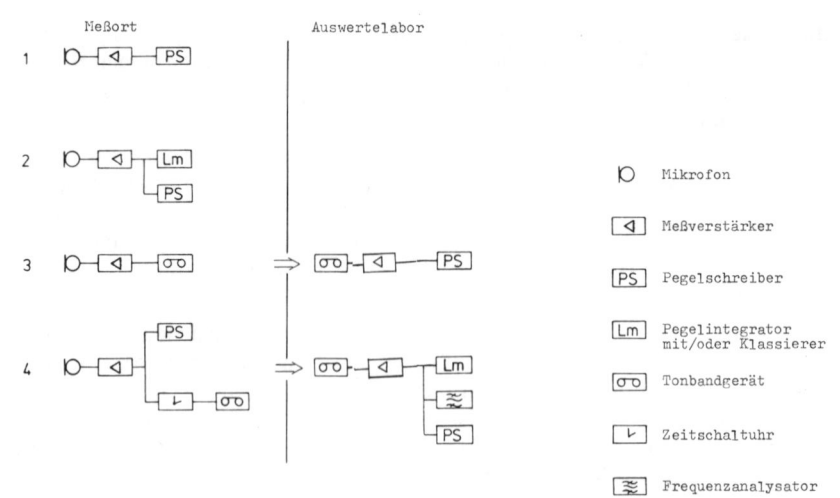

Darstellung 2.18 Gerätekombination für Schallpegelmessungen mit größerem Meßaufwand

verwendet, falls der Meßpunkt nicht ständig beobachtet wird. Eine lineare, d. h. unbewertete Tonbandaufzeichnung kann außerdem zu Frequenzanalysen herangezogen werden.

Für die Durchführung und Auswertung synchroner Messungen an mehreren Meßpunkten im Einwirkungsbereich von Großemittenten (ausgedehnte Industrieanlagen, Flughäfen) wurden verschiedene *Meßsysteme* entwickelt. Sie führen die Signale mehrerer Meßmikrofone in einer Zentrale (Meßwagen, Containerstation) zusammen. Hier werden sie zusammen mit den Daten einer Windmeßeinrichtung auf ein Mehrspur-Tonband gespeichert. Die auf diesem Analogband gespeicherten Daten können dann durch eine rechnergesteuerte Auswertanlage mit spezieller Software verarbeitet und als akustische Kenngrößen ausgegeben werden.

Bei einer Langzeitbeobachtung der Lärmsituation durch eine automatische *Meßstation* ist es erforderlich, die akustischen und meteorologischen Daten von einem Prozeßrechner erfassen zu lassen und sofort zu akustischen Kenngrößen zu verarbeiten. Die nachträglich auf einer Großrechenanlage noch weiter komprimierten und statistisch ausgewerteten Daten ermöglichen Aussagen über Emissions- und Ausbreitungsbedingungen in Abhängigkeit von den meteorologischen und topographischen Verhältnissen.

2.3.6 Meßzubehör

Für die störungsfreie Durchführung der Schallpegelmessung sowie die Erfassung der Meßbedingungen stehen folgende Zusatzgeräte und Hilfsmittel zur Verfügung:

Kalibrierschallquelle:
Durch eine Normschallquelle, die am Mikrofon einen konstanten, für den Mikrofontyp definierten Schalldruck erzeugt, können Abweichungen an der Anzeige des Meßgerätes, die durch Luftdruck-, Luftfeuchte- und Temperaturschwankungen hervorgerufen werden, überprüft und durch die Kalibriereinrichtung korrigiert werden. Ergeben sich Abweichungen vom Sollwert von mehreren dB, so liegt in der Regel ein Defekt an der Mikrofonmembran oder am Vorverstärker vor, der durch eine Kundendienstwerkstatt des Herstellers behoben werden sollte (Eichung muß danach neu erfolgen). Mit der Normschallquelle können auch nachgeschaltete Speicher- und Auswertegeräte (Tonband, Schreiber, Integrator) auf einen Bezugswert eingestellt werden.

Folgende Normschallquellen sind üblich

Kalibrator: Schalldruckpegel 93–94 dB bei 1 kHz
Pistonphon: Schalldruckpegel 123–134 dB bei 250 Hz
Kalibrierung nur in Filterstellung C oder lin möglich.

Außerdem werden Normschallquellen mit verschiedenen Frequenzen und einstellbarem Schalldruckpegel angeboten.

Stativ:
Für eine ungestörte Erfassung des Schallsignales sollte das Meßgerät oder das vom Schallpegelmesser abgesetzte Mikrofon auf einem Stativ mit ausreichender Standfestigkeit montiert werden. Das Meßgerät kann dabei in einem ausreichendem Abstand zum Mikrofon vom Meßdurchführenden abgelesen werden, wobei eine wesentliche Abschattung oder Schallabsorption vermieden wird. Zur Vermeidung von Körperschallübertragung sollte das Stativ mit Gummifüßen ausgestattet sein.

Sprechfunkgeräte:
Für Schallpegelmessungen an Lärmquellen mit großem Einwirkungsbereich haben sich für die Überwachung des Meßablaufes Sprechfunkgeräte bewährt. Sie ermöglichen einen unmittelbaren Kontakt zwischen Emissionsquelle und Meßpunkt und damit die genaue Zuordnung von unterschiedlichen Betriebszuständen und Geräuschimmissionen. Nicht absehbare Ereignisse und Störquellen können frühzeitig erkannt und zum Meßpunkt weitergemeldet werden. Wirken mehrere Lärmquellen auf den Meßpunkt ein, so kann über den Funkverkehr eine Trennung der Geräuschanteile erfolgen. Die Funksprechgeräte sollten dabei über eine Reichweite von mehreren Kilometern verfügen.

Zählgeräte:
Für die Bestimmung des Verkehrsaufkommens eignen sich für Kurzzeitmessungen manuelle Zählgeräte, die für jede Fahrtrichtung aus zwei oder drei Einzelzählwerken zur Aufteilung in verschiedene Kfz-Typen bestehen sollten.

Für umfangreichere Untersuchungen werden elektronische Zählgeräte angeboten, die durch Lichtschranke oder akustische Signale das Verkehrsaufkommen ermitteln. Eine eindeutige Trennung von Leicht- und Schwerkraftfahrzeugen ist hier meist nicht möglich.

Entfernungsmesser, Höhenmesser:
Wenn keine genauen Informationen über die Lage und Entfernung der Geräuschemittenten und Immissionen durch entsprechendes Kartenmaterial vorliegen, können durch optische Entfernungsmesser und auf Höhe geeichte Barometer diese Größen bestimmt werden. Bei Messungen im Nahfeld der Geräuschquelle sollten die Abstände zum Meßpunkt relativ genau mit einem Maßband bestimmt werden.

Windschutz:
An den Konturen des Mikrofones entstehen bei mittleren und größeren Luftbewegungen Strömungsgeräusche, die die Messung verfälschen bzw. durch Übersteuerung im tieffrequenten Bereich unmöglich machen. Durch das Aufsetzen einer schalldurchlässigen Schaumstoffkugel können diese Geräusche vermieden oder wesentlich herabgesetzt werden. Die Mikrofon-Membran wird so auch weitgehend vor mechanischen Beschädigungen geschützt. Für Schallpegelmessungen in Luftströmungen mit größeren Geschwindigkeiten (> 8 m/s) muß das Mikrofon in eine besondere Meßvorrichtung mit Windkonus eingebaut werden, die aber über eine gegenüber der normalen Halterung stark abweichende Richtungsempfindlichkeit verfügt und damit nicht mehr den Anforderungen an Präzisionsschallpegelmesser entspricht.

Windmeßgerät:
Durch ein mobiles Windmeßgerät (Geschwindigkeitsmesser und Richtungsfahne) können die Windverhältnisse am Immissionsort bestimmt werden. Für die Bestimmung der ungestörten Windströmung, die auf die Schallausbreitung großen Einfluß hat, sind Messungen in größerer Höhe (ca. 10 m) erforderlich, die nur mit einem Meßmast durchgeführt werden können.

Thermometer, Hygrometer:
Zu den Umgebungsbedingungen, die einen nicht unerheblichen Einfluß auf die Meßergebnisse haben, zählen die Temperatur und die Luftfeuchte. Durch handelsübliche Thermometer lassen sich am Meßpunkt die Temperaturverhältnisse bestimmen, die die Eigenschaften der Meßgeräte beeinflussen können.

Für die Schallausbreitung ist die Ausbildung von Temperaturschichtungen entscheidend. Die dafür erforderlichen Temperaturprofile lassen sich nur mit größerem Aufwand durch Thermofühler in verschiedenen Höhen, die parallel oder seriell abgefragt werden, bestimmen.

Die Luftfeuchte weist in den bodennahen Schichten nicht so gravierende Unterschiede auf, so daß sie mit einem Haarhygrometer mit relativ langer Einstellzeit oder durch eine Temperatur-Differenz Messung nach Assmann (Aspirations-Psychrometer) innerhalb einer Minute ausreichend genau bestimmt werden kann.

2.4 Vorbereitung und Durchführung von Schallpegelmessungen

2.4.1 Auswahl von Meßort und Meßzeit

Für die Beurteilung der Immissionssituation sind die Gebäude innerhalb der betreffenden Gebiete für die Messung heranzuziehen, die die größte Lärmbelastung aufweisen. In vielen Fällen werden die höchsten Geräuschpegel an den Punkten mit der geringsten Entfernung zum Emittenten auftreten. Durch gerichtete Schallabstrahlung der Geräuschquelle, eine Abschirmung einzelner Bereiche gegenüber der Quelle sowie durch Überlagerung der Immissionsanteile mehrerer Lärmquellen können maximale Immissionsbelastungen auch bei Gebäuden mit größerer Entfernung zur Lärmquelle auftreten. Im Einzelfall muß daher geprüft werden, ob neben den aufgrund von Beschwerden bekannten Gebäuden noch andere Meßorte für die Untersuchung der Immissionssituation heranzuziehen sind.

Nach TALärm und VDI 2058 Bl. 1 werden für reproduzierbare Messungen folgende Meßpunkte empfohlen:

– 0,5 m vor dem geöffneten, vom Lärm am stärksten betroffenen Fenster der zum Aufenthalt von Menschen bestimmten Gebäude, wenn das an das Betriebsgelände angrenzende Gelände bebaut ist; das Mikrofon soll etwa vor der Mitte des geöffneten Fensters aufgestellt werden.

– 3 m von der Betriebsgeländegrenze entfernt in 1,2 m Höhe, wenn das an das Betriebsgelände angrenzende Gelände unbebaut ist, aber mit zum Aufenthalt von Menschen bestimmten Gebäuden bebaut werden kann.

– in Räumen bei geschlossenen Türen und Fenstern 1,2 m über Boden und von den Wänden entfernt, wenn die störende Anlage mit den Räumen, die zum Aufenthalt von Menschen bestimmt sind, baulich verbunden ist.

Lassen sich aufgrund hoher Umgebungspegel am Immissionsort keine Geräuschmessungen einzelner Emitenten durchführen (z. B. Lärmimmissionen einer Autowaschanlage an einer stark befahrenen Straße), so muß durch eine Schallpegelmessung im Nahfeld dieser Lärmquelle die abgestrahlte Schallenergie bestimmt (Emissionsmessung) und auf den Immissionsort mit den Gesetzen der Schallausbreitung umgerechnet werden. Auch für den Planungsfall (Errichtung einer Fabrikanlage oder Ausweisung von Wohngebieten) sind Emissionsmessungen an vergleichbaren Geräuschquellen erforderlich. Dazu sind je nach Art und Ausdehnung der schallabstrahlenden Anlage die Abstände für die Messung unterschiedlich zu wählen. Zur Vermeidung von Pegelunterschieden durch Interferenzen im Nahfeld sollte der Abstand mindestens das 1 bis $1^{1}/_{2}$ fache der größten Abmessung der Anlage betragen. Müssen die Meßpunkte näher an die Lärmquelle gelegt werden, so muß das aufwendige Hüllflächenverfahren (s.

2.2.6.1) angewendet werden. Für eine Reihe von Maschinentypen gibt die DIN 45635 genaue Angaben über die zu wählenden Meßpunkte.

Für folgende Emittenten werden bestimmte Entfernungen und Höhen für eine Emmissionsmessung vorgeschrieben oder empfohlen:

Straßenverkehr: 20–50 m von der Fahrbahnmitte in Abhängigkeit von den Straßenverhältnissen; mindestens 1,2 m über dem Fahrbahnniveau

Schienenverkehr: 25–50 m von der Schienenmitte; 3,5 m über der Schienenkante

Kraftfahrzeuge: 7,5 m bei Vorbeifahrt
0,5 m in 45° zum Auspuff bei $^2/_3$ der Motordrehzahl im Stand

Schießlärm: 10 m mit 90° zur Schießrichtung in Höhe der Mündung der Waffe im Freifeld

Baulärm: 7 m zur Kontur der Baumaschine

Für die Bestimmung des Halleninnenpegels L_I, der für die Berechnung der Geräuschabstrahlung von Industriebauten (VDI 2571) erforderlich ist, sollten mehrere Meßpunkte in der Halle verteilt werden, die einen Abstand vom Boden und den Wänden von mindestens 1 m haben. Es ist dabei darauf zu achten, daß die Meßpunkte nicht innerhalb des Hallradius r_H[11] einer Lärmquelle liegen, da dann ein zu großer Pegel gemessen wird.

Meßzeiten:

Die Auswahl der Meßzeiten sowie die für eine repräsentative Erfassung erforderliche Meßdauer hängen stark von dem zeitlichen Verlauf der Geräuschimmissionen ab. Bei nahezu konstanten Geräuschen reicht eine Meßdauer von wenigen Minuten. Bei vielen Arbeitsvorgängen ergeben sich aber starke Pegelschwankungen, so daß die Messung auf mindestens einen Arbeitszyklus ausgedehnt werden muß. Mittelfristig führen verschiedene Betriebszustände von Großanlagen (Schichtbetrieb) zu unterschiedlichen Lärmimmissionen. Für die Bestimmung des Beurteilungspegels ist es aber nicht erforderlich, die Messungen über den gesamten Bezugszeitraum Tag oder Nacht auszudehnen. Bei Kenntnis der einzelnen Arbeits- und Produktionsabschnitte reicht es aus, jeweils kürzere Abschnitte bei typischen Betriebsbedingungen meßtechnisch zu erfassen.

Unterliegt die Geräuschsituation starken Schwankungen aufgrund unterschiedlicher Betriebsbedingungen, die nicht bekannt oder vorhersehbar sind, so müssen mehrere Messungen an verschiedenen Tagen zu unterschiedlichen Zeiten durchgeführt werden, die nach der VDI-Richtlinie 3723 Bl. 1 ausgewertet werden. Die Anzahl der Messungen, die für eine ausreichend abgesicherte Bestim-

---

[11] Im diffusen Schallfeld überwiegt innerhalb des Hallradius r_H der von einer Schallquelle ausgehende Primärschall gegenüber dem von den Wänden reflektierten Sekundärschall.

mung des Beurteilungspegels erforderlich ist, hängt von der Streuung der einzelnen Meßergebnisse ab.

Bei Messungen an Straßen treten zum Teil erhebliche Pegelschwankungen (z. B. bei geringer Entfernung zur Fahrbahn und schwachem Verkehrsaufkommen) auf, so daß die Meßdauer mindestens 15 Minuten, im Einzelfall auch mehr betragen sollte. Zur Beurteilung der Lärmsituation sollten Stunden mit maximalem, mittlerem und geringem Verkehrsaufkommen für die Messung ausgewählt werden. Ist der Tagesgang der Verkehrsbelastung am Immissionsort durch Verkehrsbeobachtungen und -zählungen bekannt, so reichen wenige Stichproben mit paralleler Verkehrszählung aus. Weitere Hinweise dazu gibt die Norm DIN 45642 „Messung von Verkehrsgeräuschen".

Da es sich beim Schienenverkehr um „Einzelereignisse" mit hohen Spitzenwerten und langen Ruhepausen handelt, sollten hier die einzelnen Zug-Vorbeifahrten gezielt gemessen und der jeweilige Mittelungspegel auf die Bezugszeiten Tag und Nacht umgerechnet werden. Zur Bestimmung des Grundpegels in einem vom Schienenlärm beaufschlagten Gebiet ist eine längere Pegelerfassung von unter Umständen mehreren Stunden erforderlich.

Da für die Beurteilung der Lärmbelastung die Bezugszeiträume Tag und Nacht herangezogen werden, ist es erforderlich, neben den Messungen während der Tageszeit auch die Lärmimmissionen während der Nacht zu untersuchen, da sich außer dem meist stark verminderten Umgebungspegel die Schallausbreitung aufgrund anderer meteorologischer Bedingungen erheblich verändern kann und damit andere Immissionspegel auftreten.

2.4.2 Inbetriebnahme des Schallpegelmessers

Für die Bedienung und Handhabung des Schallpegelmessers geben die Gerätehersteller in der mitgelieferten Anleitung genaue Informationen. Diese Bedienungsanleitung muß in deutschsprachiger Ausführung bei der Eichung des Gerätes beim zuständigen Eichamt mit vorgelegt werden.

Für einen störungs- und fehlerfreien Meßbetrieb sollte der Schallpegelmesser folgendermaßen in Betrieb genommen werden:

– Anschluß bzw. Montage des Meßmikrofons, Einschaltung der Stromversorgung und Kontrolle des Batterie-Zustandes

– Einstellung der Anzeigeart „Fast"

– Wahl des Meßbereiches für den Normschalldruck der Kalibrierschallquelle (90 oder 120 dB)

– Abgleich der Meßwertanzeige auf den von der Kalibrierschallquelle erzeugten Schalldruck am Kalibrier-Potentiometer (Gain-Adjustment):

 Kalibriersignal =   1 kHz Kalibrierung bei A-Bewertung
 Kalibriersignal = 250 Hz   Kalibrierung unbewertet
               linear oder bei C-Bewertung

Bei der Kalibrierung sollte das Gerät sich auf die Umgebungstemperatur eingestellt haben.
- Überprüfung der Meßanzeige durch elektrisches Kalibriernormal (Referenz-, Polarisationsspannung); nicht bei allen Geräten möglich.

Ergeben sich Abweichungen zur akustischen Kalibrierung, ist eine Überprüfung des Meßgerätes und der Eichschallquelle durch eine zuständige Kundendienst-Firma erforderlich.

- Einstellung der erforderlichen Frequenzbewertung (meist A-Filter)
- Einstellung der Zeitbewertung (meist Fast oder Impuls)
- Wahl des erforderlichen Meßbereiches, in dem von höchsten Bereich stufenweise hinuntergeschaltet wird, bis das Meßgerät einen Wert von -5 bis 10 dB(A) zuzüglich zum eingestellten Meßbereich anzeigt.

Damit ist das Gerät meßbereit.

Nach Ablauf der Messung empfiehlt es sich, die Meßempfindlichkeit des Mikrofones und der nachgeschalteten Verstärker durch die Kalibrierschallquelle zu überprüfen. Abweichungen vom Sollwert sollten nicht nachjustiert, sondern im Meßprotokoll festgehalten und bei der Auswertung der Meßergebnisse berücksichtigt werden.

2.4.3 Anschluß von Pegelschreiber und Tonbandgerät

Zur Überwachung des Pegelverlaufes am Meßort sowie zur Auswertung bereits auf Tonband gespeicherter Geräusche können Pegelschreiber an die Schallpegelmesser oder Meßverstärker angeschlossen werden. Da die meisten Geräte nur über einen linearen (d.h. dem Schalldruck proportionalen) Ausgang verfügen, ist für die Pegelaufzeichnung ein Schreiber mit logarithmischer Signalumformung erforderlich, der als „Pegelschreiber" von verschiedenen Herstellern angeboten wird. Da er über einen hochohmigen Signaleingang verfügt, kann er ohne Rückwirkung auf das Meßgerät mit dem Wechselspannungsausgang (AC), bei Gleichspannungsschreibern mit dem Gleichspannungsausgang (DC) verbunden werden. Bei Benutzung des AC-Signales muß an einigen Schreibern durch unterschiedliche Kombination der Schreibgeschwindigkeit, des Dynamikbereiches und der unteren Grenzfrequenz die Zeitkonstanten Fast oder Slow nachgebildet werden. Neuere Modelle verfügen bereits über die Zeitkonstanten 1 s (Slow) und 125 ms (Fast). Die Zeitbewertung Impuls kann nur auf Gleichspannungsschreibern bei Verwendung des DC-Signales für den Pegelschrieb dargestellt werden.

Für die Kalibrierung des Pegelschreibers (Einstellung auf den Meßbereich) kann das im Schallpegelmesser vorhandene Referenzsignal oder die Kalibrierschallquelle benutzt werden. Bei Gleichspannungsschreibern ist vorher der Schreiber-Nullpunkt zu justieren. Die Signalverstärkung kann wie beim Schallpegelmesser in 10-dB-Stufen verändert werden.

Kann die Auswertung der Immissionsgeräusche aufgrund von großen Pegelschwankungen oder einem erheblichen Anteil von Störgeräuschen nicht am Meßort erfolgen, so ist für die spätere Auswertung eine Zwischenspeicherung auf ein Tonbandgerät möglich. Da dieses Gerät nur über einen nicht angepaßten, meist „mittelohmigen" Signaleingang verfügt, kann zum Teil nur über ein Dämpfungsglied (Widerstandsanpassung) eine unverzerrte Aufzeichnung erfolgen (Beispiel einer Widerstandsanpassung s. Darstellung 2.19).

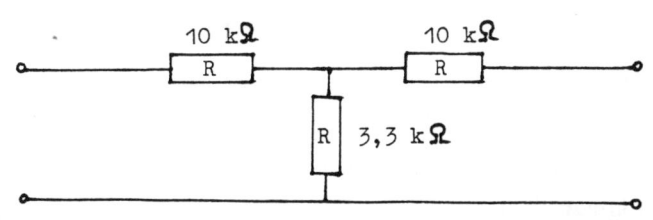

Darstellung 2.19 Dämpfungs-Vierpol für den Anschluß eines Tonbandgerätes (T-Glied)

Die Aussteuerung des Tonbandgerätes wird ebenfalls durch das Referenzsignal oder die Kalibrierschallquelle überprüft und eingestellt. Der Vollausschlag des Schallpegelmessers sollte dabei mit der Vollaussteuerung des Tonbandgerätes übereinstimmen. Für die verzerrungsfreie Aufzeichnung von Impulsen muß der Meßbereich am Schallpegelmesser so gewählt werden, daß die Pegelspitzen um mindestens 10 dB unter der möglichen Vollaussteuerung liegen, da das Tonbandgerät nicht über einen so großen Scheitelfaktor bei der Signalverarbeitung verfügt wie der Schallpegelmesser.

2.4.4 Kontrolle während der Messung

Bei der Erfassung der Schallpegelwerte durch das Meßgerät sollten bei der Schallpegelerfassung häufige Übersteuerungen durch Pegelspitzen vermieden werden. Sie werden durch Vollausschlag des Anzeigeinstrumentes und Aufleuchten der Übersteuerungsanzeige signalisiert. Aber auch ohne Vollausschlag der Meßanzeige können Schallsignale mit weniger als 20 bis 40 ms Dauer zu einer Übersteuerung der Meßverstärker führen.

Für selten auftretende Schallereignisse kann bei verschiedenen Schallpegelmessern der Meßbereich kurzfristig durch einen Druckschalter um 10 oder 20 dB erhöht werden. Bei häufig auftretenden Übersteuerungen ist der nächst höhere Bereich am Meßbereichsschalter einzustellen.

Liegt die Meßwertanzeige ständig zwischen 0 und −10 dB auf der Instrumentenskala, so wurde ein zu hoher Meßbereich eingestellt. Da die Ablesegenauigkeit in diesem Bereich gering ist, sollte der Meßbereich um 10 dB empfindlicher gestellt werden.

Bei Langzeitmessungen mit starken Temperatur- und Feuchtigkeitsschwankungen können sich die Übertragungseigenschaften des Mikrofons geringfügig ändern. Durch eine wiederholte Überprüfung der Meßanzeige durch die Kalibrierschallquelle kann größeres Auswandern der Meßanzeige vermieden werden. Sie sollte in jedem Fall nach Beendigung der Messung durchgeführt werden.

Die Stromversorgung (Batteriezustand) muß vor allem bei niedrigen Umgebungstemperaturen vor und nach der Messung, bei längerer Meßdauer auch zwischendurch überprüft werden.

2.4.5 Meßprotokoll

Für die Reproduzierbarkeit von Meßergebnissen sowie die Übertragbarkeit auf andere Standorte ist eine genaue Erfassung der Randbedingungen bei der Schallpegelmessung erforderlich. Folgende Angaben sollten auf jeden Fall in das Meßprotokoll aufgenommen werden (s. Anhang 2.2).

Lärmquelle (Emittent):
Anlagenart, Maschinenart, Leistung, Umdrehungszahl, Materialdurchsatz, Betriebszustand (Lastlauf, Leerlauf), Betriebsdauer, Verkehrsaufkommen (Stundenwerte), getrennt in Pkw, Lkw bzw. Zugzahl, Fahrgeschwindigkeit, Fahrbahnzustand.

Immissionsort:
Entfernung zur Lärmquelle, topographische Ausbreitungsbedingungen, Bebauungsart (Gebietsnutzung nach der Baunutzungsverordnung), genaue Beschreibung des Meßortes (Skizze, Foto)).

Meßablauf:
Verwendete Meß- und Auswertegeräte (genaue Typenangabe, Eichung), Meßbereich, Frequenz- und Zeitbewertung. Beginn und Ende der Meßwerterfassung, Meßverfahren (Takt-Maximalwert, Stichprobe), Umgebungsgeräusche, Störgeräusche, subjektive Eindrücke über Lästigkeit (Tonhaltigkeit), Wetterbedingungen (Wind, Temperatur, Feuchtigkeit).

Für besondere Meßaufgaben müssen die genannten Angaben zum Teil wesentlich erweitert werden.

2.4.6 Wartung und Lagerung von Meßgeräten

Die Schallpegelmesser werden von der Herstellerfirma elektrisch geprüft und eingestellt. Bei der Eichung durch das Eichamt werden die akustischen und elektrischen Eigenschaften geprüft und die Geräte versiegelt. Eine Wartung der elektronischen Bauelemente erfolgt daher bei normalem Einsatz nicht. Die Geräte sind bezüglich ihrer elektrischen und akustischen Funktion aber ständig zu überprüfen.

Bei längerem Einsatz des Gerätes sammelt sich auf der Mikrofon-Membran eine Staubschicht an. Sie kann mit einem Wattebausch und Reinigungs-Alkohol vorsichtig entfernt werden. Auf keinen Fall darf die Membran mit dem Finger berührt werden. Auch starkes Anblasen kann die Übertragungseigenschaften verändern.

Da die Mikrofone recht empfindlich gegenüber Fechtigkeit sind, sollten sie nach der Messung trocken gelagert werden. Feuchtigkeit, die sich bei der Messung niedergeschlagen hat, kann durch die Lagerung in Trockenkapseln mit Silikagel entfernt werden.

Geräte mit wiederaufladbaren Akkus sollten regelmäßig geladen werden, auch wenn sie nicht im Einsatz waren. Ein vollständiges Entladen der Akkus ist zu vermeiden, da die Ladefähigkeit dadurch beeinträchtigt wird.

Bei batteriebetriebenen Geräten sind der Batteriezustand ständig zu prüfen und die Batterien rechtzeitig zu ersetzen. Bei einer längeren Lagerung der Geräte ohne Meßeinsatz sollten die Batterien entfernt werden, um ein Auslaufen zu vermeiden. Es empfiehlt sich, grundsätzlich nur auslaufsichere Batterien zu verwenden.

2.5 Meßfehler und Meßabweichungen

Bei Schallpegelmessungen können verschiedene Fehler und Abweichungen an der Meßanzeige auftreten, die zu falschen oder nicht reproduzierbaren Meßergebnissen führen.

2.5.1 Gerätebedingte Fehler

Häufig ergeben sich zu geringe Pegelwerte, wenn das gesamte Meßgerät bzw. -system oder auch einzelne Verstärkerstufen durch das anliegende Schallpegelsignal übersteuert werden. Bei fast allen Meß- und Auswertegeräten wird die Übersteuerung angezeigt und kann durch Änderung der Verstärkerstufen (Meßbereiche) beseitigt werden.

Bei geringen Pegeln wird die Verstärkung hochgeschaltet. Dabei verringert sich der Abstand des „Nutzsignales" zum Verstärkerrauschen der Meßeinheit, so daß unter Umständen zu hohe Pegel aufgrund der Addition von Grundrauschen und Signal auftreten. Das Grundrauschen des Schallpegelmessers läßt sich durch den Austausch des Mikrofones mit einer „Ersatzkapazität (elektrische Nachbildung des Mikrofones ohne akustisch-elektrischen Wandler)" feststellen. Von einigen Herstellern werden entsprechende Ersatzkapazitäten als Zubehör angeboten.

Viele elektronische Verstärkerstufen sind empfindlich gegenüber starken elektromagnetischen Feldern, wie sie z.B. bei Hochspannungsleitungen auftreten. Schwierigkeiten treten auch durch intensive Einstrahlung von Hochfrequenzsignalen in der Nähe von Rundfunk- und Fernsehsendern auf. Bei zu großen Störsignalen muß der Meßpunkt verändert werden. Es reichen zum Teil schon wenige Meter aus, um die Störung ausreichend zu verringern.

Bei nicht mehr ausreichender Versorgungsspannung (defekte oder verbrauchte Batterien oder Akkus) können zu geringe Schallpegelwerte angezeigt werden. Da in der Regel die Stromversorgung bald darauf vollständig zusammenbricht und die Anzeige aussetzt, wird man auf den Batterie-Zustand in der Regel aufmerksam gemacht. Die bis dahin ermittelten Meßwerte sind zu verwerfen.

Alle elektronischen Geräte stellen sich erst nach ein paar Minuten auf die Umgebungstemperatur ein. Wenn der Schallpegelmesser sofort nach dem Einschalten kalibriert wird, ist dieser Zustand im allgemeinen noch nicht erreicht, so daß auf einen falschen Wert eingestellt wird.

2.5.2 Umgebungsbedingungen

Da das Meßmikrofon keine bevorzugte Aufnahmerichtung besitzt (Kugelcharakteristik), sind die Reflexions- und Absorptionsverhältnisse in der unmittelbaren Umgebung für den erfaßten Schalldruck von großer Bedeutung. Befinden sich in der Nähe des Mikrofones größere Flächen mit glatten (schallharten) Oberflächen, so kann sich der Schalldruck durch einmalige Reflexion um bis zu 3 dB, bei mehrfacher Reflexion bis zu 10 dB erhöhen. Dagegen senken schallabsorbierende Flächen wie Vorhänge, Kleidung u. ä. den Schalldruck am Mikrofon gegenüber dem ungestörten Freifeld. Der Mikrofonstandort sollte in einem ausreichenden Abstand zu solchen Störgrößen gewählt werden und mindestens so groß sein wie deren maximale Abmessung.

Befindet sich das Mikrofon in einer stärkeren Luftbewegung, so können je nach Windgeschwindigkeit erhebliche Geräusche an den Mikrofonkanten oder dem Schutzgitter entstehen, die zu überhöhten Pegelwerten führen. Durch den Aufsatz eines Windschirmes kann der Windeinfluß erheblich verringert werden. Die Strömungsgeräusche bestimmen aber auch dann noch die untere Grenze der noch meßbaren Immissionsgeräusche. Niedrige Pegelwerte von Anlagengeräuschen können nur bei geringer Luftbewegung ermittelt werden (s. 2.20).

Der Pegelabstand des zu messenden Geräusches sollte auch gegenüber anderen Störgeräuschen möglichst groß sein (mindestens 10 dB). Bei einem geringeren Abstand ist eine Korrektur der Meßwerte nach dem Gesetz der Pegeladdition erforderlich. Einzelne Pegelspitzen des Fremdgeräusches können bei der Messung oder auch späteren Auswertung ausgetastet werden. Sind die Umgebungsgeräusche aber in der gleichen Größenordnung wie das Immissionsgeräusch, so ist eine eindeutige Bestimmung meist nicht möglich, so daß eine andere Meßzeit oder bei dauernder Fremdeinwirkung ein anderer Meßort gewählt werden muß.

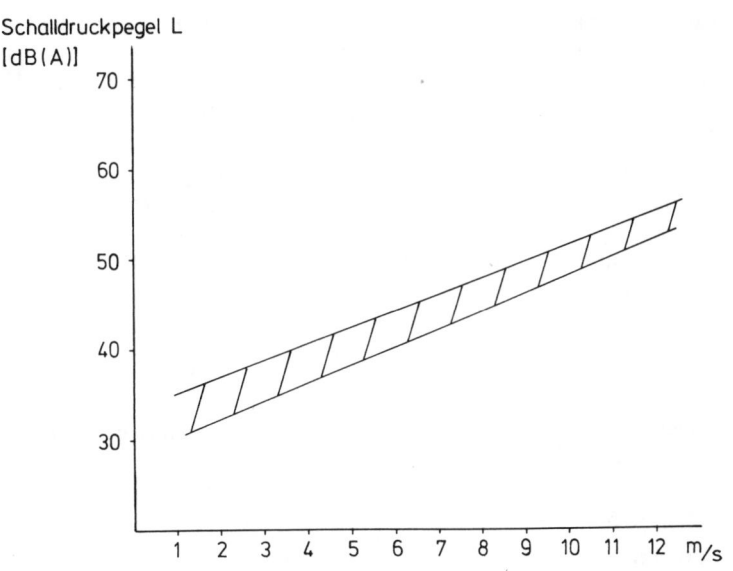

Darstellung 2.20 Am Mikrofon erzeugte Windgeräusche in Abhängigkeit von der Windgeschwindigkeit ($1/2''$ Mikrofon mit Windschirm (Schaumgummiball))

2.5.3 Abweichungen in der Schallausbreitung

Einen großen Einfluß auf die zu einem bestimmten Zeitpunkt ermittelten Pegelwerte haben die Schallausbreitungsbedingungen während der Messung (s. 1.3). Sie werden neben den topographischen Verhältnissen und der Beschaffenheit der Erdoberfläche wesentlich von den Wetterverhältnissen bestimmt und führen vor allem bei Messungen in einer Entfernung von mehr als 100 m zu erheblichen Pegelunterschieden. Es können aber auch schon bei geringeren Entfernungen Abweichungen auftreten.

Bei Mitwind-Verhältnissen (Wind weht vom Emittenten zum Immissionsort) sind Pegelerhöhungen zu 10 dB, bei Gegenwindverhältnissen Pegelsenkungen bis 20 dB gegenüber der geometrischen Schallausbreitung festgestellt worden (1 bis 2 km Entfernung zum Emittenten). In einer Entfernung von 500 m können die Abweichungen noch $+5/-10$ dB betragen.

Auch bei der Ausbildung von Temperaturschichtungen mit Temperaturunterschieden oder -sprüngen kann sich der Pegel am Immissionsort erheblich bei an sich konstanter Geräuschabstrahlung ändern. Bei starker Sonneneinstrahlung wird der sonst über den Boden abgestrahlte Schallanteil nach oben gebeugt, so daß der Schalldruck erheblich schneller, als nach der geometrischen Schallausbreitung zu erwarten ist, mit der zunehmenden Entfernung abnimmt. Dagegen kann bei Ausbildung von Inversionsschichten eine Beugung oder bei extremen Temperaturunterschieden eine Reflexion der Geräuschimmissionen zum Erdboden hin und damit eine Pegelerhöhung erfolgen. Schalldämmende Hindernisse (Lärmschutzwall) werden dann von dem gekrümmten Ausbreitungsweg quasi übersprungen.

Die Luftfeuchtigkeit hat ebenfalls einen, wenn auch geringeren Einfluß auf die Schallausbreitung. Bei niedriger Luftfeuchte erhöht sich die Schallabsorption der Luft, bei hoher Luftfeuchte nimmt sie ab. Die Pegeländerungen liegen aber erheblich unter den von den anderen meteorologischen Parametern verursachten Abweichungen.

Anhang 2.1 Verzeichnis der zur Eichung zugelassenen Schallpegelmesser Stand März 1985

1. Schallpegelmesser nach DIN 45634 bzw. IEC 651 Klasse 2

Hersteller	Gerätebezeichnung	Einschränkung
Rohde & Schwarz	EGT (Impulsbewertung)	Ersteichung bis zum 31.12.1983
Rohde & Schwarz	ELMOT	für Geräuschmessungen von KFZ
Brüel & Kjaer	2219	Ersteichung bis zum 31.12.1983
Rohde & Schwarz	ELT 3	Ersteichung bis zum 31.12.1983

2. Präzisions-Schallpegelmesser nach DIN 45633 Bl. 1 bzw. IEC 651 Klasse 1

Hersteller	Gerätebezeichnung	Beschränkung
Rohde & Schwarz	ELT	Ersteichung bis zum 31.12.81
Brüel & Kjaer	2203	Ersteichung bis zum 31.12.1981
Brüel & Kjaer	2206	Ersteichung bis zum 31.12.1983
Rohde & Schwarz	ELT 2	Ersteichung bis zum 31.12.1981
Brüel & Kjaer	2206 R	Ersteichung bis zum 31.12.1983
Brüel & Kjaer	2203 R	Ersteichung bis zum 31.12.1983
GenRad	1981-B	Ersteichung bis zum 31.12.1983
Brüel & Kjaer	2215	Ersteichung bis zum 31.12.1983

Teil 2 Lärmmeßtechnik 177

| Rion Company Ltd. | NA 60 | Ersteichung bis zum 31.12.1983 |
| Brüel & Kjaer | 2232 | Ersteichung bis zum 31.12.1983 |

3. Präzisions-Impulsschallpegelmesser nach DIN 45633 Bl. 2 bzw. IEC 651 Klasse 1

Hersteller	Gerätebezeichnung	Beschränkung
Brüel & Kjaer	2204	Ab. F. Nr. 244296 Ersteichung bis zum 31.12.1981
Rohde & Schwarz	EZG A	nur 20-dB-Skala
Brüel & Kjaer	2209	Ersteichung bis zum 31.12.1981
Rohde & Schwarz	EZGA 2	Ersteichung bis zum 31.12.1983
VEB RFT Meßelektronik	00017	Ersteichung bis zum 31.12.1983
VEB RFT Meßelektronik	00023	Ersteichung bis zum 31.12.1983
VEB RFT Meßelektronik	00024	Ersteichung bis zum 31.12.1983
RION Company Ltd.	NA 61	Ersteichung bis zum 31.12.1983

4. Integrierende Schallpegelmesser nach DIN 45655 mit akustischem Teil entsprechend IEC 651 Klasse 1

Hersteller	Gerätebezeichnung	Beschränkung
Brüel & Kjaer	2218	Ersteichung bis zum 31.12.1982
Brüel & Kjaer	4426	Ersteichung bis zum 31.12.1982 Kalibrator zur Eichung erforderlich
Norwegian Electronics AIS	108	Ersteichung bis zum 31.12.1984

Anhang 2.2 Meßprotokoll
für Industrie- und Gewerbelärmmessungen nach TALärm, VDI 2058

1. *Immissionsquelle*
   Anlagenart/Maschinenart: Betreiber:
                                   Ort:
   Fabrikat: Str.:
   Typ: Baujahr:
   Antrieb: Leistung:
   Drehzahl: Materialdurchmesser:

2. *Meßort*
Ort: Str.:   Stockwerk:
Gebietseinstufung nach tatsächlicher Nutzung:
                    nach Bauleitplan:

3. *Schallausbreitungsbedingungen*
Entfernung zwischen Meßort   Sichtverbindung:
und Immissionsquelle:
Höhenunterschied: Abschirmung:

4. *Meßzeit*
Meßzeitraum: Wochentag:

5. *Wetterbedingungen*
Windrichtung: Temperatur:
Windgeschwindigkeit: Luftfeuchte:
Wetterlage:

6. *Umgebungsbedingungen*
Grundgeräusche: Störgeräusche:
Bemerkungen:

7. *Meß- und Auswertegeräte*
   7.1 Geräte am Meßort
       Schallpegelmesser
       Fabrikat: Typ:
       Fabrikat: Typ:

       Tonbandgerät:
       Fabrikat: Typ:
       Fabrikat: Typ:

       Pegelschreiber
       Fabrikat: Typ:

       Pegelintegrator
       Fabrikat: Typ:
   7.2 Auswertegeräte
       Pegelschreiber
       Fabrikat: Typ:

       Klassiergerät
       Fabrikat: Typ:

       Frequenzfilter/Analysator
       Fabrikat: Typ:

       Rechner
       Fabrikat: Typ:
       Programm:
       Sonstige Geräte

8. *Meßverfahren*
Mittelungsverfahren:
Meßbereich: Frequenzbewertung: Zeitbewertung:

9. *Meßdaten*
Datum: Wochentag:
Meßzeit
Geräuschquelle   Betriebszustand
Entfernung zum Meßort
Mittelungspegel
Störgeräusch   Art: Pegel:
Lästigkeitsz.
Einwirkdauer   Tag: Nacht:
Teilbeurteilungspegel   Tag: Nacht:
Gesamtpegel: Meßunsicherheit:
Beurteilungspegel: Überschreitung:

Anhang 2.3 Verzeichnis der zugelassenen Meßstellen gemäß § 26 BImSchG Stand: März 1985

Die für den Immissionsschutz zuständige oberste Landebehörde gibt in ihrem Amtsblatt bekannt, welche Stellen gemäß § 26 BImSchG Schallpegelmessungen im Einwirkungsbereich genehmigungsbedürftiger sowie nichtgenehmigungsbedürftiger Anlagen nach § 22 BImSchG durchführen können. Die Prüfung und Anerkennung als Meßstelle nach § 26 BImSchG erfolgt in dem Bundesland, in dem das Institut bzw. Firma ihren Geschäftssitz hat. Wurde die Meßstelle in diesem Bundesland bekanntgegeben, so kann sie auf Antrag auch in den anderen Bundesländern tätig werden. In der folgenden Liste sind die jeweils zugelassenen Meßstellen in den einzelnen Ländern zusammengestellt. In der Regel sind die Meßstellen für alle Anlagenarten zugelassen, verschiedene aber auf bestimmte Anlagentypen beschränkt.
Die Bekanntgabe als Meßstelle wird von der jeweiligen Landesbehörde befristet.

Baden-Württemberg
Bekanntgabe durch das Ministerium für Arbeit, Gesundheit und Sozialordnung

Anschrift	Beschränkung	Ablaufdatum
Forschungs- und Materialprüfungsanstalt Baden-Württemberg – Chemisch-Technisches Prüfamt – Kienestraße 18 7000 Stuttgart 1		12.83
Technischer Überwachungs-Verein Baden e.V. Dudenstraße 28 (Postfach 2420) 6800 Mannheim 1	in seinem Tätigkeitsgebiet	12.83
Technischer Überwachungsverein Stuttgart e.V. Gottlieb-Daimler-Str. 7 (Postf. 1380) 7024 Filderstadt 1	in seinem Tätigkeitsgebiet	12.83

180   Teil 2   Lärmmeßtechnik

Chemisches Untersuchungsamt   12.83
der Stadt Stuttgart,
Stafflenbergstr. 81
7000 Stuttgart 1

Institut für Schall- und Wärmeschutz   12.83
Prof. Dr.-Ing. habit.
Dr. W. Zeller
Krekelerweg 48
4300 Essen 48
und Untere Burghalde 50,
7250 Leonberg

Ingenieurbüro Dr. H. Schäcke und Bayer
GmbH   12.83
Hartweg 21
7050 Waiblingen-Hegnach

Institut für Bauphysik Stuttgart   12.83
Königsträßle 74
7000 Stuttgart 70

Dr. Ing. Marl Mühleisen   12.83
Große Falterstraße 97
7000 Stuttgart 70

Ingenieurbüro Karl-Heinz Awiszus   12.83
Im Asemwald 58/11/543
7000 Stuttgart 70

Ingenieurgesellschaft für Technische   12.83
Akustik mbH (ITA)
Kapellenstraße 7
6200 Wiesbaden
und Haslacher Str. 199
7800 Freiburg im Breisgau

Forschungsinstitut für Zementindustrie   für Ermittlungen von Emissionen und   12.83
Tannenstraße 2   Immissionen im Bereich der Zement-
4000 Düsseldorf 30   industrie und verwandter Industrien
                                          (Kalk, Dolomit)

Landesanstalt für Umweltschutz   bei besonders schwierigen Feststel-   12.83
Baden-Württemberg – Institut für   lungen oder Ermittlungen von grundsätz-
Immissions-, Arbeits- und Strahlenschutz licher, überörtlicher oder wissenschaftli-
Hertzstraße 173   cher Bedeutung
7500 Karlsruhe 21

Institut für Umweltschutz und   12.83
Agrikulturchemie
Berge und Partner GmbH & Co.KG
Postfach 23
5628 Heiligenhaus

BFI Betriebstechnik GmbH   für Ermittlungen von produktionsspe-   12.83
Sohnstraße 65   zifischen Emissionen und Immissionen
4000 Düsseldorf 1   im Bereich der Anlagen zur Herstel-
                                          lung, Bearbeitung und Behandlung von
                                          Eisen, Stahl und NE-Metallen

Dipl.-Ing. P. Goepfert und
Dr.-Ing. H. Reimer
Beratende Ingenieure, VBI,
Bramfelder Str. 70
2000 Hamburg 60

Dipl.-Ing. (FH) Georg Nedder, 12.83
beratende Ingenieure VBI
Wagenburgstraße 10
7000 Stuttgart 1

Müller-BBM GmbH 12.83
Schalltechnisches Beratungsbüro
Robert-Koch-Str. 11
8033 Planegg

Deutscher Kraftfahrzeug-Überwachungs-   für Messungen an Landfahrzeugen und   12.83
Verein DEKRA e.V.   an Wassersportfahrzeugen bis 15 t Was-
Schulze-Delitzsch-Str. 49   serverdrängung, soweit die Fahrzeuge
7000 Stuttgart 81   nicht verkehrsrechtlichen Vorschriften
   unterliegen

Werner Genest 12.83
Beratungsgesellschaft mbH
Parkstraße 70
6700 Ludwigshafen am Rhein

Ingenieur-Geologisches Institut 12.83
Dipl.-Ing. S. Niedermeyer
8821 Westheim

Büro für Bauphysik 12.83
Ing. (grad.) Manfred Niethammer
Robert-Bosch-Str. 14
7401 Pliezhausen 1

Ingenieurbüro für Bauphysik und 12.83
Lärmschutz (IBL)
Prof. Dipl.-Phys. P. Lutz
Hamletstr. 14
7000 Stuttgart 80

Landesgewerbeanstalt Bayern (LGA) 12.84
Gewerbemuseumsplatz 2
8500 Nürnberg 1

Dipl.-Ing. Fritz ALF, 12.87
Beratender Ingenieur
Schwarzwaldstr. 31
7820 Titisee-Neustadt

Dr. Heinz Gruschka, Planungsbüro 12.87
für Schallschutz, Schwingungstechnik
und Wärmeschutz
Heinrich-Lanz-Ring 49 (Postf. 1531)
6806 Viernheim

Ingenieurbüro Dipl.-Ing. J. Wille 12.87
Bachstraße 9
6800 Mannheim

Anschrift	Beschränkung	Ablaufdatum
Ingenieurbüro für Schall- und Wärmeschutz (isw) Dipl.-Ing. Wolfgang Rink Seitweg 1 7830 Emmendingen		12.87
Dipl.-Ing. Heinz Lämmle, Gartenstraße 51 7057 Leutenbach	für Ermittlungen von Emissionen und Immissionen bei Schießständen	12.88

Bayern
Bekanntgabe durch das Staatsministerium für Landesentwicklung und Umweltfragen

Anschrift	Beschränkung	Ablaufdatum
ACCON GmbH ingenieurbüro für schall- und schwingungstechnik Kistlerhofstr. 119 8000 München 70		12.88
Battelle-Institut e.V. Am Römerhof 35 6000 Frankfurt 90		12.91
Beratungsgruppe Bauphysik Süd GbR Josef-Schwarz-Weg 11 8000 München 71		12.90
BFI Betriebstechnik GmbH Sohnstr. 65 4000 Düsseldorf 1	Ermittlungen von Emissionen und Immissionen im Bereich der Anlagen zur Herstellung, Bearbeitung und Behandlung von Eisen, Stahl und NE-Metallen	10.91
deBA-Beratungsbüro für Akustik und technischen Schallschutz GmbH Altenberger-Dom-Str. 18 5068 Odenthal		12.88
Deutscher Kraftfahrzeug-Überwachungs-Verein e.V. Schulze-Delitzsch-Str. 49 7000 Stuttgart 81		12.91
Dorsch Consult Ingenieurgesellschaft mbH Elsenheimerstr. 63 8000 München 21		12.86
Forschungsinstitut der Zementindustrie Düsseldorf Tannenstr. 2 4000 Düsseldorf 30	Ermittlungen von Emissionen und Immissionen beschränkt auf den Bereich der Zementindustrie und verwandter Industrien (Kalk, Dolomit)	10.91
Göpfert, Reimer & Partner Beratende Ingenieure VBI Bramfelder Straße 70 2000 Hamburg 60		12.91

Hans Sorge Ingenieurbüro für Bauphysik GmbH Humboldtstr. 61 8502 Zirndorf		12.88
Dipl.-Ing. Heinz Lämmle Zinnkopfstr. 9 8213 Aschau	Ermittlungen von Emissionen und Immissionen bei Schießständen	12.88
Ingenieurbüro Dr. Horst Wölfel Otto-Hahn-Str. 2a 8706 Höchberg bei Würzburg		12.85
Ingenieur-Geologisches Institut Dipl.-Ing. S. Niedermeyer Oberdorfstr. 12 8821 Westheim		12.85
Inhak GmbH Institut für Umweltschutz Im Kirchfelde 6 3062 Bückeburg		12.91
Institut für Bauphysik Walter Benkert Mühlbergstr. 15 8501 Altenthann		12.88
Institut für Schalltechnik, Raumakustik, Wärmeschutz Dr.-Ing. Klapdor Kalkumer-Str. 173 4000 Düsseldorf		10.91
Institut für Umweltschutz und Agrikulturchemie Bessemerstr. 34 5620 Velbert 1		10.91
Landesgewerbeanstalt Bayern Gewerbemuseumsplatz 2 8500 Nürnberg 1		12.92
Müller-BBM GmbH Robert-Koch-Str. 11 8033 Planegg b. München		12.87
Tiefbau-Berufsgenossenschaft Am Knie 6 8000 München 60	Ermittlungen von Emissionen bei Baumaschinen	12.85
Technischer Überwachungs-Verein Bayern e.V. Westendstr. 199 8000 München 21		12.92
Technischer Überwachungs-Verein Rheinland e.V. Konstantin-Wille-Str. 1 5000 Köln 91 (Poll)		10.91
Werner Genest Beratungsgesellschaft mbH Parkstr. 70 6700 Ludwigshafen		12.88

Dr. Werner Wohlfarth 12.88
Ingenieurbüro für Technische Akustik
Opladener Str. 11
4019 Monheim

Berlin
Bekanntgabe durch den Senator für Stadtentwicklung und Umweltschutz

Anschrift	Beschränkung	Ablauf-datum
ACCON GmbH, ingenieurbüro für schall- und schwingungstechnik Kistlerhofstr. 119 8000 München 70		12.88
ATD Überbetrieblicher Arbeits-medizinisch-Technischer Dienst Tepasse GmbH Manfred von-Richthofer-Str. 4 1000 Berlin 42	für nicht genehmigungsbedürftige Anlagen nach § 22 Bundes-Immissions-schutzgesetz	12.88
Akustik-Labor Berlin Ing. (grad.) H.-O. Gresser Dipl.-Phys. F. Thele Hortensienstr. 14 1000 Berlin 45		12.85
BFI Betriebstechnik GmbH Sohnstraße 65 4000 Düsseldorf 1		12.87
BSB GmbH Schalltechnisches Büro Helmholtzstr. 2–9 1000 Berlin 10		12.87
deBA Beratungsbüro für Akustik und technischen Schallschutz GmbH Altenberger-Dom-Str. 18 5068 Odenthal		12.88
Forschungsinstitut der Zementindustrie Tannenstraße 2 4000 Düsseldorf 30	für Ermittlung von produktionsspezifischen Emissionen im Bereich der Zementindustrie und verwandter Industrien	12.84
Werner Genest Beratungsgesellschaft mbH Westendstr. 17 6700 Ludwigshafen		6.85
Dipl.-Ing. P. Geopfert – Dr.-Ing. H. Reimer VBI Beratende Ingenieure Bramfelder Straße 70 2000 Hamburg 60		12.84
igi-Ingenieur-Geologisches Institut Dipl.-Ing. S. Niedermeyer 8821 Westheim über Gunzenhausen/Mfr.		6.85

Teil 2　Lärmmeßtechnik

Ingenieurbüro K. H. Uppenkamp Bachstelzenweg 19 1000 Berlin 33	12.87
Ingenieurbüro für Technische Akustik Dr. W. Wohlfarth Schloßberger Weg 1 4019 Monheim	12.88
Institut für Lärmarme Fertigungsanlagen Prof. Dr.-Ing. A. H. Fritz Bayerischer Platz 5 1000 Berlin 30	12.89
Institut für Schall- und Schwingungs- technik, Günther Wilmsen AIV VDI Beratender Ingenieur VBI Fehmarstraße 12 2000 Hamburg 70	12.88
Institut für Umweltschutz und Agrikulturchemie Dr. Helmut Berge Am Vogelsang 14 5628 Heiligenhaus	12.85
Firma Müller BBM GmbH Robert-Koch-Str. 11 8033 Planegg	12.84
Wolfgang Moll Beratender Ingenieur VBI Elvirasteig 11 1000 Berlin 37	12.84

Technische Universität Berlin Institut f. Baubetrieb und Baumaschinen Straße des 17. Juni 135 1000 Berlin 12	für die Ermittlung der Emissionen und Immissionen von Geräuschen auf Bau- stellen sowie beim Betrieb von Bauma- schinen und Baustoffbe- und -verarbei- tungsmaschinen	12.85
Technischer Überwachungs-Verein Berlin Alboinstraße 56 1000 Berlin 42		12.92
Ingenieur-Gemeinschaft Hillebrecht + Ehret Neue Straße 20 1000 Berlin 42		12.88

Freie Hansestadt Bremen
Bekanntgabe durch den Senator für Arbeit

Anschrift	Beschränkung	Ablauf- datum
TÜV Norddeutschland e. V. Postfach 54 02 20 2000 Hamburg 54		12.91

Goepfert & Reimer und Partner 12.91
Beratende Ingenieure VBI
Bramfelder Str. 70
2000 Hamburg 60

Müller-BBM GmbH 12.85
Schalttechnisches Beratungsbüro
Robert-Koch-Str. 11
8033 Planegg

Forschungsinstitut der Zementindustrie   produktionsspezifische Emissionen und   10.91
Tannenstr. 2   Immissionen im Bereich der Zementin-
4000 Düsseldorf 30   dustrie und verwandter Industrien
   (Kalk, Dolomit)

BFI Betriebstechnik GmbH 30.91
im Verein Deutscher
Eisenhüttenleute (VDEh)
Sohnstr. 65
4000 Düsseldorf 1

Werner Genest 12.84
Beratungsgesellschaft mbH
Parkstr. 70
6700 Ludwigshafen/Rhein

Otto Taubert 12.85
Beratender Ingenieur für Akustik VSI
Amtl. anerkannte Prüfstelle
Bickbargen 151
2083 Halstenbek

Ingenieur-Geologisches Institut 06.85
Dipl.-Ing. S. Niedermeyer
8821 Westheim üb. Gunzenhausen/Mfr.

Institut für Umweltschutz und 10.91
Agrikulturchemie Berge und Partner
GmbH & Co. KG
Bessemerstr. 34
5620 Velbert 1

Heinrich W. Lüdeke –
Ingenieurbüro
Buntentorsteinweg 308
2800 Bremen

Dipl.-Ing. Dietrich Kerb –
Bürgermeister-Smidt-Str. 70
2800 Bremen 1

Ingenieurbüro für technische Akustik 12.86
Dr. Werner Wohlfarth
Schloßberger Weg 1
4019 Monheim

Ingenieur-Gemeinschaft –
G. Jachens und Partner
Roonstr. 47
2800 Bremen 1

Teil 2 Lärmmeßtechnik 187

Dipl.-Ing. K.-H. Uppenkamp 12.87
Bockhorn 28
4422 Ahaus

deBA Beratungsbüro für Akustik 12.88
und technischen Schallschutz GmbH
Altenberger-Dom-Str. 18
5068 Odenthal

Freie und Hansestadt Hamburg
Bekanntgabe durch die Gesundheitsbehörde

Anschrift	Beschränkung	Ablaufdatum
Goepfert & Reimer und Partner Beratende Ingenieure VBI Bramfelder Straße 70 2000 Hamburg 60		12.91
Technischer Überwachungsverein Norddeutschland e.V. mit Sitz in Große Bahnstraße 31 2000 Hamburg 54		12.91
Institut für Umweltschutz und Agrikulturchemie Dr. Helmut Berge 5628 Heiligenhaus		12.84
Müller-BBM GmbH Schalltechnisches Beratungsbüro Robert-Koch-Straße 11 8033 Planegg		12.86
Ingenieur Hermann Valentiner Treptower Straße 65 2000 Hamburg 73		12.86
Otto Taubert Beratender Ingenieur für Akustik VSI Bickbargen 151 2083 Halstenbek		12.91
Institut für Schall- und Schwingungstechnik Günther Wilmsen AIV VDI Beratende Ingenieure VBI Fehmarnstr. 12 2000 Hamburg 70		12.86
Masuch und Olbrisch Beratende Ingenieure VBI Gewerbering 2 2000 Oststeinbek b. Hamburg		12.88
NATEC Institut für naturwissenschafttechnische Dienste GmbH Behringstr. 154 2000 Hamburg 50		12.89

Hessen
Bekanntgabe durch das Ministerium für Landesentwicklung, Umwelt, Landwirtschaft und Forsten

Anschrift	Beschränkung	Ablaufdatum
Meß- und Prüfstelle für die Gewerbeaufsichtsverwaltung des Landes Hessen Ludwig-Mond-Str. 33 b 3500 Kassel	schwierige Fälle von grundsätzlicher Bedeutung	12.91
Hessische Landesanstalt für Umwelt, Aarstraße 1 6200 Wiesbaden	schwierige Fälle von grundsätzlicher Bedeutung	12.91
Battelle-Institut e. V. Postfach 90 01 60 Römerhof 35 6000 Frankfurt am Main 90		12.91
Dr. Heinz D. Gruschka Planungsbüro VBI Schlinkengasse 7 6140 Bensheim 1		12.91
Lahmeyer International GmbH Beratende Ingenieure Postfach 71 02 30 Lyoner Straße 22 6000 Frankfurt am Main 71		12.91
Ingenieurgesellschaft für Technische Akustik mbH – ITA Beratende Ingenieure VBI Kapellenstr. 7a 6200 Wiesbaden		12.91
Institut für Akustik und Bauphysik – IAB – Dipl.-Ing. Ernst-Joachim Völker VDI BVS Kiesweg 22 6370 Oberursel (Ts) 6		12.91
Technischer Überwachungs-Verein Hessen e. V. Postfach 59 20 Frankfurter Allee 27 6236 Eschborn		12.91
BFI Betriebstechnik GmbH Postfach 82 09 Sohnstraße 65 4000 Düsseldorf 1	Ermittlung der Emissionen und Immissionen von Geräuschen bei Anlagen zur Herstellung, Bearbeitung und Behandlung von Eisen, Stahl und NE-Metallen	12.91
Forschungsinstitut der Zementindustrie Postfach 30 10 63 Tannenstr. 2 4000 Düsseldorf 30	Ermittlung der Emissionen und Immissionen von Geräuschen im Bereich der Zementindustrie und verwandter Industrien (Kalk, Dolomit)	12.91

Teil 2 Lärmmeßtechnik

Goepfert, Reimer & Partner 12.91
Beratende Ingenieure VBI
Postfach 60 08 40
Bramfelderstr. 70
2000 Hamburg 60

Inhak GmbH 12.91
Institut für Umweltschutz
Postfach 12 47
Im Kirchfelde 6
3062 Bückeburg

Institut für Umweltschutz und 12.91
Agrikulturchemie
Berge & Partner GmbH & Co. KG
Bessemerstr. 34
5620 Velbert 1

Müller BBM GmbH 12.91
Schalltechnisches Beratungsbüro VBI
Robert-Koch-Str. 11
8033 Planegg bei München

Technischer Überwachungs-Verein 12.91
Hannover e.V.
Postfach 81 07 40
Loccumer Str. 63
3000 Hannover 81

Technischer Überwachungsverein 12.91
Rheinland e.V.
Postfach 10 17 50
Konstantin-Wille-Str. 1
5000 Köln 1
mit Dienststelle Mainz,
Postfach 3950
An der Krim 23
6500 Mainz 1

Werner Genest 12.91
Beratungsgesellschaft mbH
Postfach 21 05 67
Parkstr. 70
6700 Ludwigshafen/Rhein

Dipl.-Ing. M. Bonk 12.91
– Dr.-Ing. W. Maire –
Dr. rer. nat. G. Hoppmann,
Beratende Ingenieure VBI
Rostocker Str. 12
3008 Garbsen 1
mit Büro Kassel
Kunoldstr. 5c
3500 Kassel-Wilhelmshöhe

Teil 2 Lärmmeßtechnik

Niedersachsen
Bekanntgabe durch das Ministerium für Bundesangelegenheiten

Anschrift	Beschränkung	Ablaufdatum
Dipl.-Ing. M. Bonk Dr.-Ing. W. Maire Dr. rer. nat. G. Hoppmann Rostocker Str. 12 3008 Garbsen		12.91
Curt-Risch-Institut für Dynamik, Schall-Meßtechnik der Universität Hannover Callinstr. 32 3000 Hannover 1		12.91
Institut für Baustoffe, Massivbau und Brandschutz der Technischen Universität Braunschweig – Amtl. Materialprüfanstalt für das Bauwesen – Beethovenstr. 52 3300 Braunschweig		12.91
Ingenieur-Geologisches Institut Dipl.-Ing. S. Niedermeyer 8821 Westheim		12.91
Institut für Prüfung und Forschung im Bauwesen Hildesheim e.V. an der Fachhochschule Hildesheim-Holzminden Hohnsen 2 3200 Hildesheim		12.91
Müller-BBM GmbH Schalltechnisches Beratungsbüro Robert-Koch-Str. 11 8033 Planegg bei München		12.91
Otto Taubert Beratender Ingenieur für Akustik VSI Postfach 65 05 30 Bickbargen 151 2083 Halstenbeck		12.91
Werner Genest Beratungsgesellschaft mbH Parkstr. 70 6700 Ludwigshafen (Rhein)		12.91
Masuch + Olbrisch Beratende Ingenieure VBI Gewerbering 2 2000 Oststeinbek bei Hamburg		12.91
deBA Beratungsbüro für Akustik und technischen Schallschutz GmbH Altenberger-Dom-Str. 18 5068 Odenthal		12.91

Teil 2   Lärmmeßtechnik   191

ACCON GmbH   12.91
Ingenieurbüro für Schall- und
Schwingungstechnik
Kistlerhofstr. 119
8000 München 70

Dr. Werner Wohlfarth   12.91
Ingenieurbüro für Technische Akustik
Postfach 101
4019 Monheim

Institut für Umweltschutz und   12.91
Agrikulturchemie
Berge & Partner GmbH & Co KG
Bessemer Str. 34
5620 Velbert 1

Forschungsinstitut der Zementindustrie   bei Anlagen der Zementindustrie und   12.91
Tannenstr. 2   verwandter Industrien – Kalk, Dolomit
4000 Düsseldorf 30   –

Nordrhein-Westfalen
Bekanntgabe durch die Ministerien für Arbeit, Gesundheit und Soziales sowie für Wirtschaft, Mittelstand und Verkehr

Anschrift	Beschränkung	Ablaufdatum
Rheinisch-Westfälischer Technischer Überwachungs-Verein e.V. Steubenstraße 53 4300 Essen 1		10.91
Technischer Überwachungs-Verein Hannover e.V. Loccumer Straße 63 3000 Hannover-Wülfel		10.91
Technischer Überwachungs-Verein Rheinland e.V. Konstantin-Wille-Str. 1 Am Grauen Stein 5000 Köln		10.91
Institut für Schall- und Wärmeschutz Prof. Dr.-Ing. Dr. Werner Zeller Krekelerweg 48 4300 Essen 14		10.91
Ingenieurbüro für Technische Akustik und Bauphysik Eugen Bauer – Ulrich Schwetzke Wittbräucker Str. 410 4600 Dortmund 30		10.91
Institut für Umweltschutz und Agrikulturchemie Berge & Partner GmbH & Co, KG Bessemerstr. 34 5620 Velbert 1		10.91

Institut für Schalltechnik, Raumakustik, Wärmeschutz, Dr.-Ing. Rolf Klapdor Kalkumer Str. 173 4000 Düsseldorf 30		10.91
Westfälische Berggewerkschaftskasse Herner Straße 45 4630 Bochum		10.91
Staatliches Materialprüfungsamt Marsbruchstraße 186 4600 Dortmund	für Ermittlungen der Emissionen und Immissionen im Bereich der Bergaufsicht	10.91
BFI Betriebstechnik GmbH Sohnstr. 65 4000 Düsseldorf 1	für Ermittlung der Emissionen und Immissionen im Bereich der Anlagen zur Herstellung, Bearbeitung und Behandlung von Eisen-, Stahl und NE-Metallen	10.91
Forschungsinstitut der Zementindustrie Tannenstraße 2 4000 Düsseldorf 30	für Ermittlungen der Emissionen und Immissionen im Bereich der Zementindustrie und verwandter Industrien (Kalk, Dolomit)	10.91
Bergbau-Forschung GmbH Franz-Fischer-Weg 61 4300 Essen 13	für Ermittlungen der Emissionen und Immissionen bei Kokereien	10.91
Landesanstalt für Immissionsschutz des Landes Nordrhein-Westfalen Wallneyer Straße 6 4300 Essen		10.91

Rheinland-Pfalz
Bekanntgabe durch die Ministerien für Soziales, Gesundheit und Umwelt sowie für Wirtschaft und Verkehr

Anschrift	Beschränkung	Ablauf- datum
Technischer Überwachungs-Verein Pfalz e.V. Merkurstr. 45 6750 Kaiserslautern		01.89
Technischer Überwachungs-Verein Rheinland e.V. Köln Anschrift: Hans-Böckler-Str. 6 5400 Koblenz		01.89
Institut für Umweltschutz und Agrikulturchemie Berge & Partner GmbH & Co.KG Postfach 23 5628 Heiligenhaus		01.89

Teil 2 Lärmmeßtechnik 193

Forschungsinstitut der Zementindustrie Tannenstr. 2 4000 Düsseldorf 30	für Ermittlungen von Emissionen und Immissionen im Bereich der Zementindustrie und verwandter Industrien (Kalk, Dolomit)	01.89
ITA – Ingenieurgesellschaft für Technische Akustik mbH Beratende Ingenieure VBI Kapellenstr. 7a 6200 Wiesbaden		01.89
Werner Genest Beratungsgesellschaft mbH Parkstr. 70 6700 Ludwigshafen		01.89
Amtliche Prüfstelle an der Fachhochschule des Landes Rheinland-Pfalz Am Finkenherd 4 5400 Koblenz-Karthause		01.89
Müller-BBM GmbH Schalltechnisches Beratungsbüro Robert-Koch-Str. 11 8033 Planegg bei München		01.89
Landesgewerbeaufsichtsamt für Rheinland-Pfalz – Meßinstitut für Immissions-, Arbeits- und Strahlenschutz Rheinallee 97–101 6500 Mainz		01.89

Saarland
Bekanntgabe durch das Ministerium für Umwelt, Raumordnung und Bauwesen

Anschrift	Beschränkung	Ablauf- datum
Technischer Überwachungs-Verein Saarland e.V. Saarbrücker Straße 8 6603 Sulzbach		–
Goepfert, Reimer & Partner Bramfelder Str. 70 2000 Hamburg 60		–
BFI Betriebstechnik GmbH Sohnstraße 65 4000 Düsseldorf 1	Ermittlung von Emissionen und Immissionen im Bereich der Anlagen zur Herstellung, Bearbeitung und Behandlung von Eisen, Stahl und NE-Metallen	–

Teil 2   Lärmmeßtechnik

Schleswig-Holstein
Bekanntgabe durch das Ministerium für Soziales

Anschrift	Beschränkung	Ablauf-datum
Technischer Überwachungs-Verein Norddeutschland e. V. Große Bahnstraße 31 2000 Hamburg 54		03.86
Curt-Risch-Institut für Dynamik, Schall- und Meßtechnik Universität Hannover Callinstraße 32 3000 Hannover 1		03.86
Fachhochschule Lübeck Stephensonstraße 3 2400 Lübeck 1		03.86
Akustik-Labor Kiel Kopperpahler Allee 33 2300 Kronshagen		03.86
BFI Betriebstechnik GmbH Sohnstraße 65 4000 Düsseldorf 1	für Ermittlungen von produktionsspezifischen Emissionen im Bereich der Anlagen zur Herstellung, Bearbeitung und Behandlung von Eisen, Stahl und NE-Metallen	03.86
Beratende Ingenieure Dipl.-Ing. Manfred Bonk, VBI, Dipl.-Ing. Wolf Maire Rostocker Str. 12 3008 Garbsen 1		03.86
Goepfert & Reimer und Partner Bramfelder Straße 70 2000 Hamburg 60		03.86
Institut für angewandte Bauphysik GmbH Sülzberg 4 2060 Bad Oldesloe		03.86
Institut für Schall- und Schwingungstechnik, Günther Wilmsen Fehmarnstraße 12 2000 Hamburg 70		03.86
Masuch und Olbrisch Beratende Ingenieure VBI Gewerbering 2 2000 Oststeinbek bei Hamburg		03.86
Müller-BBM GmbH Robert-Koch-Str. 11 8033 Planegg b. München		03.86
Baumeister Werner Pancke Beratender Ingenieur VBI Harmsstraße 86 2300 Kiel		03.86

Peutz & Partner GmbH 03.86
Beratende Ingenieure
Kaiserstraße 28
4000 Düsseldorf

Ing. (grad) Günter Rosendahl 03.86
Feldhusener Str. 43
2217 Kellinghusen

Otto Taubert 03.86
Beratender Ingenieur für Akustik VSI
Bickbargen 151
2083 Halstenbek

Teil 3
Gewerbelärm

Peter Weigl

Inhaltsübersicht

Formelzeichen und Einheiten

3.1	Allgemeines
3.1.1	Definition und Geräuschstruktur des Gewerbelärms
3.1.2	Einteilung gewerblicher Anlagen
3.1.3	Emissionsquellen
3.1.4	Einwirkungsbereich
3.2	Öffentlich-rechtliche Verwaltungsverfahren
3.2.1	Raumordnungsverfahren
3.2.2	Planfeststellungsverfahren
3.2.3	Immissionsschutzrechtl. und baurechtl. Verfahren
3.2.3.1	Neugenehmigung
3.2.3.2	Änderungs- und Erweiterungsgenehmigung
3.2.3.3	Widerspruchsverfahren
3.2.3.4	Beschwerden über Lärm
3.2.3.5	Lärmsanierung
3.3	Beurteilungsgrundlagen für die Lärmimmissionen
3.3.1	Gesetzliche Grundlagen
3.3.2	Verwaltungsvorschriften
3.3.2.1	Technische Anleitung zum Schutz gegen Lärm
3.3.2.2	VDI-Richtlinie 2058 Bl.1
3.3.2.3	Vollzugsvorschriften
3.3.3	Technische Richtlinien und Veröffentlichungen
3.3.4	Fachwissen in speziellen Einzelgutachten
3.3.5	Hinweise zur Anwendung der TALärm/VDI 2058
3.4	Ermittlung der Lärmimmissionen
3.4.1	Schalltechnische Immissionsprognose
3.4.1.1	Anwendungsfälle und Aufgabenstellung
3.4.1.2	Vorgehensweise
3.4.1.2.1	Lösungsweg allgemein
3.4.1.2.2	Ermitteln der schalltechnischen Kenngrößen
3.4.1.2.3	Bestimmung der Emissionen und der Immissionen
3.4.2	Schalltechnische Bestandsanalyse (Messung)
3.4.2.1	Anwendungsfälle und Aufgabenstellung

198 Teil 3 Gewerbelärm

3.4.2.2	Schallpegelmessungen
3.4.2.3	Wettereinflüsse auf das Meßergebnis
3.4.2.4	Betriebliche Schwankungen
3.4.2.5	Fremdgeräusche
3.4.3	Darstellung der Ergebnisse
3.5	Schallschutzmaßnahmen
3.5.1	Aufgabenstellung und Auswahl der Schallschutzmaßnahmen
3.5.1.1	Grundsätzliche Planung einer Anlage
3.5.1.2	Detailplanung
3.5.2	Ausführungsbeispiele mit Kennwerten und Kosten
3.5.2.1	Emissionsbezogener baulicher Schallschutz
3.5.2.2	Schallschutz an der Anlage
3.5.2.3	Schallschutz durch organisatorische Maßnahmen
3.5.2.4	Neue Technologien
3.5.3	Wirksamkeit der Schutzmaßnahmen
3.5.4	Kostenoptimale Reihenfolge
3.6	Auflagenmuster
3.6.1	Auflagenmuster Neuplanung
3.6.2	Auflagenmuster Änderungsplanung
3.6.3	Auflagenmuster Lärmbeschwerde (Diskothekenlärm)
3.7	Literaturverzeichnis
Anhang:	Tabellen, Diagramme

Formelzeichen und Einheiten

Nicht erläutert sind die Zeichen, die in den Originalauszügen der VDI-Richtlinien im Anhang enthalten sind sowie z. T. in Diagrammen und Tabellen unmittelbar erläuterte Zeichen von untergeordneter Bedeutung. Statt der Einheit dB kann teilweise, je nach verwendeten Ausgangsgrößen, auch dB (A) stehen.

α	Schallabsorptionsgrad	
f	Frequenz	Hz
g_i, g_k	Gewichtungsfaktoren für i-te, k-te Anlage	
Δ_i, Δ_k	Transmission für i-te, k-te Schallquelle	dB
l	Länge	m
λ	Wellenlänge	m
n	Anzahl von – Einzelmeßwerten – Schallquellen	
n_i	Anzahl von Meßwerten einer Klassenbreite	
p	Schalldruck	N/m^2

Teil 3 Gewerbelärm   199

r_i, r_k	Abstand der i-ten, k-ten Quelle zum Immissionsort	m
s	Abstand zum Immissionsort	m
s_i, s_k	Abstand der – i-ten, k-ten Quelle oder Fläche zum Immissionsort	m
t_e	Einwirkzeit	h
t_i	Meßzeit mit Meßwerten gleicher Klasse	sec
t_{n-1}	Studentfaktor	
v	Windgeschwindigkeit	m/sec
D_e	Einfügungsdämmaß	dB
F	Fläche	m²
F_0	Bezugsfläche 1	m²
GE	Gewerbegebiet	
GI	Industriegebiet	
I	Schallintensität	W/m²
IRW	Immissionsrichtwert	
I_0	Bezugsschallintensität 10^{-12}	W/m²
M_m	Mittelwert von Mittelungspegeln	dB (A)
K_x	Korrektur für Einzeltöne, Fremdgeräusche	dB
L	Pegel	dB
ΔL	Pegeldifferenz	dB
L_{AFm}	Mittelungspegel, Zeitbewertung Fast	dB (A)
L_{AIm}	Mittelungspegel, Zeitbewertung Impulse	dB (AI)
L_{AFT}	Taktmaximalpegel (Einzelwert)	dB (A)
L_{AFTi}	i-ter Taktmaximalpegel	dB (A)
L_{AFTm}	Wirkpegel	dB (A)
L_i	– i-ter Meßwert	dB (A)
	– Teilimmissionspegel	dB (A)
ΔL_i	i-te Pegeldifferenz aus Meß- und Bezugswert	dB
$\Delta L_{i/k}$	Pegeldifferenz der i-ten, k-ten Schallquelle zum Bezugsschalleistungspegel	dB
L_I	Halleninnenpegel	dB
L_k	Teilbeurteilungspegel für k-te Anlage	dB (A)
L_m	Mittelungspegel	dB (A)
ΔL_N	Pegelkorrektur für Häufigkeit	dB
L_o	– Bezugspegel (Rechenwert)	dB
	– obere Vertrauensbereichsgrenze	dB
L_{pTerz}	Schalldruckpegel je Terzband	dB
L_{pOktav}	Schalldruckpegel je Oktavband	dB
L_r	Beurteilungspegel (TALärm)	dB (A)
L_{rn}	nennenswerter Immissionsanteil	dB (A)
L_{ri}	Lärmanteil eines Vorhabens i	dB (A)
L_s	Schalldruckpegel im Abstand s	dB
ΔL_s	Abstandsmaß	dB
ΔL_T	Pegelkorrektur für Einwirkzeit	dB

L_u	untere Vertrauensbereichsgrenze	dB
L_W	Schalleistungspegel	dB
L_W'	Linien-Schalleistungspegel je m	dB
L_{WA}	Schalleistungspegel, A-bewertet	dB (A)
$L_{WA/Oktav}$	Schalleistungspegel je Oktavband	dB (A)
L_{WA}''	Flächenschalleistungspegel je m^2	dB (A)
L_{WAi}''	L_{WA}'' für die i-te Teilfläche	dB (A)
L_{W0}	Bezugsschalleistungspegel	dB
L_1	Schalldruckpegel L, in 1% der Meßzeit überschritten	dB
L_{AF1}	Schalldruckpegel mit Zeitbewertung Fast, in 1% der Meßzeit überschritten	dB (A)
L_5	L, in 5% der Meßzeit überschr.	dB
L_{10}	L, in 10% der Meßzeit überschr.	dB
L_{50}	L, in 50% der Meßzeit überschr.	dB
L_{90}	L, in 90% der Meßzeit überschr.	dB
L_{95}	L, in 95% der Meßzeit überschr.	dB
L_{AF95}	Schalldruckpegel mit Zeitbewertung Fast, in 95% der Meßzeit überschritten	dB (A)
MD	Dorfgebiet	
MI	Mischgebiet	
MK	Kerngebiet	
N	– Anzahl der gesamten Anlagen	
	– Schalleistung	W
N_0	Bezugsschalleistung	W
R	Schalldämmaß	dB
R_W'	bewertetes Schalldämmaß	dB
S	Streuung	
SO	Sondergebiet	
T	– Bezugszeitraum	h
	– Nachhallzeit	sec
	– Gesamtmeßzeit	h; min; sec
T_r	Beurteilungszeitraum	h
V	Volumen	m^3

3.1 Allgemeines

3.1.1 Definition des Gewerbelärms und Geräuschstruktur

Beim Betrieb industrieller und gewerblicher Anlagen entstehen i. a. Geräusche, die auf die Umwelt einwirken. Diese Geräuschart wird als Gewerbelärm bezeichnet[1].

Die Zeitstruktur gewerblicher Geräusche kann wegen der zahlreichen unterschiedlichen Emittenten und Transmissionsbedingungen sehr vielfältig sein. „Extreme" Zeitverläufe des Schalldruckpegels erhält man beim

- gleichförmig konstanten Geräusch und bei der
- Impulsfolge.

In der Praxis sind zahlreiche Varianten und Kombinationen dieser beiden Verläufe mit unterschiedlichen Schwankungsbreiten und unterschiedlichen Intervallen anzutreffen (siehe Darstellung 3.1).

Auch die Frequenzstruktur gewerblicher Geräusche ist je nach Art des Emittenten sehr unterschiedlich (zur Frequenzdarstellung siehe 1.7). Eine gleichförmige Frequenzverteilung der Schalldruckpegel tritt z. B. beim Betrieb eines bestimmten Trockners auf, während beim Betrieb eines Zerspaners der Schalldruckpegel in einer Frequenz bzw. bei einzelnen Frequenzen dominiert. In den Terzpegelspektren der Darstellungen 3.2 und 3.3 werden diese Verteilungen sichtbar (siehe auch 2.2.7).

Typische Oktavschalleistungsspektren für Industriegeräusche (A-bewertet!) zeigen die Darstellungen 3.4 und 3.5. Herausragende Einzeltöne, soweit vorhanden, sind bei dieser Art der Darstellung nicht mehr erkennbar. In zahlreichen Fällen, insbesondere wenn mehrere Anlagen gleichzeitig einwirken, ist der Gewerbelärm durch eine weitgehend gleichförmige Zeit- und Frequenzstruktur gekennzeichnet.

3.1.2 Einteilung gewerblicher Anlagen

Anlagen im Sinne des § 3 (5) BImSchG sind:

- Betriebsstätten und sonstige ortsfeste Einrichtungen,
- Maschinen, Geräte und sonstige ortsveränderliche technische Einrichtungen sowie Fahrzeuge (außer § 38 BImSchG),
- Grundstücke, auf denen Stoffe gelagert oder abgelagert oder Arbeiten durchgeführt werden, die Emissionen verursachen können, ausgenommen öffentliche Verkehrswege.

---

[1] Die Geräusche, die der Betrieb von Baustellen (Baulärm) verursacht, werden hier nicht behandelt.

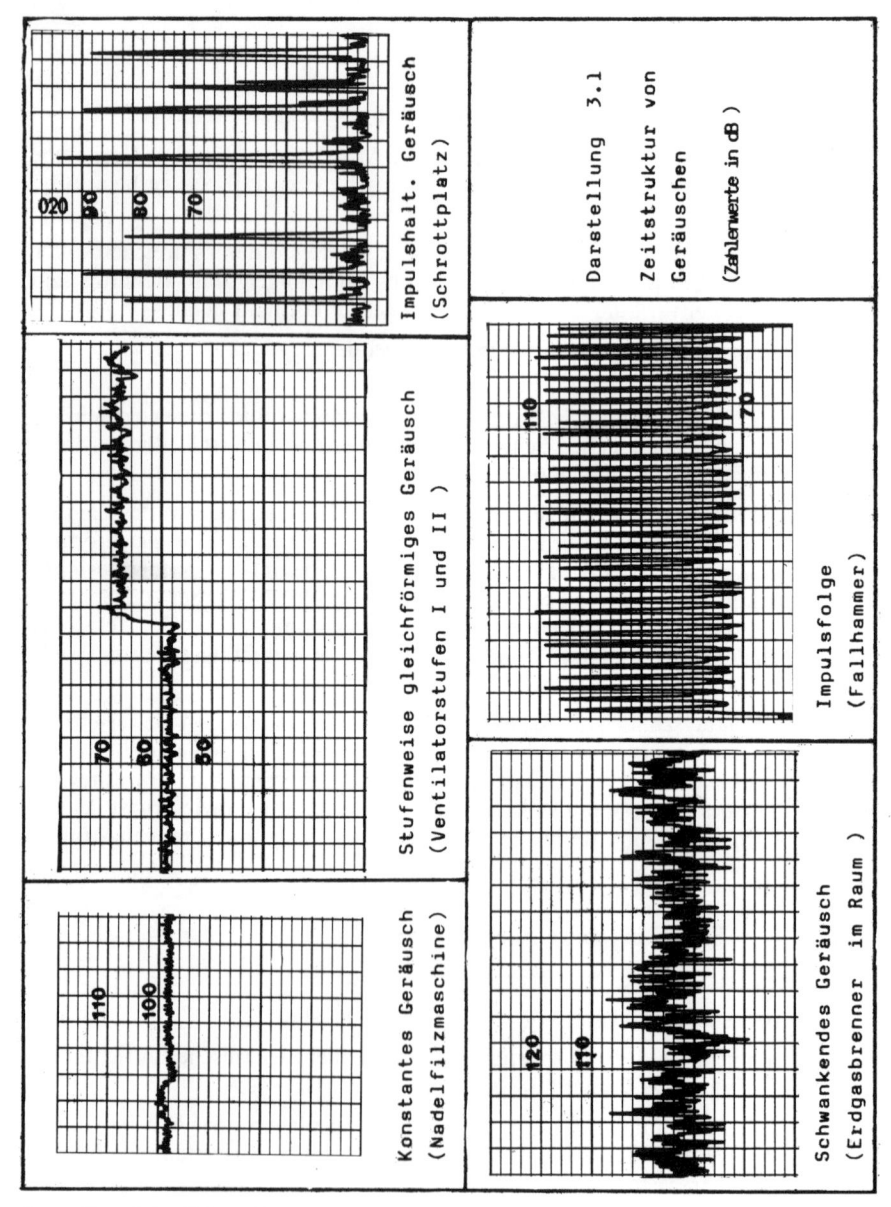

Darstellung 3.1 Zeitstruktur von Geräuschen

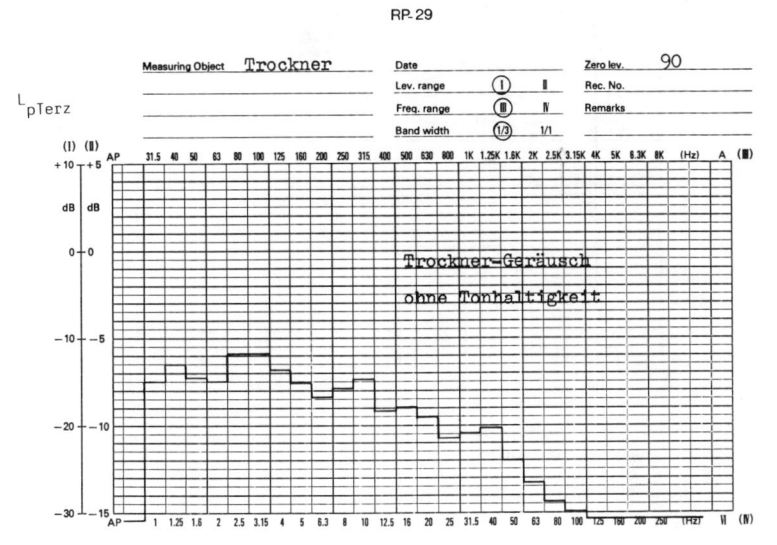

Darstellung 3.2 Terzspektrogramm eines Trockners mit relativ gleichförmiger Verteilung der Schalldruckpegel

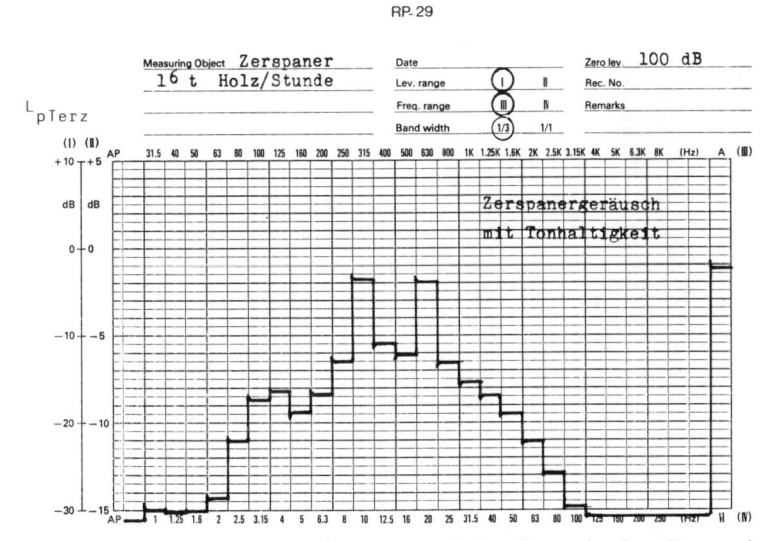

Darstellung 3.3 Terzspektrogramm eines Zerspaners mit Dominanz einzelner Terzpegel

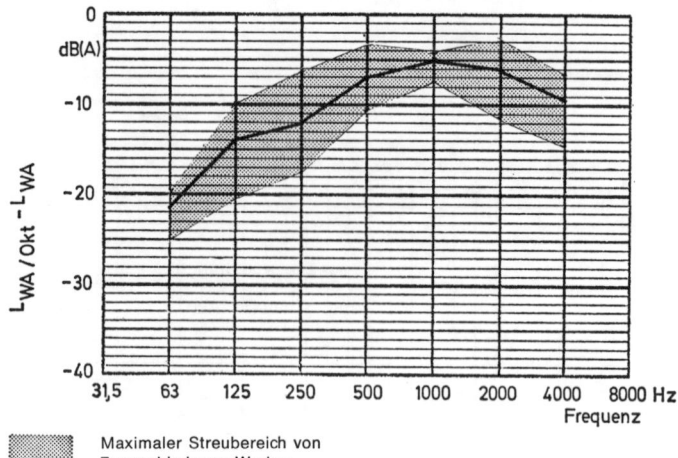

Maximaler Streubereich von
7 verschiedenen Werken

Darstellung 3.4 Mittletes normiertes A-bewertetes Oktav-Schalleistungsspektrum für Kraftwerke

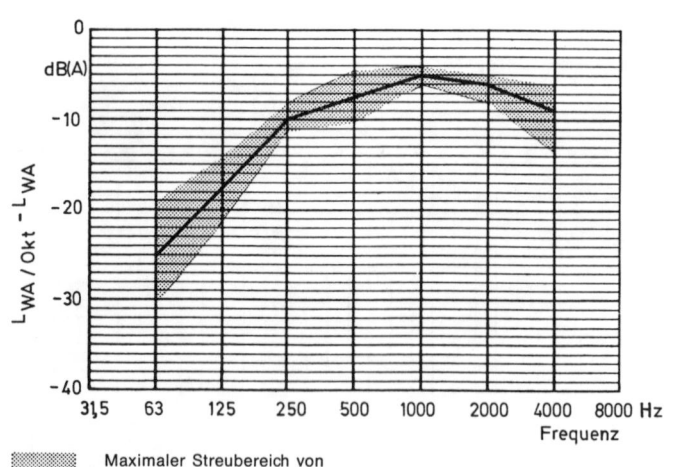

Maximaler Streubereich von
16 verschiedenen Werken

Darstellung 3.5 Mittleres normiertes A-bewertetes Oktav-Schalleistungsspektrum für petrochemische und chemische Werke sowie Raffinerien

Nach dem BImSchG werden gewerbliche Anlagen in immissionsschutzrechtlich genehmigungsbedürftige und nicht genehmigungsbedürftige Anlagen eingeteilt. Anlagen, die stärkere Emissionen verursachen, z. B. Schotterwerke, Schrottmühlen, Zementwerke, Hammerwerke, Betonwerke, sind als genehmigungsbedürftig eingestuft und in der 4. BImSchV aufgelistet. Vielfach ist für diese Einstufung die Emission luftfremder Stoffe maßgebend (s. auch 3.2.3).

Für Anlagen mit geringerem Störpotential, die damit nicht genehmigungspflichtig sind, trifft das Bundes-Immissionsschutzgesetz ebenfalls Regelungen. Solche Anlagen sind beispielsweise Schreinereien, Schlossereien, Autoreparaturwerkstätten und Druckereien. Auch für diese Anlagen findet die TALärm Anwendung [2, 4].

3.1.3 Emissionsquellen

Die schalltechnische Begutachtung kann sich entsprechend dem Umfang der zu betrachtenden Emissionsquelle auf unterschiedlich große Einheiten beziehen. Solche Einheiten können sein:
– Gebiete mit mehreren Betrieben (s. Darstellung 3.6),
– einzelne Betriebe,

Darstellung 3.6 Industriegebiet

- einzelne Anlagen,
- Transportfahrzeuge.

Nach der 4. BImSchV erstreckt sich die Genehmigungspflicht fallweise auf Fabriken[2] oder auf Anlagen.

In der Mehrzahl der Fälle sind die Hauptgeräuschquellen für Lärmimmissionen bei Betrieben:

- Freianlagen,
- Zu- und Abluftöffnungen, Kamine (s. Darstellung 3.7),
- Bauteile mit geringem Schalldämm-Maß (Tore, Türen, Fenster, Dächer) bei Gebäuden mit hohen Rauminnenpegeln,
- Transportfahrzeuge.

3.1.4 Einwirkungsbereiche

Die Beeinträchtigungen durch Gewerbelärm sind meistens räumlich begrenzt, oft auf die unmittelbare Nachbarschaft entlang von Betriebsgrenzen.

Darstellung 3.7 Lackiererei mit Nebenanlagen, Baujahr 1960
Bei gleicher Kapazität der Lackiererei waren vor 25 Jahren etwa 250 Abluftöffnungen, vor 10 Jahren etwa 150 und heute sind wegen der wesentlich geringeren Abluftmengen nur mehr etwa 25 erforderlich.

---

[2] Zum Anlagenbegriff siehe 3.1.2. Fabriken sind größere Betriebseinheiten, für deren Betrieb Nebeneinrichtungen wie Transportanlagen, Lager, Silos usw. erforderlich sind.

Großflächige Einwirkungsbereiche, wie etwa beim Verkehrslärm, bleiben auf wenige Großanlagen, z. B. petrochemische Anlagen, Kraftwerke, beschränkt sowie auf Betriebe mit hohem Transportaufkommen, deren Zufahrten durch Wohngebiete führen.

Sind die Möglichkeiten des Schallschutzes bei der Bauleitplanung berücksichtigt, dann können auftretende Lärmprobleme i. d. R. durch technische Schutzmaßnahmen gelöst werden (siehe auch 6.).

3.2 Öffentlich rechtliche Verwaltungsverfahren

3.2.1 Raumordnungsverfahren (ROV)

Bei der Planung von raumbedeutsamen gewerblichen Anlagen, z. B. Kraftwerken, Kiesabbauvorhaben, Einkaufszentren, werden bereits in einem frühen Planungsstadium die Auswirkungen dieser Planung durch alle öffentlichen Planungsträger (Träger öffentlicher Belange), die von dem Vorhaben berührt sind, beurteilt. Der einzelne Bürger ist förmlich nicht beteiligt, er kann jedoch bei seiner Gemeinde Bedenken und Anregungen vorbringen. Das Ergebnis des Raumordnungsverfahrens, das i. d. R. von den Bezirksregierungen durchgeführt wird, wird in einer landesplanerischen Beurteilung zusammengefaßt.

Diese Beurteilung greift den im Einzelfall vorgeschriebenen besonderen Verwaltungsverfahren nicht vor. Erforderliche öffentlich-rechtliche Erlaubnisse, Genehmigungen und Zustimmungen wie auch privatrechtliche Zustimmungen und Vereinbarungen kann sie nicht ersetzen [5] (s. auch 6.6.6).

Die Ziele der Raumordnung sind im Raumordnungsgesetz, in den Landesplanungsgesetzen [1], den Landesentwicklungsprogrammen [2] und den Regionalplänen [3] dargestellt. Die Anpassung an örtliche Verhältnisse nimmt dabei in der vorgenannten Reihenfolge zu.

Für ein geplantes Vorhaben müssen die schalltechnischen Anforderungen, z. B. die Immissionsrichtwerte, z. B. die Planungsrichtpegel der Vornorm DIN 18005 für Zufahrtswege, vorgegeben werden. Dabei muß abgeschätzt werden, ob und ggf. durch welche Schallschutzmaßnahmen diese Anforderungen am geplanten Standort eingehalten werden können.

Nach Möglichkeit ist auf Erfahrungswerte, die bei anderen vergleichbaren Anlagen gewonnen wurden, zurückzugreifen. Detaillierte Fachaussagen bleiben jedoch künftigen Genehmigungsverfahren vorbehalten.

3.2.2 Planfeststellungsverfahren

Für bestimmte Anlagen[3] ist das Genehmigungsverfahren das Planfeststellungsverfahren. Es umfaßt die Genehmigung für mehrere Fachbereiche, z. B. Baugenehmigung, immissionsschutzrechtliche und wasserrechtliche Genehmigung.

Bei diesem Verfahren muß die Genehmigungsfähigkeit vorab rechnerisch durch eine schalltechnische Prognose nachgewiesen werden und es müssen konkrete Auflagen zum Lärmschutz genannt werden. Dem Planfeststellungsverfahren geht häufig ein Raumordnungsverfahren voraus.

3.2.3 Immissionsschutzrechtliches und baurechtliches Verfahren

Für die Anlagen, die in der 4. BImSchV aufgelistet sind, ist ein immissionsschutzrechtliches Genehmigungsverfahren durchzuführen.

Nach dem Umfang der zu erwartenden Umweltbeeinträchtigungen wurden die Anlagen in der 4. BImSchV aufgeteilt in Anlagen, für die

– ein förmliches Verfahren (§ 2, mit öffentlicher Auslegung) und in Anlagen, für die
– ein vereinfachtes Verfahren (§ 4, ohne öffentliche Auslegung) notwendig ist.

Das Genehmigungsverfahren selbst wird geregelt durch das Bundes-Immissionsschutzgesetz (BImSchG) und zugehörige Verordnungen, insbesondere die 9. BImSchV mit den Grundsätzen zum Genehmigungsverfahren. Für bestimmte genehmigungsbedürftige Anlagen (s. 5. BImSchV) ist vom Betreiber der Anlage ein betriebsangehöriger Immissionsschutzbeauftragter zu bestellen, dessen erforderliche Qualifikation in der 6. BImSchV festgelegt wurde.

Die nicht in der 4. BImSchV aufgelisteten Anlagen gelten als immissionsschutzrechtlich nicht genehmigungsbedürftige Anlagen und sind z. B. baurechtlich zu genehmigen, wobei bestimmte Anforderungen zum Immissionsschutz berücksichtigt werden müssen (s. §§ 22ff BImSchG) (siehe auch 6.6.4).

3.2.3.1 Neugenehmigung

Als Neugenehmigung (§§ 4, 19 BImSchG) wird die Genehmigung eines neuen Betriebes (z. B. „auf der grünen Wiese") oder einer funktional nicht mit bestehenden Anlagen verbundenen Anlage bezeichnet. Die zu erwartenden Lärmimmissionen sind durch eine schalltechnische Prognose zu ermitteln.

Ist die Nachbarschaft der Neuanlage durch vorhandene oder geplante gewerbliche Anlagen lärmbelastet, so ist diese Vorbelastung zu ermitteln. Die Immissionsrichtwerte sind von den Geräuschen der Summe aller Anlagen einzuhalten, die im Einwirkungsbereich der zu genehmigenden Anlage liegen. Zur Summenwirkung von Geräuschen siehe auch [4] und 3.3.5.

---

[3] z. B. Anlagen der Abfallwirtschaft, z. B. großflächige Schienenanlagen (s. 5.3.2.3)

3.2.3.2 Änderungs- und Erweiterungsgenehmigung

Bei Änderungs- und Erweiterungsgenehmigungen (§ 15 BImSchG) sind bereits Anlagen vorhanden, die geändert werden sollen, d. h. deren Lage, Beschaffenheit oder Betrieb sollen wesentlich verändert werden[4].

Aus schalltechnischer Sicht sind
- eine Bestandsanalyse für die vorhandenen Anlagen und
- eine Prognose für die Änderung erforderlich.

Die Bestandsanalyse wird in der Regel auf einer Schallpegelmessung aufbauen. Für die Prognose ist ein Teilbeurteilungspegel (verfügbarer Geräuschanteil für die Änderung) vorzugeben. Dieser Teilbeurteilungspegel ergibt sich aus der Forderung, daß die Immissionsrichtwerte von der Summe der Geräusche aller Anlagen, die im Einwirkungsbereich der zu genehmigenden Anlage liegen, nicht überschritten werden dürfen (s. 3.3.5).

3.2.3.3 Widerspruchsverfahren

Betreiber von Anlagen oder Betroffene können Einwände gegen eine Genehmigung, Anordnung insgesamt oder zu einzelnen Auflagen vorbringen. Bei fachtechnischen Einwänden wird geprüft, ob die schalltechnischen Anforderungen auch bei einer Änderung entsprechend den Einwänden eingehalten werden können. Gegebenenfalls wird der Genehmigungsbescheid modifiziert. Ansonsten besteht die Möglichkeit, die Einwände bei den nächsten Instanzen

- nächsthöhere Behörden oder andere höhere Behörden (z. B. Bezirksregierung, z. B. Regierungspräsident)
- Verwaltungsgerichte
- Verwaltungsgerichtshöfe/Oberverwaltungsgerichte
- Bundesverwaltungsgericht

vorzubringen (s. hierzu Anhang 3.4: Zusammenstellung der Rechtsbehelfe, beispielhaft für Bayern).

3.2.3.4 Beschwerden über Lärm

Beschwerden über Lärmimmissionen sollten zunächst bei den zuständigen Verantwortlichen des verursachenden Betriebes vorgebracht werden. Bleibt die Beschwerde erfolglos, dann kann man sich an die örtlich zuständigen Behörden, meist Kreisverwaltungsbehörden oder Gewerbeaufsichtsämter, wenden. Soweit schwierige fachtechnische Probleme berührt sind, können auch die Ländermeßstellen oder schalltechnische Institute zur Ermittlung der Lärmimmissionen und der Ausarbeitung von Schutzmaßnahmen eingeschaltet werden.

---

[4] z. B. neue Technologie, neuer Standplatz innerhalb des Werkes, z. B. eine zusätzliche Ofenlinie in einem Kraftwerk, z. B. Übergang von 2-Schichtbetrieb auf 3-Schichtbetrieb.

In der Regel werden bei Beschwerden die Geräuscheinwirkungen einer Anlage meßtechnisch zu ermitteln sein. Auf eine repräsentative Erfassung der Immissionen ist dabei zu achten (s. 3.3.5).

Für Messungen und Auswertungen sind, um den Meßaufwand zu minimieren, eine gute Kenntnis des Betriebsablaufs sowie detaillierte Angaben des Beschwerdeführers und des Betreibers der Anlage erforderlich.

Für die Erhebungen wird folgendes Vorgehen vorgeschlagen:

– Immissionsmessungen, erforderlichenfalls auch ohne Wissen des Anlagenbetreibers (bei stärkeren betriebs- oder meteorologisch bedingten Schwankungen der Immissionen ist die Anwendung der VDI 3723 Bl.1 E zu prüfen),
– Nachträgliche Erfassung der Betriebszustände für den Meßzeitraum,
– Immissionsmessung mit Einflußnahme auf Betriebszustände (z. B. Teillast-, Vollastbetrieb),
– Emissionsmessungen an den Hauptgeräuschquellen, evtl. gleichzeitig mit den Immissionsmessungen, mit Einflußnahme auf Betriebszustände der Anlagen,
– Berechnung der Immissionen nach VDI 2571 und VDI 2714 E und Vergleich mit den Immissionsmeßwerten.

Eine Lärmbeschwerde ist dann als berechtigt zu beurteilen, wenn

– die maßgebenden Immissionsrichtwerte überschritten sind,
– unnötiger Lärm verursacht wird (Stand der Technik nicht beachtet, Lärm vermeidbar durch organisatorische Maßnahmen).

Auf der Grundlage der §§ 17 und 24 BImSchG ist dann zu prüfen, welche Schutzmaßnahmen vom Betreiber der Anlage zu verlangen sind.

Nach einer Untersuchung des Verbandes der Chemischen Industrie [30] sollten bei vorhandenen Anlagen vorrangig Einzeltöne beseitigt und Impulsgeräusche verringert werden. Als wesentliche Störquellen wurden von Betroffenen Fakkeln, Gebläse, Entspannungsvorgänge und Fahrzeuge im Werksgelände genannt. Weiter ergab sich gegenüber der Tageszeit eine doppelt so hohe Beschwerdehäufigkeit zur Nachtzeit sowie eine erhöhte Beschwerdehäufigkeit an Sonn- und Feiertagen.

Der Zusammenhang zwischen Beschwerden und meteorologischen Größen wurde wie folgt ermittelt:

– rd. 70% Beschwerden bei bedecktem Himmel,
– rd. 60% Beschwerden bei Mitwind mit Schwerpunkt bei Windgeschwindigkeiten von 2 bis 5 m/s.

3.2.3.5 Lärmsanierung

Lärmsanierungsmaßnahmen sind vor allem bei geplanten Erweiterungen und Änderungen mit bereits vorliegenden schädlichen Umwelteinwirkungen (Überschreitung der Immissionsrichtwerte), bei berechtigten Beschwerden über Anlagengeräusche sowie zur Durchsetzung des Standes der Technik veranlaßt.

Folgendes Vorgehen hat sich bewährt:

- Werksbegehung und Erhebung von Anlagen-, Betriebs- und Gebäudedaten
- Ermittlung von Kennwerten für die Hauptemittenten durch Schallpegelmessungen (Schalleistungspegel, Spitzenpegel, Frequenzspektren)
- Ermittlung technischer oder organisatorischer Schallschutzmaßnahmen sowie Vermerk über mögliche Beschränkungen bzgl. Abmessungen, Statik, Raumverhältnisse, Temperatureinflüsse,
- Auswahl von Schallschutzmaßnahmen nach Gesichtspunkten der Wirksamkeit, Realisierbarkeit und Kosten,
- Berechnung der kostenoptimalen Reihenfolge [6],
- Sanierungsplan auf freiwilliger oder angeordneter Basis (§ 17 BImSchG bzw. § 24 BImSchG) mit Auflistung der Schallschutzmaßnahmen und zeitlicher Abwicklung,
- Abnahmemessungen nach Abschluß der Lärmsanierung.

Das Sanierungsziel ist grundsätzlich die Unterschreitung der maßgebenden Immissionsrichtwerte.

Soweit sich mit einer planmäßigen Sanierung ein Beurteilungspegel einstellt, der über dem maßgebenden Immissionsrichtwert liegt, kann dieser Zustand zunächst im Rahmen des § 17 BImSchG geduldet werden. Diese Duldung erfordert jedoch eine regelmäßige Überprüfung der Anforderungen des § 17 BImSchG durch die Genehmigungsbehörde (siehe auch 6.2.5.1).

3.3 Beurteilungsgrundlagen der Lärmimmissionen

3.3.1 Gesetzliche Grundlagen

Wesentliche öffentlich-rechtliche Grundlagen zur Beurteilung von Lärmimmissionen sind das

- Bundes-Immissionsschutzgesetz, die
- Landes-Immissionsschutzgesetze und die
- Baugesetze.

Das BImSchG setzt die Rahmenbedingungen für den Immissionsschutz. Das Gesetz ist gegliedert in:

- Allgemeine Vorschriften,
- Errichtung und Betrieb von Anlagen,
- Beschaffenheit von Anlagen und Stoffen,

- Beschaffenheit und Betrieb von Fahrzeugen, Bau- und Änderung von Straßen und Schienenwegen,
- Überwachung der Luftverunreinigung im Bundesgebiet und Luftreinhaltepläne,
- Gemeinsame Vorschriften,
- Schlußvorschriften.

Für die Genehmigungsfähigkeit einer Anlage wesentlich sind
- die Einhaltung von Immissionsrichtwerten und
- die Beachtung des Standes der Technik.

Aus dem BImSchG abgeleitete einschlägige Verordnungen sind:
- 4. BImSchV,
- 8. BImSchV (s. Anhang 3.13).

In den Landes-Immissionsschutzgesetzen sind

- Ausführungsbestimmungen zum BImSchG sowie
- Regelungen zum Schutz vor Einwirkungen aus unnötigen störenden Betätigungen

enthalten.

Die Baugesetze – Bundesbaugesetz (BBauG), Baunutzungsverordnung (BauNVO) und Landesbauordnungen – enthalten weitere Regelungen zum Immissions- bzw. Lärmschutz.

3.3.2 Verwaltungsvorschriften

3.3.2.1 Technische Anleitung zum Schutz gegen Lärm (TALärm)

Die wesentliche Grundlage für die Messung und Beurteilung von Lärmimmissionen durch gewerbliche Anlagen ist die TALärm.

Die TALärm
- enthält Immissionsrichtwerte (Anhang 3.1),
- fordert den Stand der Lärmbekämpfungstechnik,
- gibt Hinweise zu Ort (s. Anhang 3.2 und 2.4), Zeit, Durchführung und Auswertung von Schallpegel-Messungen.

Meßgröße ist der innerhalb eines Taktes (vorzugsweise 5 sec[6]) auftretende, A-bewertete Maximalpegel in der Anzeigedynamik „Fast" (s. auch 2.2.3). Aus den gemittelten Einzelmeßwerten (L_{AFTm}) wird ein Beurteilungspegel (L_r) gebildet:

(3.1) $\qquad L_r = L_{AFTm} + 10 \lg t_e/T_r + K_x - 3 \; \lceil dB\,(A) \rceil$

(3.2) $\qquad \text{mit } L_{AFTm}: \text{Wirkpegel} = 10 \lg \dfrac{1}{n} \left(\sum_{i=1}^{n} 10^{0,1 L_{AFTi}} \right) \; [dB(A)]$

---

[6] Die Vollzugspraxis der Bundesländer stellt auf den 5 sec-Takt ab.

L_{AFTi}: i-ter Einzelmeßwert (Taktmaximalpegel)
n: Anzahl der Einzelmeßwerte
t_e: Einwirkzeit des Geräusches
T_r: Beurteilungszeit (tagsüber 16 Stunden, nachts 8 Stunden)
K_x: Korrektur für Einzeltöne, Fremdgeräusche
−3: Meßunsicherheitsabzug

- Tonhaltigkeit
  Bei tonhaltigen Geräuschen beträgt der Zuschlag für den Zeitabschnitt, in dem der Einzelton vorkommt, bis zu 5 dB(A) (siehe auch 2.2.7, 3.3.4 und 3.3.5).

- Fremdgeräusche
  Treten am Meßplatz Geräusche auf, die nicht von der Anlage ausgehen (Fremdgeräusche wie Verkehrslärm), so ist der Wirkpegel wie folgt zu berichtigen:

Differenz zwischen dem Wirkpegel des Gesamtgeräusches und dem Fremdgeräuschpegel	10 oder mehr	9–4	5–4	3	dB(A)
Korrektur zum Wirkpegel des Gesamtgeräusches	0	−1	−2	−3	dB(A)

Ist die Differenz zwischen dem Wirkpegel des Gesamtgeräusches und dem Fremdgeräusch kleiner als 3 dB(A), so kann der Wirkpegel des Anlagengeräusches bei gleichzeitiger Einwirkung des Fremdgeräusches meßtechnisch nicht unmittelbar ermittelt werden (s. auch 2)[7].

3.3.2.2 VDI-Richtlinie 2058 Bl. 1

In der Praxis treten Fälle auf, in denen die Immissionsrichtwerte der TALärm die Genehmigungsvoraussetzungen nach §6 BImSchG i.V. mit §5 Nr.1 BImSchG nicht richtig interpretieren oder nicht ausreichend konkretisieren. In derartigen Fällen muß auf andere Erkenntnisquellen, z. B. VDI-Richtlinien und Einzelgutachten, zurückgegriffen werden, um einen ausreichenden Schutz nach Maßgabe neuerer Erkenntnisse sicherzustellen.

Die VDI-Richtlinien sind zwar weder eine Rechts-, noch eine Verwaltungsvorschrift, sie haben aber den Charakter einer allgemeinen Sachverständigenäußerung und sind deshalb im Genehmigungsverfahren wie ein Einzelgutachten als Erkenntnisquelle zur Klärung schwierig zu beurteilender Sachverhalte heranzuziehen.

---

[7] Gilt für die übliche Meßausstattung. Mit besonderem Meßaufwand (Richtmikrofone, Korrelationsmessungen) ist auch dann eine meßtechnische Erfassung des Anlagengeräusches nicht ausgeschlossen.

Die Anwendung der VDI 2058 Bl. 1 haben die Bundesländer durch Vollzugsbekanntmachungen unterschiedlich geregelt (siehe 3.3.5). Diese Richtlinie wird meist als Ergänzung, bei nicht genehmigungsbedürftigen Anlagen aber auch als Ersatz für die TALärm herangezogen.

Die wesentlichen Unterschiede zur TALärm sind:

Beurteilungskriterium	TALärm	VDI 2058 Bl. 1
Nachtbeurteilungszeitraum	8 Stunden (Ziff. 2.321)	ungünstigste Stunde nachts (Ziff. 3.2)
Spitzenpegelbegrenzung tagsüber	keine (Ziff. 2.422.6)	Immissionsrichtwert $+30\,dB(A)$ (Ziff. 3.3.1)
Immissionsrichtwerte Innen	40 dB(A) 30 dB(A) (Ziff. 2.321g)	tagsüber 35 dB(A) nachts 25 dB(A) (Ziff. 3.3.2)
Ruhezeitenzuschlag	keiner (Ziff. 2.4.22.5)	$+6\,dB(A)$ zu den Mittelungspegeln in der Zeit von 6–7 Uhr und 19–22 Uhr (Ziff. 5.4)
Meßunsicherheitsabzug	3 dB(A) (Ziff. 2.422.5c)	keiner (Ziff. 5.8)
Berücksichtigung auffälliger Geräusche	nur Tonhaltigkeit (Ziff. 2.422.3)	allgemein möglich (Ziff. 1)

Die Immissionsrichtwerte „Außen" und „Innen" nach VDI 2058 Bl. 1 sind im Anhang 3.3 wiedergegeben. Ein Muster für einen Geräuschmeßbericht enthält Anhang 2.2.

Obwohl die VDI 2058 Bl. 1 drei unterschiedliche Meßgrößen nennt (Mittelungspegel L_{AFm} mit Abfragehäufigkeit größer 1 × pro Sekunde, Taktmaximalpegel mit Taktzeit vorzugsweise 5 Sekunden, Mittelungspegel L_{AIm}) wird bei der Anwendung der VDI 2058, Bl. 1 der 5 sec-Taktmaximalpegel als Meßgröße bevorzugt.

3.3.2.3 Vollzugsvorschriften

Für den Vollzug der Immissionsschutzgesetze haben die Länder weitere Vollzugsvorschriften erlassen.

Nach einer Empfehlung des Länderausschusses für Immissionsschutz (Sitzung vom 14.–16.06.1976 in Düsseldorf) sollten die Verwaltungsvorschriften der Länder zum BImSchG in grundsätzlichen Fragen nicht im Widerspruch zu dem damaligen Entwurf von Nordrhein-Westfalen zum Vollzug des BImSchG stehen. Ländereigene Regelungen sind in 7.1.2 mit enthalten.

Teil 3   Gewerbelärm   215

3.3.3   Technische Richtlinien und Veröffentlichungen

Zahlreiche technische Richtlinien geben Hinweise für die Behandlung schalltechnischer Fragen.

- DIN-Normen
  Eine Übersicht ausgewählter DIN-Normen (Stand 1984) für den Bereich Lärmschutz enthält Teil 7.2.1.
- VDI-Richtlinien
  Berechnungshilfen, besonders für schalltechnische Prognosen, hat der VDI veröffentlicht (s. 7.2.2).
  Ausgewählte Tabellen und Diagramme grundlegender VDI-Richtlinien sind im Anhang 3.16 mit 3.22 zusammengestellt.
  Weitere Auszüge aus der VDI 2571 sind in 1.13, aus der VDI 2714E und aus der VDI 2720 Bl. 1E in 1.9 enthalten.
- VGB-Richtlinien für die Lärmminderung in Wärmekraftanlagen, VGB Technische Vereinigung der Großkraftwerksbetreiber e.V. Essen,
- SEB-Richtlinien, Stahl-Eisen-Betriebsblätter des Vereins Deutscher Eisenhüttenleute, Lärmminderung bei Maschinen und Anlagen (z.T. überholt).

Nachfolgend werden verschiedene Stellen, die regelmäßige Veröffentlichungen zu Lärmproblemen herausgeben, beispielhaft und ohne Wertung der Beiträge aufgelistet:

- Bundesministerium für Forschung und Technologie, z.B.
  - Verminderung von Lärm und Vibrationen von Gabelstaplern, Forschungsbericht HA 83-010 vom März 1983,
  - Akustische Güteprüfung am Beispiel Verbrennungsmotor, Forschungsbericht HA 82-046 vom November 1982,
  - Entwicklung und Erprobung einer lärmarmen Steinfertigungsmaschine, Forschungsbericht HA 84-0049
- Bundesminister des Innern, z.B.
  - Erkennung und Klassierung von Geräuschquellen, Forschungsbericht 10502101 vom Mai 1983
- Umweltbundesamt Berlin, z.B.
  - Stand der Technik bei der Lärmminderung in der Petrochemie, Forschungsbericht 79-105.03-302 vom Dezember 1979
  - Stand der Lärmbekämpfungstechnik bei Müllverbrennungsanlagen und Möglichkeiten der Lärmminderung, Forschungsbericht 10503405 vom Dezember 1982
  - Zusatzdämpfung der Bebauung bei der Schallausbreitung in Wohngebieten, Forschungsbericht 10502604 vom Juli 1983
- Bundesanstalt für Arbeitsschutz und Unfallforschung, z.B.
  - Arbeitswissenschaftliche Erkenntnisse, Handlungsanleitung für die Praxis, Lärmminderung – Anlagen –

- Hauptverband der gewerblichen Berufsgenossenschaften e. V. Bonn, IfL-Institut für Lärmbekämpfung, z. B.
  ● Lärmschutz – Arbeitsblätter
- Bayer. Staatsministerium für Landesentwicklung und Umweltfragen, z. B.
  ● Untersuchung der Geräusch- und Abgasemissionen von verbrennungsmotorgetriebenen Hubstaplern, 1982
  ● Lärmschutzfibel, August 1978
- Ministerium für Arbeit, Gesundheit und Soziales des Landes Nordrhein-Westfalen, z. B.
  ● Lärmschutz bei Kraftwerken, 1981
  ● Lärmschutz an Klärwerken, 1978
  ● Lärmschutz bei Erdölraffinerien, 1977
  ● Lärmschutz an Hochofen- und Sinteranlagen, 1982
  ● Lärmschutz an Elektrostahlwerken, 1980
- Landesanstalt für Immissionsschutz des Landes Nordrhein-Westfalen, z. B.
  ● Luftschalldämmung von Bauelementen für Industriebauten, Heft 4, 1979
  ● Ermittlung der Dämmwirkung von Dachentlüftern für Werkshallen im Einbauzustand unter Berücksichtigung der baulichen Nebenwege, Heft 6, 1979
  ● Hinweis zur Anwendung flächenbezogener Schalleistungspegel, Heft 21, 1982
  ● Beurteilung und Minderung tieffrequenter Geräusche, Heft 38, 1983
  ● Geräusche und Erschütterungen, verursacht durch elektrisch angetriebene Wärmepumpen, Heft 39, 1983
  ● Untersuchung zur Schallausbreitung im Freien, Heft 42, 1983
- Bayerisches Landesamt für Umweltschutz, z. B.
  ● Schallpegelabnahme in einer Freianlage, März 1983
  ● Spezifische Kosten für die Minderung der von gewerblichen Anlagen herrührenden Geräuschimmissionen, August 1979 (Neuauflage 1986)
  ● Einführung in die Lärmmeßtechnik, Heft 1 der Reihe Lärm- und Erschütterungsschutz, Schutz vor Lichteinwirkungen, 1977
  ● Meßfahrzeuge, Auswerteanlage, Meßstation, Heft 2 der Reihe Lärm- und Erschütterungsschutz, Schutz vor Lichteinwirkungen, 1979
  ● 8. Symposium über branchenspezifische Emissionen – Anlagen zur Herstellung von Holzspan- und Holzfaserplatten, Heft 50, 1982
  ● 11. Symposium über branchenspezifische Emissionen – Anlagen zur Herstellung und Bearbeitung von Glas, Heft 64, 1985
- Deutsche Gesellschaft für Mineralölwissenschaft und Kohlechemie e. V. (DGMK), Hamburg, z. B.
  ● Schalldämm-Maße von Prozeßofenwänden, DGMK-Forschungsbericht 313, 1983
  ● Abstrahlmaße verschiedener Bauteile in Verfahrenstechnischen Anlagen, DGMK-Projekt 312, 1983

- Bestimmung des Schallemissionspegels einer Raffineriehochfackel in Abhängigkeit von Betriebsbedingungen, Teilvorhaben 135-03,
- Leitfaden für die akustische Planung von Freianlagen in Raffinerien und petrochemischen Werken, DGMK-Projekt 208
- Flächenbezogene A-Schalleistungspegel von Raffinerien und petrochemischen Werken, DGMK-Projekt 209
- Bestimmung des immissionswirksamen A-Schalleistungspegels einer Freianlage durch Schallmessungen innerhalb der Anlage, DGMK-Projekt 308, Oktober 1983.

3.3.4 Fachwissen in speziellen Einzelgutachten

Durch Regelwerke lassen sich nicht alle vorkommenden Fragestellungen vollständig klären. Gelegentlich wird eine Lärmsituation abweichend von Regelwerken ausschließlich durch den Sachverstand des Gutachters zu beurteilen sein. Dabei kann eine verbale Aussage durchaus wesentlicher Bestandteil eines Gutachtens sein.

Sicher wird man immer versuchen, einheitliche und objektivierbare Maßstäbe zu erarbeiten, z. B. für

– den Tonzuschlag (3 oder 5 dB(A), je nach Auffassung des Gutachters),
– die Beurteilung von Geräuschen mit hohen niederfrequenten Pegelanteilen (z. B. Bezug auf das Hintergrundgeräusch statt nur auf Immissionsrichtwerte i. V. mit der „Auffälligkeit" nach VDI 2058, Bl. 1; siehe LIS-Heft 38 in Ziff. 3.3.3).

3.3.5 Hinweise zur Anwendung der TALärm|VDI 2058, Bl. 1

Der Bundesminister des Innern (BMI) beabsichtigt, die TALärm in ihrer bisherigen Fassung dem neueren Entwicklungsstand anzupassen, sowie um ein Prognoseverfahren und um Emissionskennwerte gewerblicher Anlagen zu erweitern. Die entsprechenden Vorarbeiten werden im Unterausschuß „Lärmbekämpfung" von den Bundesländern durchgeführt. Dabei ist zu prüfen, wie sich die bisherigen Vorschriften der TALärm bewährt haben, welche Bestimmungen einer Ergänzung bedürfen, ob und welche Regelungen u. a. bezüglich eines Prognoseverfahrens und von Emissionskennwerten noch neu aufzunehmen sind und welche Vor- und Nachteile die vorgeschlagenen Änderungen haben werden. Die Regelungen der TALärm haben sich in den bisher 18 Jahren ihrer Anwendung im großen und ganzen bewährt. Eine Konkretisierung bisher für den Vollzug zu unbestimmt gefaßter Begriffe bzw. Kriterien ist jedoch angebracht.

Bemerkenswert ist, daß der Ruf nach einer Neufassung der TALärm nicht so sehr aus den Bereichen Rechtsprechung, Gewerbe- und Industrie oder Schalltechnischer Beratungsbüros kommt, sondern aus einigen für den Immissionsschutz zuständigen Behörden.

Im folgenden werden Interpretationen des Länderausschusses für Immissionsschutz (LAI) als auch Meinungen von Fachleuten zu folgenden Begriffen aufgeführt:

Anwendung der TALärm/VDI 2058 Bl. 1
Auffälligkeit eines Geräusches
Auslastung einer Anlage
Fremdgeräusche
Frequenzbewertungskurve A bei niederfrequenten Schallanteilen hoher Intensität
Immissionsrichtwerte
Maximalpegel
Messungen nach Paragraph 26 BImSchG
Meßunsicherheit
Mitwindwetterlage
Repräsentative Erfassung der Geräuschimmissionen
Seltene Ereignisse
Stand der Lärmbekämpfungstechnik
Statistische Kennzeichnung schwankender Geräuschimmissionen
Summenwirkung
Teilbeurteilungspegel
Tonhaltigkeit
Verdeckung durch ständig einwirkende Fremdgeräusche
Wesentliche Änderung

– **Anwendung** der TALärm/VDI 2058 Bl. 1 als Beurteilungsmaßstab für Lärmimmissionen aus gewerblichen Anlagen [8 und 21]

Bundesland	TALärm	VDI 2058 Bl. 1[8]
Baden-Württemberg	bei Anlagen der 4. BImSchV	zusätzlich bei allen Anlagen
Bayern	bei allen Anlagen[9]	in begründeten Fällen
Berlin	bei Anlagen der 4. BImSchV	bei sonstigen Anlagen
Bremen	bei allen Anlagen	zusätzlich bei allen Anlagen
Hamburg	bei allen Anlagen	in begründeten Fällen
Hessen	bei allen Anlagen	zusätzlich bei allen Anlagen
Niedersachsen	bei allen Anlagen	in begründeten Fällen
Nordrhein-Westfalen	bei Anlagen der 4. BImSchV	bei sonstigen Anlagen
Rheinland-Pfalz	bei allen Anlagen	zusätzlich bei allen Anlagen
Saarland	bei allen Anlagen	in begründeten Fällen
Schleswig-Holstein	bei Anlagen der 4. BImSchV	in begründeten Fällen, bei sonst. Anlagen i. V. mit DIN 45645

[8] meist nur auszugsweise (Ziffern 3.2., 3.3.1, 3.3.2 und 5.4 der VDI 2058 Bl. 1)
[9] für Gaststätten gilt ausschließlich die VDI 2058 Bl. 1.

– **Auffälligkeit** eines Geräusches (Ziff. 1 VDI 2058 Bl. 1)
Die VDI 2058 Bl. 1 bezeichnet ein Geräusch als auffällig, wenn es z. B.
- das Hintergrundgeräusch (L_{95}) insgesamt oder in einzelnen Frequenzbereichen um 10 dB oder mehr überschreitet,
- in Zeiten der Ruhe und Erholung (z. B. nachts, abends, am frühen Morgen oder am Wochenende) auftritt,
- sich durch besondere Ton- oder Impulshaltigkeit aus dem Hintergrundgeräusch oder aus dem gleichmäßigen Grundgeräusch der Anlage heraushebt,
- in seiner Art in der betroffenen Umgebung fremd oder neu ist.

Nach der VDI 2058 Bl. 1 sollten auffällige Geräusche, sofern dies mit angemessenem Aufwand möglich ist, beseitigt, vermindert oder in ihrer Einwirkdauer abgekürzt werden, auch wenn die Richtwerte eingehalten werden.

– **Auslastung** einer Anlage (Ziff. 2.421.2 TALärm)
Technische Anlagen verfügen i. d. R. über Steuereinrichtungen, mit denen die gewünschte Auslastung der Anlage bis zur Kapazitätsgrenze geregelt werden kann. Der schalltechnischen Beurteilung ist entweder
- die durch Bescheid festgelegte oder festzulegende Auslastung der Anlage oder
- die technisch mögliche maximale Auslastung der Anlage, wenn keine rechtlich wirksamen Einschränkungen vorliegen (vgl. Beschluß des Bayer. Verwaltungsgerichtshofs Nr. 276 XXII 78 M 34 XVI 78)

zugrunde zu legen.

– **Fremdgeräusche** (2.422.4 TALärm)
Treten am Meßplatz Geräusche auf, die nicht von der Anlage ausgehen (Fremdgeräusche wie Verkehrslärm), so ist der Wirkpegel zu korrigieren (s. 3.3.2.1).

Bei starken Fremdgeräuscheinwirkungen am Immissionsort kann eine Emissionsmessung mit Berechnung der Immissionen erforderlich werden, besonders dann, wenn der Aufwand für eine Immissionsmessung (z. B. zur Nachtzeit, z. B. durch Sperrung eines Verkehrsweges) unverhältnismäßig zur Aufgabenstellung steht.

– **Frequenzbewertungskurve** A bei niederfrequenten Schallanteilen hoher Intensität (2.13 TALärm)
In der Praxis wurde erkannt, daß Geräusche mit hohen Schallpegelanteilen im tiefen Frequenzbereich (f < 80 Hz), auch bei Einhaltung der Immissionsrichtwerte zu berechtigten Beschwerden führen können. Eine Richtwertangabe, z. B. für den linearen Geräuschpegel, wäre erforderlich, auch für die Dimensionierung von Schallschutzmaßnahmen (s. Darstellungen 3.8 und 3.9).

In Fachkreisen werden folgende Vorschläge diskutiert:
- Der lineare Pegel darf den Immissionsrichtwert um nicht mehr als 20 dB überschreiten.

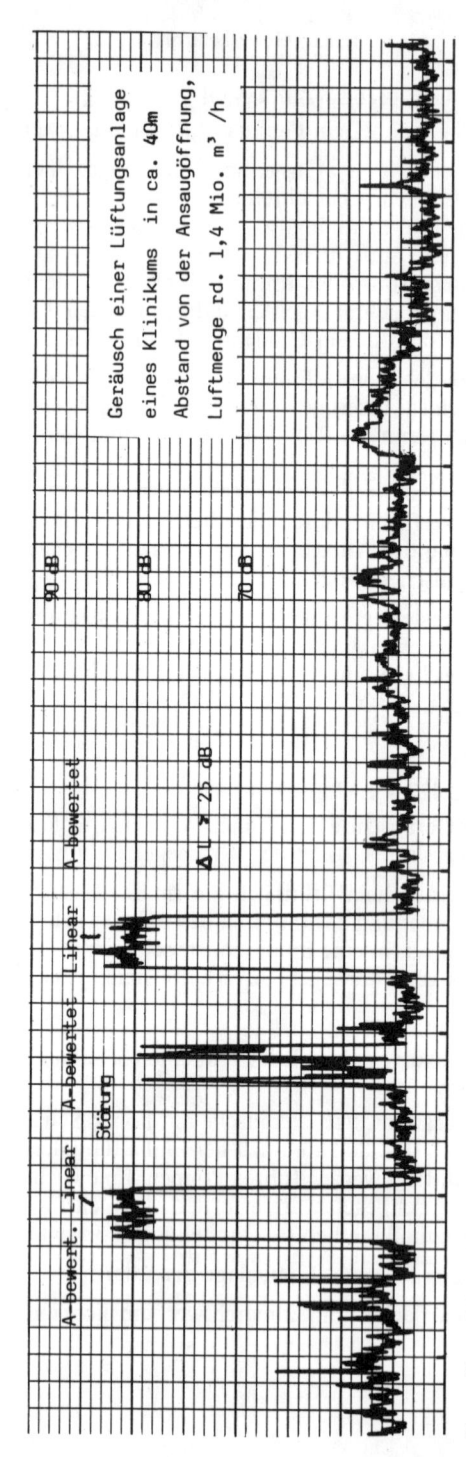

Darstellung 3.8 Schalldruckpegelverlauf eines Geräusches mit niederfrequenten Schallanteilen hoher Intensität

Teil 3 Gewerbelärm 221

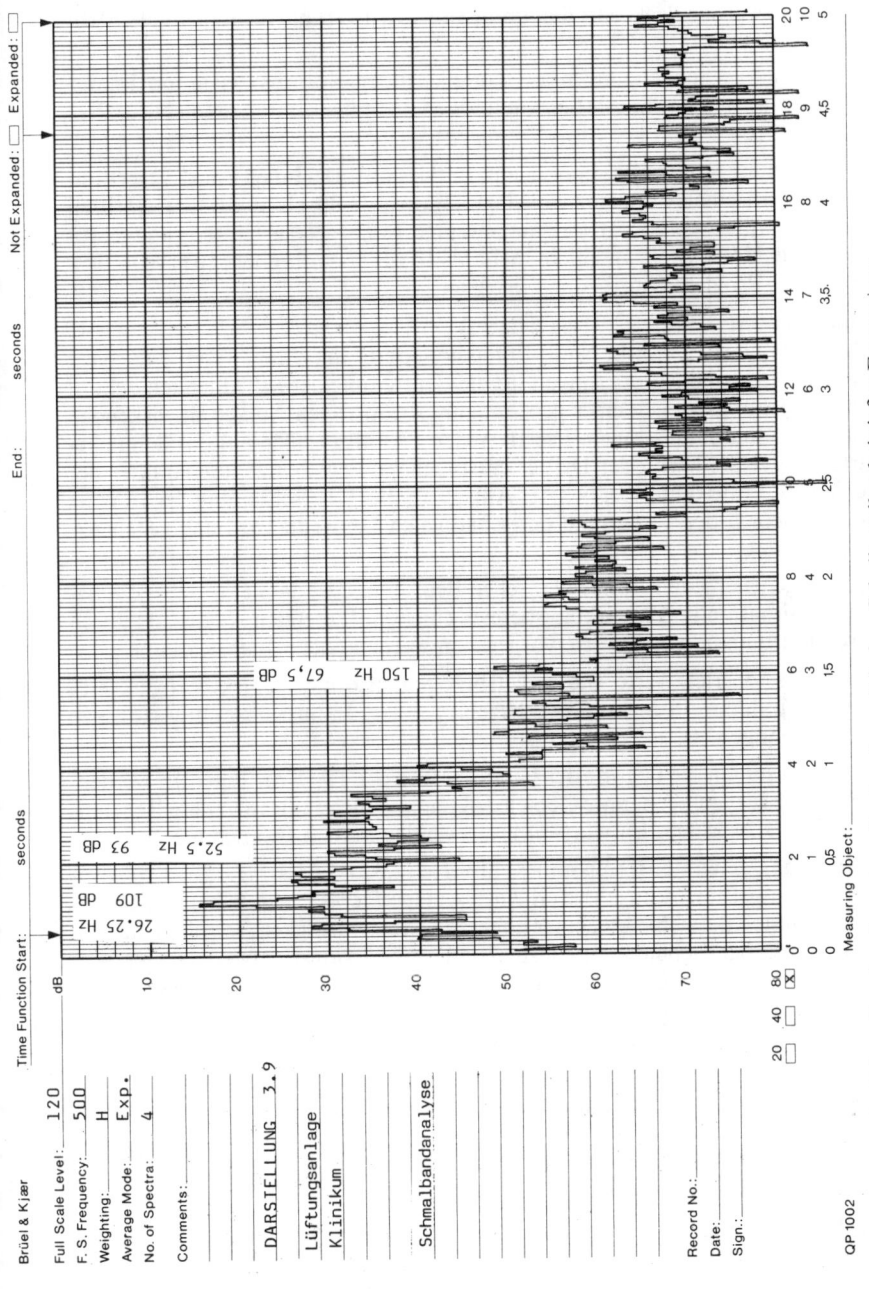

Darstellung 3.9 Schmalbandanalyse eines Geräusches mit hohen Schallanteilen bei tiefen Frequenzen

- Der C-bewertete Pegel darf den Immissionsrichtwert um nicht mehr als 20 dB überschreiten.
- Mechanische Schwingungen an Bauteilen oder Normbauteilen am Immissionsort dürfen bestimmte Schwinggrößen nicht überschreiten (nicht für Prognosen geeignet).
- Der Hintergrundgeräuschpegel am Immissionsort (Innen) darf insgesamt oder in einzelnen Frequenzbereichen um nicht mehr als 10 dB überschritten werden. Vorausgesetzt ist, daß der jeweilige Terzpegel des Hintergrundgeräusches die Hörschwelle um nicht mehr als 10 dB überschreitet [10] (VDI 2058 Bl. 1, für Prognose nur bedingt geeignet).
- **Immissionsrichtwerte** (2.321 TALärm)
„Die IRW der TALärm sind Immissionswerte im Sinne von §48 Nr.1 BImSchG. Sie sind Markierungen für die Beurteilung der Schädlichkeit der auf den Einwirkungsbereich einer genehmigungsbedürftigen Anlage einwirkenden gesamten Schallimmissionen. Die IRW der TALärm stellen auf das Schutzbedürfnis der Nachbarn oder Dritter entsprechend dem Nutzungscharakter der Gebiete im Einwirkungsbereich der Anlage ab. Bei Überschreitung der IRW ist im allgemeinen der Tatbestand der schädlichen Umwelteinwirkung gegeben". [11]

Grundlage einer jeden schalltechnischen Beurteilung ist damit zunächst die Bebauungssituation im Einwirkungsbereich einer emittierenden Anlage, da durch diese die Immissionsrichtwerte vorgegeben werden (siehe auch 6.6.1).

Die Immissionsrichtwerte sind gebietsbezogen, also nicht objektbezogen (z. B. hat ein Wohnhaus in einem Gewerbegebiet andere Immissionsrichtwerte als in einem Wohngebiet).

Allgemein sollten die Begriffe der BauNVO und der TALärm angepaßt werden. Richtwerte für nichtgenannte Gebiete sollten in Anlehnung an andere Regelungen (z. B. DIN 18005, Entwurf 4/81) verwendet werden (s. auch 6.2.2).
- **Änderung geltender Immissionsrichtwerte** (2.323 TALärm)
Werden im Einwirkungsbereich einer Anlage Gebiete neu bebaut oder entwickeln sich Baugebiete zu einer höheren Schutzwürdigkeit, so gelten die zum Zeitpunkt der Genehmigung festgesetzten Immissionsrichtwerte weiter. Anordnungen nach §17 BImSchG sind damit aber nicht ausgeschlossen.
- **Zwischenwertbildung von Immissionsrichtwerten** (2.32 TALärm)
Wenn Bereiche mit unterschiedlichen Immissionsrichtwerten aneinandergrenzen, dann können bei bestandsgeschützten Erweiterungen die maßgebenden Immissionsrichtwerte, auch nach Ausschöpfung des Standes der Technik, nicht immer eingehalten werden. Es gelten dann die Ausführungen zur Lärmsanierung in 3.2.3.5.
- **Maximalpegel** (2.422.6 TALärm)
Zur Kennzeichnung eines Geräusches wird auch der Maximalpegel verwendet (siehe auch 2.2.1).

Die TALärm gibt für die Nachtzeit, die VDI 2058 Bl. 1 für die Tages- und Nachtzeit eine Begrenzung für den Maximalpegel an.

Bei Immissionsorten mit niedrigem Hintergrundgeräusch ist dessen Pegelabstand zum Maximalpegel, auch bei Einhaltung von Richtwerten, oft richtiger Maßstab zur Beurteilung von Belästigungen.

– **Messungen** nach § 26 BImSchG/Abnahmemessungen

Nach § 26 BImSchG kann die zuständige Behörde Emissions- sowie Immissionsmessungen anordnen und dabei Einzelheiten über Art und Umfang der Ermittlungen vorschreiben.

Eine Abnahmemessung dient dem Anlagenbetreiber, der Behörde und dem von Immissionen betroffenen Kreis gleichermaßen und schließt i. d. R. einen Verwaltungsakt ab. Der Abnahme kommt insbesondere beim Lärmschutz eine erhebliche Bedeutung zu, da hier periodische Wiederholungsmessungen die Ausnahme sind.

Abnahmemessungen werden von Meßstellen, die nach § 26 BImSchG bekanntgegeben sind (s. Liste in A.2.3) im Auftrag des Anlagenbetreibers durchgeführt. Die Aufgabenstellung für den Gutachter ist meist als Bescheidauflage nur grob umrissen (Immissionsorte und Immissionsrichtwerte). Die Abschätzung des Kostenaufwands für eine derartige Immissionsmessung wird bei größeren Abständen von Anlagen wegen der unvorhersehbaren Wettereinflüsse zum Risiko. Der Wettbewerb zwingt jedoch zu niedrigen Kostenangeboten, so daß bei unvorhergesehenem Meßaufwand wegen finanzieller Engpässe unpräzise oder regelwidrige Meßberichte entstehen müssen. Bessere Vorgaben für die Abschätzung des Meßaufwandes in Form einer Musterausschreibung sind deshalb dringend erforderlich. Dabei bieten sich für die Aufgabe mehrere Lösungen an:

- Emissionsmessung und Berechnung des Immissionspegels (besonders bei einfachen Ausbreitungsbedingungen)
- Gleichzeitige Emissions- und Immissionsmessung mit Kontrollrechnung
- Messung an einem Ersatzmeßort zwischen Schallquelle und Empfänger mit Umrechnung auf den Immissionsort
- Reine Immissionsmessung nach statistischen Kriterien (s. VDI 3723, Bl. 1).

Die Immissionsmessungen sollten i. d. R. nachts bei klarem Himmel (tagsüber bei bedecktem) und leichtem Mitwind ($0,5\text{ m/s} < v < 5\text{ m/s}$) durchgeführt werden.

Wegen der großen, wetterbedingten Streuung von Schallpegelwerten in größeren Entfernungen von der Schallquelle sollte, vorwiegend aus Kostengründen, einer Emissionsmessung i. V. mit einer Ausbreitungsrechnung künftig der Vorzug gegeben werden (s. auch Fluglärm, Straßenlärm, Schienenlärm).

Neben der meßtechnischen Überprüfung sind bei Abnahmen häufig auch Schallschutzmaßnahmen zu beurteilen. Diese Aufgabe sollte möglichst von der Behörde selbst wahrgenommen werden.

- **Meßunsicherheit** (2.422.5c TALärm)

Wegen der relativ hohen Meßgenauigkeit moderner Meßgeräte ist der Meßunsicherheitsabzug von 3 dB(A) nach der TALärm nicht mehr gerechtfertigt. Die VDI 2058 Bl. 1 gibt deshalb eine gerätebedingte Meßunsicherheit mit ± 2 dB(A) an. Bei der Tagung der Ländermeßstellen 1981 in Essen [10] wurde folgende Vereinbarung erzielt:

- Kein Abzug von 3 dB(A) bei „reinen" Prognosen.
- 3 dB(A)-Abzug beim Beurteilungspegel, der am Immissionsort oder an einem Bezugspunkt meßtechnisch ermittelt wird und anschließend bei der selben Anlage auf einen anderen Abstand (Immissionsort) umgerechnet wird.
- 3 dB(A)-Abzug bei begründeten Sonderfällen, z. B. Prognose mit L_{AFTm} statt L_{AFm}.

- **Mitwindwetterlage** (2.421.2 TALärm)

Für die Schallausbreitung besonders günstige Verhältnisse liegen bei leichtem Wind von der Anlage zum Immissionsort und bei Inversionswetterlagen vor (siehe auch 2.4 und 2.5). Eine leichte Mitwindwetterlage ist dann gegeben, wenn der Wind vom akustischen Mittelpunkt eines Werkes in Richtung Immissionsort mit $v \approx 2$ m/s weht. Abweichungen von dieser Richtung bis $\pm 45°$ gelten noch als Mitwindwetterlage.

Für die Bildung des Beurteilungspegels sollten in der Regel die Meßergebnisse aus 3 leichten Mitwindwetterlagen bzw. Inversionswetterlagen, die sich um nicht mehr als 5 dB(A) unterscheiden, herangezogen werden.

Nach einem Vorschlag von Thomassen könnten die Immissionsrichtwerte bei folgenden Gegebenheiten als eingehalten betrachtet werden [14]:

Wetterlage	Jahresanteil	zulässiger Beurteilungspegel
Mitwind	$\leq$ 5%	IRW +3
Mitwind	5% bis 15%	IRW +2
Mitwind	15% bis 25%	IRW +1
Mitwind	> 25%	IRW

- **Repräsentative Erfassung** der Geräuschimmissionen (2.421 TALärm)

Zum Meßort gibt die TALärm detaillierte Hinweise (siehe Anhang 3.2). Die Meßzeit sollte nach TALärm so gewählt werden, daß typische Betriebsabläufe erfaßt werden und die vorherrschende Wetterlage vorliegt.

Diese Regelung zur Wahl der Meßzeit und der Meßdauer gibt immer wieder Anlaß zu Meinungsverschiedenheiten und hat sich als verbesserungsbedürftig erwiesen. Ziel der Messung muß es sein, die Störwirkung des Geräusches kennzeichnend zu erfassen.

Zuerst müssen Schwankungen im Betriebsablauf richtig in ihrer Auswirkung erfaßt werden. Eine genaue Kenntnis von Betriebsabläufen ermöglicht, genaue

Meßzeiten zu planen und die erforderliche Meßdauer für einzelne Betriebsphasen gut abzuschätzen. Ist der Betriebsablauf nicht bekannt und/oder kann auf diesen kein Einfluß genommen werden, müssen mehrere Messungen an verschiedenen Tagen, z. B. in Anlehnung an die VDI 3723, Bl. 1, durchgeführt werden.

Wegen wetterbedingter Schwankungen der Geräuschimmissionen (Abstand zur Schallquelle größer 50 m bei Gegenwind und größer 100 m bei Mitwind) sollte in der Praxis grundsätzlich bei leichtem Mitwind gemessen werden, da bei dieser Wetterlage am ehesten reproduzierbare Meßwerte auftreten. Auf die tatsächlich gegebenen Windverhältnisse kann dann entsprechend dem Vorschlag unter „Mitwindwetterlage" umgerechnet werden.

– **Seltene Ereignisse** (2.24 TALärm)

Bei seltenen, nicht voraussehbaren, plötzlich eintretenden Lärmereignissen (z. B. Sicherheitsventil eines Kohlekraftwerkes, Notstromaggregat (nicht Probelauf!)) dürfen die Immissionsrichtwerte der TALärm überschritten werden. Als selten können 3–5 Ereignisse pro Jahr angesehen werden.

Tritt ein Lärmereignis vorhersehbar aber unregelmäßig selten auf (Dampfausblaseleitung eines Kessels beim Anfahren, Sicherheitsventile bei einer Müllverbrennungsanlage mit mehreren Ofenlinien), dann handelt es sich nicht mehr um einen Notfall nach 2.24 TALärm.

– **Stand der Lärmbekämpfungstechnik** (2.31 TALärm)

Der Stand der Technik wird durch einschlägige technische Richtlinien konkretisiert. Mit dem Fortschritt der Technik ergeben sich jedoch ständig Neuerungen, so daß im Einzelfall die Konkretisierung dieses Begriffs vom neuesten Wissensstand beeinflußt wird.

Die TALärm beschreibt den Stand der Technik mit „fortschrittlichen vergleichbaren Lärmschutzmaßnahmen, die sich im Betrieb bewährt haben (insbesondere verfahrens- oder bautechnischer Art sowie lärmmindernde Einrichtungen)".

Diese Definition ist überholt durch § 3 (6) BImSchG, wonach gilt: „Stand der Technik im Sinne dieses Gesetzes ist der Entwicklungsstand fortschrittlicher Verfahren, Einrichtungen oder Betriebsweisen, der die praktische Eignung einer Maßnahme zur Begrenzung von Emissionen gesichert erscheinen läßt. Bei der Bestimmung des Standes der Technik sind insbesondere vergleichbare Verfahren, Einrichtungen oder Betriebsweisen heranzuziehen, die mit Erfolg im Betrieb erprobt worden sind."

Bei der Beurteilung des Standes der Technik können nach Feldhaus [15] 10 Kriterien geprüft werden:

1. Wirksamkeit hinsichtlich der Emissionsbegrenzung
2. Anlagen-Sicherheit
3. Anlagen-Verfügbarkeit
4. Wartungsaufwand
5. Lebensdauer der Anlage

6. Berücksichtigung von An- und Abfahrvorgängen
7. Energieaufwand
8. Investitions- und Betriebskosten (für die Frage: Ist bei extrem hohen Kosten ein Verfahren noch eine vernünftige technische Lösung?)
9. Erzeugung neuer Emissionen
10. Medienübergreifende Emissionsverlagerung (z. B. geringere Staubemissionen bei erhöhten Lärmemissionen)

Für die Durchsetzbarkeit des Standes der Technik im Vollzug wird auch der Pegelabstand der Geräuschimmissionen einer Anlage zu den maßgebenden Immissionsrichtwerten zu beachten sein. Bei kaum oder nicht mehr wahrnehmbaren Immissionen ist die Durchsetzung des Standes der Technik bereits unverhältnismäßig.

In dem vom Umweltbundesamt erstellten Bericht „Lärmbekämpfung '81" wurde der Stand der Lärmbekämpfungstechnik in der Bundesrepublik Deutschland dargestellt [29].

– **Statistische Kennzeichnung** schwankender Geräuschimmissionen (2.421.2 TALärm)

Zur Kennzeichnung schwankender Geräuschimmissionen ist eine Mittelwertbildung erforderlich, wobei die Geräuschsituation repräsentativ zu erfassen ist. Bei Messungen und Auswertungen nach den Vorschriften der TALärm und der VDI 2058 Bl. 1 führt man, je nach Fragestellung, Messungen an mehreren Tagen durch und mittelt die Meßergebnisse (s. auch Mitwindmittelungspegel).

Verfeinerte Meß- und Auswertemethoden beschreibt die VDI 3723 Bl. 1 E. In dieser Richtlinie werden die Meßwerte

L_{AFm} (Mittelungspegel),
L_{AF95} (Hintergrundpegel),
L_{AF1} (seltene Geräuschspitzen)

verwendet und aus ihren Verteilungen Kennwerte (L_{10}, L_{50}, L_m, L_{90}) bestimmt (siehe auch 2.2.1).

Damit erhält man eine reproduzierbare Kennzeichnung der Geräuschimmissionen an einem Meßort durch Kennwerte und deren Vertrauensbereiche.

Zur Schätzung der Mittelungspegel (L_m) und der Überschreitungspegel L_{10}, L_{50}, L_{90}, jeweils mit Vertrauensbereich bei unbekannter Verteilung, beträgt die Mindestanzahl von Meßwerten[10] nach dem Entwurf der VDI 3723, Bl. 1 i. a.:

– beim Mittelungspegel: 5
– beim Überschreitungspegel L_{50}: 3
– beim Überschreitungspegel L_{10}: 21
– beim Überschreitungspegel L_{90}: 22

---

[10] entspricht i. a. Meßtage.

Teil 3 Gewerbelärm   227

- **Summenwirkung** (s. auch 6.2.6 und 6.3.2)

Die Immissionsrichtwerte gelten für die Summe der Geräusche aller Einzelanlagen i. S. von §§ 1, 48 BImSchG (s. auch Beschluß des Bayer. Verwaltungsgerichtshofes [4]).

Bei der schalltechnischen Begutachtung im Rahmen von immissionsschutzrechtlichen Genehmigungsverfahren muß der durch die Immissionsrichtwerte (IRW) und die Ausbreitungsverhältnisse vorgegebene zulässige Gesamtschalleistungspegel – das Gesamtgeräuschkontingent – auf verschiedene Firmen, Anlagen und Anlagenteile umgelegt werden (Einzelkontingente: L_r (zulässig), L_{WA} (zulässig)).

Folgende Verteilungskonzepte bieten sich an:

1. Summenbetrachtung

(3.3) L_r (zulässig) $\leq$ IRW $\perp$ L_r (vorhanden) [dB(A)]

* im wesentlichen nur verbale Beschreibung (lg-Subtraktion!)

2. Pegelabstandsbetrachtung

(3.4) L_r (zulässig) $\leq$ IRW $-$ 10 [dB(A)]

* einfach anwendbar, aber schematisch; für große Vorhaben zu streng, für kleine zu wenig streng

3. Flächenbetrachtung

(3.5) L_{WA} (zulässig) $= L_{WA}''$ (Baugebiet) $+ 10 \lg F$ (Betrieb) [dB(A)]

L_{WA}'': Flächenschalleistungspegel in dB(A)/m²; für Industriegebiete mit Betriebsanlagen, die nach dem Stand der Technik errichtet werden, beträgt $L_{WA}'' = 65$ dB(A)/m²

* anwendbar bei Planungen von Betrieben in unbebauten Gebieten, nicht für Teilanlagen bzw. Einzelanlagen; ungünstig bei lärmintensiven Kompaktanlagen oder leisen großflächigen Betrieben; kostenbezogenes Lärmkontingent (Grundstückskosten)

4. Summenbetrachtung detailliert (siehe auch 6.2.3)

(3.6) L_k (zulässig) $\leq$ IRW $- 10 \lg \sum_{i=1}^{N} \left(\dfrac{g_i(r_k)^2}{g_k(r_i)^2} \cdot 10^{0,1(\Delta_k - \Delta_i)} \right)$ [dB(A)]

Voraussetzung (durch g wieder auflösbar):

(3.7) $L_i + \Delta L_i = L_k + \Delta L_k = L_{W0}$ [dB(A)]

Zur Bedeutung der Zeichen:

L_k: zulässiger Teilbeurteilungspegel für die Anlage k
g_i, g_k: Gewichtungsfaktoren, abhängig von der Größe der Anlage, von Kosten etc. einzusetzen
r_i, r_k: Abstand der i-ten, k-ten Schallquelle zum Immissionsort
Δ_i, Δ_k: Transmission (Gl. 2 VDI 2714 E)
N: Anzahl der gesamten Anlagen
L_{W0}: Bezugsschalleistungspegel
$\Delta L_i, \Delta L_k$: Pegeldifferenz der i-ten, k-ten Schallquelle zum Bezugsschalleistungspegel

* mathematisch sauber formulierte Summenbetrachtung, umfassend und flexibel; in der Praxis Probleme bei der Gewichtung und bei der Datenbeschaffung (siehe auch Teil 6.3.2).

– **Teilbeurteilungspegel**

Der Teilbeurteilungspegel beschreibt die Wirkung einer Geräuschquelle auf die Gesamtgeräuschsituation. Neben der Höhe des Schallpegels gehen in diese Größe bereits die Einwirkzeiten und besondere Merkmale der Schallquelle (z. B. Tonhaltigkeit) mit ein.

Umgekehrt kann ein verfügbarer Geräuschanteil = Teilbeurteilungspegel (z. B. um k-dB verminderter Immissionsrichtwert) einer bestimmten Geräuschquelle zugeordnet werden. Die Schallschutzmaßnahmen an dieser Geräuschquelle und deren Betrieb sind dann so zu gestalten, daß dieser zulässige Teilbeurteilungspegel nicht überschritten wird.

Häufig werden statt eines Teilbeurteilungspegels auch zulässige Schalleistungspegel für Einzelanlagen bzw. Anlagengruppen angegeben. Der Vorteil der Schalleistungsangabe ist die relativ einfache Nachprüfbarkeit dieses Wertes, da hier Einwirkzeiten, Ausbreitungsbedingungen und besondere Beurteilungsvorschriften (z. B. Ruhezeitenzuschlag) bei der Messung und Auswertung nicht mehr beachtet werden müssen. Diese Faktoren werden bereits bei der Festlegung des Schalleistungspegels im Rahmen einer schalltechnischen Prognose berücksichtigt (zum Begriff Schalleistungspegel siehe auch Anhang 3.23–3.25).

– **Tonhaltigkeit** (2.422.3 TALärm)

In einem Terzspektrum kann ein deutlich hervortretender Einzelton (s. Darstellung 3.10) den Pegel seiner Terz (s. Darstellung 3.11) gegenüber den benachbarten Terzpegeln um 5 dB und mehr erhöhen (s. DIN 45645 T1 und VDI 2058 Bl. 1). Die Höhe des Tonhaltigkeitszuschlages beträgt nach TALärm bis zu 5 dB(A), nach VDI 2058 Bl. 1 und DIN 45645 T1 3 oder 6 dB(A), abhängig von der subjektiven Beurteilung des Gutachters, da geeignete objektive Maßstäbe fehlen (siehe auch 2.2.7).

In der Regel können tonhaltige Geräusche durch Schutzmaßnahmen, die dem Stand der Technik entsprechen (z. B. Resonatorschalldämpfer bei Gebläsen), vermieden werden. Sofern dennoch tonhaltige Geräusche zu bewerten sind,

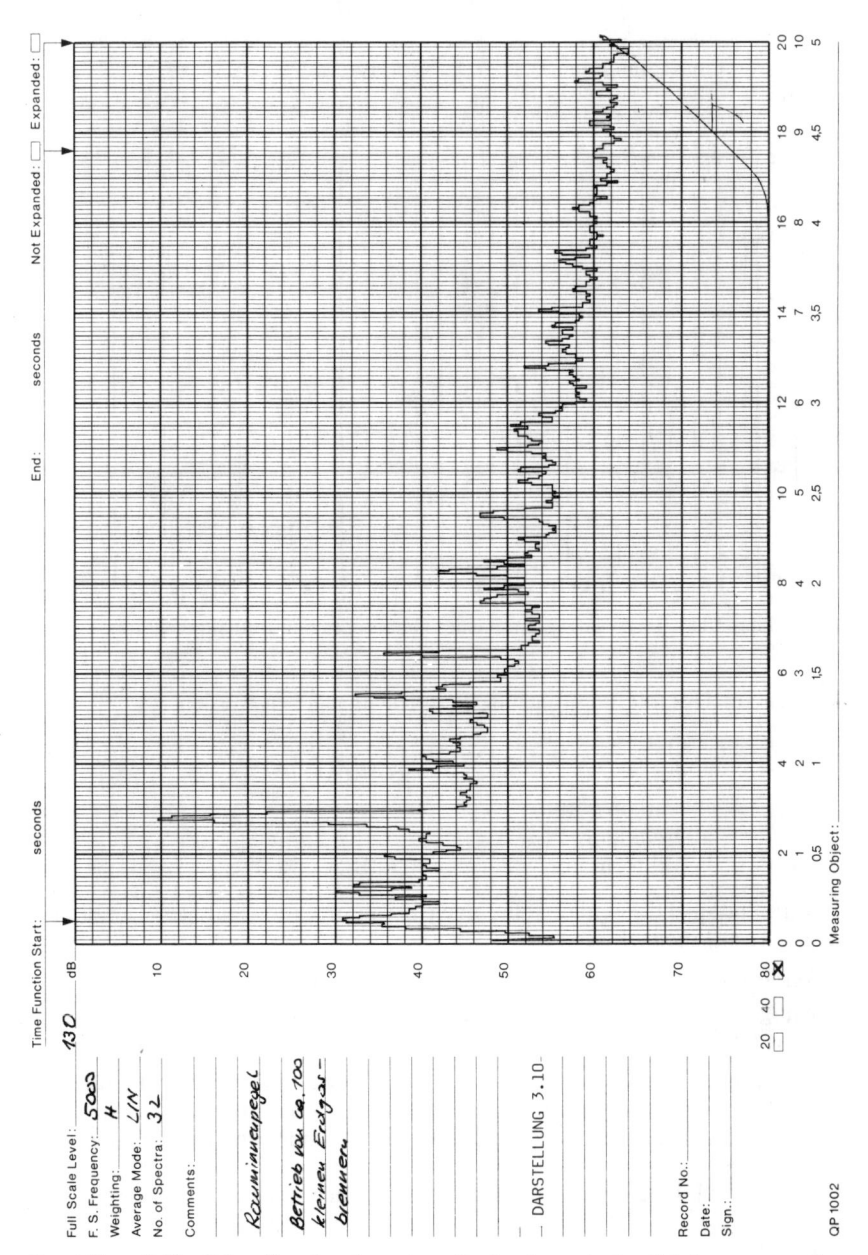

Darstellung 3.10 Schmalbandanalyse eines Geräusches mit deutlich hervortretendem Einzelton

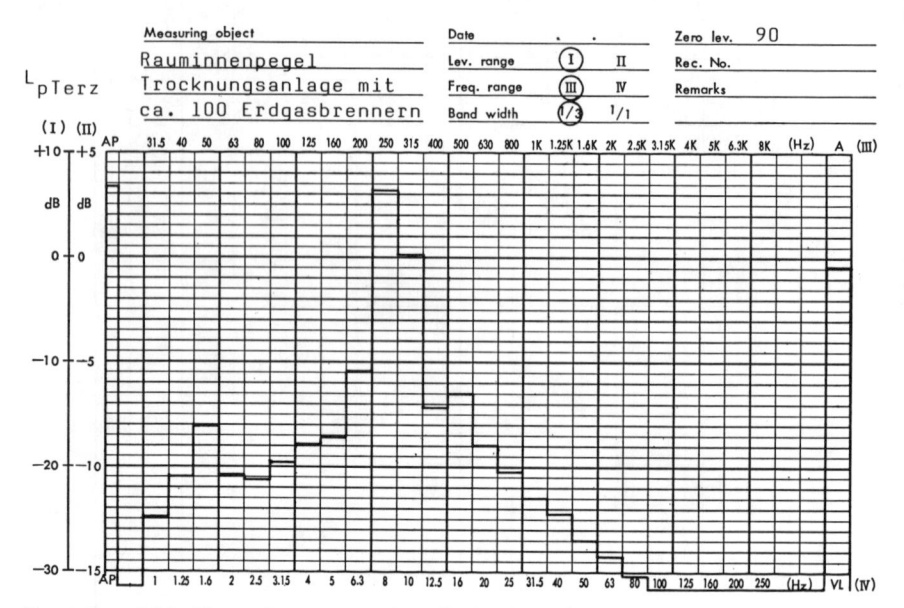

Darstellung 3.11 Terzspektrogramm eines Geräusches mit Tonhaltigkeit

können zur Orientierung folgende Beispiele angegeben werden:

    Kreissäge,
    Sirene: +5 dB(A)
    Ventilator mit
    Drehklang,
    Traktormotor: +3 dB(A).

Ein Tonhaltigkeitszuschlag sollte auch bei informationshaltigen Geräuschen (z. B. Musik) möglich sein.

— **Verdeckung** durch ständig einwirkende Fremdgeräusche (2.213 TALärm)
Fremdgeräusche (Verkehrsgeräusche) wirken dann ständig ein, wenn sie zu mindestens 90% der zu beurteilenden Betriebszeit der Anlagen auftreten.

Eine Verdeckung ist zu erwarten, wenn das Fremdgeräusch in seiner Frequenzzusammensetzung und seinem Pegelverlauf dem Anlagengeräusch ähnlich ist und der Schallpegel des Fremdgeräusches stets mindestens 3 dB(A) über dem Anlagengeräusch liegt (Vergleich der Momentanpegel). Impulshaltige Geräusche oder auffällige Einzeltöne der Anlage können noch deutlich hörbar sein, wenn ihr Pegel 10 dB(A) unter dem momentanen Pegel des Fremdgeräusches liegt [11].

Eine Definition auf der Grundlage statistischer Kenngrößen, unter der Voraussetzung, daß kein Einzelton auftritt, lautet nach dem 5. Vorentwurf der VDI 3723, Bl. 2 vom November 1983:

Ständig einwirkendes Fremdgeräusch i. S. der VDI 2058 Bl. 1 ist dann gegeben, wenn das Gesamtgeräusch durch das zu beurteilende Geräusch nicht wesentlich verändert wird. Das ist dann der Fall, wenn nach Hinzukommen des zu beurteilenden Geräusches alle Kenngrößen des Fremdgeräusches nur weniger als 3 dB unter den entsprechenden Kenngrößen des Gesamtgeräusches liegen.

– **Wesentliche Änderung** (2.22 TALärm)

Die Lärmverhältnisse werden dann wesentlich verändert, wenn sich die von der Anlage verursachten Immissionen (Beurteilungspegel) durch die Änderung der Lage, der Beschaffenheit oder des Betriebs der Anlagen um ± 3 dB(A) oder mehr verändern oder wenn die Immissionsrichtwerte durch die Geräusche der Anlage erstmals oder zusätzlich überschritten werden. Auch ohne Änderung der Meßwerte, z. B. durch hinzutretende Einzeltöne, kann sich der Beurteilungspegel erheblich erhöhen und damit den Tatbestand der wesentlichen Änderung nach § 15 BImSchG begründen [11].

Zusätzlich können auch eine Änderung des Hintergrundgeräusches oder auffällige Pegelspitzen eine wesentliche Änderung der Geräuschsituation verursachen.

Bei der schalltechnischen Beurteilung von Großanlagen mit ständigen Änderungsvorhaben kann folgende Vorgehensweise hilfreich sein:

Aus dem verfügbaren Lärmkontingent L_r (Immissionsrichtwert, verminderter Immissionsrichtwert oder Lärmsanierungswert) und der Gesamtzahl bestehender Schallquellen n wird ein nennenswerter Immissionsanteil

(3.8) $L_{rn} = L_r - 10 \lg n$

definiert. Als nicht nennenswert gilt eine Schallquelle mit einem um 5 dB(A) niedrigeren Wert. Bei der schalltechnischen Beurteilung eines Vorhabens mit einem Lärmanteil L_{ri} wird dann wie folgt verfahren:

– Schallschutzmaßnahmen entsprechend dem Stand der Technik kommen zur Ausführung

– Immissionsanteile nicht nennenswerter Schallquellen werden aufsummiert

– (3.9) $L_{rn} - 5 < L_{ri} < L_{rn}$: Mitteilung gem. § 16 BImSchG

– (3.10) $L_{ri} > L_{rn}$: Verfahren gem. § 15 BImSchG.

(3.11) Falls $L_{ri} < L_{rn} + 10$ Verfahren gem. § 15 (2) BImSchG (ohne Auslegung)

3.4 Ermittlung der Lärmimmissionen

3.4.1 Schalltechnische Immissionsprognose

3.4.1.1 Anwendungsfälle und Aufgabenstellung

Eine Prognose muß im Planungsfall erstellt werden bei
- Neugenehmigungen,
- Erweiterungsgenehmigungen und Änderungsgenehmigungen.

Die durch eine geplante Anlage verursachten Lärmimmissionen (Beurteilungspegel, Teilbeurteilungspegel) sind unter Berücksichtigung baulicher und örtlicher Gegebenheiten zu bestimmen. Neben der Angabe von

- Beurteilungspegeln und
- Teilbeurteilungspegeln können auch Aussagen zur
- Frequenzzusammensetzung der Geräusche, zur
- Impulshaltigkeit, zu
- Maximalpegeln, zur
- Pegelhäufigkeitsverteilung[11] und zur
- bestehenden Geräuschsituation (Vorbelastung) erforderlich sein.

Abhängig vom Ergebnis der Prognose und vom jeweiligen Stand der Lärmbekämpfungstechnik sind Schallschutzmaßnahmen anzugeben.

3.4.1.2 Vorgehensweise

3.4.1.2.1 *Lösungsweg allgemein*

- Erfassung der örtlichen Gegebenheiten
- Messung der Lärmvorbelastung (siehe auch 2)
- Erfassung der betriebs- und bautechnischen Daten (s. Anhang 3.15)
- Berechnung der zulässigen Immissionsanteile für das Vorhaben (aus tatsächlicher und planerischer Vorbelastung)
- Berechnung der Immissionsanteile durch das Vorhaben bei der vorgesehenen baulichen und technischen Ausführung
- Dimensionierung ggf. notwendiger weiterer Schallschutzmaßnahmen

3.4.1.2.2 *Ermitteln der schalltechnischen Kenngrößen*

Für die Gesamtanlage oder für Teilanlagen sind Kenngrößen, z. B. Schalleistungspegel[12], Halleninnenpegel, Frequenzspektren, zu erarbeiten. Dabei kann auf die

---

[11] Prognoseverfahren hierzu sind im Rahmen der Arbeiten zur VDI 3723 Bl. 2 in Entwicklung
[12] Erläuterungen zum Schalleistungspegel sind in Anhang 3.23 mit 3.25 enthalten (siehe auch 2.2.6).

- Fachliteratur, auf
- technische Richtlinien, auf
- eigene Messungen an Vergleichsanlagen und auf
- Herstellerangaben zurückgegriffen werden.

Die Schallemissionen verschiedener Industrie- und Gewerbeanlagen zeigt beispielhaft folgende Darstellung 3.12:

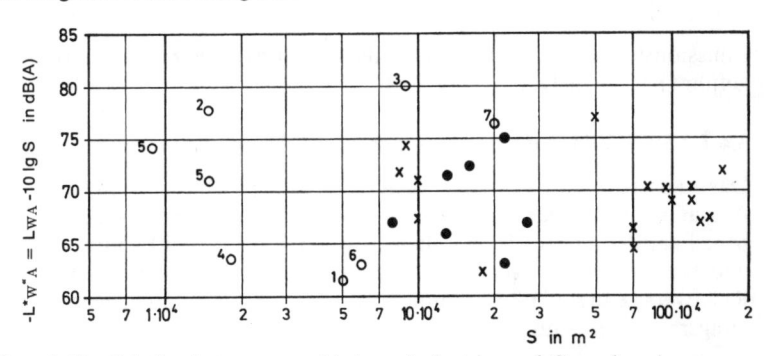

Darstellung 3.12 Schallemissionen verschiedener Industrie- und Gewerbeanlagen
s: Werksfläche ● Kraftwerke
x: Petrochemie, Chemie, Raff. x versch. Industrie

Eine Gegenüberstellung von Emissionswerten bestehender Anlagen mit Emissionswerten von schalltechnisch fortschrittlich behandelten Anlagen zeigt Darstellung 3.13, entnommen aus [29].

Kennzeichnende Geräuschemissionswerte (Schallleistungspegel) von Anlagen

Anlagentyp	Emissionswerte bestehender Anlagen in dB (A)	mit vertretbarem Aufwand erreichbare Emissionswerte fortschrittlicher Anlagen in dB (A)
Autowaschanlagen	89–107	89
Betonteilefertigung	103–120	–
Bitumenmischanlagen	112–121	107–113
Petrochemische Anlagen (ca. 1 km^2)	130	122
Schornsteine (bezogen auf 1 MW Leistung)	71–108	–
Müllverbrennungsanlagen (Durchsatz 30 t/h)	bis 115	bis 95

Darstellung 3.13 Kennzeichnende Geräuschemissionswerte (Schallleistungspegel) von Anlagen

Literaturwerte sind häufig Mittelwerte, z. T. mit Angabe des Streubereichs. Eigene Schallpegelmessungen an Vergleichsanlagen sind deshalb einer reinen „Literaturprognose" vorzuziehen. Die Fülle von möglichen geräuschemittierenden Anlagen erfordert die Bestimmung der Kenngrößen im Einzelfall unter genauer Beachtung der Randbedingungen (siehe auch 6.4.1.2).

In diesem Beitrag werden deshalb Emissionswerte nur beispielhaft im Anhang 3.10–3.13 angegeben.

Emissionswerte einer Schallquelle, die erst in neuerer Zeit zu Lärmproblemen geführt hat, zeigt Darstellung 3.14.

3.4.1.2.3 Bestimmung der Emissionen und der Immissionen

Das zu erwartende Spektrum des Schalldruckpegels kann in einem bestimmten Abstand von der Quelle aus dem Spektrum des Schalleistungspegels der Quelle berechnet werden. In vielen Fällen, insbesondere bei breitbandigen Geräuschen und bei größerem Pegelabstand der prognostizierten Lärmimmissionen zum Richtwert genügt die Berechnung mit A-bewerteten Schallgrößen. Die Berechnungsmethoden sind

– für Schallquellen in Räumen: VDI 2571[13] und
– für Schallquellen im Freien: VDI 2714 E.[14]

Größere Anlagen werden in Teilemittenten aufgespalten, deren Immissionsanteile gesondert berechnet werden.

Die Abweichungen des Prognosewertes vom Meßwert bei Berechnungen nach VDI 2714E wurden von Thomassen [32] untersucht. Man erhält bei bodennahen Einzelschallquellen folgende Standardabweichungen:

$\sigma = 1 \ldots 10$ dB bei breitbandigen Geräuschen,

$\sigma = 5 \ldots 10$ dB bei schmalbandigen Geräuschen (250–500 Hz), wobei die höheren σ-Werte jeweils bei Abständen größer 200 m und Empfängerhöhen kleiner 2 m auftreten.

---

[13] siehe Berechnungsbeispiel am Ende dieses Abschnitts und Auszüge aus der VDI 2571 im Anhang 3.15 mit 3.18 sowie bei 1.13.

[14] siehe Auszüge aus der VDI 2714 im Anhang 3.19. Die Verabschiedung der VDI 2714E als Weißdruck ist für 1986 zu erwarten. Da sich die Richtlinie bisher bewährt hatte, werden lediglich leichte Veränderungen bei der Beschreibung des Bodeneinflusses und bei der Einfügungsdämpfung von Schallschirmen im Weißdruck zu berücksichtigen sein. Außerdem wird auf die Richtwirkung von Schallquellen und auf Reflexionen detaillierter als bisher eingegangen.
Auch die Verabschiedung der VDI 2720 Bl.1E als Weißdruck ist für 1986 zu erwarten. Gegenüber der bisherigen Entwurfsfassung soll das Abschirmmaß bei Einfachbeugung mit C1 = 3 und C2 = 40, falls keine Spiegelschallquelle vorhanden, berechnet werden. Bei Mehrfachbeugung ergibt sich das Abschirmmaß aus der Einfachbeugung + 5 dB. Weiterhin wurde der Korrekturfaktor für Witterungseinflüsse modifiziert.

Teil 3 Gewerbelärm

PROGNOSEVERFAHREN FÜR DEN MITTELUNGS- UND BEURTEILUNGSPEGEL (in Oktavpegeln / Terzpegeln)

Ort der Schallquelle	im Freien	im Gebäude
Berechnungsgrundlage	VDI 2714 E	VDI 2571
Mittenfrequenz von...bis..	Terz 50 bis 10000 Hz Oktave 63 bis 8000 Hz	Oktave 125 bis 4000 Hz
vereinfachte Abschätzformel für den Mittelungspegel im Abstand s von der Schallquelle	$L_s = L_w - \Delta L_s - \Delta L_x$ *)	$L_s = L_I - R' - 6 - \Delta L_s - \Delta L_x$ *)
	*) beinhaltet alle Einflußgrößen auf die Schallausbreitung außer L_s	
Ausgangsgröße je Mittenfrequenz	L_w	L_w, L_I, R'
Raumwinkelmaß K_Ω , i.a. Halbkugel mit $\Omega = 2\pi$	$K_\Omega = 10 \lg 4\pi/\Omega$ Ω = Raumwinkel	
Richtwirkungskorrektur	ΔL_z = 0;5;10;20 dB (s.Anhang 3.18) und je nach Schallquellenart	
Luftabsorption	siehe 1.9	
Boden-und Wettereinflüsse (für Mitwindwetterlage)	Kurve 3 der VDI 2714 E (siehe 1.9)	
Bewuchsdämpfung	siehe 1.9 (künftig 5dB/100m,höchstens 10dB)	kann wie bei VDI 2714 E angesetzt werden
Bebauungsdämpfung	0.01 bis 0.1 s_G (siehe 1.9) mit s_G= Schallweg durch die Bebauung hindurch. -für Industriebebauung 0.04-0.05 -für lockere Wohnbebg. 0.015 s_G insgesamt höchstens 10 dB	
Abschirmung	nach VDI 2720,Bl.1 (siehe 1.9)	
Zwischenwert je Mittenfrequenz	Oktav- oder Terzpegel im Abstand s von der Schallquelle	

Pegelabzug für die A-Bewertung	50	63	80	100	125	160	200	250	315	400	500	630	Hz
	30,2	26,2	22,5	19,1	16,1	13,4	10,9	8,6	6,6	4,8	3,2	1,9	dB
	800	1000	1250	1600	2000	2500	3150	4000	5000	6300	8000	10000	Hz
	0,8	0	-0,6	-1,0	-1,2	-1,3	-1,2	-1,0	-0,5	0,1	1,1	2,5	dB

Aufsummierung der Terz- oder Oktavpegel	$L_m = 10 \lg \sum 10^{0,1 L_i}$ /dB(A)/
Tonhaltigkeitszuschlag	0; 3; 5 dB(A) nach TALärm
Berücksichtigung der Einwirkzeit der Schallquelle	$\Delta L_T = 10 \lg (t_e / T_R)$ t_e = Einwirkzeit T_R = Beurteilungszeit
Endwert	Beurteilungspegel

PROGNOSEVERFAHREN FÜR DEN MITTELUNGSPEGEL UND BEURTEILUNGSPEGEL (A - bewertet)

Ort der Schallquelle	im Freien	im Gebäude
Berechnungsgrundlage	VDI 2714 E	VDI 2571
vereinfachte Abschätzformel für den Mittelungspegel im Abstand s von der Quelle	$L_s = L_{WA} - \Delta L_s - \Delta L_x$ *)	$L_s = L_I - R_w' - 4 - \Delta L_s - \Delta L_x$ *)
Ausgangsgröße	L_{WA}	L_{WA}, L_I, R_w'
Abstandsmaß (bei Vollkugelabstahlung ist $\Omega = 4\pi$)	$L_s = 10 \lg (4\pi s^2 / 1m^2)$ s : Abstand	$L_s = 10 \lg(4\pi s^2 / S)$ s : Abstand S : Bauteilfläche
Raumwinkelmaß K_Ω (bei Industrieschallquellen ist i.a. $\Omega = 2\pi$ o.kleiner)	$K_\Omega = 10 \lg (4\pi /\Omega)$ Ω : Raumwinkel	
Richtwirkungskorrektur	ΔL_z = 0; 5 ; 10 ; 20 dB (siehe Anhang 3.18) und je nach Schallquellenart (aus Richtwirkungsdiagramm)	
Luftabsorption	0,22 dB / 100 m (bei 500Hz, 10°C, 70 % rel.F.) (siehe 1.9)	
Boden- und Wettereinflüsse	Kurve 3 der VDI 2714 E für Mitwindwetterlage (siehe 1.9)	
Bewuchsdämpfung	5 dB / 100 m Schallweg , höchstens 10 dB (siehe 1.9)	
Bebauungsdämpfung (bei bodennahen Quellen)	0.01 s_G bis 0.1 s_G (siehe 1.9) mit s_G : Schallweg durch die Bebauung hindurch - für Industriebebauung : 0.04 bis 0.05 s_G - für lockere Wohnbebauung : 0.015 s_G insgesamt höchstens 10 dB	
Abschirmung	nach VDI 2720 Bl.1 (siehe 1.9)	
Zwischenwert	Mittelungspegel im Abstand s von der Schallquelle	
Tonhaltigkeitszuschlag	0 ; 3 ; 5 dB(A) nach TALärm	
Berücksichtigung der Einwirkzeit der Quelle	$L_T = 10 \lg (t_e / T_R)$ mit t_e = Einwirkzeit T_R = Beurteilungszeit	
Endwert	Beurteilungspegel	

*) alle Einflußgrößen für die Schallausbreitung außer dem Abstandsmaß

Teil 3 Gewerbelärm 237

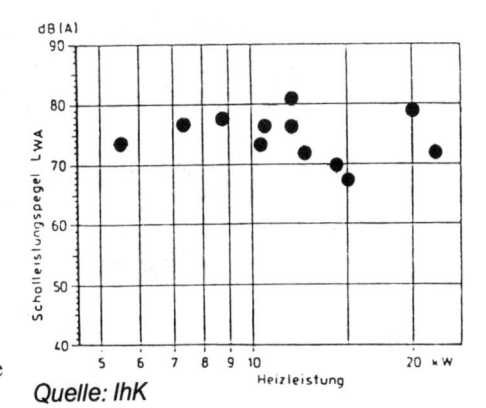

Darstellung 3.14 Geräuschkennwerte von Wärmepumpen **Quelle: IhK**

Nach einer Studie des TÜV-Rheinland [34] beträgt der Gesamtfehler zwischen Prognose und Messung (leichter Mitwind zur Nachtzeit, Abstand 1000 m, Empfängerhöhe kleiner 20 m) höchstens 5 dB für den Mittelungspegel bei einer statistischen Sicherheit von 85%.

Werden die Geräuschimmissionen A-bewertet berechnet und gemessen, so ergibt sich bei breitbandig abstrahlenden Geräuschquellen eine Standardabweichung von Prognose- zu Meßwert von kleiner 1 dB(A) [33]. In vielen Fällen genügt deshalb die weniger aufwendige Berechnung mit den A-bewerteten Schalleistungspegeln und den bewerteten mittleren Bauschalldämm-Maßen.

Zur richtigen Bestimmung der Wirkung von Abschirmeinrichtungen[15], von Bewuchs- und Bebauungsdämpfung ist die Kenntnis des kreisbogenförmigen Schallweges erforderlich. Dieser Schallweg kann wie folgt berechnet werden:

R: Radius des Schallstrahls
2a: Entfernung Quelle – Immissionsort
b: Höhe des Strahles im Abstand c vom Empfänger/von der Quelle

(3.12) $\quad h = R - \sqrt{R^2 - a^2}$
(3.13) $\quad h - b = R - \sqrt{R^2 - (a-c)^2}$
(3.14) $\quad R^2 = a^2 + ((2ac - c^2 - b^2)/2b)^2$

(3.15) $\quad R \approx a \cdot c / b \quad$ (siehe Darstellung 3.15)

Nach VDI 2714 E wird mit R = 5000 m gerechnet.

---

[15] Zur Berechnung von Abschirmanlagen siehe Auszüge aus der VDI 2720 Bl.1E im Anhang 3.20.

Darstellung 3.15 Schallstrahlenberechnung

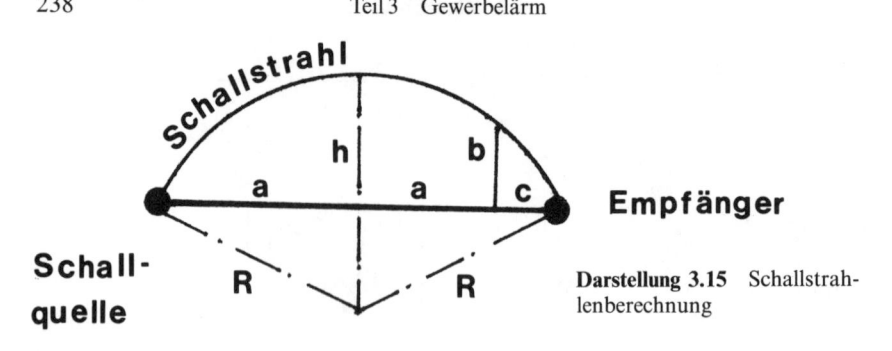

Beispiel:
Oktavschallpegel einer Fassade eines Müllbunkers mit einer Fläche von 110 m² in 190 m Abstand (nach VDI 2571)

Frequenz	32	63	125	250	500	1000	2000	4000	Hz
unbewerteter Oktavschalldruckpegel (Innen)	79	79	80	82	77	77	77	74	dB
A-bewerteter Oktavschalldruckpegel (Innen)	40	53	64	73	74	77	78	75	dB(A)
Dämmung Bauteil	−3	−7	−10	−15	−22	−31	−40	−45	dB
Diff. Schallfeld	−6	−6	−6	−6	−6	−6	−6	−6	dB
Minderung durch Abstand	−33	−33	−33	−33	−33	−33	−33	−33	dB
Viertelkugel-Abstrahlung	+3	+3	+3	+3	+3	+3	+3	+3	dB
Immissionsanteil Oktavschallpegel	1	10	18	22	16	9	2	−6	dB(A)
Summenpegel								25	dB(A)

3.4.2 Schalltechnische Bestandsanalyse (Messung)

3.4.2.1 Anwendungsfälle und Aufgabenstellung

Bei geplanten Erweiterungen und Veränderungen, die eine geänderte Schallsituation herbeiführen können, sowie bei Beschwerden wird eine Bestandsanalyse erforderlich. Einer schalltechnischen Prognose muß häufig eine Bestandsanalyse vorausgehen, um freie Lärmanteile für die Anlagen festzulegen, die sich aus der Summenbetrachtung von Geräuscheinwirkungen ergeben (Lärmvorbelastung) oder um später einen Nachweis über die eingetretenen Änderungen durch die Neuanlagen führen zu können.

Schalltechnische Kenngrößen sind meßtechnisch zu ermitteln (siehe auch 2). In jedem Fall sind die Beurteilungspegel für den Tag- und Nachtbetrieb, zusätzlich nach Bedarf weitere Kenngrößen, zu erfassen. Soweit erforderlich, können auch Kenngrößen für andere als gewerbliche Emittenten, z. B. Straßenverkehrsgeräusche, angegeben werden, um die örtliche Geräuschsituation zu kennzeichnen.

3.4.2.2 Schallpegelmessungen

Die Geräusche sind entsprechend den Kriterien für die Ausführung von Schallpegelmessungen (s. 2.4) zu registrieren. Soweit sehr unterschiedliche Betriebszustände vorkommen oder größere Abstände zwischen der Schallquelle und den Immissionsorten zu meteorologisch bedingten Schwankungen der Schallpegel führen, sind mehrere Messungen durchzuführen, z. B.

- Messungen bei 3 Mitwindwetterlagen und Mittelung der einzelnen Beurteilungspegel, wobei deren Streuung kleiner 5 dB(A) sein sollte,
- Messungen nach den Kriterien der VDI 3723 Bl. 1 E.

Wiederholungsmessungen sind vor allem dann veranlaßt, wenn der zur Kontrolle prognostizierte Mittelungspegel um mehr als ± 2 dB(A) vom gemessenen Mittelungspegel abweicht. Bei ständigen Fremdgeräuscheinwirkungen kann die Geräuscherfassung über „Umwege" erfolgen (s. 3.4.2.5).

3.4.2.3 Wettereinflüsse auf das Meßergebnis

Die für die Schallausbreitung über größere Entfernungen entscheidende meteorologische Einflußgröße ist die Windrichtung. Dies wurde mehrfach durch aufwendige Messungen, u. a. von Görlich/Helm (siehe Darstellung 3.16) nachgewiesen.

Nimmt man nur die Meßergebnisse einer bestimmten Schicht oder führt man Schallpegelmessungen nur bei definierten Wetterbedingungen durch, so kann nach Untersuchungen von Michelsen [31] am ehesten bei mittlerer Mitwindwetterlage ($\pm 45°$, v < 3 m/s) mit stabilen Meßwerten gerechnet werden. Die Streuung der Mittelwerte beträgt i. a. ± 2 dB(A) bei Abständen zwischen 700 m und 1800 m.

Immissionsmessungen bei Abständen größer 100 m sollten grundsätzlich nur bei leichter Mitwindwetterlage durchgeführt werden. Für langfristige Betrachtungen wird auf die mittlere jährliche Windrichtungsverteilung (s. Anhang 3.14) verwiesen. Bei Schallpegelmessungen wird naturgemäß den Schallmeßgrößen die größte Aufmerksamkeit gewidmet. Da bei größeren Abständen die Schallmeßwerte häufig ein Abbild des Zustandes des Übertragungsmediums darstellen (insbesondere bei weitgehend gleichförmigen Geräuschquellen), ist den meteorologischen Haupteinflußgrößen Windrichtung und Windgeschwindigkeit sowie Temperatur und Turbulenz (über Strahlungsintensität oder Bewölkungsgrad erfaßbar) ein großer Stellenwert beizumessen. Während diese Größen bei aufwendigen Messungen mit Meßwagen oder Meßstation in aller Regel miter-

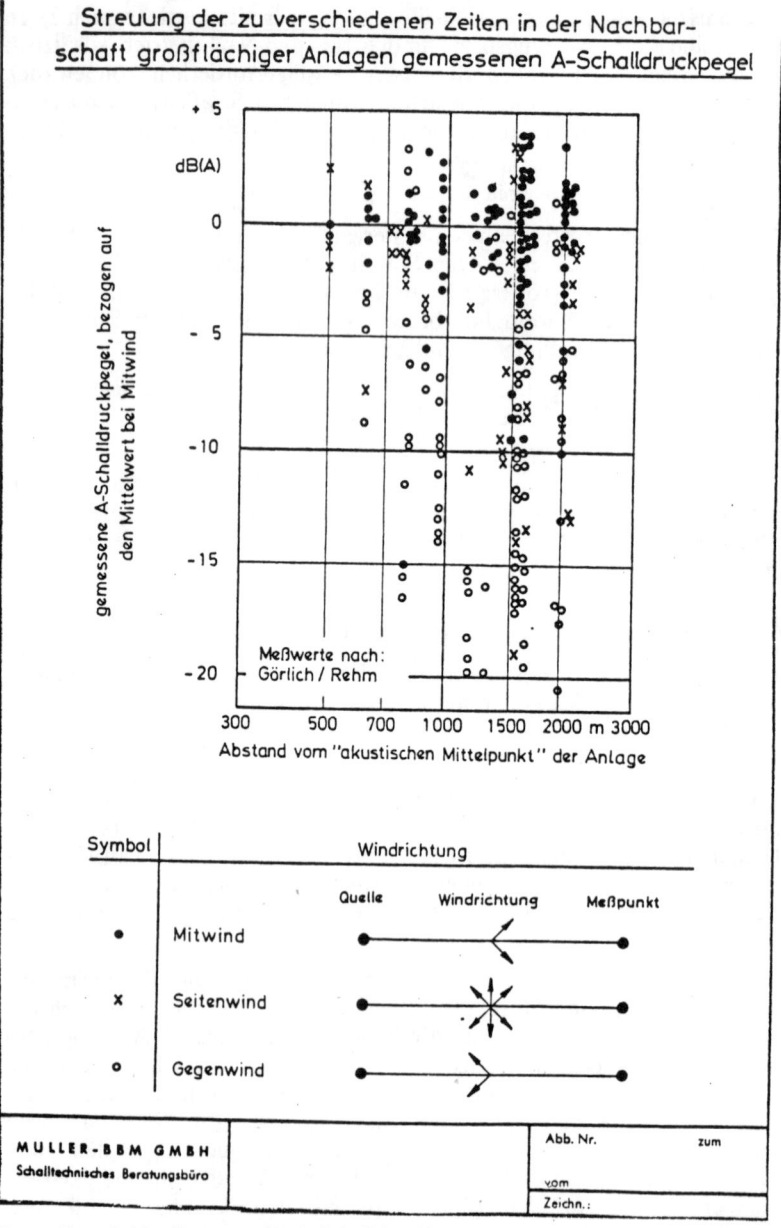

Darstellung 3.16 Streuung der A-Schalldruckpegel, gemessen zu verschiedenen Zeiten in der Nachbarschaft großflächiger Anlagen

faßt werden, fehlt häufig eine Aufzeichnung meteorologischer Größen bei üblichen Messungen mit Handschallpegelmeßgeräten, wie aus zahlreichen Meßberichten hervorgeht. Eine Interpretation von Meßergebnissen ist jedoch nur möglich, wenn neben einer allgemeinen Beschreibung der Wetterlage auch genaue Aufzeichnungen, zumindest von Windrichtung und Windgeschwindigkeit zwischen Schallquelle und Immissionsort vorliegen. Die Windmeßwerte, erfaßt durch Geber mit niedrigen Anlaufwerten (z. B. 0,2 m/s) auf einem 10 m-Mast, sollten im 5-Sekunden-Takt vollautomatisch abgefragt und abgespeichert werden, so daß der Meßingenieur sich voll auf die Schallmessungen konzentrieren kann. Statistische Auswertungen können dann im Labor erfolgen. Geeignete handliche und kostengünstige Aufzeichnungsgeräte mit ausreichender Speicherkapazität und Batterieversorgung sind derzeit in Entwicklung.

3.4.2.4 Betriebliche Schwankungen

Große Industriebetriebe emittieren meist gleichförmig, wobei Unterschiede in der Schallemission zwischen Tag- und Nachtzeit vorwiegend durch Fahrzeuglärm während der Tageszeit bedingt sind. Zahlreiche kleinere Betriebe verursachen, je nach Einsatz von Fahrzeugen und Maschinen, stark fluktuierende Geräusche. Eine kennzeichnende Erfassung der Geräuschsituation erfordert deshalb eine genaue Kenntnis des Betriebsablaufs und der Hauptemittenten. Soweit diese Daten nicht bekannt sind oder kein Einfluß auf Betriebszustände für die Messung möglich ist, muß der Meßaufwand erhöht werden, um gesicherte Ergebnisse zu erhalten. Dabei bietet sich an, die Geräuschsituation nach den Anleitungen der VDI 3723 Bl.1 E zu erfassen.

Ein Beispiel, wie aus Stundenmittelwerten L_{AFTm} verschiedener Tage (könnten auch statistisch unabhängige $1/4$-Stundenmittelwerte oder Tagesmittelwerte sein) ein Mittelwert für die langfristige Kennzeichnung der Geräuschsituation mit oberem und unterem Vertrauensbereich gebildet werden kann, zeigt folgende Berechnung (siehe auch Anhang 3.21 und 3.22):

'Auswertung nach VDI 3723 Bl.1 E

lfd. Nrd.	1	2	3	4	5	6	7	8
L_{AFTm} [dB]	68,9	71,6	63,9	67,4	68,7	69,6	71,8	70,3
$10^{0,1 L_{AFTm}}$	$7,762 \cdot 10^6$	$14,454 \cdot 10^6$	$2,455 \cdot 10^6$	$5,495 \cdot 10^6$	$7,413 \cdot 10^6$	$9,120 \cdot 10^6$	$15,136 \cdot 10^6$	$10,715 \cdot 10^6$

lfd. Nr.	9	10	Mittelwert
L_{AFTm} [dB]	68,2	69,9	69,5
$10^{0,1 L_{AFTm}}$	$6,607 \cdot 10^6$	$9,772 \cdot 10^6$	$8,913 \cdot 10^6$

S	Z'	Anzahl n der Meßwerte	t_{n-1}	L_u	Mittelwert	L_o
$3{,}884 \cdot 10^6$	0,4357	10	1.38	$L_m - 0{,}9$	L_m	$L_m + 0{,}8$

(3.16) $\quad S = \left[\dfrac{1}{n-1} \sum\limits_{i=1}^{n} (10^{0,1 L_i} - 10^{0,1 L_m})^2 \right]^{1/2}$

(3.17) $\quad Z' = S \cdot 10^{-0,1 L_m}$

(3.18) $\quad L_{o/u} = L_m + 10 \lg \left(1 \pm \dfrac{Z' t_{n-1}}{\sqrt{n}} \right)$

Ergebnis: $M_m = 69{,}5 \begin{smallmatrix} +0{,}8 \\ -0{,}9 \end{smallmatrix} \, dB(A)$

Erläuterungen:
S = Streuung
t_{n-1} = Studentfaktor (Tab. 3 der VDI 3723, Bl. 1 E)
L_m = Mittelungspegel
L_u = untere Vertrauensbereichsgrenze
L_o = obere Vertrauensbereichsgrenze
M_m ≙ Langzeitmittelungspegel (n. VDI 2714E)
L_{AFTm} = Mittelwert über die Meßzeit, z. B. Stundenmittelwert, an unterschiedlichen Tagen ermittelt

3.4.2.5 Fremdgeräusche

Bei ständig vorhandenen, hohen Fremdgeräuscheinwirkungen können die Gesamtimmissionen oder Teilimmissionen meßtechnisch nicht unmittelbar erfaßt werden. Folgende Lösungswege bieten sich an (s. auch 2.1 und [36]):

- Emissionsmessungen (Schalleistungspegel, Halleninnenpegel, Frequenzanalyse) und rechnerische Bestimmung der Immissionen nach VDI 2571 und VDI 2714E (s. 3.4.1).

- Frequenzanalyse der Immissionsgeräusche (s. Darstellung 3.17) und Vergleich mit Frequenzspektren von Hauptemittenten

- Kreuzkorrelationsmessungen
  Das empfangene Geräusch setzt sich aus dem übertragenen Geräusch und dem Störgeräusch zusammen. Bei hinreichend langer Mittelung kann das Störgeräusch eleminiert werden [37]. Dieses Verfahren eignet sich nur für Sonderfälle.

- Messungen mit Richtmikrofonen oder akustischen Antennen

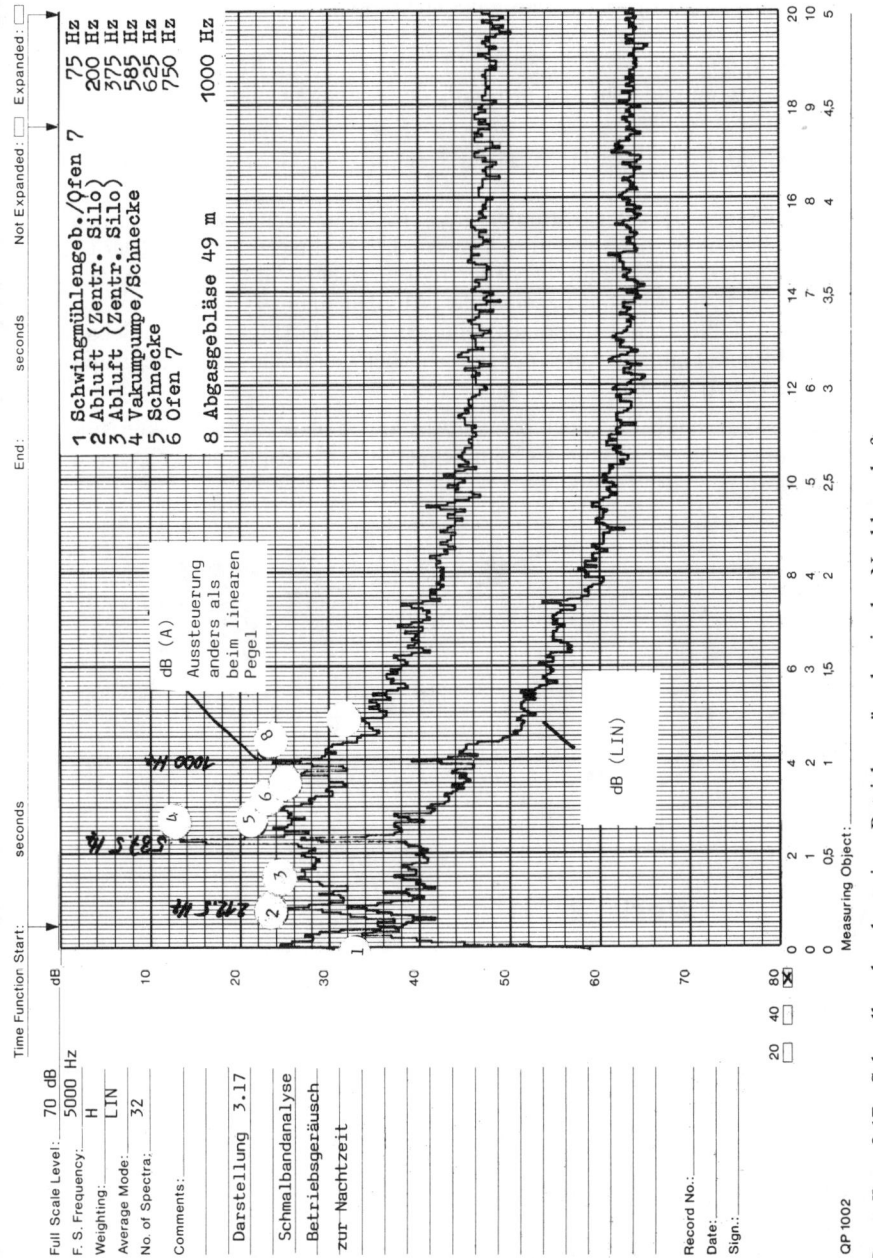

Darstellung 3.17 Schmalbandanalyse eines Betriebsgeräusches in der Nachbarschaft

Voraussetzung für die Anwendung dieser Methode ist, daß der Winkel zwischen den zu trennenden Geräuschen mehr als doppelt so groß ist, wie die Winkelöffnung der Empfängerkeule ($-10\,\text{dB}$) [35]. Entsprechend dem Richtdiagramm und dem Frequenzgang des Aufnahmemikrofons sind Korrekturen anzubringen.

- Vergleich der Perzentilspektren bei der Trennung von Gewerbelärm und Verkehrslärm
  Nach Kühner [36] ist der 1-Stunden-L_{AF95} i. a. durch Gewerbe- und Straßenverkehrsgeräusche, der Spitzenpegel L_1 durch Verkehrsgeräusche und der L_{eq} durch alle Quellen bestimmt. Diese Kenngrößen stehen für die jeweilige Meßsituation in fester Beziehung zueinander. Aus den an unterschiedlichen Meßpunkten erfaßten schmalbandigen Differenzspektren ($L_{eq}-L_{95}$) des Schallwechseldrucks kann der Anteil der gewerblichen Geräusche am Hintergrundpegel geschätzt werden.

- Umkreismessung (bei Anlagen bzw. in Abständen ohne Richtcharakteristik) mit rechnerischer Korrektur des Summengeräusches entsprechend den jeweiligen Abständen des Emittenten.

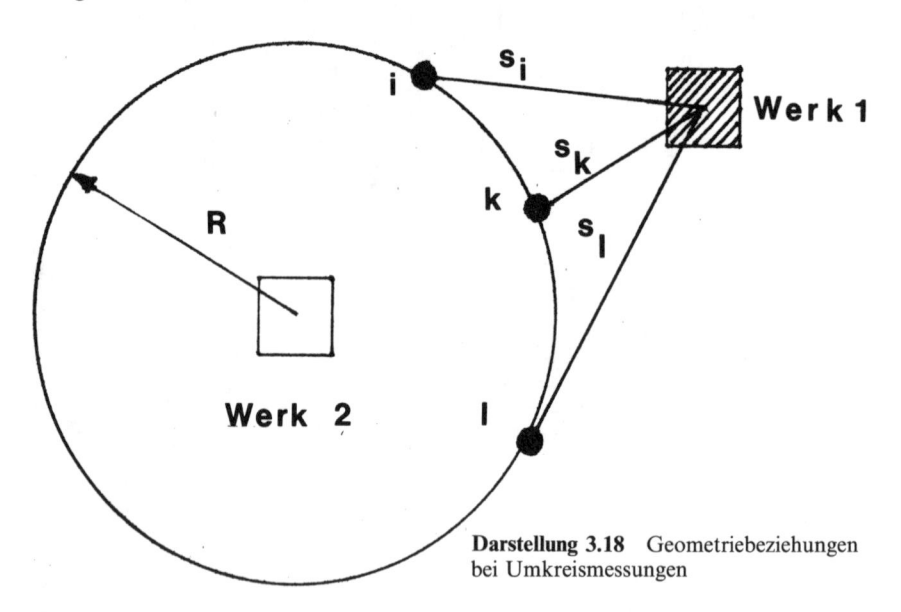

Darstellung 3.18 Geometriebeziehungen bei Umkreismessungen

Ohne Berücksichtigung von Boden- und Luftabsorption ergibt sich:

$$(3.19) \qquad L_{WA}\,(\text{Werk 1}) = 10\lg \frac{2\pi(10^{0,1L_i} - 10^{0,1L_k})}{\dfrac{1}{s_i^2} - \dfrac{1}{s_k^2}}$$

mit L_i, L_k: Mittelungspegel am Meßort i, k
  s_i, s_k: Abstand zum Meßort i, k
Für Mittelung weitere Meßorte heranziehen.

3.4.3 Darstellung der Ergebnisse

Für die Beschreibung der Lärmverhältnisse an den maßgebenden Immissionsorten bieten sich folgende Ergebnisdarstellungen an:

- Einzelwertangabe für den Beurteilungspegel, Spitzenpegel oder Teilbeurteilungspegel (Wirkung der Hauptemittenten am Immissionsort wird daraus ersichtlich).

  Beispiel: Tagesbeurteilungspegel 53 dB(A),
  Nachtbeurteilungspegel 44 dB(A),
  Spitzenpegel nachts 59 dB(A)

Teilbeurteilungspegel und Gesamtbeurteilungspegel (Nachtzeit):

Emittent	Teilbeurteilungspegel in dB(A) *) Hauptemittent
Maschinenhaus	36,7*
Betriebsgebäude	35,9*
Entladehalle	32,9
Müllbunker	18,8
Kesselhaus	29,8
Schlackebunker	16,4
Rauchgasreinigung	31,5
Werkstattgebäude	31,9
Transformatorenstation	39,8*
Gesamtanlage	43,8

- Frequenzspektrum im Oktavband, Terzband, Schmalband des Gesamtgeräusches und von Hauptemittenten (besonders für Beurteilung der Tonhaltigkeit).

  Beispiel: Oktavbandpegel der Gesamtanlage als Zahlenreihe unbewertet und A-bewertet * meßtechnische Erfassung

63	125	250	500	1000	2000	4000	8000	Summenpegel	Hz
58	58	57,8	62,7	53,7	46,2	43,5	(45)	66	dB
	39,8	48,6	58	53,4	46,1	44	(43)	60	dB(A)*

Beispiel: Schmalbandanalyse unbewertet (Darst. 3.19) und A-bewertet (Darst. 3.20)

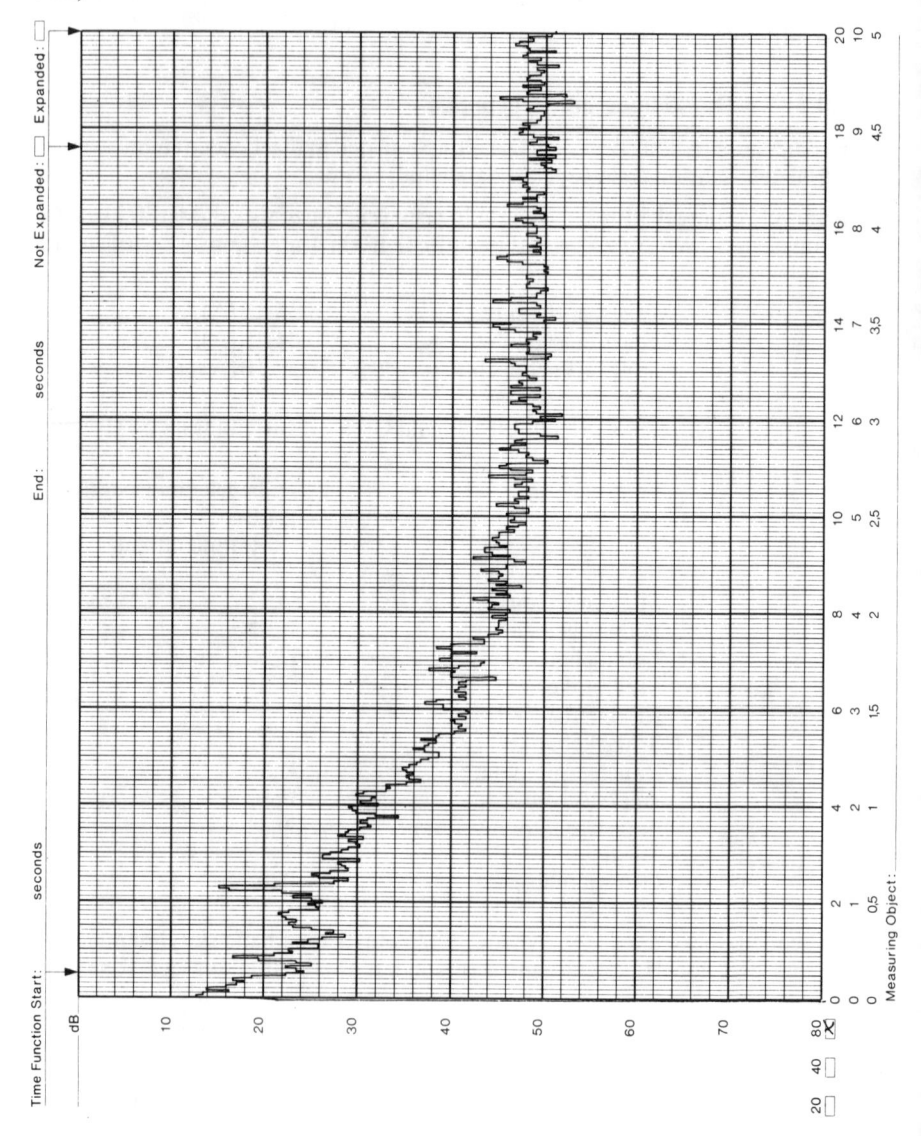

Darstellung 3.19 Schmalbandanalyse einer Industrieanlage, unbewertet

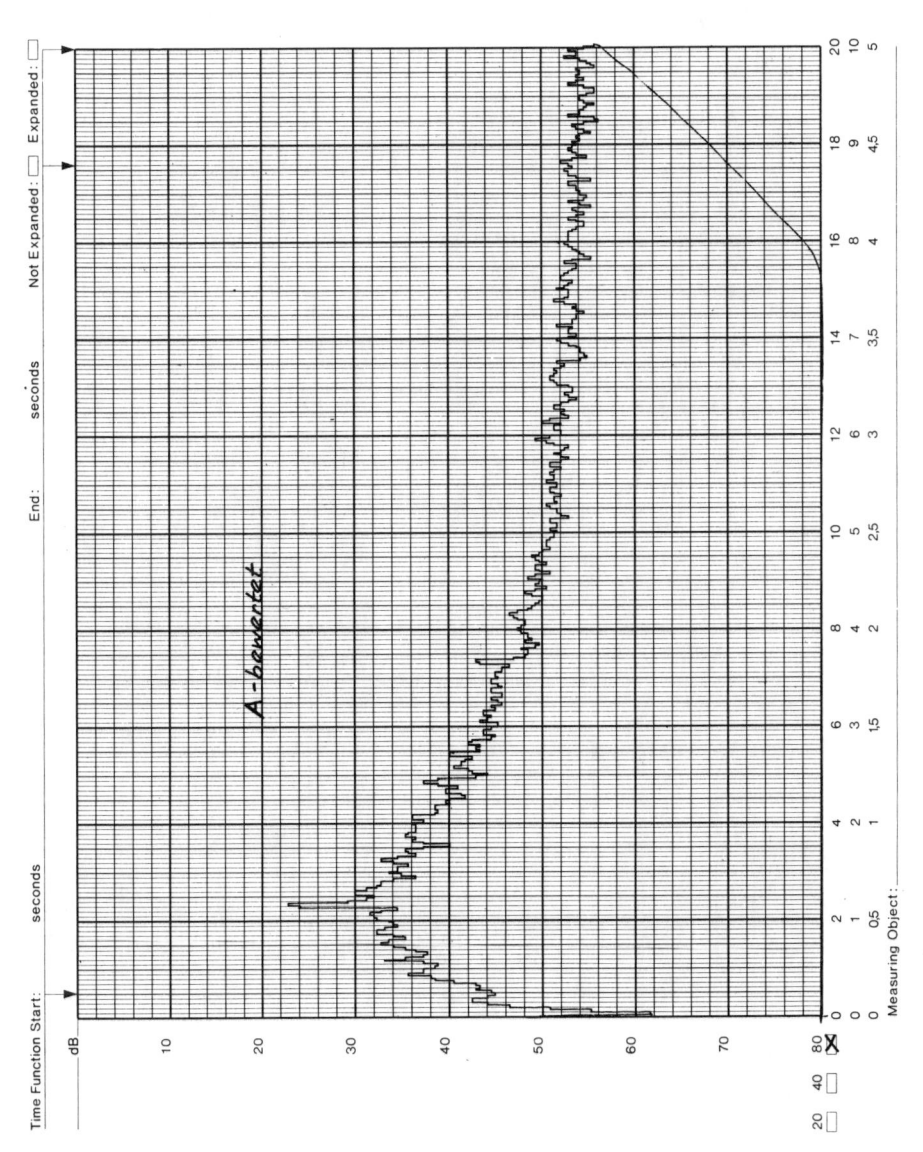

Darstellung 3.20 Schmalbandanalyse einer Industrieanlage, A-bewertet

Beispiel: Terzpegelspektrum unbewertet und A-bewertet

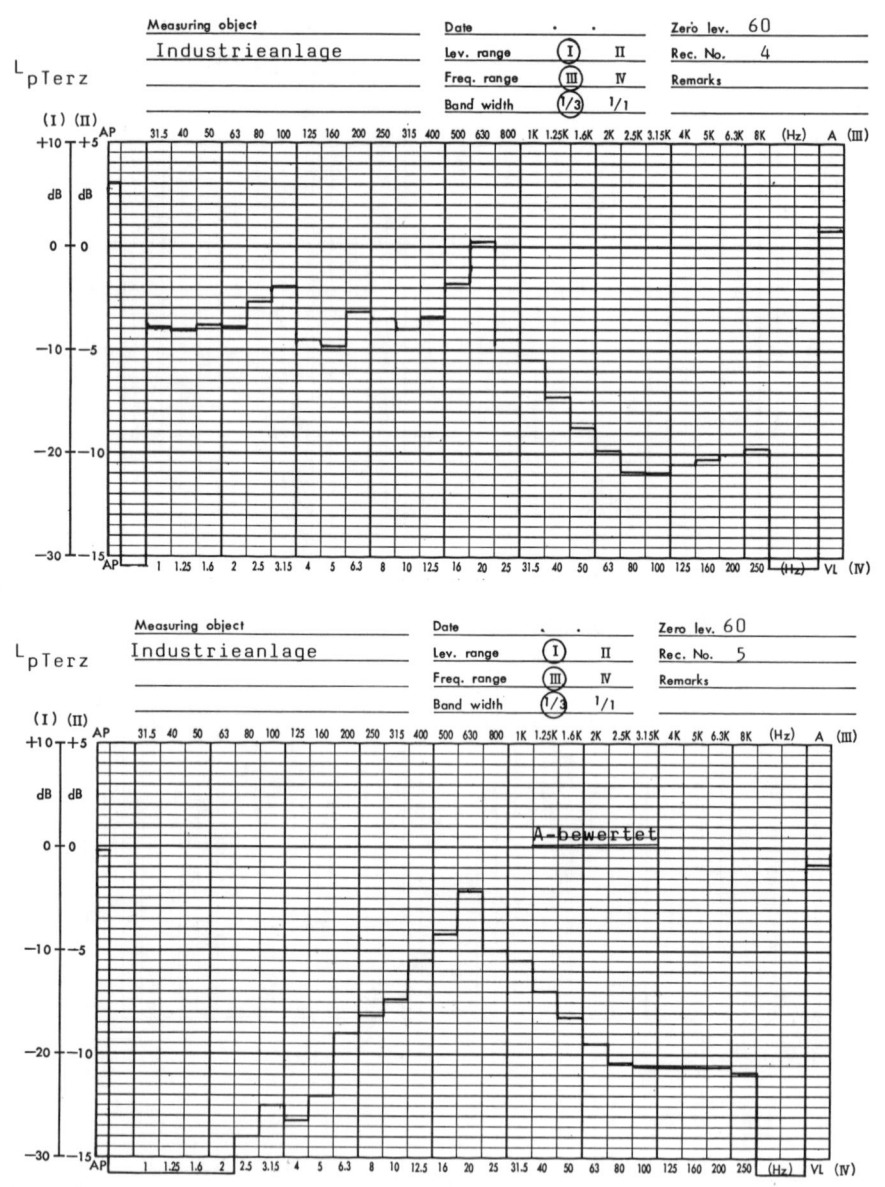

Darstellung 3.21 Terzpegelspektrogramme einer Industrieanlage, unbewertet und A-bewertet

Teil 3 Gewerbelärm

Beispiel: Oktavpegelspektrum unbewertet und A-bewertet

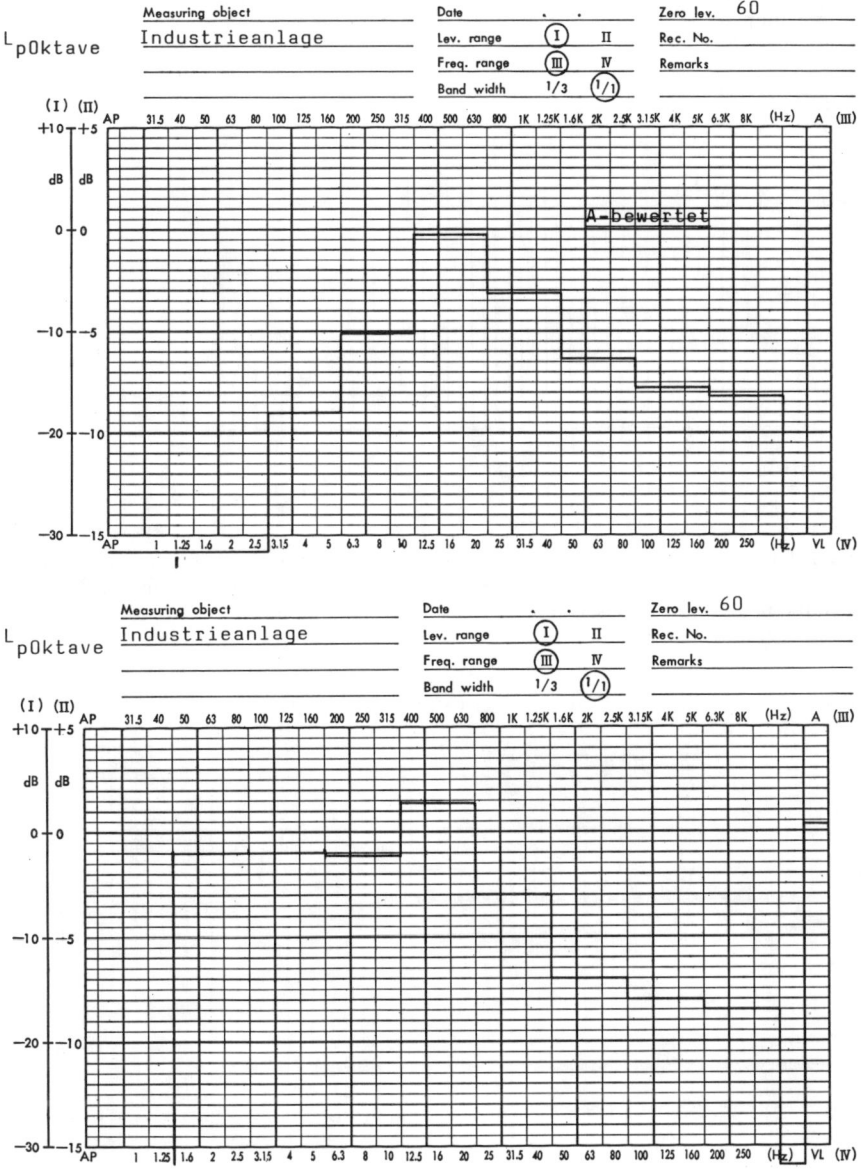

Darstellung 3.22 Oktavpegelspektrogramme einer Industrieanlage, unbewertet und A-bewertet

Teil 3 Gewerbelärm

- Pegelhäufigkeitsdarstellung (zum Erkennen der Geräuschstruktur), soweit für Prognosen auf derartige Verteilungen von vergleichbaren Anlagen zurückgegriffen werden kann oder Meßergebnisse vorliegen.

Beispiel:

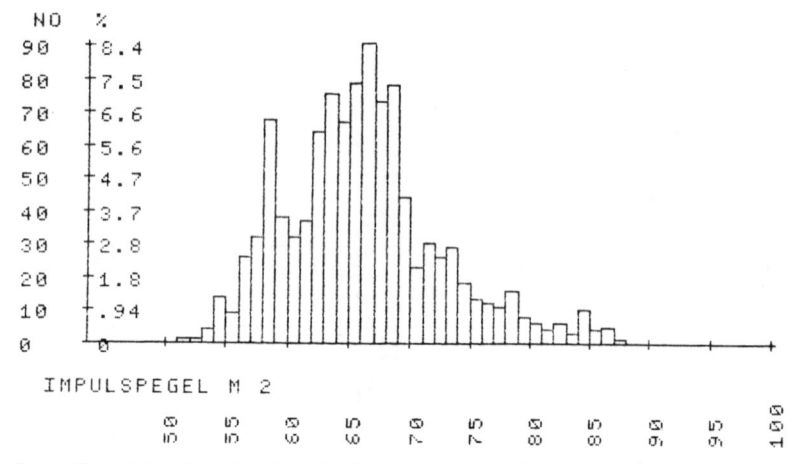

```
NO    %
90    8.4
80    7.5
70    6.6
60    5.6
50    4.7
40    3.7
30    2.8
20    1.8
10     .94
 0
       IMPULSPEGEL M 2
       50  55  60  65  70  75  80  85  90  95  100
```

Darstellung 3.23 Pegelhäufigkeits-Histogramm für Schießgeräusche (Impulspegelwerte in dB(AI)) in 800 m Abstand von einer Wurftaubenschießanlage (NO: Anzahl der Beobachtungen, „number of observations")

Die zur Darstellung 3.23 zugehörigen statistischen Größen sind:

```
        BASIC STATISTICS

        FUER MESSREIHE:

            M2
   ********************************
N = 1059
STANDARD ERROR OF THE MEAN =       .20
MEAN =                           65.6676
COEFFIENT OF VARIATION =           9.81%
VARIANCE =                       41.4698
STANDARD DEVIATION =              6.4397
SKEWNESS =                         .6896
KURTOSIS =                        3.6081
ENERGETISCHES MITTEL=            71.9216

80.00% CONFIDENCE INTERVAL FOR MEAN:
        (    65.4138,     65.9214)
ONE-TAIL t( 1058 , .1 ) = 1.2825296898
```

Teil 3 Gewerbelärm   251

```
                ORDER STATISTICS
      ********************************
N = 1059
X-MINIMUM =    51.0000      X-MAXIMUM =    87.0000
RANGE  =    36.00           MEDIAN  =    65.00
.25 QUANTILE =         62.0000
.75 QUANTILE =         69.0000
MID-SPREAD      =       7.0000
TRIMEAN         =      65.2500
```

- Flächenhafte Darstellung als Rasterwerte oder Linien gleichen Schalldruckpegels, besonders zum Erkennen der Tiefen- oder Richtwirkung eines Anlagengeräusches.

Beispiel (entnommen aus UBA-FB 82-094)

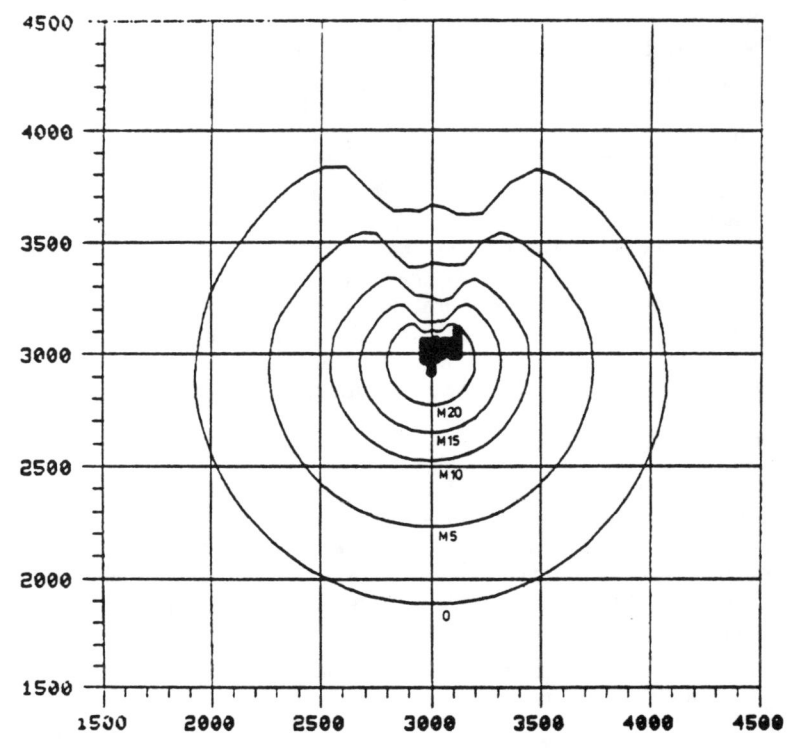

TÜV RHEINLAND
Institut für Umweltschutz

Darstellung 3.24 MVA-Typ III-4 × 20 t/h, Version 0 – M 20 Immissionspegel-Linien von 40 dB(A) für die Nachtzeit

3.5 Schallschutzmaßnahmen

Um die Entstehung und die Weiterleitung von störendem Schall zu verhindern bzw. zu verringern, kommen konstruktive, organisatorische, schalldämmende und schallabsorbierende Maßnahmen in Betracht.

3.5.1 Aufgabenstellung und Auswahl der Schallschutzmaßnahmen

3.5.1.1 Grundsätzliche Planung einer Anlage

Bereits bei der Standortwahl einer Anlage sollten neben betriebswirtschaftlichen Gesichtspunkten frühzeitig schalltechnische Aspekte beachtet werden. Erste Schallschutzmaßnahme ist die richtige Standortwahl, wobei in der Praxis häufig Belange des Städtebaus, des Naturschutzes und der Landschaftspflege entgegenstehen. Eine Prüf-Liste könnte so aussehen:

- Abstand der Anlage zu Baugebieten, zunehmend in der Reihenfolge höherer Schutzwürdigkeit
- Standort der Anlage in einem GE, GI (Gewerbegebiet, Industriegebiet)
- Zufahrt nicht durch/entlang von Wohngebieten (wesentlich bei hohem Transportaufkommen, Transporten zur Nachtzeit)
- Günstige Anbindung der Zufahrt an Hauptverkehrswege
- Werkseinfahrt nicht in der Nähe von Wohngebäuden
- Lage von Emittenten im Werksgelände entfernt zu benachbarten Wohngebäuden
- Abschirmwirkung von Gebäuden ausnützen (z. B. Innenhofausbildung, U-Form-Höfe, Lager- und Bürogebäude als Abschirmung)
- Anlage von Parkplätzen entfernt oder abgeschirmt zu Wohngebäuden
- Anlage von Ladebereichen entfernt oder abgeschirmt zu Wohngebäuden
- Lärmbewußte Organisation des Materialflusses auf dem Betriebsgelände (zeitlich, räumlich und nach Fördermitteln).

3.5.1.2 Detailplanung

Ausgehend von Emissions- und Immissionswerten von Schallquellen sind Maßnahmen festzulegen, die die Immissionen senken. Geeignete Schallschutzmaßnahmen werden für jeden Teilemittenten unter Wirkungs- und Kostengesichtspunkten untersucht. Auf eine langlebige, wartungsfreundliche und die Betriebssicherheit nicht beeinträchtigende Ausführung der Schallschutzmaßnahmen ist zu achten.

Für die Auswahl und Dimensionierung von Schallschutzmaßnahmen eignen sich folgende Regelwerke:

Maßnahme	VDI-Richtlinien	DIN-Normen
Absorptionsflächen	2720 Bl. 1 E, Bl. 2 u. Bl. 3 E, 2571	DIN 4109
Bauteile	2719 E, 2571	DIN 4109
Kapselungen	2711, 3733 E	
Körperschalldämpfung	3727 Bl. 1 und Bl. 2 E	
Konstruktive Maßnahmen	3720 Bl. 1, Bl. 2, Bl. 3 E, Bl. 4, Bl. 5, Bl. 6 E	
Schalldämpfer	2567	
Schallschirme	2720 Bl. 1 E, Bl. 2 und Bl. 3 E	
Selektive Maßnahmen	2081, 2159 E, 2561, 2564, Bl. 1–3, 2566 E, 2570, 2572, 2713, 2715, 3725 E, 3726 E, 3730, 3731 Bl. 1, 3732, 3733, 3734, 3736, 3739, 3740 Bl. 1–4, 3741, 3742 Bl. 1–6, 3743 Bl. 1, 3744 E, 3748 E, 3749 Bl. 1–3, Bl. 4 E.	

Hinweis:
Bei Beschwerden und Sanierungsplanungen ist auf statische, bautechnische und kostenmäßige Vorgaben, die die Auswahl von Schallschutzmaßnahmen deutlich einschränken, zu achten. Schalldämpfer, Kapselungen, Umhausungen und Schallschirme sind im wesentlichen die passenden Maßnahmen. Wird die kostenoptimale Reihenfolge ermittelt, kann u. U. auf aufwendige Maßnahmen zur Minderung eines „Restpegels" verzichtet werden (s. [6]).

3.5.2 Ausführungsbeispiele mit Kennwerten und Kosten

3.5.2.1 Emissionsbezogener baulicher Schallschutz

Als baulicher Schallschutz wird der Einsatz von Bauteilen – Wände, Dächer, Verglasungen, Fenster, Türen, Tore, Schallschleusen, Absorptionsmaterialien – zur Schallpegelminderung verstanden. Der Aufbau der Bauteile bestimmt die erreichbare Schallpegelminderung. Bei einschaligen Bauteilen ist das Flächengewicht maßgebend (s. Teil 1), bei mehrschaligen der Schalenaufbau und das Kernmaterial. Eine Reihe von gängigen Ausführungsbeispielen enthält die VDI 2571. Weitere ausgewählte Beispiele mit Kostenangaben (Stand 1979) sind im Anhang 3.5–3.9 aufgelistet [17]. Beispiele von Schalldämm-Maßen in Oktaven enthält A 1.15.

Bei porösen Schallschluckstoffen steigt der Absorptionsgrad α (s. 1.10.1) mit der Frequenz an. Für die Montage ist wesentlich, daß das Material eine Mindesttiefe oder einen Mindestabstand (z. B. auf Lattung) von der Wand entsprechend $\lambda/4$ aufweist (Maximum der Schallschnelle).

254 Teil 3 Gewerbelärm

Als mittlerer Schallschluckgrad in Räumen kann nach Schmidt [18] angesetzt werden:

$\alpha = 0{,}05$ bei nahezu leeren Räumen mit glatten harten Wänden
$\alpha = 0{,}1$ bei teilweise möblierten Räumen mit glatten Wänden
$\alpha = 0.15$ bei Fabrikationshallen und möblierten Räumen
$\alpha = 0.3$ w.v., teilweise schallschluckende Auskleidung
$\alpha = 0.4$ bei Räumen mit schallabsorbierender Auskleidung der Decke und der Wände.

Zwei Ausführungsbeispiele für Absorbermaterial zeigt nachfolgende Darstellung 3.25:

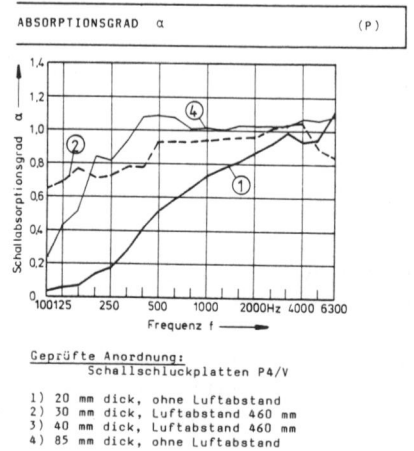

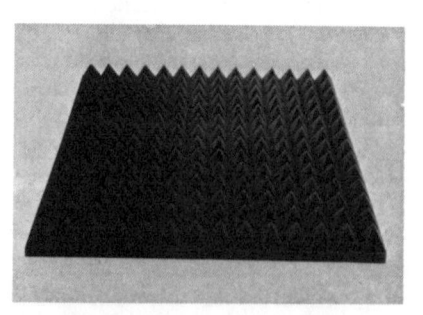

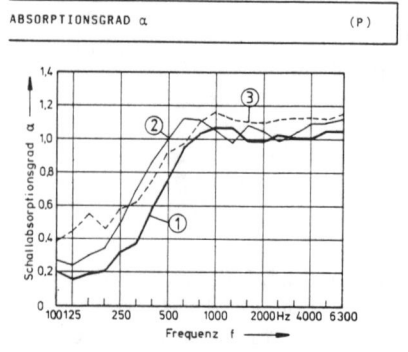

Geprüfte Anordnung:
Schallschluckplatten P4/V

1) 20 mm dick, ohne Luftabstand
2) 30 mm dick, Luftabstand 460 mm
3) 40 mm dick, Luftabstand 460 mm
4) 85 mm dick, ohne Luftabstand

Darstellung 3.25 Absorbermaterial (entnommen aus [19])

Die Preise pro m² Absorbermaterial betragen, je nach Ausführung, DM 20 bis 140 (Stand 1979). Der Schwerpunkt liegt bei DM 50 pro m².

3.5.2.2 Schallschutz an der Anlage

Hier sind Kapselungen, Schalldämpfer, körperschallisolierende Lagerungen und schallabsorbierende Materialien zu nennen. Ausführungsbeispiele und Dimensionierungshinweise enthalten insbesondere die VDI-Richtlinien:

VDI 2081 Lüftungstechnik
VDI 2567 Schalldämpfer
VDI 2570 Betriebe allgemein
VDI 2711 Kapselungen
VDI 3727 Körperschalldämpfung.

Einige Ausführungsbeispiele mit Kostenangaben (Stand 1979) werden nachfolgend dargestellt:

● Schalldämpfer

Folgende Arten von Schalldämpfern können unterschieden werden:

- Absorptionsschalldämpfer (Reibung)
- Reflexionsschalldämpfer (Schallrückwurf)
- Interferenzdämpfer (Auslöschung)
- Relaxationsschalldämpfer (Strömungseffekte).

Der wohl gebräuchlichste Schalldämpfer im Gewerbelärmbereich ist der Kulissenschalldämpfer. Das Durchgangsdämm-Maß für Kulissenschalldämpfer kann näherungsweise nach Piening (s. VDI 2567) berechnet werden:

(3.20) $$D_d \approx 1{,}5 U \cdot \alpha \cdot l/F \text{ [dB]}$$

mit U: Kanalumfang mit schallabsorbierender Auskleidung
F: freie Querschnittsfläche
α: Schallabsorptionsgrad der Auskleidung
l: Schalldämpferlänge

Der Abstand der Absorptionsschichten muß kleiner $\lambda/2$ sein, damit keine Durchstrahlung eintritt.

Die Kosten für Kulissenschalldämpfer (Stand 1979) betragen im Mittel DM 500,– ... 600,– je m³ Kulissenschalldämpfer, mindestens jedoch DM 100,– (bei kleinen Dämpfern).

Ein Diagramm zur Dimensionierung von Kulissenschalldämpfern (Fa. Lüfa-Werke GmbH, Lüneburg) zeigt Darstellung 3.26:

Nach dem Absorptionsprinzip arbeitet auch der in der Darstellung 3.27 gezeigte Kulissenschalldämpfer.

● Schallschutzkapsel

Die mit einer Kapsel erreichbare maximale Schallpegelminderung beträgt nach VDI 2711:

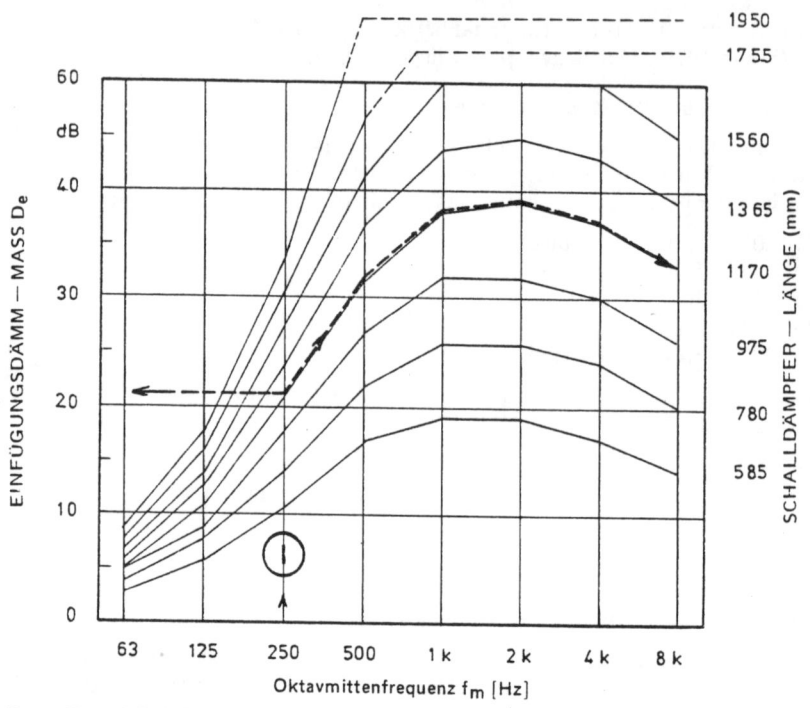

Darstellung 3.26 Schalldämpfer Einfügungsdämm-Maß D_e

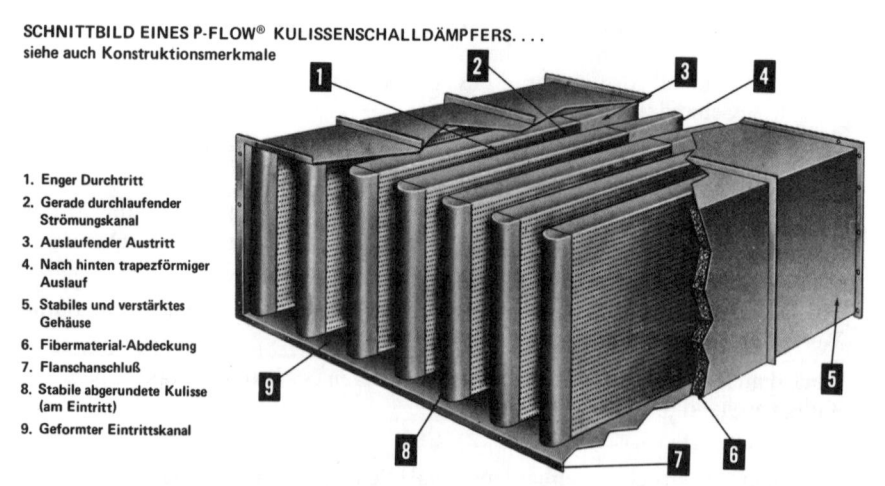

SCHNITTBILD EINES P-FLOW® KULISSENSCHALLDÄMPFERS. . . .
siehe auch Konstruktionsmerkmale

1. Enger Durchtritt
2. Gerade durchlaufender Strömungskanal
3. Auslaufender Austritt
4. Nach hinten trapezförmiger Auslauf
5. Stabiles und verstärktes Gehäuse
6. Fibermaterial-Abdeckung
7. Flanschanschluß
8. Stabile abgerundete Kulisse (am Eintritt)
9. Geformter Eintrittskanal

Darstellung 3.27 Schnittbild eines Kulissenschalldämpfers

(3.21-1) $\Delta L = 10 \lg$ (Kapseloberfläche/Öffnungsfläche) [dB]

Für die Unterdrückung von Resonanzen ist folgende Bedingung wesentlich:

(3.21-2) $d \geq 10^7/gf^2$

mit d = Abstand Oberfläche Schallquelle – Kapselwand in mm
    g = Flächengewicht der Kapsel in kg/m²
    f = niedrigste Frequenz mit Dämmwirkung in Hz

Eine Übersicht über Ausführungsarten und erreichbare Dämmwirkungen von Schallschutzkapseln gibt folgende Tabelle [20]:

Ausführungsart	A-Schallpegelminderung
Schalldämmende Matte	6 bis 7 dB(A)
einschalige Kapsel	10 bis 25 dB(A)
schwere einschalige Kapsel und zweischalige Kapsel	25 bis 40 dB(A)

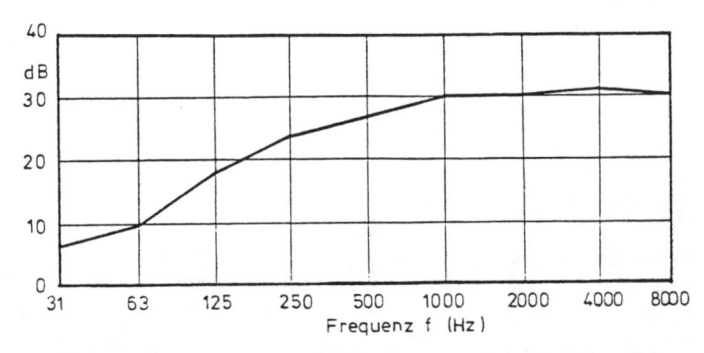

Darstellung 3.28 Pegelminderung durch eine zweischalige Kapsel mit schallabsorbierender Auskleidung, ca. DM 300,– pro m² (Stand 1979)

3.5.2.3 Schallschutz durch organisatorische Maßnahmen

Werden Anlagen zu bestimmten Zeiten nicht betrieben (z. B. Nachtzeit, Wochenenden, Abendstunden, Mittagszeit), dann kann dadurch eine deutliche Entlastung für die Lärmbetroffenen erzielt werden. Gleiches gilt für die räumliche Umorganisation von lärmenden Betriebsanlagen oder Tätigkeiten (z. B. Ladebetrieb).

Eine Verbesserung der Immissionssituation wird auch durch den räumlichen und/oder zeitlichen Austausch von emissionsstarken Anlagen durch emissionsschwächere erreicht, z. B. Einsatz eines Elektrostaplers statt eines Dieselstaplers.

3.5.2.4 Neue Technologien

Der Einsatz neuer umweltfreundlicher Verfahren ist meist sehr effektiv, kommt jedoch häufig nur bei Neuanlagen in Frage. Die Umrüstung vorhandener Anlagen oder gar deren Ersatz durch neu entwickelte Verfahrenstechniken scheitert meist an den Kosten. Beispiele für neue Verfahren, die sich schalltechnisch vorteilhaft auswirken, sind:

- Langsamläufer bei Ventilatoren
- Förderbandeinsatz statt Bagger
- Schneiden statt Stanzen im Maschinenbau
- Gleiten statt Fallen von Material
- Drallmesserwelle statt achsparallele Messer bei Hobelmaschinen
- Trommelmühle mit Verbundblechtrommel und Außenisolierung [20]
- „Schlaffseilverfahren" statt Abwerfen von Material bei der Schrottverladung [22]
- Pressen von Autowracks statt Zertrümmern mit Fallgewichten
- Einsatz von lärmgedämpften Altglassammelcontainern
- Dynamische Gesenkvorspannung bei Schmiedehämmern [38]
- Haldenplanung bei der Ablagerung von Material, z. B. Bergehalden im Steinkohlebergbau, z. B. Mülldeponien [39]

Darstellung 3.29 Die Zerkleinerung von Autowracks mittels Fallgewichten entspricht nicht mehr dem Stand der Technik. Neue technische Verfahren sind: Autofalter, Schrottpresse

Teil 3 Gewerbelärm

3.5.3 Wirksamkeit von Schallschutzmaßnahmen

Die Wirkung von Schallschutzmaßnahmen läßt sich nach den einschlägigen Richtlinien (VDI 2571, VDI 2714E, VDI 2720E u.a.) rechnerisch abschätzen. Diese Abschätzung sollte erforderlichenfalls in einzelnen Frequenzbändern erfolgen. Nach der Ausführung von Schallschutzmaßnahmen wird deren Wirksamkeit durch Abnahmemessungen nachgewiesen (s. auch Teil 2).

Bei der Planung von Anlagen sollte eine Garantie für Herstellerangaben zur Lärmemission oder zur Wirksamkeit von Schallschutzmaßnahmen verlangt werden.

3.5.4 Kostenoptimale Reihenfolge für Schallschutzmaßnahmen

Liegen die erforderliche Pegelabsenkung und die dafür notwendigen Schutzmaßnahmen mit den Kosten fest, so kann die kostenoptimale Reihenfolge für die Durchführung der Maßnahmen mit folgenden Größen berechnet werden:

(3.22) $$b_i = \frac{1}{k_i}[10^{0,1 L_i}(1 - 10^{-0,1 d_i})]$$

mit b_i: Bewertungsfaktor für die Maßnahme i
k_i: Kosten für die Minderung am Emittenten i in TDM

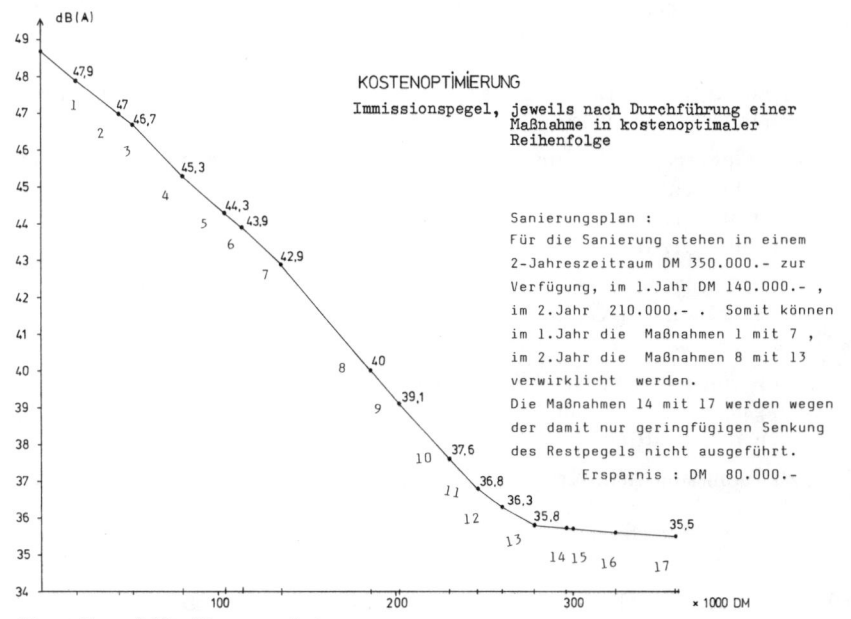

KOSTENOPTIMIERUNG
Immissionspegel, jeweils nach Durchführung einer Maßnahme in kostenoptimaler Reihenfolge

Sanierungsplan :
Für die Sanierung stehen in einem 2-Jahreszeitraum DM 350.000.- zur Verfügung, im 1.Jahr DM 140.000.- , im 2.Jahr 210.000.- . Somit können im 1.Jahr die Maßnahmen 1 mit 7 , im 2.Jahr die Maßnahmen 8 mit 13 verwirklicht werden.
Die Maßnahmen 14 mit 17 werden wegen der damit nur geringfügigen Senkung des Restpegels nicht ausgeführt.
Ersparnis : DM 80.000.-

Darstellung 3.30 Kostenoptimierung

L_i: Schalldruckpegel des Emittenten i am Immissionsort in dB(A)
d_i: erreichbare Minderung am Emittenten i in dB(A).

Eine Maßnahme i soll vor der Maßnahme k durchgeführt werden, wenn $b_i > b_k$ ist [6]. Mit diesem Verfahren kann abgeschätzt werden, ob die Kosten zur Minderung einer verbleibenden Restpegelüberschreitung (bei Lärmsanierungen) des Zielwertes noch verhältnismäßig sind (zur Kostenermittlung siehe auch VDI 3800).

3.6 Auflagenmuster

Nachfolgend werden Auflagenmuster für Neuplanungen, Änderungsplanungen und Lärmbeschwerden (Diskotheken) angegeben:

3.6.1 Auflagenmuster NEUPLANUNG

1. Die Bestimmungen der Technischen Anleitung zum Schutz gegen Lärm (TA-Lärm) vom 16.07.1968 (Beilage zum BAnz. Nr. 137 vom 26.07.68) sind zu beachten.

2. Die Beurteilungspegel der von allen Anlagen auf dem Betriebsgelände einschließlich der vom Fahrverkehr und Ladebetrieb ausgehenden Geräusche dürfen die in der TALärm Ziff. 2.321. Buchstaben b, c und e festgesetzten, hier wegen der Summenwirkung der Geräusche aus mehreren Betrieben fallweise verminderten Immissionsrichtwerte nicht überschreiten:

   – im Gewerbegebiet ... im Westen der Anlage in ca. 60 m Abstand vom Rand des Betriebsgrundstücks
   tagsüber ... dB(A) und
   nachts   ... dB(A),

   – im Mischgebiet ... im Nordwesten der Anlage in rd. 400 m Abstand
   tagsüber ... dB(A) und
   nachts   ... dB(A),

   – im reinen Wohngebiet ... im Süden der Anlage in rd. 600 m Abstand
   tagsüber ... dB(A) und
   nachts   ... dB(A).

   Der Immissionsrichtwert für die Nachtzeit gilt auch dann als überschritten, wenn ein Meßwert den unverminderten Immissionsrichtwert um mehr als 20 dB(A) überschreitet. Die Nachtzeit beginnt um 22.00 Uhr und endet um 6.00 Uhr.

3. In der Nachbarschaft des Werkes dürfen durch den Betrieb der Anlage die KB-Anhaltswerte der Vornorm DIN 4150 Bl. 2 und Bl. 3 – Erschütterungen

Teil 3 Gewerbelärm 261

im Bauwesen, Einwirkungen auf Menschen in Gebäuden und Einwirkungen auf bauliche Anlagen – nicht überschritten werden.

4. Anlagen und Anlagenteile, die Lärm und Erschütterungen erzeugen, sind entsprechend dem Stand der Technik auf dem Gebiet des Lärm- und Erschütterungsschutzes zu errichten, zu betreiben und regelmäßig zu warten. Der Stand der Technik wird u.a. durch die einschlägigen VDI-Richtlinien und durch... konkretisiert.

5. Körperschallemittierende Anlagen und Anlagenteile sind mittels elastischer Elemente oder ggf. durch lückenlos durchgehende Trennfugen von luftschallabstrahlenden Gebäude- und Anlagenteilen zu entkoppeln.

6. Ins Freie führende Türen, Tore und Fenster von Räumen, in denen lärmintensive Anlagen betrieben werden oder lärmintensive Tätigkeiten ausgeführt werden, sind insbesondere zur Nachtzeit (22.00 Uhr bis 6.00 Uhr) geschlossen zu halten.

7. Bei der Bauausführung des zu errichtenden Betriebsgebäudes ist darauf zu achten, daß die Außenhautelemente fugendicht ausgeführt werden und nach außen führende Fenster, Türen und Tore fugendicht schließen.

8. Die im schalltechnischen Prognosegutachten vom... Nr..... genannten Ausgangswerte (Schalleistungspegel, Halleninnenpegel) sind einzuhalten und die dort angegebenen Schallschutzmaßnahmen sind auszuführen. Wird davon abgewichen, so ist erforderlichenfalls ein Nachweis über die Gleichwertigkeit anderer Schutzmaßnahmen, die dann auszuführen sind, zu erbringen. Insbesondere müssen folgende Schallschutzmaßnahmen ausgeführt werden:

8.1 Die Umfassungsbauteile der Halle... dürfen die nachfolgend aufgeführten bewerteten Bauschalldämm-Maße nicht unterschreiten:

Dach $R_w' = \ldots$ dB
Außenwände $R_w' = \ldots$ dB
Verglasung $R_w' = \ldots$ dB
Rolltore und Türen $R_w' = \ldots$ dB

8.2 Im nördlichen Bereich der Halle... darf ein Innenpegel von... dB(A) und im südlichen Bereich von... dB(A) nicht überschritten werden.

8.3 Die Rolltore an der Ostseite dürfen nur, soweit es für den Durchlauf von Paletten erforderlich ist, geöffnet werden.

8.4 Der noch offene Bereich der Anlage Nr.... ist, genauso wie der restliche Anlagenbereich, mit entdröhntem Trapezblech zu verkleiden.

8.5 Die Luftansaug- und Auslaßöffnungen in den Außenwänden des Kompressorenhauses müssen mit Schalldämpfern versehen werden. Die Einfügungsdämm-Maße dieser Schalldämpfer müssen mindestens... dB betragen (s. VDI 2567).

8.6 Zwischen den Kompressoren und den Fortluftleitungen sind zur Vermeidung von Körperschallemissionen Kompensatoren einzubauen.

9. Spätestens 6 Monate nach Unanfechtbarkeit des Bescheides bzw. nach Inbetriebnahme der Anlage ist von einer nach § 26 BImSchG bekanntgegebenen Meßstelle überprüfen zu lassen, ob die Auflagen gemäß Ziffern ... erfüllt sind. Der Prüfbericht ist dem Landratsamt ... zuzuleiten.

Soweit bei den Schallpegelmessungen Immissionsmessungen nicht möglich sind, sind die Immissionen durch Emissionsmessungen in Verbindung mit Berechnungen nach den einschlägigen Richtlinien zu ermitteln.

3.6.2 Auflagenmuster ÄNDERUNGSPLANUNG

1. Die Bestimmungen der Technischen Anleitung zum Schutz gegen Lärm (TALärm) vom 16.07.1968 (Beilage zum BAnz. Nr. 137 vom 26.07.68) sind zu beachten.

2. Die Teilbeurteilungspegel der Emittenten Nrn. ...... dürfen im benachbarten Kleinsiedlungsgebiet zur Nachtzeit je ... dB(A) und zur Tageszeit je ... dB(A) nicht überschreiten.

3. Die geänderten Anlagenbereiche, die zur Pegelerhöhung in der Nachbarschaft beitragen können, sind entsprechend dem Stand der Schallschutztechnik und Schwingungsisolierungstechnik zu errichten, zu betreiben und regelmäßig zu warten. Dies gilt insbesondere für die Aufstellung der Ventilatoren und für die Verbindungen zu den weiterleitenden Rohren.

4. Das Anlagengeräusch darf nicht tonhaltig sein (s. DIN 45645).

5. Im östlich benachbarten Kleinsiedlungsgebiet darf der unbewertete Schalldruckpegel insgesamt ... dB nicht überschreiten.

6. Die Anlage Nr. ... auf dem Dach des Gebäudes Nr. ... darf nur in der Zeit von 6.00 Uhr bis 23.00 Uhr betrieben werden. Notfälle sind von dieser Beschränkung ausgenommen.

7. Folgende schalltechnische Kennwerte sind zu beachten:
   – Der Halleninnenpegel des Penthouse darf einen Wert von ... dB(A) nicht überschreiten.
   – In 1 m Abstand zur Zuluftöffnung Nr. ... darf ein Meßflächenschalldruckpegel von ... dB(A) nicht überschritten werden (zur Meßfläche siehe DIN 45635, Bl. 1).
   – In 1 m Abstand vom Kaminrand und 45° über der Kaminmündung darf an den Abluftkaminen Nrn. ...... ein Schalldruckpegel von jeweils ... dB(A) nicht überschritten werden.
   – In 1 m Abstand zur Öffnung der Hallenentlüftung im Penthouse Nr. ... darf ein Meßflächenschalldruckpegel von ... dB(A) nicht überschritten werden.

8. Spätestens 6 Monate nach Inbetriebnahme der Anlagen in den Gebäuden Nrn. ...... ist die Einhaltung der Auflagen in den Ziffern ... durch eine nach § 26 BImSchG bekanntgegebene Meßstelle nachprüfen zu lassen. Die linearen und die A-bewerteten Teilbeurteilungspegel sind durch eine Berechnung aus den Ergebnissen der Emissionsmessungen zu ermitteln.

9. In einen Dachplan im Maßstab 1 : 100 sind alle Zu- und Abluftöffnungen und Kühlanlagen mit Rastereinheiten versehen einzutragen. Die linearen und die bewerteten Pegel für die Tages- und Nachtzeit sind jeweils bei den Emittenten einzutragen. Die Schallquellen sind zu nummerieren und ihre Funktion ist zu beschreiben. Nicht abgebaute stillgelegte Emittenten sind gesondert zu kennzeichnen. Der Dachplan ist zusammen mit dem Prüfbericht nach Ziffer 8 der Genehmigungsbehörde vorzulegen.

3.6.3 Auflagenmuster LÄRMBESCHWERDE (Diskothek)

1. Die Musikanlage ist so einzuregeln, daß der Höchstwert, gemessen in der Mitte der Tanzfläche in 1,2 m über Boden, den Wert 105 dB(A) nicht überschreitet. Die dazu erforderliche Schallpegelmessung führt der Umweltschutzingenieur des Landratsamtes ... durch.[16]

2. Der Lautstärkeregler ist so einzustellen, daß der Frequenzbereich „0,10 Octave, 80 Hz" um 18 dB abgesenkt wird.

3. An den 4 Reglern der Musikanlage ist eine Vorrichtung anzubauen, die die Anbringung von Plomben möglich macht, nachdem die Anlage einreguliert ist. Der Regler ist auf Stellung − 4 einzustellen.

4. Für den Lautstärkeregler ist eine Einrichtung, z. B. ein Behältnis aus Blech oder Plexiglas, zu schaffen, die mit einer Plombe nach der unter Ziffer 1 geforderten Einstellung der Musikanlage versehen werden kann.

5. Das Landratsamt ist unverzüglich von beabsichtigten Änderungen und Reparaturen zu unterrichten.

---

[16] Mit dem angegebenen Schalldruckpegel im Lokal wird der Immissionsrichtwert von 25 dB(A) in der Wohnung im 2. OG, Ringstr. ., nicht überschritten. Die Belange des Schutzes der Gäste und der Beschäftigten vor Gefahren für die Gesundheit i. S. der §§ 4 Abs. 2 sowie 5 Abs. 1 und 2 GastG sind hierbei nicht berücksichtigt.

Anhang 3.1

Die Immissionsrichtwerte werden festgesetzt für

a) Gebiete, in denen nur gewerbliche oder industrielle Anlagen und Wohnungen für Inhaber und Leiter der Betriebe sowie für Aufsichts- und Breitschaftspersonen untergebracht sind, auf   70 dB(A)

b) Gebiete, in denen vorwiegend gewerbliche Anlagen untergebracht sind, auf   tagsüber 65 dB(A)   nachts 50 dB(A)

c) Gebiete mit gewerblichen Anlagen und Wohnungen, in denen weder vorwiegend gewerbliche Anlagen noch vorwiegend Wohnungen untergebracht sind, auf   tagsüber 60 dB(A)   nachts 45 dB(A)

d) Gebiete, in denen vorwiegend Wohnungen untergebracht sind, auf   tagsüber 55 dB(A)   nachts 40 dB(A)

e) Gebiete, in denen ausschließlich Wohnungen untergebracht sind, auf   tagsüber 50 dB(A)   nachts 35 dB(A)

f) Kurgebiete, Krankenhäuser und Pflegeanstalten, auf   tagsbüer 45 dB(A)   nachts 35 dB(A)

g) Wohnungen, die mit der Anlage baulich verbunden sind, auf   tagsüber 40 dB(A)   nachts 30 dB(A)

Die Nachtzeit beträgt acht Stunden; sie beginnt um 22.oo Uhr und endet um o6.oo Uhr. Die Nachtzeit kann bis zu einer Stunde hinausgeschoben oder vorverlegt werden, wenn dies wegen der besonderen örtlichen oder wegen zwingender betrieblicher Verhältnisse erforderlich und eine achtstündige Nachtruhe des Nachbarn sichergestellt ist.

Der Immissionsrichtwert für die Nachtzeit gilt auch dann als überschritten, wenn ein Meßwert den Immissionsrichtwert um mehr als 20 dB(A) überschreitet.

Immissionsrichtwerte nach TALärm

Anhang 3.2

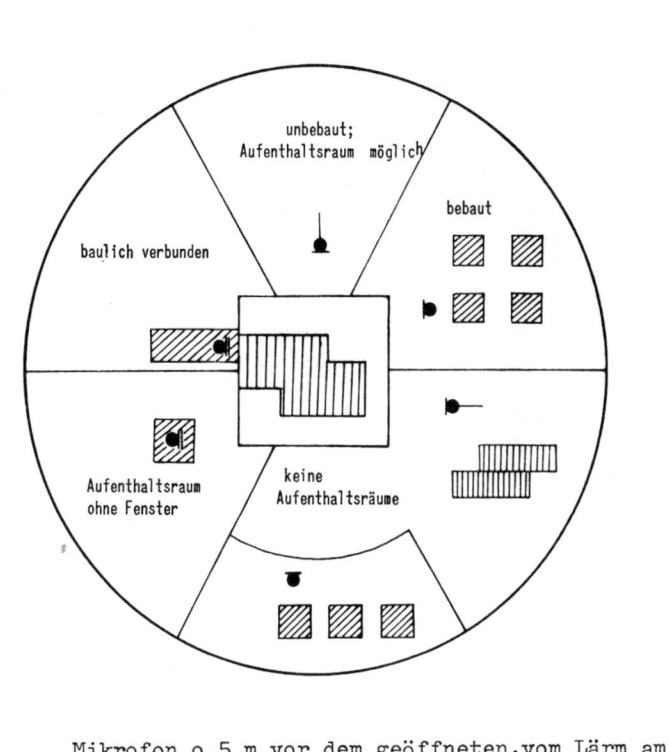

unbebaut; Aufenthaltsraum möglich

bebaut

baulich verbunden

Aufenthaltsraum ohne Fenster

keine Aufenthaltsräume

- Mikrofon 0,5 m vor dem geöffneten, vom Lärm am stärksten betroffenen Fenster
- Mikrofon 3 m von der Grundstücksgrenze in 1,2 m Höhe
- Mikrofon im Raum bei geschlossenen Türen und Fenstern in 1,2 m Höhe und Wandabstand

Immissionsmeßorte nach TALärm

Anhang 3.3
VDI 2058 Bl. 1 Beurteilung von Arbeitslärm in der Nachbarschaft

3.3.1. Immissionsrichtwerte „Außen"

a) für Einwirkungsorte[3], in deren Umgebung *nur gewerbliche Anlagen* und ggf. ausnahmsweise Wohnungen für Inhaber und Leiter der Betriebe sowie für Aufsichts- und Bereitschaftspersonen untergebracht sind (vgl. Industriegebiete § 9 BauNVO)[4]
   70 dB(A)

b) für Einwirkungsorte[3], in deren Umgebung *vorwiegend gewerbliche Anlagen* untergebracht sind (vgl. Gewerbegebiete § 8 BauNVO)[4]
   tags   65 dB(A)
   nachts 50 dB(A)

c) für Einwirkungsorte[3], in deren Umgebung *weder vorwiegend gewerbliche Anlagen noch vorwiegend Wohnungen* untergebracht sind (vgl. Kerngebiete § 7 BauNVO, Mischgebiete § 6 BauNVO, Dorfgebiete § 5 BauNVO)[4]
   tags   60 dB(A)
   nachts 45 dB(A)

d) für Einwirkungsorte[3], in deren Umgebung *vorwiegend Wohnungen* untergebracht sind (vgl. allgemeine Wohngebiete § 4 BauNVO, Kleinsiedlungsgebiete § 2 BauNVO)[4]
   tags   55 dB(A)
   nachts 40 dB(A)

e) für Einwirkungsorte[3], in deren Umgebung *ausschließlich Wohnungen* untergebracht sind (vgl. reines Wohngebiet § 3 BauNVO)[4]
   tags   50 dB(A)
   nachts 35 dB(A)

---

[3] Während die baurechtliche Zulässigkeit baulicher und sonstiger Anlagen allein von der städtebaulichen Vereinbarkeit mit der Eigenart des umgebenden Baugebietes bestimmt wird, richtet sich die Beurteilung eines Anlagengeräusches hinsichtlich der von ihm ausgehenden Gefahren, wesentlichen Nachteile oder wesentlichen Beeinträchtigungen nach dem Einwirkungsort, der auch in einem anderen Baugebiet als die Geräuschquelle liegen kann. Die Beurteilung des einwirkenden Anlagengeräusches muß sich im konkreten Fall in erster Linie daran orientieren, wie am Einwirkungsort gewohnt wird und in überschaubarer Zeit gewohnt werden wird. Die für diese Beurteilung maßgebliche bauliche Nutzung wird aber nicht allein durch die Summe der Baukörper erfaßt, sondern auch durch alles mitbestimmt, was für ihren Charakter und ihre Funktion objektiv von Bedeutung ist, etwa die Lage zu größeren Verkehrssträngen (vgl. Urteil des Bundesverwaltungsgerichts vom 23. April 1969 – BVerwG IV C 15.68).

[4] In Klammern sind jeweils die Gebiete der Baunutzungsverordnung – BauNVO – BGBl. I 1968, S. 1237/44) angegeben, die in der Regel den Kennzeichnungen unter a) bis f) entsprechen. Eine schematische Gleichsetzung ist jedoch nicht möglich, da die Kennzeichnung unter a) bis f) ausschließlich nach dem Gesichtspunkt der Schutzbedürftigkeit

f) für *Kurgebiete*, Krankenhäuser, Pflegeanstalten, soweit sie als solche durch Orts- oder Straßenbeschilderung ausgewiesen sind
   tags   45 dB(A)
   nachts 35 dB(A)

Es soll vermieden werden, daß kurzzeitige Geräuschspitzen den Richtwert am Tage um mehr als 30 dB(A) überschreiten.

Zur Sicherung der Nachtruhe sollen nachts auch kurzzeitige Überschreitungen der Richtwerte um mehr als 20 dB(A) vermieden werden.

3.3.2. Immissionsrichtwerte „Innen"

Bei Geräuschübertragung innerhalb von Gebäuden und bei Körperschallübertragung betragen die Richtwerte für Wohnräume, unabhängig von der Lage des Gebäudes, in einem der im Abschn. 3.3.1 unter a) bis f) genannten Gebiete:

   tags   35 dB(A)
   nachts 25 dB(A)

Es soll vermieden werden, daß kurzzeitige Geräuschspitzen den Richtwert um mehr als 10 dB (A) überschreiten.

---

gegen Lärmeinwirkung vorgenommen ist, die Gebietseinteilung in der BauNVO aber auch anderen planerischen Erfordernissen Rechnung trägt (vgl. MBl. NW. 1968, S. 1557/8 – Einführungserlaß zur TALärm –).

Anhang 3.4 Zusammenstellung der Rechtsbehelfe

Rechtsstand 01.01.82

Gegen einen Verwaltungsakt (VA) oder seine Ablehnung (Anfechtungs- oder Verpflichtungsklage gemäß § 42 Abs. 1 VwGO):

VA einer **kreisangehörigen Gemeinde** ↓	VA einer **Kreisverwaltungsbehörde** (Landratsamt, kreisfreie Stadt, Große Kreisstadt) ↓	VA einer **Mittelbehörde**, z. B. Regierung von Oberfranken ↓	VA einer obersten **Landesbehörde**, z. B. Bayer. Staatsministerium des Innern ↓	VA a) einer obersten **Bundesbehörde** (wie nebenstehend) b) einer anderen **Bundesbehörde** ↓
Widerspruch bei der Gemeinde (§ 70 Abs. 1 Satz 1 VwGO) oder der Widerspruchsbehörde (§ 70 Abs. 1 Satz 2).	**Widerspruch** bei der vorgenannten Behörde (§ 70 Abs. 1 Satz 1 VwGO) oder der Widerspruchsbehörde (§ 70 Abs. 1 Satz 2). Dies gilt auch für den Widerspruch kreisangehöriger Gemeinden gegen einen aufsichtlichen VA des Landratsamts (als Rechtsbzw. Fachaufsichtsbehörde) – § 73 Abs. 1 Satz 2 Nr. 1 VwGO mit Art. 110, 115, 119 GO.	**Widerspruch** bei der Mittelbehörde (§ 70 Abs. 1 Satz 1 VwGO). Frist: ein Monat nach Bekanntgabe des VA (§ 70 VwGO). Die Mittelbehörde erläßt den **Widerspruchsbescheid** (§ 73 Abs. 1 Satz 2 Nr. 2 VwGO).	Kein Widerspruch, außer wenn von einem Gesetz die Nachprüfung vorgeschrieben (§ 68 Abs. 1 Satz 2 Nr. 1 und Abs. 2 VwGO, so z. B.: VA im Beamtenrecht, § 126 Abs. 3 BRRG, Art. 122 BayBG).	**Widerspruch** bei der Behörde, die den VA erlassen oder abgelehnt hat (Ausgangsbehörde) – § 70 VwGO. Widerspruch entfällt, wenn diese Behörde eine oberste Bundesbehörde ist (§ 68 Abs. 1 Satz 2 Nr. 1 und Abs. 2 VwGO). Ausnahmen in einzelnen Bundesgesetzen z. B. § 126 BRRG.
Frist: ein Monat nach Bekanntgabe des VA (§ 70 VwGO). Abhilfe: § 72 VwGO.	Frist: ein Monat nach Bekanntgabe des VA (§ 70 VwGO). Abhilfe § 72 VwGO.			Frist: ein Monat nach Bekanntgabe des VA (§ 70 VwGO). Die nächsthöhere Bundesbehörde – ist dies eine oberste Bundesbehörde, gilt § 73 Abs. 1 Satz 2 Nr. 1 und 2 VwGO – erläßt den **Widerspruchsbescheid**. Dagegen **Anfechtungs**- bzw. **Verpflichtungsklage** zum VG (§§ 42, 45 VwGO).
Selbstverwaltungsangelegenheiten: Art. 119 Nr. 1 GO übertragener Wirkungskreis: Art. 119 Nr. 2 GO.	Den **Widerspruchsbescheid** erläßt die **Regierung** (§ 73 Abs. 1 Satz 2 Nr. 1 und 3, Abs. 3 VwGO mit Art. 110, 115, 119, 120 GO). Selbstverwaltungsangelegenheiten: Art. 119 Nr. 1 GO übertragener Wirkungskreis: Art. 119 Nr. 2 GO.	Dagegen **Anfechtungs**- bzw. **Verpflichtungsklage** zum VG (§§ 42, 45 VwGO).	Gegen den VA **Anfechtungs**- bzw. **Verpflichtungsklage** zum VG (§§ 42, 45, 74 Abs. 1 Satz 2 und 1 Abs. 2 VwGO).	
Dagegen **Anfechtungsklage** bzw. **Verpflichtungsklage** (zum Erlaß des abgelehnten VA) zum VG (§§ 42, 45 VwGO).	Dagegen **Anfechtungsklage** bzw. **Verpflichtungsklage** zum VG (§§ 42, 45 VwGO).	Frist: ein Monat nach Zustellung (§ 74 VwGO).	Frist: ein Monat nach Bekanntgabe des VA (§ 74 Abs. 1 Satz 2 VwGO).	
Frist: ein Monat nach Zustellung (§ 74 VwGO).	Frist: ein Monat nach Zustellung (§ 74 VwGO).			
Gegen das Urteil des VG Berufung zum BayVGH (§ 46 Nr. 1, § 124 Abs. 1 VwGO), soweit nicht gemäß § 131 VwGO beschränkt.	Gegen das Urteil des VG Berufung zum BayVGH oder Sprungrevision (wie nebenstehend).	Gegen das Urteil des VG Berufung zum BayVGH oder Sprungrevision (wie nebenstehend).	Gegen das Urteil des VG Berufung zum BayVGH oder Sprungrevision (wie nebenstehend). Widerspruchsbescheides bzw. nach Bekanntgabe des VA (wenn kein Widerspruchsverfahren stattfindet) – § 74 VwGO.	Gegen das Urteil des VG Berufung zum BayVGH (§ 124 Abs. 1 VwGO). Sprungrevision oder Revision nach § 49 Nr. 2, §§ 134, 135 VwGO.
Frist: ein Monat nach Zustellung des Urteils (§ 124 Abs. 2 VwGO). Sprungrevision (§ 49 Nr. 2, § 134 VwGO) oder Revision (§ 49 Nr. 2, § 135 VwGO).	Frist: ein Monat nach Zustellung des Urteils (§ 124 Abs. 2 VwGO).	Frist: ein Monat nach Zustellung des Urteils (§ 124 Abs. 2 VwGO).		Frist: ein Monat nach Zustellung des Urteils (§ 124 Abs. 2 VwGO).

Abkürzungen umseitig; aus [3.7]

Abkürzungen zur Zusammenstellung der Rechtsbehelfe

AGVwGO	Gesetz zur Ausführung der Verwaltungsgerichtsordnung
BayBG	Bayer. Beamtengesetz
BRRG	Beamtenrechtsrahmengesetz
BVerwG	Bundesverwaltungsgericht
GO	Gemeindeordnung für den Freistaat Bayern
LAG	Lastenausgleichsgesetz
VG	Verwaltungsgericht
VGH	Verwaltungsgerichtshof
VwGO	Verwaltungsgerichtsordnung

Anhang 3.5

Wände (einschalig)	Dicke mm	Flächen-gewicht kp/m^2	$R_w{'}$ dB	Preis ca. DM	Bemerkungen
Mauerwerk					
Vollziegel/Kalk-sandstein	115	270	48	80/120	verputzt**
	240	450/480	55	120/140	
Hochlochziegel	240	390	52	115/130	verputzt
	300	410	53	130/140	
Kalksandlochsteine	240	360	51	150	unverputzt
	300	420	53	200	
Hohl- Leichtbeton	175	245	45	130	
block- Bims	170	245	45	130	
steine	240	270	50	–	
	250	290	50	–	
	300	300	50	–	
	360	392	52	160	
Vollsteine Bims	365	490	54	160	verputzt
Poroton	300	300	50	140	verputzt
Klimaton	300	–	50	150/160	verputzt
Gasbeton-Vollstein	330	370	53	150	verputzt
Betonplatten					
Stahlbeton	100	210	47	–	porendicht
	150	345	52	110/120	
	180	430	56	110/130	
	250	–	56	125/150	
	300	–	56	135/165	
Gasbeton	100	65	36	–	gespachtelt
	150	100	41	90	mit
	175	–	–	95	Anstrich
	200	130	42	105	
	250	–	–	120	
Blech					
Stahlblech	1	8	26	30/100	
	3.5	28	39	140/180	
Trapezblech o.75mm	35	6.6	22	35/70	
	40	7.4	23	40/80	
1.0 mm	45	11	25	40/70	
1.25mm	35	12	16	60/70	belüftet !
	40	12.2	27	70/100	
Asbestplatten					
Wellasbest 6.0 mm	55	12.5	19	40/80	
Zementasbest 6 mm	6	10	35	40	
Holzspanplatten					
	10	5.5	18	–	
	20	11	22	–	
	30	16.5	25	–	

Preisstand 1979

* $R_w{'}$: bewertetes Schalldämm-Maß
** jeweils beidseitig verputzt

Bauteilangaben zu einschaligen WÄNDEN

Anhang 3.6

Wände (mehrschalig)	Dicke mm	Flächen-gewicht kp/m²	R'_w dB	Preis ca. DM	Bemerkungen
Blech					
Doppelstahlblech mit Hartschaum	35	11,3	26	90/180	0.75 mm *
Doppelstahlblech mit Polystrolschaum	62	22	27	110/210	1.0 mm *
Doppelstahlblech mit Hartschaum	63		40	190/230	1.5 mm *
Doppelalublech mit Polyurethanschaum	50	6	20	185/210	0.8 mm *
Doppeltrapezprofil	190	22	35	85/120	1.0 mm *
Doppeltrapezprofil mit Mineralfaserplatten	190		41	90/180	1.0 mm *
Einfachtrapezblech mit Mineralfaserplatten	120		32	60/90	1.0 mm *
Asbest					
Trapezblech mit Isover und Asbestzementpl. **	110	54	48	140/200	40/1.25 *
Wellasbestzementpl. mit Mineralwollepl.	330		28		
Wellasbestzementpl. mit Herakustik 50 mm			34		100 mm ***
Gasbeton					
Gasbetonplatten mit Mineralfaserplatten dazischen,					
- außen verputzt	305	236	55	190	
- außen gestrichen	440	320	62	190	

* Blechstärke
** Isover 50 mm und Asbestplatten 20 mm
*** Luftraumtiefe

Preisstand 1979

Bauteilangaben zu mehrschaligen WÄNDEN

Anhang 3.7

Dächer	Dicke mm	Flächengewicht kp/m²	R'_w dB	Preis ca. DM	Bemerkungen
Dachsteine					
Falzdachziegel Z 7			10	40/55	Standardz.
Falzdachziegel mit 60mm MFF u. SPP			40	60/75	*** u.****
Betondachsteine auf *			10	40/55	mit Tegalit
Betondachsteine auf * mit 60mm MFF u. SSP			40	60/70	*** u.****
Betondachsteine Frankfurter Pfanne mit 60mm MFF u. SPP			40	60/70	*** u.****
Eternit					
Berliner Welle mit MFF, Lattung u. SPP			40	55/60	60mm *** u. ****
Wellasbestzementpl.					
-auf * mit Styrofoam	50		27	65/75	Styrof.SMTG
-auf * darunter Styrodur 3000 N	50		27	65	
	80		29	65	
-auf Isover über **			33	70	SPW/F
-auf ** darunter Isover SPW/F	30		35	70	
-auf * Profil 5	55	12.5	19		6mm Platte
	57	14	21	30/50	
Beton-Hohldielen					
Bimsbeton	120	185	49	140	
Spannbeton	120	220	49	140	
Stahlbeton		3oo	50	140	

   * Lattung
  ** Sparren
 *** MFF : Mineralfaserfilz
**** SPP : Spanplatten
    Preisstand 1979

Bauteilangaben zu DÄCHERN

(Bei gleichem Aufbau siehe auch Anhang 3.5 u. 3.6)

Anhang 3.8

Fenster Verglasungen	Dicke mm	Flächen-gewicht kp/m^2	P'_w dB	Preis ca. DM	Bemerkungen
Fenster					
Glasscheibe festver -glast	2	5	27		
	3	7	29	30	
	6	15	33	65	
	12	30	36	140	
Acrylglasscheibe	4	5	26	110	
	6	7	29		
Polycarbonatscheibe	4	5	26	160	bruch-unempf.
Isolierglas 4/ 4 mm	20		32	125	mit Luft 12mm
4/10 mm	28		38	190	mit Luft 14mm
4/10 mm	28	35	43	235	m.Isolar 14mm
Acrylisolierglas	50	12	32	350	mit Luft 30mm
Industrieverglasungen					
Profilitglas 1-schal.		20	28	145	K25/41/6
Profilitglas 2-schal.		40	34	165	
Glasbausteine					
- 190 x 190 mm	50		38		
- 190 x 190 mm	80	80	41		
- 240 x 240 mm	80		41		
- 240 x 115 mm	80		45	210	
- 240 x 157 mm	80		43		
- 300 x 300 mm	100		40		
- 115 x 240 mm	50	60	37		
Lichtkuppeln					
- 1m^2 mit 5/3mm Acryl			20	600	mit Luft 30mm
- 1m^2 mit 5/3mm Acryl			35	1100	mL30/SDP 16mm*
- 1m^2 mit 3/3mm Acryl	**		25	560	mit Luft 25mm
- 1m^2 mit 3/3mm Acryl	**		38	1060	mL25/SDP 16mm
Schallschutzfenster					
Einfachfenster SE			35	500	bis DM 750
Verbundfenster SV			43	600	bis DM 900
Kastenfenster SK			49	900	bis DM 1300
Kastenfenster SKG°			54	1200	bis DM 2000

° getrennter Rahmen
* mit Luft xx mm und Stegdoppelplatte
** nicht zu öffnen

Preisstand 1979

Bauteilangaben zu FENSTERN, VERGLASUNGEN

Anhang 3.9

Türen, Tore	Abmessungen cm	R'_w dB	Preis° ca.DM	Bemerkungen
Türen * ⌀				
Stahltüre o.Dichtungen	100/200	20	250	bis DM 450
Stahltüre	100/200	25	850	
Feuerschutztüre	100/200	25	1200	bis DM 1700
Schallschutz-Stahlt.	100/200	40	1200	bis DM 2000
Türelement T 30, Rundumdichtung	98.5/210.7	44	1250	55.6mm dick
**Tore ** **				
Rolltor einfach	750/300	20	7700	
Rolltor	750/300	20	10000	wärmeisoliert
Rolltor	500/420	20	10000	wärmeisoliert
Deckengliedertor	500/420	18	12000	Alu blank
2-flügeliges Tor	400/350	35	10600	

⌀ mit Montage
* mit Zarge
** mit elektrischem Antrieb

Preisstand 1979

Bauteilangaben zu TÜREN, TOREN

Teil 3 Gewerbelärm   275

Anhang 3.10

Anlage	Eigenschaften	L_{WA}
Brenner	selbstansaugend	$82 + 10 \lg \Theta$
	zwangsbelüftet	$78 + 10 \lg \Theta$
Dampfturbinen		$65 + 10 \lg P$
E-Motoren	geräuscharm	$2 + 13 \lg P + 20 \lg n$
Fackeln		$98 + 10 \lg m$
Getriebe	1000 U/min	$80 + 9 \lg P$
	1500 U/min	$83 + 9 \lg P$
Kreiselpumpen		$71 + 13 \lg P$
Kühltürme		$70 + 10 \lg m$
Luftkühler		$80 + 10 \lg P$
Prozeßöfen		$84 + 10 \lg \Theta$
Pumpen	Chemienormpumpen	$60 + 10 \lg P$
Sicherheitsventil		$95 + 10 \lg m$
Transformatoren	30 bis 500 kVA	$39 + 9 \lg P$
	20 bis 5000 kVA	$31 + 9 \lg P$
	2000 bis 40 000 kVA	$9 + 13 \lg P$
Ventilatoren	Schaufeln rückw. gekr.	$26 + 10 \lg V + 20 \lg \Delta p$
	Schaufeln vorw. gekr.	$20 + 10 \lg V + 20 \lg \Delta p$
	Axial	$37 + 10 \lg V + 20 \lg p$
Ventile	mit Rohrleitung, o. Isol.	$20 + 10 \lg(PD^2 \varsigma)$
Verdichter	Hubkolben, luftgekühlt	$90 + 10 \lg P$
	Drehkolben	$95 + 10 \lg P$
	Kolben, wassergekühlt	$70 + 10 \lg P$
	Turbo	$70 + 10 \lg P$
Wasserringpumpe		$90 + 5 \lg P$

Erläuterung der Zeichen :

D / mm / Rohrleitungsdurchmesser nach Ventil
m / t/h / Massenstrom
n / 1/min / Drehzahl
P / kW / mechanische Leistung
Δp / N/m² / Druckdifferenz
Θ / MJ/s / unterfeuerte Heizleistung
ς / kg/m³ / Dichte des Mediums nach Ventil
V / m³/s / Volumenstrom

ERREICHBARE SCHALLEISTUNGSPEGEL VON NEU GEPLANTEN ANLAGEN
(aus 3./3.27/ und /3.28 /)

Anhang 3.11

Emissionsdaten von Anlagen

Bezeichnung	Leistung	Betriebszust.	Pegel[1]		Fundstelle	Bemerkung
Altglascontainer		Einwurf	1	97-107	UBA 1982	dB(AI)-Werte +- 6 dB(A)
Asphaltmischanlage			LWA	120	LFU 1982	
Autowaschstraße	2 - 34 kW	Zyklus	LWA	-106	UBA	
Bagger			LWA	112	(1)	Fundst. siehe Fußnote 2)
Bandförderer			1	90-100	VDI 2712	Antriebstation
Bandförderer			1	75- 80	VDI 2712	Rollenstation
Bandförderer			1	90-105	VDI 2712	Übergabestation
Blasmusikkapelle	30 Personen		LWA	-130	LFU 1981	
Elektromotor	355 kW	Nennleist.	1	72	AEG	Sonderlüftung
Filteranlage			1	79	M-BBM	Müllverbrennungsanl.
Gabelstapler	1,6-2,5 t	Stand	LWA	106	UBA	
Gabelstapler	3-7 t	Stand	LWA	111	UBA	
Kaminmündung			LWA	-111	UBA	Verbrennungsanlage
Kompaktor		Zyklus	LWA	113	Bomag	
Lkw		Zyklus	LWA	109	LFU	innerbetrieblich
Lkw-Anlasser			LWA	106	LFU	
Lkw-Leerlauf			LWA	100	LFU	
Lkw-Türenschlag			LWA	103	LFU	
Lkw-Kühlaggregat	30 km/h		LWA	-113	LFU	Dieselantrieb
Müll-Lkw	300 PS		LWA	105	TÜV	Schüttgut
Planierraupe			3	105	VDI 2550[3]	
Radlader			LWA	98-113	UBA/LFU	
Schrottschere	300 t	Last	LWA	115	LFU	
Schrottplatz			LWA	110	LFU	
Schleifmaschine			LWA	103	LFU	Metallbearbeitung
Shredderanlage			LWA	132	LFU	
Sirene			LWA	105	(1)	
Tankstelle	300 Pkw/d		1	96	LFU 1977	
Traktor			LWA	-115	(1)	
Umspannwerk	110/20 kV		LWA	-90	LFU	16MVA

[1] LWA :Schalleistungspegel, sonst Abstand in m   [2] Quelle:Nieders.Min.f.Bundesang.,Lärmbek. Heft 2
[3] VDI 2550 am 01.07.78 zurückgezogen

Anhang 3.12
Beispielsammlung von Arbeitseinrichtungen, deren Schallemission im allgemeinen einen Beurteilungspegel von 90 dB(A) oder mehr bewirken kann [40]:

Abbauhämmer
Abdrehmaschinen für Schleifkörper
Abflachschleifmaschinen für die Nadelfertigung
Ablängmaschinen (Drahtmattenherstellung)
Anklopfmaschinen
Aushauscheren
Bagger über 80 PS
Blechentleerer für Farbstofftrockner
Blechrichtmaschinen
Blockbandsägen
Bodenverdichter
Bohrhämmer
Bolzensetzer
Brecher
Brenner für Öl und Gas
Brennhärtemaschinen
Dampfstationen für Sterilisierzwecke
Dieselmotoren
Drageekessel
Dragiertrommeln
Drehkolbenverdichter
Drehrohre mit Hammerwerken
Drucklufterzeugungsanlagen
    Druckluftwerkzeuge
Druckluftstampfer
Düsentriebwerke
Eimerkettenbagger
Ein- und Auspacker für Flaschen
Entgratmaschinen
Etikettiermaschinen für Flaschen und Gläser
Extraktoren
Fachmaschinen
Fallhämmer
Falschdrahtzwirnmaschinen
Flammphotometer
Flaschenputzmaschinen
Flechtmaschinen
Flyer
Füll- und Verschließmaschinen für Flaschen, Gläser und Dosen
Gebläse
Gebläselampen
Gebläsemaschinen
Gitterschweißmaschinen
Gleisbettreinigungsmaschinen
Gleisstopfanlagen
Grader ab 80 PS
Granulatoren
Hämmermaschinen
Hammermühlen
Hämmer
Hohlglasblasvoll- und -halbautomaten
Holzfräsmaschinen ⎫
Holzkreissägen   ⎪ und
Holzhobelmaschinen ⎬ Kombi-
Holzzerspanmaschinen ⎪ nationen
Holzhackmaschinen ⎭
Kabelschuh-Schießgeräte
Knochenkreissägen
Kohlenmühlen
Kollergänge
Kompressoren
Kreissägen
Kunststoffspritzgießmaschinen
Kutter
Lader
LD-Konverter
Lederfräsmaschinen
Lichtbogenöfen
Luftfahrzeuge
Luftkühler
Mahlwerke-Anlagen
Mauerfräsen
Metallspritzmaschinen
Motorenprüfstände
Nadelreduziermaschinen
Nibbelmaschinen
Nietenpressen (zur Herstellung von Nieten)
Nietmaschinen
elektr. Nutenhobel
Pelletierpressen
Pelletpressen
Planierraupen über 80 PS
Planier- und Verdichtungsmaschinen für Schotter
Plasmabrennschneidgeräte

Anhang 3.12 Fortsetzung

Plasma-Spray-Anlagen
Pneumatische Förderer
Pneumatische Prüfstände (Luftprüfstände)
Poliermaschinen
Pressen
Propellerturbinen
Prüfstände
Pufferstationen der Plattenbänder für Flaschen und Gläser
Ramm- und Ziehgeräte
Reckmaschinen
Reduzierstationen (Dampf, Gas)
Regler
Reinigungs- und Verfestigungs-Strahlanlagen und Geräte in der Luftfahrt
Richtmaschinen
Ringspinnmaschinen
Hydr. Rohrreinigungsgeräte ab 50 bar
Rollgänge
Rüttelbänder und Ausschlagstationen
Rüttelböcke
Rüttelsiebe
Rüttler
Scheuertrommeln
Schienenschraubmaschinen
Schlagscheren
Schlagschrauber
Schleifmaschinen
Schleudergießmaschinen
Schleudermaschinen
Schneidbrenner
Schnellaufwindsichter (über 30 m/s Umfangsgeschwindigkeit)
Schnitzelpressen
Schußwaffen
Schweißmaschinen
Schwingförderer
Schwingsiebe
Separatoren
Siebsaugwalzen an Papiermaschinen
Spinnmaschinen der chem. Industrie
Spulmaschinen

Stahlsandgatter
Stanzen
Stauchmaschinen
Stecknadelmaschinen
Steinbrecher
Steinfertigungsautomaten
Steinpressen
Stollenbagger
Stollenbeton-Nachmischer
Strahlanlagen
Strahlgebläse
Strahltriebwerke
Strecken der Textilindustrie
Streckmetallherstellmaschinen
Strickmaschinen
Tablettenpressen
Tongewinnungsmaschinen
Torkretierungseinrichtungen
Trennmaschinen
Turbinen
Übergabe-Einrichtungen in Halbzeugwerken
Umformer
Ventilatoren ab 300 m^3/min.
Verdichter
Verpackungsmaschinen
Vibratoren
Vibrationspressen
Vibrationssiebmaschinen
Vibrationsverdichtungsmaschinen
Vortriebsmaschinen
Warmscheren
Webmaschinen aller Art
Wellpappeerzeugungsanlagen (Grob- und Feinwelle)
Windkanäle
Wirkmaschinen
Zellenradschleusen
Zentrifugen
Zerkleinerungsmaschinen jeder Art
Zwickmaschinen
Zwirnmaschinen

Anhang 3.13

Emittent	Bezugsabstand	Emissions-werte dB(A)	Bemerkungen
Kran	10 m vom Umriß des Hubwerks*	75 + 3**	
Druck-luft-hämmer	10 m vom Hammer	79 + 3** 82 + 3** 87 + 3**	bis 20 kg ü. 20 kg b. 35 kg ü. 35 kg
Rasen-mäher	10- m -Umkreis	75 78 83 68 72 77	bis 3 kW*** ü. 3 kW b. 7 kW ü. 7 kW ab 01.10.83 : bis 3 kW ü. 3 kW b. 7 kW ü. 7 kW

* siehe auch AVV-Baulärm

** Nach zwei Jahren Betrieb sind um 3 dB(A) höhere Werte zulässig. Die Anlagen KRANE und DRUCKLUFT-HÄMMER entsprechen erhöhten Schallschutzanforderungen, wenn sie um 5 dB(A) niedrigere Werte aufweisen.

*** Zusätzlich gelten zeitliche Einschränkungen, wenn die Emissionswerte größer gleich 60 dB(A) betragen.

Emissionswerte nach der 2.BImSchVwV, 3.BImSchVwV und der 8.BImSchV

280 Teil 3 Gewerbelärm

Anhang 3.14

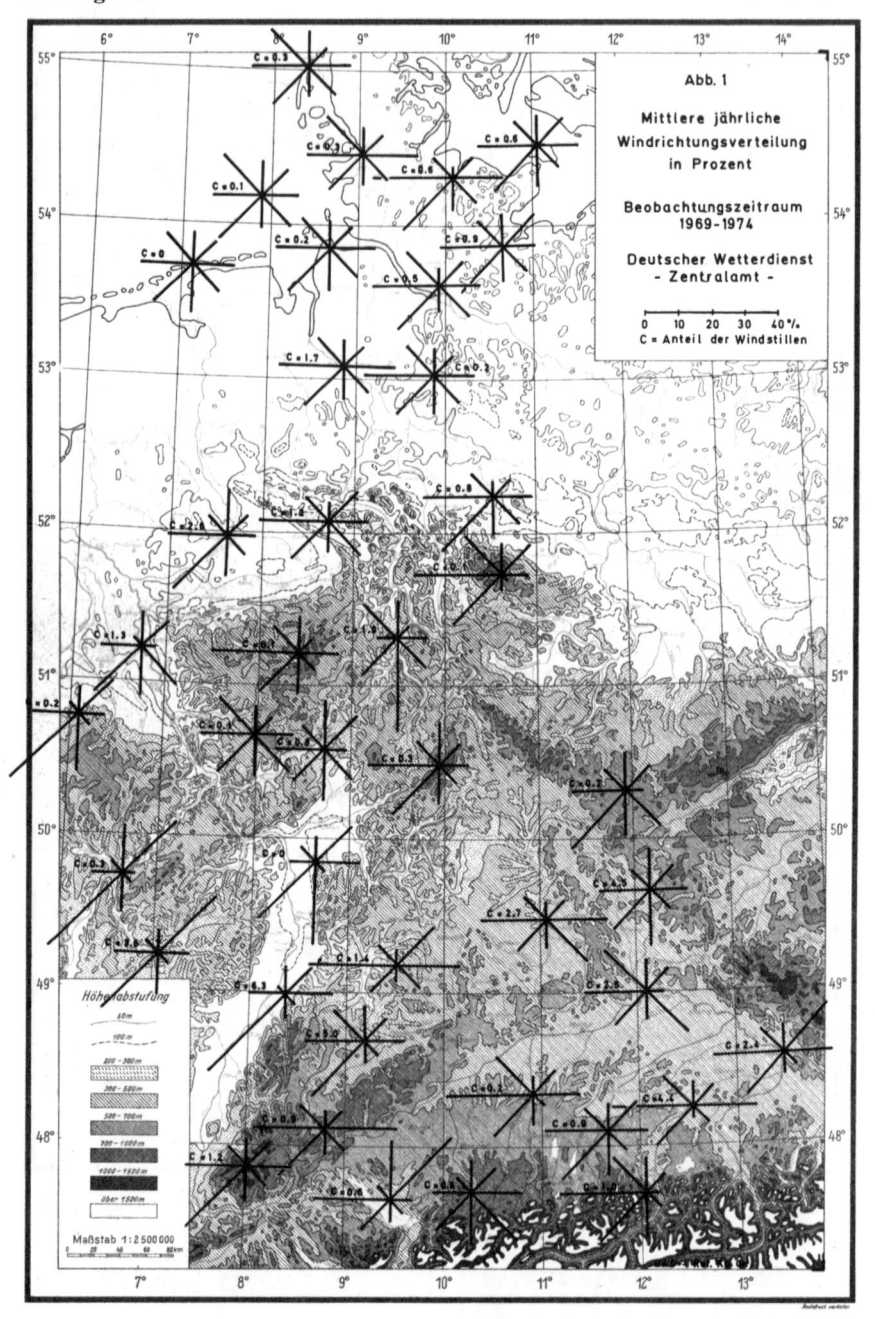

Anhang 3.15

Anlagenbezeichnung : ....

Technische u. betriebl. Daten | Örtliche Gegebenheiten (Skizze)

a) Fabrikat..........
b) Typ/Baujahr......
c) Art/Antrieb......
d) Nennleistung.....
e) Nenndrehzahl.....
f) Leistungsregelung
g) Abmessungen......
h) Betriebszeiten...
i) Laufzeiten.......
j) Schalleistungspegel......
k) Schalldruckpegel/Abstand.
l) Maximalpegel/Abstand.....
m) Tonhaltigkeit............
n) Halleninnenpegel.........
o) Sonstiges................

Hallenbauteile :

Rich-tung*	Außenhaut		Fenster		Tore,Türen		Öffnungen
	F	R_W'	F	R_W'	F	R_W'	F
1							
2							
3							
4							
Dach							

* Richtung in Skizze angeben

F in m^2 und R_W' in dB

Hallenabmessungen..................

Datenblatt für Einzelanlagen

Anhang 3.16
VDI 2571 Schallabstrahlung von Industriebauten

Anhaltswerte für den Schalldruckpegel L_I in Werkhallen
(Werte auf 5 dB gerundet)

Betriebsart	L_A dB(A)	\multicolumn{6}{c}{Oktavmittenfrequenz in Hz}					
		125 dB	250 dB	500 dB	1000 dB	2000 dB	4000 dB
Blechbearbeitung (Schleifen, Hämmern)	105	85	90	100	100	100	95
Blechbearbeitung (Stanzerei-Feinblech)	95	80	85	90	80	85	80
Drahtwalzwerk (große Halle)	85	75	80	85	80	75	70
Drahtwerk (Zieherei)	90	85	90	90	85	80	75
Drahtwerk (Richterei)	95	90	95	95	90	90	90
Druckerei (Rotationsdruckmaschinen)	95	90	90	95	90	85	75
Druckerei (klein)	85	75	80	80	80	75	70
Extruder-Anlage	85	80	95	80	80	75	70
Getränkeabfüllanlage	95	80	80	85	90	90	85
Gummiknetanlage (zwei Maschinen)	90	95	95	90	85	80	75
Gußputzerei	95	85	90	90	85	85	85
Kraftwerk (Maschinenhaus)	90	90	85	85	85	85	85
Kraftwerk (Kesselhaus mit Kohlemühlen)	90	80	80	85	85	85	70
Mühlen (Rohrmühle)	105	90	95	100	100	100	95
Mühlen (Federkraftmühle)	90	95	95	90	85	80	75
Mühlen (Prallmühlen für Kunststoffzerkleinerung)	105	90	100	105	95	95	
Prüfstand für Dieselmotoren (ohne Schallabsorption)	105	105	105	105	100	100	95
Prüfstand für Dieselmotoren (mit Schallabsorption)	95	95	95	95	90	90	85
Röhrenwerk	95	75	75	80	85	90	90
Rütteltische für Formbetonteile	105	100	100	100	95	90	85
Schmelz- und Gießhalle mit Ausschlaggeräuschen	95	90	95	95	90	90	90
Schreinerei	95	85	95	95	90	90	85
Schreinerei (Holzzerspannungs- und -hackmaschinen)	100	95	95	100	95	95	95
Stangenautomatendreherei	95	80	85	85	85	90	85
Tablettenherstellung (Pressen)	90	75	80	85	85	80	75
Textilherstellung (Spinnmaschinen)	90	85	85	90	85	85	80
Textilherstellung (Vorbereitungsmaschinen in der Spinnerei)	85	80	80	80	80	80	75

Anhang 3.17
VDI 2571 Schallabstrahlung von Industriebauten

Betriebsart	L_A dB(A)	\multicolumn{6}{c}{Oktavmittenfrequenz in Hz}
		125 dB	250 dB	500 dB	1000 dB	2000 dB	4000 dB
Textilherstellung (Ringzwirnmaschinen)	95	85	85	85	90	85	80
Textilherstellung (Doppeldrahtzwirnmaschinen)	100	95	95	95	95	95	95
Textilherstellung (Falschdrahtzwirnmaschinen)	95	80	80	85	90	90	90
Verpackungsmaschinen	85	80	80	80	80	75	70
Webssaal	100	85	85	90	95	95	90
Werkzeugschleiferei	90	85	85	90	85	80	75

*) Siehe auch:
VDI 2561 Die Geräuschemission von Gesenk- und Freiformschmieden und Maßnahmen zu ihrer Minderung.
VDI 2572 Geräusche von Textilmaschinen und Maßnahmen zu ihrer Minderung
VDI 2712 Geräusche in Betrieben der Steine- und Erden-Industrie und Maßnahmen zu ihrer Minderung –
Bl. 1 Allgemeines.

VDI 2564 Lärmminderung bei der Blechbearbeitung Bl. 1, 2, 3
VDI 2713 Lärmminderung bei Wärmekraftanlagen.
Lärmquellen der Eisen- und Metallindustrie, Mainz: Berufsgenossenschaftliches Institut für Lärmbekämpfung 1973.

Anhang 3.18

Berechnung des A-Schalldruckpegels für Immissionspunkte in der Nachbarschaft von Industriebauten nach VDI 2571

lfd. Spalte	1	2	3	4	5–20 Bauteil-Nr. bzw. Schallquellen-Nr. (1–16)
lfd. Nr.	Zeichen	Einheit	Bedeutung	Fundstelle	
1	L_i	dB(A)	Halleninnenpegel	Abschnitt 3.1	
2	R'_w	dB	bewertetes Schalldämm-Maß	Anhang B	
3		dB	Korrekturmaß	Abschnitt 3.3.1 Gleichung (7b)	
4	L_{WA}	dB(A)	Schalleistungspegel Einzelschallquelle	gegeben bzw. siehe Gl.(11) Abschn. 3.3.	
5	ΔL_s	dB	Korr.f.senkr.WandFl.	Abschnitt 3.3.1 B.2	
6	ΔL_z	dB	Abschirmmaß	Abschnitt 3.3.2	
7	L_s	dB(A)	Schallpegel des Bauteiles bzw. der Einzelschallquelle	Abschn. 3.4.1 Bild 3 bzw. Abschn. 3.4.2; Abschn. 3.3.1 Gl.(7b) bzw. Abschnitt 3.3.2 Gl.(10)	
8	L_Σ	dB(A)	Gesamtschallpegel	Zeile 8a bis 8e	
5a	s_m	m	Abstand		
5b	S	m²	Fläche des Bauteils		

$$\Delta L_s = 10 \lg(2\pi s^2 / S)$$

$$L_\Sigma = 10 \lg \sum_{s=1}^{s=n} 10^{0{,}1 L_s}$$

Abbildungen: Korrekturen ΔL_z für Dach und Wand mit Werten $\Delta L_z = 0\,dB(A)$, $5\,dB(A)$, $10\,dB(A)$, $20\,dB(A)$ sowie abstrahlende Fläche.

Teil 3 Gewerbelärm

Anhang 3.19
Entwurf VDI 2714
Formblatt

Objekt: _____

Auftraggeber: _____

Bearbeiter: _____

Datum: _____

Schallquellen- bzw. Bauteilbezeichnung und deren Numerierung

Einflußgröße	Rechengröße	Zeichen	Einheit	Fundstelle
Schalleistungspegel	A-Schallpegel im Abstand s' [1])	$L_{s'}$	dB(A)	Datenblatt [3])
	Bezugsabstand [1])	s'	m	Datenblatt [3])
	Länge der Schallquelle [1])	l	m	Datenblatt [3])
	A-Schallpegel im Gebäudeinnern [2])	L_I	dB(A)	zu errechnen nach VDI 2571, Abschn. 3.1
	Schalldämm-Maß des Bauteils [2])	R'_w	dB	VDI 2571, Abschn. 3.2
	A-Schallpegel auf der Außenfläche [2])	$L_a = L_I - R'_w - 4$	dB(A)	VDI 2571, Abschn. 3.3.1
	Gebäudefläche [2])	S	m^2	Datenblatt [3])
	Flächenmaß [2])	$10 \lg S$	dB	–
	A-Schalleistungspegel	L_{WA}	dB(A)	Datenblatt [3]) bzw. errechnet
Abstand	Abstand	s_m	m	Datenblatt [3])
	Abstandsmaß	ΔL_s	dB	Abschn. 5.1
Richtwirkung	Abstrahlraumwinkel	Ω	sr	Abschn. 5.2 oder Tafel 3
	Richtwirkungsmaß	K_Ω	dB	Abschn. 5.2 Gl. (4) oder Tafel 3
Luftabsorption	Dämpfungskoeffizient	α_L	10^{-2} dB/m	Abschn. 6.1, Tafel 4
	Luftabsorptionsmaß	ΔL_L	dB	Abschn. 6.1 Gl. (5)
Boden	Schallquellenhöhe	h_Q	m	Abschn. 6.2, Bild 3
	Aufpunkthöhe	h_A	m	Abschn. 6.2, Bild 3
		$10(h_A + h_Q)$	m	Abschn. 6.2
	Bodendämpfungsmaß	ΔL_B	dB	Abschn. 6.2

Anhang 3.19 Fortsetzung

Bewuchs	Dämpfungskoeffizient	α_D	dB/m	Abschn. 6.3.1., Tafel 5	
	Schallweg Bewuchs	s_D	m	Abschn. 6.3.1, Bild 4a	
	Bewuchsdämpfungsmaß	ΔL_D	dB	Abschn. 6.3.1 Gl. (6) sowie Abschn. 6.3.3	
Bebauung	Schallweg Bebauung	s_G	m	Abschn. 6.3.2, Bild 4b	
	Dämpfungskoeffizient	α_G	dB/m	Abschn. 6.3.2 Gl. (7)	
	Bebauungsdämpfungsmaß	ΔL_G	dB	Abschn. 6.3.2 Gl. (7) sowie Abschn. 6.3.3	
Abschirmung	Abschirmmaß Gebäudefläche[2])	ΔL_z	dB	Abschn. 6.4.3, Bild 7	
	effektive Schirmhöhe	h_s	m	Abschn. 6.4.1, Bild 5	
	Schirmabstand	d_A	m	Abschn. 6.4.1, Bild 5	
	Schirmabstand	d_Q	m	Abschn. 6.4.1, Bild 5	
	Schirmbreite	e	m	Abschn. 6.4.1, Bild 6	
	Abstand Schirmkante	a_Q	m	Abschn. 6.4.1, Bild 5 bzw. 6	
	Abstand Schirmkante	a_A	m	Abschn. 6.4.1, Bild 5 bzw. 6	
	Schirmwert	z	m	Abschn. 6.4.1 Gl. (9) bzw. (12)	
	reduzierter Schirmwert	z	m	Abschn. 6.4.1 Gl. (11) bzw. (10)	
	Abschirmmaß	ΔL_z	dB	Abschn. 6.4.2 Gl. (12)	
	Witterungsdämpfungsmaß	ΔL_M	dB	Abschn. 7.3, Bild 11	
Schallpegeladdition	Gesamtpegeländerungen	$\Sigma K + \Delta L$	dB	—	
	Schalldruckpegel am Aufpunkt	L_i	dB(A)	Abschn. 4 Gl. (2)	
	Bezugspegel	L_o	dB	Anhang D 1	
	Differenz	$L_i - L_o$	dB	Anhang D 1 Gl. (2)	
	Gewichtfaktor	g_i	—	Anhang D 1, Tafel 1	
	Summe der Gewichtsfaktoren	Σg_i	—	s. Anhang D 1	
	Gesamtschallpegel am Aufpunkt	$L_\Sigma = L_o + \Delta L$	dB(A)	Anhang D 1 Gl. (3)	

[1]) bei Linienschallquellen
[2]) bei Gebäudeflächen
[3]) Datenblatt, d.h. die der Berechnung zugrundeliegenden Zahlenangaben.

Anhang 3.20

Formblatt für die Berechnung von Punktschallquellen

lfde. Nr.	Rechengröße	Zeichen	Einheit	Rechenschritte bzw. -hinweise	Rechenvorgänge					
1	Höhe der Schallquelle über Boden	h_Q	m	nach örtlichen Bedingungen						
2	Höhe des Immissionsortes über Boden	h_A	m	nach örtlichen Bedingungen						
3	horizontaler Abstand zwischen Schallquelle und Immissionsort	s_H	m	aus Lageplan						
4	Abstand zwischen Schallquelle und Immissionsort	s	m	$\sqrt{(h_A - h_Q)^2 + s_H^2}$						
5	angenommene gesamte Schirmhöhe	h_s	m	Annahme						
6	Abstand zwischen Schirm und Schallquelle (bzw. Spiegelschallquelle*)	s_a oder a	m	aus Skizze (s.a. Bild 2 bzw. 3)						
7	Abstand zwischen Schirm und Immissionsort	s_b oder b	m	aus Skizze (s.a. Bild 2 bzw. 3)						
8	Abstand zwischen den Kanten eines dicken Schirms	c	m	aus Skizze (s.a. Bild 3)						
9	wirksame Schirmhöhe	h_{eff}	m	nach Skizze						
10	Schirmwert	z	m	$z \doteq 0{,}5\, h_{eff}^2 \left(\dfrac{1}{s_a} + \dfrac{1}{s_b}\right)$ bzw. $z = a + b - s$ $z = (a + b + c) - s$						
11	Kenngröße für die Höhenlage von Schallquelle und Immissionsort	C_1	–	nach Tafel 2 von Abschn. 5.2						
12	Proportionalitätsfaktor für z	C_2	–	nach Abschn. 5.2						
13	maßgebende Frequenz der Schallquelle●)	f	s^{-1}	nach jeweiligen Bedingungen						
14	maßgebende Wellenlänge der Schallquelle●)	λ	m	$\lambda = c_L / f$ ($c_L = 340$ m/s)						
15	Korrekturfaktor für Witterungseinflüsse	K_W	–	$K_W = e^{-\frac{ab}{5700 \cdot h_{eff}}}$						
16	Abschirm-Maß	ΔL_z bzw. $\Delta L_z'$ ▲)	dB	$\Delta L_z = 10 \lg (C_1 + C_2 \cdot z/\lambda)$ bzw. $\Delta L_z' = 10 \lg [1 + (C_1 - 1 + C_2 \cdot z/\lambda) \cdot K_W]$ ▲)						
17	A-Schallpegelminderung des einzelnen Schallweges	$\Delta L_{A,i}$	dB(A)	$\Delta L_{A,i} \approx \Delta L_z$ bzw. $\Delta L_z'$						
18	Reflexionsverlust der Spiegelschallquelle	$\Delta L_{A,\alpha}$ ○)	dB	vgl. VDI 2714 ○)						
19	Schallweg über die maßgebende Schirmkante	$s_{U,1}$	m	$a + b$ bzw. $a + b + c$						
20	A-Schallpegelminderung des Schirms	$\Delta L_{A,S}$	dB(A)	nach Gl. (1) bzw. (1a) in Abschn. 5.1						

*) der Ort der Spiegelschallquelle befindet sich im zweifachen Abstand Schallquelle–reflektierende Fläche von der Schallquelle auf der Projektion senkrecht zur reflektierenden Fläche (vgl. Bild 1)

●) bei Industriegeräuschen oder ähnlichen Geräuscharten ist zur Ermittlung der A-Schallpegelminderung häufig die Berechnung für eine Frequenz von 500 Hz und eine Wellenlänge von $\lambda = 0{,}7$ m ausreichend

▲) bei Abstand zwischen Schallquelle und Immissionsort $s \geq 100$ m

○) bei Gebäudeflächen kann im allgemeinen ein Reflexionsverlust von 1 dB für glatte Wände und 2 dB für strukturierte Wände eingesetzt werden

△) $\Delta L_{A,\alpha}$ findet nur bei Berücksichtigung von Spiegelschallquellen einschließlich der Voraussetzung, daß ΔL_z und ΔL_α auch den A-Schallpegel bestimmen, Anwendung

Anhang 3.21−1
VDI 3723 Bl. 1 Entwurf

Anwendung statistischer Methoden zur Kennzeichnung schwankender Geräuschimmissionen

Index der Meßwertart x	Rechenvorschrift			
	$L_{x;90}$	$L_{x;50}$	$L_{x;m}$	$L_{x;10}$
AF 95	H_{90}	H_{50}	H_m	H_{10}
AF m	M_{90}	M_{50}	M_m	M_{10}
AF 1	S_{90}	S_{50}	S_m	S_{10}

Tabelle 2. Zusammenhang zwischen der Entfernung, $\Delta L = (L_{x;10} - L_{x;90})$ und dem Z-Wert

Entfernung m	$\Delta L = (L_{x;10} - L_{x;90})$ dB	Z
50	0,5	0,04
80	1,0	0,10
100	1,5	0,15
150	2,0	0,19
250	2,5	0,23
300	3,0	0,27
350	3,5	0,31
400	4,0	0,35
450	4,5	0,38
500	5,0	0,41
550	5,5	0,43
600	6,0	0,46
650	6,5	0,47
700	7,0	0,49
750	7,5	0,51
800	8,0	0,52
850	8,5	0,53
900	9,0	0,54
950	9,5	0,55
1000	10,0	0,56

Anhang 3.21−2

Kenngrößen, Kennwerte

Die Verteilungen der Meßwerte werden durch Kenngrößen beschrieben. Die Werte der Kenngrößen (Kennwerte) sind aus den Grundgesamtheiten der Meßwerte der Arten L_x (x = AF95, x = AFm, x = AF1) nach folgenden Rechenvorschriften zu bilden, Bild 3 und Tabelle 1:

Mittelungspegel $L_{x;m}$ nach DIN 45641 [2]
10 %-Überschreitungspegel $L_{x;10}$ nach Tabelle 4 bis 6
50 %-Überschreitungspegel $L_{x;50}$ nach Tabelle 4 bis 6
90 %-Überschreitungspegel $L_{x;90}$ nach Tabelle 4 bis 6

Bei konstanter Emission können aus Tabelle 2 Anhaltswerte für die Differenz $\Delta L = (L_{x;10} - L_{x;90})$ in Abhängigkeit von der Entfernung des Immissionsortes vom Mittelpunkt des Emittenten abgeschätzt werden. Ist ΔL größer als 10 dB, empfiehlt sich eine Schichtung gemäß Abschnitt 6.

Vertrauensbereiche

	Größe	bekannte Streuung	Streuung unbekannt
(3.23) (3.24)	L_o (ob. Grenze)	$L_{x,m} + 10 \lg \left(1 + \dfrac{Z}{\sqrt{n}} 1{,}28\right)$	$L_{x,m} + 10 \lg \left(1 + \dfrac{Z' t_{n-1}}{\sqrt{n}}\right)$
(3.25) (3.26)	L_u (unt. Grenze)	$L_{x,m} + 10 \lg \left(1 - \dfrac{Z}{\sqrt{n}} 1{,}28\right)$	$L_{x,m} + 10 \lg \left(1 - \dfrac{Z' t_{n-1}}{\sqrt{n}}\right)$
(3.27) (3.28)	Z bzw. Z'	$\sigma 10^{-0,1 L_m}$	$S \cdot 10^{-0,1 L_{x,m}}$
(3.29)	Streuung	σ	$S = \left(\dfrac{1}{n-1} \sum_{i=1}^{n} (10^{0,1 L_x(i)} - 10^{0,1 L_{x,m}})^2\right)^{1/2}$
	Studentfaktor	−	aus Tabellen

Anhang 3.22–1

VDI 3723 Bl. 1 Entwurf

Statistische Methoden zur Kennzeichnung schwankender Geräuschimmissionen

Tabelle 3. Studentfaktor t_{n-1} in Abhängigkeit von der Anzahl $(n-1)$ der Meßwerte

$n-1$	t_{n-1}	$n-1$	t_{n-1}
1	2,08	20	1,33
2	1,89	21	1,32
3	1,64	22	1,32
4	1,53	23	1,32
5	1,48	24	1,32
6	1,44	25	1,32
7	1,42	26	1,32
8	1,40	27	1,31
9	1,38	28	1,31
10	1,37	29	1,31
11	1,36	30	1,31
12	1,36	40	1,30
13	1,35	50	1,30
14	1,35	60	1,30
15	1,34	80	1,29
16	1,34	100	1,29
17	1,33	200	1,29
18	1,33	500	1,28
19	1,33	∞	1,28

Tabelle 4. Schätzung der Überschreitungspegel L_{10}, L_{50}, L_{90} und ihrer Vertrauensbereiche, gekennzeichnet durch die Grenzen L_u und L_o, wenn die Meßwerte in aufsteigender Reihenfolge geordnet sind:

$L_x^{(1)} \leq L_x^{(2)} \leq L_x^{(3)} \ldots \leq L_x^{(k')} \ldots \leq L_x^{(k)} \ldots \leq L_x^{(k'')} \ldots \leq L_x^{(n-1)} \leq L_x^{(n)}$

Anzahl n der Meßwerte	$L_u = L_x^{(k')}$ (k')			$L_{x,50} = L_x^{(k)}$ (k)			$L_o = L_x^{(k'')}$ (k'')	
2	1	–	–	–	–	–	–	1
3	2	1	–	–	2	–	3	1
4	3	1	–	–	2	–	4	1
5	3	1	–	–	3	–	5	2
6	4	2	–	6	3	1	5	2
7	5	2	–	7	4	1	6	2
8	6	3	–	8	4	1	6	2
9	7	3	–	9	5	1	7	2
10	8	3	–	10	5	1	8	2

Teil 3 Gewerbelärm   291

Anhang 3.22–2

Anzahl n der Meßwerte	$L_u = L_x^{(k')}$			$L_{x,50} = L_x^{(k)}$			$L_o = L_x^{(k'')}$		
		(k')			(k)			(k'')	
11	8	4	–	11	6	1	–	8	3
12	9	4	–	12	6	1	–	9	3
13	10	5	–	13	7	1	–	9	3
14	11	5	–	14	7	1	–	10	3
15	12	5	–	15	8	1	–	11	3
16	13	6	–	15	8	2	–	11	3
17	14	6	–	16	9	2	–	12	3
18	14	7	–	17	9	2	–	12	4
19	15	7	–	18	10	2	–	13	4
20	16	8	–	19	10	2	–	13	4
21	17	8	–	20	11	2	21	14	4
22	18	8	1	21	11	2	22	15	4
23	19	9	1	22	12	2	23	15	4
24	20	9	1	23	12	2	24	16	4
25	20	10	1	24	13	2	25	16	5
26	21	10	1	24	13	3	26	17	5
27	22	11	1	25	14	3	27	17	5
28	23	11	1	26	14	3	28	18	5
29	24	12	1	27	15	3	29	19	5
30	25	12	1	28	15	3	30	19	5
31	26	12	1	29	16	3	31	19	5
32	26	13	1	30	16	3	32	20	6
33	27	13	1	31	17	3	33	20	6
34	28	14	1	32	17	3	34	21	6
35	29	14	1	33	18	3	35	22	6
36	30	14	1	33	18	4	36	22	6
37	31	15	2	34	19	4	36	23	6
38	32	15	2	35	19	4	37	23	6
39	33	16	2	36	20	4	38	24	6
40	33	16	2	37	20	4	39	24	7
41	34	17	2	38	21	4	40	25	7
42	35	17	2	39	21	4	41	26	7
43	36	18	2	40	22	4	42	26	7
44	37	18	2	41	22	4	43	27	7
45	38	19	2	42	23	4	44	27	7
46	39	19	2	42	23	5	45	28	7
47	39	19	2	43	24	5	46	28	8
48	40	20	2	44	24	5	47	29	8
49	41	20	2	45	25	5	48	29	8
50	42	21	2	46	25	5	49	30	8

Anhang 3.23
Erläuterungen zum Schalleistungspegel

Der Schalleistungspegel L ist eine entfernungsunabhängige schalltechnische Kenngröße einer Schallquelle (siehe auch 1.5.3. und 2.).

Ausgehend von dieser Kenngröße kann der Schalldruckpegel in beliebigen Abständen von der Schallquelle berechnet werden. Dazu müssen alle die Transmission beeinflussenden Faktoren wie Entfernung, Schallquellenform, Abschirmungen, Meteorologie u.s.w. berücksichtigt werden.

Betrachtet man allein die entfernungsbedingte Abnahme des Schallpegels, die auf der „Verdünnung" der Schallenergie auf eine größere Fläche beruht, dann können folgende einfache Beispiele den Übergang vom Schalleistungspegel zum Schalldruckpegel im Freifeld erläutern [29]:

Allgemein gilt:

Schallintensität = Schalleistung/durchstrahlte Fläche

(3.30-1) $I [W/m^2] = N[W]/F[m^2]$

Intensitätspegel = 10 lg (Intensität/Bezugsintensität)

(3.30-2) $L_I = 10 \lg(I/I_0)$ [dB]

Schalldruckpegel = Schallintensitätspegel (bei ebenen fortschreitenden Schallwellen)

(3.30-3) $L = 10 \lg \left(\dfrac{N/F}{N_0/F_0} \right)$ [dB]

(3.30-4) $L = 10 \lg(N/N_0) - 10 \lg(F/F_0)$ [dB]

Schalldruckpegel = Schalleistungspegel
                 − 10 lg (durchstrahlte Fläche/Bezugsfläche)

Für Schallfelder in Räumen wird auf die Ausführungen in 1 verwiesen.

Hubschrauber in der Luft   Kugelstrahler

(3.31)   Kugelfläche $F = 4\pi s^2$
(3.32) $L_s = L_w - 10 \lg(4\pi s^2 / 1 m^2)$

Zahlenbeispiel:

L_w(Hubschrauber) = 133 dB(A)
$L(100 m) = 133 - 10 \lg(4\pi 100^2/1)$ dB(A)
$L(100 m) = 82$ dB(A)

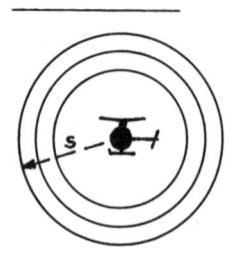

Anhang 3.24

PKW im Standlauf   *Halbkugelstrahler*

(3.33)   Halbkugelfläche $F = 2\pi s^2$
(3.34) $L_s = L_w - 10 \lg(2\pi s^2 / 1 m^2)$

Zahlenbeispiel:

$L_w(PKW) = 100\ dB(A)$
$L(100 m) = 100 - 10 \lg(2\pi 100^2/1)\ dB(A)$
$L(100 m) = 52\ dB(A)$

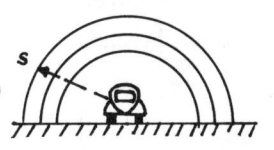

durchströmtes Rohr
Halbzylinderfläche, ohne Stirnflächen: *Liniensrtrahler*

(3.35) $F = s\pi l$
(3.36) $L_s = L_w - 10 \lg(s\pi l / 1\,m^2)$ mit $l \gg s$

Zahlenbeispiel:

$L'_w(Rohr) = 70\ dB/m$
$l = 100\ m,\quad s = 10\ m$
$L_s = L'_w + 10 \lg(l/1\,m) - 10 \lg(s\pi l / 1\,m^2)$
(3.37) $L_s = 70 + 20 - 35 = 55\ dB$

(gilt nicht für Randlagen; für genauere Berechnungen siehe 1.5, Formel 25b)

Fabrikwand
Wandfläche: Breite × Höhe für
$s > 1,5 \times$ Wandabmessungen: *Flächenschallquelle*

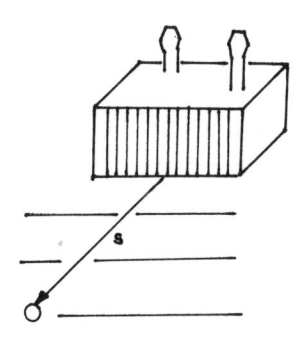

(3.38) $L_s = L_w - 10 \lg \dfrac{2\pi s^2}{F_{Wand}} + 3*$

Zahlenbeispiel:

$F_{Wand} = 5 \times 20\ m^2;\quad s = 100\ m$
$L''_w\ \ = 50\ dB/m^2$
$L_w\ \ = L''_w + 10 \lg F_{Wand} = 70\ dB$
$L_s\ \ = 70 - 10 \lg(2\pi 100^2/100) + 3$
$L_s\ \ = 45\ dB$

* Viertelkugelausbreitung

Anhang 3.25

Zerspaner in Fabrikhalle (siehe auch 1.11)   Schallquelle im Raum

(3.39) $L_I = L_w + 14 + 10 \lg(T/V)$

T: Nachhallzeit, in Werkhallen ≈ 2 sec
V: Hallenvolumen in m³

Zahlenbeispiel:

$L_w = 110\,\text{dB(A)}$
$T = 2\,\text{sec};\ V = 2400\,\text{m}^3$
$L_I = 110 + 14 + 3 - 34 = 93\,\text{dB(A)}$

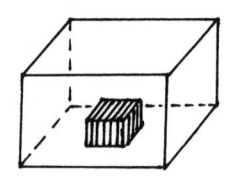

Eine überschlägige Bestimmung des Schalleistungspegels einer Schallquelle kann umgekehrt durch das Messen des Schalldruckpegels bzw. des Halleninnenpegels und entsprechende Umrechnung erfolgen. Die hier stark vereinfachten bzw. vernachlässigten Randbedingungen müssen entsprechend den örtlichen Gegebenheiten berücksichtigt werden. Bei einer Bestimmung des Schalleistungspegels mit höheren Anforderungen an die Genauigkeit ist das „Hüllflächenverfahren" der DIN 45635 heranzuziehen.

Für den interessierten Leser sei zusätzlich auf verschiedene Meßmethoden zur Bestimmung des Schalleistungspegels, die Melke in [23] beschreibt, verwiesen:

- Rundumverfahren: Halbkugelhüllfäche mit Meßabstand größer $2\sqrt{\text{Quellenfläche}}$
- Fensterverfahren: Hüllflächenfenster im Meßabstand $0{,}15\sqrt{\text{Quellenfläche}}$
- Quaderverfahren: entsprechend DIN 45635 im Meßabstand von 1 bis 2 m von der Quellenoberfläche
- Einzelquellenverfahren: Meßabstand kleiner 1 m von der Quellenoberfläche bzw. Körperschallmessung

Literaturverzeichnis

[1] Landesplanungsgesetz (z. B. Bay.LPlG v. 06.02.70, GVBl S. 9, zul. geänd. durch Gesetz vom 23.12.81)
[2] Landesentwicklungsprogramm (z. B. LEP Bayern vom 10.03.76, GVBl S. 123)
[3] Regionalpläne (z. B. Region Augsburg, Bay. Staatsministerium für Landesentwicklung und Umweltfragen, Juni 1975)
[4] Beschluß des Bayer. VGH München vom 30.06.80, Nr. 276 XXII 78
[5] Stüber, B., Geräusche industrieller Anlagen und Maßnahmen zu ihrer Minderung in Vogl, J., Handbuch des Umweltschutzes, Verlag moderne Industrie 1978
[6] Heiß, A., Kostenoptimierung bei Maßnahmen zur Geräuschminderung, Kampf dem Lärm 25, 172–183 (1978)
[7] Schießler, Heimerl, Verwaltungsgerichtsbarkeit, Drucksache A8, Bayer. Verwaltungsschule
[8] Ländermeßstellentagung 1979 in Karlsruhe, Niederschrift
[9] Müller-BBM, Schallabstrahlung von Chemieanlagen – Schalltechnische Konsequenzen für Genehmigungsverfahren und Städteplanung, Ber. Nr. 5596/4 10.01.1978, im Auftrag des Verbandes der Chem. Industrie, Frankfurt/Main
[10] Ländermeßstellentagung 1981 in Essen, Niederschrift
[11] Christ, J., Erläuterungen zur TALärm, WEKA-Verlag, Kissing 1977
[12] Müller-BBM, Richtlinien zur Vorbereitung der schallschutztechnischen Unterlagen bei Genehmigungsverfahren nach § 10 BImSchG, Entwurf 27.09.77
[13] VG München, Urteil vom 26.03.81, Nr. M71XVI 78
[14] Thomassen, H. G., Die Berücksichtigung der Wetterlage bei den Immissionsprognosen, TÜ-Heft 18 (1977), S. 240–244
[15] Feldhaus, G., VDI-Informationssymposium, 13.10.80, Düsseldorf
[16] Kötter, J., Vorschlag zur meßtechnischen Interpretation der Begriffe „Ständige Einwirkung, Vorbelastung, Verdeckung" in Z. Lärmbekämpfung 27, 193–197 (1980)
[17] Bayer. Landesamt für Umweltschutz, Spezifische Kosten für die Minderung der von gewerblichen Anlagen herrührenden Geräuschimmissionen, August 1979
[18] Schmidt, Schalltechnisches Taschenbuch, VDI-Verlag, Düsseldorf
[19] Bundesanstalt für Arbeitsschutz und Unfallforschung, Produkte zur Lärmminderung, Verlag TÜV-Rheinland GmbH, Köln 1982
[20] Bayer. Staatsministerium für Arbeit und Sozialordnung, Lärmschutz im Betrieb, Studie, München 1981
[21] OVG Münster, Urteil vom 12.04.1978, Nr. VII A 1112/74
[22] Haering, Schmitz, Geräuschemission bei geänderter Verfahrensweise beim Schrottverladen in DAGA '81, VDE-Verlag, S. 323–327
[23] Melke, J., Verschiedene Meßmethoden zur Bestimmung der Schalleistung, TÜ-Heft 18 (1977) Nr. 7/8, TÜV Rheinland
[24] Bayer. Staatsministerium für Landesentwicklung und Umweltfragen, Lärmschutzfibel August 1978
[25] Bayer. Staatsministerium für Landesentwicklung und Umweltfragen, Landesplanung in Bayern, Informationsschrift Raumordnungsverfahren, Dezember 1981
[26] Veit, J., Technische Akustik, Vogel-Verlag Würzburg 1974
[27] Umweltbundesamt (UBA), Stand der Technik bei der Lärmminderung in der Petrochemie von Stüber/Fritz/Lang, Dezember 1979
[28] Grashof, M., Lärmschutz, Sonderdruck aus Fortschritte der Verfahrenstechnik, Band 19/1981
[29] Umweltbundesamt, Lärmbekämpfung '81, Schmidt Verlag Verlin

[30] Verband der Chemischen Industrie, Lärmbeschwerden transparent gemacht, Frankfurt März 1979
[31] Michelsen, R., Streuung der Ergebnisse von Schallimmissionsmessungen bei Mitwind, Vortrag auf der Tagung „Lärmminderung in Petrochemischen Anlagen", Haus der Technik, Essen 25.05.76
[32] Thomassen, TÜV-Rheinland, Schreiben vom 04.01.83 an den VDI-Arbeitskreis 2714, nicht veröffentlicht
[33] Schreiber, v. Sazenhofen, UBA-FE-Vorhaben Nr. 79-105-29-701
[34] TÜV-Rheinland, Entwurf einer Studie über Fehlerberechnung nach VDI-Richtlinie 2714, Nr. 32913 vom November 1980
[35] Industrielärm, Deutsch-Niederländisches Forschungsseminar in Maria Laach, Oktober 1982
[36] Erkennung und Klassierung von Geräuschquellen, UBA-Forschungsbericht 10502101 vom Mai 1983
[37] Wilken, Mellert, Bestimmung der Schallausbreitung im Freien bei schwankenden Übertragungseigenschaften durch komplexe Korrelation in DAGA '81, VDE-Verlag
[38] Primäre Lärmminderung bei Schmiedehämmern durch Veränderung des Kraftverlaufs in DAGA '84, VDE-Verlag
[39] v. Heesen, Haldenplanung und Lärmschutz in DAGA '84, VDE-Verlag
[40] Unfallverhütungsvorschrift Lärm (VGB 121) vom 01.12.74, Anhang 2 zu den Durchführungsregeln der UVV-Lärm
[41] Winter, Praktische Akustik, Bauphysikalisches Institut, Bern 1979

Teil 4
Straßenverkehrslärm
Rainer Kühne

Inhaltsübersicht

Formelzeichen und Einheiten
4.1 Allgemeines
4.2 Gesetzliche Grundlagen und Vorschriften
4.2.1 Regelungen zum Lärmschutz beim Bau und Betrieb von Straßen
4.2.1.1 Bundesfernstraßengesetz (FStrG)
4.2.1.2 Bundes-Immissionsschutzgesetz (BImSchG)
4.2.1.3 Entwurf eines Verkehrslärmschutzgesetzes (EVLärmSchG)
4.2.1.4 Richtlinien des Bundesministers für Verkehr (BMV) für den Verkehrslärmschutz an Straßen
4.2.1.5 Rechtsprechung
4.2.2 Regelungen für die Lärmminderung an Fahrzeugen
4.2.2.1 Bundes-Immissionsschutzgesetz (BImSchG) und Straßenverkehrsgesetz (StG)
4.2.2.2 Straßenverkehrs-Zulassungsordnung (StVZO)
4.2.3 Regelungen zu Fahrverhalten und betriebliche Maßnahmen
4.2.3.1 Straßenverkehrsordnung (StVO)
4.2.3.2 Richtlinien für straßenverkehrsrechtliche Maßnahmen zum Schutz der Bevölkerung vor Lärm (Lärmschutz-Richtlinien – StV)
4.2.4 Technische Normen und Richtlinien
4.2.5 Raumordnung und Bauleitplanung
4.3 Schallpegelmessungen – Berechnungsverfahren
4.4 Berechnung der Schallemission
4.4.1 Konventionen und Eingangsdaten einer schalltechnischen Berechnung
4.4.2 Berechnung des Emissionspegels einer Straße
4.4.3 Berechnung des Emissionspegels eines Parkplatzes
4.5 Schallausbreitung und Berechnung des Beurteilungspegels am Immissionsort
4.5.1 Grundlagen
4.5.1.1 Schallausbreitung
4.5.1.2 Schallimmission

4.5.2	Freie Schallausbreitung	
4.5.2.1	Berechnung eines Immissionspegels an einer „langen, geraden" Straße	
4.5.2.2	Berechnung eines Immissionspegels an („kurzen") Straßenabschnitten	
4.5.3	Hindernisse im Schallausbreitungsweg	
4.5.3.1	Schallschirme	
4.5.3.2	Pegelminderung durch Bewuchs	
4.5.3.3	Pegelminderung durch Bebauung	
4.5.4	Reflexionen	
4.5.5	Überlagerung von Schallquellen	
4.5.6	Lästigkeitszuschlag	
4.5.7	Beurteilungspegel	
4.6	Graphische Darstellung von Lärmimmissionen	
4.7	Schallschutzmaßnahmen	
4.7.1	Straßenplanung	
4.7.2	Wände, Wälle, Kombinationen, Tunnel	
4.7.3	Gebäude, Fenster	
4.7.4	Bewuchs	
4.8	Maßnahmen zur Verminderung der Schallemission	
4.8.1	Fahrzeug	
4.8.2	Reifen – Fahrbahn	
4.8.3	Verkehrsregelnde und -lenkende Maßnahmen, Verkehrsberuhigung	
4.8.4	Fahrstil	

Literaturverzeichnis

Anhang: Bundesminister für Verkehr:
„Richtlinien für den Verkehrslärmschutz an Bundesfernstraßen in der Baulast des Bundes" vom 06.07.1983

Formelzeichen und Einheiten

a	Abstand zwischen Schallquelle und Projektion der Beugungskante auf die Verbindungslinie Schallquelle-Immissionsort	m
b	Abstand zwischen Projektion der Beugungskante auf die Verbindungslinie Schallquelle-Immissionsort und Immissionsort	m
DTV	durchschnittliche tägliche Verkehrsstärke	Kfz/24 h
d_s	Standard-Zusatzlänge einer Abschirmeinrichtung (gerechnet nach beiden Seiten ab Querschnitt senkrecht zur Straßenachse)	m
d_x	Länge x einer Abschirmung ab Querschnitt senkrecht zur Straßenachse	m

Teil 4 Straßenverkehrslärm   299

Symbol	Beschreibung	Einheit
g	Gewichtsfaktor für unterschiedliche Kfz-Emissionen	–
H	Höhe des Immissionsortes über der Straßenoberfläche	m
h	Höhe der Abschirmung über Straßenoberfläche	m
h_{eff}	effektive Schirmhöhe	m
L_m	A-bewerteter Mittelungspegel	dB(A)
$L_m^{(25)}$	Mittelungspegel in 25 m Abstand von der Mitte der Straße bzw. eines Fahrstreifens	dB(A)
$L_{m,E}$	Emissionspegel	dB(A)
L_{Pkw}	Emissionspegel der Pkw	dB(A)
L_{Lkw}	Emissionspegel der Lkw	dB(A)
L_r	Beurteilungspegel	dB(A)
L_W	Schall-Leistungspegel	dB(A)
ΔL_K	Lästigkeitszuschlag für erhöhte Störwirkungen an signalgesteuerten Kreuzungen und Einmündungen	dB(A)
ΔL_{StrO}	Korrektur für unterschiedliche Straßenoberflächen	dB(A)
ΔL_v	Korrektur für unterschiedliche zulässige Geschwindigkeiten	dB(A)
ΔL_{Stg}	Zuschlag für Steigungen	dB(A)
$\Delta L_{s\perp}$	Korrektur für unterschiedliche Abstände	dB(A)
ΔL_l	Korrektur für die Abschnittslänge	dB(A)
ΔL_{LS}	Pegelminderung durch Abschirmung	dB(A)
l	Abschnittslänge	m
M	maßgebende Verkehrsstärke	Kfz/h
N	mittlere Anzahl von Fahrzeugbewegungen auf einem Stellplatz eines Parkplatzes	–
n	Anzahl der Stellplätze eines Parkplatzes	–
p	maßgebender Lkw-Anteil über 2,8 t zulässigen Gesamtgewichts	%
R	Faktor zur Berücksichtigung des Lkw-Verkehrs	–
s	Abstand zwischen Fahrbahnmitte oder betrachteten Fahrstreifen und Immissionsort	m
$s_\perp$	Abstand senkrecht zur Straßenachse	m
v	zulässige Geschwindigkeit	km/h
v_{Pkw}	zulässige Pkw-Geschwindigkeit	km/h
v_{Lkw}	zulässige Lkw-Geschwindigkeit	km/h
φ	Sichtwinkel für freie Schallausbreitung	°

4.1 Allgemeines

Straßenverkehr ist zur Hauptquelle aller Lärmbelästigungen geworden. Ihr Anteil liegt bereits bei 50 % aller Lärmbeschwerden. Gesundheitliche Risiken können bei hoher Verkehrslärmbelastung nicht ausgeschlossen werden.

Während an Hauptverkehrsstraßen zur Tages- und zur Nachtzeit hohe Dauerbelastungen auftreten, können auch in Nebenstraßen starke Belästigungen durch wenige, besonders hervortretende Einzelfahrzeuge, wie Lkw, Motorräder oder Mopeds erzeugt werden.

Die Zahl der Belästigten wird in Zukunft nicht geringer werden. Der Fahrzeugbestand nimmt weiterhin zu. In den letzten zehn Jahren stieg der Pkw-Bestand im Mittel um rund 600000 Fahrzeuge pro Jahr. Zur Zeit sind fast 33 Millionen Fahrzeuge (Lkw und Krafträder eingeschlossen) im Verkehr [1]. Jeder zweite erwachsene Bundesbürger besitzt bereits ein Kraftfahrzeug. Besonders auffallend ist in letzter Zeit die Erhöhung des Kraftrad-Bestandes. Auf der Basis zunehmender Freizeit und wachsenden Erlebnisstrebens wird insbesondere der Freizeitverkehr deutlich ansteigen.

Die Jahresfahrleistungen der Lkw nehmen ständig zu. Betrug 1960 die Beförderungsleistung der Lkw im Fernverkehr rund 24 Milliarden Tonnenkilometer, so waren es 20 Jahre später rund 80 Milliarden. Bis etwa zum Jahre 1995 wird mit einem weiteren Anstieg um ca. 15 % gegenüber 1980 zu rechnen sein. Erst nach dem Jahr 2000 dürften die Jahresfahrleistungen wegen des zu erwartenden Bevölkerungsrückganges wieder abnehmen [2].

Infolge der Zunahme der Fahrzeugmengen, der damit verbundenen Überlastung von Straßen, aber auch wegen notwendiger Erschließung neuer Wohngebiete müssen weiter neue Straßen gebaut werden. Dies hat zur Folge, daß Verkehrslärm immer mehr in bisher unbelastete Gebiete vordringt.

Trotz vieler technischer Verbesserungen am Fahrzeug sind bis auf Ausnahmen die Lärmemissionen nur geringfügig zurückgegangen. Die Ursache hierfür liegt auch in den durchschnittlich gegenüber früher höheren Leistungen der Motoren. Als wichtigste Geräuschquelle gilt bei Stadtgeschwindigkeiten der Motor einschließlich der Auspuffanlage. Mit zunehmenden Geschwindigkeiten wird das Wind-, Reifen- und Rollgeräusch zum dominierenden Faktor, und zwar bei hoher Gangwahl beim Pkw bereits von etwa 60 km/h an und beim Lkw ab etwa 80 km/h. Zusätzliche Einflüsse werden auch durch die Straßenoberfläche hervorgerufen.

Die unterschiedlichen Lärmemissionen sind nicht nur konstruktionsbedingt. Wartungszustand und Veränderungen am Fahrzeug beeinflussen die Geräuschentwicklung. Insbesondere bei Kleinkrafträdern verursachen bewußte Manipulationen äußerst unangenehme Geräuschentwicklungen. Über die Hälfte aller Mofas und Mopeds sind manipuliert [3].

Darüber hinaus beeinflußt das persönliche Fahrverhalten die Gesamtemissionen. Eine „sportliche Fahrweise" erhöht deutlich wahrnehmbar die Spitzenpegel. Besonders lästig sind scharfes Anfahren und „Hochziehen" der Gänge, Bremsen und Kurvenfahren mit quietschenden Reifen, unnötiges Hupen oder auch klappernde Ausrüstungen und Ladungen von Nutzfahrzeugen.

Die unterschiedlichen Geräuschquellen wirken unabhängig von der Lautstärke wegen ihrer Zeitstruktur und ihrer Frequenzzusammensetzung verschieden belästigend. Bekannt ist der unangenehme, hochfrequente Geräuschcharakter von Kleinkrafträdern. Hinzuweisen ist aber auch auf den tieffrequenten Anteil („dröhnen") bei Schwerfahrzeugen. Sehr störend wirkt auch der „markige Klang" eines Diesel-Pkw im Leerlauf.

Auf die allgemeinen Wirkungen von Lärm auf den Menschen soll hier nicht näher eingegangen werden. Für den Bereich Straßenverkehrslärm wird wegen der häufig informationsarmen Geräuschstruktur ein gewisser Gewöhnungseffekt angenommen. Trotzdem werden bei unregelmäßigen Einwirkungen Belästigungsreaktionen hervorgerufen. Dies wird besonders deutlich, wenn der Betreiber unnötigen Lärm verursacht. Einzelne hohe Pegelspitzen, etwa von Lkw oder Krafträdern, können die akustische Kommunikation behindern oder zu Beeinträchtigungen des Schlafes und der Entspannung führen. Sehr schnell fahrende Fahrzeuge rufen Schreckreaktionen hervor. Das tonhaltige Geräusch von „singenden" Reifen, das gelegentlich noch bei Lkw auf Autobahnen wahrzunehmen ist, oder breitbandiges Zischen bei regennasser Fahrbahn wirken besonders störend.

Eine im Auftrag des Umweltbundesamtes durchgeführte Studie hat den Verdacht verstärkt, daß zwischen Erkrankungen an hohem Blutdruck und starkem Verkehrslärm ein Zusammenhang besteht. Dabei wurde auch festgestellt, daß gerade solche Menschen gefährdet sind, in deren Familien Bluthochdruck-Erkrankungen bereits festgestellt wurden [4].

An hochbelasteten Straßen treten kaum Ruhezeiten auf. Durch die immerwährende Präsenz des Verkehrs wird ein Gefühl der zunehmenden Unentrinnbarkeit erzeugt. Dadurch wird eine negative Einstellung des Betroffenen gegenüber der Straße zusätzlich verstärkt.

Die skizzierten Lärmbelastungen und die daraus resultierenden Folgeerscheinungen sind überzeugende Gründe dafür, daß der Lärmschutz gesetzlich geregelt werden muß. Unabhängig davon sollte gerade bei Neuplanungen jeglicher Art vorsorglich darauf geachtet werden, daß die Zahl der durch Lärm unzumutbar belasteten Bürger nicht noch weiter zunimmt.

4.2 Gesetzliche Grundlagen und Vorschriften

Das Problem des Lärmschutzes an Straßen wurde in den siebziger Jahren in das rechtliche Instrumentarium aufgenommen. Danach sind immer wieder Änderungen vorgenommen worden. Die rechtlichen Regelungen auf dem Gebiet des Straßenverkehrslärms sind daher noch uneinheitlich. Da der Schutz vor Verkehrslärm bis heute (1985) vom Gesetzgeber nicht abschließend geregelt ist, müssen Verwaltungsanweisungen, die einschlägige höchstrichterliche Rechtsprechungen mit berücksichtigen, als Grundlage für Entscheidungen zum Lärmschutz an Straßen dienen. Aber auch diese Regelungen werden ständig fortentwickelt. Viele Fragen sind noch offen, wie z. B. das Zusammenwirken mehrerer Verkehrswege [25].

Unabhängig von der Rechtslage sind in einigen Ländern Förderprogramme mit Gemeinden zum Einbau schalldämmender Fenster erstellt worden.

Aber auch bei der fachtechnischen Ermittlung von Lärmimmissionen gab es in der Vergangenheit unterschiedliche Regelwerke, Richtlinien und Normen. Dieser unbefriedigende Zustand hat zusätzlich zur Rechtsunsicherheit beigetragen.

Nachfolgend sind die wichtigsten Regelungen bezüglich des Straßenverkehrslärms aufgeführt. Auf bedeutsame Paragraphen bzw. Artikel wird hingewiesen. Dabei wird auf privatrechtliche Regelungen, wie z. B. das Bürgerliche Gesetzbuch, nicht eingegangen.

4.2.1 Regelungen zum Lärmschutz beim Bau und Betrieb von Straßen

4.2.1.1 Bundesfernstraßengesetz (FStrG)

Bundesfernstraßen (Bundesautobahnen und Bundesstraßen) werden auf Grundlage des Bundesfernstraßengesetzes (FStrG) gebaut und betrieben. Dieses Gesetz enthält u. a. Vorschriften zur Beachtung des Lärmschutzes bei der Bestimmung der Linienführung und bei dem Planfeststellungsverfahren. Das Gesetz verpflichtet zu notwendigen umweltrelevanten Auflagen und sieht bei bestimmten unvermeidbaren Beeinträchtigungen Entschädigungen in Geld vor.

Als Voraussetzung für den Bau einer Straße ist ein Planfeststellungsbeschluß notwendig, der von der Planfeststellungsbehörde nach einem Anhörungsverfahren erlassen wird. In diesem Verfahren können Privatpersonen sowie Träger öffentlicher Belange (Behörden) Einwendungen und Anregungen vorbringen. Gegen einen Planfeststellungsbeschluß ist eine Verwaltungsklage möglich. Ein Planfeststellungsbeschluß, der die Frage des Lärmschutzes ungeprüft läßt, verstößt gegen das rechtsstaatliche Abwägungsgebot und ist ermessensfehlerhaft, weil ein integrierender Bestandteil der Entscheidung fehlt und der Interessenskonflikt ungelöst bleibt [5].

Folgende Paragraphen des Bundesfernstraßengesetzes (FStrG) sind für die Berücksichtigung des Lärmschutzes beim Bau von Straßen in der Baulast des Bundes bedeutsam:

§ 1 Abs. 4 Nr. 1 Einteilung der Bundesstraßen des Fernverkehrs; Lärmschutzanlagen als Bestandteil des Straßenkörpers
§ 17 Abs. 4 Planfeststellung; Anlagen zum Schutz vor erheblichen Belästigungen
§ 17 Abs. 6 Planfeststellung; nachträgliche Maßnahmen
§ 18 Anhörungsverfahren
§ 18a Planfeststellungsbeschluß
§ 18b Rechtswirkungen der Planfeststellung
§ 19 Enteignung
§ 24 Planfeststellungsbeschluß – allgemeine Regelungen und Entscheidungen
§ 25 Auflagen
§ 36 Nicht vorhersehbare Wirkungen auf benachbarte Grundstücke
§ 37 Anordnung der sofortigen Vollziehung

Auf Grundlage des Bundesfernstraßengesetzes wurden Richtlinien für die Planfeststellung von Straßenbauvorhaben (Planfeststellungsrichtlinien – PlafeR –) erlassen; siehe hier insbesondere die Absätze:

9 Aufstellung des Plans, Abwägung
10 Vorbereitung der Planunterlagen
12 Planunterlagen für das Anhörungsverfahren

Für die übrigen öffentlichen Straßen gelten Ländergesetze, z. B. Bayer. Straßen- und Wegegesetz (BayStrWG). Sie haben in der Regel einen ähnlichen Aufbau wie das Bundesfernstraßengesetz.

Für die Straßenplanung in den Gemeinden kann auch das Bundesbaugesetz Anwendung finden (s. 6.2.5.3).

4.2.1.2 Bundes-Immissionsschutzgesetz (BImSchG)

Zum Schutz vor Verkehrslärm bei der Planung und dem Bau von Fernstraßen sind im „Gesetz zum Schutz vor schädlichen Umwelteinwirkungen durch Luftverunreinigungen, Geräusche, Erschütterungen und ähnliche Vorgänge" (BImSchG) folgende Paragraphen maßgebend:

§ 1 Zweck des Gesetzes
§ 2 Geltungsbereich
§ 3 Begriffsbestimmungen
§ 41 Straßen- und Schienenwege
§ 42 Entschädigung für Schallschutzmaßnahmen
§ 43 Rechtsverordnung der Bundesregierung
§ 50 Planung

Bei der Planung und der Realisierung von Straßen ist eine dreistufige Regelung vorgesehen:

- Straßen müssen so trassiert werden, daß schädliche Umwelteinwirkungen in Wohngebieten soweit wie möglich vermieden werden (§ 50).
- Kann bei der Trassierung dem Lärmschutz nicht ausreichend Rechnung getragen werden, müssen Lärmschutzmaßnahmen beim Bau der Straßen getroffen werden, z. B. Lärmschutzwälle bzw. -wände (§ 41).
- Nur wenn die für die Lärmschutzmaßnahmen aufzuwendenden Kosten außer Verhältnis zum angestrebten Zweck stehen, kann von Lärmschutzmaßnahmen an der Straße abgesehen werden. In diesen Fällen ist aber der Träger der Baulast verpflichtet, den durch Lärm Betroffenen Ersatz für passive Lärmschutzmaßnahmen an den Wohngebäuden zu leisten, z. B. durch den Einbau schalldämmender Fenster (§ 42).

Die Zuständigkeit für die Abwicklung des Entschädigungsverfahrens ist in einigen Bundesländern bereits geregelt (vgl. z. B. Art. 5 Bayerisches Immissionsschutzgesetz – BayImSchG).

Die Konkretisierungen, insbesondere die Festlegungen von Grenzwerten sollten durch Rechtsverordnungen der Bundesregierung geregelt werden (§ 43). Dies ist jedoch nicht geschehen.

4.2.1.3 Entwurf eines Verkehrslärmschutzgesetzes (EVLärmSchG)

Im Jahre 1980 war beabsichtigt, anstelle der Verordnung nach § 43 BImSchG ein Verkehrslärmschutzgesetz zu erlassen. Im Zuge dieses Gesetzes sollten die §§ 2, 41 ... 43 BImSchG sowie § 17 FStrG geändert bzw. aufgehoben werden.

Dieses Verkehrslärmschutzgesetzes hat nicht die parlamentarischen Hürden nehmen können und ist somit nicht in Kraft getreten. Trotzdem wird der Gesetzentwurf vom 28.02.1980 von vielen Behörden und Gerichten grundsätzlich als „neuere Erkenntnis" anerkannt.

Hervorzuheben sind:

§ 1   Zweck des Gesetzes (die auch im BImSchG enthaltene Dreistufigkeit war vorgesehen)
§ 2   Planungsgrundsatz (entspricht § 50 BImSchG)
§ 3   Lärmvorsorge an Verkehrswegen
§ 5   Immissionsgrenzwerte für Lärmvorsorge
§ 10 Lärmsanierung an bestehenden Straßen.

Die Ermittlung der maßgebenden Pegel erfolgt ausschließlich über Berechnungen. Lärmmessungen werden im Rahmen von straßenrechtlichen Verwaltungsverfahren nicht mehr durchgeführt.

In den Anlagen zum Gesetzentwurf sind einschlägige Rechenverfahren enthalten. Sie wurden durch die Einführung einer speziellen, ausführlichen Rechenvorschrift des Bundesministeriums für Verkehr „Richtlinien für den Lärmschutz an Straßen – Ausgabe 1981 – RLS-81" [6] neu gefaßt und vertieft. Zur Durchführung von lärmtechnischen Untersuchungen sind im Rahmen von straßenrechtlichen Verwaltungsverfahren nur noch diese Richtlinien zu verwenden (s. auch 4.2.4 und 4.3).

4.2.1.4 Richtlinien des Bundesministers für Verkehr (BMV) für den Verkehrslärmschutz an Straßen

Da das unter 4.2.1.3 erwähnte Verkehrslärmschutzgesetz nicht in Kraft getreten ist, hat der Bundesminister für Verkehr zur Ausführung der unbestimmten Rechtsbegriffe der §§ 41–43, 50 BImSchG und § 17 Abs. 4 Bundesfernstraßengesetz „Richtlinien für den Verkehrslärmschutz an Bundesfernstraßen in der Baulast des Bundes" erlassen. Die meisten Bundesländer haben diese Regelungen übernommen bzw. entsprechende eigene Verwaltungsvorschriften erlassen, siehe z. B. Bekanntmachung des Bayer. Staatsministeriums vom 20.12.1982, Nr. II B/II D-4381.1-0.29 (MABl Nr. 2/1983, S. 58) „Verkehrslärmschutz im Straßenbau". Wegen der besonderen Bedeutung dieser Regelung ist die Richtlinie des BMV vollständig im Anhang abgedruckt.

4.2.1.5 Rechtsprechung

Gesetzliche Vorgaben zur Ermittlung und Beurteilung der Lärmsituation an Straßen sind nicht vorhanden (s. 4.2.1.2 und 4.2.1.3). Die Richtlinien des BMV (s. 4.2.1.4) sind als Verwaltungsanweisung zwar eine wichtige Regelung zur einheitlichen Anwendung von Immissionsgrenzwerten, sie sind jedoch keine rechtsverbindliche Festlegung. Jüngere Entscheidungen der Gerichte bestätigen aber die Gültigkeit der von den Verwaltungen verwendeten Regelungen.

So sehen Verwaltungsgerichte die Grenzwerte, wie sie im Entwurf des Verkehrslärmschutzgesetzes oder bei den Richtlinien des BMV angeführt sind, als „zusammenfassende Beurteilung neuer Erkenntnisse über die Auswirkungen von Verkehrslärm" an [7, 8].

Als zumutbar erweisen sich demnach Werte von 62 dB(A) tags und 52 dB(A) nachts für reine und allgemeine Wohngebiete sowie von 67 dB(A) tags und 57 dB(A) nachts für Kerngebiete, Dorfgebiete und Mischgebiete.

Anmerkung des Verfassers: Die Grenzwerte sind aus der Zielvorgabe entstanden, einen Ausgleich zwischen den Anforderungen des Lärmschutzes und den finanziellen Möglichkeiten insbesondere der Kommunen zu finden. Ob hierbei die Zielvorstellungen des BImSchG – Vermeiden erheblicher Belästigungen, erheblicher Nachteile und Gefahren durch Straßenverkehrslärm – allgemein verwirklicht werden, ist fraglich. Zu diesem Thema siehe auch 6.2.5.3.

Bei der Ermittlung der Lärmbelastung gehen die Gerichte von der Anwendung der vom BMV 1981 eingeführten „Richtlinien für den Lärmschutz an Straßen –

RLS-81" aus [6]. Die Richtlinien stellen eine Zusammenfassung von neuesten wissenschaftlichen Erkenntnissen und von Konventionen über Immissionsberechnungen dar [8].

4.2.2 Regelungen für die Lärmminderung an Fahrzeugen

4.2.2.1 Bundesimmissionsschutzgesetz (BImSchG) und Straßenverkehrsgesetz (StVG)

Nach § 38 BImSchG müssen Fahrzeuge so beschaffen sein, daß ihre Emissionen bei bestimmungsgemäßem Betrieb die zum Schutz vor schädlichen Umwelteinwirkungen einzuhaltenden Grenzwerte nicht überschreiten. Die Fahrzeuge müssen außerdem so betrieben werden, daß vermeidbare Emissionen verhindert und unvermeidbare Emissionen auf ein Mindestmaß beschränkt bleiben. Konkretisierungen sind in der StVZO und StVO zu finden (s. 4.2.2.2 und 4.2.4.1).

Bei nationalen Regelungen sind internationale Vereinbarungen zu berücksichtigen. Dieser Hinweis ist in § 39 BImSchG enthalten („Erfüllung von zwischenstaatlichen Vereinbarungen und Beschlüssen der Europäischen Gemeinschaften").

Auch das Straßenverkehrsgesetz (StVG) enthält Ausführungen (§§ 1 und 6) über die Beschaffenheit, Ausrüstung und Prüfung von Fahrzeugen zur Vermeidung schädlicher Umwelteinwirkungen im Sinne des BImSchG.

Beide Gesetzeswerke geben einen verpflichtenden Auftrag an die Bundesregierung, bei der EG entsprechend dem heutigen und künftigen möglichen Stand der Technik auf Maßnahmen zur Lärmminderung an Kraftfahrzeugen zu dringen.

4.2.2.2 Straßenverkehrs-Zulassungsordnung (StVZO)

Die StVZO enthält Vorschriften über die höchstzulässigen Lärmgrenzwerte bei Kraftfahrzeugen. Nach § 49 Abs. 1 müssen Kraftfahrzeuge so beschaffen sein, daß die Geräuschentwicklung das nach dem jeweiligen Stand der Technik unvermeidbare Maß nicht übersteigt. Ferner wird nach Abs. 4 der Fahrzeugführer verpflichtet, sein Fahrzeug nachmessen zu lassen, falls Anlaß zur Annahme besteht, daß sein Fahrzeug dieses Maß übersteigt.

Für neu in Verkehr kommende Fahrzeuge sind die zulässigen Emissionswerte in Tabelle 4.1 aufgeführt. Bis 1980 galten hierbei für die Ermittlung der Geräuschemissionen die „Richtlinien für die Geräuschmessung an Kraftfahrzeugen" vom 13.09.1966. In den darauffolgenden Änderungen wurde u. a. die sog. Nahfeld-Meßmethode eingeführt. Sie dient in erster Linie der Kontrolle der Auspuffanlage. Seit 01.05.1981 wird neben dem Wert für beschleunigte Vorbeifahrt in 7,5 m Entfernung auch der Standgeräuschwert nach der Nahfeld-Meßmethode in den Fahrzeugpapieren angegeben.

Tabelle 4.1 Zulässige Emissionswerte für verschiedene Fahrzeugarten (beschleunigte Vorbeifahrt in 7,5 m Entfernung)

Fahrzeugart	Grenzwerte für 1984 EG-Richtlinie 03.09.1984[1]
Pkw	77 dB(A)
Lkw ≦ 2,0 t	78 dB(A)
Lkw ≦ 3,5 t	79 dB(A)
Lkw > 3,5 t und < 75 kW	81 dB(A)
Lkw > 12 t und < 150 kW	83 dB(A)
Lkw > 12 t und > 150 kW	84 dB(A)
Busse > 3,5 t und ≦ 150 kW	80 dB(A)
> 3,5 t und ≧ 150 kW	83 dB(A)

[1] 84/424/EWG; Amtsblatt der Europäischen Gemeinschaften Nr. L 238 vom 6.9.84, S. 31

Erstmals wurde in § 49 Abs. 3 in der Fassung vom 16.11.1984 der Begriff des lärmarmen Kraftfahrzeugs eingeführt. Danach gilt ein Fahrzeug als lärmarm, wenn alle lärmrelevanten Einzelquellen dem Stand moderner Lärmminderungstechnik entsprechen. Für Lastkraftwagen mit einem zulässigen Gesamtgewicht von mehr als 2,8 t wurden die entsprechenden Grenzwerte konkretisiert (Anlage XXI des § 49 Abs. 3), siehe Tabelle 4.2.

Durch eine gezielte Präferenzpolitik soll der Einsatz derartiger umweltfreundlicher Fahrzeuge gefördert werden (s. 4.8.3).

Für motorisierte Zweiräder gab es bis 1980 keine verbindliche EG-Regelung. Deshalb galten hier bis zu diesem Zeitpunkt die nationalen Grenzwerte aus dem Jahre 1966. Nach Erlaß der „Achten Verordnung zur Änderung der StVZO vom 16.11.1984" gelten für Krafträder, die nach dem 01.12.1984 in den Verkehr kommen, die Grenzwerte nach Tabelle 4.3. Die dazugehörigen Meßvorschriften sind in der o.g. Verordnung, Anhang I zum Teil I und Teil II enthalten.

Eine Verschärfung aller Grenzwerte wird von der Bundesregierung angestrebt.

Tabelle 4.2 Geräuschgrenzwerte der Einzelquellen für lärmarme Lastkraftwagen

| Geräuschart | Motorleistung | | |
	weniger als 75 kW	von 75 kW bis weniger als 150 kW	150 kW oder mehr
Fahrgeräusch	77 dB(A)	78 dB(A)	80 dB(A)
Motorbremsgeräusch	77 dB(A)	78 dB(A)	80 dB(A)
Druckluftgeräusch	72 dB(A)	72 dB(A)	72 dB(A)
Rundumgeräusch	77 dB(A)	78 dB(A)	80 dB(A)

Tabelle 4.3 Zulässige Geräuschpegel für Krafträder (beschleunigte Vorbeifahrt in 7,5 m Entfernung)

Fahrzeugart	Grenzwerte für 1984	
	Hubraumklasse	StVZO[2]
Mofa $\leq$ 25 km/h		70 dB(A)
Mofa $\leq$ 50 km/h		72 dB(A)
Leichtkraftrad		75 dB(A)
Motorrad	$\leq$ 80 m^3	78 dB(A)
	$\leq$ 125 m^3	80 dB(A)
	$\leq$ 350 m^3	83 dB(A)
	$\leq$ 500 m^3	85 dB(A)
	> 500 m^3	86 dB(A)

[2] 8. VO zur Änderung der StVZO vom 16.11.1984; BGBl.I, S. 1371

Zur Verhinderung von Manipulationen an den geschwindigkeitsbegrenzten Zweirädern wurde in Zusammenarbeit mit der Industrie ein Bauvorschriften-Katalog erarbeitet. Durch diese Bauvorschriften sollen Manipulationen an diesen Fahrzeugen wesentlich erschwert werden. Solche Manipulationen führen im allgemeinen auch zu erhöhten Lärmbelästigungen. Mit Einführung des § 30a StVZO (8. VO zur Änderung der StVZO vom 16.11.1984) müssen Krafträder, die nach dem 01.01.1986 in Verkehr kommen, entsprechend dem Stand der Technik so gebaut und ausgerüstet sein, daß technische Veränderungen, die zu einer Änderung der durch die Bauart bestimmten Höchstgeschwindigkeit führen, wesentlich erschwert werden [20].

Nach § 29 StVZO unterliegen alle Fahrzeuge, die ein eigenes Kennzeichen haben müssen, einer regelmäßigen Untersuchungspflicht. Dabei wird auch die Einhaltung der Grenzwerte überprüft.

4.2.3 Regelungen zum Fahrverhalten und betriebliche Maßnahmen

Rechtsgrundlage für die folgenden Verordnungen zum Fahrverhalten oder für betriebliche Maßnahmen ist das Straßenverkehrsgesetz, insbes. § 6 Abs. 1.

4.2.3.1 Straßenverkehrsordnung (StVO)

Unnötiger Lärm bei der Benutzung von Fahrzeugen ist nach der StVO verboten. Dieses Verbot ist u.a. in § 1 (Grundregeln), § 16 (Warnzeichen) und § 22 (Ladung) enthalten, § 29 verbietet eine übermäßige Straßenbenutzung.

Bedeutsam ist § 30: Umweltschutz und Sonntagsfahrverbot. Hier sind insbesondere die Verbote über die Erzeugung unnötigen Lärms durch z.B. unnötiges Laufenlassen des Motors, Hochjagen des Motors im Leerlauf und beim Fahren mit niedrigen Gängen, unnötig schnelles Beschleunigen des Fahrzeugs, besonders beim Anfahren, zu schnelles Fahren in Kurven, lautes Türenschlagen und unnützes Hin- und Herfahren in geschlossenen Ortschaften aufgeführt. Unnötiger Lärm ist nicht an Grenzwerte gekoppelt. Man geht davon aus, daß jegliches Geräusch vom Kraftfahrzeug, soweit es vermeidbar ist, unnötiger Lärm ist. Zwischen „lauter" und „leiser" Fahrweise können im Mittel 10 dB(A) liegen, s. auch 4.8.4. § 30 Abs. 3 enthält ein Fahrverbot für Lkw an Sonn- und Feiertagen. Verstöße gegen § 30 können durch Bußgelder (§ 49) geahndet werden (Anzeige bei der Polizei).

Nach § 45 (Verkehrszeichen und Verkehrseinrichtungen) können Straßenverkehrsbehörden zum Schutz der Wohnbevölkerung vor Lärm zur Tages- und Nachtzeit die Benutzung bestimmter Straßen beschränken oder verbieten und den Verkehr umleiten. Dies gilt insbes. in Bade- und heilklimatischen Kurorten, in Luftkurorten, in Erholungsorten von besonderer Bedeutung oder auch in Landschaftsgebieten und Ortsteilen, die überwiegend der Erholung dienen. Ebenso können zur Verbesserung des Wohnumfeldes verkehrsberuhigte Bereiche angelegt und gekennzeichnet werden (§§ 42 und 45), s. auch 4.8.3.

Bislang war es erforderlich, bei längeren Straßenzügen verkehrsregelnde Verkehrszeichen nach jeder Kreuzung zu wiederholen. Die Straßenverkehrsbehörden können seit Einführung der „Verordnung über die versuchsweise Einführung einer Zonen-Geschwindigkeitsbeschränkung" vom 19.02.1985[1] unter den Voraussetzungen des § 45 der StVO innerhalb geschlossener Ortschaften für abgrenzbare Bereiche eine für die gesamte öffentliche Verkehrsfläche dieses Bereichs wirkende Geschwindigkeitsbeschränkung anordnen.

Zum Schutz vor Lärmeinwirkungen dient auch § 12. Danach dürfen Lkw innerhalb geschlossener Ortschaften

– in reinen und allgemeinen Wohngebieten,
– in Sondergebieten, die der Erholung dienen,
– in Kurgebieten und
– in Klinikgebieten

in der Zeit von 22.00 bis 06.00 Uhr sowie an Sonn- und Feiertagen nicht regelmäßig parken.

4.2.3.2 Richtlinien für straßenverkehrsrechtliche Maßnahmen zum Schutz der Bevölkerung vor Lärm (Lärmschutz-Richtlinien – StV)[2]

Auf der Grundlage des § 45 Abs. 1 StVO wurden im Jahre 1981 vom Bundesminister für Verkehr die „Richtlinien für straßenrechtliche Maßnahmen zum Schutz der Bevölkerung vor Lärm"vorläufig bekanntgegeben. Hiermit lassen sich Geschwindigkeitsbeschränkungen und Verkehrsbeschränkungen bis hin zu

---
[1] Veröffentlicht: BGBl. I, 1985, S. 385; bekanntgegeben: VkBl. 1985, S. 170–171.
[2] VkBl. 1981, S. 428.

Verkehrsverboten anordnen. Bei der Würdigung, ob straßenverkehrsrechtliche Maßnahmen in Betracht kommen, ist nicht nur auf die Höhe des Lärmpegels, sondern auch auf alle Umstände des Einzelfalls abzustellen. Ausdrücklich heißt es unter anderem, daß straßenverkehrsrechtliche Maßnahmen kein Ersatz für mögliche bauliche Maßnahmen sein sollten. Zu erwähnen ist außerdem, daß in Gebieten mit Verkehrsbeschränkungen für Lkw Ausnahmen für lärmarme Lkw und Omnibusse erlaubt werden können (Benutzervorteile für lärmarme Fahrzeuge, s. hierzu auch 4.8.3).

4.2.4 Technische Normen und Richtlinien

– Richtlinien für den Lärmschutz an Straßen, RLS-81

Zur Berechnung des Straßenverkehrslärms sind die „Richtlinien für den Lärmschutz an Straßen, RLS-81" [6] maßgebend.

Die RLS-81 nehmen die Rechenansätze aus dem Entwurf des Verkehrslärmschutzgesetzes (s. 4.2.1.3) auf und erweitern sie so, daß auch komplizierte Anwendungsfälle berechenbar sind.

Die Richtlinien ermöglichen, in Zusammenhang mit Immissionsgrenzwerten

* Aussagen zur Berücksichtigung und Abwägung der Belange des Lärmschutzes bei Straßenplanungen zu machen,
* den Nachweis über das Erfordernis lärmschützender Maßnahmen zu führen,
* wirtschaftliche und wirkungsvolle Lösungen des Lärmschutzes zu entwickeln,
* Anlagen des Lärmschutzes zu bemessen und in ihrer Größe zu optimieren.

Die Berechnungsverfahren sind auf der statistischen Auswertung einer großen Zahl von Messungen aufgebaut. Sie sind konzipiert für Standardsituationen der Emission und Schallausbreitung. Hierfür liefern sie ausreichend genaue Belastungsdaten. Im Rahmen von Verwaltungsverfahren sind sie als exakt und verbindlich anzusehen, d.h. daß mit Hilfe dieser Richtlinien in Grenzfällen auf – akustisch nicht mehr sinnvolle – „Zehntel dB" gerechnet werden kann. Vorteil dieser Richtlinien ist die hohe Reproduzierbarkeit ihrer Ergebnisse.

– Richtlinien für bauliche Maßnahmen zum Schutz gegen Außenlärm, Fassung 9.75 (Ergänzende Bestimmungen zu DIN 4109 „Schallschutz im Hochbau" Teil 1–5)

Die Richtlinien sollen zur Festlegung des vorhandenen und des erforderlichen bewerteten Schalldämm-Maßes der Umfassungsbauteile verwendet werden. Für die Ermittlung des Mittelungspegels sind dabei die RLS-81 heranzuziehen. Die Richtlinien sind als Teil 6 in den Entwurf der DIN 4109, „Schallschutz im Hochbau; Bauliche Maßnahmen zum Schutz gegen Außenlärm" übernommen worden. Eine endgültige Fassung (Weißdruck) liegt noch nicht vor. Zusätzliche Hinweise zur Ermittlung der Schalldämmung von Fenstern findet man in der VDI-Richtlinie 2719.

- DIN 18005, Teil 1 (Entwurf 4.82) „Schallschutz im Städtebau, Berechnungs- und Bewertungsgrundlagen"

Die Norm befaßt sich nur mit der städtebaulichen Planung. Die dort angegebenen Berechnungsverfahren für Straßenverkehrslärm enthalten vertretbare Vereinfachungen. Sie sind aber mit den RLS-81 abgestimmt, so daß man grundsätzlich gleiche Rechenergebnisse erhält.

In der DIN 18005 sind auch Berechnungsverfahren zur Ermittlung der Lärmemissionen von Parkplätzen angegeben.

Es ist vorgesehen, im Jahr 1986 die endgültige Fassung dieser Norm (Weißdruck) zu veröffentlichen. Die zum Teil noch verwendete Vornorm DIN 18005 vom Mai 1971 entspricht nicht mehr dem Stand der Technik (s. auch Teil 6 dieses Buches).

- DIN 45642 (10.74) „Messung von Verkehrsgeräuschen"

Nach Einführung der RLS-81 sollen im Rahmen von Verwaltungsverfahren in aller Regel Messungen von Verkehrslärm nicht mehr durchgeführt werden. Besondere örtliche und verkehrstechnische Verhältnisse lassen jedoch gelegentlich meßtechnische Überprüfungen angebracht erscheinen. Zur Vergleichbarkeit und Übertragbarkeit der Meßergebnisse ist dann die DIN 45642 zu beachten. Näheres hierzu siehe in Teil 2 dieses Buches.

- VDI-Richtlinie 2573 (2.74) „Schutz gegen Verkehrslärm, Hinweise für Planer und Architekten"

Die Richtlinie soll zeigen, welche Möglichkeiten bestehen, um die Lärmbelastung von Gebieten, Grundstücken, Häusern, Wohnungen oder einzelnen Räumen in der Nähe von Verkehrswegen möglichst gering zu halten. Die Richtlinie kann als Ergänzung zu Punkt 3 der RLS-81 angesehen werden. Der Anhang der Richtlinie sollte nicht mehr verwendet werden. Als Stand der Technik sind nunmehr die RLS-81 zu betrachten.

- VDI-Richtlinie 2714 (Entwurf 12.76) „Schallausbreitung im Freien"

Die Ausbreitung von Schall ist ein äußerst komplexer Vorgang. Die Einflüsse der Meteorologie, der Bodenbeschaffenheit und der Schallemission (Schalleistungspegel, Frequenzspektrum, Richtwirkung) werden in dieser Richtlinie besonders behandelt. Bei Anwendung dieses Entwurfs kann man von den RLS-81, die hier starke Vereinfachungen vorgenommen haben, abweichende Ergebnisse erhalten. Die VDI 2714 sollte zur Untersuchung von Verkehrslärmimmissionen nur bei besonderen, von der Regel abweichenden Schallausbreitungsbedingungen verwendet werden.

- VDI-Richtlinie 2718 (Entwurf 6.75) „Schallschutz im Städtebau, Hinweise für die Planung"

Dieser Richtlinien-Entwurf zeigt anhand von Beispielen, wie durch städtebauliche Maßnahmen erträgliche Immissionswerte im Wohn- und Aufenthaltsbereich des Menschen selbst bei hohen Emissionen geschaffen werden können. Die Richtlinie bildet eine Ergänzung zur DIN 18005 „Schallschutz im Städtebau". Sie ist zur Berücksichtigung des Immissionsschutzes bei der übergeordneten, überörtlichen und örtlichen Planung (Bauleitplanung) sowie bei der Gebäudeplanung anzuwenden (s. auch Teil 6 dieses Buches).

– VDI-Richtlinie 2719 (Entwurf 9.83) „Schalldämmung von Fenstern"

In dieser Richtlinie werden alle wesentlichen Einflußgrößen auf die Schalldämmung von Fenstern und deren Zusatzeinrichtungen behandelt. Damit kann das schalltechnisch geeignetste Fenster für den jeweiligen Anwendungsfall ausgewählt werden. Zweck dieser Richtlinie ist es zu zeigen,

* welche Einflußgrößen und konstruktiven Merkmale die Schalldämmung von Fenstern bestimmen,
* wie die erforderliche Schalldämmung von Fenstern unter Berücksichtigung der übrigen Fassadenteile berechnet wird,
* wie Fenster ausgebildet werden müssen, um vorgegebene Schalldämmaße zu erreichen,
* wie die Schalldämmung vorhandener Fenster verbessert werden kann (z. B. auch zeitweilig durch Roll- und Klappläden),
* wie am Bau überprüft wird, ob Fenster die gestellten schalltechnischen Anforderungen erfüllen,
* welche Möglichkeiten sich zur Lösung des Lüftungsproblems bei dichten Fenstern bieten.

Zur Vereinfachung der Kennzeichnung, Ausschreibung und Auswahl werden Fenster nach ihren bewerteten Schalldämmaßen in Schallschutzklassen eingeteilt.
Die Bemessung der Schallschutzklasse von Fenstern sollte nach Auffassung des Verfassers nach dieser Richtlinie erfolgen; gegenüber der DIN 4109 können jedoch Abweichungen auftreten.

– VDI-Richtlinie 2720, Blatt 1 (Entwurf 6.81) „Schallschutz durch Abschirmung im Freien"

Die Richtlinie soll vor allem der Vereinheitlichung von Berechnungsverfahren für Schallschirme im Freien dienen. Sie ist mit den RLS-81 abgestimmt. Die Richtlinie enthält aber auch allgemeine praktische Hinweise zur Anwendung, Gestaltung und Ausführung der verschiedenen Schallschirme.

4.2.5 Raumordnung und Bauleitplanung

Schallschutz als Aufgabe des Immissionsschutzes hat das Ziel, Beeinträchtigung durch Geräuscheinwirkungen soweit wie möglich zu mindern. Primär sollte der Schall bereits bei der Entstehung, d. h. für Straßenverkehrslärm bei den Kraftfahrzeugen verringert werden. Hier sind jedoch derzeit administrative und finanzielle Grenzen gesetzt.

Zur Vermeidung von Belästigungen oder von technischen Abhilfemaßnahmen zur Behinderung der Schallausbreitung (Schallschutzanlagen, spezielle schallschutzgerechte Gebäudeplanung) muß bereits bei der Planung von Straßen oder Baugebieten ausreichend auf die Belange des Lärmschutzes Rücksicht genommen werden. Diesem Gedanken trägt der § 50 BImSchG Rechnung.[1]

Für die Berücksichtigung des Lärmschutzes in der Raumplanung ist das Raumordnungsgesetz (ROG) maßgebend. Hier sind insbesondere die §§ 2 (Grundsätze der Raumordnung) und 3 (Geltung der Grundsätze) zu beachten. Danach sollen die Länder für ihre Gebiete überregionale und zusammenfassende Programme und Pläne erstellen, die einer geordneten Entwicklung des Raumes den Weg weisen. Auf der Grundlage von Landesplanungsgesetzen der einzelnen Länder wurde in den meisten Bundesländern das Instrument des Raumordnungsverfahrens geschaffen. Ein solches Verfahren dient zur Klärung der Frage, ob ein raumbedeutsames Planungsobjekt, wie z. B. eine Autobahntrasse, mit den Zielen der Raumordnung und Landesplanung vereinbar und somit raum- und umweltverträglich ist. In dieses Verfahren können Alternativ-Trassen und Varianten des Projektes mit einbezogen werden. Dabei ist gemäß § 2(1) ROG für den Schutz der Allgemeinheit vor Lärmbelästigungen ausreichend Sorge zu tragen.

An Raumordnungsverfahren sind alle Behörden und Institutionen beteiligt, die „Träger öffentlicher Belange" sind (z. B. das Bayer. Landesamt für Umweltschutz). Raumordnungsverfahren sind verwaltungsinterne Verfahren ohne direkte Bürgerbeteiligung. Die Meinung von Einzelpersonen kann aber z. B. über Bürgerversammlungen durch die Gemeinden mit einfließen. Die Durchführung von Raumordnungsverfahren geschieht z. B. im Freistaat Bayern auf Grundlage des Bayer. Landesplanungsgesetzes (BayLplG).

Mehr noch als im Rahmen einer Straßenplanung kann ein wirkungsvoller Schallschutz im Rahmen der Bauleitplanung realisiert werden. Maßgebend ist hier das Bundesbaugesetz. Näheres ist hierzu dem Teil 6 zu entnehmen.

---

[1] § 50 legt fest, daß bei raumbedeutsamen Planungen und Maßnahmen die für eine bestimmte Nutzung vorgesehenen Flächen einander so zuzuordnen sind, daß schädliche Umwelteinwirkungen auf die ausschließlich oder überwiegend dem Wohnen dienenden Gebiete sowie auf sonstige schutzbedürftige Gebiete soweit wie möglich vermieden werden.

4.3 Schallpegelmessungen – Berechnungsverfahren

Die Belastung durch Verkehrsgeräusche läßt sich durch Messung vor Ort oder durch Berechnung ermitteln.

Sorgfältig durchgeführte *Schallpegelmessungen* sind meist sehr aufwendig, insbesondere wenn Langzeitmittelwerte bestimmt werden müssen. Von Schallpegelmessungen muß aber, wenn es Fragen der Entschädigungen zu klären gibt, abgeraten werden. Ergebnisse von Schallpegelmessungen gelten exakt nur für den „kurzen" Zeitraum der Messung und sind ohne Korrekturen nicht unmittelbar als Beurteilungsgrößen verwendbar. Erfahrungsgemäß werden Messungen von Betroffenen auch selten akzeptiert, da z. B. angeblich „die Verkehrsmenge nicht repräsentativ" war oder die „richtigen" meteorologischen Bedingungen nicht zutrafen. Messungen können natürlich auch nicht bei *geplanten* Verkehrswegen oder Schallschutzanlagen durchgeführt werden.

Schallpegeluntersuchungen auf Grundlage von Messungen sind praktisch nicht nachprüfbar und nur schwer reproduzierbar. Aus diesen Gründen werden in Gesetzen, Richtlinien und Normen für Verwaltungsentscheidungen zunehmend *Berechnungsverfahren* vorgeschrieben.

Grundlage für die *Berechnung von Straßenverkehrslärm* sind die „Richtlinien für den Lärmschutz an Straßen, RLS-81", siehe 4.2.4. Die RLS-81 liegen auch den folgenden Abschnitten 4.4 und 4.5 zugrunde. Hier werden überschlägige Berechnungsverfahren aufgezeigt, nach denen es möglich sein sollte, die Geräuschbelastung aus Straßenverkehr schnell und ohne größeren Rechenaufwand abzuschätzen [9]. Für exakte Berechnungen und Dimensionierungen von Lärmschutzanlagen ist die Kenntnis der RLS-81 jedoch unumgänglich.

Die Rechenverfahren der RLS-81 lassen sich in der Praxis mit vertretbarem Zeitaufwand nur mehr mit programmierbaren Rechnern bewältigen. Entsprechende Programme wurden und werden, je nach der verfügbaren Hardware und dem gewünschten Komfort sowie den häufigsten Anwendungsfällen, individuell entwickelt. Naturgemäß geht gerade bei besonders leistungsfähigen Programmen die Nachvollziehbarkeit und Überprüfbarkeit der einzelnen zum Ergebnis führenden Rechenschritte weitgehend verloren. Bei umfangreicheren Berechnungen sind im allgemeinen auch nur Stichproben möglich. Es muß deshalb gewährleistet sein, daß das verwendete Programm RLS – konform und fehlerfrei ist. Zur Prüfung von Programmen wurden daher Testaufgaben entwickelt, die dem Ersteller und Anwender die Möglichkeit geben, Fehler in seinem Programm festzustellen [10].

4.4 Berechnung der Schallemission

4.4.1 Konventionen und Eingangsdaten für eine schalltechnische Berechnung

Um ein allgemein gültiges und noch handhabbares Rechenverfahren zu entwickeln, müssen Konventionen getroffen werden. Sie sind im folgenden aufgeführt:
- Rechengröße ist der A-bewertete Mittelungspegel L_m (näheres s. Teil 1).
- Die Berechnung wird für zwei Beurteilungszeiträume durchgeführt:

    Tag: 06.00 bis 22.00 Uhr,
    Nacht: 22.00 bis 06.00 Uhr.

- Der Berechnung liegt eine durchschnittliche tägliche Verkehrsstärke (DTV) zugrunde. Dies ist ein Mittelwert über alle Tage des Jahres der einen Straßenquerschnitt täglich passierenden Kraftfahrzeuge in Kfz/24 h. Dabei wird der erwartete Verkehrszuwachs in einem Planungszeitraum von ca. 15 Jahren berücksichtigt. Der Verkehr im Planungszieljahr wird meist nach einer Trend-Extrapolation prognostiziert [11]. Dies gilt auch zur Beurteilung einer sog. Vorbelastung[1] beim Ausbau einer Straße. Bei der rechnerischen Überprüfung einer bereits vorhandenen Belastung (Beschwerde, Sanierung) wird das derzeitige Verkehrsaufkommen herangezogen.[2]

- Zur Berechnung des Mittelungspegels für einen der o. g. Beurteilungszeiträume wird die maßgebende Verkehrsstärke (M) verwendet. Dies ist der stündliche Mittelwert in einem Beurteilungszeitraum in Kfz/h. Wenn keine speziellen Untersuchungen vorliegen, wird die Aufteilung des DTV für die Tag- bzw. Nachtzeit nach Tabelle 4.4 vorgenommen[2,3].

---

[1] Als Vorbelastung wird die berechnete Summe aller auf einen Immissionsort einwirkenden Geräusche von Straßen verstanden. Nebenstraßen und Zufahrten bleiben in der Regel unberücksichtigt. Ebenso gehen Lärmquellen durch Schienen- und Luftverkehr nicht in die Berechnung der Vorbelastung ein (getrennte Grenzwerte), siehe hingegen 6.2.3 und 6.2.5.

[2] Amtliche Angaben über Verkehrsmengen für klassifizierte Straßen liegen in der Regel bei den Straßenverkehrsbehörden oder den Bau- bzw. Planungsämtern vor. Müssen zur Abschätzung noch eigene Zählungen durchgeführt werden, sollten sie möglichst in den Monaten Mai, Juni, September oder Oktober, werktags (außer Freitag und Samstag) tagsüber von 09.00 bis 10.00 Uhr oder von 14.00 bis 15.00 Uhr und nachts von 22.30 bis 23.30 Uhr oder von 04.00 bis 06.00 Uhr erfolgen. Hieraus kann dann direkt durch Mittelung die „maßgebende Verkehrsstärke M" festgestellt werden (s. nächster Absatz) Schwankungen der Verkehrsmengen wirken sich bei der Bestimmung des Mittelungspegels L_m vergleichsweise gering aus; Fehler bei den Zählungen von 25% haben eine Abweichung von ca. 1 dB(A) zur Folge.

[3] Die Klassifizierungen der Tabelle 4.4 sollten flexibel gehandhabt werden. Häufig haben z. B. Landstraßen Bundesstraßencharakter. Auch liegen die tatsächlichen Lkw-Anteile

- Die unterschiedlichen Kraftfahrzeugarten werden zusammengefaßt. Es wird nur noch zwischen Pkw einerseits und Lkw mit über 2,8 t zulässigem Gesamtgewicht andererseits unterschieden. Die Emissionen der Lkw beinhalten einen Schwerlastanteil (Lkw >9 t) von 75%.
Krafträder können wie Lkw eingestuft werden.[4]
- Die Straßenoberfläche beeinflußt die Höhe der Emissionen (Reifengeräusch). Die weiteren Abhängigkeiten von Geschwindigkeit, Lkw-Anteil und Abnutzung der Oberfläche sind nur schwer zu quantifizieren. Die Tabelle 4.5 zeigt deshalb vereinfachend nur Korrekturgrößen für unterschiedliche Straßendeckenschichten auf[5].

  Es wird von einer trockenen Fahrbahndecke ausgegangen. Bei regennasser Fahrbahn ändert sich insbesondere das Frequenzbild („Zischen"). Da in der Regel bei Regen langsamer gefahren wird, gleichen sich die Pegeländerungen in etwa aus.

- Höhere Fahrgeschwindigkeiten verursachen höhere Pegel. Dieser Einfluß, der abhängig vom Lkw-Anteil ist, kann dem Diagramm 4.2 entnommen werden. Für zulässige Geschwindigkeiten über 80 km/h verbleibt in diesem Diagramm der Wert für Lkw auf 80 km/h.

  Bei der Berechnung wird von zulässigen Höchstgeschwindigkeiten ausgegangen, nicht von den tatsächlich gefahrenen mittleren Geschwindigkeiten, die nur über umfangreiche Messungen ermittelt werden könnten. Die Abweichungen sind im allgemeinen nicht gravierend[6].

  Hinweis: Wegen der häufig unterschiedlichen Lkw-Anteile zur Tages- und Nachtzeit sind meist zwei getrennte Korrekturwerte zu ermitteln.

- Längsneigungen einer Straße, d. h. Steigungen bzw. Gefälle, haben auf den Mittelungspegel nur einen Einfluß, wenn sie größer als 5% sind (s. Tabelle

---

in der Regel etwas niedriger; es gibt jedoch auch „Lkw-Schleichwege" mit überdurchschnittlich hohem Lkw-Anteil.

[4] Emissionen für Motorräder, Mofas und Mopeds sind in den RLS-81 nicht angegeben.

[5] Durch spätere Erhaltungsmaßnahmen, insbesondere bei der Ausführung von Oberflächenbehandlungen, Spurrinnenverfüllungen oder Rillenschneiden ändern sich die Oberflächeneigenschaften und damit die Einflüsse auf den Schallpegel. Im Rahmen von Planfeststellungsverfahren sollte man daher stets die lärmtechnisch ungünstige Straßenoberfläche Beton ansetzen, d. h. den Korrekturwert von 1,0 dB(A) hinzufügen.

[6] Häufig wird bemängelt, daß eine bestimmte vorgegebene Höchstgeschwindigkeit ständig überschritten wird. Solche Vergehen der Verkehrsteilnehmer sollten von der Polizei überwacht und geahndet werden. Bei Entschädigungen wegen unzumutbaren Lärms (Leistungen der öffentlichen Hand) können ordnungswidrige Zustände nicht als Maß zugrundegelegt werden.
Geschwindigkeitsbegrenzungen können in Planfeststellungsverfahren nicht direkt festgeschrieben werden. Hier ist ein Konsens mit der verkehrsregelnden Behörde (z. B. Landratsamt) herbeizuführen.

[7] Da auch bei Steigungs- und Gefällestrecken die zulässigen Höchstgeschwindigkeiten zugrundegelegt werden, die tatsächlichen Geschwindigkeiten aber häufig deutlich niedriger liegen, ist bei den Berechnungen bereits ein Zuschlag implizit enthalten. Die Tabelle 4.6 zeigt daher die zusätzlichen Korrekturen auf.

4.6). Auch hier werden, wie bei den Korrekturen für unterschiedliche Straßenoberflächen, die Abhängigkeiten von Geschwindigkeiten und Lkw-Anteilen vernachlässigt. Vorausgesetzt sind längere Steigungsstrecken.[7]

4.4.2 Berechnung des Emissionspegels einer Straße

Als Ausgangsgröße für die Berechnung des Mittelungspegels bei Straßen wird der sog. Emissionspegel[1] $L_{m,E}$ in 25 m Abstand von der Straßenachse angegeben. Der Emissionspegel $L_{m,E}$ setzt sich zusammen aus einer Grundgröße $L_m^{(25)}$ und mehreren Korrekturgliedern, die ggf. hinzuzufügen sind (s. Gleichung 4.1). Der Emissionspegel wird getrennt für den Tag (06.00 bis 22.00 Uhr) und für die Nacht (22.00 bis 06.00 Uhr) berechnet.

Die Grundgröße $L_m^{(25)}$ kann dem Diagramm 4.1 entnommen bzw. nach Gleichung 4.2 berechnet werden.

Folgende Bezugsbedingungen sind in dem Diagramm 4.1 enthalten:

- Abstand: 25 m von der Mitte der Fahrbahn[2]
- Straßenoberfläche: nicht geriffelter Gußasphalt
- Steigung: unter 5%
- zul. Höchstgeschwindigkeiten: Pkw = 100 km/h
  Lkw = 80 km/h
- freier Verkehrsfluß, keine Kreuzungsnähe mit Ampeln
- Ausbreitungsbedingungen: freie Schallausbreitung, d.h. keine Hindernisse zwischen Straße und Aufpunkt (Mitwind)
- Aufpunkt in 4 m Höhe über Straßenniveau
- der Mittelungspegel wird von dem Verkehr auf einer „langen, geraden Straße" erzeugt (s. 4.5.2.1).

Die maßgebende stündliche Verkehrsstärke M (in beiden Fahrtrichtungen) sowie der maßgebende Lkw-Anteil p können der Tabelle 4.4 entnommen werden, wenn keine Zählungen vorliegen.

Für andere als die erwähnten Bezugsbedingungen sind zur Anpassung an die jeweilige Situation folgende Korrekturgrößen hinzuzufügen:

---

[1] Die Emission eines Verkehrsweges wird hier nicht, wie sonst üblich, durch einen Schallleistungspegel gekennzeichnet; statt dessen wird ein Immissionspegel verwendet, der unter bestimmten Bedingungen in einem bestimmten Abstand vom Verkehrsweg auftritt.
[2] Befindet sich der zu untersuchende Immissionsort in der Nähe (<100 m) einer Autobahn, empfiehlt es sich, die einzelnen Fahrbahnen der Autobahn getrennt zu untersuchen (Hinweis: Hälfte der Verkehrsmenge $\triangleq$ -3 dB(A)).
Für exakte Untersuchungen sind die Berechnungen für den nächstliegenden und für den entferntesten Fahrstreifen getrennt durchzuführen.

(4.1) $\quad L_{m,E} = L_m^{(25)} + \Delta L_{StrO} + \Delta L_v + \Delta L_{Stg}$

(4.1a) $\quad$ mit $\quad L_m^{(25)} = 37,3 + 10 \lg [M \cdot (1 + 0,082 \cdot p)]$

Hierbei sind:

ΔL_{StrO} ... Korrektur nach Tabelle 4.5 für unterschiedliche Straßenoberflächen

ΔL_v ... Korrektur nach Diagramm 4.2 für von den Bezugsbedingungen abweichende zulässige Höchstgeschwindigkeiten

ΔL_{Stg} ... Zuschlag nach Tabelle 4.6 bei Steigungen

M ... maßgebende Verkehrsstärke in Kfz/h

p ... Anteil der Lkw über 2,8 t zul. Gesamtgewicht in %

v_{Pkw} ... zulässige Höchstgeschwindigkeit für Pkw in km/h (50 km/h bis max. 120 km/h)

v_{Lkw} ... zulässige Höchstgeschwindigkeit für Lkw in km/h (50 km/h bis max. 80 km/h)

Die Berechnung des Emissionspegels ist auch nach folgender Gleichung möglich:

(4.2) $\quad L_{m,E} = L_{Pkw} + 10 \cdot \lg [M \cdot (1 + R \cdot p)] + \Delta L_{Stro} + \Delta L_{Stg}$

(4.2a) $\quad$ mit $\quad L_{Pkw} = 27,7 + 10 \cdot \lg [(1 + (0,02 \, v_{Pkw})^3]$

(4.2b) $\quad R = \dfrac{10^{0,1} (L_{Lkw} - L_{Pkw}) - 1}{100}$

(4.2c) $\quad L_{Lkw} = 23,1 + 12,5 \cdot \lg (v_{Lkw})$

Hinweis: Die Formeln (4.2a) und (4.2c) können auch dazu verwendet werden, die Emissionspegel einzelner Verkehrsströme getrennt nach Pkw und Lkw zu berechnen. Hierzu ist beiden Formeln $10 \cdot \lg n$ hinzuzufügen (n = Anzahl der Pkw bzw. Lkw pro Stunde). Sollte danach eine Addition der einzelnen Pegel erforderlich sein, hat diese energetisch zu erfolgen, siehe (4.19) in 4.5.5.

Die Berechnung des Emissionspegels sollte auf eine Dezimale genau erfolgen. Erst das Endergebnis (Beurteilungspegel, s. 4.5.7) ist dann auf ganze dB(A) *auf*zurunden.

Beispiel 1:

– Kreisstraße innerorts
– DTV: 3000 Kfz/24 h
– Straßenoberfläche: Asphaltbeton
– zul. Geschwindigkeit: 50 km/h
– Straßenlängsneigung: < 5 %[1]

---

[1] Steigungen über 5 % kommen nur selten vor und werden daher in den Beispielen weggelassen.

Teil 4 Straßenverkehrslärm

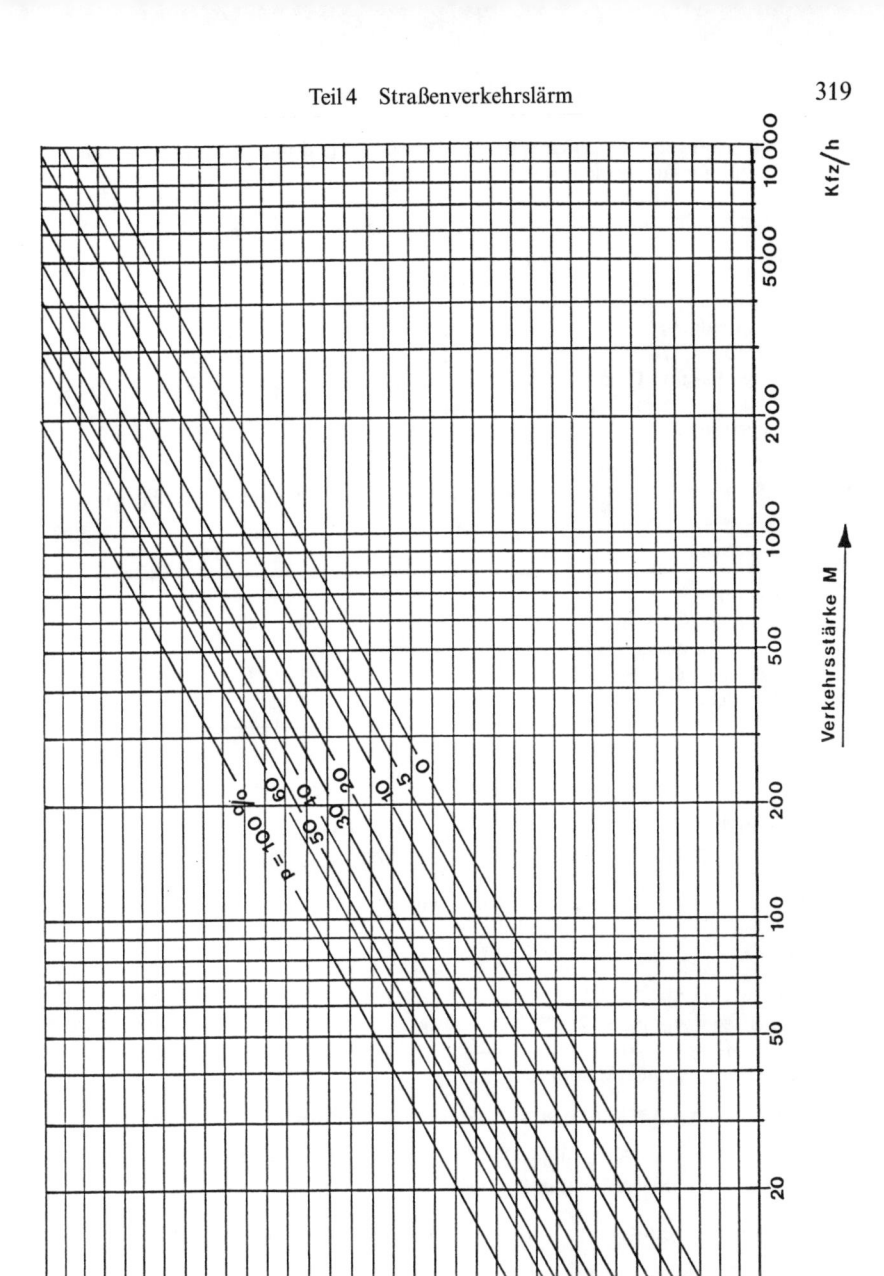

Diagramm 4.1 Mittelungspegel $L_m^{(25)}$ unter Bezugsbedingungen

Tabelle 4.4 Maßgebende Verkehrsstärke M in Kfz/h und maßgebende Lkw-Anteile p (über 2,8 t zul. Gesamtgewicht) in %

Straßengattung	tags (6 bis 22 Uhr) M^1 Kfz/h	p %	nachts (22 bis 6 Uhr) M Kfz/h	p %
Bundesautobahnen	0,06 DTV	25	0,014 DTV	45
Bundesstraßen	0,06 DTV	20	0,011 DTV	20
Landes-, Kreis- und Gemeindeverbindungsstraßen	0,06 DTV	20	0,008 DTV	10
Gemeindestraßen	0,06 DTV	10	0,011 DTV	3

Tabelle 4.5 Korrektur ΔL_{StrO} in dB(A) für unterschiedliche Straßenoberflächen

Straßenoberfläche	ΔL_{StrO} in dB(A)
Asphaltbeton	−0,5
nicht geriffelter Gußasphalt	0
Beton- oder geriffelter gewalzter Gußasphalt	+1,0
Pflaster mit ebener Oberfläche	+2,0
Pflaster mit nicht ebener Oberfläche	+4,0

Tabelle 4.6 Korrektur ΔL_{Stg} in dB(A) für Steigungen

Steigung in %	ΔL_{Stg} in dB(A)
≦ 5	0
6	+0,6
7	+1,2
8	+1,8
9	+2,4
10	+3,0
für jedes zusätzliche Prozent	+0,6

Zwischenwerte sind linear zu interpolieren

Die maßgebenden Verkehrsstärken werden nach Tabelle 4.4 ermittelt:

Tag: $M = 0,06 \cdot DTV = 180 \, Kfz/h$, $p = 20\%$
Nacht: $M = 0,008 \cdot DTV = 24 \, Kfz/h$, $p = 10\%$

Mit diesen Eingabedaten erhält man nun nach (4.1) die folgenden Emissionspegel:

Tag: $L_{m,E} = 64,1 \; - \; 0,5 \; - \; 3,5 = 60,1 \, dB(A)$
Nacht: $L_{m,E} = 53,7 \; - \; 0,5 \; - \; 4,0 = 49,2 \, dB(A)$
$L_{m,E} = L_m^{(25)} \quad + \Delta L_{StrO} \quad + \Delta L_v$
(Diagr. 4.1) (Tab. 4.5) (Diagr. 4.2)

---
[1] Die generelle Rundung von tags $M = 0,06 \cdot DTV$ ist unerheblich.

Teil 4 Straßenverkehrslärm   321

Abschätzungen:

Die exakte Rechnung erfordert etwas Zeitaufwand. In der Praxis möchte man jedoch oft einen Wert schnell nur abschätzen. Hierzu einige Hilfen und Faustformeln:[1]

Die Tabellen 4.7.1 und 4.7.2 geben getrennt für die Tages- und Nachtzeit zwei Listen wieder, aus denen unter den Bezugsbedingungen für eine Bundesstraße aus dem DTV der Emissionspegel $L_{m,E}$ direkt abgelesen werden kann.

Tabelle 4.7.1 Emissionspegel unter Bezugsbedingungen

TAG					
$L_m^{(25)}$ für Bundesstrassen					
Maßgebende Verkehrsstärke: $M = 0{,}06 \cdot DTV$					
Lkw-Anteil: $p = 20\%$					
Straßenoberfläche: nicht geriffelter Gußasphalt					
Zulässige Geschwindigkeit: $v = 100$ km/h					
DTV				$L_m^{(25)}$	
418 Kfz	bis	525 Kfz	=	56	dB(A)
526 Kfz	bis	661 Kfz	=	57	dB(A)
662 Kfz	bis	832 Kfz	=	58	dB(A)
833 Kfz	bis	1047 Kfz	=	59	dB(A)
1048 Kfz	bis	1319 Kfz	=	60	dB(A)
1320 Kfz	bis	1660 Kfz	=	61	dB(A)
1661 Kfz	bis	2090 Kfz	=	62	dB(A)
2091 Kfz	bis	2631 Kfz	=	63	dB(A)
2632 Kfz	bis	3313 Kfz	=	64	dB(A)
3314 Kfz	bis	4171 Kfz	=	65	dB(A)
4172 Kfz	bis	5251 Kfz	=	66	dB(A)
5252 Kfz	bis	6610 Kfz	=	67	dB(A)
6611 Kfz	bis	8322 Kfz	=	68	dB(A)
8323 Kfz	bis	10477 Kfz	=	69	dB(A)
10478 Kfz	bis	13190 Kfz	=	70	dB(A)
13191 Kfz	bis	16605 Kfz	=	71	dB(A)
16606 Kfz	bis	20904 Kfz	=	72	dB(A)
20905 Kfz	bis	26317 Kfz	=	73	dB(A)
26318 Kfz	bis	33131 Kfz	=	74	dB(A)
33132 Kfz	bis	41710 Kfz	=	75	dB(A)
41711 Kfz	bis	52510 Kfz	=	76	dB(A)
52511 Kfz	bis	66106 Kfz	=	77	dB(A)
66107 Kfz	bis	83223 Kfz	=	78	dB(A)
83224 Kfz	bis	104771 Kfz	=	79	dB(A)

---

[1] Numerierung der Faustformeln in eckigen Klammern.

Tabelle 4.7.2 Emissionspegel unter Bezugsbedingungen

NACHT

$L_m^{(25)}$ für Bundesstraßen
Maßgebende Verkehrsstärke: M = 0,011· DTV
Lkw-Anteil: p = 20%
Straßenoberfläche: nicht geriffelter Gußasphalt
Zulässige Geschwindigkeit: v = 100 km/h

DTV					$L_m^{(25)}$	
454	Kfz	bis	571	Kfz =	49	dB(A)
572	Kfz	bis	719	Kfz =	50	dB(A)
720	Kfz	bis	905	Kfz =	51	dB(A)
906	Kfz	bis	1140	Kfz =	52	dB(A)
1141	Kfz	bis	1435	Kfz =	53	dB(A)
1436	Kfz	bis	1807	Kfz =	54	dB(A)
1808	Kfz	bis	2275	Kfz =	55	dB(A)
2276	Kfz	bis	2864	Kfz =	56	dB(A)
2865	Kfz	bis	3605	Kfz =	57	dB(A)
3606	Kfz	bis	4539	Kfz =	58	dB(A)
4540	Kfz	bis	5714	Kfz =	59	dB(A)
5715	Kfz	bis	7194	Kfz =	60	dB(A)
7195	Kfz	bis	9057	Kfz =	61	dB(A)
9058	Kfz	bis	11402	Kfz =	62	dB(A)
11403	Kfz	bis	14355	Kfz =	63	dB(A)
14356	Kfz	bis	18071	Kfz =	64	dB(A)
18072	Kfz	bis	22751	Kfz =	65	dB(A)
22752	Kfz	bis	28642	Kfz =	66	dB(A)
28643	Kfz	bis	36058	Kfz =	67	dB(A)
36059	Kfz	bis	45394	Kfz =	68	dB(A)
45395	Kfz	bis	57148	Kfz =	69	dB(A)
57149	Kfz	bis	71945	Kfz =	70	dB(A)
71946	Kfz	bis	90573	Kfz =	71	dB(A)
90574	Kfz	bis	114025	Kfz =	72	dB(A)

Tabelle 4.8 Abschätzung der Korrekturwerte für verschiedene Geschwindigkeiten

v_{zul} in km/h	ΔL_v (nur Pkw) in dB(A)	ΔL_v (~10% Lkw-Anteil) in dB(A)
>115	+1,5	+1
100	0	0
80	−2,5	−1
70	−4	−2
60	−5	−3
50	−7	−4

Teil 4 Straßenverkehrslärm   323

Korrektur $\triangle L_v$ in dB (A) zur Berücksichtigung unterschiedlicher zulässiger Höchstgeschwindigkeiten

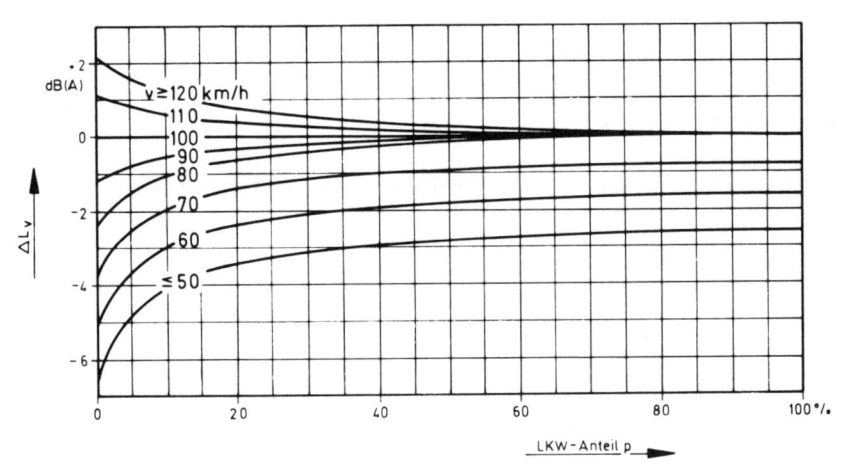

Diagramm 4.2

Tabelle 4.8 zeigt Abschätzungen der Korrekturwerte für verschiedene Geschwindigkeiten anstelle von Diagramm 4.2.

[4.3] Verdoppelung bzw. Halbierung des Lkw-Anteils: ± 2 dB(A)

Eine *Abschätzung für das Beispiel 1* sieht dann so aus:

Tag: $L_{m,E} = 64 \quad +0 \quad -0{,}5 \quad -4 \quad = 59{,}5$ dB(A)
Nacht: $L_{m,E} = 57 \quad -2 \quad -0{,}5 \quad -4 \quad = 50{,}5$ dB(A)
$L_{m,E} = \text{''}L_m^{(25)}\text{''} \quad +\text{''}\Delta p\text{''} + \Delta L_{Str0} \quad +\text{''}\Delta L_v\text{''}$
(*Tab. 4.7*) ([*4.3*]) (*Tab. 4.5*) (*Tab. 4.8*)

Erfahrungsgemäß verteilt sich das gesamte Verkehrsaufkommen während eines Tages bei stark belasteten Straßen (Bundesstraßen und Autobahnen) etwa zu 90 % auf die Tageszeit (06.00 bis 22.00 Uhr) und 10 % auf die Nachtzeit (22.00 bis 06.00 Uhr). Das maßgebende Verkehrsaufkommen der meist ausschlaggebenden *Nacht*zeit (8 Stunden) läßt sich leicht abschätzen:

[4.4] Nacht: $M \approx \dfrac{DTV \cdot 0{,}1}{8} = \dfrac{DTV}{80}$

Im Beispiel mit DTV = 3000 Kfz/24 h wären dies $M \approx 38$ Kfz/h. Hieraus ermittelt man dann z. B. nach Diagramm 4.1 mit dem entsprechenden Lkw-Anteil (hier 10 %) den Ausgangspegel $L_m^{(25)} \approx 56$ dB(A).

Dieser Wert für die Nachtzeit ist bei gering belasteten Straßen (z. B. Kreisstraßen, Gemeindeverbindungsstraßen) um 2 dB(A) zu vermindern[1]. Im *Beispiel 1* wären dies dann 54 dB(A).

[4.5] Der *Tages*wert liegt in den meisten Fällen um 7 dB(A) über dem – noch nicht korrigierten – Ausgangspegel $L_m^{(25)}$.

Im *Beispiel* also 63 dB(A).

Zur Ermittlung des $L_{m,E}$ sind noch die in Gleichung (4.1) angeführten Korrekturwerte hinzuzufügen. Für das Beispiel 1 gilt dann als Abschätzung:

Tag: $L_{m,E} = 63$ $+2$ $-0,5$ -4 $= 60,5$
Nacht: $L_{m,E} = 54$ $+0$ $-0,5$ -4 $= 49,5$

$$L_{m,E} = \underset{\left(\begin{array}{c}([4.4]\\ [4.5])\end{array}\right)}{„L_m^{(25)}"} + \underset{([4.3])}{„\Delta p"} + \underset{(Tab.\,4.5)}{\Delta L_{StrO}} + \underset{(Tab.\,4.8)}{„\Delta L_v"}$$

Der Ausgangspegel $L_m^{(25)}$ kann bei bekannten maßgebenden Verkehrsstärken in Kfz/h auch nach folgenden Faustformeln abgeschätzt werden:

[4.6]   1000 Pkw/h ($\triangleq$ Kfz/h bei p = 0%) $\approx$ 67 dB(A)

[4.6a]   p = 10 % $\approx$ +3 dB(A)

[4.6b]   p = 20 % $\approx$ +5 dB(A)

Der Wert von 1000 Pkw/h wird nach Tab. 4.9 so oft dividiert oder multipliziert, bis man in etwa die vorgegebene Verkehrsstärke erhält. Wegen der logarithmischen Verbindung zum Mittelungspegel ist der Fehler bei ungenauer Ermittlung der Verkehrsstärke verhältnismäßig gering, s. auch Fußnote 2 auf Seite 315.

Tabelle 4.9 Abschätzung der Korrekturwerte bei Änderung der Verkehrsstärke

Änderung der Verkehrsstärke	Änderung des Emissionspegels
Verdoppelung	+ 3 dB(A)
Halbierung	− 3 dB(A)
Verzehnfachung	+10 dB(A)
Zehntelung	−10 dB(A)

---

[1] Bei einer Bundesstraße hätte man unter Verwendung der Tabelle 4.2 M = 33 Kfz/h, bei einer Autobahn M = 42 Kfz/h errechnet. Für diese Straßengattungen mit hohen Verkehrsaufkommen trifft die Abschätzung recht gut zu. Weitere Korrekturen sind hier also nicht erforderlich.

Eine Abschätzung zu *Beispiel 1* sieht hiermit so aus:

Verkehrsstärke	Ausgangspegel
Tag: vorgegeben: 180 Kfz/h mit 20% Lkw-Anteil	
1000 Pkw/h : 10 = 100 Pkw/h	67 dB(A) − 10 dB(A) = 57 dB(A)
100 Pkw/h · 2 = 200 Pkw/h	57 dB(A) + 3 dB(A) = 60 dB(A)
Lkw-Anteil 20%	+ 5 dB(A)
	$L_m^{(25)} \approx 65$ dB(A)
Nacht: vorgegeben: 24 Kfz/h mit 10% Lkw-Anteil	
1000 Pkw/h : 10 = 100 Pkw/h	67 dB(A) − 10 dB(A) = 57 dB(A)
100 Pkw/h : 10 = 10 Pkw/h	57 dB(A) − 10 dB(A) = 47 dB(A)
10 Pkw/h · 2 = 20 Pkw/h	47 dB(A) + 3 dB(A) = 50 dB(A)
Lkw-Anteil 10%	+ 3 dB(A)
	$L_m^{(25)} \approx 53$ dB(A)

Tag:	$L_{m,E} \approx$	65	− 0,5	− 4,0	= 60,5 dB(A)
Nacht:	$L_{m,E} \approx$	53	− 0,5	− 4,0	= 48,5 dB(A)
	$L_{m,E} \approx$	„$L_m^{(25)}$"	+ ΔL_{Str0}	+ „ΔL_v"	
		([4.6])	(Tab. 4.5)	(Tab. 4.8)	
		[4.6a]			
		[4.6b]			

4.4.3 Berechnung des Emissionspegels eines Parkplatzes

Die Emissionen des „ruhenden Verkehrs" auf Parkplätzen kann man nicht nach 4.4.2 berechnen. Ein Parkplatz muß – im Gegensatz zur Straße, die als Linienschallquelle betrachtet wird – wie eine Flächenschallquelle behandelt werden; das bedeutet, daß statt des „Ausgangspegels" $L_m^{(25)}$ an Straßen mit einem Schall-Leistungspegel gerechnet wird. Die Fläche des Parkplatzes ist ggf. in Teilflächen zu gliedern (siehe hierzu auch die Teile 1 und 3 dieses Buches). Der Schall-Leistungspegel beträgt

(4.7) $\qquad L_w = 76 + 10 \lg n + 10 \lg \sum_{i=1}^{3} g_i N_i \quad$ in dB(A)[1]

---

[1] Hierbei wird davon ausgegangen, daß im Mittel eine Zu- oder Abfahrt innerhalb des Parkplatzes etwa eine halbe Minute dauert, ein Pkw in dieser Zeit einen Schall-Leistungspegel von ca. 97 dB(A), ein Lkw von ca. 107 dB(A) und ein Kraftrad von ca. 104 dB(A) abstrahlt. Als Fläche für einen Parkstand werden 25 m² angenommen.

Es sind:

L_w = Schall-Leistungspegel
n = Anzahl der Stellplätze
N = mittlere Anzahl der Bewegungen (An- oder Abfahrt) der Klasse i im jeweiligen Bezugszeitraum von Fahrzeugen
g = Gewichtsfaktor g = 1 für Lkw
                      g = 5 für Krafträder
                      g = 10 für Lkw

Beispiel 2:

Anzahl der Stellplätze (ggf. pro Teilfläche): 15
Fahrzeugbewegungen je Stunde: N = 0,3
Pkw-Parkplatz: g = 1

$L_w = 76 + 10 \lg 15 + 10 \lg (1 \cdot 0{,}3) =$
$= 76 + 11{,}8 - 5{,}2 = 82{,}6 \, dB(A)$

Weitere Berechnung nach Teil 1 bzw. 3.

4.5 Schallausbreitung und Berechnung des Beurteilungspegels am Immissionsort

4.5.1 Grundlagen

4.5.1.1 Schallausbreitung

Der Schallpegel nimmt mit zunehmendem Abstand von einer Schallquelle zunächst dadurch ab, daß die Fläche, auf die sich die abgestrahlte Schall-Leistung verteilt, größer wird, und daß während der Ausbreitung Schallenergie in der Luft und am Boden absorbiert wird (geometrische Minderung, Luftabsorption, Bodenabsorption). Außerdem wird der Schallpegel auf dem Ausbreitungsweg durch Hindernisse, wie Abschirmungen (Wände, Wälle, Häuserzeilen, Geländeerhebungen) oder Streuung und Absorption (Bewuchs, lockere Bebauung), Reflexionen und Wettereinflüsse verändert. Nähere Ausführungen hierzu siehe in Teil 1, auch 4.5.3, 4.7.2 und 4.7.4.

Für die Berechnung des Straßenverkehrslärms hat man sich auf folgende Witterungsbedingungen geeinigt, die auch bei Messungen eine gute Reproduzierbarkeit gewährleisten:

- leichte Temperatur-Inversion und/oder leichter Mitwind (von der Straße zum Immissionsort etwa 3 m/s)
- kein Regen, trockene Fahrbahn

Die so ermittelten Pegel werden im Laufe eines Jahres selten überschritten, d.h. mit den Berechnungen liegt man für den Betroffenen in der Regel „auf der sicheren Seite".

4.5.1.2 Schallimmission

Die Schallimmission ist das Einwirken von Schall auf ein Gebiet oder einen Punkt eines Gebietes (Immissionsort). Maßgebend ist im Regelfall der ungünstigst gelegene Immissionsort.

4.5.2 Freie Schallausbreitung

4.5.2.1 Berechnung eines Immissionspegels an einer „langen, geraden" Straße

Der in 4.4.2 beschriebene Emissionspegel $L_{m,E}$ bezieht sich auf eine nach links und rechts quasi unendlich lange, gerade Straße mit konstanten Ausbreitungsbedingungen („Linienschallquelle"). Ein Verkehrsweg kann als „lange, gerade" angesehen werden, wenn die Mindestbedingungen nach den Darstellungen 4.1 und 4.2 eingehalten sind:

Eine Straße gilt als „lang", wenn vom Immissionsort (Aufpunkt) nach *beiden* Seiten je ein Straßenstück der Länge l eingesehen werden kann, das mindestens dreimal so lang ist wie der senkrechte Abstand des Immissionsortes von der Straße ($s_\perp$), d.h. pro Seite $l \geq 3 \cdot s_\perp$.

Anders ausgedrückt: Die Straße gilt als „lang", wenn sie beiderseits des Immissionsortes mindestens unter dem Sichtwinkel von 72° erscheint, insgesamt also 144°.

Hinweis für eine Abschätzung: Ist das zu betrachtende Straßenstück etwas kürzer als $3 \cdot s_\perp$, kann man es für Abschätzungen trotzdem weiterhin als „lange, gerade" Straße betrachten. Der Fehler beträgt z.B. bei $l = 2 s_\perp$ (das entspricht einem Sichtwinkel von $2 \times 63°$) ca. $+1,5$ dB(A).

Damit die Bedingung „gerade" erfüllt ist, muß die Achse der Straße innerhalb des in Darstellung 4.2 gekennzeichneten Bereichs verlaufen.

Für die Entscheidung, ob nach dem Verfahren der „langen, geraden" Straße gerechnet werden kann, sind die nachfolgenden Kriterien zu prüfen:

- Ist die zu untersuchende Straße ausreichend lang? Mindestlänge nach Darstellung 4.1.

- Liegt die zu untersuchende Straße innerhalb des vorgeschriebenen Sektors, so daß sie weiterhin als „gerade" betrachtet werden kann? Höchstabweichung von der Gerade nach Darstellung 4.2.

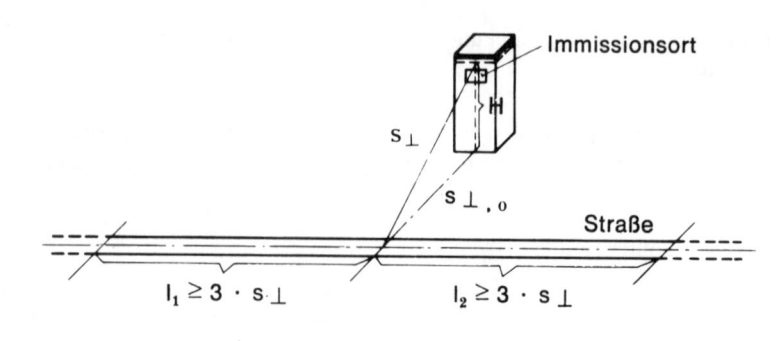

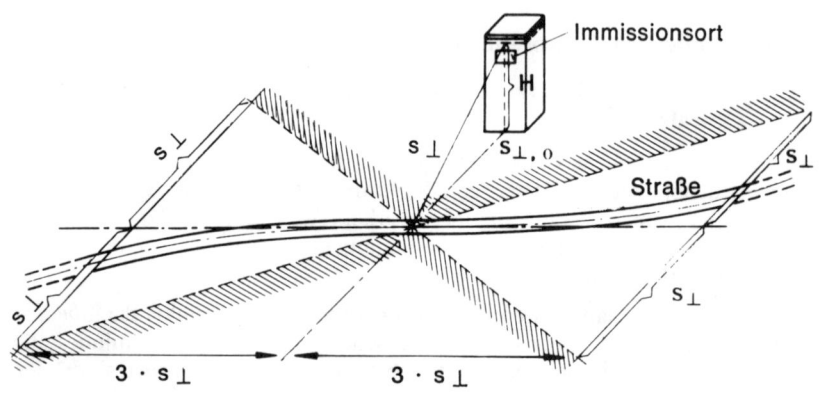

Darstellung 4.1 u. 4.2 Definition einer „langen, geraden" Straße

- Bleiben die Emissionen auf der zu untersuchenden Straße gleich? Änderungen der Emissionen treten beispielsweise bei Einmündungen/Abzweigungen (Veränderung der Kfz-Dichte und -Zusammensetzung), bei unterschiedlichen zulässigen Höchstgeschwindigkeiten oder bei Wechsel von Fahrbahnbelägen auf.
- Sind die Ausbreitungsbedingungen auf der gesamten Länge gleich? Änderungen der Ausbreitungsbedingungen können auftreten, wenn Reflexionsflächen oder Abschirmeinrichtungen an der Straße nicht über die gesamte Länge der Straße vorhanden sind; auch bei Änderungen der Höhe einer Abschirmeinrichtung liegen keine konstanten Ausbreitungsbedingungen mehr vor.

Sind diese 4 Kriterien nicht alle gleichzeitig erfüllt, muß die Straße in Abschnitte mit homogener Emission und konstanten Ausbreitungsbedingungen aufgeteilt werden (Berechnung nach 4.5.2.2).

Teil 4 Straßenverkehrslärm

Sind die Voraussetzungen jedoch erfüllt, errechnet sich der Mittelungspegel L_m einer langen, geraden Straße nach folgender Gleichung:

(4.8) $\qquad L_m = L_{m,E} + \Delta L_{s\perp}$

Darin ist

L_m ... Mittelungspegel am Immissionsort im Abstand $s_{\perp,0}$ von der Mitte der Fahrbahn bzw. des Fahrstreifens.

$\Delta L_{s\perp}$ ... Korrektur für unterschiedliche horizontale Abstände $s_{\perp,0}$ und Höhenunterschiede H zwischen der Straße und dem Immissionsort bei freier Schallausbreitung. Freie Schallausbreitung liegt vor, wenn kein Hindernis zwischen Straße und Aufpunkt die Ausbreitung behindert.

Die Pegeländerung $\Delta L_{s\perp}$ infolge des Abstands $s_\perp$ kann dem Diagramm 4.3 entnommen werden oder auch nach folgender Formel berechnet werden:

(4.9) $\qquad \Delta L_{s\perp} = 13{,}8 - 3{,}5x - x^2/2 \quad \text{in dB(A)}$

mit $x = \lg(s_{\perp,0}^2 + H^2)$.

$s_{\perp,0}$ ... horizontaler Abstand in m zwischen Immissionsort und Mitte der Straße, im rechten Winkel gemessen

H ... Höhe des Immissionsortes über der Straßenoberfläche (Gradiente). Als Aufpunkt zur Bemessung der Höhe wird bei Wohnbebauung die Geschoßdecke der betroffenen Wohnung angesehen. H muß bei freier Schallausbreitung immer ≥ 0 sein. Wird H negativ, treten Abschirmeffekte auf. Bei einer Höhenlage der Straße können z.B. Standstreifen, Bankette oder Gehweg als Abschirmung wirken. Dann ist nach 4.5.3 zu verfahren.

Hinweis: Die übliche Geschoßhöhe beträgt 2,8 m. Hinzuzufügen ist bei Ebenerdigkeit eine Sockelhöhe von 0,5 m ... 1,0 m Höhe.

Korrektur $\triangle L_{s\perp}$ **in dB (A) für unterschiedliche horizontale Abstände** $s_{\perp,o}$ **und Höhenunterschiede H zwischen der zu schützenden baulichen Anlage und der Straße**

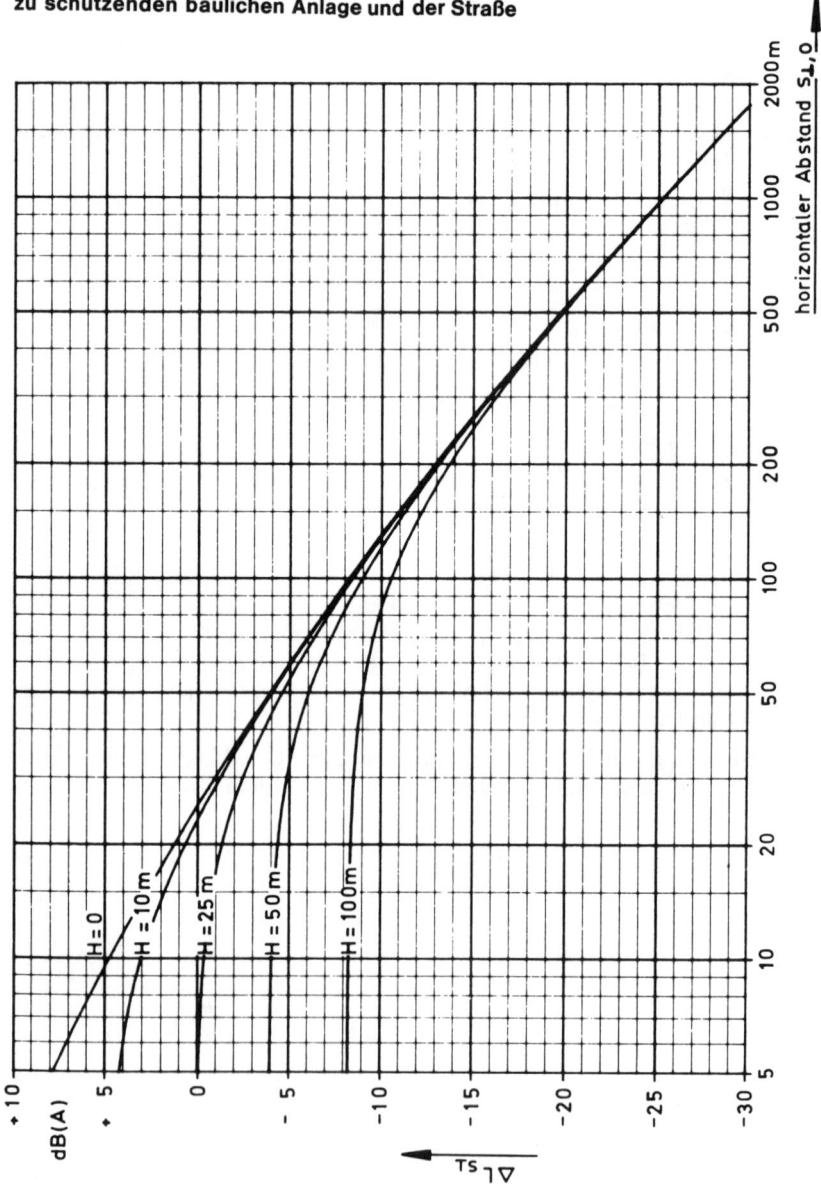

Diagramm 4.3

Beispiel 3:
Abstand eines Wohnhauses von der Fahrbahnmitte der in *Beispiel 1* genannten, geländegleichen Kreisstraße: 14 m
Immissionsort: 2. Obergeschoß ($\triangleq$ 3 Geschoßhöhen). Die Höhe des Immissionsortes beträgt somit etwa 9 m (H $\approx$ 3 · 2,8 m + 0,5 m $\approx$ 9 m).
Mit diesen Daten errechnet sich eine Abstandskorrektur von $\Delta L_{s\perp}$ = + 2,3 dB(A).
Die Mittelungspegel am Immissionsort sind nach (4.8) am

Tag: L_m = 60,1 + 2,3 = 62,4 $\Rightarrow$ 63 dB(A)[1] und in der
Nacht: L_m = 49,2 + 2,3 = 51,5 $\Rightarrow$ 52 dB(A).
$\quad\quad\quad L_{m,E} \quad \Delta L_{s\perp}$
$\quad\quad\quad ((4.1) \quad ((4.9))$

Abschätzungen:
Bei Abständen über 50 m ist die Höhe über der Straße nicht mehr von großer Bedeutung und braucht daher nicht mehr berücksichtigt werden.
Bis zu Entfernungen von 400 m genügt auch die vereinfachte Formel

[4.10] $\quad\quad \Delta L_{s,\perp} \approx 14 \lg \dfrac{25\,m}{s_\perp}$

Das entspricht einer Entfernungsabnahme von ca. 4 dB(A) je Abstandsverdoppelung. Bei jeder *Halbierung* des Abstandes werden 4 dB(A) hinzugefügt. Einige Werte sind in Tab. 4.10 aufgeführt:

Tabelle 4.10 Abschätzung Korrektur für Pegelminderung bei freier Schallausbreitung

Andere Entfernung als 25 m	Pegelkorrektur
10 m	+ 4 dB(A)
50 m	− 4 dB(A)
100 m	− 8 dB(A)
200 m	−12 dB(A)
300 m	−15 dB(A)
400 m	−16 dB(A)
500 m	−20 dB(A)[2]

---

[1] Aufrundung nach 4.4.2.
[2] Abweichung von [4.10].

Beispiel 4:
Entfernung des Wohnhauses von einer Straße: 200 m

Entfernung:	Pegelkorrektur:
25 m × 2 = 50 m	−4 dB(A)
50 m × 2 = 100 m	−4 dB(A)
100 m × 2 = 200 m	−4 dB(A)
	−12 dB(A)

Der Emissionspegel $L_{m,E}$ ist um 12 dB(A) zu reduzieren.

Beispiel 5:
Infolge einer Begradigung einer Straße rückt die Trasse an die Bebauung von vormals 180 m auf 50 m heran.

Entfernung:	Pegelkorrektur:
180 m : 2 = 90 m	+4 dB(A)
90 m : 2 = 45 m	+4 dB(A)
	+8 dB(A)

Die Pegelerhöhung beträgt ca. 8 dB(A).

4.5.2.2 Berechnung eines Immissionspegels an („kurzen") Straßenabschnitten

Ist eines der Kriterien nach 4.5.2.1 nicht erfüllt, kann die Straße nicht als „lange, gerade" angesehen werden. Die Straße muß dann in einzelne Abschnitte mit homogenen Bedingungen unterteilt werden. Die Abschnitte sind dabei so zu wählen, daß über die Abschnittslänge die Emission annähernd konstant ist und die Ausbreitungsbedingungen gleich bleiben. Die von jedem dieser Abschnitte am Immissionsort erzeugten Mittelungspegel sind getrennt zu berechnen und nach (4.20) energetisch zu einem Gesamtpegel zusammenzufassen (s. 4.5.5)[1].

Bei der Aufteilung in Abschnitte ist noch eine weitere Randbedingung zu beachten:
Die Länge l_i eines Abschnittes darf nicht größer als $0{,}7 \cdot s_i$ sein. Dabei ist s_i der Abstand zwischen Immissionsort und der Mitte des Abschnitts i (siehe Darstellung 4.3)

(4.11) $l_i \leqq 0{,}7 \cdot s_i$

---

[1] Mit diesem Verfahren wird die Emission der „langen" Straße (Linienschallquelle) aufgeteilt in einzelne Emissionen von Punktschallquellen. Auf diese „Punkte" (Mitte der Abschnitte) konzentrieren sich die Emissionen der einzelnen Abschnitte. Der Pegel der Punktschallquelle muß um so höher sein, je länger der Abschnitt ist.

Bei entfernteren Abschnitten ist demnach die zulässige Länge größer als bei nahen Straßenabschnitten.

Hinweis: Um den Rechenaufwand zu minimieren, sollte – soweit nicht emissionsseitige Einschränkungen bestehen – mit der größtzulässigen Abschnittslänge $l_i = 0{,}7 \cdot s_i$ gerechnet werden.

Die Einteilung in Abschnitte erfolgt in der Regel iterativ und kann sehr mühselig werden. Sofern ein Rechner mit Programm zur Verfügung steht, kann es hingegen einfacher sein, die Abschnittslängen konstant in der Größenordnung des nächstgelegenen Abschnitts anzusetzen. Man erhält jedoch eine größere Anzahl von Abschnitten.

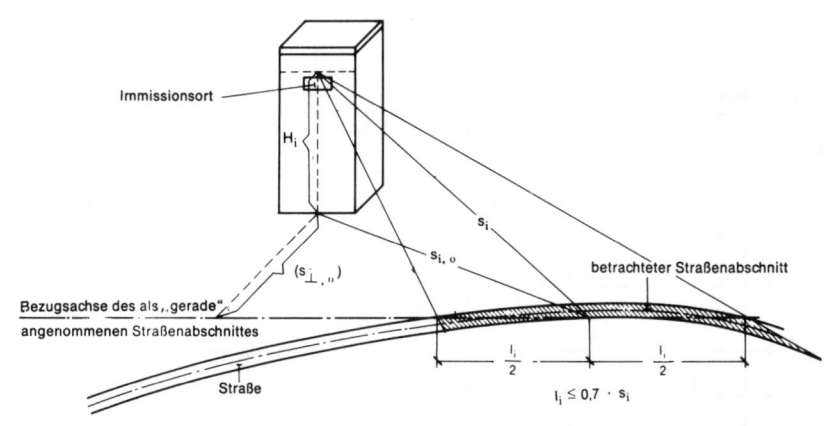

Darstellung 4.3 Größen für die Berechnung des Mittelungspegels an Straßenabschnitten

Die Größe s_i wird wie folgt berechnet:

$$s_i = \sqrt{s_{i,0}^2 + H_i^2}$$

mit $\quad s_{i,0}$ ... horizontale Entfernung zwischen Abschnittsmitte und Immissionsort (Straßenmitte)

H_i ... Höhe des Immissionsortes über der Fahrbahn in der Mitte des Abschnitts i.

Hinweis: Bei größeren Entfernungen kann mit $s_i \approx s_{i,0}$ gerechnet werden.

Der Mittelungspegel $L_{m,i}$ eines Abschnitts setzt sich zusammen aus dem Emissionspegel $L_{m,E}$ für die „lange, gerade" Straße (s. 4.4.2), einem Korrekturglied für „kurze" Abschnitte $\Delta L_{l,i}$ und einer Abstandskorrektur für die jeweilige Entfernung $\Delta L_{s,i}$:

(4.12) $\qquad L_{m,i} = L_{m,E} + \Delta L_{l,i} + \Delta L_{s,i}$

Korrektur $\triangle L_{l,i}$ in dB (A) für unterschiedliche Abschnittslängen l_i

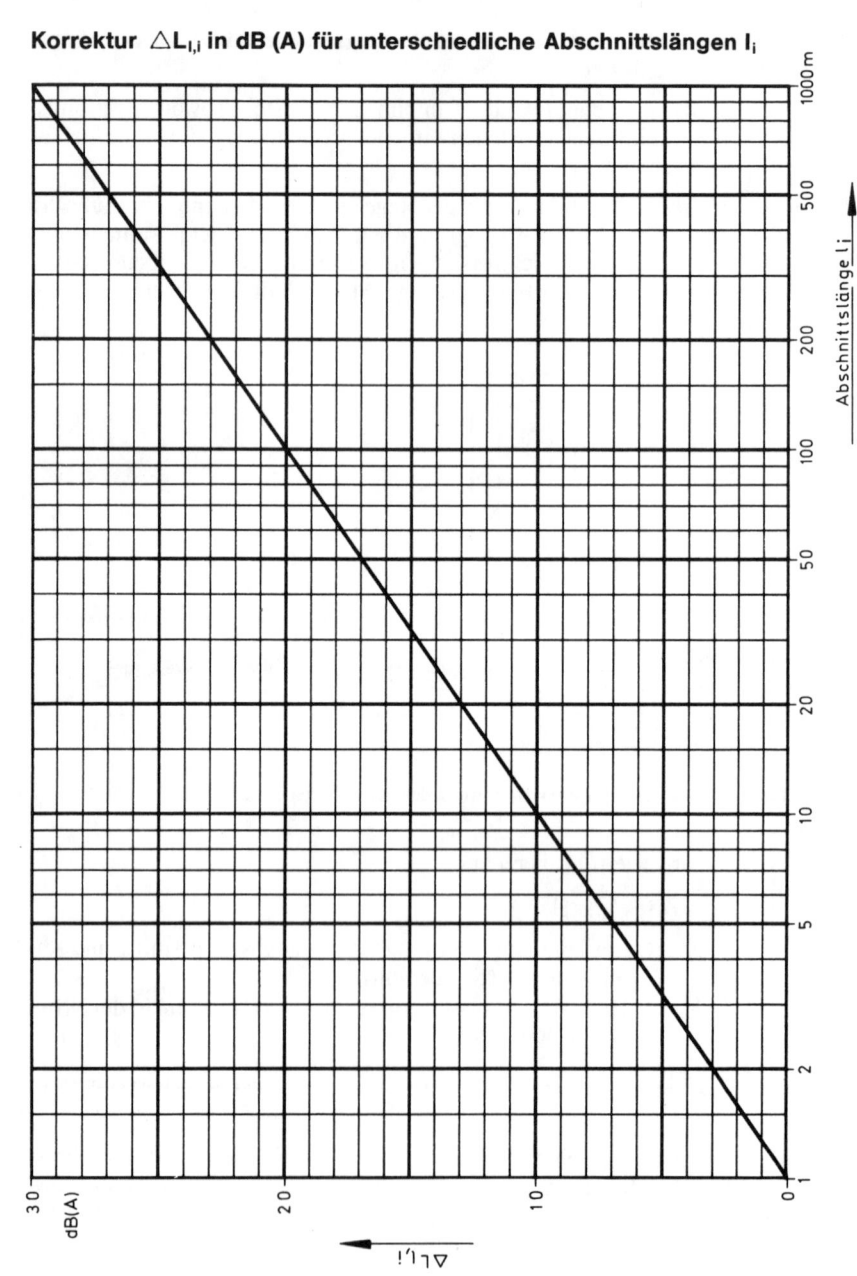

Diagramm 4.4

Teil 4 Straßenverkehrslärm

Korrektur $\Delta L_{s,i}$ in dB (A) für unterschiedliche horizontale Abstände $s_{i,o}$ und Höhenunterschiede H zwischen der zu schützenden baulichen Anlage und der Mitte des Straßenabschnittes

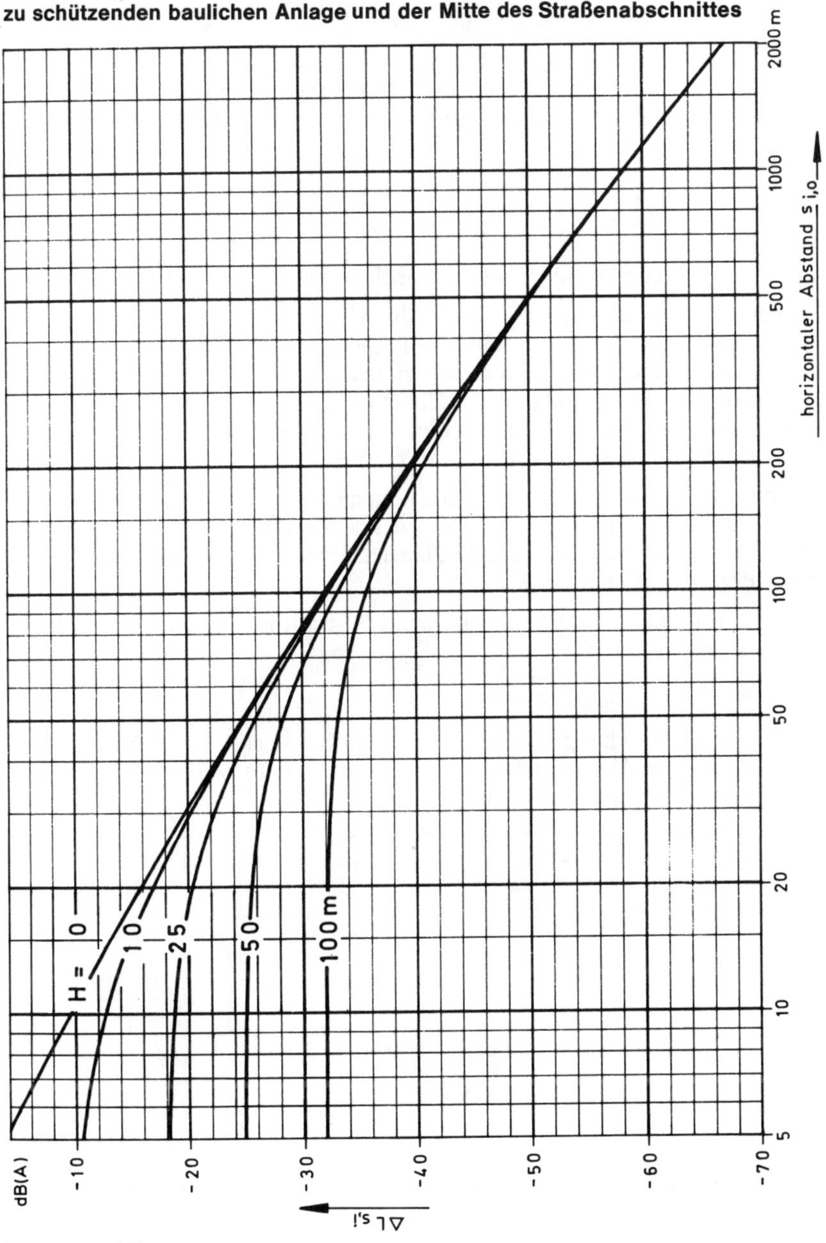

Diagramm 4.5

Der Wert für $\Delta L_{l,i}$ wird aus dem Diagramm 4.4 abgelesen oder nach der Formel

(4.13) $\qquad \Delta L_{l,i} = 10 \cdot \lg l_i$

berechnet.

Eine Punktschallquelle hat ein anderes Ausbreitungsgesetz als eine Linienschallquelle. $\Delta L_{s,i}$ wird daher nach Diagramm 4.5 ermittelt. Diesem Diagramm liegt folgende Formel zugrunde:

(4.14) $\qquad \Delta L_{s,i} = 8{,}8 - 8{,}2x - x^2/2$

$\qquad$ mit $\quad x = \lg(s_{i,0}^2 + H_i^2)$

Die Pegelabnahme bei Abstandsverdoppelung beträgt hier etwa 8 dB(A).

Hinweis: Die am nächsten gelegenen Abschnitte tragen am meisten zum Gesamtpegel bei. Da die Reihenfolge der Pegeladdition beliebig ist, empfiehlt es sich, mit den nahen Abschnitten zu beginnen. Liegt ein Teilpegel eines weiter entfernten Abschnittes mehr als 10 dB(A) niedriger als der bisher aufaddierte Pegel, so kann er vernachlässigt werden, wenn keine hohe Rechengenauigkeit verlangt wird.

Abschätzung: Die einzelnen Abschnitte können unter bestimmten Sichtwinkeln vom Immissionsort aus betrachtet werden, s. Darstellung 4.4. Nach Tabelle 4.11 können vom Mittelungspegel L_m der „langen, geraden" Straße, die dort angegebenen Pegel abgezogen werden.

Wird die Bedingung für eine „lange, gerade" Straße nur für eine Straßen*hälfte* erfüllt, so ergibt sich demgemäß für diesen Abschnitt:

(4.15) $\qquad L_{m,i,\text{Strassenhälfte}} = L_m - 3 \text{ dB(A)}$

L_m ist der nach Gleichung (4.8) berechnete Mittelungspegel. Die andere Straßenhälfte ist nach dem Verfahren für Straßenabschnitte zu berechnen. Abschließend sind alle Teilpegel nach (4.19) zu addieren.

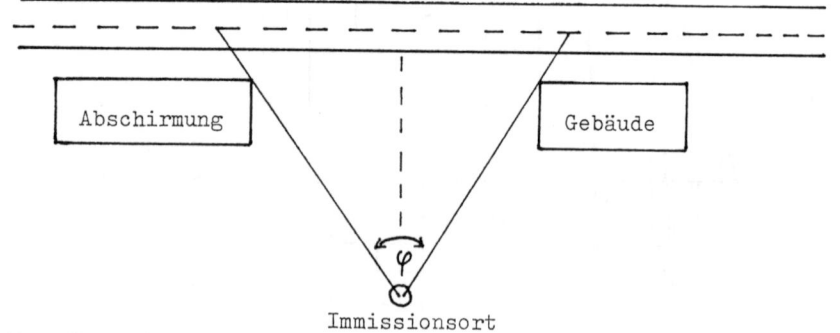

Darstellung 4.4 Abschätzung der Pegelminderung bei freier Schallausbreitung eines Sektors

Tabelle 4.11 Abschätzung von Korrekturwerten bei bestimmten Sichtwinkeln mit freier Schallausbreitung nach Darstellung 4.4

Sichtwinkel	Pegelminderung gegenüber „langer, gerader" Straße
180°	0 dB(A)
90°	−3 dB(A)
45°	−6 dB(A)
22,5°	−9 dB(A)

Hinweis für eine Abschätzung: Die Berechnung nach Abschnitten ist zwar genauer, aber verhältnismäßig aufwendig. Wenn keine exakten Pegelwerte oder Dimensionierungen von Schallschutzanlagen gefordert werden, sollte man die Berechnungen – soweit vertretbar – nach dem Verfahren für „lange, gerade" Straßen durchführen. Hierdurch werden in der Regel zu hohe Pegel ermittelt, die quasi einen oberen Grenzwert darstellen. Man liegt damit „auf der sicheren Seite".

4.5.3 Hindernisse im Schallausbreitungsweg

Zur Verminderung von Lärmimmissionen werden Lärmschutzanlagen errichtet, die den Schall in seiner freien Ausbreitung hindern sollen. Aber auch bei hochliegenden Verkehrswegen, bei Einschnittsböschungen und durch Gebäude treten Schallabschirmungen auf. Ist ein Hindernis schallundurchlässig, wird ein Teil des Schalls zurückgeworfen oder absorbiert, ein Teil gelangt aber durch Beugung an den Kanten hinter das Hindernis in den Schallschatten.

4.5.3.1 Schallschirme

Eine nennenswerte Wirkung wird mit einer Abschirmung nur erreicht, wenn der direkte Schall unterbrochen wird, d.h. die Sichtverbindung vom Immissionsort zur Straße verhindert wird. Die Pegelminderung wird umso größer, je tiefer sich der Immissionsort im sogenannten Schallschatten befindet, d.h. je größer der „Umweg" der Schallstrahlen über und um das Hindernis herum ist.

Der ungünstigste Immissionsort ist daher die höchstgelegene Wohnung. Die Berechnungen sind deswegen immer für diesen Aufpunkt durchzuführen. Tiefer liegende Wohnungen werden in der Regel besser geschützt.

Praktisch erreichbar sind Pegelminderungen von 5 bis 15 dB(A), wenn die Abschirmung nahe an der Straße steht und der Immissionsort nicht zu weit (bis etwa 300 m) von der Quelle entfernt ist. Eine Schallschutzanlage ist bei gleicher Höhe umso wirksamer, je näher deren Abschirmkante an der Straße liegt.

An der Beugungskante wird der Schall verschiedener Frequenzen unterschiedlich gebeugt. Daher verändert sich auch das Frequenzspektrum hinter einer

Abschirmung. Der Lärm von Straßen ist hinter Hindernissen weniger hochfrequent und durch die stärkere Minderung der Pegelspitzen gleichmäßiger. Nähere Einzelheiten über die Effekte an Hindernissen sind dem Teil 1 zu entnehmen.

Bei der Dimensionierung von Schallschutzanlagen sollte man von einer Pegelminderung von mindestens 5 dB(A) ausgehen. In der Regel sollten Schallschutzanlagen keine geringeren Höhen als 1,5 m aufweisen.

Die exakte Berechnung von Pegelminderungen durch Abschirmung und die Dimensionierung von Schallschutzwänden und -wällen ist vergleichsweise kompliziert. Geringe Ungenauigkeit können u. U. unnötig hohe Kosten verursachen.

Die genauen Berechnungsverfahren sind im Abschnitt 4.4 der RLS-81 beschrieben. **Abschätzungen** sind für die Vorplanung aber sinnvoll. Hierzu sollen einige Hinweise gegeben werden:

Maßgebend für die Pegelminderung durch Abschirmung ΔL_{LS} ist im wesentlichen die wirksame Schirmhöhe h_{eff}. Sie kann aus einer Schnittzeichnung (s. Darstellung 4.5) abgegriffen, oder auch nach folgender Gleichung ermittelt werden[1]:

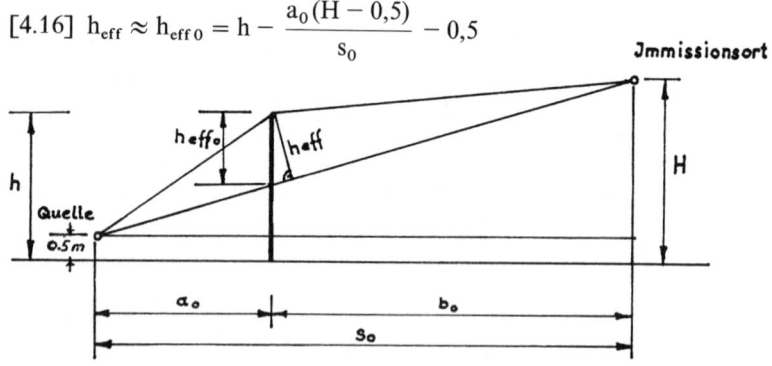

$$[4.16] \quad h_{eff} \approx h_{eff\,0} = h - \frac{a_0(H - 0,5)}{s_0} - 0,5$$

Darstellung 4.5 Ermittlung der wirksamen Schirmhöhe

Aus den Diagrammen 4.6 bzw. 4.7 kann dann die Pegelminderung in Abhängigkeit vom Abstand s_0 über der wirksamen Schirmhöhe h_{eff} abgelesen werden[2].

Beispiel 6:

Zum Schutz einer Gebäudezeile in einer Entfernung von ca. 80 m zur Straße soll ein Lärmschutzwall errichtet werden. Der maßgebende Immissionsort liegt ca.

---

[1] Die Höhe der Schallquelle wird mit 0,5 m über der Fahrbahn angenommen.
[2] Die Diagramme beziehen sich auf eine 2-streifige Straße mit Lärmschutzwall. Bei Straßen mit mehr Fahrstreifen (Autobahnen) sind die Pegelminderungen ca. 1–2 dB(A) geringer.

Teil 4 Straßenverkehrslärm

Diagramme zur Abschätzung der Pegelminderung ΔL_{LS} durch Abschirmung bei Straßenverkehrslärm.

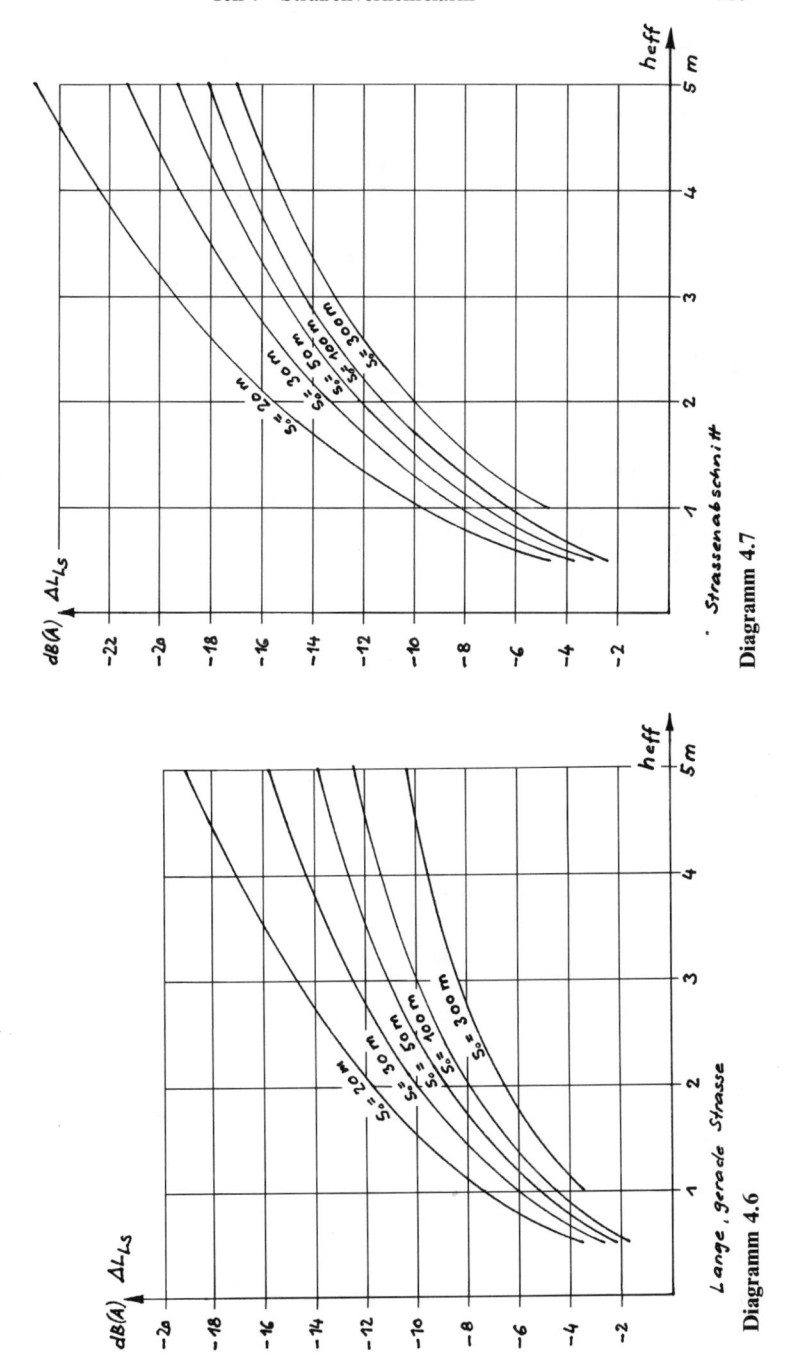

Strassenabschnitt

Diagramm 4.7

Lange, gerade Strasse

Diagramm 4.6

6 m über Fahrbahnniveau. Die Wallhöhe soll 4 m betragen, der Abstand der Wallkrone zur Straße wird ca. 15 m sein.

Nach (4.16) errechnet sich

$$h_{eff} \approx 4 - \frac{15 \cdot (6 - 0,5)}{80} - 0,5 = 2,5 \text{ m}$$

Aus Diagramm 4.6 wird zwischen den Kurven für $s_0 = 50$ m und $s_0 = 100$ m für einen ausreichend langen Wall eine Pegelminderung von 9,5 dB(A) abgelesen.

Ein Schallschirm muß auch ausreichend lang sein, um seitlichen Schalleinfall zu verhindern. Projeziert man die Enden der zu schützenden Objekte auf die Straße, so erhält man die sog. Objektlänge des Schallschirms. Diese Schirmlänge muß nach beiden Seiten um die sog. Zusatzlänge d_s erweitert werden, bis der durch die größere Entfernung geminderte Schall vom Ende der Abschirmung nur noch etwa so laut, wie der über dem Schirm hinweg gebeugte Schallanteil (eine ausreichende Schall-Dämmung des Hindernisses vorausgesetzt). Zur Verdeutlichung siehe Darstellung 4.6. Größere Zusatzlängen ergeben keine wesentliche Verbesserung mehr, kürzere vermindern jedoch die Abschirmungswirkung. Dies kann nur in gewissem Maße durch höhere Schirme wieder ausgeglichen werden.

Das genaue Rechenverfahren hierzu findet man unter Punkt 4.4.2.2 bis 4.4.2.4 der RLS-81.

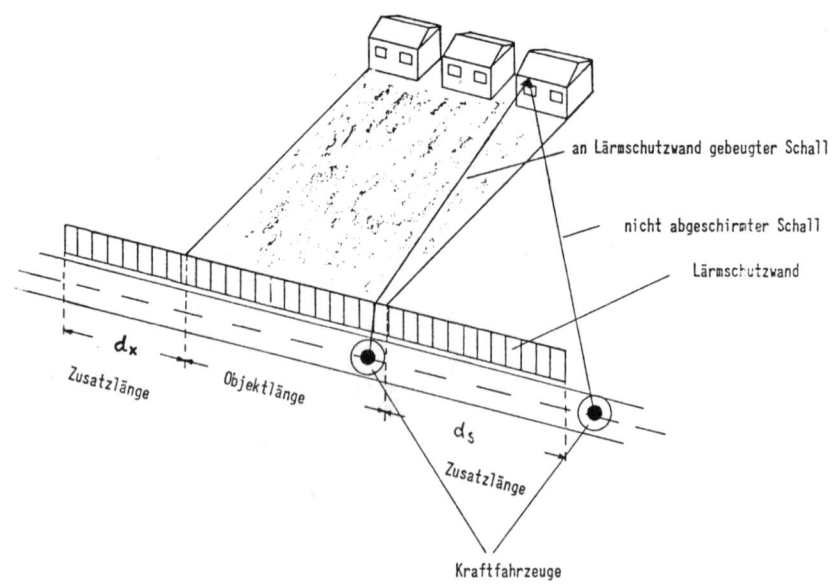

Darstellung 4.6 Schallwege an einer Abschirmung

Abschätzung:

Ist die ohne Berücksichtigung der Schirmlänge ermittelte Pegelminderung ΔL_{LS} bekannt, kann die nach beiden Seiten jeweilige notwendige Standard-Zusatzlänge einer an der Straße stehenden Lärmschutzanlage folgendermaßen abgeschätzt werden:

[4.17] $d_s \approx 0{,}4 \cdot \Delta L_{LS} \cdot s_\perp$

Dabei sind:

d_s ... Standard-Zusatzlänge in m
ΔL_{LS} ... Pegelminderung in dB(A)
$s_\perp$ ... Abstand zwischen Mitte der Straße und Immissionsort.

Beispiel 7:

Errechnete Pegelminderung: 10 dB(A)
Abstand des Gebäudes von der Straßenmitte: 60 m
Nach [4.17] beträgt die erforderliche Standard-Zusatzlänge

$$d_s \approx 0{,}4 \cdot 10 \cdot 60 = 240 \text{ m}$$

Die Gesamtlänge einer Lärmschutzanlage muß also fast 500 m betragen, damit in 60 m Entfernung von der Straße bei einer erforderlichen Pegelminderung von 10 dB(A) keine seitlichen Einstrahlungen die Wirkung beeinträchtigen.

Läßt sich die Standard-Zusatzlänge auf beiden Seiten nicht einhalten und hat die Abschirmeinrichtung nach beiden Seiten die gleiche, kürzere Zusatzlänge d_x, so läßt sich die tatsächliche (geringere) Pegelminderung nach Gleichung [4.18] abschätzen:

[4.18] $\Delta L_{LS,x} = \Delta L_{LS} \cdot \sqrt{\dfrac{d_x}{d_s}}$

Abschirmungen mit Zusatzlängen $d_x < 0{,}4\, d_s$ sind akustisch nicht mehr sinnvoll.

Beispiel 8:

Die Wand kann auf jeder Seite nur 120 m lang werden. Damit erhält man nach [4.18] statt einer errechneten Pegelminderung ΔL_{LS} von 10 dB(A) nur eine reduzierte Minderung $\Delta L_{LS,x}$ von rund 7 dB(A).

$$\Delta L_{LS,x} = 10 \cdot \sqrt{\dfrac{120}{240}} = 7{,}1 \text{ dB(A)}$$

4.5.3.2 Pegelminderung durch Bewuchs

In den Ausbreitungsberechnungen nach 4.5.2 ist ein niederer Bewuchs bereits berücksichtigt. Für dichte Waldbepflanzungen mit bleibender Unterholzausbildung kann man für Straßenverkehrsgeräusche eine zusätzliche Schallpegelminderung bis zu etwa

6 dB(A) pro 100 m,
höchstens jedoch insgesamt 10 dB(A)

annehmen. Die Werte dürfen aber nur dann angesetzt werden, wenn der Wald bis nahe (ca. 50 m) an die Straße bzw. den Immissionsort heranreicht.

4.5.3.3 Pegelminderung durch Bebauung

Eine geschlossene Randbebauung ist wie ein Schallschirm nach 4.5.3.1 zu behandeln. Hiermit können hohe Schallpegelminderungen bis ca. 15 dB(A) erzielt werden.

Eine pauschale Berücksichtigung der Schallpegelminderung durch offene Bebauung kann wegen der unterschiedlichsten Randbedingungen praktisch nicht angegeben werden. Für grobe Abschätzungen kann man mit 5 dB(A) pro 100 m Tiefe rechnen. Auch hier sollte man nicht mehr als insgesamt 10 dB(A) in Ansatz bringen.

An der lärmabgewandten Seite eines Hauses kann man mit einer Pegelminderung von ca. 10 dB(A) rechnen.

4.5.4 Reflexionen

Befindet sich nahe der Schallquelle oder einem Immissionsort eine größere Fläche (z.B. Mauer, Gebäudefront oder auch eine nicht absorbierende Lärmschutzwand), kann sich der Mittelungspegel örtlich durch Reflexionen erhöhen. Es treten in der Nähe von reflektierenden Wänden Pegelerhöhungen von ca. 3 dB(A) auf.

Der Rechenaufwand zur genauen Berücksichtigung von Reflexionen (u.U. Mehrfachreflexionen!) kann sehr hoch werden. Eine genaue Anleitung ist im Abschnitt 4.5 der RSL-81 wiedergegeben. Reflexionen von Flächen, die weit von Schallquelle und Empfänger entfernt sind, kann man ohne nennenswerten Fehler vernachlässigen.

4.5.5 Überlagerung von Schallquellen

Wird der Mittelungspegel an einem Immissionsort von mehreren Quellen (z.B. Straßen, Straßenabschnitten, Spiegelschallquellen) bestimmt, so sind die Einzelpegel energetisch zu addieren. Dies geschieht entweder stufenweise nach Diagramm 4.8 oder 4.9, oder genauer nach folgender Gleichung:

(4.19) $$L_{m,ges} = 10 \lg \sum_i 10^{0,1 L_{m,i}}$$

Resultierender Mittelungspegel $L_{m,ges}$ in dB(A) aus zwei Mittelungspegeln $L_{m,1}$ und $L_{m,2}$

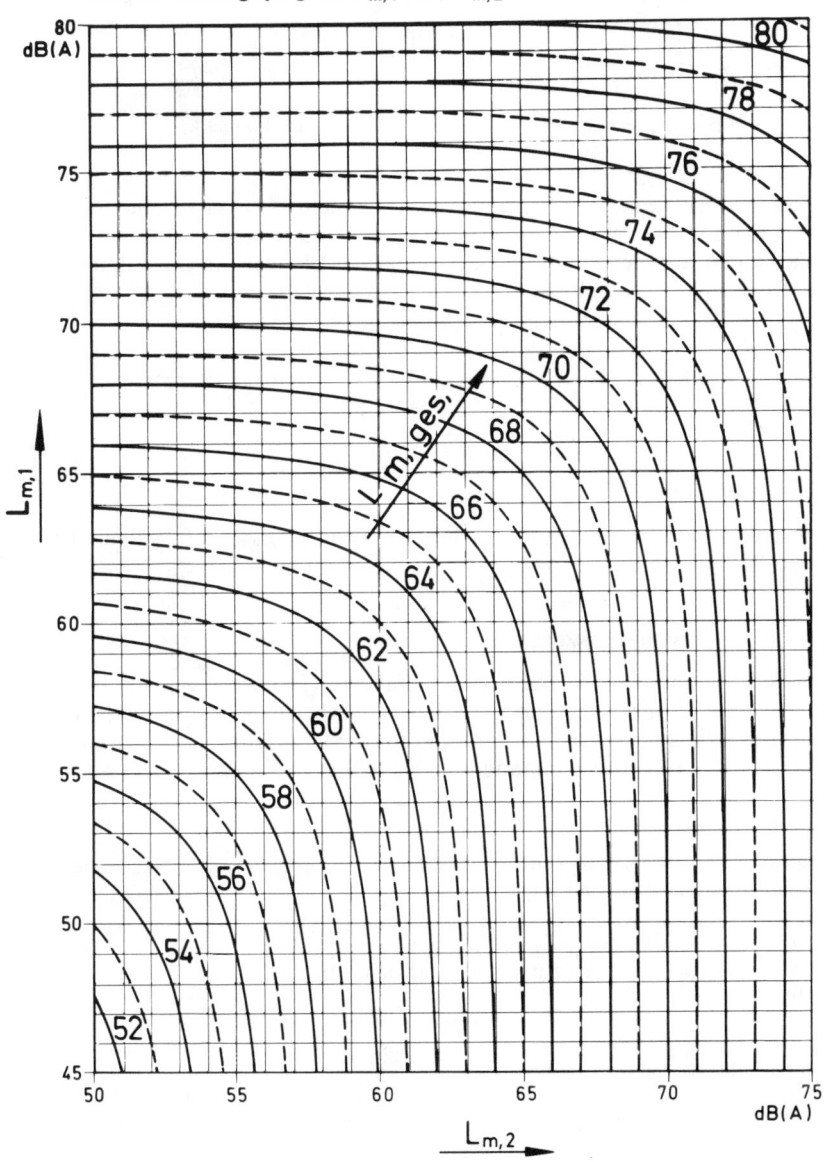

Diagramm 4.8

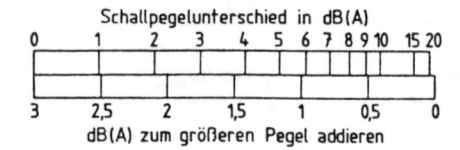

```
Schallpegelunterschied in dB(A)
0    1    2    3    4  5  6  7 8 9 10  15 20
|----|----|----|----|--|--|--|-|-|-|---|--|
3   2,5   2   1,5   1    0,5       0
dB(A) zum größeren Pegel addieren
```

Pegelerhöhung durch eine zweite Schallquelle   **Diagramm 4.9**

Um den resultierenden Mittelungspegel von mehr als zwei Schallquellen unter Verwendung der Diagramme 4.8 oder 4.9 zu bestimmen, berechnet man zunächst den resultierenden Pegel für die beiden leisesten Anteile, addiert hierzu den nächsten Teilpegel usw.

Beispiel 9:

$L_{m,1} = 60 \, dB(A)$, $L_{m,2} = 55 \, dB(A)$, $L_{m,3} = 59 \, dB(A)$

$L_{m,2} + L_{m,3} = 53 + 59 = 60 \, dB(A)$

$(L_{m,2} + L_{m,3}) + L_{m,1} = 60 + 60 = 63 \, dB(A)$

$L_{m,ges} = 63 \, dB(A)$

Bei niedrigeren Pegeln können alle Pegel im Diagramm 4.8 für die Rechnung um z. B. 10 dB(A) reduziert werden.

4.5.6 Lästigkeitszuschlag

Wirken am Immissionsort besonders auffallende Geräusche ein, ist zu den bisher berechneten Immissionen noch ein Lästigkeitszuschlag ΔL_K zu addieren. Für Straßenverkehr ist derzeit nur für die erhöhte Störwirkung einer lichtzeichengeregelten Kreuzung oder Einmündung die Höhe des Zuschlags ΔL_K definiert, s. Tabelle 4.12.

Tabelle 4.12 Zuschlag L_K in dB(A) für erhöhte Störwirkung von lichtzeichengeregelten Kreuzungen und Einmündungen

Abstand des Immissionsortes vom nächsten Schnittpunkt der Achsen zweier sich kreuzender oder zusammentreffender Fahrbahnen.	ΔL_K
0 bis 40 m	+3,0 dB(A)
über 40 bis 70 m	+2,0 dB(A)
über 70 bis 100 m	+1,0 dB(A)

Der „Kreuzungszuschlag" wird nur einmal für die nächstgelegene Kreuzung oder Einmündung berücksichtigt.

Nach Auffassung des Autors sollte ein derartiger Zuschlag auch bei stark belasteten, jedoch nicht lichtzeichengeregelten Kreuzungen und Einmündungen, bei signalisierten, regelmäßig geschalteten Fußgängerüberwegen und in der Nähe von Haltebuchten und Haltestellen von dicht befahrenen Omnibuslinien (sofern nicht ausschließlich vollgekapselte Busse eingesetzt werden) gerechtfertigt sein.

4.5.7 Beurteilungspegel

Die Summe aller auf einen Immissionsort eintreffenden Immissionen einschließlich des Zuschlages ΔL_K wird als Beurteilungspegel L_r bezeichnet.

(4.20) $\qquad L_r = L_{m,\,gesamt} + \Delta L_k$.

Er wird als Maß für die durchschnittliche Langzeitbelastung in der Beurteilungszeit benutzt. Die Beurteilungszeit ist für den Tag die Zeit von 06.00 bis 22.00 Uhr, für die Nacht die Zeit von 22.00 bis 06.00 Uhr. Der Beurteilungspegel wird mit einem Grenzwert beispielsweise nach 4.2.1.4 oder im Rahmen der Bauleitplanung mit einem Orientierungswert (s. 6.2.5) verglichen.

4.6 Graphische Darstellung von Lärmimmissionen

Die Ergebnisse einer Schallpegelberechnung liegen in der Regel in Protokollform oder in tabellarischer Zusammenstellung vor. Sie können zur besseren Veranschaulichung in Kartenform (Lärmkarte) dargestellt werden.

Die Darstellung erfolgt zweckmäßigerweise in Lageplänen im Maßstab 1:500 bis 1:5000 oder in Schnitten im Maßstab 1:50 bis 1:200. Dabei sollen angegeben werden:

– Maßstab, Nordpfeil,
– Hauptschallquellen mit Verkehrsdaten,
– Höhe, auf die sich die Pegel beziehen,
– Beurteilungszeit (Tag, Nacht),
– Ist- oder Prognosezustand.

Weitere Angaben über graphische Darstellungen sind in der DIN 18005, Teil 2 „Schallschutz im Städtebau; Richtlinie für die schalltechnische Bestandsaufnahme" (Entwurf 1976) enthalten.

Beispiele:

1. Darstellung der Mittelungspegel an einzelnen Immissionsorten, s. Darstellung 4.7.

2. Flächenmäßige Darstellung der Mittelungspegel, s. Darstellung 4.8.

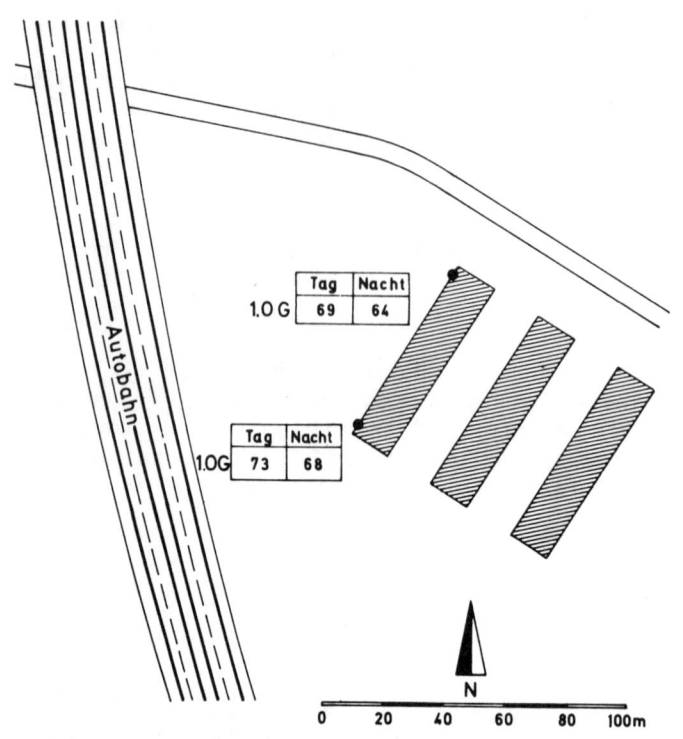

Darstellung 4.7 Lageplan der Immissionsorte mit Mittelungspegel in dB(A)

Darstellung 4.8 zeigt eine flächenmäßige Darstellung der Mittelungspegel in 4,0 m Höhe, die durch den Verkehr auf einer Autobahn mit einseitiger, reflektierender Lärmschutzwand verursacht werden. Die Flächen zwischen den Linien gleichen Schallpegels können auch farbig dargestellt werden.

3. Schnittdarstellung.

In manchen Fällen können vertikale Schnittdarstellungen zusätzliche Informationen geben. Darstellung 4.9 zeigt den Querschnitt a–a aus Darstellung 4.8.

4. EDV-Lärmkarten

Bei komplizierten baulichen Situationen empfiehlt es sich, die Immissionen auf Großrechenanlagen berechnen zu lassen.[1]

---

[1] Programme hierzu besitzen u. a. das Bayerische Landesamt für Umweltschutz, München oder der TÜV-Rheinland, Essen.

Teil 4   Straßenverkehrslärm

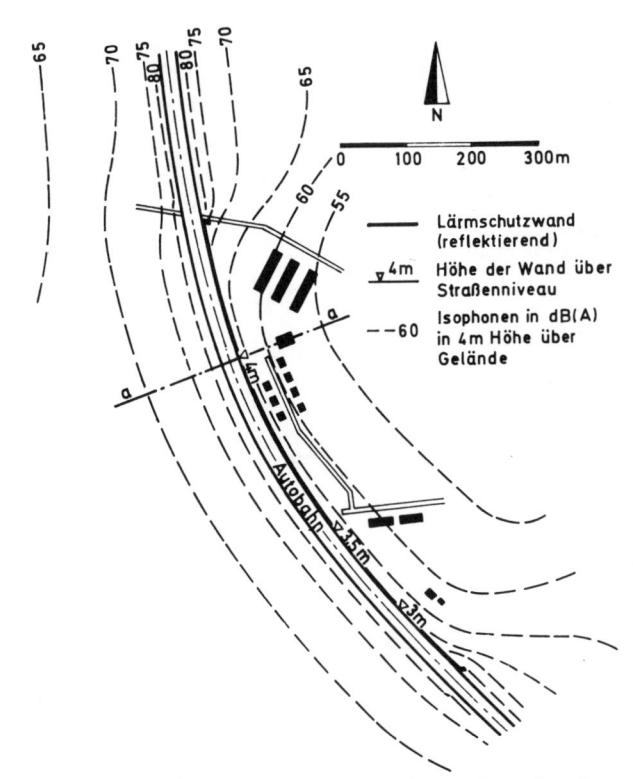

Darstellung 4.8 Darstellung der Linien gleichen Mittelungspegels (Isophonen) entlang einer 4-streifigen Autobahn mit einer einseitigen Lärmschutzwand (Tageszeit 06.00 bis 22.00 Uhr)

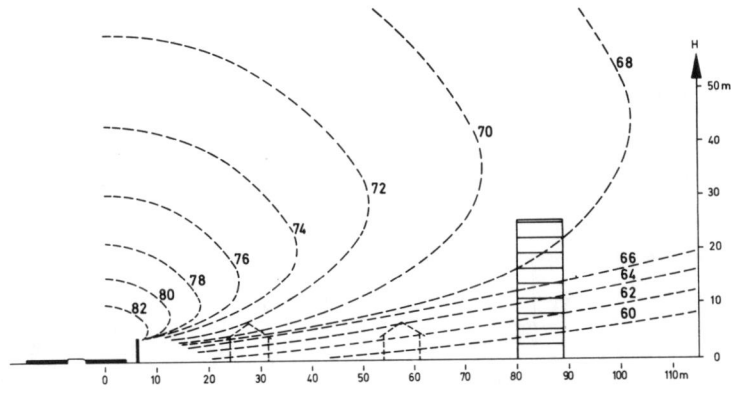

Darstellung 4.9 Schallausbreitung im Querschnitt (Schnitt a–a)

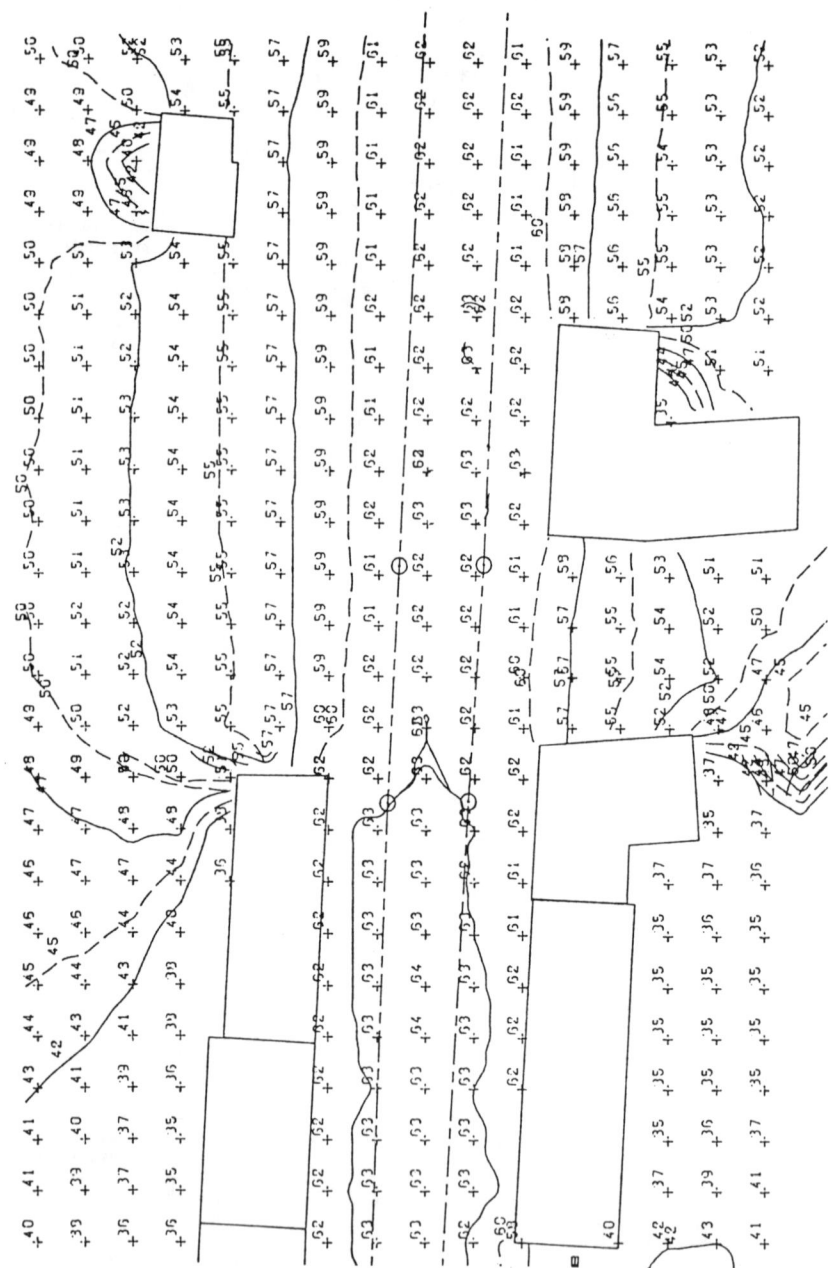

Darstellung 4.10 Ausschnitt aus einer Lärmkarte

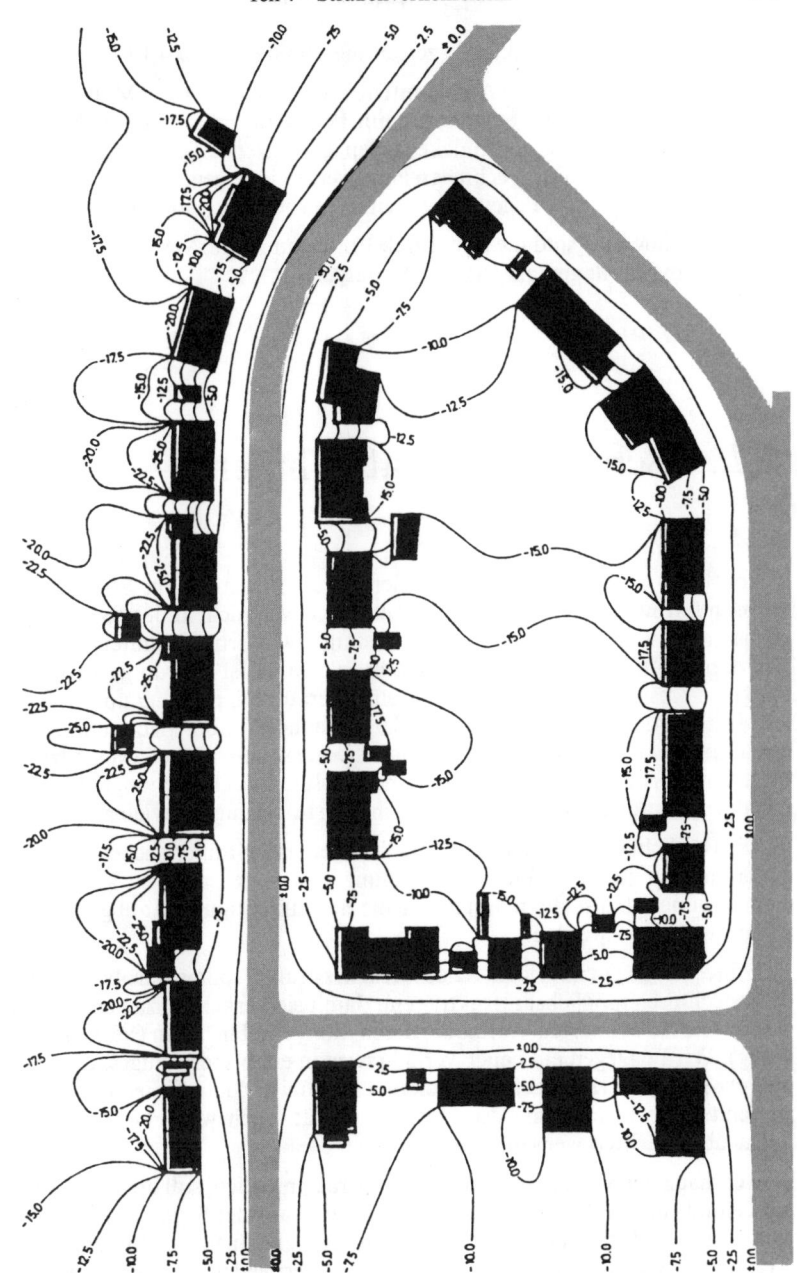

Teil 4 Straßenverkehrslärm

Darstellung 4.11 Ausschnitt aus einer Lärmkarte

Beispiele derartiger Lärmkarten zeigen die Darstellungen 4.10 und 4.11.

Darstellung 4.10 zeigt einen Ausschnitt aus einer Lärmkarte im Maßstab 1 : 500. In der Mitte verläuft ein Straßenzug mit zwei Fahrbahnen (gestrichelte Geraden). Die nicht ausgefüllten Blöcke stellen angrenzende Bebauung dar. An den Rasterpunkten sind die berechneten Pegelwerte wiedergegeben. Im Abstand von 2,5 dB(A) sind gleiche Pegel durch Linien verbunden (Isophonen).

In Darstellung 4.11 sind die sich durch Entfernung und Abschirmung ergebenden Pegelminderungen als Isophonen aufgezeigt.

4.7 Schallschutzmaßnahmen

4.7.1 Straßenplanung

Schon beim Linienentwurf und bei der Voruntersuchung zur Straßenplanung müssen Lärmschutzüberlegungen einsetzen. Soweit nicht andere Belange entgegenstehen, ist ein möglichst großer Abstand zwischen (geplanter) Straße und schutzbedürftigen Nutzungen anzustreben. Dabei ist allerdings zu beachten, daß eine Abstandsverdoppelung nur eine Geräuschminderung um ca. 4 dB(A) bewirkt (s. 4.5.2). Je größer bereits der Abstand von der Bebauung ist, desto geringer wirkt sich eine Verschiebung der Trasse aus. Durch Ausnutzung der Abschirmwirkung von natürlichen Hindernissen (Bodenerhebungen) und bestehender Bebauung lassen sich zusätzliche Verbesserungen erzielen (s. 4.5.3).

Nach Möglichkeit sind neue Schallquellen (geplante Straßen) neben vorhandene Schallquellen zu legen. Durch Bündelung von Verkehrswegen können durch gemeinsame Schallschutzmaßnahmen die Beeinträchtigungen auf geringere Flächen beschränkt werden.

Schalltechnisch gut angelegte Hauptverkehrsstraßen sollten darüber hinaus verkehrstechnisch möglichst attraktiv sein, damit sie Verkehr anziehen. Die Entlastung von benachbarten Wohnquartieren kann erheblich sein (Verkehrsberuhigung). Wird dagegen ein neuer Verkehrsweg in ein bisher ruhiges, durch Lärm unvorbelastetes Gebiet geführt, bedeutet dies für die Betroffenen u. U. eine gravierende Verschlechterung der Umweltqualität, auch wenn Grenzwerte noch nicht überschritten werden.

Soweit nach der Verkehrsbedeutung der Straße möglich, soll die Linienführung im Grund- und Aufriß so gewählt werden, daß auf der Straße ein stetiger Verkehrsfluß gewährleistet wird. Im Bereich schutzbedürftiger Nutzungen ist die Trasse so zu gestalten, daß Schaltvorgänge vermieden werden. Auch sollten Knotenpunkte möglichst höhenfrei ausgeführt werden.

4.7.2 Wände, Wälle, Kombinationen, Tunnel

Lärmschutzanlagen an der Straße müssen mindestens die Sichtverbindung vom Immissionsort zur Straße unterbrechen.[1] Lärmschutzwände werden normalerweise mit Höhen von zwei bis fünf Metern errichtet und wirken sich bis zu Entfernungen von etwa 300 m deutlich wahrnehmbar aus. Etwa ein bis drei Meter hohe Lärmschutzwände werden vorzugsweise auf Brücken und Straßen in Hochlagen verwendet [12]. Die Länge von Lärmschutzanlagen ergibt sich insbesondere aus der Größe des zu schützenden Bebauungsbereichs. Dabei ist darauf zu achten, daß Lärm nicht ungehindert von der Seite auf die Bebauung eindringt (s. 4.5.3).

Lärmschutzanlagen verursachen grundsätzlich einen Eingriff in das Landschafts- oder Städtebild. Durch Anpflanzungen und entsprechende Materialienwahl sowie durch unterschiedliche Farb- und Formgebung versucht man, die Lärmschutzwände in die jeweilige Umgebung einzupassen [13]. Folgende Grundsätze der Gestaltung sind hierbei zu beachten [14]:

– Die Eigenart des jeweiligen Landschaftsraumes ist zu berücksichtigen.
– Die Anlage soll in Harmonie mit anderen Bauwerken stehen.
– Natürliche Gestaltungselemente, wie Pflanzen, Boden, Naturstein und Holz sind bevorzugt zu verwenden.
– Lange, nicht gegliederte Anlagen wirken oft monoton und sollten unterteilt werden. Ein zu kleinräumiger Wechsel von verschiedenen Systemen und Farben ist aber zu vermeiden.
– Der Anwohner erlebt die Lärmschutzanlage als dauernden Bestandteil seines unmittelbaren Umfeldes. Insbesondere bei beengten Verhältnissen ist der zur Verfügung stehende Raum vorrangig für die Gestaltung der Anliegerseite zu verwenden.
– Das ästhetische Empfinden eines Beschauers darf nicht verletzt werden.

Lärmschutzwälle lassen sich i. a. harmonischer als Lärmschutzwände in die Landschaft einfügen. Sie erfordern jedoch einen wesentlich höheren Platzbedarf und können deshalb erhebliche Grunderwerbsschwierigkeiten und -kosten verursachen.

Platzsparender ist ein Lärmschutzwall mit aufgesetzter Lärmschutzwand. Wegen der geringeren Dimensionen der einzelnen Elemente wirkt diese Kombination bei gleicher Pegelminderung weniger störend.

Bei beengten Platzverhältnissen in Stadtgebieten kommen auch noch sog. Steilwälle in Frage, die meist aus einem Betongerüst bestehen, das mit Erde ausge-

---

[1] Eine merkliche Pegelminderung tritt erst ein, wenn das Hindernis die Sichtverbindungslinie zwischen Schallquelle und Immissionsort deutlich überragt.

füllt und anschließend begrünt wird. Diese Anlagen bedürfen in der Regel intensiver Pflege.

Bei der Planung und Ausführung von Lärmschutzeinrichtungen müssen die Grundsätze der „ZTV-Lsw 81" [15] bzw. der „ZTVE-StB 76" [16] beachtet werden. Dort sind auch noch weitergehende Vorschriften aufgeführt.

Der wirksamste Schutz wird mit einer vollständigen Überdeckung des Verkehrsweges erreicht. Tunnelstrecken oder geschlossene Abdeckungen sind jedoch erheblich kostenintensiver. Abgesehen von Problemen bei Zufahrten und Anschlußstellen verursachen Beleuchtung und Belüftung laufende Kosten.

4.7.3 Gebäude, Fenster

Innerhalb von dichtbebauten Städten erscheint es sinnvoll, die Straßenrandbebauung selbst als Lärmschutzmaßnahme einzusetzen. Bei geschickter Anwendung werden so der zusätzliche Flächenverbrauch und zusätzliche Aufwendungen für Schallschutzmaßnahmen vermieden oder verringert.

Sofern eine Wohnbebauung unter Ausnutzung ihrer Eigenabschattung selbst als Abschirmung verwendet wird, ist auf eine entsprechende Grundrißausbildung zu achten, die es erlaubt, die ruhebedürftigen Räume auf die lärmabgewandte Seite zu legen [17]. Hier lassen sich durch lange, straßenparallele Gebäude Pegelminderungen von bis zu 25 dB(A) erzielen.

Da bei bestehenden Gebäuden meist kein ausreichender „aktiver" Lärmschutz existiert, muß durch bautechnische Maßnahmen wenigstens ein zumutbarer Innenraum-Schallpegel erreicht werden. Maßgebende Innenraumpegel sind in der VDI-Richtlinie 2719 „Schalldämmung von Fenstern" angegeben.

Während die Schalldämmung gemauerter Außenwände in der Regel immer ausreichend sein wird, dringen Verkehrsgeräusche meist durch unzureichend dimensionierte Fenster ein. Bei geschlossenen, normalen Einfach- oder Isolierglasfenstern beträgt die Schallpegeldifferenz zwischen Außen- und Innenlärm i. a. 25 dB. Höhere Schalldämm-Werte bis zu 50 dB lassen sich durch Sonderkonstruktionen erreichen (Schallschutzfenster). Die tatsächliche Wirksamkeit hängt in hohem Maße von einem sorgfältigen Einbau ab.

Schallschutz durch schalldämmende Fenster sollte aus psychohygienischen Gründen nur als letzte Möglichkeit angesehen werden, weil er nur wirksam ist, solange die Fenster geschlossen bleiben. Deshalb ist auch auf ausreichende Lüftungsmöglichkeiten zu achten, ggf. ist ein zusätzlicher Einbau schallgedämmter Lüftungseinrichtungen notwendig.

Näheres hierzu siehe in Teil 6.

4.7.4 Bewuchs

Durch Bäume und Sträucher im Schallausbreitungsweg wird Schallenergie gestreut und teilweise absorbiert. Die tatsächliche Schallpegelminderung wird wegen der Verringerung der Lästigkeit meist überschätzt. Eine einzelne Baumreihe oder Hecke ist schalltechnisch praktisch wirkungslos, hat aber erfahrungsgemäß positive Wirkungen auf das subjektive Wohlbefinden des Menschen. Der Straßenverkehrslärm wirkt weniger „aggressiv".

Durch Schutzpflanzungen lassen sich nur mit größeren Bepflanzungstiefen wirksame Pegelminderungen erzielen, siehe 4.5.3.2. Beachtet werden muß hierbei, daß die pegelmindernde Wirkung keine konstante Größe ist, da sich Gehölze im Laufe der Jahre sowie auch innerhalb eines Jahres verändern. Problematisch erscheint außerdem, daß die Schutzfunktion einer Neupflanzung in der Regel erst nach vielen Jahren erreicht wird. Beim Neubau einer Straße muß die geforderte Pegelminderung aber sofort wirksam sein. Es kann auch nicht sichergestellt werden, daß eine Anpflanzung nicht wieder beseitigt wird. Dies ist insbesondere bei Prognoseangaben zu beachten. Eine Schutzpflanzung müßte als „Lärmschutzwald" rechtsverbindlich ausgewiesen werden.

Positiv anzumerken ist jedoch, daß durch Bepflanzungen an der Straße auch Stäube und Abgase gemindert werden; außerdem haben Bepflanzungen günstige Wirkungen auf den Naturhaushalt und das Landschaftsbild [14].

4.8 Maßnahmen zur Verminderung der Schallemissionen

Der Verminderung von Schallemissionen ist bei der Lärmbekämpfung grundsätzlich der Vorrang einzuräumen, da hierdurch die Problematik sekundärer Schutzmaßnahmen – wie unter 4.7 aufgeführt – deutlich geringer wird bzw. entfällt.

4.8.1 Fahrzeug

Die Schallemission von Kraftfahrzeugen kann durch umweltgerechte Fahrweise und durch geräuscharme Konstruktion verringert werden.

Bei Stadtgeschwindigkeiten dominiert sowohl beim Pkw als auch beim Lkw das Motorengeräusch. Hier lassen sich Lärmminderungen durch Verbesserung des Abgasschalldämpfers und des Ansauggeräuschsystems, durch Einbau abschaltbarer Ventilatoren, schallabsorbierender Auskleidung des Motorraums und automatischer Getriebe erreichen. Insbesondere trägt jedoch eine Kapselung von Motor und Getriebe zur Lärmminderung bei.

Es ist heute technisch möglich, die Lärmemissionen von Personenkraftwagen bis zu 8 dB(A), von Lastkraftwagen bis zu 15 dB(A) und von Bussen bis zu 10 dB(A) zu senken. Lkw können sogar leiser als Pkw sein.[1]

Dieselmotoren sind insbesondere im Leerlaufbetrieb lauter und unangenehmer im Klangbild als Ottomotoren. Hier sind in den letzten Jahren mehrere gekapselte Versionen von Diesel-Pkw und Diesel-Lkw in Serie gegangen.

Das Angebot von lärmarmen Fahrzeugen wird bei jedem Modellwechsel größer. Bedauerlicherweise wird jedoch immer noch als Kriterium für ein „leises" Fahrzeug ausschließlich der Innenpegel eines Fahrzeugs angegeben.

Die erwähnten Maßnahmen für den Bau lärmarmer Fahrzeuge verursachen höhere Herstellungskosten. Die „leisen" Fahrzeuge sind daher (noch) teurer als die „lauten". Die meisten Käufer von Kraftfahrzeugen sind derzeit aber kaum bereit, bei der Wahl des Typs Mehraufwendungen für eine lärmarme Version aufzubringen. Zum Ausgleich des höheren Anschaffungspreises für ein lärmarmes Fahrzeug müssen daher Kaufanreize in Form von Benutzungsvorteilen geschaffen werden. Hiermit lassen sich die bewährten Mechanismen der Marktwirtschaft der Lärmminderung dienstbar machen [18]. Denkbar ist beispielsweise, in Ruhegebieten laute Kraftfahrzeuge auszusperren, während der Betreiber eines lärmarmen Kfz sein Fahrzeug in diesem Bereich unbeschränkt nutzen kann. Die Stadt Bad Reichenhall erprobt derzeit Modelle von Benutzungsvorteilen: bereits bestehende Sperrzonen und -zeiten für Lkw wurden so verändert, daß besonders lärmarme Lkw Ausnahmegenehmigungen erhalten. Ähnliche Pläne gibt es für lärmarme Diesel-Taxis und Krafträder.

Besonders lästig wird von der Bevölkerung der Lärm hochtourig betriebener Kleinkrafträder empfunden. Im Mittel sind zwei Motorräder so laut wie ein Schwerlastwagen [19]. Bislang war zwar der Hubraum, nicht aber die Höchstgeschwindigkeit oder die Motordrehzahl begrenzt. Das hat dazu beigetragen, daß Kleinkrafträder vom Hersteller auf hochtourigen Betrieb ausgelegt wurden und vom – meist jugendlichen – Betreiber auch im Alltag hochtourig gefahren werden. Aufgrund von Änderungen der Straßenverkehrszulassungsordnung werden seit 1981 lärmarmere Kleinkrafträder mit höherem Hubraum von 80 cm^3 (Leichtkraftrad) und begrenzter Höchstgeschwindigkeit auf dem Markt angeboten. Seit 01.01.1984 werden die Kleinkrafträder älterer Bauweise nicht mehr zugelassen. Bei den heutigen Serienfahrzeugen werden aber immer noch nicht alle technischen Möglichkeiten zur Lärmminderung ausgeschöpft.

Durch einen sog. „Antimanipulationskatalog (AMK)", in dem Bauvorschriften angegeben und austauschbare Teile (z. B. Ansauggeräuschdämpfer, Zylinder-

---

[1] Bereits im Jahre 1982 wurde ein Stadt-Lkw von 7,5 t und 96 kW (130 PS) Leistung mit einem Geräuschwert von 74 dB(A) entwickelt. Dieser damals „Leiseste Diesel-Lkw der Welt" ist erheblich geräuscharmer als ein derzeitiger Serien-Pkw.

köpfe, Auspuffanlage) gekennzeichnet werden, sind aber die Möglichkeiten zur lärmsteigernden Manipulation eingeschränkt worden [20], siehe auch 4.2.2.2.

4.8.2 Reifen – Fahrbahn

Durch den Abrollvorgang des Reifens auf der Fahrbahn entsteht ein Geräusch, das stark von der Geschwindigkeit abhängt. Bei Lkw wird das Rollgeräusch – vernünftige Gangwahl vorausgesetzt – ab 80 km/h, bei Pkw schon ab 60 km/h zum bestimmenden Faktor der Gesamtemission. Bei Verdoppelung der Fahrgeschwindigkeit erhöht sich das Reifen- oder Rollgeräusch um 10 dB(A).

Für die Höhe des Geräusches sind der Aufbau, das Profil und die Abmessungen des Reifens wie auch die Oberflächenstruktur der Fahrbahn von Bedeutung. Forschungsvorhaben haben zum Ziel, eine Reifen-Fahrbahn-Kombination zu finden, die um etwa 10 dB(A) leiser ist als heute üblich [25].

4.8.3 Verkehrsregelnde und -lenkende Maßnahmen, Verkehrsberuhigung

Durch bauliche Maßnahmen oder Beschilderungen zur Einschränkungen des Verkehrs lassen sich Störwirkungen von Straßenverkehrslärm mindern. Meist werden die subjektiv wahrgenommenen Veränderungen höher eingeschätzt als die nach Berechnungen ermittelten Werte erwarten lassen.

Folgende rechnerische Minderungen können erzielt werden:

– Lkw-Fahrverbot:

Tabelle 4.13 Minderung des Mittelungspegels an einer innerstädtischen Straße durch ein Verkehrsverbot für Lkw

Rückgang des Lkw-Anteils um	Minderung des L_m bei ursprünglichen Lkw-Anteilen von				
	5%	10%	20%	30%	50%
100%	3,5 dB(A)	5,0 dB(A)	8,0 dB(A)	10,0 dB(A)	15,5 dB(A)
75%	2,0 dB(A)	3,0 dB(A)	4,5 dB(A)	5,0 dB(A)	5,5 dB(A)

– Abschalten von Lichtsignalanlagen, „Grüne Welle": bis zu 3 dB(A)

Halte- und Anfahrvorgänge schlagen sich im Mittelungspegel nicht deutlich nieder, können jedoch insbesondere bei hohem Lkw-Anteil und während der Nachtzeit sehr lästig sein.

Starke Verkehrsströme sollten durch „Grüne Wellen" so gesteuert werden, daß der Verkehr flüssig bleibt, aber Exzessivgeschwindigkeiten vermieden werden. Zähflüssiger Verkehr, der zu geringen Fahrgeschwindigkeiten führt, erzeugt weniger Lärm als schneller Verkehr.

- Geschwindigkeitsbeschränkungen:

Tabelle 4.14 Minderung des Mittelungspegels für verschiedene Fälle von Geschwindigkeitsbeschränkungen

Reduzierung der Pkw/Lkw-Geschwindigkeiten km/h)		Rückgang des Mittelungspegels[3] (dB(A)) bei Lkw-Anteilen von			
von	auf	0%	10%	20%	30%
130/80	80/80	5,5	3,0	2,0	1,0
100/80	70/70	4,0	2,0	1,5	1,0
100/80	50/50	6,5	4,0	3,5	3,0
70/70	50/50	2,5	2,0	2,0	2,0

[3] Rundung auf 0,5 dB(A) Genauigkeit

Verkehrslenkende Maßnahmen können die Lärmbelastung der Bevölkerung verringern, indem der Verkehr von Wohn- und Erholungsgebieten in weniger empfindliche Bereiche, wie z.B. Gewerbe- und Industriegebiete, verlegt wird. Die zu schützenden Gebiete können für den Durchgangsverkehr oder bestimmte Fahrzeugarten (z.B. Lkw) gesperrt oder durch Verkehrsberuhigungsmaßnahmen entlastet werden, siehe auch 4.2.3.

Das Konzept der Verkehrsberuhigung stellt eine wirkungsvolle Maßnahme zur Wiedergewinnung der innerstädtischen Wohnumfeldqualität dar. Hierdurch soll ebenfalls der Durchgangsverkehr unterbunden und der unvermeidbare Anliegerverkehr verlangsamt werden. Es hat sich gezeigt, daß durch die niedrigeren Fahrgeschwindigkeiten in den verkehrsberuhigten Bereichen niedrigere Geräuschpegel erreicht werden [21]. Durch das geeignete Zusammenwirken verschiedener akustischer Effekte (niedrigere Vorbeifahrgeräusche, seltenere Ereignishäufigkeit, also längere Ruhezeiten) mit psychologischen Effekten (andere Einstellung der Lärmquelle gegenüber, Gefühl „man hat etwas für uns getan") ergeben sich außerordentlich gute Erfolgsmöglichkeiten im Hinblick auf die Verringerung der Lärmbelästigung [22]. Bei der Planung muß jedoch unbedingt darauf geachtet werden, daß durch Verdrängungs- und Verlagerungseffekte nicht andere Bürger belastet werden.

Über die Verringerung der Straßenverkehrslärmbelästigung hinaus können mit Hilfe der Verkehrsberuhigung auch weitere Ziele erreicht werden, s. hierzu Darstellung 4.12 [23]. Hervorgehoben werden sollen u.a. die Erhöhung der Flächenanteile für Fußgänger, die gemeinsame Nutzung der Straßenflächen von allen Verkehrsteilnehmern und die bewußte Gestaltung des Straßenraumes als selbstverständlicher Bestandteil des Straßenentwurfs [24].

Ziele der Verkehrsberuhigung

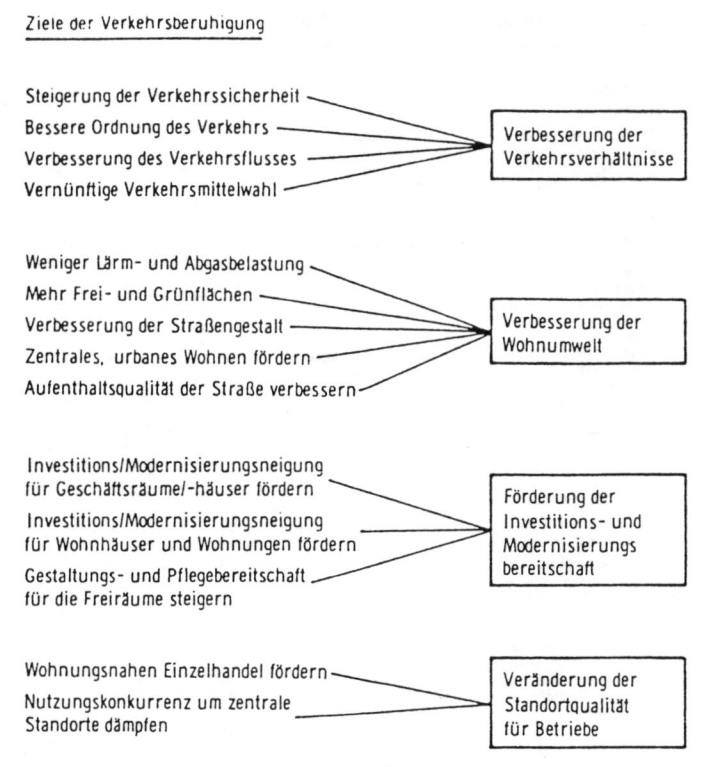

- Steigerung der Verkehrssicherheit
- Bessere Ordnung des Verkehrs
- Verbesserung des Verkehrsflusses
- Vernünftige Verkehrsmittelwahl

→ Verbesserung der Verkehrsverhältnisse

- Weniger Lärm- und Abgasbelastung
- Mehr Frei- und Grünflächen
- Verbesserung der Straßengestalt
- Zentrales, urbanes Wohnen fördern
- Aufenthaltsqualität der Straße verbessern

→ Verbesserung der Wohnumwelt

- Investitions/Modernisierungsneigung für Geschäftsräume/-häuser fördern
- Investitions/Modernisierungsneigung für Wohnhäuser und Wohnungen fördern
- Gestaltungs- und Pflegebereitschaft für die Freiräume steigern

→ Förderung der Investitions- und Modernisierungsbereitschaft

- Wohnungsnahen Einzelhandel fördern
- Nutzungskonkurrenz um zentrale Standorte dämpfen

→ Veränderung der Standortqualität für Betriebe

Darstellung 4.12 Ziele der Verkehrsberuhigung

4.8.4 Fahrstil

Der persönliche Fahrstil hat einen großen Einfluß auf die Geräuschemission. Für die Geräuschentwicklung ist entscheidend, wieweit der Motor in den einzelnen Gängen hochgedreht wird. Die lärmarme Fahrweise verlangt ein gleichmäßiges und vorausschauendes Fahren mit möglichst niedrigen Drehzahlen und damit frühes Schalten in den höheren Gang. Drehzahlen über 2500 min^{-1} sind bei den heutigen Motoren im Stadtverkehr nicht mehr erforderlich, die Motorleistung ist selbst bei niedrigsten Drehzahlen in der Regel groß genug. Eine Drehzahlreduzierung um 20 % mindert die Antriebsgeräusche um 4 dB(A). Mit einer umweltfreundlichen Fahrweise lassen sich gegenüber einem wilden, „sportlichen" Fahrstil Pegelminderungen von 10 dB(A) und mehr gewinnen, die Belästigungen gehen deutlich zurück. Dies gilt ebenso für Krafträder und Lkw. Die Anforderungen an die lärmarme Fahrweise sind identisch mit den Anforderungen an eine verbrauchssenkende Fahrweise [19].

Anhang: Richtlinien für den Verkehrslärmschutz an Bundesfernstraßen in der Baulast des Bundes

I. Lärmvorsorge

1. Grundsatz

(1) Die zulässige bauliche Nutzung von Grundstücken ist beim Bau oder der wesentlichen Änderung von Bundesfernstraßen so zu schützen, daß erheblich belästigende, billigerweise unzumutbare Lärmeinwirkungen durch den Verkehrslärm von diesen Straßen vermieden werden (Lärmvorsorge).

(2) Der nach Absatz 1 notwendige Lärmschutz ist zu erreichen durch
- eine den Lärm berücksichtigende Planung, und zwar bereits bei Auswahl der Trasse für die Linienbestimmung, § 50 BImSchG, § 16 Abs. 1 FStrG (Lärmschutz durch Planung)
- Schutzmaßnahmen an der Straße, z.B. Wände oder Wälle, die möglichst in unmittelbarem Zusammenhang mit dem Bau oder der wesentlichen Änderung der Straße zu treffen sind (sog. aktiver Lärmschutz)
- Schutzmaßnahmen an schutzbedürftigen baulichen Anlagen, z.B. Lärmschutzfenster (sog. passiver Lärmschutz); sie kommen in Betracht, wenn überwiegende öffentliche oder private Belange Lärmschutzmaßnahmen an der Straße entgegenstehen oder diese nicht durchführbar sind, insbesondere wenn die Kosten der Maßnahmen an der Straße unverhältnismäßig hoch sind.

2. Wesentliche Änderung

(1) Wesentlich ist die Änderung einer Straße, wenn
- durch den baulichen Eingriff der vor dem baulichen Eingriff vorhandene Mittelungspegel um 3 dB(A) erhöht wird,
- an eine bestehende Bundesautobahn ein oder mehrere durchgehende Fahrstreifen angefügt werden (z.B. 6-streifiger Ausbau),
- an eine bestehende einbahnige Bundesstraße eine zweite Richtungsfahrbahn angebaut wird

und der Lärm einen Immissionsgrenzwert nach Nr. 3 übersteigt.

(2) Eine wesentliche Änderung liegt immer vor, wenn der Verkehrslärm nach Fertigstellung der Baumaßnahme 70 dB(A) am Tage oder 60 dB(A) in der Nacht übersteigt. Dies gilt nicht in Gewerbegebieten.

3. Erheblich belästigende, billigerweise unzumutbare Beeinträchtigungen

Der Verkehrslärm, der von der Straße ausgeht, stellt eine erheblich belästigende, billigerweise unzumutbare Beeinträchtigung im Folge von Schutzmaßnahmen dar, wenn der nach Abschnitt 4.0 der Richtlinien für den Lärmschutz an Straßen (RLS-81) berechnete Mittelungspegel einen der folgenden Immissionsgrenzwerte übersteigt:

	Tag	Nacht
1. an Krankenhäusern, Schulen, Kurheimen und Altenheimen	60 Dezibel (A)	50 Dezibel (A)
2. in reinen und allgemeinen Wohngebieten und Kleinsiedlungsgebieten	62 Dezibel (A)	52 Dezibel (A)
3. in Kerngebieten, Dorfgebieten und Mischgebieten	67 Dezibel (A)	57 Dezibel (A)
4. in Gewerbegebieten	72 Dezibel (A)	62 Dezibel (A)

4. Bestimmung der Gebiete und der Schutzbedürftigkeit

(1) Die Art des Gebietes ergibt sich grundsätzlich aus den Festsetzungen in den Bebauungsplänen aufgrund des Bundesbaugesetzes.

(2) Besondere Wohngebiete, Sondergebiete, sonstige Flächen und Gebiete, für die keine Festsetzungen bestehen, sind entsprechend ihrer sich aus der Eigenart des Gebietes oder der Fläche ergebenden Schutzbedürftigkeit zu beurteilen. Bei Prüfung der Schutzbedürftigkeit von baulichen Anlagen im Außenbereich ist zu berücksichtigen, daß der Außenbereich dazu bestimmt ist, emissionsintensive Anlagen wie insbesondere auch Straßen aufzunehmen und daher dort der Schutz der Wohnfunktion geringer anzusetzen ist als im Innenbereich.

5. Lärmvorsorge an baulichen Anlagen

(1) Unterbleiben Lärmschutzmaßnahmen an der Straße oder kann durch sie die Einhaltung der Immissionsgrenzwerte nach Nr. 3 nicht sichergestellt werden, so hat der Träger der Straßenbaulast dem betroffenen Eigentümer seine Aufwendungen für notwendige Lärmschutzmaßnahmen für Räume, die zum nicht nur vorübergehenden Aufenthalt von Menschen bestimmt sind, zu erstatten.

(2) Zur Festlegung, ob und welche Schutzmaßnahmen an baulichen Anlagen notwendig sind, ist das vorhandene und das erforderliche Schalldämm-Maß der Umfassungsbauteile festzustellen. Diese Feststellungen können vorläufig nach den Richtlinien für bauliche Maßnahmen zum Schutz gegen Außenlärm, Fassung September 1975, Ergänzende Bestimmungen zu DIN 4109 „Schallschutz im Hochbau" Teil 1 bis 4 Ausgabe September 1962 und Teil 5 Ausgabe April 1963 - insbesondere Tabellen 2 und 5 a - getroffen werden, wobei die in Tabelle 2 aufgeführten bewerteten Schalldämm-Maße als Obergrenze anzusehen sind. Der Umfang der Lärmschutzmaßnahmen richtet sich nach der notwendigen Erhöhung des vorhandenen bewerteten Schalldämm-Maßes der Umfassungsbauteile der zu schützenden Räume. Zu den notwendigen Maßnahmen sind auch Lüftungseinrichtungen für Schlafräume zu rechnen.

(3) Trifft der Eigentümer andere geeignete Maßnahmen als nach Absatz 2, z.B. Errichtung lärmschützender Anbauten oder Einfriedungen, Verlegung besonders schutzbedürftiger Nutzungen innerhalb der baulichen Anlage zu weniger vom Lärm beeinträchtigten Teilen der Anlage, so sind diese bis zur Höhe der Aufwendungen, die für sie nach Absatz 2 ermittelten Maßnahmen erforderlich geworden wären, zu erstatten.

(4) Der betroffene Eigentümer soll den Antrag auf Erstattung vor Durchführung der Lärmschutzmaßnahmen bei der zuständigen Straßenbaubehörde stellen. Die Erstattung kann ab Beginn der Straßenbauarbeiten verlangt werden.

(5) Die notwendigen Aufwendungen werden nach Abschluß der Lärmschutzmaßnahmen erstattet. Hierfür ist die Vorlage der Rechnungen erforderlich. Diese sind von der zuständigen Behörde zu prüfen. Für nachgewiesene Teilleistungen können Abschlagszahlungen geleistet werden.

6. Zurückstellung und Ausschluß des Lärmschutzes

(1) Lärmschutzmaßnahmen können, solange die zulässige bauliche Nutzung von Grundstücken noch nicht verwirklicht ist, zurückgestellt werden.

(2) Wird die Nutzung einer baulichen Anlage überwiegend nur am Tage (z.B. Schulen, Büros) oder in der Nacht (z.B. Beherbergungsbetriebe) ausgeübt, so ist nur der Immissionsgrenzwert für diesen Zeitraum anzuwerben.

(3) Lärmvorsorge ist nicht erforderlich, wenn die Einwirkungen wegen der besonderen ausgeübten Nutzung eines Grundstücks oder einer baulichen Anlage entweder ständig oder am Tage oder in der Nacht zuzumuten sind, es sei denn, daß nach bauplanungsrechtlichen Vorschriften eine andere schutzbedürftige Nutzung zulässig ist.

(4) Das gleiche gilt bei
1. baulichen Anlagen, die zum baldigen Abbruch bestimmt sind; die Lärmvorsorge für einen zulässigen Ersatzbau bleibt unberührt.
2. zulässigen baulichen Nutzungen aufgrund eines Bebau-

ungsplanes, der bei Auslegung der Pläne im Planfeststellungsverfahren noch nicht genehmigt war,

3. baulichen Anlagen im Außenbereich, die bei Auslegung der Pläne im Planfeststellungsverfahren noch nicht genehmigt waren.

Sofern die Straße durch einen Bebauungsplan festgesetzt wird, ist der maßgebende Zeitpunkt nach Satz 1 Nr. 2 oder 3 die Beendigung der Auslegung des Bebauungsplanes nach § 2a Abs. 6 Bundesbaugesetz.

7. Zusammentreffen mehrerer Straßenverkehrslärmquellen

(1) Werden mehrere selbständige Straßenbauvorhaben in zeitlichem und räumlichem Zusammenhang geplant oder ausgeführt, und treffen die davon ausgehenden Beeinträchtigungen durch Verkehrslärm zusammen, so tragen die Baulastträger die Kosten des Lärmschutzes zu gleichen Teilen, wenn der Mittelungspegel jeder der beteiligten Straßen einen Immissionsgrenzwert nach Nr. 3 überschreitet. Das gleiche gilt, wenn ein Immissionsgrenzwert durch das Zusammentreffen von jeweils unter dem Immissionsgrenzwert liegenden Mittelungspegeln der beteiligten Straßen überschritten wird.

(2) Treffen Beeinträchtigungen durch Verkehrslärm von mehreren neuen oder wesentlich geänderten Straßen mit unterschiedlichen Mittelungspegeln zusammen und überschreitet der Mittelungspegel einer Straße einen Immissionsgrenzwert nicht, so trägt der Baulastträger dieser Straße Kosten des Lärmschutzes nur insoweit, als sie durch Lärmschutzmaßnahmen entstehen, die wegen seiner Straße zusätzlich erforderlich werden.

8. Entscheidung über Lärmvorsorge

(1) Über Lärmschutzmaßnahmen an der Straße ist im Planfeststellungsbeschluß oder, wenn die Straße in einem Bebauungsplan festgesetzt wird, im Bebauungsplan zu entscheiden. Sollen Lärmschutzmaßnahmen an der Straße wegen entgegenstehender überwiegender öffentlicher oder privater Belange unterbleiben, so ist dies, wenn ein Planfeststellungsverfahren durchgeführt wird, im Planfeststellungsbeschluß festzustellen.

(2) Lärmvorsorge kann in allen Fällen getroffen werden, in denen die neugebaute oder wesentlich geänderte Straße nach dem 1. April 1974 dem Verkehr übergeben worden ist.

II. Lärmsanierung

9. Grundsatz

Lärmschutz an bestehenden Straßen (Lärmsanierung) besteht in Maßnahmen an der baulichen Anlage oder in Maßnahmen an der Straße, wenn sie keine unverhältnismäßig hohen Aufwendungen erfordern oder ihnen sonstige überwiegende öffentliche oder private Belange nicht entgegenstehen.

10. Grenzwerte[1]

(1) Maßnahmen der Lärmsanierung kommen nach der Regelung im Bundeshaushalt in Betracht, wenn der Verkehrslärm an einer baulichen Anlage einen Mittelungspegel von 75 dB(A) am Tage oder von 65 dB(A) in der Nacht überschreitet.

(2) Der Mittelungspegel wird nach Abschnitt 4.0 der RLS-81 berechnet.

11. Schutzbedürftige bauliche Nutzung

In baulichen Anlagen werden Räume geschützt, die ganz oder überwiegend zum Wohnen, Unterrichten, zur Kranken- oder Altenpflege oder zu ähnlichen, in gleichem Maße schutzbedürftigen Nutzungen (z.B. von Räumen in Kur- oder Kinderheimen) bestimmt sind. Gewerblich genutzte Räume (einschließlich Aufenthaltsräume in Übernachtungs- und Beherbergungsbetrieben) bleiben bei der Lärmsanierung außer Betracht.

12. Ausschluß des Lärmschutzes

Hierzu wird auf Nr. 6 Abs. 1 und 3 sowie Abs. 4 Nr. 1 verwiesen. Ist die Beeinträchtigung durch Straßenverkehrslärm auf ein dem Eigentümer einer baulichen Anlage zurechenbares Verhalten zurückzuführen (z.B. bei Errichtung einer baulichen Anlage an einer Bundesfernstraße und Vorhersehbarkeit starker Verkehrslärmeinwirkungen), so ist dies bei der Entscheidung über die Lärmsanierung angemessen zu berücksichtigen.

13. Art und Umfang der Schutzmaßnahmen an baulichen Anlagen

(1) Der Träger der Straßenbaulast erstattet dem Eigentümer der zu schützenden baulichen Anlage 75 v.H. seiner Aufwendungen für notwendige Maßnahmen zum Schutz der in Nr. 11 genannten Räume.

(2) Trifft der Eigentümer andere geeignete Maßnahmen als nach Absatz 1, z.B. Errichtung lärmschützender Anbauten oder Einfriedungen, Verlegung besonders schutzbedürftiger Nutzungen innerhalb der baulichen Anlage zu weniger vom Lärm beeinträchtigten Teilen der Anlage, so sind 75 v.H. der Kosten für die Aufwendungen zu erstatten, die bei Durchführung von Maßnahmen nach Absatz 1 entstanden wären.

(3) Im übrigen sind die Absätze, 2, 4 und 5 der Nr. 5 entsprechend anzuwenden.

14. Zeitliche Abwicklung

Die Lärmsanierung soll nach Dringlichkeit im Rahmen der im Bundeshaushalt bereitgestellten Mittel durchgeführt werden. Die Dringlichkeit wird nach dem Grad der Betroffenheit beurteilt, insbesondere nach der Stärke der Lärmbelastung der schutzbedürftigen Nutzung, der Anzahl der Betroffenen und der Art des Gebietes. Im Zusammenhang mit Straßenbaumaßnahmen, die keine wesentliche Änderung i.S.v. Nr. 2 sind, soll die Lärmsanierung vorgezogen werden.

(VkBl 1983 S. 306)

---

[1] Die Bundesregierung hat die Grenzwerte herabgesetzt. Seit 01.01.86 gelten für Wohngebiete 70 dB(A) tags und 60 dB(A) nachts, für Kern-, Dorf- und Mischgebiete 72 dB(A) tags und 62 dB(A) nachts und für Gewerbegebiete 75 dB(A) tags und 65 dB(A) nachts.

Literaturverzeichnis

[1] ADAC: Verkehr und Unfälle, Heft 1 und 9 (1985)
[2] Brilon, W., Thiel, R.: Pauschale Prognose der Fahrleistungen auf den Straßen der Bundesrepublik Deutschland. Internationales Verkehrswesen 36 (1984) 6. Heft, S. 400
[3] Bundesminister des Innern·Umweltbundesamt: Was Sie schon immer über Auto und Umwelt wissen wollten (Verlag W. Kohlhammer)
[4] Prof. Dr. von Eiff (Medizinische Universitätsklinik Bonn) et al: ,,Bonner Verkehrslärmstudie", Umweltbundesamt (UBA) – Forschungsbericht Nr. 81–10501303
[5] BayVGH: Urteil vom 02.08.1979, Nr. 72, 83, 84 VIII 78; BayVBl 1979 S. 699
[6] Bundesministerium für Verkehr: Richtlinien für den Lärmschutz an Straßen – Ausgabe 1981 – RLS-81, eingeführt mit Schreiben des BMV vom 20.07.1981, Nr. StB 26/14.86.22/26008 Va 81
[7] BVerwG: Entscheidung vom 26.06.1984, Nr. 4 CB 29. 84
[8] BayVGH: Entscheidung vom 24.07.1984, Nr. 8 B 83 A. 403 und 589
[9] Klippel, P.: Normen und Richtlinien zur Berechnung von Verkehrslärmimmissionen. Expert-Verlag, Band 135: Straßenverkehrslärm-Immissionsermittlung und Planung von Schallschutz; ISBN 3-88508-993-9
[10] Bundesminister für Verkehr: Testaufgaben zur Überprüfung von Rechenprogrammen nach den Richtlinien für den Lärmschutz an Straßen (TEST-85). Eingeführt mit Allg. Rundschreiben Straßenbau Nr. 18/1985 vom 22.11.1985; StB 25/14.86.22/36 Va 85.
[11] Bundesminister für Verkehr: Richtlinien für die Anlage von Straßen, Teil: Querschnitte, Anhang Nachweis der Verkehrsqualität, RAS-Q, Ausgabe 1982 (eingeführt mit Allg. Rundschreiben Straßenbau Nr. 27/1982 vom 05.10.1982, StB 13 (38.50.05–13/13153 Va 82); veröffentlicht in Heft 295, Okt. 82, der Forschungsgesellschaft für Straßen- und Verkehrswesen
[12] Bundesminister für Verkehr: Richtzeichnungen für Lärmschirme; Allgemeines Rundschreiben Straßenbau Nr. 7/1979 vom 15.06.1969, VkBl Heft 13, 1979 S. 407, und Allgemeines Rundschreiben Straßenbau Nr. 30/1980 vom 07.01. 1981, VkBl Heft 3, 1981 S. 65.
[13] Lärmschutz an Straßen; Lärmschutzeinrichtungen als Gestaltungsmittel. Deutscher Arbeitsring für Lärmbekämpfung e.V. – DAL
[14] Kühne, R.: Hinweise für die Gestaltung von Lärmschutzwänden und -wällen. Expert-Verlag Band 135, Straßenverkehrslärm – Immissionsermittlung und Planung von Schallschutz, ISBN 3-88508-993-9
[15] Bundesminister für Verkehr: Zusätzliche Technische Vorschriften und Richtlinien für die Ausführung von Lärmschutzwänden an Straßen – ZTV-Lsw 81 – Ausgabe 1981, – Berichtigte und ergänzte Fassung 1984 –. Allgemeines Rundschreiben Straßenbau Nr. 21/1981 sowie Nr. 19/1984; VkBl Heft 8, 1982 S. 152
[16] Bundesminister für Verkehr: Bau von Lärmschutzwällen; Ergänzung zur ZTVE-StB 76/78 Allg. Rundschreiben Straßenbau Nr. 9/1978; StB 26/38.56.05–01/26032 Va 78.
[17] Sonntag, H.: Verkehrslärmschutz durch Gebäudeplanung. Expert-Verlag (s. [9])
[18] Dr. Vogel A.-O.: Marktwirtschaftliche Wege zur Lärmbekämpfung. Zeitschrift für Lärmbekämpfung 29 (1982), S. 188–190
[19] ADAC: Leise fahren, Kraftstoff sparen; Grundlagen lärmarmer, energiesparender Fahrweisen (ADAC Zentrale, Abteilung Straßenverkehr)

[20] Bundesminister für Verkehr: § 30a der StVZO: Richtlinien für Leichtkrafträder, Kleinkrafträder und Fahrräder mit Hilfsmotor hinsichtlich der Maßnahmen zur Einhaltung der zulässigen Höchstgeschwindigkeit. Schreiben des BMV vom 21.01.1983, Nr. StV 13/22.30.10–01.25; VKBl Heft 3, 1983, S. 53
[21] Döldissen, A.: Minderung des Verkehrslärms durch flächenhafte Verkehrsberuhigung. Zeitschrift für Lärmbekämpfung 31 (1984), S. 51–57
[22] Dr. Kürer, R.: Neue Möglichkeiten gegen den Straßenverkehrslärm. Zeitschrift für Lärmbekämpfung 29 (1982), S. 163–173
[23] Monheim, H.: Verkehrsberuhigung. Städtebauliche Forschung, H. 03.071 des BMBau, Bonn, 1979
[24] Oberste Baubehörde im Bayerischen Staatsministerium des Innern: Verkehrsberuhigung, Hinweise und Beispiele für die verkehrsberuhigende Gestaltung von Erschließungsstraßen Arbeitsblätter für die Bauleitplanung Nr. 5, 1983
[25] Symposium über branchenspezifische Emissionen; lärmemittierende Kraftfahrzeuge. Gesundheits-Ingenieur Heft 1, 1986; Oldenbourg Verlag München

Bildnachweis

Darstellungen 4.1 bis 4.3, 4.7 bis 4.9, Diagramme 4.2 bis 4.5, 4.8 aus [6]
Darstellung 4.11 Ministerium für Arbeit, Gesundheit und Soziales des Landes NRW
Darstellung 4.12 aus [23]
Diagramme 4.6 und 4.7 Sonntag, H., München
Diagramm 4.9 aus DIN 18005

Teil 5
Schienenverkehrslärm

Hans-Michael Bohny

Inhaltsübersicht

Formelzeichen und Einheiten
5.1 Allgemeines
5.1.1 Definitionen
5.1.2 Entstehung der Schienengeräusche
5.1.2.1 Luftschall
5.1.2.1.1 Fahrgeräusche
5.1.2.1.2 Anfahr-, Stand- und Bremsgeräusche
5.1.2.1.3 Sonstige, eisenbahnspezifische Geräusche
5.1.2.1.4 Nicht-eisenbahnspezifische Geräusche
5.1.2.2 Körperschall und Erschütterungen
5.1.3 Besonderheiten des Eisenbahnlärms

5.2 Regelungen für den Lärmschutz an Schienenbahnen
5.2.1 Gesetzgebung
5.2.1.1 Bundesimmissionsschutzgesetz
5.2.1.2 Eisenbahn- und Straßenbahngesetze
5.2.1.3 Bürgerliches Gesetzbuch
5.2.2 Verwaltungsvorschriften
5.2.3 Rechtsprechung
5.2.4 Technische Normen und Richtlinien
5.2.5 Zusammenwirken von Schienenlärm und Lärm aus anderen Quellen
5.2.6 Schienenverkehrslärm in der Bauleitplanung

5.3 Luftschallemissionen
5.3.1 Grundlagen und Kenngrößen
5.3.1.1 Beurteilungszeiträume
5.3.1.2 Kenngrößen
5.3.1.3 Frequenzbewertung
5.3.1.4 Ausgangswerte
5.3.1.5 Vorbelastung
5.3.1.6 Lage der Schallquelle
5.3.2 Schienenlärmemissionen
5.3.2.1 Linienförmige Schallquellen
5.3.2.2 Flächenhafte Schallquellen

5.3.2.2.1 Überschlägige Berechnung der Schallemissionen
5.3.2.2.2 Detaillierte Berechnung der Schallemissionen
5.3.2.3 Verknüpfungspunkte von Schienenwegen mit anderen Verkehrsträgern oder mit gewerblichen Anlagen

5.4 Schallausbreitung und Schallimmissionen
5.4.1 Freie, ungehinderte Schallausbreitung
5.4.1.1 Linienförmige Schallquellen
5.4.1.1.1 Lange, gerade Schienenstrecken
5.4.1.1.2 Streckenabschnitte
5.4.1.2 Flächenhafte Schallquellen
5.4.1.3 Sonstige Betriebsanlagen
5.4.2 Schallpegelminderung durch Hindernisse
5.4.3 Schallpegelerhöhungen
5.4.4 Darstellung der Schallimmissionen

5.5 Schallschutzmaßnahmen
5.5.1 Planerische Maßnahmen
5.5.2 Maßnahmen zur Vermeidung unnötiger Schallemissionen
5.5.2.1 Maßnahmen am Fahrweg
5.5.2.2 Maßnahmen an Schienenfahrzeugen
5.5.2.3 Maßnahmen an sonstigen Fahrzeugen
5.5.2.4 Maßnahmen an großflächigen Betriebsanlagen
5.5.2.5 Betriebliche Maßnahmen
5.5.3 Pegelminderung bei der Schallausbreitung
5.5.3.1 Bauliche Schallschutzanlagen
5.5.3.2 Bepflanzungsmaßnahmen
5.5.4 Maßnahmen am Immissionsort

5.6 Körperschall und Erschütterungen
5.6.1 Regelungen für Körperschall- und Erschütterungsschutz
5.6.2 Ermittlung von Körperschall- und Erschütterungsimmissionen
5.6.3 Maßnahmen gegen Körperschall- und Erschütterungseinwirkungen

5.7 Schlußbetrachtung
Anhang: Tabellen und Diagramme
         Literaturverzeichnis

Formelzeichen und Einheiten

a_0, b_0 horizontale Abstände von der Schallschutzanlage m
         zur Lärmquelle (a_0) bzw. zum Immissionsort (b_0)
f   Frequenz   Hz
h_{eff} wirksame Schallschirmhöhe   m
$h_{i/n}$ Höhe der Lärmquelle über Streckenabschnitt   m
         (Index i) bzw. über Flächenelement (Index n)

Teil 5 Schienenverkehrslärm   365

$h_{lsw, i/n}$	Höhe einer Lärmschutzanlage über Gleis (Index i) bzw. über Flächenelement (Index n)	m
h_{Beb}	mittlere Bebauungshöhe	m
i	Index für Abschnitte auf einem Schienenweg	–
l_i	Länge eines Streckenabschnittes i	m
l_0	Bezugslänge; $l_0 = 100$	m
l_p	tatsächliche Zuglänge der Zuggattung p	m
n	Index für Flächenelemente	–
o	Index zur Kennzeichnung horizontaler Abstände	–
p	Index für Zuggattung p bei Schienenwegen	–
q	Index für Geräuschart q bei großflächigen Betriebsanlagen	–
s	Abstand zwischen Immissionsort und der Mitte einer großflächigen Betriebsanlage	m
$s_\perp$	Abstand zwischen Immissionsort und einer langen, geraden Schienenstrecke	m
s_i	Abstand zwischen Immissionsort und dem Streckenabschnitt i	m
s_n	Abstand zwischen Immissionsort und dem Flächenelement n	m
v	Fahrgeschwindigkeit von Schienen- und Straßenfahrzeugen oder	m/s km/h
v_0	Bezugsgeschwindigkeit; $v_0 = 100$	km/h
v_p	Strecken- bzw. Zuggattungshöchstgeschwindigkeit	km/h
w	mittlerer Abstand zwischen den Bebauungsfronten	m
x_p	Scheibenbremsanteil der Zuggattung p	%
z	Schallumweg (Schirmwert)	m
A, B	Abstände von der Oberkante des Schallschirmes zur Lärmquelle (A) bzw. zum Immissionsort (B)	m
D_n	größte Längenausdehnung in einem Flächenelement n	m
F	Fläche einer Betriebsanlage	m^2
H, H_i, H_n	Höhe des Immissionsortes über Schienenstrecke (ohne Index oder Index i) bzw. über Flächenelement (Index n)	m
I	Immissionsort	–
K	Korrekturwert	dB(A)
$K_{q,n}$	Korrekturwert z. B. nach 2.422.3 der TALärm für eine Geräuschart q im Flächenelement n	dB(A)
$L^{(25)}_{E,q,n}$	mittlerer Maximalpegel einer Geräuschart q aus Flächenelement n im Bezugsabstand von 25 m	dB(A)
$L^{(25)}_{maxI,E,q,n}$	Spitzenschallpegel einer Geräuschart q aus dem Flächenelement n im Bezugsabstand von 25 m	dB(AI)

$L_{maxI,q,n}$	Spitzenschallpegel am Immissionsort für eine Geräuschart q aus dem Flächenelement n	dB(AI)
L_m	Mittelungspegel am Immissionsort	dB(A)
$L_{m,E}$	Mittelungspegel (Emissionspegel) einer Bahnstrecke im Abstand von 25 m	dB(A)
$L_{m,p}^{(25)}$	Mittelungspegel der Zuggattung p für einen Zug in einer Stunde im Bezugsabstand von 25 m bei einer Bezugslänge von $l_0 = 100$ m und einer Bezugsgeschwindigkeit von $v_0 = 100$ km/h	dB(A)
L_r	Beurteilungspegel	dB(A)
L_{WA}	A-Schalleistungspegel	dB(A)
L_{WAI}	A-Schalleistungspegel Impuls	dB(AI)
M_n	Mittelpunkt eines Flächenelementes n	–
N_p	Anzahl der Züge der Gattung p in einer Stunde	–
Q, Q_n	Schallquelle	–
Q_{virt}	virtuelle Schallquelle (Spiegelschallquelle)	–
$\Delta L_{l,i}$	schallpegelerhöhender Einfluß der Abschnittslänge l_i	dB(A)
ΔL_{refl}	Schallpegelerhöhung bei Reflexionen	dB(A)
$\Delta L_{s,i/n}$	Schallpegelminderung durch Entfernung	dB(A)
$\Delta L_{s\perp}$		
ΔL_{zus}	schallpegelerhöhende Zuschläge	dB(A)
ΔL_{LS}	Schallpegelminderung durch Hindernisse	dB(A)
$\Delta L_{N,q,n}$	Zeitkorrektur für die Nachtzeit	dB(A)
ΔL_{RV}	Verluste bei der Reflexion des Schalls an Hindernissen	dB(A)
$\Delta L_{T,q,n}$	Zeitkorrektur für die Tagzeit	dB(A)

5.1 Allgemeines

In den Betrachtungen über Schienenverkehrslärm, die im weiteren Sinne auch Körperschall- und Erschütterungseinwirkungen beinhalten, werden die maßgebenden, von den Betriebsanlagen schienengebundener Verkehrssysteme (einschließlich der zugehörigen sonstigen Anlagen) ausgehenden Schallemissionen erfaßt, die Schallausbreitung beschrieben sowie Möglichkeiten zur Beurteilung und zur Minderung der Lärmimmissionen aufgezeigt.

5.1.1 Definitionen

Die Gesetzgebungskompetenz für den Bau und den Betrieb von Eisenbahnen wird im Grundgesetz (GG) in den Artikeln 73, 74, 80 und 87 sowohl für Bundeseisenbahnen (Art. 73) als auch für Ländereisenbahnen mit Ausnahme der Bergbahnen (Art. 74) geregelt (Anhang 5.1).

Eisenbahnen im Sinne des Allgemeinen Eisenbahngesetzes (AEG) sind Schienenbahnen, zu denen jedoch nicht Straßenbahnen[1], Bergbahnen und sonstige Bahnen besonderer Bauart zählen. Soweit keine bundeseigenen Schienenbahnen vorliegen, für deren Geltungsbereich eigens das Bundesbahngesetz (BbG) verkündet wurde, entscheiden die obersten Landesverkehrsbehörden, die nach Art. 74 GG im Rahmen der konkurrierenden Gesetzgebung eigene Ländereisenbahngesetze erlassen können, ob und inwieweit eine Bahn zu den Eisenbahnen im Sinne des AEG zu rechnen ist. Der Bau sowie der Betrieb von Eisenbahnen werden an Hand zustimmungsbedürftiger Rechtsverordnungen nach § 3 AEG geregelt (bei Ländereisenbahngesetzen auch nach Landesrecht).

Für den Bau und den Betrieb schienengebundener, öffentlicher Verkehrsmittel in Ballungsräumen (Straßenbahn[1], nicht jedoch S-Bahn) ist das im Rahmen der konkurrierenden Gesetzgebung erlassene Personenbeförderungsgesetz (PBefG) anzuwenden.

Die Verpflichtung zum Erlaß von Verwaltungsvorschriften ist in den Ländereisenbahngesetzen (z.B. Art. 30 BayEBG [1]), im PBefG (§ 57) sowie im BbG (§ 53) festgehalten.

Betriebsanlagen sind alle dem Betrieb einer Schienenanlage dienenden baulichen und maschinellen Anlagen. Hierzu gehören neben den eigentlichen Gleisanlagen die Bahnhofsgebäude, die Straßenzufahrten zu den Betriebsanlagen, soweit sie nicht über die dem öffentlichen Verkehr gewidmeten Straßen geführt werden, Umspannwerke u.a.

Für den Geschäftsbereich der Bundesbahn gilt das Gewerberecht ebensowenig wie für Anlagen nach dem Personenbeförderungsgesetz und nach den Ländereisenbahngesetzen (s. z.B. §§ 38, 41 BbG).

---

[1] Straßenbahnen gleichzusetzen sind U-Bahnen und ähnliche Bahnen.

5.1.2 Entstehung der Schienengeräusche

Die Ausführungen gelten allgemein für schienengebundene Anlagen (Bundesbahn, Straßen- und U-Bahnen, Privatgleisanschlüsse, Verkehrsbahnhöfe usw.); sie befassen sich mit Luftschall sowie mit Körperschall und Erschütterungen. Verursacher des Schienenverkehrslärms sind im wesentlichen nur die Bundesbahn und die Straßenbahnen.

5.1.2.1 Luftschall

Zur Definition des Luftschalles wird auf die Ausführungen in Teil 1 verwiesen.

5.1.2.1.1 *Fahrgeräusche*

Die Hauptgeräuschquelle bei Zugfahrten ist unter Berücksichtigung der üblichen Fahrgeschwindigkeiten im Rad-Schiene-Bereich zu suchen. Neben der Rauhigkeit von Rad und Schiene (natürliche Rauhigkeit, Riffelung u. ä.) und neben dem Reiben anlaufender Radkränze an den Flanken der Schienenköpfe in engen Kurvenradien (Kurvenquietschen) sind andere, bisher zum Teil noch unbekannte Faktoren für die geräuschintensiven Schwingungen im Rad-Schiene-System verantwortlich [26, 27, 38].

Aufgrund der Anregung über die Drehgestelle wird der Schall auch von den Wagenkästen abgestrahlt. Sein Anteil an der Gesamtemission ist umso höher, je geringer die Wagenaufbauten entdröhnt sind (z. B. Kesselwagen, leere Güterwagen) [30, 38].

Bei hohen Fahrgeschwindigkeiten, ab etwa 250 bis 300 km/h sind neben Geräuschen im Rad-Schiene-Bereich die aerodynamischen Geräusche mit zu beachten [20, 29].

5.1.2.1.2 *Anfahr-, Stand- und Bremsgeräusche*

Als weitere Geräuschquellen sind das Anfahrgeräusch (überwiegt das Rollgeräusch nur bei niedrigen Geschwindigkeiten etwa unterhalb von 40 bis 50 km/h), die Standgeräusche (Hilfsaggregate und Motorleerlaufgeräusche) sowie die Bremsgeräusche (Bremskreischen) zu nennen.

Anmerkung: Wie Untersuchungen zeigen [32], sind die Mittelungspegel bremsender Züge mit denjenigen fahrender oder durchfahrender Züge vergleichbar (s. auch 5.3.2.1).

5.1.2.1.3 *Sonstige, eisenbahnspezifische Geräusche*

- lärmintensive Signalanlagen an Bahnübergängen,
- akustische Warnsignale (Pfeifen, Klingeln),
- dröhnende Stahlbrücken,
- Pufferstöße,

– Kreischen ortsfester Bremsen (Rangierbahnhöfe),
– Lautsprecherdurchsagen u. a.

5.1.2.1.4 Nicht-eisenbahnspezifische Geräusche

– Lkw-Fahrten innerhalb des Betriebsgeländes,
– Verladebetrieb (Kran, Gabelstapler etc.),
– lärmintentive Ausbesserungs- und Wartungsarbeiten in Betriebshöfen u. a.

5.1.2.2 Körperschall und Erschütterungen

Erschütterungen (s. 5.6) werden über das Erdreich auf benachbarte Gebäude übertragen. Ursache hierfür sind Wechselkräfte, die mangels ausreichender Isolierung in den Untergrund eingeleitet werden. Sie werden beispielsweise beim Abrollen des Rades auf der Schiene oder durch Schläge von Radflachstellen hervorgerufen.

Als Erschütterungen werden tieffrequente Anteile der Schwingungen wahrgenommen (bei Schienenfahrzeugen schwerpunktmäßig bei etwa 40 Hz). Körperschallanregungen und damit hörbare Schallabstrahlungen von Gebäudeteilen erfolgen bei Frequenzen zwischen ca. 20 und ca. 200 Hz. Bei Schienenfahrzeugen liegt ein Schwerpunkt im Bereich von etwa 30 bis 60 Hz [20].

Da bei oberirdisch verkehrenden Schienenfahrzeugen die Störungen durch Luftschall meist überwiegen, finden mechanische Schwingungen hauptsächlich im Nahbereich unterirdischer Bahnen und bei Schienenüberbauungen oder nahe Brücken Beachtung.

5.1.3 Besonderheiten des Eisenbahnlärms

Nach § 43 Abs. 1 BImSchG vom 15.03.1974 ist in zu erlassenden Rechtsverordnungen zur Durchführung von § 41 und § 42 Abs. 1 und 2 BImSchG den Besonderheiten des Schienenverkehrs Rechnung zu tragen. Diese Besonderheiten, die sich insbesondere auf die geringere Lästigkeit des Schienenlärms gegenüber dem Straßenverkehrslärm beziehen sollen [33, 34, 39], können nur für Eisenbahnstrecken oder Straßenbahnen [2], nicht aber für großflächige Anlagen wie Umspannwerke, Rangier- oder Güterbahnhöfe gelten [3].

Als Besonderheiten, die eine günstigere Beurteilung des Schienenlärms z. B. gegenüber dem Straßenverkehrslärm begründen können, werden angesehen:

– Frequenzzusammensetzung
Während beim Straßenverkehr tiefe Frequenzen vorherrschen, sind im Geräusch des Schienenverkehrs höhere Frequenzen (Ausnahme: Körperschall) do-

---

[2] Straßenbahnen auf besonderem, unabhängigem Bahnkörper mit Schwellen und Schotterbett.
[3] Vgl. hierzu auch § 5 Verkehrslärmschutzgesetz-Entwurf von 28.02.1980, BT-Drucksache Nr. 8/3730 [4].

minierend. Bei gleichen Schallenergien werden daher infolge der A-Bewertung vergleichsweise geringere Pegel bei Straßenverkehrsgeräuschen gemessen [34, 39, 41].

– Gewöhnung
Schienengebundene Fahrzeuge fahren im allgemeinen nach Fahrplan. Dies kann bei Voraussetzung stets gleichartiger, bekannter Geräusche eine gewisse Gewöhnung zur Folge haben. Es ist allerdings nachgewiesen worden, daß bei hoher Zugdichte und damit hohen absoluten Pegeln der Schienenverkehrslärm gegenüber dem Straßenverkehrslärm genauso lästig empfunden wird [33].

– Verkehrspausen
Außer auf besonders stark belasteten Schienenstrecken sind die Zeitabstände zwischen den Zugfahrten erheblich größer als bei Geräuschereignissen im Straßenverkehr. Der Allgemeinpegel sinkt hier auf einen niedrigen Grundgeräuschpegel. Darüber hinaus stellen viele Eisenbahnlinien und auch der in Ballungsgebieten vorhandene, schienengebundene öffentliche Personennahverkehr den Betrieb während einer z.T. mehrstündigen Betriebsruhe in der Nacht ein.

– Emissionen
Der Betrieb schienengebundener Fahrzeuge wird nicht mit gesundheitsbeeinträchtigenden Abgas- oder Staubemissionen verbunden.

5.2 Regelungen für den Lärmschutz an Schienenbahnen

In einer Reihe von Rechtsnormen ist der Lärmschutz an Schienenbahnen angesprochen[4]. Es gibt jedoch, im Gegensatz zum Gewerbelärm, keine verbindlichen Beurteilungsgrundlagen. Auch gibt es bislang keine gesetzlichen Vorschriften, die bei hoher Belastung durch den Schienenlärm eine Sanierung schutzwürdiger Baugebiete vorsehen würden. Lediglich in der Rechtsprechung sind zu Verwaltungsverfahren der Bundesbahn einzelne, nur auf den jeweiligen Fall anwendbare Urteile hinsichtlich des Lärmschutzes ergangen [8 bis 17].

5.2.1 Gesetzgebung

5.2.1.1 Bundesimmissionsschutzgesetz

– Planungsgrundsatz nach BImSchG, Raumordnung
Der Planungsgrundsatz in § 50 BImSchG legt generell fest, daß schädliche Umwelteinwirkungen auf Wohngebiete und andere schutzbedürftige Gebiete soweit

---

[4] Die für den Schienenverkehrslärm maßgebenden Rechtsnormen der Bundesrepublik Deutschland sind in Teil 7 aufgelistet.

wie möglich zu vermeiden sind. Diese Planungsvorgabe erstreckt sich auch auf andere Gesetze (BbG, BbauG). Ein Abweichen davon ist nur im begründeten Fall des „Überwiegens eines öffentlichen Interesses" möglich. Raumbedeutsame Planungen (z. B. Eisenbahnneubaustrecken) sind daher unter der Voraussetzung des „Überwiegens eines öffentlichen Interesses" besonders kritisch zu durchleuchten, um Zielkonflikte mit dem Lärmschutz in der Bauleitplanung zu vermeiden [6] und um dem Auftrag in § 2 Abs. 1 Nr. 7 Bundesraumordnungsgesetz gerecht zu werden, nach dem u. a. für den Schutz der Allgemeinheit vor Lärmbelästigungen (und nicht nur, wie § 1 BImSchG festgelegt, vor erheblichen Nachteilen und erheblichen Belästigungen) ausreichend Sorge zu tragen ist. Hieraus ist zu ersehen, daß der Trassenwahl höchster Stellenwert beigemessen werden muß.

– Fahrzeuge
In § 38 BImSchG werden Anforderungen an Beschaffenheit und Betrieb von Fahrzeugen gestellt und Ermächtigungen zum Erlaß einer Rechtsverordnung im Hinblick auf die Begrenzung der Schienenfahrzeugemissionen erteilt. Von dieser Ermächtigung sowie von den Ermächtigungen in § 3 AEG und § 57 PBefG zum Erlaß von ähnlichen Rechtsverordnungen wurde bisher noch nicht Gebrauch gemacht. Allerdings ist eine Verordnung zu § 38 BImSchG in Aufstellung begriffen, die die Schallemissionen von Schienenfahrzeugen begrenzen soll [3].
Die BOStrab enthält in § 2 Abs. 3 einen Hinweis, nach dem „die beim Betrieb entstehenden Geräusche und Erschütterungen das nach dem Stand der Technik unvermeidbare Maß nicht überschreiten" sollen. Als derzeitiger, jedoch überholungsbedürftiger Stand der Technik kann hier eine VÖV-Richtlinie [24] angesehen werden, in der die Vorbeifahrpegel (Spitzenpegel) für Fahrzeuge festgelegt sind.

Anmerkung: Aufgrund innerbetrieblicher Sachzwänge hat die Deutsche Bundesbahn im Zuge der Ausrüstung neuer Reisezugwagen mit einem neuartigen Bremssystem (Scheibenstatt Klotzbremse) als Nebeneffekt eine Verminderung der Geräuschemissionen (Mittelungs- und Spitzenschallpegel) um bis zu 10 dB(A) gegenüber älteren Wagen erzielt [20] (Stand der Technik gemäß § 3 Abs. 6 BImSchG). In Güterwagen kann jedoch bis auf wenige Ausnahmefälle die Scheibenbremse wegen bestehender internationaler Abmachungen und wegen des freizügigen Wagenumlaufes in Europa nicht eingebaut werden [21].

– Bau und Änderung von Schienenanlagen
Beim Bau oder bei der wesentlichen Änderung von Schienenanlagen sollten über die §§ 41 bis 43 BImSchG die Lärmvorsorge sowie die entschädigungsrechtlichen Belange durch Rechtsverordnungen geregelt werden. Im Hinblick auf die höchstrichterlichen Entscheidungen in den Urteilen des BVerwG vom 21.05.1976 [13] wurde vom Erlaß der Rechtsverordnungen abgesehen und in der 8. Wahlperiode des Deutschen Bundestages ein bis zur Beschlußvorlage gediehenes Verkehrslärmschutzgesetz (VLärmSchG) beraten, das jedoch gescheitert ist (Anhang 5.2.1). Eine einheitliche Beurteilung des Schienenverkehrs-

lärms in öffentlich-rechtlichen Verwaltungsverfahren ist daher derzeit für den Bereich der Bundesrepublik Deutschland nicht möglich (vgl. hierzu Anhang 5.2.4, Blatt 1).

Anmerkung: Mit dem endlos verschweißten Gleis, das auf nahezu allen Straßen- und Eisenbahnstrecken im Bundesgebiet vorgefunden wird, ist gegenüber dem gelaschten Gleis eine Verbesserung der Lärmsituation erreicht worden. Dies entspricht dem Stand der Technik gemäß § 3 Abs. 6 BImSchG.

Zur Beurteilung der geplanten Neubaustrecken der DB wurden in den hiervon betroffenen Bundesländern verbindliche Grundlagen geschaffen, nach denen auch andere Neubauten oder Änderungen von Eisenbahnstrecken beurteilt werden können. Für den Bereich des Freistaates Bayern gilt [5].

5.2.1.2 Eisenbahn- und Straßenbahngesetze

Zum Bau oder zur Änderung von Bundesbahnanlagen ist die Durchführung eines Planfeststellungsverfahrens erforderlich [5]. Die Planfeststellung umfaßt die Entscheidungen über alle von ihr berührten Interessen (§ 36 Abs. 1 BbG). Mit der Planfeststellung ist gleichzeitig die Betriebsgenehmigung verbunden.

Ähnlich verhält es sich bei Anlagen, die dem Geltungsbereich der Ländereisenbahngesetze [1, 2] zuzuordnen sind. Hier, wie auch für Schienenanlagen, die unter das Personenbeförderungsgesetz fallen, ist neben der Planfeststellung noch eine befristete, widerrufliche aber auch verlängerbare Betriebsgenehmigung erforderlich (§§ 2 und 57 PbefG oder Art. 2 und 5 BayEBG [1]).

Im Rahmen der Planfeststellung bzw. der Betriebsgenehmigungserteilung ist folgendes zu beachten:

– Bundesbahngesetz

Anders als das Straßenrecht (§ 17 Abs. 4 FStrG) kennt das Bundesbahngesetz selbst keine lärmschutzrechtlichen Bestimmungen. Im Planfeststellungsbeschluß sind daher die Belange des Lärmschutzes anhand des § 4 Abs. 2 Satz 2 Verwaltungsverfahrensgesetz zu würdigen. Da jedoch, wie in den Ausführungen zum BImSchG dargelegt, für den konkreten Vollzug weder gesetzliche Regelungen noch andere, allgemeinverbindliche Bestimmungen vorliegen, wird entweder von Fall zu Fall entschieden oder aus fachtechnischer Überlegung heraus eine Beurteilung durchgeführt werden müssen (s. 5.2.2). Die Planfeststellungsbehörde (die Bundesbahn selbst) hat dann über die strittigen Fragen abzuwägen und über die Zumutbarkeit der Geräuschimmissionen zu entscheiden.

– Ländereisenbahngesetze

Die Planfeststellungsbehörde (Bezirksregierung) setzt die Bedingungen und Auflagen fest, „die ... für den Schutz der Allgemeinheit oder der Nachbarn vor Gefahren oder Belästigungen ... erforderlich sind" (z. B. Art. 5 Abs. 3 BayEBG [1]). Nähere Ausführungen fehlen.

---

[5] In manchen Bundesländern wird bei größeren, geplanten Maßnahmen ein Raumordnungsverfahren vorgeschaltet.

− Personenbeförderungsgesetz
Das Personenbeförderungsgesetz enthält ähnliche Bestimmungen wie die Ländereisenbahngesetze. In § 29 Abs. 2 PBefG sind dem Unternehmer im Planfeststellungsbeschluß „die Errichtung und Unterhaltung der Anlagen aufzuerlegen, die für das öffentliche Wohl oder zur Sicherung der Benutzung der benachbarten Grundstücke gegen Gefahren oder Nachteile notwendig sind". Nähere Ausführungen fehlen auch hier.

5.2.1.3 Bürgerliches Gesetzbuch

Nach § 906 Abs. 3 BGB steht dem Eigentümer eines Grundstückes Entschädigung in Geld für die Duldung von Einwirkungen durch Geräusche oder Erschütterungen aus Nachbargrundstücken zu, wenn die Einwirkungen eine ortsübliche Benutzung seines Grundstückes oder dessen Ertrag über das zumutbare Maß hinaus beeinträchtigen [17]. § 907 Abs. 1 BGB kann keine Anwendung finden, da Ansprüche auf Beseitigung oder Änderung rechtskräftig planfestgestellter Bahnanlagen ausgeschlossen sind (§ 36 BbG, § 29 Abs. 4 PBefG, Ländereisenbahngesetze [1, 2]).

5.2.2 Verwaltungsvorschriften

Allgemeine Verwaltungsvorschriften sind keine Rechtsnormen. Sie binden, abgesehen bei Vorliegen besonderer Gründe, die Behörden, um eine einheitliche Handlungsweise sicherzustellen. Gerichte können sich darüber hinwegsetzen.

Im Hinblick auf die Emissionsbegrenzung von z. B. Maschinenanlagen stellen sie den Stand der Technik im Sinne des § 3 Abs. 6 BImSchG dar.

− Technische Anleitung zum Schutz gegen Lärm (TALärm)
Die TALärm, als übergeleitete Verwaltungsvorschrift nach § 66 BImSchG, ist aus rechtlicher Sicht für die Beurteilung planfeststellungspflichtiger Schienenanlagen nicht bindend, da diese Anlagen nicht unter § 4 Abs. 1 BImSchG fallen (vgl. 5.1.1).

Allerdings ist die Heranziehung der TALärm zur Beurteilung flächenhafter, ortsgebundener Betriebsanlagen (Güterbahnhöfe, Umspannanlagen usw.) aus fachtechnischer Sicht heraus vertretbar. Dabei wird von der Auffassung ausgegangen, die TALärm könne in diesem Fall zur Begutachtung als allgemeine, sachverständige Aussage dienen, da die in diesen großflächigen Eisenbahnanlagen entstehenden Geräusche (Güterverladung, Lkw-Verkehr, Pufferstöße etc.) mit Gewerbelärm vergleichbar sind. Außerdem wird von der Erfahrung ausgegangen, daß bei Einhaltung der Kriterien der TALärm keine schädlichen Umwelteinwirkungen für die Nachbarschaft einer geräuschintensiven Anlage zu erwarten sind (vgl. § 1 BImSchG).

Im Vergleich zu den Beurteilungskriterien der TALärm (Anhang 5.2.2) werden die in [22] aufgeführten, als Provisorium zu betrachtenden Beurteilungspegelwerte für Rangierbahnhöfe in der Schweiz angegeben (Anhang, 5.2.4 Blatt 2).

– AVV Baulärm
Bei der Durchführung von Bahnneubau- oder Änderungsmaßnahmen sind die bauausführenden Firmen an die Ausführungsbestimmungen in der AVV Baulärm gebunden, sofern nicht außergewöhnliche, betriebliche Gesichtspunkte dagegenstehen (Anhang 5.2.3).

5.2.3 Rechtsprechung

Bisher vorliegende Urteile zum Lärmschutz an Schienenwegen legen zum Teil die im Entwurf des Verkehrslärmschutzgesetzes enthaltenen Beurteilungskriterien zugrunde. Höchstrichterliche Entscheidungen hierzu stehen jedoch noch aus.

Die im Literaturverzeichnis aufgeführten Urteile stellen eine Auswahl dar, die keinen Anspruch auf Vollständigkeit erhebt [8 bis 17].

5.2.4 Technische Normen und Richtlinien

Anhand einiger technischer Normen und Richtlinien lassen sich die Lärmeinwirkungen aus Schienenverkehr ermitteln. Eine Beurteilung der Schallimmissionen nach diesen Regelwerken ist jedoch nur für den Bereich der Bauleitplanung vorgesehen (s. auch Teile 1, 2, 6 und 7).

5.2.5 Zusammenwirken von Schienenlärm und Lärm aus anderen Quellen

Die von Schienenwegen verursachten Geräuschimmissionen werden durch den Lärm von anderen Schallquellen, wie z.B. von Straßen, Freizeiteinrichtungen und Gewerbebetrieben aber auch von großflächigen schienenspezifischen Anlagen, selbst bei unterschiedlich hohen Werten, aufgrund ihrer Frequenzzusammensetzung oder aufgrund ihrer verschieden langen bzw. zeitlich nicht zusammenfallenden Einwirkzeiten im allgemeinen nicht verdeckt. Die Beurteilung des Schienenverkehrslärms muß daher in eisenbahnrechtlichen Verwaltungsverfahren in sich differenziert nach Schienenwegen und großflächigen Anlagen sowie jeweils getrennt von anderen Lärmimmissionen erfolgen. Der bei Schienenverkehrslärm übliche Bezug auf Geräuschvorbelastung durch bestehende Eisenbahnstrecken (nicht jedoch durch großflächige Bahnbetriebsanlagen) wird, wie auch im Bereich der straßenrechtlichen Verwaltungsverfahren bei straßenspezifischer Vorbelastung, durch die höchstrichterliche Rechtsprechung abgedeckt [13, 15].

5.2.6 Schienenverkehrslärm in der Bauleitplanung

In Teil 6 wird aufgezeigt, wie der Schienenverkehrslärm in der Bauleitplanung beurteilt werden soll. Die Berechnung der hierfür zu betrachtenden Schallpegel sollte an Hand der Ausführungen in 5.3 und 5.4 vorgenommen werden.

5.3 Luftschallemissionen

Die Ermittlungen von Schallemissionen und Schallimmissionen bereiten im Gegensatz zu deren Beurteilung keine Schwierigkeiten, da hierfür umfangreiche, dem Stand der Technik entsprechende Untersuchungen zur Verfügung stehen, die in fachtechnischen Richtlinien, Normen und Veröffentlichungen ihren Niederschlag gefunden haben.

5.3.1 Grundlagen und Kenngrößen

5.3.1.1 Beurteilungszeiträume

Zur schalltechnischen Beurteilung ist als Tagzeit der Zeitraum von 06.00 bis 22.00 Uhr und als Nachtzeit der Zeitraum von 22.00 bis 06.00 Uhr zugrundezulegen. Eine Betrachtung der Schallpegel während der Tagzeit kann im Hinblick auf die höhere Schutzwürdigkeit der Nachtzeit entfallen, wenn zu erwarten ist, daß die Pegel während der Nachtzeit nicht oder nur geringfügig gegenüber der Tagzeit abnehmen.

5.3.1.2 Kenngrößen

Folgende schalltechnischen Kenngrößen werden zur Beurteilung der Lärmsituation benötigt:

a) an Schienenstrecken: Mittelungspegel (s. auch Teil 1, Teil 2 und Teil 4)
b) bei großflächigen Betriebsanlagen:
– Beurteilungspegel im Sinne der TALärm (s. auch Teil 1, Teil 2 und Teil 3)
  Aus fachtechnischer Sicht kann der spezifischen Störwirkung, die von großflächigen Betriebsanlagen ausgeht, am besten durch das in der TALärm geschilderte Taktmaximalpegelverfahren zur Ermittlung der Beurteilungspegel entsprochen werden; gewählte Taktzeit: $T = 5$ sec.
– Spitzenschallpegel (Maximalpegel, s. auch Teil 1 und Teil 2)
  Eine Spitzenschallpegelbetrachtung findet unabhängig von der Betrachtung der Beurteilungspegel nur für die Nachtzeit statt (2.422.6 TALärm; vgl. hierzu auch [22]).

Die Berechnungen der am Immissionsort auftreffenden Schallpegel können bei komplizierten Verhältnissen vorteilhaft über die Schalleistungspegel der unter bestimmten Voraussetzungen als Punktschallquelle zu betrachtenden Schienenstrecke oder Betriebsanlage vorgenommen werden.

Anmerkung: Wenn über Schallpegelmessungen an Schienenwegen zufriedenstellende Ergebnisse erzielt werden sollen, sind umfangreiche meßtechnische Untersuchungen erforderlich. Demgegenüber können die Schallpegel mit verhältnismäßig geringem Aufwand anhand der Anleitungen in 5.3.2.1, 5.4.1.1, 5.4.2 und 5.4.3 berechnet werden. Es wird daher nahegelegt, nicht nur für die Lärmprognose, die meßtechnisch nicht erfaßbar ist, sondern auch für den Istzustand die erforderlichen Schallpegel grundsätzlich über den Rechenweg zu bestimmen.

Bei der Ermittlung des Lärms im Bereich bestehender, großflächiger Betriebsanlagen sind die Schalleinwirkungen zweckmäßigerweise durch Messungen zu erfassen (s. Teil 2 und Teil 3). Zusätzlich sollten Berechnungen zur Überprüfung der Meßergebnisse durchgeführt werden. Die zu erwartenden Lärmimmissionen aus geplanten Anlagen können nur berechnet werden (s. hierzu die Ausführungen in 5.3.2.2, 5.4.1.2 und 5.4.2).

5.3.1.3 Frequenzbewertung

Den Mittelungs- und Beurteilungspegeln liegt der mit der Frequenzbewertungskurve A nach DIN IEC 651 bewertete Schallpegel in der Anzeigedynamik „Fast" (Maßeinheit dB(A) oder dB(AF)) zugrunde. Die Spitzenschallpegelbetrachtung für großflächige Schienenanlagen wird mit A-bewerteten, in der Anzeigedynamik „Impuls" angegebenen Pegeln durchgeführt (Maßeinheit dB(AI)).
Die zum Teil große Störwirkung der Spitzenschallpegel rechtfertigt diese Betrachtungsweise.

5.3.1.4 Ausgangswerte

Schallemissionen von Schienenwegen oder großflächigen Betriebsanlagen werden wie in Teil 4 durch Emissionspegel im Abstand von 25 m von der Schallquelle angegeben. In Ausnahmefällen ist die Anwendung von Schalleistungspegeln oder von Wirkpegeln zu empfehlen. Weitere Ausgangswerte sind in den Verkehrsdaten (maßgebende Geschwindigkeiten, Art und Zahl der Ereignisse usw.) enthalten.

5.3.1.5 Vorbelastung

Bei Vorbelastung durch Eisenbahn- oder Straßenbahnstrecken werden die schalltechnischen Ermittlungen sowohl für den vorhandenen als auch für den geplanten Bauzustand auf ein Prognosejahr bezogen. Zur Beurteilung der neuen Lärmsituation sind die Werte einander gegenüberzustellen (vgl. 5.2.5).

5.3.1.6 Lage der Schallquelle

Nach Literaturangaben ist die Lage der Schallquelle bei linienförmigen Bahnanlagen, für jedes Gleis getrennt, entweder in Gleismitte zur Berechnung der Pegelminderung durch Entfernung oder auf der dem Immissionsort nächstgelegenen Schienenoberkante zur Berechnung der Pegelminderung durch Abschirmung anzunehmen [23, VDI 2720 E, DIN 18005 E]. Da bei Beachtung dieser Vorgaben in den schalltechnischen Ermittlungen im allgemeinen ein erheblicher Rechenaufwand entsteht und außerdem ein exaktes Abgreifen der Entfernungen aus Lageplänen (Maßstab 1 : 1000 bis 1 : 5000) insbesondere bei abschnittsweiser Berechnung kaum möglich ist, kann mit hinreichender Genauigkeit die Lage der Schallquelle in Gleismitte und in Höhe der Schienenoberkante angenommen werden. Mehrgleisige Strecken werden paarweise zusammengefaßt (s. Darstellungen 5.2 und 5.4). Die Höhenlagen von schienenspezifischen Lärmquellen, die in flächenhaften Bahnanlagen vorherrschen, sind in Anhang 5.4 aufgelistet.

5.3.2 Schienenlärmemissionen

Die von linienförmigen Schienenbahnen oder flächenhaften Betriebseinrichtungen ausgehenden Emissionen werden im folgenden getrennt voneinander betrachtet.

5.3.2.1 Linienförmige Schallquellen

Zu den linienförmigen Schallquellen sind neben den Schienenstrecken des Fern- und Nahverkehrs sowie des öffentlichen Personennahverkehrs (ein- und mehrgleisig) auch die Personenbahnhöfe, Haltestellen oder Haltepunkte zu zählen. Schallemissionen, die hiervon ausgehen, sind abhängig

- von der Zuggattung (Personenzüge (TEE, IC, D-, E-, N-Züge), Güterzüge aller Art, S-Bahn, U-Bahn, Straßenbahn),
- vom verwendeten Wagenmaterial,
- von den zulässigen Zug- oder Streckenhöchstgeschwindigkeiten,
- von den Zuglängen,
- vom Erhaltungszustand der betrachteten Schienenstrecke sowie
- von sonstigen betrieblichen und baulichen Besonderheiten (besondere Gleise für S-Bahnen, Brücken, enge Kurvenradien usw.).

Die Schallemissionen (Mittelungspegel) im Bezugsabstand von 25 m von Gleismitte bzw. von der Mitte einer zweigleisigen Strecke werden getrennt für die Tag- und Nachtzeit wie folgt berechnet:

$$L_{m,E} = L_{m,p}^{(25)} + 10 \lg \sum_p 10^{0,1(\Delta L_{x,p} + \Delta L_{N,p} + \Delta L_{l,p} + \Delta L_{v,p})}$$

(5.1a)
$$= L_{m,p}^{(25)} + 10 \lg \sum_p 10^{0,1 \Delta L_p} \quad [\text{dB}(A)]$$

Der Schalleistungspegel L_{WA} für die linienförmige Schallquelle ergibt sich zu

(5.1b) $\quad L_{WA} = L_{m,E} + 17,6 \quad [\text{dB}(A)]$

Es bedeuten:

$L_{m,p}^{(25)}$ = Mittelungspegel für 1 Zug der Gattung p/Stunde im Bezugsabstand von 25 m bei einer Bezugslänge von $l_0 = 100$ m und einer Bezugsgeschwindigkeit von $v_0 = 100$ km/h. Werte für verschiedene Zuggattungen sind nach Tabelle 5.1 anzunehmen.

$\Delta L_{x,p} = 10 \lg (5 - 0,04 x_p)$
= Korrektur für den Anteil scheibengebremster Fahrzeuge an der Gesamtlänge eines Zuges der Gattung p;

$$x_p = \frac{\text{Länge der scheibengebremsten Fahrzeuge}}{\text{Gesamtlänge des Zuges}} \cdot 100 \quad [\%]$$

$\Delta L_{N,p} = 10 \lg N_p$
= Korrektur für die Anzahl N der vorbeifahrenden Züge der Gattung p im Stundenmittel (je Stunde der Tag- bzw. Nachtzeit);

$\Delta L_{l,p} = 10 \lg \dfrac{l_p}{100}$
= Korrektur für die unterschiedlichen Zuglängen l in m der jeweiligen Gattungen p;

$\Delta L_{v,p} = 20 \lg \dfrac{v_p}{100}$
= Korrektur zur Berücksichtigung der unterschiedlichen Geschwindigkeiten v in km/h der jeweiligen Gattung p;

Tabelle 5.1 Mittelungspegel $L_{m,p}^{(25)}$ für Schienenverkehr

Zuggattung	$L_{m,p}^{(25)}$ [dB(A)]
Züge des Fern- und Nahverkehrs (TEE, IC, D-, E-, N-Züge, S-Bahn, Güterzüge)	53
S-Bahn auf eigenem, vom übrigen Zugverkehr unabhängigen Gleiskörper	48
Straßenbahn – Gleiskörper mit Straßendecke befestigt	62
– auf besonderem Bahnkörper (auch U-Bahn)	55

Anhaltswerte für die Zielgrößen l_p und v_p der Zuggattungen p können einschließlich der zugehörigen Werte für x_p Anhang 5.3 entnommen werden. Genaue Werte hierzu sind jedoch ebenso wie die Anzahl der jeweiligen Züge vom Schienenbaulastträger zu erfragen.

Die mit Gleichung 5.1 angegebene Berechnungsmöglichkeit der Emissionspegel kann unmittelbar aus dem in der DIN 18005 E und in der Schall 03 [23] angegebenen Ermittlungsverfahren abgeleitet werden. Bei Umrechnung der in den Grundpegeln der Kurven A, B oder C für Züge des Fern- und Nahverkehrs enthaltenen Anteile der Bezugsgrößen für Geschwindigkeit und Zuglänge auf die Einheitsgrößen $v_0 = 100$ km/h und $l_0 = 100$ m sowie bei richtigem Ansatz des schalltechnischen Einflusses scheibengebremster Fahrzeuge ergibt sich ein Pegel von $L_{m,p}^{(25)} \approx 48$ dB(A). Dieser Wert gilt unter Dauerbelastung nur für S-Bahnstrecken, die ausschließlich oder nahezu ausschließlich von S-Bahnzügen moderner Bauart befahren werden. Für den Bereich der Fernbahnstrecken sind 48 dB(A) zu niedrig bemessen und tragen dem tatsächlich vorhandenen, in akustischem Sinne nicht zufriedenstellenden Erhaltungszustand des im Mischbetrieb belasteten Oberbaues (z. B. rauhe Schienenoberflächen sowie durch Verdrückungen und ungenügende Durcharbeitungen verursachte Gleislageveränderungen) zu wenig Rechnung.

Beispiel 5.1: Der Emissionspegel (Mittelungspegel, Schalleistungspegel) einer Eisenbahnstrecke, auf der während der Tagzeit (16 Stunden) 32 IC, 7 D-, 16 Eil- und 48 Güterzüge verkehren, ist zu berechnen.

Tabelle 5.2 Emissionspegelberechnung

Zug-gattung	x_p [%]	$\Delta L_{x,p}$	N_p [Züge/h]	$\Delta L_{N,p}$	Zuglänge l_p [m]	$\Delta L_{l,p}$	Geschwindigk. v_p [km/h]	$\Delta L_{v,p}$	ΔL_p
IC	90	1,46	2,0	+3,01	200	3,01	200	6,02	13,50
D	28	5,89	0,44	−3,59	350	5,44	160	4,08	11,82
E	27	5,93	1,0	0	200	3,01	140	2,92	11,86
G	0	6,99	3,0	+4,77	500	6,99	80	−1,94	16,81

$L_{m,p}^{(25)} = 53 \text{ dB(A)}$; $10 \lg \sum_p 10^{0,1 \Delta l_p} = 20,1 \text{ dB(A)}$; $L_{m,E} = 73,1 \text{ dB(A)}$;

$L_{WA} = 90,7 \text{ dB(A)}$

5.3.2.2 Flächenhafte Schallquellen

Zu den flächenhaften Schallquellen gehören z. B. Rangier-, Güter- und Containerbahnhöfe. Sie erfüllen folgende Funktionen:

– Rangierbahnhöfe
Die Rangierbahnhöfe dienen dazu, ankommende Güterzüge zu zerlegen, in ihrer Zusammensetzung zu ändern oder neu zu bilden. Ein Umladen der Güter in andere Güterwagen oder der Güterumschlag auf Straßenfahrzeuge findet hier nicht statt [42, 43].

– Güterbahnhöfe
In Güterbahnhöfen werden Güterzüge nur in beschränktem Umfang zu neuen Zielgruppen zusammengestellt. Hauptaufgabe ist es, den Warenumschlag von der Schiene auf die Straße zu bewerkstelligen und die angelieferten Güter zwischenzulagern. Güterbahnhöfe stellen Knotenpunktsbahnhöfe dar und sind Sammel- und Verteilerbahnhöfe für Rangierbahnhöfe [43].

– Containerbahnhöfe
Der Umschlag der Großbehälter (Container) von der Schiene auf die Straße oder auf Schiffe und umgekehrt erfolgt in Containerbahnhöfen. Hier werden auch Lkw auf Eisenbahnfahrzeuge verladen (Huckepackverkehr), leere sowie volle Container bis zum Abruf gelagert und Ausbesserungsarbeiten an den Containern durchgeführt [43, 44].

– Abstellbahnhöfe
Im Bereich größerer Knotenbahnhöfe des Personen- und Güterverkehrs, in denen Züge beginnen oder enden, sind Abstellbahnhöfe notwendig, die räumlich zumeist mit Betriebshöfen gekoppelt sind [43].

– Hafen- und private Güterbahnhöfe
Je nach Zweckbestimmung sind Hafenbahnhöfe oder auch private Güterbahnhöfe entweder den Rangier-, Container- oder Güterbahnhöfen zuzurechnen [43].

– Betriebshöfe
Betriebshöfe dienen der Unterhaltung, Wartung und Ausbesserung von Schienen- und Straßenfahrzeugen sowie der Aufbereitung und der Montage von Gleisbaustoffen (Bauhöfe). Sie sind räumlich an andere Schienenanlagen angegliedert (z. B. an Rangier- oder große Personenbahnhöfe) [43].

– Umspannwerke (Unterwerke)
Zur Versorgung elektrifizierter Schienenstrecken mit Fahrstrom sind Umspannwerke erforderlich. Die Kapazitäten dieser Anlagen hängen vom Bedarf ab.

– Sonstige Anlagen
Hierzu sind zu zählen Werkstätten, Heizkraftwerke, Kraftwerke u.a. (s. auch entsprechende Ausführungen in Teil 3).

Die Betriebsabläufe in diesen flächenhaften Schallquellen oder auch in Teilen derselben sowie die praxisorientierte Zuordnung der Schallquellen sind der Literatur zu entnehmen [z. B. 22, 41, 42, 43, 44] oder vom Betreiber zu erfragen.

5.3.2.2.1 *Überschlägige Berechnung der Schallemissionen*

Der Schalleistungspegel einer großflächigen Schienenanlage kann in erster Näherung mit

(5.2) $L_{WA} = 65 + 10 \lg F + K$ [dB(A)]

angenommen werden. Dabei sind K ein Korrekturwert und F die von der Schienenanlage überbaute Fläche in m² (vgl. hierzu auch den Entwurf der DIN 18005 vom April 1982).

Beispiel 5.2: Von einer 100 mal 300 m² großen Eisenbahnbetriebsanlage ist der Emissionspegel überschlägig zu bestimmen. Der Korrekturfaktor K ist mit 0 anzunehmen.

$F = 100 \times 300 = 30000 \, m^2$;
$K = 0$;
$L_{WA} = 65 + 10 \lg 30000 = 109{,}8$;

Der Schalleistungspegel beträgt rund 110 dB(A).

5.3.2.2.2 *Detaillierte Berechnung der Schallemissionen*

a) Ausgangswerte
Aufgrund des vorgegebenen Taktmaximalpegelverfahrens im Sinne der TA-Lärm (s. hierzu Ausführungen in 5.2.2 und 5.3.1.2) ist bei der detaillierten Berechnung der Schallimmissionen (Beurteilungspegel) von Spitzenpegeln (Emis-

sionsdaten in dB(A) oder dB(AF)) auszugehen. Sie sind ebenso wie die zur Spitzenschallpegelbetrachtung erforderlichen Maximalpegel (in dB(AI)) in Anhang 5.4 für die unterschiedlichen Geräuscharten q und für einen Bezugsabstand von 25 m angegeben. Bestimmten Geräuscharten werden Wirkpegel (im vorgenannten Bezugsabstand) aufgrund ständig wiederkehrender Arbeitszyklen oder Schalleistungspegel zugeordnet.

b) Flächenaufteilung
Flächenhafte Schallquellen sind in Teilflächen n zu gliedern (Darstellung 5.1), wenn

- die Entfernung des Immissionsortes von der Flächenmitte oder von der Mitte des Lärmschwerpunktes der gesamten Fläche der Betriebsanlage

    $s < 1{,}4\,D$

    ist (D ist dabei die größte Längenausdehnung innerhalb der Fläche, z. B. Diagonale),

- mehrere Immissionsorte im Nahbereich der Betriebsanlagen vorhanden sind,
- die Schallquellen durch Hindernisse verschieden stark oder nur teilweise abgeschirmt werden oder
- die Schallabstrahlung bezogen auf die gesamte Anlage nicht als homogen betrachtet werden kann.

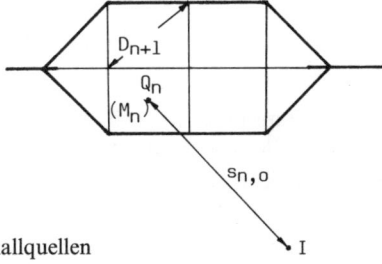

Darstellung 5.1 Aufteilung großflächiger Schallquellen

In Darstellung 5.1 bedeuten:

D_n bzw. D_{n+1} = größte Längenausdehnung in den Flächenelementen n bzw. n + 1;

$s_{n,o}$ = horizontaler Abstand Immissionsort – Schallquelle im Flächenelement n;

$s_{q,n}$ = $\sqrt{s_{n,o}^2 + (H_n - h_{q,n})^2}$ = Abstand Immissionsort – Schallquelle im Flächenelement n;

H_n = Höhe des Immissionsortes über Flächenelement n;

$h_{q,n}$ = Höhe der Lärmquelle des Geräusches q über Flächenelement n;

M_n = Mittelpunkt oder Lärmschwerpunkt im Flächenelement n;
$Q_{q,n}$ = Schallquelle des Geräusches q in M_n;
I = Immissionsort;

c) Zuordnung von Geräuschen

Den Flächenelementen n werden die zur Ermittlung der Beurteilungspegel maßgebenden, vorhandenen oder zu erwartenden Geräuscharten q mit den jeweiligen Schallemissionswerten nach Anhang 5.4 und den zugehörigen Ereignishäufigkeiten[6] in Takten zu je 5 sec zugeordnet. Hierbei sind Taktmehrfachbelegungen zu berücksichtigen. Ob und in welchem Umfang diese Mehrfachbelegungen vorhanden sind, hängt von der Größe der Anlage, von der Häufigkeit der Schallereignisse sowie von ihrer möglichen Reihenfolge ab[7].

Zur Spitzenschallpegelbetrachtung genügt es, die beiden lautesten Einzelereignisse zu notieren.

d) Schallemissionen

Der als rechnerische Größe zu betrachtende, zeitkorrigierte Emissionspegel $L_{E,q,n}$ eines Flächenelementes n beträgt im Bezugsabstand von 25 m für die Geräuschart q

(5.3a) $\quad L_{E,q,n} = L_{E,q,n}^{(25)} + K_{q,n} + \Delta L_{t,q,n} \quad [\mathrm{dB(A)}]$

Der zugehörige Schalleistungspegel lautet

(5.3b)
$$L_{WA,q,n} = L_{E,q,n}^{(25)} + K_{q,n} + \Delta L_{t,q,n} + 35{,}9$$
$$= L_{E,q,n} + 35{,}9 \quad [\mathrm{dB(A)}]$$

Es bedeuten:

$L_{E,q,n}^{(25)}$ = mittlerer Maximalpegel der Geräuschart q im Flächenelement n im Bezugsabstand von 25 m (Anhang 5.4);

$K_{q,n}$ = Korrekturwert der Geräuschart q im Flächenelement n ($K_{q,n}$ kann z.B. nach 2.422.3 der TALärm angenommen werden);

$\Delta L_{t,q,n}$ = Korrekturen für Einwirkzeiten der Geräuschart q im Flächenwert n in Takten zu je 5 sec:

– Tagzeit:

$$\Delta L_{T,q,n} = 10 \lg \frac{\text{Gesamteinwirkzeit der Geräuschart q in Takten zu je 5 sec}}{16 \cdot 720}$$

– Nachtzeit:

$$\Delta L_{N,q,n} = 10 \lg \frac{\text{Gesamteinwirkzeit der Geräuschart q in Takten zu je 5 sec}}{8 \cdot 720}$$

---

[6] Die Ereignishäufigkeiten werden vom Anlangenbetreiber mitgeteilt.
[7] Die für Schießlärm angegebene Korrektur für die hier zu erwartende Taktmehrfachbelegung $\Delta L = 10 \lg(1 - e^{-s/720})$, mit s als Schußzahl/Stunde, kann wegen der spezifischen Geräusche und wegen der Geräuschentstehung in großflächigen Schienenanlagen nur bedingt angewendet werden.

Die Maximalpegel der Schalleistungspegel L_{WAI}, die für die Spitzenschallpegelbetrachtung benötigt werden, lauten:

(5.4) $\quad L_{WAI,q,n} = L^{(25)}_{maxI,E,q,n} + 35,9 \quad [dB(AI)]$

Werte für $L^{(25)}_{maxI,E,q,n}$ enthält Anhang 5.4.

Beispiel 5.3: Zur Berechnung der Schallemissionen wird ein Rangierbahnhofgelände in 120 Teilflächen aufgeteilt. In der Teilfläche n = 35 ist mit folgenden Schallereignissen während der Nachtzeit zu rechnen:

- Rangierbewegungen: 70 Ereignisse; Einwirkzeit je Ereignis: 3 Takte zu je 5 sec; Geschwindigkeit v = 20 km/h;

- Pufferstöße: 88 Ereignisse; Einwirkzeit: 1 Takt je Ereignis; v = 3,5 km/h;

- Kurvenfahrten (Kurvenquietschen): 155 Ereignisse; Einwirkzeit: 1 Takt für 2 Ereignisse (Taktdoppelbelebung);

Tabelle 5.3 Berechnung der Emissionspegel im Flächenelement n = 35

Geräuschart q	Ereignisse je Nacht	Einwirkzeit je Ereignis in Takten zu je 5 sec	$\Delta L_{N,q,n}$	$L^{(25)}_{E,q,n}$ *)	Korrektur*) $K_{q,n}$	$L_{E,q,n=35}$
Rangierbewegungen	70	3	−14,4	67	−	52,6
Pufferstöße	88	1	−18,2	83	−	64,8
Kurvenfahrten	155	1/2 · 1	−18,7	84	+5	70,3
	*) nach Anhang 5.4			Gesamtemissionspegel		−

Die Emissionspegel können wegen der unterschiedlichen Geräuschfrequenzen und Schallquellenhöhen für weitere Berechnungsgänge nicht zusammengefaßt werden.

Zugehörige Schalleistungspegel:

- Rangierbewegungen:

$L_{WA,n=35} = 52,6 + 35,9 = 88,5 \text{ dB(A)}$

- Pufferstöße:

$L_{WA,n=35} = 64,8 + 35,9 = 100,7 \text{ dB(A)}$

- Kurvenfahrten:

$L_{WA,n=35} = 70,3 + 35,9 = 106,2 \text{ dB(A)}$

5.3.2.3 Verknüpfungspunkte von Schienenwegen mit anderen Verkehrswegen oder mit gewerblichen Anlagen

– Verknüpfung oder Kreuzung verschiedener Schienenbahnen
Von oberirdischen Schienenbahnen (z. B. bei Kreuzung Bundesbahn/ Privatbahn) ausgehende Schallpegel sind nach 5.3.2.1 für jeden Schienenweg getrennt zu ermitteln. Am Immissionsort werden dann die jeweils zu erwartenden Schallanteile zum Gesamtlärmpegel überlagert. Körperschallübertragungen sind getrennt zu betrachten (s. 5.6).

– Bahnhofsvorplätze
Je nach ihrer Nutzung und Widmung (Straße, Parkplatz, gewerbliche Anlagen) sind die Schallemissionen von Bahnhofsvorplätzen zu ermitteln.

– Kreuzungen von Schienenbahnen mit Straßen
Die von beiden Anlagen am Immissionsort einwirkenden Geräuschpegel sind getrennt zu berechnen und zu beurteilen.

– Privatgleisanschlüsse
Über Privatgleisanschlüsse werden gewerbliche Anlagen mit dem Schienennetz überregionaler Eisenbahnen verbunden. Bahnanlagen dieser Art werden aus lärmtechnischer Sicht wie gewerbliche Anlagen behandelt. Die Berechnung erfolgt nach Ziff. 5.3.2.2, wobei die linienförmige Schallquelle in Abschnitte unterteilt wird und jedem Teilabschnitt die entsprechenden Schallpegel (s. Anhang 5.4) in der jeweiligen Häufigkeit zugeordnet werden.

– Flughafenbahnen
Die von diesen Bahnen ausgehenden Emissionen werden gemäß 5.3.2.1 berechnet und gegebenenfalls mit den Schallemissionen anderer Schienenbahnen überlagert.

5.4 Schallausbreitung und Schallimmissionen

5.4.1 Freie, ungehinderte Schallausbreitung

Auf die grundlegenden Ausführungen in Teil 1 wird verwiesen. Die darüber hinausgehenden Besonderheiten der Schienengeräuschausbreitung werden nachfolgend beschrieben.

5.4.1.1 Linienförmige Schallquellen

Fahrende Züge werden als bewegte, linienförmige Schallquellen betrachtet [VDI 2716]. Ist freie, ungehinderte Schallausbreitung möglich, ändern sich die Emissionsbedingungen entlang der Strecke nicht und kann der zu betrachtende

Schienenweg beiderseits des kürzesten Abstandes $s_\perp$ zwischen Immissionsort und Gleismitte (bzw. Mitte eines Gleispaares) so eingesehen werden, daß jedes Schienenstück etwa dem dreifachen kürzesten Abstand entspricht, so wird von einer langen, geraden Schienenstrecke gesprochen. Die Berechnung der Pegelminderung hierfür ist in 5.4.1.1.1 angegeben. Die Schallausbreitungen an anderen linienförmigen Eisenbahnanlagen werden in 5.4.1.1.2 behandelt.

5.4.1.1.1 *Lange, gerade Schienenstrecken*

Ein am Immissionsort auftreffender Mittelungspegel berechnet sich zu

(5.5) $\qquad L_m = L_{m,E} + \Delta L_{s\perp} \quad [dB(A)]$

$L_{m,E}$ ist der nach Gleichung 5.1 ermittelte Emissionspegel im Bezugsabstand von 25 m und $\Delta L_{s\perp}$ ist die Pegelminderung durch Entfernung (s. Darstellung 5.2).

Die Pegelabnahme an langen, geraden Eisenbahnstrecken, die mit der Pegelminderung durch Entfernung an langen, geraden Straßen identisch ist (Teil 4), wird wie folgt ermittelt:

(5.6) $\qquad \Delta L_{s\perp} = 13{,}8 - 3{,}5x - x^2/2 \quad [dB(A)]$

$\qquad$ mit $x = \lg(s_{\perp,0}^2 + H^2)$.

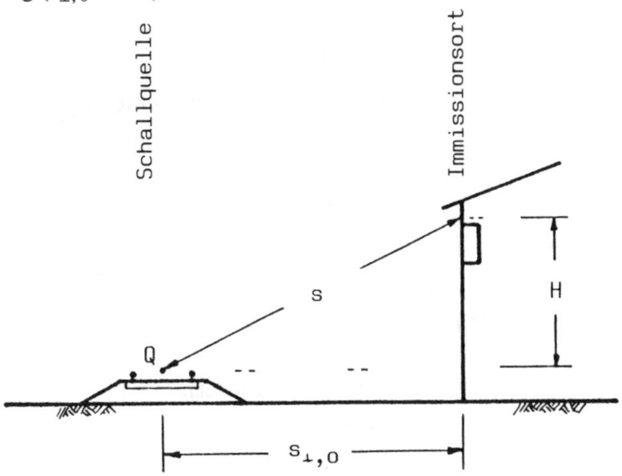

Darstellung 5.2 Geometrische Größen für die Berechnung der Pegelminderung durch Entfernung

In Darstellung 5.2 bedeuten:

$s_{\perp,0}$ = kürzester horizontaler Abstand, Immissionsort – Gleisachse;

H $\quad$ = Höhe des Immissionsortes über Gleisachse;

$s_\perp$ $\quad = \sqrt{s_{\perp,0}^2 + H^2}$ = Abstand Immissionsort – Gleisachse;

5.4.1.1.2 Streckenabschnitte

Ist die Annahme einer langen, geraden Schienenstrecke aufgrund verschiedener Umstände, wie z. B. Änderungen der Emissionsbedingungen, teilweiser Verlauf der Bahnlinie im Tunnel etc., nicht mehr möglich, so muß eine abschnittsweise Berechnung der Pegelminderung durch Entfernung durchgeführt werden. Der Schienenweg ist hierbei in einzelne Abschnitte (Teilstrecken) zu gliedern, wobei die Bedingung $l_i \leq 0{,}7\, s_i$ grundsätzlich einzuhalten ist[8] (vgl. hierzu auch Teil 4 und Darstellung 5.3).

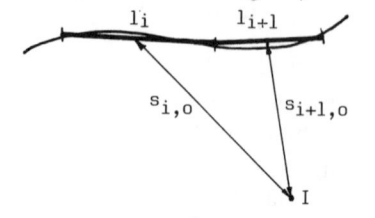

Darstellung 5.3 Einteilung eines Schienenweges in Abschnitte

In Darstellung 5.3 bedeuten:

l_i = Länge des Abschnittes i;

$s_{i,0}$ = horizontaler Abstand Immissionsort-Gleisabschnitt;

$s_i = \sqrt{s_{i,0}^2 + H_i^2}$ = Abstand Immissionsort – Mitte Abschnitt (vgl. hierzu auch Darstellung 5.2);

Der am Immissionsort auftreffende Mittelungspegel lautet:

$$L_m = 10 \lg \sum_i 10^{0{,}1\, L_{m,i}}$$

(5.7)
$$= 10 \lg \sum_i 10^{0{,}1\, (L_{m,E,i} + \Delta L_{l,i} + \Delta L_{s,i})} \quad [\text{dB}(A)]$$

Es bedeuten:

$L_{m,E,i}$ = Emissionspegel der Teilstrecke i nach Gleichung 5.1a;

$\Delta L_{l,i}$ = $10 \lg l_i$ = Einfluß der Abschnittslänge l_i auf den Schallpegel aus Abschnitt i;

$\Delta L_{s,i}$ = Pegelminderung durch Entfernung[9]:

(5.8)
$$\Delta L_{s,i} = 8{,}8 - 8{,}2 x - x^2/2 \quad [\text{dB}(A)]$$

mit $x = \lg (s_{i,0}^2 - H_i^2)$

5.4.1.2 Flächenhafte Schallquellen

Über den Schalleistungspegel (Formel 5.2) werden die Schallimmissionen (Beurteilungspegel L_r) in einer überschlägigen Berechnung wie folgt bestimmt:

---

[8] Es gibt Überlegungen, die Bedingung für die Abschnittslängen mit $l_i \leq 0{,}5\, s_i$ neu zu formulieren, um die Rechengenauigkeit zu erhöhen.
[9] Vgl. hierzu auch Ausführungen in DIN 18005 E und RLS-81 [19].

$$L_r = L_{WA} + \Delta L_s$$
(5.9) $\qquad = 65 + 10 \lg F + K + \Delta L_s \quad [dB(A)]$

Die Pegelminderung durch Entfernung ist in diesem Fall näherungsweise mit

(5.10) $\qquad \Delta L_s \approx -10 \lg 2\pi s^2 \quad [dB(A)]$

anzunehmen, wobei der Abstand Flächenmitte – Immissionsort der Bedingung $s > 1,4\,D$ genügen muß.

In der ausführlichen Berechnung werden Beurteilungs- und Spitzenschallpegel für einen Immissionsort bei freier Schallausbreitung über die in 5.3.2.2.2 d) angegebenen Schalleistungspegel (Formel 5.3 b) für alle Flächenelemente n und alle Geräuscharten q mit nachstehend genannten Formeln berechnet:

– Beurteilungspegel:

$$L_r = 10 \lg \sum_{q,n} 10^{0,1(L_{WA,q,n} + \Delta L_{s,q,n})}$$

(5.11) $\qquad L_r = 10 \lg \sum_{q,n} 10^{0,1(L_{E,q,n}^{(25)} + K_{q,n} + 35,9 + \Delta L_{t,q,n} + \Delta L_{s,q,n})} \quad [dB(A)]$

– Spitzenschallpegel:

$$L_{\max I, q, n} = L_{WAI, q, n} + \Delta L_{s, q, n}$$

(5.12) $\qquad = L_{\max I, E, q, n}^{(25)} + 35,9 + \Delta L_{s, q, n} \quad [dB(A)]$

Die Pegelminderungen $\Delta L_{s,q,n}$ in den Formeln 5.11 und 5.12 sind analog der Formel zu Bild 9 der DIN 18005 E zu ermitteln:

(5.13) $\qquad \Delta L_{s,q,n} = -(8,8 + 8,2x + x^2/2) \quad [dB(A)]$

$\qquad$ mit $\quad x = \lg(s_{q,n}^2 - H_n^2)$.

Eine differenziertere, die jeweilige, maßgebende Frequenz eines Geräusches berücksichtigende Berechnung der Schallpegelminderung durch Entfernung ist nach VDI 2714 E möglich.

5.4.1.3 Sonstige Betriebsanlagen

Soweit andere Anlagen zur Begutachtung vorliegen, sind sie entweder wie vor beschrieben zu behandeln (z. B. Privatgleisanschlüsse, Werksbahnhöfe) oder an Hand der Ausführungen in Teil 3 oder Teil 4 zu würdigen (z. B. Privatstraßen, Bahnhofsvorplätze).

5.4.2 Schallpegelminderung durch Hindernisse

Die VDI-Richtlinien 2714 E und 2720 E sowie die DIN 18005 E enthalten brauchbare Ansätze zur Bestimmung der Schallpegelminderung durch Hindernisse. Die Formeln gelten jedoch nur für Punktschallquellen und können daher nur in der Streckenabschnittsberechnung für Linienschallquellen und in der Berechnung für großflächige Anlagen verwendet werden. Dabei sind die Abmessungen der Schallschutzanlagen in aufwendigen Untersuchungen optimieren. Am Immissionsort auftreffende Schalleinwirkungen nach 5.4.1.1.2 und 5.4.1.2 werden dann noch um die Werte $\Delta L_{LS,i}$ bzw. $\Delta L_{LS,q,n}$ vermindert.

Die nach den unterschiedlichen Formeln der vorgenannten Regelwerke ermittelten Schallimmissionen stimmen für die selben Ausgangsgrößen zufriedenstellend überein. Zur frequenzabhängigen Berechnungsmöglichkeit der Pegelminderungen einzelner Schallereignisse eignen sich die Ansätze in der VDI 2714 E.

Die Wirkung von Schallschirmen an langen, geraden Bahnstrecken kann nur näherungsweise über die entsprechenden Ausführungen in der DIN 18005 E ermittelt werden. Zur genauen Berechnung ist der Schienenweg in Abschnitte zu unterteilen.

Geometrische Größen zur Ermittlung der Schallpegelminderung durch Abschirmung und ihre Berechnung enthält Anhang 5.5.

5.4.3 Schallpegelerhöhungen

Schallpegelerhöhungen werden durch Unzulänglichkeiten am Schienenweg und am Fahrzeugmaterial oder durch Schallreflexionen verursacht. Der Einfluß dieser Schallpegel auf die Gesamtlärmsituation kann jedoch nur für den Teil der Schienenstrecke angesetzt werden, für den die Voraussetzungen gegeben sind (z. B. bei Brücken nur für den Bereich der Brückenlänge). Einige Werte, die durch Mängel am Gleiskörper oder am Fahrzeugmaterial hervorgerufen werden, enthält Anhang 5.6.

An größeren Flächen im Nahbereich von Schienenwegen (z. B. an Gebäuden) wird der auftreffende Schall reflektiert. Der Einfluß dieser Reflexionen, die im allgemeinen durch die Schienenfahrzeuge selbst abgeschirmt werden, ist bei der

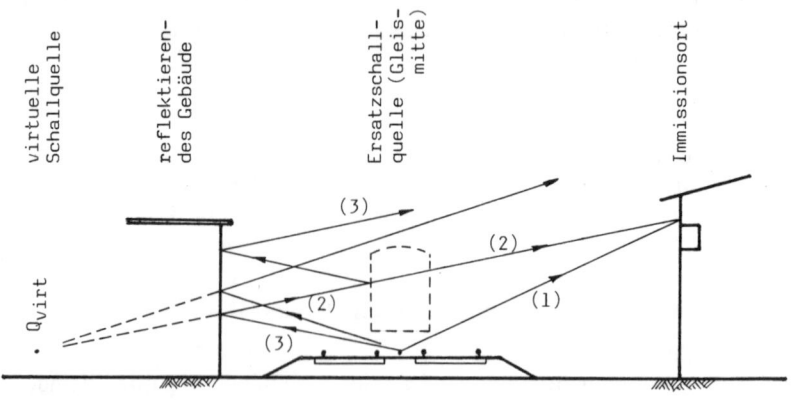

(1) = direkter Schall   (2) reflektierter Schall (Einfachreflexion)
(3) = reflektierter Schall (Mehrfachreflexion)

Darstellung 5.4 Reflexionen an Schienenwegen

Ermittlung der Schallimmissionen immer dann zu berücksichtigen, wenn kurze Züge oder Züge mit flachen Wagen fahren oder wenn die Immissionsorte vergleichsweise hoch liegen (Darstellung 5.4).

Die Berechnung des reflektierten Schalls erfolgt nach 5.3.2.1, 5.4.1.1 und bei Pegelminderung durch Abschirmung über die in 5.4.2 genannten schalltechnischen Regelwerke mit den sich jetzt auf eine virtuelle Schallquelle (Spiegelschallquelle) beziehenden geometrischen Größen s_0, a_0, b_0, h_{LSW}, h und H. Die bei den Reflexionen entstehenden unvermeidlichen Reflexionsverluste ΔL_{RV} sind wie folgt anzunehmen [55]:

glatte Wand: $\Delta L_{RV} \sim 1\,dB(A)$
strukturierte Wand: $\Delta L_{RV} \sim 2\,dB(A)$
hochabsorbierende Wand: $\Delta L_{RV} \geq 8\,dB(A)$

Neben den Einfachreflexionen können Mehrfachreflexionen die Schalleinwirkungen erhöhen. Nach RLS-81 [19] werden sie durch Zuschläge bei der Ausbreitungsrechnung des Straßenverkehrslärms mit beidseitiger, annähernd geschlossener Randbebauung (>70%) berücksichtigt; dies kann sinngemäß auf die Berechnung des Straßenbahnlärms in innerstädtischen Bereichen angewendet werden. Einzelwerte sind der Tabelle 5.4 zu entnehmen.

Tabelle 5.4 Zusätzliche Pegelerhöhung ΔL_{refl} in dB(A) durch Mehrfachreflexion

	h_{Beb}/w	ΔL_{refl} in dB(A)
1	0,1	0
2	0,3	1
3	0,5	2
4	0,8	3

Es bedeuten:

h_{Beb} = mittlere Bebauungshöhe;
w = mittlerer Abstand zwischen den Hausfronten;

Mehrfachreflexionen, die zwischen Schienenfahrzeugen und einer Lärmschutzwand auftreten, beeinträchtigen die schallpegelmindernde Wirkung der Wand; hierüber sind umfangreiche Untersuchungen anzustellen. Wenn jedoch hochabsorbierende Wände vorhanden sind, genügt es, lediglich die erste Mehrfachreflexion zu überprüfen.

5.4.4 Darstellung der Schallimmissionen

Die Einzelergebnisse der für kritische Immissionsorte durchgeführten Schallpegelberechnungen werden in Listenform dargestellt bzw. in Lagepläne eingetragen. Eine grafische Darstellung von Lärmimmissionen sollte im Rahmen von Bauleitplanverfahren erfolgen.

5.5 Schallschutzmaßnahmen

Maßnahmen zum Schutz vor Schienenverkehrslärm sind nachfolgend aufgezeigt.

5.5.1 Planerische Maßnahmen

Der Bau neuer Schienenwege der Bundesbahn läßt, im Gegensatz zum Fernstraßenbau, wegen der vorgegebenen, hohen Reisegeschwindigkeiten nur sehr große Trassierungselemente zu (Radien im Grundriß für v = 250 km/h: $R \geq 5100$ m, im Regelfall R = 7000 m; Ausrundungsradien (Aufriß): $R_H = 0,4 \, v^2$ m; Längsneigung $\leq 18\,^0/_{00}$ [43]). Dies kann zu erheblichen Zielkonflikten mit dem Lärmschutz in der Bauleitplanung führen, die durch bauliche Schallschutzmaßnahmen an der Lärmquelle nicht immer ausgeglichen werden (vgl. 5.2.1.1).

Neue U-Bahnen, die in Ballungsgebieten weitgehend unterirdisch geführt werden, verursachen im allgemeinen geringe bzw. keine Luft-, Körperschall- oder Erschütterungsimmissionen, wenn die in 5.6 angegebenen Maßnahmen beachtet werden.

Bei bestehenden Schienenwegen, insbesondere bei Fernbahnen und Bahnhöfen in Wohngebieten, sollte die Möglichkeit einer Überbauung erwogen werden.

Großflächige Betriebsanlagen, z.B. Rangierbahnhöfe, sollten nicht nur aus städtebaulichen Gründen, sondern insbesondere wegen des Schallschutzes nicht in dichtbesiedelten Gebieten errichtet werden. Bei Um- oder Ausbaumaßnahmen solcher Betriebsanlagen, die im Zuge städtebaulicher Entwicklungen im Lauf der Zeit vielfach mit schutzbedürftigen Baugebieten umgeben wurden, sind die Vor- und Nachteile einer Neuplanung im Außenbereich vorweg eingehend abzuwägen.

5.5.2 Maßnahmen zur Vermeidung unnötiger Schallemissionen

5.5.2.1 Maßnahmen am Fahrweg

a) Oberbau (Schienen, Schwellen und deren direkte Lagerung):

- Oberbauformen mit einem Schotterbett sind schotterlosen Plattenkonstruktionen vorzuziehen [37, 38].

- Zur Dämpfung der von Schienen ausgehenden Schallanteile können in lärmempfindlichen Bereichen Schienen in Sandwich-Bauweise (mit schwingungsdämpfendem Material beschichtete Schienen) verwendet werden [30].

- Quietschgeräusche können durch Schmieren der Schienenkopfflanken oder, im Zuge von Streckenbegradigungen, durch Kurvenradienvergrößerung (r > 300 m) weitgehend vermieden werden.

- Erheblichen Anteil an der Geräuschentstehung haben Schienen, die rauh oder verriffelt sind oder deren Lage sich durch die dynamischen Belastungen beim Befahren verändert hat. Hier kann durch Schleifen bzw. Durcharbeiten des Gleises im Rahmen von Unterhaltungsarbeiten Abhilfe geschaffen werden. Die Durchführung dieser Arbeiten sollte im Bereich schutzwürdiger Baugebiete vom „akustischen Zustand" des Gleises und nicht von festgelegten Intervallen abhängig gemacht werden [20].

- Schlaggeräusche werden z. B. durch die endlose Verschweißung der Schienen oder durch den Einbau beweglicher Herzstücke in Weichen weitestgehend vermieden.

b) Brücken (Brückenüberbau, Widerlager)

In Siedlungsgebieten sollten nur noch Beton- oder Verbundbrücken mit Schotteroberbau verwendet werden. Bei Stahlbrücken sind stets ein Schotterbett und, bei Bedarf, Unterschottermatten vorzusehen [31, 37].

c) Unterbau (Dämme, Tragschicht)

Der Unterbau ist aus verdichtetem Kies herzustellen, um die in den Boden eingeleiteten Kräfte (Schwingungen) weitgehend zu dämpfen. In schienennahen Gebäuden werden hierdurch Erschütterungs- und Körperschallimmissionen großenteils vermieden. Ton- und schluffhaltige Materialien zur Errichtung des Unterbaues sind ungeeignet (s. auch 5.6) [45].

5.5.2.2 Maßnahmen an Schienenfahrzeugen

Die zulässige Schallabstrahlung von Schienenfahrzeugen kann einheitlich nur über den Erlaß einer Verordnung nach § 38 BImSchG geregelt werden.

Folgende Maßnahmen zur Minderung der Lärmemissionen an Schienenfahrzeugen kommen in Betracht:

- Räder in Sandwich-Bauweise bei Straßenbahnen (Beschichtung der Radscheiben mit schwingungsdämpfendem Material) [30];

- Räder mit Schwingungsabsorbern (bei Stadtbahnen besonders geeignet gegen Kurvenquietschen) [47];

- Vermeidung von Radriffeln durch Verwendung von Scheibenbremsen [31] und elektrodynamischen Bremsen;

- Verminderung der Schallabstrahlung der Wagenaufbauten durch Entdröhnen mit Dämmaterial [30];

- Dämpfung der Motorgeräusche und Hilfsaggregate durch geeignete Kapselung;

- Überwachung der Radreifen auf Flachstellen;

- Verkürzung der Intervalle für Pflege- und Wartung;

Schallschürzen vor den Radscheiben haben nur eine geringe schalldämmende Wirkung, da sie aus konstruktiven Gründen nicht bis unter den Berührungsbereich Rad/Schiene gezogen werden können [31].

5.5.2.3 Maßnahmen an sonstigen Fahrzeugen

a) Straßenfahrzeuge, die innerhalb der Betriebsgelände verkehren, s. Teil 4 und Teil 3;

b) Hebezeuge, Hilfsgeräte (Gabelstapler, Seitenlader, Frontlader, Kräne etc.), s. Teil 3;
Besonders schallgedämpfte Geräte, die von Herstellern bereits angeboten werden, sind im Bereich schutzbedürftiger Gebiete einzusetzen.

c) Baustellenfahrzeuge (Gleisbau- und Unterhaltungsmaschinen); Kapselung von Antriebsmaschinen und Hilfsaggregaten;

5.5.2.4 Maßnahmen an großflächigen Betriebsanlagen

a) Betriebshöfe, Wartungs- und Ausbesserungswerke, Umspannanlagen etc. s. Teil 3;

b) Rangier- und Umladeanlagen

– Schallemissionsarme, ortsfeste Brems- und Festhalteanlagen (Gummigleisbremse, Segmentbalkengleisbremse, elektrodynamische Wirbelstrombremse, Dowty-Retarder) sind als Ersatz für besonders laute Einrichtungen (Balkengleisbremse mit Monoblock, elektrodynamische Balkengleisbremse, Hemmschuhlegen etc.) im Zuge von Erneuerungen oder Umrüstungen vorzusehen [42, 48, 49].

– Beidrückanlagen sollten geringe Geschwindigkeiten zur Vermeidung bzw. Unterdrückung lauter Pufferstöße haben [22].

– Lautsprecheranlagen für den Rangierdienst sind durch die ohnehin effektiveren Sprechfunkgeräte zu ersetzen.

– Die elektronische Steuerung des Wagenablaufes in Rangierbahnhöfen beugt unnötigem und vermeidbarem Lärm vor.

5.5.2.5
Betriebliche Maßnahmen

– Betriebsruhe und Ersatzverkehr während der Nachtzeit (Stadtbahnen) ist zu erwägen.

– Bauarbeiten während der Nachtzeit sollten auf das unbedingt Notwendige beschränkt werden. Die rechtzeitige Warnung der Gleisarbeiter ist durch optische Signale oder Sprechfunk statt durch Typhone sicherzustellen.

5.5.3 Pegelminderung bei der Schallausbreitung

5.5.3.1 Bauliche Schallschutzanlagen

Wenn durch planerische Maßnahmen ein ausreichender Schallschutz nicht sichergestellt werden kann, so ist ergänzender Lärmschutz erforderlich, der, um eine gute Wirkung zu gewährleisten, in unmittelbarer Nähe der Lärmquelle errichtet werden muß. Demgegenüber kann in Ausnahmefällen ein Lärmschutzwall oder eine Wand am Immissionsort eine sinnvollere Schallschutzmaßnahme darstellen.

5.5.3.2 Bepflanzungsmaßnahmen

Durch Gehölzpflanzungen entlang von Schienenbahnen oder großflächigen Betriebsanlagen kann die Lärmimmission verringert werden. Ist die Tiefe gering, so hat sie jedoch nur eine psychologische Wirkung. Die in der Literatur [19, 23] angegebenen Werte für Schallpegelminderungen durch dichte Waldbepflanzung von etwa 5 bis 6 dB(A)/100 m bzw. höchstens 10 dB(A) sind in der Praxis kaum zu erreichen, da als Voraussetzung für diese Werte ein Wald mit dichtem Unterholz vorhanden sein muß [46]. Dieses Unterholz verschwindet jedoch mit dem Heranwachsen der Bäume und es ist dann zu befürchten, daß statt der erwarteten Pegelminderungen eine Pegelerhöhung durch den Fokussierungseffekt auftritt. Auch kann die schallpegelmindernde Wirkung von Wald durch Mitwind oder Temperaturinversion ausgeschaltet werden. Gegen die in der DIN 18005 E, in der RLS-81 [19] oder in der Schall 03 [23] angegebenen Werte bestehen auch insofern erhebliche Bedenken, da sie zu pauschal und zu grob für die Einbeziehung in das differenzierte Berechnungsverfahren sind (Schätzwerte). Bei der Annahme von Schallpegelminderungen durch Gehölze ist daher und insbesondere im Hinblick auf den damit meistens einhergehenden, enteignungsähnlichen Eingriff in Privateigentum größte Zurückhaltung geboten [55].

5.5.4 Maßnahmen am Immissionsort

Auf die Ausführungen in Teil 6 über Bebauungsanordnungen und die Gestaltung von Grundrissen wird verwiesen.

5.6 Körperschall und Erschütterungen

Definitionen und Wirkungsweise sind in 5.1.2.2 beschrieben.

5.6.1 Regelungen für Körperschall- und Erschütterungsschutz

Zur Beurteilung der durch Bahnbetrieb hervorgerufenen Körperschall- und Erschütterungseinwirkungen gibt es, ähnlich wie beim Schienenlärm, keine gesetzlichen Vorschriften. In diesem Fall muß aus fachtechnischen Gründen auf technische Normen und Richtlinien zurückgegriffen werden:

- Vornorm DIN 4150 „Erschütterungen im Bauwesen", Teil 1, 2 und 3, Sept. 1975

Die Ausführungen in der Vornorm DIN 4150 sind als sachverständige Aussage hinsichtlich der Messung sowie der Beurteilung von Erschütterungseinwirkungen zu betrachten.

- VDI-Richtlinie 2057 „Beurteilung der Einwirkungen mechanischer Schwingungen auf Menschen", Blatt 1 (Entwurf Febr. 1975), Blatt 2 (Entwurf Febr. 1979) und Blatt 3 (Entwurf Febr. 1979)

Die VDI 2057 ergänzt in der Beurteilung der Erschütterungseinwirkungen die Vornorm DIN 4150.

- VDI-Richtlinie 2058 „Beurteilung von Arbeitslärm in der Nachbarschaft", Blatt 1, Juni 1973

Aus fachtechnischer Sicht können die in Abschnitt 3.3.2 genannten Immissionsrichtwerte „Innen" (Spitzenpegel) zur Beurteilung der Lärmeinwirkungen infolge Körperschallübertragung aus Verkehrswegen (auch unterirdischen) in Wohnungen herangezogen werden (vgl. hierzu auch [50]). Die Pegelwerte stimmen größenordnungsmäßig mit denen der TALärm überein (s. Anhang 5.2.2).

5.6.2 Ermittlung von Körperschall- und Erschütterungsimmissionen

Im Gegensatz zum Wissensstand über Pegelminderungen bei der Ausbreitung des Luftschalls und der damit verbundenen Möglichkeit, Schallimmissionsprognosen auf rechnerischem Weg zu erstellen, können keine gesicherten Voraussagen über Körperschall- und Erschütterungseinwirkungen gemacht werden [37, 51]. Messungen von Körperschall und Erschütterungen an Schienenwegen deuten jedoch auf folgendes hin:

- Bei oberirdischen Schienenbahnen kann angenommen werden, daß im allgemeinen ab ca. 50 m von Gleismitte die zulässige Beurteilungsgröße für Erschütterungen in reinen und allgemeinen Wohngebieten nach Vornorm DIN 4150 während der Nachtzeit (KB = 0,15) nicht überschritten wird [51].
- Wenn im Keller eines Gebäudes nachfolgend genannte, unbewertete Schwinggeschwindigkeiten bei Vorbeifahrt eines Zuges nicht überschritten werden, ist

auch nicht mit kurzzeitigen Störungen zu rechnen [20]:

Wohngebäude	$V_{eff} \approx 0{,}02$ mm/s (Schnellepegel 50 dB),
Bürogebäude	$V_{eff} \approx 0{,}05$ mm/s (Schnellepegel 60 dB),
Theater, Konzertsaal, Rundfunkgebäude	$V_{eff} \approx 0{,}003$ mm/s (Schnellepegel 35 dB).

Nach Untersuchungen des Bayer. Landesamtes für Umweltschutz sind diese Werte als Höchstwerte für Gebäude mit weniger als 3 Geschossen zu betrachten.

- Der Abstand zwischen Tunnelbauwerk und Hausfundament soll ohne bauliche Sondermaßnahme nicht kleiner als 10 m sein [20].
- Die von Schienenfahrzeugen erzeugten mechanischen Schwingungen wachsen mit der Fahrgeschwindigkeit v (etwa 25 lg v), mit der Achslast (etwa 10 lg W) und mit der Rauhigkeit von Rad und Schienenoberfläche [20].

5.6.3 Maßnahmen gegen Körperschall- und Erschütterungseinwirkungen

Minderung von Körperschall- und Erschütterungsimmissionen an Schienenwegen sind durch folgende Maßnahmen zu erreichen:

- Überprüfung von Fahrzeugen und Schienenmaterial auf Unebenheiten (Riffeln, Rauhigkeit, Flachstellen, Schienen- oder Weichenstöße etc.); regelmäßige Wartung des Fahrzeugmaterials, Abdrehen der Radlaufflächen und Schleifen der Schienen [52];
- Einhaltung von Mindestabständen zu Hausfundamenten (unterirdisch > 10 m, oberirdisch > 50 m); Verwendung dicker Tunnelwände [20, 51];
- Verwendung eines Schotteroberbaues mit 25 cm Schotter unter den Schwellen und zusätzlich (bei unterirdischen Bauwerken) Unterschottermatten [50];
- bei schotterlosem Oberbau Einlage von Gummielementen mit 1 bis 2 cm Dikke zwischen Schienenlagerung und Tunnelboden [20, 50, 53];
- Erstellung eines erschütterungs- und körperschalldämpfenden Untergrundes durch Auskofferung von Ton-, Schluff- oder Moorschichten mit gut verdichtbarem Kies; Errichtung von Dämmen aus gleichem Material; Vorsorge für ausreichende Entwässerung; gegebenenfalls sind besondere Isolierschichten einzubauen.

5.7 Schlußbetrachtung

Im Gegensatz zur Beurteilung von Schienenverkehrslärm und Lärm von großflächigen Eisenbahnbetriebsanlagen bereiten die schalltechnischen Berechnungen der Emissionen und Immissionen dieser eisenbahnspezifischen Lärmarten anhand der dargelegten Ausführungen keine Probleme.

Gesicherte Prognosen über Körperschall- und Erschütterungseinwirkungen an Eisenbahnen und Straßenbahnen können nicht abgegeben werden. Aufgrund von Messungen an Schienenbahnen und aufgrund der dabei gewonnenen Erkenntnisse können jedoch neue Bahnanlagen an bestehenden Baugebieten oder neue Baugebiete an bestehenden Bahnanlagen so angeordnet werden, daß keine unzulässigen Körperschall- und Erschütterungseinwirkungen auftreten.

Anhang 5.1

Übersicht über Gesetze zum Lärmschutz an Schienenwegen

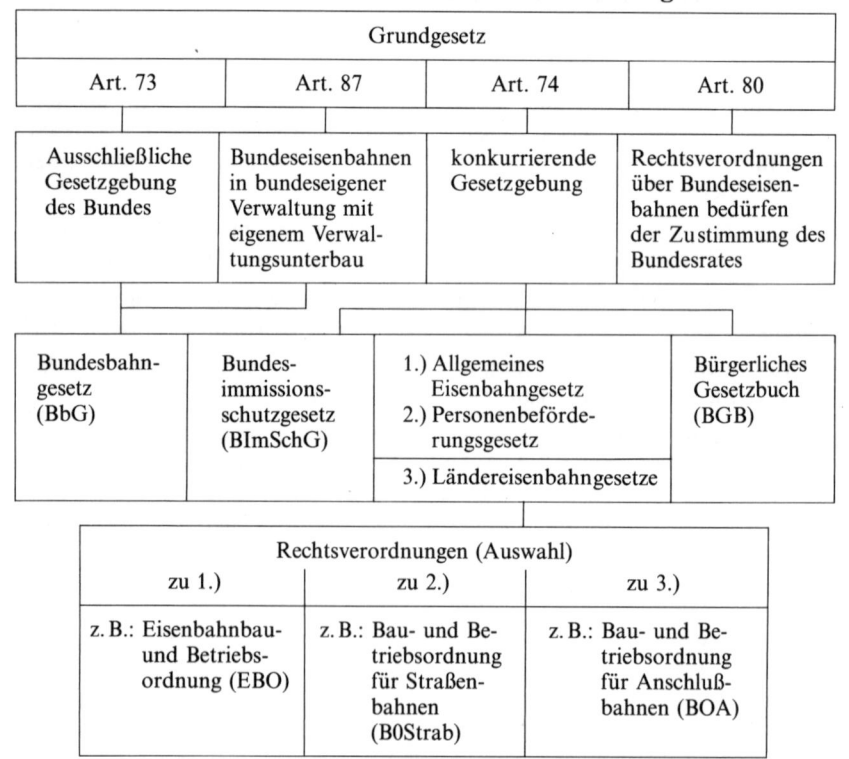

Grundgesetz			
Art. 73	Art. 87	Art. 74	Art. 80
Ausschließliche Gesetzgebung des Bundes	Bundeseisenbahnen in bundeseigener Verwaltung mit eigenem Verwaltungsunterbau	konkurrierende Gesetzgebung	Rechtsverordnungen über Bundeseisenbahnen bedürfen der Zustimmung des Bundesrates
Bundesbahngesetz (BbG)	Bundesimmissionsschutzgesetz (BImSchG)	1.) Allgemeines Eisenbahngesetz 2.) Personenbeförderungsgesetz 3.) Ländereisenbahngesetze	Bürgerliches Gesetzbuch (BGB)

Rechtsverordnungen (Auswahl)		
zu 1.)	zu 2.)	zu 3.)
z. B.: Eisenbahnbau- und Betriebsordnung (EBO)	z. B.: Bau- und Betriebsordnung für Straßenbahnen (BOStrab)	z. B.: Bau- und Betriebsordnung für Anschlußbahnen (BOA)

Anhang 5.2.1
**Beurteilungskriterien nach „Verkehrslärmschutzgesetz"
Entwurfsvorlage vom 28.02.1980, BT-Drucksache 8|3730
(EVLärmSchG) (Auszüge)**

§ 5 EVLärmSchG: Immissionsgrenzwerte für Lärmvorsorge

(1) Für den Bau oder die wesentliche Änderung von Straßen (a) oder Schienenwegen (b) gelten folgende Immissionsgrenzwerte:

		Tag dB(A)	Nacht dB(A)
– an Krankenhäusern, Kurheimen und Altenheimen	a)	60	50
	b)	65	55
– in reinen und allgemeinen Wohngebieten und Kleinsiedlungsgebieten	a)	62	52
	b)	67	57
– in Kerngebieten, Dorfgebieten und Mischgebieten	a)	67	57
	b)	72	62
– in Gewerbegebieten und Industriegebieten	a)	72	62
	b)	77	67

Für Schienenwege, auf denen in erheblichem Umfang Güterzüge gebildet oder zerlegt werden, gelten die Immissionsgrenzwerte für Straßen.

§ 3 EVLärmSchG: Lärmvorsorge an Verkehrswegen

(2) Eine wesentliche Änderung von Straßen oder Schienenwegen nach § 3 Abs. 1 liegt vor, wenn durch baulichen Eingriff ein vorhandener Mittelungspegel um mindestens 3 dB(A) oder auf mehr als

1. 70 dB(A) am Tage oder 60 dB(A) in der Nacht bei Straßen oder
2. 75 dB(A) am Tage oder 65 dB(A) in der Nacht bei Schienenwegen

erhöht wird.

Anhang 5.2.2
Beurteilungskriterien nach „Technischer Anleitung zum Schutz gegen Lärm (TALärm)" vom 16.07.1968 (Auszüge)

a) Immissionsrichtwerte nach 2.321 TALärm zur Bewertung der ermittelten Beurteilungspegel (Anzeigedynamik „Fast" in dB(A) oder dB(AF)):

	tagsüber	nachts
– Gebiete, in denen ausschließlich Wohnungen untergebracht sind:	50 dB(A)	35 dB(A),
– Gebiete, in denen vorwiegend Wohnungen untergebracht sind:	55 dB(A)	40 dB(A)
– Gebiete mit gewerblichen Anlagen und Wohnungen, in denen weder vorwiegend gewerbliche Anlagen noch vorwiegend Wohnungen untergebracht sind:	60 dB(A)	45 dB(A),
– Gebiete, in denen vorwiegend gewerbliche Anlagen untergebracht sind:	65 dB(A)	50 dB(A),
– Gebiete, in denen nur gewerbliche oder industrielle Anlagen und Wohnungen für Inhaber und Leiter der Betriebe sowie für Aufsichts- und Bereitschaftspersonen untergebracht sind:	70 dB(A)	70 dB(A),
– Wohnungen, die mit der Anlage baulich verbunden sind:	40 dB(A)	30 dB(A).

b) Spitzenschallpegel (nachts) nach 2.422.6 TALärm
Immissionsrichtwert +20 dB(A)

c) Beurteilungszeiträume
Tag: 06.00 bis 22.00 Uhr,
Nacht: 22.00 bis 06.00 Uhr.

Anhang 5.2.3
Beurteilungskritierien nach „Allgemeiner Verwaltungsvorschrift zum Schutz gegen Baulärm — Geräuschimmissionen" vom 19.08.1970 (Auszüge)

3. Immissionsrichtwerte

3.1 Festsetzung der Immissionsrichtwerte

3.1.1 Als Immissionsrichtwerte werden festgesetzt für

a)	Gebiete, in denen nur gewerbliche oder industrielle Anlagen und Wohnungen für Aufsichts- und Bereitschaftspersonen untergebracht sind,		70 dB(A)
b)	Gebiete, in denen vorwiegend gewerbliche Anlagen untergebracht sind,	tagsüber	65 dB(A)
		nachts	50 dB(A)
c)	Gebiete mit gewerblichen Anlagen und Wohnungen, in denen weder vorwiegend gewerbliche Anlagen noch vorwiegend Wohnungen untegebracht sind,	tagsüber	60 dB(A)
		nachts	45 dB(A)
d)	Gebiete, in denen vorwiegend Wohnungen untergebracht sind,	tagsüber	55 dB(A)
		nachts	40 dB(A)
e)	Gebiete, in denen ausschließlich Wohnungen untergebracht sind,	tagsüber	50 dB(A)
		nachts	35 dB(A)
f)	Kurgebiete, Krankenhäuser und Pflegeanstalten	tagsüber	45 dB(A)
		nachts	35 dB(A)

3.1.2 Als Nachtzeit gilt die Zeit von 20 Uhr bis 7 Uhr.

3.1.3 Der Immissionsrichtwert ist überschritten, wenn der nach Nr. 6 ermittelte Beurteilungspegel den Richtwert überschreitet. Der Immissionsrichtwert für die Nachtzeit ist ferner überschritten, wenn ein Meßwert oder mehrere Meßwerte den Immissionsrichtwert um mehr als 20 dB(A) überschreiten.

5.2 Überschreitung der Immissionsrichtwerte

5.2.1 Die Stillegung der Baumaschine ist als letzte Möglichkeit zur Einhaltung der Immissionsrichtwerte in Betracht zu ziehen.

5.2.2 Bei dringend erforderlichen Arbeiten zur Beseitigung eines Notstandes oder zur Abwehr von Gefahren muß die Baumaschine trotz Überschreitens des Immissionsrichtwertes nicht stillgelegt werden. Dies gilt auch, wenn die Bauarbeiten im öffentlichen Interesse dringend erforderlich sind.

Anhang 5.2.4, Blatt 1

Auszug aus „Belastungsgrenzwerte für Eisenbahnlärm", 4. Teilbericht der Eidg. Kommission für die Beurteilung von Lärm-Immissionsgrenzwerten; Bern, Sept. 1982

Belastungsgrenzwerte für Eisenbahnlärm, Beurteilungspegel $L_r = L_{eq,e} + K$

Zuordnung der Empfindlichkeitsstufen I–IV zu den typischen Nutzungen		Immissions-grenzwerte		Planungs-werte		Alarmwerte	
Empfindlichkeitsstufe	Typische Nutzung der lärmbetroffenen Gebiete	\multicolumn{6}{l}{$[L_r$ in dB(A)$]$}					
		Tag	Nacht	Tag	Nacht	Tag	Nacht
I	Speziell bezeichnete Ruhezonen namentlich mit – Krankenanstalten – Pflegeheimen – Kurhäusern – Erholungsheimen	55	45	50	40	65	60
II	Gebiete mit vorwiegendem Wohncharakter, namentlich mit – Praxis-, Büro- und Wohngebäuden in ruhigen ländlichen oder städtischen Gebieten – Altersheimen – Kinderheimen – Ferienhäusern – Schulhäusern	60	50	55	45	70	65
III	Lärmvorbelastete Wohngebiete, namentlich mit – Praxis-, Büro und Wohngebäuden – Gewerbebetrieben mit Wohnungen – Kaufläden usw.	65	55	60	50	70	65
IV	Industriegebiete mit Gebäuden, die dem längeren Aufenthalt von Personen dienen, namentlich mit – Abwartwohnungen – Büro- und Laborgebäuden	70	60	70	60	75	70

Empfohlener Meßort: Mikrofon im offenen Fenster der betroffenen Gebäude

– *Immissionsgrenzwerte*

Die Immissionsgrenzwerte bilden die zentrale Stufe. *Bestehende Immissionen* über diesem Wert sind im Rahmen der technischen und betrieblichen Möglichkeiten (Verhältnismäßigkeitsprinzip) zu vermindern. Erfahrungsgemäß genügt in der Regel die Anwendung der bestmöglichen Lärmbekämpfungstechnik an der Quelle nicht, um die Immissionen innert nützlicher Frist ausreichend zu reduzieren. Die Anwendung weiterer Maßnahmen ist zu prüfen und, wo zweckmäßig, auch anzuordnen. In der Nähe bestehender, lärmverursachender Anlagen sollten zudem neue Wohnbauten nur bewilligt werden, wenn dort die Immissionsgrenzwerte nicht überschritten werden.

Für *neue Anlagen* gelten diese Grenzwerte als Höchstwerte, die grundsätzlich nicht überschritten werden dürfen.

– *Planungswerte*

Die Anforderungen an neue Anlagen sind so festzulegen, daß nach Möglichkeit die durch diese Anlage allein erzeugten Immissionen nicht über den Planungswerten liegen. Abweichungen von diesem Grundsatz sollten nur dann zugelassen werden, wenn ein überwiegendes öffentliches Interesse an der Anlage besteht und die Einhaltung der Planungswerte zu einer unverhältnismäßigen Belastung des Projektes führen würde.

– *Alarmwerte*

Immissionen über dem Alarmwert gelten als extrem. Sanierungen müssen innerhalb möglichst kurzer Frist zwingend getroffen werden. Denkbar sind neben baulichen Maßnahmen auch ortsplanerische Vorkehrungen. Genügen solche Maßnahmen nicht, oder sind sie unverhältnismäßig, so sind Schallschutzmaßnahmen an den betroffenen Gebäuden anzuordnen.

- $L_r = L_{eq,e} + K$
- Der $L_{eq,e}$ ist der Eisenbahnlärm-Mittelungspegel, berechnet für den maßgebenden Verkehr und den entsprechenden Beurteilungszeitraum. Als maßgebender Verkehr gilt der Durchschnittsverkehr im Jahresmittel, getrennt für die Beurteilungszeiträume Tag und Nacht.
- *Bestimmen des Korrekturfaktors K*

$K = 10 \cdot \log \dfrac{N}{250}$ für $8 < N < 80$

$K = -5$ für $N \geq 80$

$K = -15$ für $N \leq 8$

N: Züge pro Beurteilungszeitraum
(Als Züge gelten sämtliche Schnell-, Regional- und Güterzüge. Fahrten einzelner Lokomotiven werden nicht mitgezählt)
Der Beurteilungszeitraum beträgt tags 16 Stunden (06.00–22.00 Uhr) und nachts 8 Stunden (22.00–06.00 Uhr).

Anhang 5.2.4, Blatt 2
Auszug aus „Lärmschutz an Rangierbahnhöfen", Teil 1:
Beurteilungsgrundlagen und Maßnahmekonzept, Bericht der Eidgen. Arbeitsgruppe „Lärmbelastung durch Rangierbahnhöfe"; Bern 1978

Tabelle 1 Provisorische Immissionsgrenzwerte, Alarm- und Richtwerte für die Nachtstunde maximaler Lärmbelastung bei Rangierbahnhöfen
Empfohlener Meßort: Mikrophon im offenen Fenster der betroffenen Gebäude

Empfindlichkeits-stufe	Alarmwert		Immissions-grenzwert		Richtwert	
	in dB(A)-FAST					
	L_{eq}	$L_{0,1}$[1]	L_{eq}	$L_{0,1}$[1]	L_{eq}	$L_{0,1}$[1]
I (Erholen)	50	70	45	65	40	60
II (ruhiges Wohnen)	55	75	50	70	40	60
III (städtisches Wohnen)	65	80	55	75	50	65
IV (lärmintensive Industriegebiete)	70	90	65	80	60	75

[1] Das $L_{0,1}$-Maß soll künftig durch ein geeigneteres Spitzenlärmmaß abgelöst werden. Da die Erhebungen dazu längere Zeit in Anspruch nehmen, wird vorläufig das $L_{0,1}$-Maß beibehalten. $L_{0,1}$ sind seltene Spitzenpegel.

Alarmwert: dient zur Vermeidung extremer Lärmeinwirkungen; Sanierungswert, darf nicht überschritten werden;

Richtwert: Anforderung an neue Anlagen;

Immissionsgrenzwert: behördlich festgelegter Höchstwert für zumutbare erachtete Lärmeinwirkungen beim Betroffenen;

Tabelle 2 Zuordnung der Empfindlichkeitsstufen I bis IV zu den typischen Nutzungen der lärmbetroffenen Gebäude

Empfindlichkeitsstufe	Typische Nutzung der lärmbetroffenen Gebäude
I (Erholen)	Krankenanstalten Pflegeheime Kurhäuser Erholungsheime
II (ruhiges Wohnen)	Altersheime Kinderheime Praxis-, Büro- und Wohngebäude in ländlichen Gebieten und in ruhigen städtischen Gebieten Ferienhäuser Ferienhotels Schulhäuser
III (städtisches Wohnen)	Praxis-, Büro- und Wohngebäude in städtischen Gebieten Stadt-Hotels ruhige Gewerbebetriebe Kaufläden Wirtschaften Kinos etc.
IV (lärmintensive Industriegebiete)	Fabrikbetriebe Werkstätten lärmintensive Gewerbebetriebe Abwartswohnungen mit erhöhtem Schallschutz

Anhang 5.3
Anhaltswerte für die Zielgrößen l_p, v_p und x_p verschiedener Zuggattungen in Abhängigkeit von der Streckenart

Betriebsstufe 1: vorhandenes Wagenmaterial
Betriebsstufe 2: geplantes, neuartiges Wagenmaterial; Einsatz voraussichtlich ab 1990

Zuggattung	vorhandene Strecken			Neubaustrecke, Betriebsstufe 1 (Höchstgeschw. $v \leq 200$ km/h)			Neubaustrecke, Betriebsstufe 2 (Höchstgeschw. $v \leq 250$ km/h)		
	l_p [m]	max v_p [km/h]	x_p [%]	l_p [m]	max v_p [km/h]	x_p [%]	l_p [m]	max v_p [km/h]	x_p [%]
(1)	(2)	(3)	(4)	(5)	(6)	(7)	(8)	(9)	(10)
TEE	200*)	200	90*)	200*)	200	90*)	200	250	100
IC	350*)	200	94*)	350*)	200	94*)	350*)	250	94*)
D	350*)	160	28*)	350*)	160	28*)	350*)	200	94*)
E	200*)	140	27*)	–	–	–	–	–	–
N	150*)	120	17*)	–	–	–	–	–	–
N (neue Systeme, z.B.: S-Bahn-Nürnberg)	140*) 90*)	120	86*) 78*)	–	–	–	–	–	–
S (Triebwagen)	200	120	100	–	–	–	–	–	–
TEEM/Sg	600	100	0	600	120	0	600	120	0
Dg	700	80	0	700	80	0	700	100	0
Ng/Üg	350	80	0	–	–	–	–	–	–

*) einschließlich einer rund 20 m langen, klotzgebremsten Lokomotive; bei abweichendem l_p sind daher die Werte x_p neu zu ermitteln.

Anhang 5.4
Ausgangswerte zur Berechnung großflächiger Bahnbetriebsanlagen

Emissionsquelle	Ausgangswerte (Abstand 25 m) zur Ermittlung der Beurteilungspegel		Ausgangswerte (Abstand 25 m) zur Ermittlung der Spitzenschallpegel		maßgebende A-bewertete Terzmittenfrequenz	Höhe der Lärmquelle über Schienenoberkante bzw. über Straßenoberfläche	Bemerkungen
	Ausgangswerte	Zuschlag gem. 2.422.3 TALärm	Spitzenpegel	Schwankungsbereich			
	[dB(A)]	[dB(A)]	[(dB(AI)]	[dB(AI)]	[Hz]	[m]	
(1)	(2)	(3)	(4)	(5)	(6)	(7)	(8)
1. Zugfahrten	$80+33\lg\frac{v}{60}$		$80+33\lg\frac{v}{60}$	±8	~500	0	Einwirkzeit (Takte): $T \approx \frac{1\cdot 3{,}6}{v\cdot 5}$; l = Fahrweglänge im Flächenelement in m v = Fahrgeschwindigkeit in km/h
2. Rangierfahrten 2.1 Fahrgeräusche	$60+33\lg\frac{v}{15}$		$60+33\lg\frac{v}{15}$	±8	~500	0	Einwirkzeit (Takte): $T \approx \frac{1\cdot 3{,}6}{v\cdot 5}$; l und v wie 1.;
2.2 Standgeräusche	$65+10\lg N^4$				~500	1,5	Einwirkzeit je nach Dauer des Lastfalles ansetzen; N = Nennleistung der Lokomotiven in KVA;

Emissionsquelle	Ausgangswerte (Abstand 25 m) zur Ermittlung der Beurteilungspegel		Ausgangswerte (Abstand 25 m) zur Ermittlung der Spitzenschallpegel		maßgebende A-bewertete Terzmittenfrequenz	Höhe der Lärmquelle über Schienenoberkante bzw. über Straßenoberfläche	Bemerkungen
	Ausgangswerte [dB(A)]	Zuschlag gem. 2.422.3 TA Lärm [dB(A)]	Spitzenpegel [(dB(AI)]	Schwankungsbereich [dB(AI)]	[Hz]	[m]	
(1)	(2)	(3)	(4)	(5)	(6)	(7)	(8)
2.3 beschleunigte Vorbeifahrt	$78 + 10 \lg N^4$				~500	1,5	Bemerkungen wie 2.2; ^{4} Schalleistungspegel
3. Kurvenfahrten 3.1 Kurvenquietschen	84	5	86	±5	~1000	0	Einwirkzeit (Takte): $T = \dfrac{l_g \cdot 3{,}6}{v \cdot 5}$; l_g = Länge des Gleisabschnittes in m, v ~ 10 km/h;
3.2 Kurvenknetern	75		77	±7	~250	0	Einwirkzeit wie 3.1;
4. Pufferstöße	$65 + 33 \lg v$		$65 + 33 \lg v$	±5	~500	1,0	Einwirkzeit: 1 Takt je Pufferstoß, Taktmehrfachbelegung möglich; v in km/h;
5. Hemmschuhlegen 5.1 Abstoßbetrieb	93		93	±8	~1000	1,0	einschließlich Pufferstöße, Einwirkzeit: 1 Takt je Ereignis;

5.2 Auswurfbremsen	90		93	±8	~1000	0	Einwirkzeit: 1 Takt je Ereignis, Taktmehrfachbelegung möglich;
6. Gleisbremsen							
6.1 Balkengleisbremse							
– Kreischgeräusche	94	5	96	±5	~2000	0	Einwirkzeit: 1 Takt je Ablaufeinheit, Taktmehrfachbelegung bei Rangierbahnhöfen mit Doppelabläufen möglich;
– Rumpelgeräusche	82		84	±3	~500	0	Einwirkzeit s. 6.1;
6.2 Segmentbalkengleisbremsen	82		84	±3	~500	0	Einwirkzeit: 1 Takt je Ablaufeinheit, Taktmehrfachbelegung möglich;
6.3 Gummigleisbremsen	80		82	±2	~500	0	Einwirkzeit: 1 bis 3 Takte je Ablaufeinheit;
6.4 Festhaltebremsen	98	5	100	±14	~2500	0	
7. Dowty-Retarder							
7.1 Verzögerungsstrecke	82[1]	3	86	±5	~1500	0	[1] Wirkpegel je Ablaufeinheit, Einwirkzeit: 3 Takte je Ablaufeinheit;
7.2 Beharrungsstrecke und Rangieren auf Beharrungsstrecke	$60 + 20 \lg v$	3	$65 + 20 \lg v$	±2	~1500	0	Einwirkzeit (Takte): $T = \dfrac{l_g \cdot 3{,}6}{v \cdot 5}$; l_g = Länge des Gleisabschnittes in m, v in km/h;
8. Pfeifsignale (Warnsignale)	103	5	110	±5	~1500	4	Einwirkzeit: 1 Takt je Ereignis;

Emissionsquelle	Ausgangswerte (Abstand 25 m) zur Ermittlung der Beurteilungspegel		Ausgangswerte (Abstand 25 m) zur Ermittlung der Spitzenschallpegel		maßgebende A-bewertete Terzmittenfrequenz	Höhe der Lärmquelle über Schienenoberkante bzw. über Straßenoberfläche	Bemerkungen
	Ausgangswerte [dB(A)]	Zuschlag gem. 2.422.3 TALärm [dB(A)]	Spitzenpegel [(dB(AI)]	Schwankungsbereich [dB(AI)]	[Hz]	[m]	
(1)	(2)	(3)	(4)	(5)	(6)	(7)	(8)
9. Kombinierter Verkehr							
9.1 Containerkräne (Containerverladung)	65		68	±3	~500	2 bis15	Einwirkzeit: i. M. 8 Takte je Containerverladung;
9.2 „Rollende Landstraße"	78		84	±5	~250	2	Einwirkzeit: i. M. 10 Takte je Be- oder Entladevorgang eines Lkw einschl. des Anhängers;
9.3 Niederflurwagen mit verstellbarer Ladefläche für Sattelauflieger	76		90[3]	±5	~250	2	Einwirkzeit: i. M. 12 Takte für Be- oder Entladen eines Sattelaufliegers;
10. Mobillader							
10.1 Seitenlader	67–73[2]		72–80[3]		~250	1	[2] Wirkpegel für Arbeitszyklen (ca. 50 sec oder 10 Takte) einschl. Standoder Fahrgeräusche verschiedener Fabrikate; [3] einzelne Pegelspitzen;
10.2 Frontlader	73–78[2]		73–82[3]		~250	1	

11. Lkw						
11.1 Fahrgeräusche	$110-120^4$				~250	0,5
11.2 Standgeräusche	100^4				~250	0,5
12. Umspannwerke	$45-55^5$	3	50	±5	~100	2 bis 5
13. Betriebshöfe[6]	$65 + 10 \lg F^7$	≦5	$-^8$	$-^8$	$-^8$	$-^8$

[4] Schallleistungspegel;
[5] Wirkpegel für Einzelanlagen mit Leistungen von 10 bis 20 MVA (s. VDI 3739);
[6] s. auch Teil 3;
[7] Schallleistungspegel (F = Betriebsfläche in m²);
[8] je nach Betriebsart; s. Teil 3;

Geräusche, die durch betriebliche Maßnahmen vermieden werden können:

Lautsprecher (je nach Leistung)	≧75	5	≧75	±5	~700	4 bis 6	Einwirkzeit: 1 bis 3 Takte je Durchsage, Abhilfe: Ersatz durch Sprechfunkgeräte;
Auswerfen und Aufschlagen von Kupplungen	75		75	±5	~1500	0	Einwirkzeit: 1 Takt je Ereignis, Taktmehrfachbelegungen möglich; Abhilfe: Kupplungen einhängen;
Anreißen und Abbremsen lose gekuppelter Wagen	90	3	90	±4	~1000	1,0	Einwirkzeit: 1 Takt je Ereignis; Abhilfe: Wagen festkuppeln;

Erläuterungen zu Anhang 5.4

Anhang 5.4 enthält die zur Schallpegelberechnung an großflächigen Bahnanlagen notwendigen Emissionsdaten für die Spitzenschallpegelbetrachtung und die Beurteilungspegelbetrachtung je Geräuschart q (Emissionsquelle) im zu betrachtenden Flächenelement n.

Spalte 1: Emissionsquellen (Geräucharten) großflächiger Bahnanlagen

Spalten 2 und 3: Ausgangswerte für die Beurteilungspegelbetrachtung ($L_{E,q,n}^{(25)}$) im Bezugsabstand von 25 m einschließlich der Zuschläge $K_{q,n}$ (Anlehnung an Ziffer 2.422.3 der TALärm)

Spalten 4 und 5: Ausgangswerte für die Spitzenschallpegelbetrachtung ($L_{max\,I,E,q,n}^{(25)}$) im Bezugsabstand von 25 m mit Schwankungsbreiten

Spalte 6: maßgebende A-bewertete Terzmittenfrequenz für jede Geräuschart (für die Ausbreitungsrechnung nach VDI 2714 E erforderlich)

Spalte 7: Höhe der Lärmquelle (h) über Schienenoberkante bei Schienenfahrzeugen, über Geländeoberkante bei anderen Lärmquellen oder über Straße bei Straßenfahrzeugen

Spalte 8: Bemerkungen

Anhang 5.5
Berechnung der geometrischen Größen A, B, s, a, b, z und h_{eff} aus den gegebenen Abmessungen a_0, b_0, h_{lsw}, h und H (s. 5.4.2)

$$h_{eff,0} = h_{lsw} - \frac{a_0 \cdot (H - h)}{a_0 + b_0} - h > 0$$

Es wird bei $h_{eff,0} \leq 0$ empfohlen, einen nach den Regelwerken gegebenenfalls noch ermittelten Wert für ΔL_{LS} nicht mehr zu berücksichtigen (Sichtverbindung zwischen Schallquelle und Immissionsort!).

$$h_{eff} = \frac{a_0 + b_0}{s} \cdot h_{eff,0}$$

$$s = \sqrt{(a_0 + b_0)^2 + (H - h)^2} = \sqrt{s_0^2 + (H - h)^2}$$

$$a = \frac{a_0 \cdot s}{a_0 + b_0} + \frac{(H - h) h_{eff,0}}{s}$$

$$b = s - a$$

Teil 5   Schienenverkehrslärm

$$A = \sqrt{(h_{lsw} - h)^2 + a_0^2}$$
$$B = \sqrt{(H - h_{lsw})^2 + b_0^2}$$
$$z = A + B - s \approx \frac{h_{eff}^2}{2} \cdot \left(\frac{1}{a} + \frac{1}{b}\right)$$

h = Höhe der Schallquelle; bei Schienenstrecken: h = 0 m;

Darstellung der geometrischen Größen A, B, s, a, b, z, h_{eff} und $h_{eff,0}$.

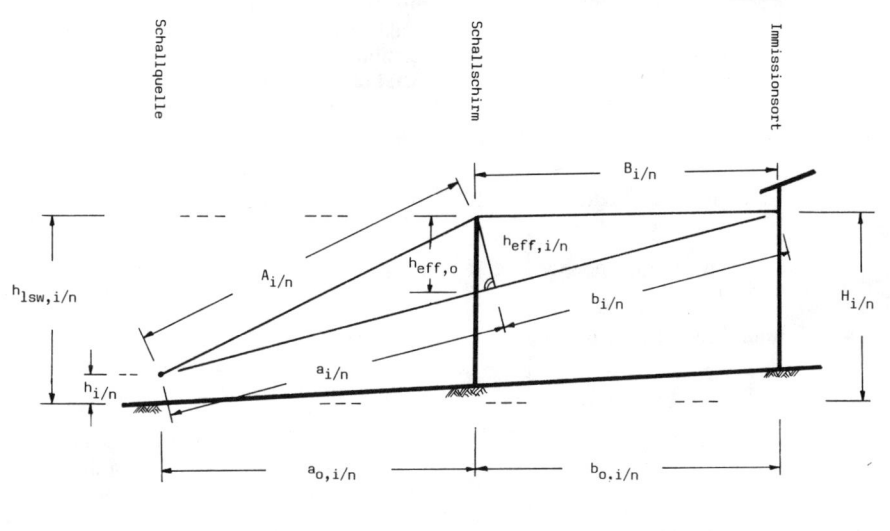

$a_{i/n} + b_{i/n} = s_{i/n}$ Indizes i für Linienschallquelle

Indizes n für Flächenschallquelle

Anhang 5.6
Schallpegelerhöhende Einflüsse von Schienenwegen und Fahrzeugen, die beim Fahrbetrieb entstehen

lfd. Nr.	Ursache	ΔL_{zus} [dB(A)]	Bemerkungen
1.	Gleise mit einzelnen Schienen- und Weichenstößen	–	Die Schienennetze der DB, der Privatbahnen und der Straßenbahnen sind bis auf wenige Ausnahmen (z. B. in Bergsenkungsgebieten) verschweißt. Der Einfluß der Geräuschanteile, die beim Befahren einzelner Isolierstöße, einzelner Weichen oder bei Schweißstößen entstehen, ist in den angegebenen Mittelungspegeln $L_{m,p}^{(25)}$ enthalten.
2.	Strecken mit gelaschten Schienen, Weichenstraßen	$\lessapprox 10$	Schlaggeräusche; Weichen ohne bewegliche Herzstücke;
3.	Schienen mit ausgeprägter Riffelbildung	$\lessapprox 15$	[30]
4.	Radreifen mit Riffeln	–	Riffeln auf Radreifen werden durch die Klotzbremse verursacht. Hingegen sind die Radlaufflächen von Reisezugwagen, die mit Scheibenbremsen ausgerüstet sind, riffelfrei [37]. Die angegebenen Ausgangspegel $L_{m,E}$ enthalten den durch Radriffeln verursachten Schallanteil.
5.	Stahlbrücken		
5.1	unmittelbare Schienenlagerung auf Brückenkonstruktion	$\lessapprox 15$	[38]
5.2	mit Schotteroberbau	$\lessapprox 5$	[20]
5.3	mit Schotteroberbau u. zusätzlichen Dämm-Matten	≈ 0	[37]
6.	Beton- oder Verbundbrücken mit Schotteroberbau	≈ 0	[23; 31]
7.	Betontragplatten		
7.1	mit direkter Schienenbefestigung (schotterloser Oberbau)	$\lessapprox 4$	[20]
7.2	mit direkter Schienenbefestigung und Dämm-Material zwischen den Gleisen	≈ 0	[31]

Teil 5 Schienenverkehrslärm

lfd. Nr.	Ursache	ΔL_{zus} [dB(A)]	Bemerkungen
8.	enge Kurvenradien	5 bis 10	Kurvenquietschen
9.	Betonschwellenoberbau	–	
10.	Holzschwellenoberbau	< 5	[38]; gegenüber dem Betonschwellenoberbau treten außerdem noch Frequenzverschiebungen auf.
11.	Radreifen mit Flachstellen	–	Nach Messungen kann davon ausgegangen werden, daß bei Güterzügen und Reisezügen die Geräuschanteile der mit Flachstellen fahrenden Wagen in den angegebenen Mittelungspegeln bereits enthalten sind. Bei Reisezugwagen sind Flachstellen selten bzw. nicht so stark ausgeprägt wie bei Güterzügen.
13.	Straßenbahnen auf Betonbrücken und Hochbahnen auf Betonplatten	≈ 2	[VDI 2716]
14.	Ausfahrt aus, Einfahrt in Tunnels	–	Im Bereich von Tunnelportalen sind außer Schallreflexionen, die an Felswänden im Nahbereich der Tunnelmündung entstehen können, keine zusätzlichen schallpegelerhöhenden Faktoren bekannt [40]. Allerdings ist mit steilen Anstiegsflanken der Spitzenpegel zu rechnen, was durch eine Verziehung der Tunnelportale ganz oder teilweise ausgeglichen werden kann.

Literaturverzeichnis

[1] Bayer. Eisenbahn- und Bergbahngesetz (BayEBG) vom 17.11.1966, i.d.F. vom 11.11.1974
[2] Hessisches Gesetz über Eisenbahnen und Bergbahnen (EBG) vom 07.07.1967, i.d.F. vom 05.10.1970
[3] Vorschlag für eine Richtlinie des Rates zur Angleichung der Rechtsvorschriften der Mitgliedstaaten betreffend die Geräuschemissionen von Schienenfahrzeugen; EG-Dok. Nr. 11285/83; Deutscher Bundestag, Bundestagsdrucksache 10/1300 vom 12.4.84
[4] Entwurf eines Gesetzes zum Schutz vor Verkehrslärm von Straßen und Schienenwegen – Verkehrslärmschutzgesetz – Beschlußvorlage vom 28.02.1980, BT-Drucksache 8/3730
[5] Ergebnisniederschrift des Bay. Staatsministeriums für Landesentwicklung und Umweltfragen vom 10.06.77, Nr.-VI, 4a-
[6] Feldhaus, G.: Bundesimmissionsschutzrecht (Stand: 18. Ergänzungslieferung); Deutscher Fachschriften-Verlag, Wiesbaden 1983
[7] Bidinger, H.: Personenbeförderungsrecht (Stand: 16. Ergänzungslieferung); Erich Schmidt Verlag, Berlin 1981
[8] BGH Karlsruhe, Urteil vom 22.12.1952, BGHZ 8, S. 273
[9] OVG Saarlouis, Urteil vom 05.12.1980, Nr. II R 15/79, NJW, 34 (1981), S. 1464–1465
[10] Bayer. VGH München, Urteil vom 22.01.1980, Nr. 207 VII 73 (VG München)
[11] BVerwG Berlin, Urteil vom 14.12.1979, Nr. 4 C 10/77 (Mannheim), NJW, 32 (1979), S. 2368–2371
[12] OVG Münster, Urteil vom 25.09.1980, Nr. 10a NE 36/79, NJW 34 (1981), S. 1466
[13] BVerwG, Urteile vom 21.05.1976, Nr. IV C 80/74 (Mannheim), IV C 38/74 (VG Darmstadt), IV C 24/75 (Mannheim) und IV V 49–52/74 (Münster), NJW 29 (1976), S. 1760–1765
[14] VG Braunschweig, Urteil vom 21.01.1981, Nr. 2 VG A 6/79 bis 9/79
[15] BVerwG Berlin, Urteil vom 23.01.1981, Nr. 4 C 4/78 (Mannheim), NJW 34 (1981), S. 2137 bis 2140
[16] OLG Hamm, Urteil vom 19.10.1978, Nr. 5 U 235/77 (OLG Hamm) und Nr. 6 O 287/76 (LG Münster)
[17] Hessischer VGH, Urteil vom 1.4.85, Nr. 2 TH 1805/84
[18]
[19] Richtlinien für den Lärmschutz an Straßen – RLS-81 –; Forschungsanstalt für Straßen- und Verkehrswesen, Köln 1981
[20] Projektgruppe Lärmbekämpfung beim Bundesminister des Innern, Abschlußbericht des Arbeitskreises 12 (AK 12) „Schienenverkehrslärm"; Herausgeber: Umweltbundesamt, Berlin 1978
[21] Projektgruppe Lärmbekämpfung beim Bundesminister des Innern, Kolloquium Baden-Baden 1981; Herausgeber: Umweltbundesamt, Berlin 1978
[22] Lärmschutz an Rangierbahnhöfen;
Teil 1: Beurteilungsgrundlagen und Maßnahmenkonzept
Teil 2: Akustische und technische Grundlagen
Bericht der Eidg. Arbeitsgruppe „Lärmbelastung durch Rangierbahnhöfe"; Bern 1978
[22a] Belastungsgrenzwerte für Eisenbahnlärm, 4. Teilbericht der Eidgen. Kommission für die Beurteilung von Lärm-Immissionsgrenzwerten; Bern, Sept. 1982

[23] Information Schall 03; Deutsche Bundesbahn – Zentrale Transportleitung, Mainz 1976
[24] VÖV-Richtlinie 06.90.1, Verband öffentlicher Verkehrsbetriebe, Köln 1975
[25] VDI-Richtlinie 3739 Entwurf „Emissionskennwerte technischer Schallquellen – Transformatoren –", Oktober 1980
[26] Heckl, M.: Einfluß der Impedanz von Rad und Schiene auf die Entstehung der Rollgeräusche; Daga 81, S. 373–376, VDE-Verlag
[27] Willenbrink, L.: Schienenverkehrslärm – Neuere Meßergebnisse; Daga 80, S. 123–126, VDE-Verlag
[28] Entwurf einer Anlage zum Verkehrslärmschutzgesetz: Ermittlung der Schallpegelminderung durch Abschirmung an Bahnanlagen; Müller BBM, Planegg 1979
[29a] Barsikow, B., Bechert, D., King, W.F., Pfizenmaier, E.: Schallquellenortung an Hochgeschwindigkeitszügen; Daga 81, S. 553–564, VDE-Verlag
[29b] Stiewitt, H., Grosche, F.-R.: Untersuchung aerodynamischer Lärmquellen an schnellen Schienenfahrzeugen mit Hilfe des akustischen Hohlspiegelsystems; Daga 80, S. 497–506, VDE-Verlag
[30] Zboralski, D.: Die Lärmabwehr der Eisenbahnen im Rahmen des Umweltschutzes; Eisenbahntechnische Rundschau, 25 (1976), S. 587–594
[31] Stüber, C., Außengeräusch von Schienenfahrzeugen; Kampf dem Lärm, 23 (1976), S. 20–25
[32] Wittmann, H., de Vos, P.: Schallemissionen von Bahnhöfen; Daga 80, S. 127–130, VDE-Verlag
[33] Heimerl, G., Holzmann, E.: Ermittlung der Belästigung durch Verkehrslärm in Abhängigkeit von Verkehrsmittel und Verkehrsdichte in einem Ballungsgebiet (Straßen und Eisenbahnverkehr); Kampf dem Lärm, 26 (1979), S. 64–69
[34] Klosterkötter, W., Gono, F.: Untersuchungen von Schienenverkehrs-, Flug- und Straßenverkehrslärm im Hinblick auf Differenzen ihrer A- und C-Bewertung, Essen 1978
[35] Hölzl, G., Hafner, P.: Schienenverkehrsgeräusche und ihre Minderung durch Schallschutzwände; Kampf dem Lärm, 27 (1980), S. 92–99
[36] Schallabstrahlung von Chemie-Anlagen – Schalltechnische Konsequenzen für Genehmigungsverfahren und Städteplanung; Müller BBM, Planegg 1978
[37] Hölzl, G.: Praktischer Schallschutz bei Schienenverkehrsmitteln; Lärmbekämpfung, 27 (1980), S. 160–167
[38a] Stüber, C.: Schienenverkehrslärm; Kampf dem Lärm, 21 (1974), S. 71–75
[38b] Kaess, G.: Ergebnisse von Riffelversuchsstrecken der DB; Eisenbahntechnische Rundschau, 32 (1983), S. 701–707
[38c] Naue, K.H.: Oberbauerhaltung bei der DB im Spannungsfeld zwischen technischer Notwendigkeit und wirtschaftlichen Möglichkeiten; Eisenbahntechnische Rundschau, 32 (1983), S. 13–20
[39] Hauck, G.: Unterschiedliche Lästigkeit von Straßenverkehrslärm und Schienenverkehrslärm; Eisenbahntechnische Rundschau, 28 (1979), S. 365–374
[40] Shinkansen tunnel exit boom reduced; Railway Gazette International; (1977), S. 319
[41] Stüber, C.: Schienenverkehrslärm und Lärm gewerblicher DB-Anlagen; Die Bundesbahn, 46 (1972), S. 821–826
[42] Richtlinien für den Entwurf von Rangierbahnhöfen; Deutsche Bundesbahn (DV 840)
[43a] Blum, O., Leibbrand, K.: Personen- und Güterbahnhöfe; Springer-Verlag, Berlin 1961
[43b] Fiedler, J.: Grundlagen der Bahntechnik; Werner-Verlag, Düsseldorf 1973

[43c] Großmann, E.: Handbuch des Eisenbahnwesens; Carl Rohrig-Verlag, Darmstadt 1961
[43d] Bubel, H.: Neubaustrecken der DB, eine Investition für die Zukunft; Die Bundesbahn, 52 (1976), S. 439–450
[44] Handbuch Lärmschutz bei Förder- und Umschlaganlagen; Forschungsbericht Umweltbundesamt 10503404, Berlin 1980
[45a] Kurtze, G., Schmidt, H., Westphal, W.: Physik und Technik der Lärmbekämpfung; G. Braun GmbH, Karlsruhe 1975
[45b] Heckl, M., Müller, H.A.: Technische Akustik; Springer-Verlag, Berlin 1976
[45c] Krell, K.: Handbuch für Lärmschutz an Straßen und Schienenwegen; Otto Elsner Verlagsgesellschaft, Darmstadt 1980
[46] Schalldämmung durch Wald; Allgemeine Forst- und Jagdzeitung, 1977
[47] Schwingungsabsorber gegen Kurvenquietschen von Rad-Schiene-Fahrzeugen; MBB-Forschungsbericht Nr. BB-309-78, München 1978
[48] Schallemissionen von Rangieranlagen; Deutsche Bundesbahn, Versuchsanstalt München, Bericht Nr. P 56/1976 (65606), München 1976
[49] Messungen von Schallpegeln an Dowty-Retardern im Bahnhof Nürnberg Rbf, Deutsche Bundesbahn, Versuchsanstalt München, Bericht-Nr. 75616/4, München 1979
[50] Uderstädt, D., Eckermann, G.: Geräuschbelästigung durch unterirdische Verkehrsanlagen (U-Bahnen); Lärmbekämpfung 28 (1981), S. 8–19
[51a] Kurze, U., Volberg, G.: Zusammenhang zwischen Körperschall und Untergrund und in dem darauf zu errichtenden Gebäude; Daga 81, S. 413–416, VDE-Verlag
[51b] Fischer, H.M.: Luft- und Körperschallmessungen am Rad/Schienesystem unter Berücksichtigung verschiedener Einflußgrößen; Daga 81, S. 361–364, VDE-Verlag
[52a] Hauck, G., Willenbrinck, L., Stüber, G.: Körper- und Luftschallmessungen an unterirdischen Schienenbahnen; Eisenbahntechnische Rundschau, 21 (1972), S. 289–300 und 22 (1973), S. 310–321.
[52b] Stühler, W., Battermann, W.: Experimentelle Untersuchungen mit körperschalldämmenden Elastomer-Federmatten als Schotter-Unterbettung bei schienengebundenen Fahrzeugen; Eisenbahntechnishe Rundschau, 30 (1981), S. 827–833
[52c] Eisenmann, J., Steinbeißer, L., Deischl, F.: Körperschallemission bei S-Bahnen in Tunnellage; Eisenbahntechnische Rundschau 32 (1983), S. 831–836
[53] Stüber, W.: Maßnahmen zur Reduzierung der Übertragung mechanischer Erschütterungen und Körperschall bei U-Bahnen; Daga 1980, S. 115–118, VDE-Verlag
[54] Ullrich, S.: Methoden zur Berechnung des energieäquivalenten Dauerschallpegels des Lärmes von kurzen Straßenstücken; Kampf dem Lärm, 22 (1975), S. 43–49
[55] Paul Klippel u.a.: Straßenverkehrslärm – Immissionsermittlung und Planung vom Schallschutz; Kontakt und Studium, Band 135, expert verlag Grafenau/Württ 1984

Teil 6
Schallschutz in der Bauleitplanung
Wolfgang Vierling

Inhaltsübersicht

Formelzeichen und Abkürzungen

Einleitung

6.1	DIN 18005
6.2	Schutzziele
6.2.1	Optimierungsgrundsatz
6.2.2	Orientierungswerte
6.2.3	Beurteilungspegel
6.2.4	Unterschreitung der Orientierungswerte
6.2.5	Sollwerte für die verschiedenen Lärmarten
6.2.5.1	Gewerbelärm, Grenzwerte
6.2.5.2	Fluglärm
6.2.5.3	Straßenverkehrslärm, Überschreitungsspielraum
6.2.5.4	Schienenverkehrslärm
6.2.6	Maßgebende Immissionsorte
6.2.6.1	Gebietsinneres
6.2.6.2	Sollwert und Flächenschalleistungspegel im Gebietsinneren
6.3	Schallausbreitung und zulässige Emissionen
6.3.1	Schallausbreitung
6.3.2	Zulässige Emissionen
6.4	Tatsächliche Emissionen
6.4.1	Gewerbelärm
6.4.1.1	Planung auf Vorrat
6.4.1.2	Planung mit Vorkenntnissen
6.4.1.3	Überplanung
6.4.2	Übrige Lärmarten
6.5	Maßnahmen gegen Straßenverkehrslärm
6.5.1	Abschirmung
6.5.2	Integrierte Maßnahmen
6.6	Darstellungen und Festsetzungen
6.6.1	Flächennutzungsplan und Bebauungsplan
6.6.2	Bearbeitung der Bauleitpläne
6.6.3	Bestandsaufnahme

6.6.4 Typisierung
6.6.5 Erschließungskosten
6.6.6 Raumordnung

6.7 Ausblick

Literaturverzeichnis

Formelzeichen und Abkürzungen

BBauG	Bundesbaugesetz (vgl. Teil 7)	
BauNVO	Baunutzungsverordnung (vgl. Teil 7)	
DIN 18005 (E 4.82)	DIN 18005 Teil 1 Entwurf vom April 1982 (vgl. Teil 7)	
BImSchG	Bundes-Immissionsschutzgesetz (vgl. Teil 7)	
BGBl I	Bundesgesetzblatt I	
SO (Kurgebiet)	Sondergebiet (Kurgebiet)	
WR	reines Wohngebiet	
WA	allgemeines Wohngebiet	
MI	Mischgebiet	
GE	Gewerbegebiet	
GI	Industriegebiet	
WS	Kleinsiedlungsgebiet	
WB	besonderes Wohngebiet	
MD	Dorfgebiet	
MK	Kerngebiet	
LAI	Länderausschuß für Immissionsschutz (Gremium der für den Immissionsschutz zuständigen obersten Länderbehörden)	
dB	Dezibel	
dB(A)	Dezibel A-bewertet	
$L_{0,1}$	Schallpegel, der in 0,1% der betrachteten Zeit überschritten wird, auch seltener Spitzenpegel bezeichnet	dB(A)
L_{95}	Schallpegel, der in 95% der betrachteten Zeit überschritten wird, auch Hintergrundgeräuschpegel genannt	dB(A)
Bl.	Blatt	
L_W''	Flächenschalleistungspegel	dB(A)
SW	Sollwert (z. B. Orientierungswert tags oder nachts)	dB(A)
lg	dekadischer Logarithmus	
dS	infinitesimales Flächenelement	m^2
π	Kreiszahl 3,141 ...	
s	Abstand zwischen Schallquellenmitte und Immissionsort	m
DI	Richtwirkungsmaß (neu)	

s_1, s_2	bestimmte Abstände	m
ds	infinitesimaler Abstand	m
ΔL_s	Abstandsmaß oder $L_w - SW$	dB
S	Fläche	m²
S_1, S_2	bestimmte Flächen	m²
φ	Winkel	
$d\varphi$	infinitesimaler Winkel	
ln	natürlicher Logarithmus	
$L_W^{zul''}$	zulässiger Flächenschalleistungspegel	dB(A)
IO, IO'	Immissionsort	
$L_W^{zul('')}$	zulässiger Punkt- oder Flächenschall-leistungspegel	dB(A)
RLS-81	Richtlinien für den Lärmschutz an Straßen, Ausgabe 81 (vgl. Teil 7)	
L_W	Punktschalleistungspegel	dB(A)
x	$\lg (s^2 + H^2)$	
H	Höhenunterschied zwischen Emissions- und Immissionsort	m
Δ	$\Delta L_M + \Delta L_L + \ldots + K'_\Omega + DI$ (je nach Bedarf)	dB
ΔL_M	Witterungsdämpfungsmaß	dB
ΔL_L	Luftabsorptionsmaß	dB
ΔL_B	Bodendämpfungsmaß	dB
ΔL_z	Abschirmmaß	dB
ΔL_D	Bewuchsdämpfungsmaß	dB
ΔL_G	Bebauungsdämpfungsmaß	dB
$K_\Omega^{(')}$	Raumwinkelmaß (alt: Richtwirkungsmaß)	dB
L_W^{zul}	zulässiger Punktschalleistungspegel	dB(A)
$L_W^{zul'}$	zulässiger Linienschalleistungspegel	dB(A)
$L_{W\,Min}$	minimaler (Punkt)schalleistungspegel	dB(A)
$L_{W\,Max}$	maximaler (Punkt)schalleistungspegel	dB(A)
$\widehat{=}$	entspricht	
Min $(s^2\,10^{0,1\Delta})$	Minimum des Produktes $s^2\,10^{0,1\Delta}$	
Max $(s^2\,10^{0,1\Delta})$	Maximum des Produktes $s^2\,10^{0,1\Delta}$	
K_Ω	$K'_\Omega - 3$	dB
$L_{W\,Min}^{zul}$	minimaler zulässiger Schalleistungspegel	dB(A)
$L_{W\,Max}^{zul}$	maximaler zulässiger Schalleistungspegel	dB(A)
s_k	$|(x_k, y_k)| \widehat{=}$ Betrag des Vektors (x_k, y_k) $\widehat{=}$ k-tem Abstand	m
L_{Wk}^{zul}	k-ter zulässiger Schalleistungspegel	dB(A)
s_i	mit i statt mit k indizierter Abstand vom maßgebenden Immissionsort zur i-ten Schallquelle	
g_i, g_k, g'_i	Gewichtsfaktoren für die i-te bzw. k-te Schall-quelle oder Anlage. Die g_i lassen sich beispiels-weise t_i, S_i, s_i oder s_i^2, (s_i^{-2}), dem Ist-Schallei-	

	stungspegel L_{Wi}^{ist}, den Schallschutzkosten K_i, den Arbeitsplätzen A_i oder der Durchsatzmenge D_i gleichsetzen. Sie können Funktionen all dieser Größen je Schallquelle ($g_i = g_i(t_i, S_i, s_i, L_{Wi}^{ist}, K_i, A_i, D_i, \ldots)$) bis hin zu Funktionen dieser Größen aller N Schallquellen ($g_i = g_i((t_1, S_1, s_1, L_{W1}^{ist}, K_1, A_1, D_1, \ldots), \ldots, (t_N, S_N, s_N, L_{WN}^{ist}, K_N, A_N, D_N, \ldots))$) sein.
$\sum_{i=1}^{N}$	Abkürzung für die Addition von N Größen (z. B. $s_1 + s_2 + s_3 + s_4 + s_5 + s_6 = \sum_{i=1}^{6} s_i$; es gilt u. a. $\sum_{i=1}^{6} s_i s_k = s_k \sum_{i=1}^{6} s_i$; N = 6)
S_i, S_k	zur i-ten bzw. k-ten Schallquelle gehörige Fläche — m²
S	$\sum_{i=1}^{N} S_i$ oder $\sum_{k=1}^{N} S_k$ — m²
L_{Wk}^{zul}	zulässiger Schalleistungspegel bei gleichen Emissionen je k-ter Schallquelle mit $1 \leq k \leq N$ — dB(A)
$\leq$	kleiner gleich
$\ll$	viel kleiner
$\widetilde{L}_{Wk}^{zul}$	zulässiger Schalleistungspegel bei gleichen Immissionen je k-ter Schallquelle mit $1 \leq k \leq N$ — dB(A)
t_i	Betriebsdauer der i-ten Schallquelle — h
Δ_k, Δ_i	Δ für die k-te bzw. i-te Schallquelle
$L_{Wk}^{zul\prime\prime}$	zulässiger Flächenschalleistungspegel bei gleichen Emissionen je k-ter Schallquelle mit $1 \leq k \leq N$ — dB(A)
$\widetilde{L}_{Wk}^{zul\prime\prime}$	zulässiger Flächenschalleistungspegel bei gleichen Immissionen je k-ter Schallquelle mit $1 \leq k \leq N$ — dB(A)
$L_{W\,ges}^{zul}$	$10 \lg \sum_{k=1}^{N} 10^{0,1 L_{Wk}^{zul}}$ — dB(A)
$\widetilde{L}_{W\,ges}^{zul}$	$10 \lg \sum_{k=1}^{N} 10^{0,1 \widetilde{L}_{Wk}^{zul}}$ — dB(A)
L_{sk}^{zul}	zulässige Immission ($\triangleq$ zulässigem Beurteilungspegel) der k-ten Schallquelle ($L_{sk}^{zul} = L_{Wk}^{zul} - 8 - 20 \lg s_k - \Delta_k$) bei gleichen Emissionen je Schallquelle — dB(A)
$\widetilde{L}_{sk}^{zul}$	zulässige Immission ($\triangleq$ zulässigem Beurteilungspegel) der k-ten Schallquelle ($\widetilde{L}_{sk}^{zul} = \widetilde{L}_{Wk}^{zul} - 8 - 20 \lg s_k - \Delta_k$) bei gleichen — dB(A)

	Immissionen je Schallquelle $(SW \geq 10 \lg \sum_{k=1}^{N} 10^{0,1 L_{sk}^{(\widetilde{zul})}})$	
E	größte Ausdehnung einer Gruppe von Schallquellen, z. B. größte Abmessung einer schallabstrahlenden Fläche. Nach VDI 2714 E muß gelten s > 1,5 E, damit die zusammengefaßten Schallquellen bei vernachlässigbarem Fehler wie eine Punktschallquelle behandelt werden können (künftig s > 2 E).	m
NSW	Sollwert für die Nachtzeit (22–6 h)	dB(A)
TSW	Sollwert für die Tagzeit (6–22 h)	dB(A)
$TL_W^{(zul)}$	(zulässiger) Schallleistungspegel für die Tagzeit	dB(A)
$NL_W^{(zul)}$	(zulässiger) Schallleistungspegel für die Nachtzeit	dB(A)
$TL_{W\,ges}^{zul}$	gesamter zulässiger Schallleistungspegel für die Tagzeit $TL_{W\,ges}^{zul} = 10 \lg \sum_{k=1}^{N} 10^{0,1\,TL_{Wk}^{zul}}$	dB(A)
$NL_{W\,ges}^{zul}$	gesamter zulässiger Schallleistungspegel für die Nachtzeit $NL_{W\,ges}^{zul} = 10 \lg \sum_{k=1}^{N} 10^{0,1\,NL_{Wk}^{zul}}$	dB(A)
ORW	Orientierungswert	dB(A)
L_m	Mittelungspegel	dB(A)
$\lesssim$	ungefähr $\leq$	
$L_m(8)$	Mittelungspegel in 8 m Abstand	dB(A)
$L_m(25)$	Mittelungspegel in 25 m Abstand	dB(A)
v	Geschwindigkeit	km/h
B	Bad	
WC	Toilette	
S	Schlafraum	
K	Küche	
W	Wohnraum	
Ga	Garage	
DTV	durchschnittlicher täglicher Verkehr	Kfz/24h
ISO	International Standard Organisation	
4. BImSchV	Vierte Verordnung zur Durchführung des Bundes-Immissionsschutzgesetzes (Verordnung über genehmigungsbedürftige Anlagen – 4. BImschV) (vgl. Teil 7)	
Erl.	Erlaß	
IM	Innenministerium	
GABl	Gemeinsames Amtsblatt	
Bek.	Bekanntmachung	
StMI	Staatsministerium des Innern	
MABl.	Ministerialamtsblatt	

Stanz.	Staatsanzeiger
RdErl.	Runderlaß
SM	Sozialminister
Ambl.	Amtsblatt
KdL	Kampf dem Lärm, Zeitschrift
LHS	Landeshauptstadt
UBA	Umweltbundesamt
FB	Forschungsbericht
BauR	Baurecht, Zeitschrift
DVBl	Deutsche Verwaltungsblätter
MAGS	Ministerium für Arbeit, Gesundheit und Soziales des Landes Nordrhein-Westfalen ($\hat{=}$ NRW)
BMV	Bundesverkehrsminister
ADAC	Allgemeiner Deutscher Automobilclub
BMBauRS	Bundesminister für Raumordnung, Städtebau und Bauwesen
BayBO	Bayerische Bauordnung (vgl. Teil 7)
MBB	Messerschmidt-Bölkow-Blohm GmbH
BMI	Bundesinnenminister
BayLfU	Bayerisches Landesamt für Umweltschutz
LIS	Landesanstalt für Immissionsschutz, Essen
NuR	Natur und Recht, Zeitschrift
NVwZ	Neue Verwaltungszeitschrift
MP	Ministerpräsident
BMFT	Bundesminister für Forschung und Technologie
HA	Humanisierung des Arbeitslebens
BAB	Bundesautobahn
DB	Deutsche Bundesbahn
$\sum_{i=1}^{N}{}' L_i$	$10 \lg \sum_{i=1}^{N} 10^{0,1 L_i}$
$\sum_{i=1}^{N}{}'$	$10 \lg \sum_{i=1}^{N} 10^{0,1}$, kurz: $\sum{}'$
BStMLU	Bayerisches Staatsministerium für Landesentwicklung und Umweltfragen
α	$-4 \leq \alpha \leq 4$
beurteilter $L_W^{(\prime\prime)}$	entspricht meist zeitlich gemitteltem $L_W^{(\prime\prime)} (= 10 \lg \int_{t_1}^{t_2} 10^{0,1 L_W^{(\prime\prime)}(t)} dt)$
immissionswirksamer $L_W^{(\prime\prime)}$	„installierter" $L_W^{(\prime\prime)} - \Delta L_z - DI - \Delta L_G (- R_W' - C)$
R_W'	bewertes Bauschalldämmaß (s. Teil 1)
C	Konstante
l	Index

Einleitung

Bauleitplanung ist eine der wichtigsten, vielschichtigsten und schwierigsten planerischen Aufgaben. Das liegt darin begründet, daß das Leben des Menschen und seine Aktivitäten untrennbar mit der Nutzung der Fläche – dem Gegenstand der Bauleitplanung – verknüpft sind. Man denke vor allem an die sechs soziologischen Grundfunktionen Wohnen, Arbeiten, Bildung und Ausbildung, Ver- und Entsorgung, Verkehr sowie Erholung, die einzeln oder zusammen mit der Bauleitplanung wechselwirken und zum Teil von ihr Gegensätzliches erfordern. Diese Grundfunktionen werden durch Geräusche mehr oder minder beeinträchtigt, wobei der Verkehr selbst am meisten belastet. Aber auch die natürlichen und die vom Menschen gestalteten Gegebenheiten der für Baugebiete vorgesehenen Flächen unterscheiden sich voneinander so sehr, daß allein schon deswegen kein Planungsfall dem anderen gleicht [1]. In diesem Spannungsfeld und in dieser Vielfalt hat sich der Schallschutz in der Bauleitplanung zu behaupten.

Während die optischen, gestalterischen, ja künstlerischen Erfordernisse schon immer eine Domäne der Architekten und der Planentwerfer waren, blieben die akustischen Verhältnisse – das Geräuschklima [2] – im Bauwesen lange Zeit wenig beachtet. Mit dem Erscheinen der DIN 4109 „Schallschutz im Hochbau" in den Jahren 1962/63 und der Vornorm DIN 18005 Blatt 1 „Schallschutz im Städtebau" [3] im Mai 1971 ist eine deutliche Besserung bzw. eine gewisse Wende eingetreten.

---

[1] Das hat Auswirkungen auf diesen Beitrag, der die Teile 1—5 und 7 voraussetzt und der sich zumindest im hier vorgegebenen Rahmen einer strengen Gliederung, Geschlossenheit und Vollständigkeit entzieht. Die Behandlung des Themas wird zudem dadurch erschwert, daß die DIN 18005 als das dafür wichtigste einschlägige Regelwerk noch nicht in der Endfassung vorliegt und als solche auch noch nicht von den zuständigen obersten Länderbehörden zur Beachtung eingeführt ist. Ferner gibt es auseinanderlaufende Tendenzen bei der Berechnung und Beurteilung der einzelnen Lärmarten, die auch beim Schallschutz in der Bauleitplanung nicht zusammenzuführen sind, obwohl gerade hier eine möglichst einheitliche Behandlung der verschiedenen Lärmarten der Aufgabenstellung besonders entspräche.

[2] Der Begriff Geräuschklima umfaßt nicht nur den Beurteilungspegel, sondern alle objektiven und subjektiven Eigenschaften der einwirkenden Geräusche, wie Höhe, zeitlicher Verlauf (insbesondere Spitzenpegel), Frequenzzusammensetzung, Dauer, Zeitpunkt des Auftretens, Abstand zum Hintergrundgeräusch, Informationshaltigkeit oder Bedeutungsgehalt (vgl. Nr. 1 der VDI 2058 Bl. 1 „Beurteilung von Arbeitslärm in der Nachbarschaft"). Der Beurteilungspegel ist allerdings vor allem im Rahmen der Bauleitplanung für das Geräuschklima der wichtigste Indikator.

[3] Die Bezeichnung Städtebau kann im Verhältnis zum Begriff Bauleitplanung als umfassender betrachtet werden. So gibt es das Städtebauförderungsgesetz und Teilbereiche in den Länderbauordnungen, die nur vom Begriff Städtebau abgedeckt werden. Auch das Wohnungsmodernisierungsgesetz kann man zum Teil dem Bereich des Städtebaus zurechnen. Allerdings stellt der Begriff Städtebau zu sehr einen Bezug zur Stadt her, was bei der Bezeichnung Bauleitplanung nicht der Fall ist.
Die Weiterentwicklung der DIN 4109 selbst ist in den letzten Jahren ins Stocken geraten.

Daß diese Entwicklung erst spät und zudem langsam einsetzt, erstaunt, da das Ohr als Sinnesorgan für den Menschen eine zumindest vergleichbare Bedeutung hat wie das Auge. Während dieses geschlossen werden oder seine Aufmerksamkeit abwenden kann, muß jenes alle Geräuscheindrücke – erwünschte wie störende – ununterbrochen aufnehmen und zur Verarbeitung dem Gehirn weiterleiten. Dies gilt auch für die Zeit des Schlafes, obwohl einem dies meist nicht bewußt wird. Der akustischen Information oder Störung kann sich der Mensch also in unvergleichlich geringerem Maße entziehen als optischen Reizen.

Daraus resultieren die nachteiligen physischen, psychischen und sozialen Wirkungen des Lärms. „Lärm greift tief in das Leben der Menschen ein. Er beeinträchtigt Schlaf und Erholung, verursacht Kopfweh und Unlustgefühle, aktiviert das vegetative Nervensystem, mindert die körperliche und geistige Leistungsfähigkeit, behindert die sprachliche Kommunikation, stört die Umweltorientierung, erzwingt Änderungen des Wohn- und Freizeitverhaltens. Lärm gefährdet die Gesundheit: Neue Forschungsergebnisse weisen auf einen Zusammenhang hin zwischen städtischer Verkehrslärmbelastung und Bluthochdruck; Lärm ist ein Risikofaktor für Herz- und Kreislauferkrankungen, für die gefährlichste Krankheit in der Bundesrepublik Deutschland" [65]. Da die bebaute Umwelt die Geräuschimmissionen auf den Menschen entscheidend beeinflußt, muß die Bauleitplanung dazu beitragen, eine ausreichend geringe Geräuschbelastung zu erzielen.

Nach § 1 Abs. 6 Satz 1 Bundesbaugesetz (BBauG)[4] sollen die Bauleitpläne eine geordnete städtebauliche Entwicklung und eine dem Wohl der Allgemeinheit entsprechende sozialgerechte Bodennutzung gewährleisten und dazu beitragen, eine menschenwürdige Umwelt zu sichern. Eine Reihe von Leitsätzen, die der Gesetzgeber bei der Bauleitplanung insbesondere berücksichtigt wissen will, schließt sich diesen Hauptleitsätzen an. Sowohl die allgemeinen Anforderungen an gesunde Wohn- und Arbeitsverhältnisse als auch die Belange des Umweltschutzes, der hier vor allem die Luftreinhaltung, den Lärmschutz und die geordnete Abfallbeseitigung umfaßt, werden aufgezählt. Ferner sind Belange von Freizeit und Erholung genannt, die ebenfalls weitgehende Ruhe voraussetzen. Damit wird Schallschutz in der Bauleitplanung auch von Gesetzes wegen gefordert.

---

[4] Kenntnisse der §§ 1 bis 39 BBauG, der Baunutzungsverordnung (BauNVO) und der DIN 18005 werden für das Verständnis des Nachfolgenden vorausgesetzt.

6.1 DIN 18005

Aufgabe der DIN 18005 ist es, die für die Praxis des Schallschutzes in der Bauleitplanung notwendigen Beurteilungsverfahren und Anforderungen bereitzustellen. Darüber hinaus hatten sie die meisten für das Bauwesen zuständigen obersten Länderbehörden in der Fassung der Vornorm vom Mai 1971 durch Bekanntmachungen [1] zur Beachtung empfohlen oder eingeführt. Aber auch ohne dem befriedigt die Norm einen Bedarf und konkretisiert den unbestimmten Begriff „Belange des Umweltschutzes" in § 1 Abs. 6 Satz 2 BBauG für den Teilbereich Schallschutz. Darauf beruht die große Bedeutung der DIN 18005 gleich welcher Fassung.

Wie die Bezeichnung „Vornorm" schon andeutet, war vorgesehen, nach einiger Erprobung die endgültige Norm zu veröffentlichen. Im April 1976 erschien ein Entwurf dazu, der vor allem für die Fortentwicklung der Berechnungstechnik Bedeutung erlangt hat; er ist inzwischen zurückgezogen.

Seit April 1982 liegt ein neuer Entwurf vor (DIN 18005 E 4.82), der nach Auffassung des zuständigen DIN-Ausschusses alsbald in die Endfassung gebracht werden sollte. Da die zuständigen obersten Länderbaubehörden ressortspezifisch begründete Einwände, vor allem über die Verbindlichkeit der Orientierungswerte erheben, kann derzeit das Erscheinungsdatum der endgültigen Neufassung nicht vorhergesagt werden.

Insbesondere die Berechnungsmethoden der Vornorm entsprechen nicht mehr dem derzeitigen Kenntnisstand, so daß die Anwender vor allem bei der Ausbreitungsrechnung häufig nach eigenem Gutdünken verfahren. Allerdings ist auch der Entwurf vom April 1982 noch nicht voll ausgereift und er ist für die Aufgabenstellung der Bauleitplanung im Bereich des Straßenverkehrslärms zum Teil etwas kompliziert geraten. Beim derzeitigen Stand der Diskussionen um die DIN 18005 erscheint es jedoch nicht sinnvoll, den schalltechnischen Planer auf andere Berechnungsverfahren festlegen zu wollen.

Gemäß der Rechtsprechung (vgl. insbesondere [33]) kann die Fortentwicklung des Standes der Beurteilungstechnik nicht unbeachtet bleiben. Das gilt auch für die DIN 18005, obwohl sich aus der Sicht des Immissionsschutzes die Vornorm in ihrer Kernaussage, den Planungsrichtpegeln mit einem gewissen Überschreitungsspielraum, im großen und ganzen bewährt hat. Im folgenden wird daher auf den Entwurf der DIN 18005 Teil 1 vom April 1982 abgestellt[5], wobei die Kernaussage der Vornorm den neuen Verhältnissen angepaßt übernommen wird.

---

[5] In [41] wird erläutert, welche Überlegungen, Annahmen und Vereinfachungen und welche andere Normen und Richtlinien den Berechnungsverfahren des Entwurfs zugrunde liegen.

6.2 Schutzziele

6.2.1 Optimierungsgrundsatz

Wenn auch die Lärmwirkungsforschung schon seit einigen Jahren Orientierungskrisen durchmacht, so werden von ihr doch zwei alltägliche Erfahrungen immer wieder bekräftigt. Mit wachsenden Beurteilungspegeln nehmen die negativen Wirkungen unerwünschter Geräusche auf Menschen zu und gleichzeitig steigt der Prozentsatz der sich gestört fühlenden Personen stetig an. Dabei besteht keine scharfe Grenze für die Immissionen, ab der sich alle Menschen schlagartig gleich belastet fühlen oder auch objektiv gleich stark beeinträchtigt würden. Aufgrund der Evolutionsgeschichte läßt sich vermuten, daß der Mensch nicht von Natur aus auf eine derartig dauerhafte und hohe Beschallung eingestellt ist, der er in der technisierten Umwelt ohne Gegenmaßnahmen großenteils ausgesetzt ist.

Der darauf beruhende allgemeine Leitsatz des Lärmschutzes, die Umweltgeräusche technischen Ursprungs so gering wie möglich zu halten[6], gilt wegen der Verpflichtung zur Vorsorge besonders für die Bauleitplanung. So spricht die DIN 18005 (E 4.82) in ihren Nummern 1 und 7 ausdrücklich von der wünschenswerten Unterschreitung der Orientierungswerte. Das bedeutet, daß die Orientierungswerte wo und soweit als möglich unterschritten werden sollen. Der dabei zu beachtende Grundsatz der Verhältnismäßigkeit der Mittel verhindert die Forderung nach übertriebenen Schallschutzmaßnahmen. Beide Grundsätze – Minimierung der gesamten durch die Zivilisation verursachten Geräuscheinwirkungen und Verhältnismäßigkeit der Mittel – verschmelzen zum Optimierungsgrundsatz. Er ist der hier besonders herausgearbeitete rote Faden des Schallschutzes in der Bauleitplanung. Der danach im Freien zu erzielende niedrigste Beurteilungspegel wird hier als Sollwert bezeichnet. Die Orientierungswerte sind spezielle Sollwerte.

Auf die Zusammenhänge zwischen BBauG (§§ 1 Abs. 6, 5 Abs. 2 Nr. 6, 9 Abs. 1 Nr. 24 und 127 Abs. 2 Nr. 5) und Bundes-Immissionsschutzgesetz (BImSchG §§ 1 und 5 Nr. 2, 3 Abs. 1, 2 und 6) soll nicht näher eingegangen werden. Der Optimierungsgrundsatz stellt jedenfalls eine fachtechnische Ausformung des immissionsschutzrechtlichen Vorsorgeprinzips sowie des daraus folgenden § 50 BImSchG dar. Vor allem fügt sich nichts besser als der Optimierungsgrundsatz in die nach § 1 Abs. 7 BBauG geforderte Abwägung der einzelnen Belange ein. Der Optimierungsgrundsatz umfaßt alle z. T. miteinander konkurrierenden Einzelregeln des Schallschutzes in der Bauleitplanung und ist für die Behandlung der eingangs angedeuteten Vielfalt der Gegebenheiten und Möglichkeiten die Richtschnur.

---

[6] Vgl. Nr. 1, insbesondere letzter Satz, der VDI 2058 Bl. 1.

Auch die technischen Eigenheiten des Schallschutzes, insbesondere das Verhältnis zwischen Ausmaß und Wirkung von Schallschutzmaßnahmen, sprechen für den Optimierungsgrundsatz. Liegt z. B. der Beurteilungspegel 4 dB über dem Orientierungswert und ist ein Lärmschutzwall als Gegenmaßnahme angezeigt, wird niemand nur die Mindesthöhe von 0,5 m schütten, wo er ohne Schwierigkeiten mit einem 2–3 m hohen Wall 10–15 dB Minderung erreicht.

Auf dem Gebiet des Gewässer- und Strahlenschutzes, bei denen vergleichbare Belastungs- und Wirkungsbeziehungen wie beim Schallschutz bestehen, ist ein Minimierungsgebot sogar in Rechtsvorschriften verankert[7]. Der Optimierungsgrundsatz hilft auch das Regelungsdefizit zu überbrücken, das besteht, solange die DIN 18005 nicht in verbindlicher Form eingeführt ist. Er füllt außerdem Interpretationslücken auf.

6.2.2 Orientierungswerte

Da der Optimierungsgrundsatz einerseits relativ allgemein ist und die öffentliche Hand andererseits den Gleichheitsgrundsatz zu beachten hat, müssen durch Orientierungswerte die für den Regelfall höchstzulässigen Sollwerte der Geräuschbelastung festgelegt werden. Daß diese Werte zum einen dem Optimierungsgrundsatz für viele Fälle nahe kommen, daß sie aber zum anderen, insbesondere für die Nachtzeit, nicht unrealistisch niedrig angesetzt sind, wie mancherorts behauptet wird, zeigen die Ergebnisse von Untersuchungen.

So wurden im Rahmen einer Studie der Landesgewerbeanstalt Bayern [2] in 156 bestehenden, reinen und allgemeinen Wohngebieten in München, Nürnberg, Augsburg, Würzburg, Regensburg, Landshut und Bayreuth nach statistischen Kriterien Schallpegelmessungen in der Zeit zwischen 22 und 6 Uhr vorgenommen. Die untersuchten Gebiete von durchschnittlich 0,4 Quadratkilometer Größe umfaßten flächenmäßig etwa ein Drittel der Wohngebiete dieser Städte. In jedem Gebiet wurde im Inneren und im teils abgeschirmten Randbereich gemessen. Die Differenz der so ermittelten Schallpegel – wobei übrigens in etwa 40 % der Fälle der im Inneren bestimmte Pegel größer war als der im Randbereich gemessene – betrug für 50 % der Gebiete nicht mehr als 3 dB und für 75 % der Fälle nicht mehr als 6 dB. Durch die Wahl der zwei Meßpunkte wurde die Geräuschbelastung der Gebiete also in etwa charakterisiert. Danach betrug der

---

[7] So lautet Abs. 1 des Grundsatzparagraphen 1 a im Wasserhaushaltsgesetz vom 16. Oktober 1976 (BGBl I S. 3017): „Die Gewässer sind so zu bewirtschaften, ... daß jede vermeidbare Beeinträchtigung unterbleibt." In § 28 Abs. 1 der Strahlenschutzverordnung vom 13. Oktober 1976 (BGBl I S. 2905) heißt es noch deutlicher: „Wer eine Tätigkeit nach § 1 dieser Verordnung ausübt oder plant, ist verpflichtet, ..., jede Strahlenexposition oder Kontamination von Personen, Sachgütern oder der Umwelt unter Beachtung des Standes von Wissenschaft und Technik und unter Berücksichtigung aller Umstände des Einzelfalls auch unterhalb der in dieser Verordnung festgesetzten Grenzwerte so gering wie möglich zu halten".

Beurteilungspegel während der Nachtzeit in 40% der Wohngebiete der untersuchten Städte nicht mehr als 40 dB(A).

Eine weitere Untersuchung [3] hat ebenfalls gezeigt, daß die Planungsrichtpegel der Vornorm DIN 18005 im Zusammenhang mit dem zugehörigen 10 dB-Überschreitungsspielraum nahe Verkehrswegen nicht zu niedrig angesetzt waren. Ähnliches kann aus einem Forschungsbericht des Battelle-Institutes [4] und aus [72] gefolgert werden.

Lage und Struktur der betrachteten Gebiete waren schalltechnisch meist nicht optimal. Erhebungen in kleineren als den untersuchten Orten, durch die nicht gerade eine stark befahrene Bundesstraße führt, würden zudem – wie die Studien der Landesgewerbeanstalt Bayern und des Battelle-Instituts schon erkennen lassen – höhere Prozentsätze für den Anteil der ruhigen Wohngebiete ergeben. Manche Akustiker machen wohl deswegen gegenteilige Erfahrungen geltend, weil sie von Berufs wegen regelmäßig zur Abhilfe bei „lauten Fällen" herangezogen werden.

In Tabelle 6.1 sind charakteristischen Gebietsbezeichnungen Paare von Orientierungswerten zugeordnet, wozu im Text Erläuterungen folgen.

Tabelle 6.1 Orientierungswerte für die Hauptgebietsarten; die höheren Orientierungswerte nachts gelten für Verkehrslärm.

Nr.	Gebietsart	Kurzbe-zeichnung	zugehöriger § der BauNVO	Orientierungswerte in dB(A) tags	nachts (22–6 h)
1	Kurgebiet	SO (Kurgebiet)	11 Abs. 2	45	35/40
2	reines Wohngebiet	WR	3	50	35/40
3	allg. Wohngebiet	WA	4	55	40/45
4	Mischgebiet	MI	6	60	45/50
5	Gewerbegebiet	GE	8	65	50/55
6	Industriegebiet	GI	9	70	70

Zu Nr. 1:
Da in der TALärm für Kurgebiete (SO (Kurgebiet)) zu Recht eigens Werte genannt sind, ist das auch hier erforderlich. Kurgebieten stehen Krankenhäuser, Pflegeanstalten und Klinikgebiete (§ 11 Abs. 2 BauNVO) gleich. Sie gehören nach der BauNVO zu den Sondergebieten.

Zu Nr. 2:
Wochenend- und Ferienhausgebiete sowie Gebiete für Altenheime und Dauercamping (§ 10 BauNVO) sind wie reine Wohngebiete einzustufen. Gebiete für Dauercamping haben ähnliche Erholungsfunktion. Zudem dämmen Campingwagen und Zelte den Schall nicht so gut wie Gebäude.

Zu Nr. 3:
Kleinsiedlungsgebiete (WS, § 2 BauNVO) und Flächen für Kurzzeitcamping (§ 10 BauNVO) können als allgemeine Wohngebiete gelten.

Zu Nr. 3 und 4:
Besondere Wohngebiete (WB, § 4a BauNVO) sind Gebiete, die zwar weitgehend bebaut sind, aber nunmehr im Rahmen der Bauleitplanung z. B. zu Sanierungs- oder Entwicklungszwecken überplant werden. Je nach dem vorfindlichen Verhältnis der Wohnbebauung zur gewerblichen Nutzung sind für sie die Orientierungswerte von allgemeinen Wohngebieten oder Mischgebieten maßgebend, wobei die beabsichtigte Entwicklung zu berücksichtigen ist. Bei einer geringen Verkehrsbelastung zur Nachtzeit kann auch die Wahl des Tripels 60//40/45 sinnvoll sein.

Bei Dorfgebieten (MD, § 5 BauNVO) hängt die Zuordnung der Orientierungswerte von 60//45/50 oder 55//40/45 dB(A) davon ab, ob sie nur land- und forstwirtschaftlichen Betrieben mit dem dazugehörigen Wohnen oder stärker auch dem sonstigen Wohnen dienen (sollen)[8].

Aus der Sicht des Schallschutzes sollten möglichst wenig neue Mischgebiete ausgewiesen werden, da die Wohnbevölkerung dort einen im Vergleich zu Wohnbauflächen verminderten Schutz genießt.

Zu Nr. 4 und 5:
Je nach der Zielsetzung und gegebenenfalls der tatsächlichen Nutzung können Kerngebieten (MK, § 7 BauNVO) die Orientierungswerte eines Gewerbe- oder Mischgebietes zugeordnet werden[9].

Zu Nr. 5 und 6:
Während in den anderen Gebietsarten Wohngebäude zugelassen sind, dürfen in Industrie-, Gewerbe- und Kerngebieten nur Wohnungen – in Gewerbe- und Industriegebieten nur ausnahmsweise für Betriebsinhaber und Betriebsleiter – errichtet werden (vgl. die §§ 2 bis 9 BauNVO). Die Gewerbe- und vor allem die Industriegebiete dienen ja der Unterbringung emissionsträchtiger Betriebe. Gemäß dem Optimierungsgrundsatz kann dort der Einbau von Schallschutzfenstern zur Abwehr von „*Gewerbelärm*" (sonst aber nirgends) in Frage kommen, wenn keine anderen ausreichenden und verhältnismäßigen Maßnahmen mehr möglich sind. Die Orientierungswerte für Industrie- und Gewerbegebiete haben

---

[8] Die hier gegenüber der DIN 18005 (E 4.82) angegebene Wahlfreiheit ist teils durch die „Auslegung der TALärm" des LAI [5] und teils durch die VDI 2058 Bl. 1 bedingt. Die tatsächlichen Verhältnisse erfordern dies.
Besondere Wohngebiete wurden erst mit der Neufassung der BauNVO vom 17. September 1977 eingeführt. Von der Möglichkeit besondere Wohngebiete festzusetzen, wird jedenfalls in mehr ländlichen Gebieten kaum Gebrauch gemacht.
[9] In manchen Fällen kann es angebracht sein, für die Nachtzeit 45/50 und für die Tagzeit 65 dB(A) oder auch ein Wertetripel von 60/50/55 anzusetzen (vgl. auch [8] Abs. 1).

vergleichsweise geringe Bedeutung und in der DIN 18005 (E 4.82) sind deswegen für Industriegebiete keine mehr genannt. Vielmehr stehen bei ihnen die durch die Lage der übrigen schutzwürdigen Gebiete bedingten zulässigen Emissionen im Vordergrund. Als beschränkende Größen erweisen sich hier vor allem die von der umgebenden schutzwürdigen Bebauung abhängigen zulässigen Schalleistungspegel, Flächenschalleistungspegel und Immissionsanteile (vgl. 6.3.2 und 6.4.1.1).

Hafengebiete und großflächige Schienenanlagen (z. B. Rangierbahnhöfe) sind wie Industriegebiete zu behandeln.

Zu Nr. 1 bis 6:
Für die übrigen Sondergebiete können die Orientierungswerte je nach Schutzwürdigkeit zwischen 35 und 70 dB(A) liegen. Dabei muß der Pegelunterschied von Tag und Nacht nicht immer 15 bzw. 10 dB betragen.

Ladengebiete, Gebiete für Einkaufszentren und großflächige Handelsbetriebe, sowie Gebiete für Messen, Ausstellungen und Kongresse (§ 11 Abs. 2 BauNVO) sollen – hauptsächlich wegen des damit verbundenen Besucher- und Lieferverkehrs – je nach Größe und Emissionsträchtigkeit schalltechnisch wie Gewerbe- oder Industriegebiete behandelt werden.

Sondergebiete für Schulen, Kindergärten und ähnliches sollten tagsüber den Orientierungswert von möglichst 50, höchstens aber 55 dB(A) erhalten. Das gilt auch für Kleingarten- und Parkanlagen. Da dort Geräuschimmissionen während der Nachtzeit wegen fehlender Nutzung praktisch nicht stören, wirkt in der Regel allein der Tageswert begrenzend, sodaß ein Sollwert für die Nachtzeit überflüssig ist[10].

Friedhöfe haben, weil bei Beerdigungen volle Sprachverständlichkeit gegeben sein muß und weil allgemein besinnliche Ruhe erwartet wird, tagsüber zumindest die Schutzwürdigkeit wie ein reines Wohngebiet, wenn nicht sogar wie ein Kurgebiet. Auf möglichst geringe Spitzen und Informationshaltigkeit der einwirkenden Geräusche ist zu achten. Daher wird hier der Zuordnung des Orientierungswertes in der DIN 18005 (E 4.82) nicht gefolgt (vgl. vorherigen Absatz letzter Satz).

Während bei Flächen für geräuscharme Sportarten, wie z. B. Leichtathletik ohne Lautsprecheransagen 55 dB(A) in Frage kommen, können Sportstadien mit regelmäßigen Lautsprecherdurchsagen und den Bekundungen der Zuschauer, Flächen für Motorsport oder Fußballstadien durchaus wie Gewerbe-, wenn nicht wie Industriegebiete behandelt werden.
Die Hauptgebietsarten in Nr. 2.321a) bis f) der TALärm und in Nr. 3.3.1 der VDI 2058 Bl. 1 stimmen inhaltlich mit denen in Tabelle 6.1 überein und die

---

[10] Wenn sonst keine schwerwiegenden Belange, z. B. der Luftreinhaltung, entgegenstehen, können so belegte Gebiete gegenüber Industriegebieten mit Dreischichtbetrieben oder gegenüber nachts stark befahrenen Straßen als Abstandsflächen genutzt werden. Grünflächen, die als Schutzabstände dienen, sind selbst nicht schutzwürdig.

Immissionswerte entsprechen einander (vgl. Teil 3). Schutzbedürftig sind besonders die dem Wohnen dienenden Baugebiete nach den §§ 2 bis 4a BauNVO. Gewerbe- und Industriegebiete interessieren vor allem wegen ihrer Emissionen.

6.2.3 Beurteilungspegel

Gemäß Nr. 7.2 der DIN 18005 (E 4.82) werden die Beurteilungspegel für die Summe aller Geräuscheinwirkungen gewerblicher Art einerseits und des fließenden Verkehrs – ausgenommen Fluglärm – andererseits jeweils getrennt bestimmt. Sie werden dann mit den zugehörigen Sollwerten, insbesondere den Orientierungswerten, verglichen. Die Geräusche „gewerblicher Art" umfassen nicht nur den klassischen Gewerbelärm und den Freizeitlärm, sondern praktisch alle sonstigen „technisch" verursachten Schallimmissionen.

Erst in zweiter Linie spielen die Geräuschdynamik, insbesondere der seltene Spitzenpegel ($L_{0,1}$) für die Beurteilung der Geräuscheinwirkungen während der Nachtzeit, und der Hintergrundgeräuschpegel (L_{95}) eine Rolle (vgl. 2.2.2). Auch auf sie soll, soweit in der Planung möglich, geachtet werden, weil sie – ähnlich wie tonale Komponenten – das Geräuschklima erheblich beeinflussen können.

6.2.4 Unterschreitung der Orientierungswerte

In besonders ruhigen Lagen, fernab von Hauptverkehrswegen, wie in ländlichen Gegenden oder auch in Vororten und in günstig gelegenen städtischen Gebieten, wo die Orientierungswerte mehr als 10 dB über dem Hintergrundgeräuschpegel liegen, soll das Störgeräusch ihn nicht um mehr als 10 dB überschreiten (vgl. dazu die Nummern 1 und 4.4 der VDI 2058 Bl. 1). In solchen Gebieten kann die natürliche und ortsübliche ruhige Lage bereits durch ein fehlgeplantes, gar nicht einmal so geräuschintensives Vorhaben zerstört werden. Die weitgehende Bewahrung eines solchen Geräuschklimas entspricht der in Fachkreisen immer wieder erörterten Forderung nach Erhaltung und Ausweisung von sogenannten Ruhegebieten im Rahmen von „Lärmvorsorgeplänen" (vgl. auch § 49 BImSchG).

Wo mit verhältnismäßigem Aufwand eine deutliche Wirkung erzielt werden kann, soll das erfolgen, obwohl die Orientierungswerte durch die zugehörigen Beurteilungspegel nicht überschritten werden. Das liegt in der Natur des Optimierungsgrundsatzes. So kostet beispielsweise auch eine visuell ansprechende Schließung einer Lücke in einer Baulinie durch die Festsetzung eines Zweckbaus oder auch einer sonstigen einfachen, abschirmenden Konstruktion nicht sehr viel; sie kann aber den Beurteilungspegel erheblich absenken und das Geräuschklima im abgewandten Teil wesentlich verbessern. Auch dann, wenn sich durch eine Änderung der Flächenaufteilung eine erhebliche Verringerung der Geräuschbelastung erreichen läßt und wenn keine sonstigen schwerwiegenden Belange entgegenstehen, soll eine solche Maßnahme durchgeführt werden, obwohl dadurch beispielsweise der Anpassungsfaktor in gewissen Grenzen erhöht wird.

Unter Beachtung des nach der BauNVO zulässigen Maßes der baulichen Nutzung und der in den Länderbauordnungen vorgeschriebenen Abstandsflächen läßt sich auf einer Baufläche eine bestimmte maximale Wohnfläche erzielen. Werden weitere Belange berücksichtigt, so können zusätzliche Flächen benötigt werden. Die Division der so vergrößerten Fläche durch die ursprüngliche Fläche ergibt den Anpassungsfaktor, der bei Wirtschaftlichkeitsbetrachtungen einer Planung wichtig ist. Weitergehende Ansätze, wie verschiedene Umweltbelange in Nutzwert- oder Kosten-Nutzenanalysen einbezogen werden können, sind in der Literatur immer wieder zu finden (vgl. insbesondere [6], [26], [29] und [42]). Bisher konnten sich solche Verfahren in der Praxis zuwenig durchsetzen. Deutlich ist allerdings die Nachfrage nach ruhigen Wohnlagen.

Der Anpassungsfaktor bietet einen Anhaltswert auch für Entschädigungs- und Enteignungsfragen aus Gründen des Immissionsschutzes (vgl. § 44 BBauG). Damit kann die gerechte Abwägung nach § 1 Abs. 7 BBauG, vor allem auch der privaten Belange, kostenmäßig präzisiert werden.

Ablösungen von Nutzungen sind manchmal zweckmäßig, um unverhältnismäßige Beschränkungen anderer (künftiger) Nutzungen zu vermeiden. Es kann wirtschaftlicher sein, Einzelanwesen abzulösen, als erhebliche Schallschutzmaßnahmen (mit Einschluß der Freihaltung von Flächen) in Kauf zu nehmen (s. auch [7]). Umgekehrt kann das natürlich auch für die Absiedlung von Gewerbebetrieben gelten. Zunächst ist aber immer zu versuchen, den Stand der Emissionsminderungstechnik voll auszuschöpfen und sinnvoll abzuschirmen.

6.2.5 Sollwerte für die verschiedenen Lärmarten

6.2.5.1 Gewerbelärm, Grenzwerte

Für Geräuschimmissionen von Anlagen, die dem BImSchG unterliegen – verkürzt von gewerblichen Anlagen (Gewerbelärm) –, sind die Orientierungswerte der DIN 18005 (E 4.82) (für die Nachtzeit die niedrigeren Orientierungswerte in der Tabelle 6.1) praktisch verbindlich. Sobald nämlich die Planungen, z. B. Gewerbebetriebe in der Nähe von Wohnungen oder umgekehrt, verwirklicht sind, findet das BImSchG und in seiner Folge die TALärm Anwendung. Darin sind Immissionsrichtwerte festgesetzt, die sich zahlenmäßig nicht von den Orientierungswerten für Gewerbelärm in der DIN 18005 (E 4.82) unterscheiden. Diese Immissionsrichtwerte werden aber im Verwaltungsvollzug wie Grenzwerte gehandhabt[11].

---

[11] Siehe dazu den Kommentar zur TALärm von Josef Christ [8] (vgl. auch § 22 BImSchG).
Die Einführung des Begriffs der gegenseitigen Rücksichtnahme und Pflichtigkeit von nahe beieinanderliegenden Gebieten stark unterschiedlicher Nutzung mit der sogenannten Zwischenwertbildung aus der Rechtsprechung, die sich im Anschluß an das „Tunnelofenurteil" des Bundesverwaltungsgerichts [9] zu einem erheblichen Teil wohl fälschlicherweise herausgebildet hat, ist nicht nur für die Bauleitplanung — zumindest aus der Sicht des Schallschutzes — wenig hilfreich.

Teil 6 Schallschutz in der Bauleitplanung

Ganz allgemein müssen wegen des Vorsorgegrundsatzes alle Geräuscheinwirkungen mit den Mitteln der Bauleitplanung mindestens so gering gehalten werden, daß die später auf den Einzelfall anzuwendenden Spezialvorschriften beachtet werden können. Sonst würden bereits jetzt die künftigen Sanierungsfälle geplant. Da Sport- und Freizeitanlagen meist dem BImSchG und/oder den Länderbauordnungen unterliegen, gilt das auch für diesen Bereich. Dabei wird der Beurteilungspegel für die Geräusche aller Anlagen zusammen (Summenwirkung), die nicht dem Geltungsbereich der Verkehrsgesetze (fließender Verkehr auf Straße, Schiene, Wasser und in der Luft) erfaßt werden, gebildet und mit den Sollwerten für „Gewerbelärm" verglichen (s. auch § 22 BImSchG).

Aus obigem ergibt sich, wie das folgende Beispiel zeigt, keine starre Abstandsvorgabe. Es stehe Bauland im Einwirkungsbereich eines Industrie- oder Gewerbegebietes zur Verfügung. Die Gemeinde habe dringenden Bedarf an einem neuen allgemeinen Wohngebiet und andere geeignete Flächen stehen nicht zur Verfügung. Schalltechnische Voruntersuchungen mögen gezeigt haben, daß der dem beabsichtigten Baugebiet nächstgelegene und schalltechnisch maßgebende Einschichtbetrieb immissionsbestimmend ist und daß die von ihm verursachte 55 dB(A)-Isolinie – ermittelt aus den gleichen Beurteilungspegeln an verschiedenen Orten – etwa ein Drittel der Baufläche umfaßt (vgl. Darstellung 6.1).

In einem derartigen Fall hat die Gemeinde mit dem Betrieb zu verhandeln und ein ausführliches schalltechnisches Emissions- und Immissionsgutachten, ggf. durch eine unabhängige sachverständige Stelle, zu veranlassen, in dem untersucht wird, mit welchen Maßnahmen, zu welchen Kosten, welche Emissions- und Immissionsminderungen erreicht werden können. Dabei müssen natürlich unter Einbeziehung eines fortgeschrittenen Standes der Technik und der Sum-

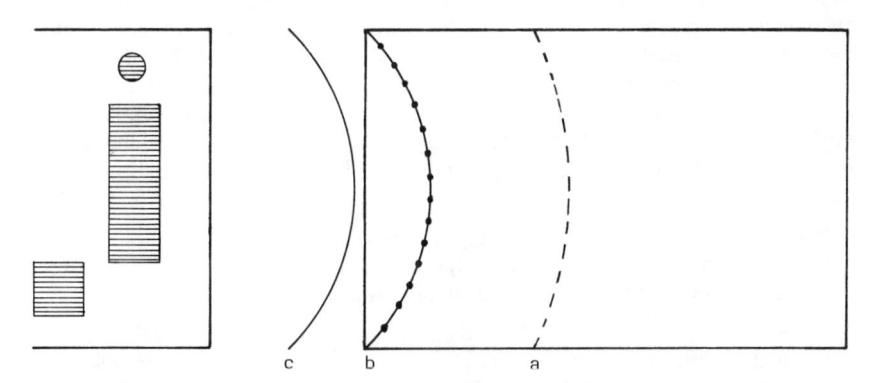

Darstellung 6.1 Planung eines allgemeinen Wohngebietes in der Nähe eines Gewerbegebietes mit einem Betrieb als Hauptgeräuschquelle
a) ursprüngliche 55 dB(A)-Isolinie
b) 55 dB(A)-Isolinie nach Minderungsmaßnahmen
c) 55 dB(A)-Isolinie nach umfangreicheren Minderungsmaßnahmen

menwirkung auch die künftigen Entwicklungsmöglichkeiten des Betriebes berücksichtigt werden.

Aufgrund solcher Untersuchungen ergebe sich, daß verhältnismäßig einfache Schallschutzmaßnahmen die 55 dB(A)-Isolinie bis zur Verwirklichung der geplanten Bebauung dauerhaft auf ein Siebtel der Baulandfläche schrumpfen lassen. Damit kann etwa ein Fünftel des Baugebietes mehr für Wohnzwecke genutzt werden. Würde ein Teil des Erlöses aus dem Verkauf der so bebaubar gewordenen Grundstücke oder aus einer Umlage für alle Grundstücke dem Betrieb für weitere aufwendigere Schallschutzmaßnahmen (gemäß dem Verursacherprinzip) zugeschossen, komme die 55 dB(A)-Isolinie gegebenenfalls außerhalb des geplanten Wohngebietes zu liegen (vgl. 6.6.5).

Eingehende Untersuchungen und Verhandlungen mit den von der Planung betroffenen Betrieben sind in derartigen Fällen schon deshalb geboten, weil sonst eine Einbeziehung der privaten Belange und der Belange der Wirtschaft allgemein (vgl. § 1 Abs. 6 BBauG) in die gerechte Abwägung nach § 1 Abs. 7 BBauG wegen Unkenntnis gar nicht möglich ist (Abwägungsausfall [34]). In Anwendung des Optimierungsgrundsatzes sollte mit dem Betrieb zusätzlich eine Sanierung durch Änderung vereinbart werden, damit sich das Geräuschklima weiter verbessert. Dies gilt vor allem, wenn ansonsten ein geringes Hintergrundgeräusch herrscht. In zweiter Linie können auch Maßnahmen am Rande des Baugebietes, wie Abschirmungen durch Wände, Wälle oder Gebäude selbst, vorgesehen werden, soweit keine anderweitigen Belange dagegen sprechen.

Wie die Rechtsprechung zeigt, wehren sich Betriebe gegen eine ihre Belange, insbesondere des vorbeugenden und abwehrenden Immissionsschutzes, nicht ausreichend berücksichtigende Bauleitplanung häufig erfolgreich. Sie können sich aber andererseits nicht gegen verhältnismäßige Maßnahmen sperren, da es zwar einen Bestandsschutz für das Eigentum, nicht aber für ein bestimmtes Geräuschkontingent gibt (vgl. auch § 17 Abs. 1 [12] und 2 BImSchG, Nr. 2.322 Abs. 3 der TALärm und [66]). Der Wortlaut des § 9 Abs. 1 Nr. 24 BBauG deckt es, die wesentlichen, zwischen Gemeinde und Betrieb vereinbarten Schallschutzvorkehrungen (vgl. Teil 3) im Bebauungsplan satzungsmäßig abzusichern. Erforderlichenfalls kann der Geltungsbereich des Bebauungsplans entsprechend ausgeweitet werden.

In manchen Fällen wird es zweckmäßig sein, mit einem Betrieb über eine Absiedlung zu verhandeln. Für die Kostentragung gilt ähnliches wie oben angedeutet. In einigen Bundesländern stehen dafür öffentliche Mittel zur Verfügung.

An diesem Beispiel wird deutlich, daß ein richtig angewendeter Schallschutz in der Bauleitplanung positive wirtschaftliche Auswirkungen haben kann. Die Flächen, die wegen unakzeptabler Belärmung sonst einer gewerblichen Nutzung

---

[12] Der erste Satz dieses Absatzes findet im Rahmen des Vorsorgeprinzips neben der Durchsetzung eines weiter fortgeschrittenen Standes der Technik hier seine wesentliche Anwendungsmöglichkeit.

zugeführt würden oder brachlägen, stehen durch Schallschutzmaßnahmen für die höherwertige Nutzung bereit. Bekanntlich läßt sich im Regelfall für Wohngrundstücke ein besserer Verkaufserlös als für Gewerbeflächen erzielen. Dabei beträgt der Aufwand für Schallschutzmaßnahmen nur einen Bruchteil des dadurch gewonnenen Mehrwertes. Geringerer Landverbrauch und die Vorteile durch die Nähe von Wohnen und emissionsarmen Arbeiten dürfen nicht vergessen werden.

6.2.5.2 Fluglärm

Für die Beurteilung der Geräusche von Flugplätzen, die dem 1. Abschnitt des Fluglärmgesetzes unterliegen, gibt es in diesem Gesetz eigene Vorschriften. Sie wirken über das Bauordnungsrecht in das Bauplanungsrecht hinein. In einigen Bundesländern gelten Spezialregelungen zur Lenkung der Bauleitplanung in der Umgebung von solchen Flugplätzen[13]. Die Grenzwerte sind dort aus finanziellen und lärmquellenspezifischen Gründen einiges höher angesetzt als die Orientierungswerte in der DIN 18005 (E 4.82). Die Lärmwirkungsforschung hat zudem noch keine Vorschläge unterbreitet, wie die Fluggeräusche von Strahlflugzeugen mit den übrigen Verkehrsgeräuschen zu einer Summe verrechnet werden sollten.

Daraus folgt jedoch keinesfalls, daß in Gebieten, in denen die höheren Dauerschallpegel von solchen Flugplätzen auftreten und auch im Rahmen der Bauleitplanung zulässig sind, gegen die übrigen Geräuscharten nichts zu tun wäre. Da die Fluggeräusche zwar hohe Spitzenpegel verursachen, aber zwischen den Flugereignissen mehr oder minder lange Pausen bestehen, die sonst verlärmt würden, und da während der Nachtzeit und an militärischen Flugplätzen auch während der Ruhezeiten (vgl. Nr. 5.4 der VDI 2058 Bl. 1) der Betrieb meist weitgehend ruht, müssen die übrigen Geräuscharten mindestens eben so bekämpft werden, als ob diese Fluggeräusche nicht vorhanden wären.

Die Geräusche von Landeplätzen können nach der Fluggeräuschrichtlinie von Herbert M. Müller [32] ermittelt und beurteilt werden.

6.2.5.3 Straßenverkehrslärm, Überschreitungsspielraum

Im Gegensatz zum Gewerbelärm, dessen Geräuschquellen weitgehend ortsgebunden sind, stammen die Geräusche vom Straßenverkehr aus mobilen Quellen. Während die Geräuschimmissionen von Betrieben mehr örtlichen Charakter haben, wirkt der Straßenverkehrslärm fast flächendeckend. Nahezu jedes Gebäude ist durch eine Straße erschlossen; damit wird der Straßenverkehrslärm direkt in den Wohnbereich getragen. Das hat zur Folge, daß die Bevölkerung durch Straßenverkehrsgeräusche im Mittel größenordnungsmäßig etwa zehnmal mehr als durch Gewerbelärm belastet wird.

---

[13] Für Bayern enthalten das Landesentwicklungsprogramm und die einschlägigen Regionalpläne entsprechende Vorschriften; vergleichbare Regelungen gibt es z.B. in Baden-Württemberg, Niedersachsen [1d)] und Nordrhein-Westfalen [50].

Emissionen und Immissionen von Industrie und Gewerbe werden bereits seit gut hundert Jahren bekämpft, der Straßenverkehrslärm erst etwas mehr als ein Jahrzehnt. Der Stand der Technik bei der Emissionsminderung für die im Einsatz befindlichen Kraftfahrzeuge ist u. a. deshalb noch nicht so weit fortgeschritten[14] wie bei den stationären Emissionsquellen in Industrie und Gewerbe. Daher bereitet der Straßenverkehr auch beim Schallschutz in der Bauleitplanung wesentlich größere Schwierigkeiten als gewerbliche Anlagen.

Als Folge des Optimierungsgrundsatzes sind – bei allen Bedenken aus der Sicht des Immissionsschutzes – für das „Sorgenkind Straßenverkehrslärm" in schalltechnischen Problemfällen gewisse Überschreitungen der Orientierungswerte durch die Beurteilungspegel hinzunehmen (vgl. [25]). (Bekanntlich sind hier in der Regel die Orientierungswerte für die Nachtzeit ausschlaggebend.) Dabei stellt sich in der Praxis unvermeidlich die Frage, wo die Grenzen des nicht mehr Zulässigen zu ziehen sind. In ungefährer Anlehnung an die hierin bewährte Vornorm DIN 18005 und an den Entwurf für ein Verkehrslärmschutzgesetz liegen sie bei den um 7 dB erhöhten Orientierungswerten für Verkehrslärm. Dieser Überschreitungsspielraum, der sich auf die Orientierungswerte für die Tag- und Nachtzeit bezieht, gilt nicht nur für den Beurteilungspegel des Straßenverkehrs, sondern für alle auf den maßgebenden Immissionsort einwirkenden Verkehrsgeräusche zusammen (Summenwirkung für den Bereich des fließenden Verkehrs, ausgenommen den Bereich des Fluglärms)[15].

Muß für den alleinigen Bau einer Straße statt einem Planfeststellungsverfahren ein Bebauungsplanverfahren durchgeführt werden, so können die in Teil 4 beschriebenen Beurteilungsmethoden angewandt werden. Die Möglichkeiten im Straßenbau vor Verkehrslärm zu schützen, sind nämlich wesentlich geringer als in der Bauleitplanung, wo Baugebiete mit Straßen geplant werden.

Bevor der Überschreitungsspielraum für die Straßenverkehrsgeräusche ausgeschöpft wird, sind die Mittel des Schallschutzes in der Bauleitplanung voll anzu-

---

[14] Ein weiterer wesentlicher Grund für die langsame Minderung der Straßenverkehrsgeräusche ist auch die Doppelstellung des Bürgers als Geräuschverursacher im und als Geräuschbelaster durch den Straßenverkehr, während den Gewerbelärm die „anderen" verschulden. Der Straßenverkehrslärm wird u. a. deswegen von der Bevölkerung eher hingenommen als Gewerbelärm. Darin finden die höheren Orientierungswerte und die Anwendung des Überschreitungsspielraums für den Straßenverkehrslärm auch von der Wirkungsseite her zum Teil eine gewisse Begründung. Der Gesetzgeber sieht sich nicht veranlaßt, den Straßenverkehrslärm ähnlich wie den Gewerbelärm zu bekämpfen. Verallgemeinernd wird hier aus Gründen der Wirkung, des Standes der Schallschutztechnik, der Kosten und der Einheitlichkeit Nr. 7.2 Abs. 3 i. V.m. Nr. 7.1 Abs. 4 der DIN 18005 (E4.82) so ausgelegt, daß einerseits die Geräusche vom fließenden Verkehr – ausgenommen Fluglärm – und andererseits die Geräusche von stationären Quellen zusammen gefaßt beurteilt werden (vgl. 6.2.3, 6.2.5.3 Abs. 3 und 6.4.2 Abs. 1).

[15] Da die Geräuschbelastungen durch Straßenverkehr diejenigen durch die übrigen Verkehrsarten weit übertreffen, wird im folgenden wieder hauptsächlich auf den Straßenverkehr abgestellt (vgl. 6.2.5.4 letzter Absatz).

wenden. Die Sollwerte müssen möglichst weit unter den Orientierungswerten liegen und dürfen an den Schwierigkeiten bereitenden Immissionsorten die Orientierungswerte nur möglichst wenig überschreiten.

Es seien beispielsweise aus wichtigen Gründen Wohngebäude mit mehreren Stockwerken vorgesehen. Die schalltechnische Prognose ergebe, daß für die gesamte Häuserfront Immissionswerte innerhalb des Überschreitungsspielraums zu erwarten sind. Dann darf z.B. nicht auf eine straßennahe Abschirmung verzichtet werden, nur weil sie für die oberen Stockwerke nicht mehr ausreichend wirkt.

Über den Überschreitungsspielraum hinaus gibt es also keine Diskussionen mehr. Läßt sich nach gewissenhaften Prognosen und Variationen der – eventuell reduzierten – Planungen bei Einbeziehung aufwendiger Schallschutzmaßnahmen der erhöhte Wert für Straßenverkehrsgeräusche nicht beachten, so ist der Bauleitplan abzulehnen. Die Skizze eines solchen Falles ist aus Darstellung 6.2 zu ersehen[16]. Werden alle Möglichkeiten des Schallschutzes in der Bauleitplanung sachverständig genutzt, muß das nur sehr selten erfolgen (vgl. andererseits auch Darstellung 6.9).

Welche Schallschutzkosten bei Beachtung der Orientierungswerte, insbesondere für Verkehrslärm, entstehen zeigt eine Studie von Glück und Koppen [35]. Danach betragen die Aufwendungen dafür im Mittel 0,6% der Gesamtinvestitio-

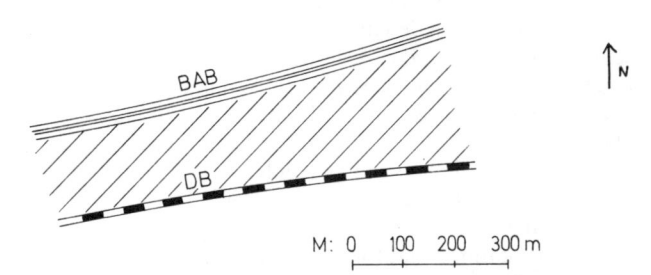

Darstellung 6.2 Beispiel für eine abzulehnende Wohngebietsausweisung (Skizze). Das schraffierte Gebiet zwischen Bundesautobahn (BAB) und Bundesbahn-Fernschnellstrecke (DB) ist bei Freifeldausbreitung auch nachts mit mehr als 65 dB(A) Dauerschallpegel belastet. Hier sind keine vernünftigen Schallschutzmaßnahmen mehr vorstellbar, die eine neue Wohnbebauung zulässig machen würden, selbst wenn bereits eine Streubebauung vorhanden wäre. Auch in Verdichtungsräumen käme nur die Ausweisung eines Gewerbe- oder Industriegebietes in Frage.

---

[16] Häufig weisen aus der Sicht des Schallschutzes abzulehnende Planentwürfe auch andere schwerwiegende Mängel auf. So ist beispielsweise die zu beplanende Fläche im Gesamtzusammenhang betrachtet oft zu klein ausgefallen. Die Größe eines Baugebietes muß so bemessen werden, daß es seinem Zweck entsprechen kann. Dabei spielen Gesichtspunkte der Wirtschaftlichkeit, vor allem im Bereich der Erschließung, und des Immissionsschutzes eine wesentliche Rolle.

nen und bei um 5 dB verminderten Orientierungswerten immerhin erst 0,9%, während sie bei 5 dB erhöhten Orientierungswerten im Mittel bei 0,3% liegen. Dem steht eine durch Schallschutzmaßnahmen erzielte, vielfach größere Wertsteigerung der Immobilie gegenüber, von der Zunahme der Lebensqualität ganz zu schweigen. Die Berechtigung des Optimierungsgrundsatzes wird durch die Ergebnisse dieser Studie nachdrücklich unterstrichen. Aus ihr folgt eindrucksvoll, daß im Regelfall gerade Kostengründe nicht gegen weitgehende Forderungen des Schallschutzes in der Bauleitplanung sprechen. Das Hauptproblem liegt vielmehr darin, daß die Gemeinden als Träger der Planungshoheit die Chancen des BBauG und der dazugehörigen einschlägigen Bestimmungen bei der Gestaltung ihrer baulichen Entwicklung zu wenig nutzen. Einfallslosigkeit und Unkenntnis spielen dabei eine wichtige Rolle.

Keine ausreichenden Schallschutzmaßnahmen in der Planungsphase vorzusehen, weil dafür gewisse Aufwendungen zu tätigen sein werden, ist kurzsichtig. Der Grundstücks- und Wohnungsmarkt hat schon längst den Wert einer ruhigen Wohnlage entdeckt. Die besten und teuersten Wohnungen sind meist auch die ruhigen. Es liegt zum einen an methodischen Schwierigkeiten, daß hierfür bisher noch keine eindeutigen Kosten-Nutzen-Relationen aufgestellt werden konnten; zum anderen wird von den Planern in der Praxis nicht nur bezüglich des Schallschutzes kaum der Versuch unternommen, die Wirtschaftlichkeit von Planungsalternativen zu quantifizieren, obwohl sich Optimierungen lohnen würden.

Nach § 1 Abs. 7 BBauG sind die in § 1 Abs. 6 genannten Belange – also auch der Umweltschutz – mit den übrigen untereinander gerecht abzuwägen. Da der Vorschriftengeber bezüglich des Straßenverkehrslärms noch keine klaren Schranken für die schalltechnische Zulässigkeit und Zumutbarkeit gesetzt hat, wird bei der Abwägung der Schallschutz manchmal übergangen. Dem Planer und vor allem dem Auftraggeber der Planung muß aber klar sein, daß er sich dadurch für sein Werk erhebliche Nachteile einhandelt. So werden sich die Bewohner eines falsch geplanten Gebietes erfahrungsgemäß nach Bezug ihrer Wohnungen heftig über die unzumutbare Geräuschbelastung beschweren, auch wenn sie ihnen bekannt war; kaum gebaut, müssen die Gebäude schalltechnisch saniert werden, was meist einen relativ aufwendigen Notbehelf darstellen wird; die finanzkräftigeren Bewohner stimmen zudem alsbald durch Wegzug über die mißlungene Planung ab und die fehlgeplanten Gebiete unterliegen der sozialen Erosion.

In der Fachwelt ist kaum jemand zu finden, der bei neuen Baugebieten Verkehrslärmbelastungen über den Überschreitungsspielraum hinaus als gesunden Wohnbedingungen, geschweige denn Belangen des Lärmschutzes entsprechend bezeichnen würde. Der Stand der Beurteilungstechnik und die Möglichkeiten des Schallschutzes werden von Fachleuten bestimmt und weiterentwickelt. Bei nicht sachverständiger Beurteilung von Bauleitplänen liegt die Gefahr von Abwägungsdefiziten und Abwägungsfehleinschätzungen nahe (vgl. [34]). Da die Gerichte den Umweltschutz in der Bauleitplanung meist angemessen gewichten, ist bei Normenkontrollklagen die Wahrscheinlichkeit groß, daß Bauleitpläne, in denen der Schutz vor (Straßen)Verkehrslärm nicht ausreichend berücksichtigt ist, mangels sachgerechter Abwägung aufgehoben werden. Vorgaben, über die hinweg nicht mehr abgewogen wird, sind beim Belang Lärmschutz so selbstverständlich wie bei anderen Belangen in der Bauleitplanung, z. B. der Erschließung, der Statik, der Wasserver- und -entsorgung sowie des Gewässerschutzes, und schränken die Planungshoheit der Kommunen keineswegs zu sehr ein.

6.2.5.4 Schienenverkehrslärm

Für die Beurteilung des Schienenverkehrslärms in der Bauleitplanung gilt ähnliches wie für den Straßenverkehrslärm. Auch hierfür kommt gegebenenfalls der Überschreitungsspielraum in Frage. Durch einen aus Gründen der Praktikabilität einheitlichen Abzug von 5 dB vom Beurteilungspegel für den Schienenverkehrslärm kann dessen Besonderheiten vor allem gegenüber dem Straßenverkehrslärm Rechnung getragen werden (vgl. § 43 Abs. 1 Satz 2 BImSchG, 5.1.3 und Nr. 8.4 in [31],,,Schienenbonus").

Erst ab ca. drei Vorbeifahrten, vor allem während der Nachtzeit, ist es zweckmäßig, das Konzept des Beurteilungspegels anzuwenden. Weniger Ereignisse bleiben also unberücksichtigt. Allerdings sind die Spitzenpegel gemäß dem Optimierungsgrundsatz so gering wie möglich zu halten. Treffen die Landverkehrswege Straße und Schiene zusammen, muß die Summenwirkung beachtet werden.

Geräusche aus der gewerblichen Schiffahrt sind auch im Vergleich zum Schienenverkehrslärm von untergeordneter Bedeutung. Gegebenenfalls soll analog der Beurteilung des Straßenverkehrslärms vorgegangen werden (bzgl. Daten s. auch [71]).

Zum Verhältnis der Bedeutung von Straßenverkehrs-, Schienenverkehrs- und Schiffahrtslärm in der Bundesrepublik Deutschland seien einige Zahlen für das Jahr 1983 genannt. Bundes-, Landes-, Kreis- und Gemeindestraßen zusammen haben eine Länge von 204 000 km und die Verkehrsleistung beträgt 384 Milliarden Personenkilometer. Das Eisenbahnnetz erstreckt sich auf 31 100 km und bewältigt eine Verkehrsleistung von 47 Milliarden Personenkilometer, während die Wasserstraßen eine Länge von 4 302 km aufweisen [36]. Dem entsprechen Belastungen durch die drei Verkehrslärmarten größenordnungsmäßig wie 100 : 10 : 1. Wird der Gütertransport mit betrachtet, ändern sich die Verhältnisse etwas.

6.2.6 Maßgebende Immissionsorte

Grundsätzlich sind die Immissionsorte maßgebend, an denen die höchsten Beurteilungspegel erwartet werden. Die Sollwerte und speziell die Orientierungswerte gelten für den Freiraum vor Gebäuden, da zumindest in Wohngebieten Balkone, Terrassen und Gärten ungestört zu nutzen sein sollen. Vor allem sollen die Bewohner nachts bei geöffnetem Fenster schlafen können. Eine zu hohe Geräuschbelastung im Freien entwertet die Wohnung erheblich. Dies stellt einen wesentlichen Grund für die Flucht vieler Familien aus belasteten innerstädtischen Gebieten „ins Grüne" dar.

Bei normaler Unterhaltung dürfen die Störgeräusche 45 bis 50 dB(A) nicht überschreiten, um die Sprachverständlichkeit weitgehend zu wahren. Für einen ungestörten Schlaf bei offenem Fenster sollen die Beurteilungspegel außen höchstens um 35 bis 40 dB(A) – das sind für die Nachtzeit die Orientierungswerte in Wohngebieten – betragen, damit Innenpegel um 25 bis 30 dB(A) erreicht werden. Solche Innenwerte sind z. B. in der TALärm, DIN 4109, VDI 2058, 2719 und 2081 genannt. Die Pegelabnahme von außen nach innen beträgt bei einem zur Lüftung knapp geöffneten Fenster an die 10 dB.

Aus schalltechnischer Sicht sind Haupt- und Nebenwohnräume zu unterscheiden. Schlafräume, Kinderzimmer, Wohnzimmer und Wohnküchen gelten als Hauptwohnräume[17]. Zu den Nebenwohnräumen gehören Flure, Treppenhäuser, Eingänge, Toiletten, Bäder, Küchen und Kammern. Speicher-, Kellerräume und nicht bewohnbare Zweckbauten, wie Schuppen und Garagen, sind schalltechnisch nicht schützenswert. Sie können vielmehr durch geeignete Anordnung zur Schallabschirmung beitragen. Bei den Hauptwohnräumen müssen vor allem die Schlafräume und, da in Kinderzimmern die Kinder zudem meist schlafen, auch diese Räume wegen der niedrigeren Sollwerte für die Nachtzeit besonders geschützt werden. Daher kann sich der maßgebende Immissionsort für die Nachtzeit von jenem für die Tagzeit unterscheiden. (Der Aufenthaltsraum einer Einzimmerwohnung entspricht bezüglich seiner Schutzwürdigkeit einem Schlafraum.)

In der Folge muß dann ebenso beim Freiraum differenziert werden. Er ist vor Hauptwohnräumen erheblich schützenswerter als vor Nebenwohnräumen. Ersterer wird meist ohnehin der Bereich sein, zu dem Garten oder Terasse und ähnliches gehören. Kleine Vorgärten, wie sie bei Doppelhaus- oder Reihenhausbebauung häufig vorkommen, haben schalltechnisch gesehen eine geringere Schutzwürdigkeit als die auf der straßenabgewandten Seite der Häuser liegenden eigentlichen Gärten, die zum länger dauernden Aufenthalt im Freien genutzt werden.

6.2.6.1 Gebietsinneres

Die Sollwerte gelten gemäß dem Optimierungsgrundsatz nicht nur für Geräusche, die von außerhalb auf das Gebiet einwirken, sondern auch für solche, die im Gebiet selbst entstehen. Das ergibt sich auch aus der BauNVO, deren Vorschriften über die Zulässigkeit von baulichen und sonstigen Anlagen in den einzelnen Baugebieten einen der Zweckbestimmung des Baugebiets entspre-

---

[17] Diese können auch als Aufenthaltsräume bezeichnet werden. Sie sind als Räume definiert, die nicht nur dem vorübergehenden Aufenthalt von Menschen dienen. Bei anderen schutzwürdigen Gebäuden, wie Krankenhäusern und Kindergärten, gilt entsprechendes. Räume in denen Tätigkeiten durchgeführt werden, die dem Arbeitsschutz unterliegen, werden nicht als Wohnräumen vergleichbar schutzwürdig betrachtet.

chenden Schutz vor Störungen durch Geräusche gewähren, die von Vorhaben innerhalb des Baugebietes ausgehen. Für Gewerbelärm, auf den die Vorschriften der TALärm anzuwenden sind, ist dies ohnehin selbstverständlich (s. Teil 3). Beispielsweise muß also auf die Geräuschemissionen von Tiefgaragenzufahrten, Parkplätzen (vgl. [74] und 4.4.3) sowie Bushaltestellen geachtet werden (vgl. dazu die §§ 12 und insbesondere 15 BauNVO). Die Lage von der Öffentlichkeit zugänglichen Abfallcontainern, vor allem von Altglassammelbehältern – auch wenn sie geräuscharm sind –, ist geschickt zu wählen. Dem „Lärm" von Kinderspielplätzen und erst recht von Bolzplätzen muß in der heutigen Zeit, in der Nachbarn wegen der sonstigen Reizüberflutung sehr empfindlich reagieren, schon bei der Bauleitplanung Rechnung getragen werden. (Allerdings hat bei Plätzen für Kleinkinder der Sichtkontakt „Mutter – Kind" Vorrang.) Kindern kann später kein „Schalldämpfer" verpaßt werden. Die mehr und mehr an Bedeutung zunehmenden Sport- und Freizeitanlagen sind bei ihrer fortschreitenden Differenzierung und Technisierung aus Gründen des Schallschutzes immer weniger in Wohngebieten unterzubringen.

Mathematisch ausgedrückt soll das Flächenintegral über die Geräuschverteilung im jeweiligen Gebiet als ein Maß für die Geräuschbelastung minimiert werden. Dagegen ist es nicht sinnvoll, den manchmal höheren Wert des Randintegrals über das gesamte Baugebiet hin als maßgebend festzulegen. Das bedeutet vor allem beim Straßenverkehr, – wenn schon der Überschreitungsspielraum in Anspruch genommen werden muß – diese Überschreitung möglichst auf den Randbereich zu beschränken und durch Maßnahmen im Gebietsinneren die Orientierungswerte zu erreichen und soweit als möglich zu unterschreiten. Würde man nur darauf abstellen, die Sollwerte am Rand der Baugebiete einzuhalten, so bliebe der größte Teil der Schallschutzmaßnahmen, die der Bauleitplanung eigen sind, ungenutzt.

6.2.6.2 Sollwert und Flächenschalleistungspegel im Gebietsinnern

In diesem Zusammenhang kann sich die Frage ergeben, welcher Flächenschalleistungspegel L_W'' in einem Gebiet zulässig ist, damit an einem maßgebenden Immissionsort in diesem Gebiet der Sollwert (= SW) nicht überschritten wird. Zu ihrer Beantwortung geht man davon aus, daß jedes Flächenelement dS in der Umgebung des Immissionsortes mit dem fraglichen L_W'' belegt ist. Der Immissionsbeitrag eines solchen Flächenelementes am Aufpunkt beträgt dann $L_W'' - 10 \lg 2\pi s^2$, wenn nur das Abstandsmaß berücksichtigt wird (s. Darstellung 6.3, 1.9.1 und 6.3.1).

Werden alle Flächenelemente aufsummiert – im kontinuierlichen Fall integriert – so gilt die Gleichung

$$SW \leq 10 \lg \int_{S_1}^{S_2} 10^{0,1(L_W'' - 10 \lg 2\pi s^2)} dS.$$

Mit Polarkoordinaten (vgl. Darstellung 6.3) wird die Beziehung[18] umgeformt in

$$SW \geq 10 \lg (10^{0,1 L''_W} \int_{s_1, \varphi_1}^{s_2, \varphi_2} (2\pi s^2)^{-1} \, s \, ds \, d\varphi) \, .$$

Die Auflösung nach L''_W unter Berücksichtigung des Vollwinkels (2π) ergibt

$$L''_W \leq SW - 10 \lg \int_{s_1}^{s_2} s^{-1} \, ds \quad \text{und weiter}$$

$$L''_W \leq SW - 10 \lg (\ln s_2 - \ln s_1) \, ,$$

wobei ln den natürlichen Logarithmus bedeutet. Ohne Genauigkeitsverlust für die Praxis wird $s_1 = 1$ gesetzt, so daß mit $\ln 1 = 0$ für den zulässigen Flächenschalleistungspegel folgt $L_W^{zul'''} \leq SW - 10 \lg (\ln s_2)$. In Tabelle 6.2 sind für einige Radien die Werte $10 \lg (\ln s_2)$ angegeben.

Tabelle 6.2 Wertetabelle für $10 \lg (\ln s_2)$. Diese Werte geben die Differenz zwischen Sollwert und zulässigem Flächenschalleistungspegel in Abhängigkeit vom charakteristischen Radius eines mit Schallemissionen gleichmäßig belegten Gebietes an.

s_2 [m]	10	20	50	100	200	400	500	800	1000
$10 \lg (\ln s_2)$ [dB]	3,6	4,8	5,9	6,6	7,2	7,8	7,9	8,2	8,4

Weil auf den maßgebenden Immissionsort – letztlich das vom Geräusch am stärksten betroffene Fenster eines zum Aufenthalt von Menschen bestimmten Gebäudes – aufgrund der Eigenabschirmung des Gebäudes die Schallemissionen praktisch nur von einer Hälfte der Kreisfläche einwirken, kann man sich auf diese Teilfläche beschränken (vgl. die Darstellung 6.4). Von den Werten in Tabelle 6.2 sind daher ca. 3 dB abzuziehen[19]. Für ein Gewerbegebiet, das beispielsweise mit einem Radius von 200 m charakterisiert werden kann, ergibt sich also ein tagsüber zulässiger Flächenschalleistungspegel von etwa 61 dB(A).

Wenn zusätzlich das Luftabsorptionsmaß berücksichtigt würde, so nähme z. B. der Tabellenwert bei 1000 m von 8,4 nur auf 8,1 dB ab. Setzt man weitere Dämpfungsmaße, insbesondere das Boden- und Witterungsdämpfungsmaß, an, fällt die Abnahme noch stärker aus, so daß die obigen Tabellenwerte auf der sicheren Seite liegen.

Verwendet man statt Polarkoordinaten in der Ausgangsgleichung Rechteckkoordinaten, so ist die Integration in der Regel nur noch numerisch zu bewältigen.

---

[18] Würde die Verteilung des L''_W über die Fläche als abstandsabhängig angenommen und das Luftabsorptionsmaß usw. angesetzt, so wäre diese Gleichung nicht mehr einfach zu lösen.

[19] Da hier der Meßort 0,5 m vor dem vom Lärm am stärksten betroffenen, geöffneten Fenster liegt, kann die Erhöhung des Schallpegels um ca. 3 dB durch Reflexionen an der Gebäudefront außer Ansatz bleiben.

Teil 6 Schallschutz in der Bauleitplanung   443

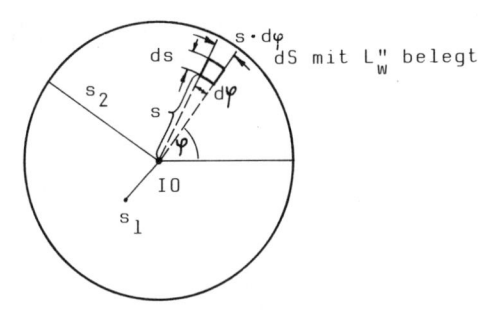

Darstellung 6.3 Veranschaulichung eines mit L_W'' belegten Flächenelementes dS; $dS = s \cdot ds \cdot d\varphi$; φ = Winkel im Bogenmaß; IO = Immissionsort.

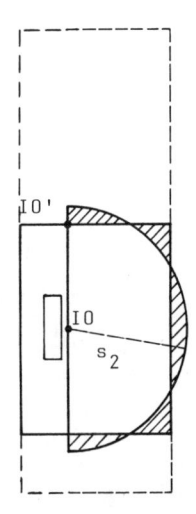

Darstellung 6.4 Annäherung einer Baugebietsfläche durch eine Halbkreisfläche zur Bestimmung von s_2. Die schraffierten Flächenstücke außerhalb des Halbkreises sollen in etwa gleichen Flächeninhalt haben wie die innerhalb. Die restliche rechteckige Teilfläche wird als abgeschirmt betrachtet.

Soll die vorliegende Fragestellung für kompliziertere Verhältnisse, wie unregelmäßige Flächen und unterschiedliche Emissionsbelegungen oder auch zusätzliche Abschirmungen, beantwortet werden, so können dazu die Gleichungen in 6.3.2 benutzt werden.

Die Ergebnisse lassen sich auch anwenden, wenn der maßgebende Immissionsort sehr nahe der Grenze z. B. zwischen einem allgemeinen Wohngebiet und einem Gewerbegebiet liegt und die aufgrund der Sollwerte hochgerechneten zulässigen (Flächen-)Schallleistungspegel im Gewerbegebiet interessieren. Damit kann eine aufwendige Unterteilung der Fläche zur Berechnung des $L_W^{zul('')}$ vermieden werden. Selbstverständlich darf der charakteristische Radius s_2 in einem solchen Fall nicht zu groß – keinesfalls größer als 100 m – gewählt werden, da sonst in größerer Entfernung die Emissionen unnötig beschränkt würden und für eine sinnvolle Optimierung kein Raum mehr bliebe.. Daraus resultiert also eine Abstufung der zulässigen Emissionen mit abnehmender Entfernung. Liegt der Immissionsort (IO) nicht mittig, wie in Darstellung 6.4, sondern z. B. am Rand des Gebietes (IO'), so verringern sich die Werte in Tabelle 6.3 um weitere 3 dB. Für dazwischenliegende Immissionsorte kann linear interpoliert werden.

Ist andererseits ein länger gestrecktes Gebiet, wie z. B. in Darstellung 6.4 gestrichelt, zu betrachten, so wird trotzdem mit dem zum eingezeichneten Kreis gehörigen Radius (unter Vernachlässigung der beiden außenliegenden Flächen) ausreichend genau gerechnet. Es würde ja z. B. eine Zunahme des Radius s_2 von 100 auf 200 m gemäß Tabelle 6.2 erst eine Erhöhung von 6,6 auf 7,2 dB ergeben. Ausschlaggebend sind bei dieser Betrachtungsweise also die ersten 30–50 m vom Immissionsort.

6.3 Schallausbreitung und zulässige Emissionen

6.3.1 Schallausbreitung

Für die Berechnung der Ausbreitung von Straßen- und Schienenverkehrsgeräuschen mögen die Rechenmethoden in der DIN 18005 (E 4.82) empfehlenswert sein[20]. Sie sind jedenfalls für die Straßenverkehrsgeräusche mit jenen der RLS-81 abgestimmt (vgl. auch Teil 4). Dagegen muß die Größe $\Delta L_s = L_W - SW = 8{,}8 + 8{,}2x + x^2/2$ mit $x = \lg(s^2 + H^2)$ nach der DIN 18005 (E 4.82) bei ungehinderter Schallausbreitung von einer Punktschallquelle im Bereich des Gewerbelärms als unglücklich gewählt bezeichnet werden. Sie weicht von allen bisher einschlägigen Ausbreitungsformeln in der Schreibweise ab, läßt als reine Fittingformel das physikalische Ausbreitungsmodell nicht mehr erkennen und bringt für verschiedene Anwendungen Erschwernisse mit sich[21].

Darum werden hier die bewährten Ausbreitungsmodelle der VDI 2571 und 2714 E bevorzugt. Die Abweichungen zwischen den Ergebnissen $\Delta L_s = 8{,}8 + 8{,}2x + x^2/2$ und $\Delta L_s = 8 + 20 \lg s + \Delta$ betragen bis auf 1 km unter 1 dB,

---

[20] Das Abstandsmaß für Schienenverkehrsgeräusche entspricht im Rahmen der erzielbaren Genauigkeit dem für Straßenverkehrsgeräusche, obwohl sich ihre Geräuschspektren deutlich unterscheiden (vgl. [43]).
[21] Dies gilt z. B. für überschlägige Abschätzungen ohne Rechner, für spezielle topographische Gegebenheiten, bei Verwendung zur Bestandsaufnahme gemäß 6.6.3 und für die Berechnung der Summenwirkung.

wenn Mitwindwetterlage und die Schwerpunktfrequenz zu 0,5 kHz, was für Gewerbegeräusche in der Bauleitplanung im Mittel zweckmäßig ist, vorausgesetzt werden (zur Schallausbreitung im Einzelnen s. 1.9, $\Delta = \Delta L_M + \Delta L_B + \Delta L_L$). Daher kann es wenigstens unter Gesichtspunkten der Vergleichbarkeit und Genauigkeit dahingestellt bleiben, welche Rechenformel für die Schallausbreitung von einer Punktquelle gewählt wird.

Das Abschirmmaß ΔL_z läßt sich nach DIN 18005 (E 4.82) oder in schwierigeren Fällen und besonders für Punktschallquellen nach VDI 2720 E berechnen.

Bei der Anwendung des Bewuchs- und Bebauungsdämpfungsmaßes ΔL_D bzw. ΔL_G ist darauf zu achten, daß die Voraussetzungen dafür bei Bezug der Gebäude und dann noch mindestens 20 Jahre mit Sicherheit gegeben sein müssen. So ist es beispielsweise nicht sinnvoll ein Bewuchsdämpfungsmaß anzusetzen, wenn eine Veränderung des Bewuchses, der übrigens jahreszeitlich schwanken kann, nicht auszuschließen ist.

Für Abstände zwischen Quelle und Aufpunkt unter 200 m wird eine ausreichende Genauigkeit erreicht, wenn nur mit $\Delta L_s = 8 + 20 \lg s + \Delta L_z$ [22] gerechnet wird (vgl. auch Nr. 1 der VDI 2571).

Gemäß dem Optimierungsgrundsatz sind auch einige repräsentative Punkte im Inneren des Gebietes zu wählen (vgl. 6.2.4 und 6.2.6.1). Dabei ist zu bedenken, daß der kürzeste Abstand nicht immer auch den vom Lärm am stärksten betroffenen Ort kennzeichnet. Schallabschirmungen oder -dämpfungen durch dauerhaften Bewuchs, Geländeverhältnisse oder bereits bestehende Bebauung können nämlich die Schallverteilung so verändern, daß in größerer Entfernung höhere Immissionen auftreten als am nächstgelegenen Ort.

6.3.2 Zulässige Emissionen

Aufgrund der Sollwerte (SW) und der Ausbreitungsverhältnisse können nun die zulässigen Emissionsverhältnisse berechnet werden. Für eine Punktschallquelle gilt $L_W^{zul} \leq SW + 8 + 20 \lg s + \Delta$. Darin steht L_W^{zul} für den zulässigen A-bewerteten Schallleistungspegel einer punktförmigen Schallquelle und $\Delta = \Delta L_z + \Delta L_B + \ldots + K_\Omega'$ umfaßt die über das Abstandsmaß hinaus in Frage kommenden Schallpegelminderungen ΔL_z, ΔL_B, ΔL_L, ΔL_M, ... sowie K_Ω' [22]. (Statt des L_W^{zul} kann auch $L_W^{zul'}$ einer Linienschallquelle berechnet werden, wenn das Abstandsmaß durch $10 \lg \pi s$ ersetzt wird.) Der L_W^{zul} läßt sich gegebenenfalls auch in den zulässigen Flächenschallleistungspegel $L_W^{zul''} = L_W^{zul} - 10 \lg S$ umrechnen, wobei S die Fläche darstellt, auf der Punktschallleistungspegel verteilt wird.

Eine nicht nur für die Bauleitplanung wichtige Frage ist, wie ein emittierendes Gebiet mit N Schallquellen belegt sein darf, damit am maßgebenden Immissionsort außerhalb des Gebietes ein bestimmter Sollwert nicht überschritten

---

[22] Vgl. 1.9.1.1. In der Bauleitplanung kommt meistens der Halbraum (2π), entsprechend $8 = 11 - 3$ dB ($K_\Omega' = 0 = K_\Omega + 3$ dB), in Frage.

wird. (Diese Aufgabenstellung wird von H. Strauch [30] anders als hier angegangen.) Die Verteilung kann zwischen den Extremen

$$L_{WMin} = SW + 10 \lg 2\pi \operatorname{Min}(s^2 10^{0,1\Delta}) \quad \text{und}$$
$$L_{WMax} = SW + 10 \lg 2\pi \operatorname{Max}(s^2 10^{0,1\Delta})$$

liegen (vgl. Darstellung 6.5).

Für Zwecke der Bauleitplanung bietet sich zunächst die Voraussetzung an, daß alle Flächenelemente (unterscheidbaren Schallquellen) gleichviel Schall abstrahlen, weil nur so über größere Ebenen Flächenschalleistungspegel sinnvoll ermittelt und festgelegt werden können. Das führt zur Formel

$$L_{Wk}^{zul} \le SW + 10 \lg 2\pi g_k S_k - 10 \lg \sum_{i=1}^{N} g_i S_i s_i^{-2} 10^{-0,1\Delta_i}.$$

(Zur Ableitung dieser und der folgenden Formeln siehe [47].) Eine andere, vor allem für ein einzelnes Werksgelände in Frage kommende Verteilung ist, für alle Quellen gleiche Immissionen anzusetzen. Daraus ergibt sich folgende Formel:

$$\widetilde{L_{Wk}^{zul}} \le SW + 10 \lg 2\pi g_k S_k s_k^2 10^{0,1\Delta_k} - 10 \lg \sum_{i=1}^{N} g_i S_i.$$

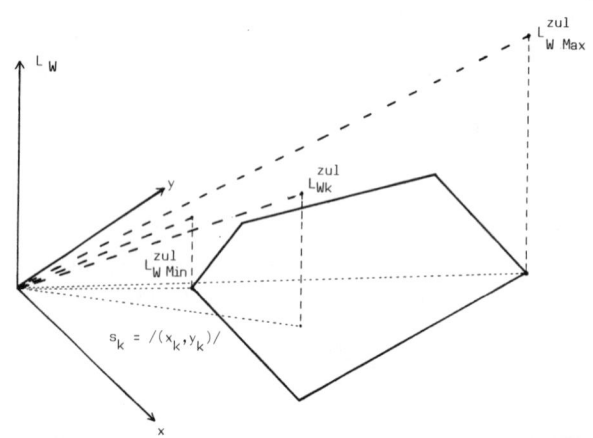

Darstellung 6.5 Skizze für die Belegung eines Gebietes mit Schalleistungspegeln

Die g_i stellen Gewichtsfaktoren für die i-te-Fläche, Schallquelle oder Anlage dar. Sie lassen sich beispielsweise der Betriebsdauer der i-ten-Schallquelle t_i, S_i, s_i^α, dem Ist-Schalleistungspegel L_{Wi}^{ist}, den Schallschutzkosten K_i, den Arbeitsplätzen A_i, der Durchsatzmenge D_i gleichsetzen. Die g_i können aber auch Funktionen all dieser Größen je Schallquelle ($g_i = g_i(t_i, S_i, s_i, L_{Wi}^{ist}, K_i, A_i, D_i, \ldots)$) sein. Zur Verknüpfung der Einflußgrößen liegt häufig ein Produktansatz $g_i = t_i \cdot S_i \cdot s_i^\alpha \cdot K_i \cdot D_i \cdot A_i \cdot 10^{0,1 L_{Wi}^{ist}}$ nahe. Die g_i können für alle oder einzelne i 1 sein.

Teil 6 Schallschutz in der Bauleitplanung

Mit $\quad L_{W\,ges}^{zul} \leq SW + 10\lg 2\pi \sum_{i=1}^{N} g_k S_k - 10\lg \sum_{i=1}^{N} g_i S_i s_i^{-2} 10^{-0,1\Delta_i}$

bzw. $\quad \widetilde{L_{W\,ges}^{zul}} \leq SW + 10\lg 2\pi \sum_{i=1}^{N} g_k S_k s_k^2 10^{0,1\Delta_k} - 10\lg \sum_{i=1}^{N} g_i S_i$

lassen sich bei gleichbleibendem SW die ihn ausschöpfenden $\widetilde{L_{Wk}^{zul}}$ maximieren.

Es gilt $\quad L_{W\,Min}^{zul} \leq L_{W\,ges}^{zul} \leq \widetilde{L_{W\,ges}^{zul}} \leq L_{W\,Max}^{zul}$.

Selbstverständlich ist $10\lg \sum_{k=1}^{N} 10^{0,1\widetilde{L_{sk}^{zul}}} \leq SW$ mit $\widetilde{L_{sk}^{zul}} = \widetilde{L_{Wk}^{zul}} - 8 - 20\lg s_k$

$- \Delta_k$, mit $L_{sk}^{zul} \leq SW + 10\lg g_k S_k s_k^{-2} \cdot 10^{-0,1\Delta_k} - 10\lg \sum_{i=1}^{N} g_i S_i s_i^{-2} \cdot 10^{-0,1\Delta_i}$

und $\widetilde{L_{sk}^{zul}} \leq SW + 10\lg g_k S_k - 10\lg \sum_{i=1}^{N} g_i S_i$. Diese Summierung empfiehlt sich zur Gegenprobe nach Abschluß der Rechnungen.

Nun soll ein kleines Beispiel ausgeführt werden. Die Lageverhältnisse mögen der Skizze in Darstellung 6.6 entsprechen. Die verschärfte Bedingung $s > 2E$ mit E als der größten Abmessung des betrachteten Gebietes sei nicht erfüllt. Δ_i ergebe sich hier aus $\Delta_i = \Delta L_{Li} + \Delta L_{Mi} + \Delta L_{Bi}$ (vgl. 6.3.1). Als Sollwert für die Nachtzeit im allgemeinen Wohngebiet (WA) sei 36 dB(A) gewünscht. Damit wird $L_{Wk}^{zul} \leq 36 + 10\lg 2\pi g_k S_k - 10\lg \sum_{i=1}^{3} g_i S_i s_i^{-2} 10^{-0,1\Delta_i}$.

Da hier alle $S_i = S_k$ und zunächst $g_i = g_k = 1$ für alle i und k, kann vereinfacht werden in $L_{Wk}^{zul} \leq 44 - 10\lg \sum_{i=1}^{3} s_i^{-2} \cdot 10^{-0,1\Delta_i}$.

Daraus ergibt sich mit $\Delta L_{Li} = 0,6$ bzw. 0,8, $\Delta L_{Mi} = 2$ und $\Delta L_{Bi} = 2$ für alle drei Flächen L_{Wk}^{zul} zu je 94 dB(A) nachts (und 109 dB(A) tags). Die zugehörigen Flächenschalleistungspegel betragen dann jeweils 54 (bzw. 69 dB(A)) und der Gesamtschalleistungspegel $L_{W\,ges}^{zul} = 10\lg \sum_{k=1}^{3} 10^{0,1 L_{Wk}^{zul}} = 99$ (bzw. 114 dB(A)).

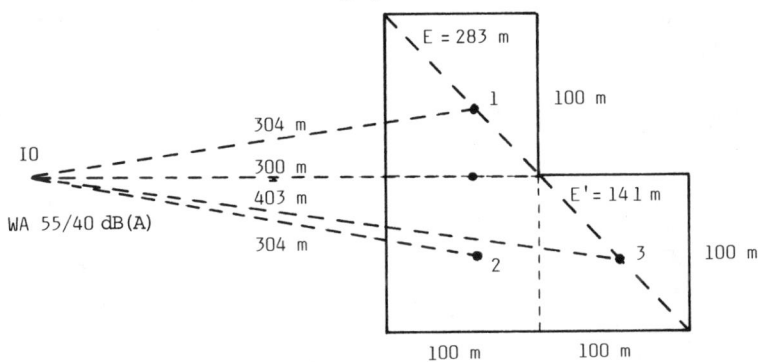

Darstellung 6.6 Skizze eines Gewerbe- oder Industriegebietes mit Abmessungen (Draufsicht).

448   Teil 6 Schallschutz in der Bauleitplanung

Tabelle 6.3 Tabelle zu Darstellung 6.6

k-te Fläche	s_i [m]	g_i	L_{sk}^{zul} [dB(A)]	g'_i	$'L_{Wk}^{zul}$ [dB(A)]	$'L_{sk}^{zul}$ [dB(A)]
1	304	1	32	1	93	31
2	304	1	32	1	93	31
3	403	1	29	3	97	32
			36		$\Sigma' = 99{,}5$	36

Soll nun die dritte Fläche dreimal mehr ($10 \lg g'_3 = 10 \lg 3 \approx 5$ dB) emittieren dürfen als die Flächen 1 und 2, so ergeben sich die Werte in den Spalten 6 und 7 der Tabelle 6.3. Damit nähert man sich der Möglichkeit der gleichen Immissionsanteile an.

Für den Fall, daß die Geräusche von der Fläche 3 durch Abschirmungen auf den Flächen 1 und 2 um z. B. $\Delta L_z = 7$ dB gemindert werden, können die zulässigen Emissionswerte für die Fläche 3 weiter um 7 dB erhöht werden.

Der Sollwert für die Nachtzeit von 36 dB im allgemeinen Wohngebiet kann sich z. B. aufgrund des Optimierungsgrundsatzes, eines niedrigen Hintergrundgeräusches oder auch aus der Differenz von Orientierungswert und dem Immissionsanteil von bereits vorhandenen Gewerbebetrieben, bei denen keine Emissionsminderungen mehr möglich oder erforderlich sind, ergeben haben. Der Tatsache, daß die Absenkung von Geräuschen bei bereits vorhandenen Anlagen schwieriger als bei neuen ist, kann noch besser durch höhere Gewichtsfaktoren g_i Rechnung getragen werden. Bei Überschreitungen der entsprechenden $\widetilde{L_{Wk}}$ sind Lärmsanierungen an den bestehenden Betrieben zu veranlassen.

Wird $\widetilde{L_{Wges}^{zul}} \geq L_{Wges}^{zul} + 3$ (3 dB werden hier als vertretbare maximale Abweichung betrachtet), müssen die zulässigen Flächenschalleistungspegel – zweckmäßigerweise in 1 dB bis maximal 5 dB-Schritten – abgestuft werden, da sonst die Möglichkeit, höhere Schalleistungspegel unterzubringen, ohne daß die Immissionswerte erhöht werden, verschenkt wird. Andererseits dürfen die Tiefen der Flächen nur so groß werden, daß auf ihnen noch gilt $L_{WMin}^{zul} + 3 \geq L_{WMax}^{zul}$, weil sonst Überschreitungen der Sollwerte nicht ausreichend genau zu vermeiden sind, wenn z. B. L_{WMax}^{zul} am Ort von L_{WMin}^{zul} realisiert würde (vgl. auch [30] und [69]).

Bei zu feinen Unterteilungen der Flächen aufgrund geringer Abstände läßt sich für die nächstliegende Teilfläche die Integration gemäß 6.2.6.2 anwenden. Sollte der Abstand zwischen emittierendem und schutzwürdigem Gebiet kleiner als etwa 30 m werden, sind in der Praxis in diesem Streifen häufig ohnehin Abschirmungen oder nächtliche Betriebsbeschränkungen festzusetzen.

Zulässige gewichtete Immissionsanteile $\widetilde{L_{sk}^{zul}}$ lassen sich mit der Formel $\widetilde{L_{sk}^{zul}} \leq SW + 10 \lg g_k S_k - 10 \lg \sum\limits_{i=1}^{N} g_i S_i$ (vgl. oben) bestimmen. Wenn keine Ab-

stufung (Gewichtung) verschiedener Flächen des Baugebietes nach ihren Emissionen erforderlich ist, werden alle $g_i = 1$, $\sum_{i=1}^{N} S_i = S'$ ($S' =$ Gesamtfläche des Baugebietes) und $\widetilde{L_{sk}^{zul}} \leq SW - 10 \lg S' + 10 \lg S_k$.
Die entscheidende schalltechnische Festsetzung im Bauleitplan kann somit z. B. lauten: „Der Beurteilungspegel der Geräusche eines neuen Betriebes mit der Fläche S [m²] darf im Baugebiet NN (oder (der l-ten) Teilfläche NN davon) $C_{(l)}$ + 10 lg S [dB(A)] nicht überschreiten. Im bau- oder immissionsschutzrechtlichen Genehmigungsverfahren ist mit einem dem Emissionspotential des Vorhabens angepaßten Aufwand gemäß dem Stand der Beurteilungstechnik nachzuweisen, daß dieser Wert mit dem Stand der Technik entsprechenden, verhältnismäßigen Maßnahmen beachtet werden wird."
Im Vergleich zur Festsetzung von Emissionspegeln hat diese Vorgehensweise Vorteile, vor allem weil dabei keine möglichen Emissionsanteile verschenkt werden, noch keine Betrachtungen mit Folgerungen zur Verteilung der Schallquellen zwischen minimal und maximal möglichem Abstand angestellt werden müssen, noch nichts über das Emissionsspektrum bekannt sein muß, nicht zwischen „installiertem" und immissionswirksamem (Flächen)Schalleistungspegel zu unterscheiden ist, schalltechnisch bedeutsame Änderungen innerhalb und außerhalb des Baugebietes leichter berücksichtigt werden können, sie mit der schalltechnischen Planung der einzelnen Betriebe verträglich ist (vgl. auch [70]) und weil sie für Entwicklungen des Standes der Beurteilungstechnik und des Standes der Schallschutztechnik offener ist. Juristischen Einwänden, die sich bisher zugunsten der Anwendung von Flächenschalleistungspegeln ausgewirkt haben, kann mit dem Hinweis begegnet werden, daß spätestens im realisierten Fall $\widetilde{L_{sk}^{zu}}$ und $\widetilde{L_{Wk}^{zul}}$ gleiche Wirkung haben und daß im Bauleitplan insbesondere Vorgaben durch die Umgebung des Baugebietes zu berücksichtigen sind (vgl. § 15 BauNVO). Wegen der Umrechnung von $\widetilde{L_{Wk}^{(zul)}}^{(')}$ in $\widetilde{L_{sk}^{(zul)}}$ können die Kenntnisse über die tatsächlichen Emissionen auch für das Konzept mit den zulässigen gewichteten Immissionsanteilen verwendet werden.
Sobald Klarheit über die Vorgaben herrscht, können mit den angegebenen Formeln die gewünschten Werte exakt berechnet werden. Ohne diesen Formalismus wäre viel Hin- und Herprobieren erforderlich. Um zu sehen, was die dargestellte Vorgehensweise leistet, empfiehlt es sich, die Formeln einmal etwas spielerisch anzuwenden. Hier alle Möglichkeiten aufzuzeigen, würde den vorgegebenen Rahmen sprengen.

6.4 Tatsächliche Emissionen

Neben den Ausbreitungsverhältnissen, den Sollwerten für die Immissionen, den zulässigen Emissionen und Immissionsanteilen sind die tatsächlichen oder voraussichtlichen Emissionsverhältnisse wichtig. Dazu können alle einschlägigen Kenntnisse dienen, die in den Teilen 1 bis 5 vermittelt wurden.

6.4.1 Gewerbelärm

Bei den sechs schalltechnisch verschiedenen Hauptgebietsarten (vgl. Tabelle 6.1) ist insbesondere auf die Lage der Gebiete zueinander zu achten, die mehr als eine Abstufung auseinanderliegen. In der Praxis handelt es sich häufig um die Zuordnung von Industriegebieten zu Mischgebieten, allgemeinen Wohngebieten oder reinen Wohngebieten und von Gewerbegebieten zu allgemeinen Wohngebieten oder reinen Wohngebieten. Sind dagegen die Lagebeziehungen von Baugebieten, deren Orientierungswerte sich nicht oder nur um 5 dB unterscheiden zu betrachten – was natürlich als gute Schallschutzmaßnahme, insbesondere bei der Flächennutzungsplanung, angestrebt werden sollte, aber nicht immer gelingt und auch nicht gelingen muß –, so treten im Rahmen der Planung kaum größere schalltechnische Schwierigkeiten auf (vgl. Darstellung 6.7). Dabei wird vorausgesetzt, daß die jeweiligen Darstellungen und Festsetzungen den Planungsabsichten entsprechen[23].

Vor allem bei der Planung von Industrie- und Gewerbegebieten können drei Fälle unterschieden werden:

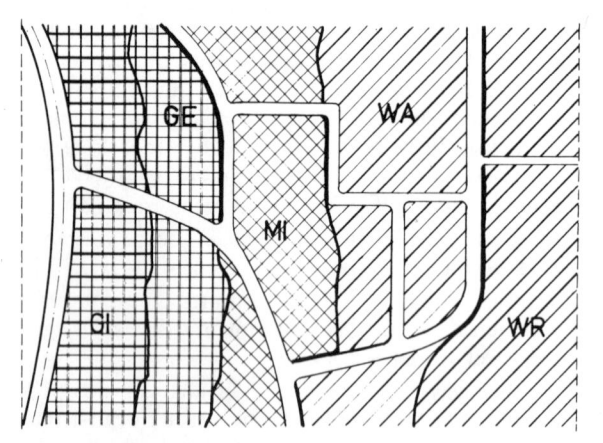

Darstellung 6.7 Beispiel für eine schalltechnisch sinnvoll abgestimmte Zuordnung von Baugebieten mit unterschiedlichem Schutzbedürfnis

---

[23] Um die Orientierungswerte leichter erreichen zu können, wird manchmal beispielsweise ein Mischgebiet festgesetzt, obwohl schon zum Planungszeitpunkt bekannt, ja sogar aus den Eintragungen im Planentwurf ersichtlich ist, daß sich ein allgemeines, wenn nicht reines Wohngebiet ergeben wird. Ein solches Vorgehen widerspricht dem BBauG. Zudem könnte sich die tatsächliche Immissionsbelastung wegen der erweiterten Zulässigkeit störender Nutzungen im Baugebiet selbst verstärken. Ist ein benachbartes Gewerbegebiet der Auslöser einer solchen Scheinfestsetzung, so wäre z. B. die Ausweisung eines nach seinen Emissionen gegliederten Gewerbegebiets und eines anschließenden Wohngebiets eine Lösung.

- Ein Industrie- oder Gewerbegebiet ist in seine Umgebung einzufügen, ohne daß die künftige Belegung mit geräuschabstrahlenden Einrichtungen bekannt ist. Die Planung erfolgt sozusagen auf Vorrat (6.4.1.1).
- Die Gemeinde hat bereits ungefähre Vorstellungen, welche Betriebe und emittierenden Anlagen sich ansiedeln werden (6.4.1.2).
- Das Baugebiet ist bereits teilweise oder weitgehend bebaut und soll nunmehr überplant werden (6.4.1.3).

Selbstverständlich kommen in der Praxis Mischfälle vor. Sie lassen sich mit dem in 6.3.2 dargestellten Formalismus behandeln.

6.4.1.1 Planung auf Vorrat

In diesem Fall stellen Emissionspegel und Immissionsanteile geeignete Soll- wie Ist-Größen dar. Wird z. B. beabsichtigt ein neues Gewerbe- oder Industriegebiet auszuweisen, so sind bereits im ersten Planungsdurchlauf in aller Regel die Fläche in Quadratmetern, die Form sowie die Lage ungefähr bekannt. Gemäß 6.3.2 sind dafür die zulässigen Pegel gegebenenfalls mit Abstufungen getrennt für Tag- und Nachtzeit zu bestimmen.

Zum Vergleich damit muß nun die künftig zu erwartende Emission abgeschätzt werden. Für Gewerbelärm ist dies schwieriger als für Straßenverkehrslärm. Die DIN 18005 (E 4.82) nennt für diese Fallgestaltung bei einem Industriegebiet als Erfahrungswert einen mittleren Flächenschalleistungspegel L_W'' von 65 dB(A)[24], ohne zwischen Tag und Nacht zu unterscheiden. Bei Tag und Nacht durchlaufenden Betrieben wird also der Vergleich mit den beurteilten zulässigen Flächenschalleistungspegeln für die Nachtzeit und bei reinen Einschichtbetrieben mit jenen für die Tagzeit maßgebend sein.

Je nach Branchenart und sogar innerhalb einer Anlagenart kann dieser Wert erheblich unter- oder überschritten werden. Abweichungen um ± 15 dB(A) kommen (ohne Schallschutzmaßnahmen) durchaus vor. Tanklager als Bevorratungslager können z. B. an der unteren Grenze liegen. Erstreckt sich der Verkehr *eines* Lkw auf einem Werksgelände von Hektargröße ohne Abschirmungen zusammengezählt über etwa 1 Stunde, so beträgt der beurteilte L_W'' ca. 60 dB(A) (eines lärmarmen Lkw ca. 50 dB(A) vgl. [75]). Bei Asphaltmischanlagen, die im Durchschnitt ungefähr $1/2$ bis 1 ha Betriebsfläche besitzen, liegt der Flächenschalleistungspegel im Mittel um 77 dB(A)[25] und nähert sich damit der oberen Grenze.

---

[24] Dieser Wert ist für ein mittelgroßes Industriegebiet zufällig gleich groß mit dem Flächenschalleistungspegel, der nicht überschritten werden sollte, wenn ein Orientierungswert von 70 dB(A) anzusetzen ist (vgl. 6.2.6.2).

[25] Er ist [27] entnommen. Die Angabe versteht sich für Anlagen ohne besondere Schallschutzmaßnahmen. Mit einigem Aufwand läßt sich dieser Wert um 5 bis 10 dB, also erforderlichenfalls nahezu auf 65 dB(A), vermindern.

Wenn also keine Kenntnisse über die künftige Bebauung eines geplanten, nicht zu kleinen Industriegebietes (mindestens 10 ha) vorliegen und wenn eine Mischung verschiedener Betriebe wahrscheinlich ist, lassen sich deren Emissionswerte zu einem Flächenschalleistungspegel um 65 dB(A) mitteln. Dies gilt vor allem, weil bei der Ansiedlung eines Betriebes in aller Regel Schallschutzmaßnahmen, die gegenüber dem ungeminderten Zustand die Gesamtemissionen um 10 dB und mehr verringern, möglich sind und weil zumindest Teilabschirmungen (Erhöhungen des Bebauungsdämpfungsmaßes) der Betriebe untereinander vorkommen. Für größere Gewerbegebiete kann ein Flächenschalleistungspegel von ungefähr 60 dB(A) angenommen werden.

Liegt nun der voraussichtliche Flächenschalleistungspegel von 65 bzw. 60 dB(A) über dem zulässigen Flächenschalleistungspegel, so sind Schallschutzmaßnahmen vorzusehen. Im Stadium, wo noch nichts Näheres über mögliche ansiedlungswillige Betriebe bekannt ist, kommen dafür vor allem

- Variationen der Lage und Form des Gebietes,
- in Abhängigkeit von der Entfernung zum maßgebenden Immissionsort abgestufte Flächenschalleistungspegel, die weitergehende Schallschutzmaßnahmen bei der Ansiedlung oder den Ausschluß bestimmter emissionsstarker Anlagenarten zur Folge haben,
- Gliederungen und Abstufungen der zulässigen Nutzung im Gebiet,
- Vorhaltung von Flächen für Abschirmungen durch Wälle und gegebenenfalls Wände sowie durch nur wenig Geräusche abstrahlende Betriebsgebäude, wie Lagerhallen, Büro- und Sozialgebäude,
- Beschränkung auf Ein- oder Zweischichtbetriebe, da für sie meist $TL_W^{(t)} \gg NL_W^{(t)}$ ist, und
- Ausschluß des Werksverkehrs sowie des Betriebs von Freianlagen zur Nachtzeit (vgl. § 1 Abs. 4 BauNVO),

in Frage.

Die in Betracht gezogenen Maßnahmen dürfen jedoch nicht so weit gehen, daß keine Betriebe mehr gefunden werden, die den gestellten Anforderungen genügen könnten (vgl. auch § 1 Abs. 5 BauNVO). Vielfach wird wohl die Festsetzung einer nächtlichen Betriebsruhe[26] oder des zulässigen Flächenschalleistungspegels auf 55 dB(A) bei Industriegebieten und 50 dB(A) bei Gewerbegebieten während der Tagzeit eine gewisse untere Grenze darstellen (vgl. auch [11]). Allerdings entspricht es dem Verhältnismäßigkeitsgrundsatz, vor einer Ablehnung des Bauleitplans alle in Frage kommenden, dem Stand der Technik entsprechenden Mittel des Schallschutzes auszuschöpfen. Ein größeres Industriege-

---

[26] Soll eine geräuschabstrahlende Anlage, die sich als Punktschallquelle betrachten läßt, nur noch tags betrieben werden, so kann aufgrund eines Unterschiedes zwischen den Sollwerten für die Tag- und Nachtzeit von 15 dB ihr Abstand von Wohngebieten – bei alleiniger Beachtung des Abstandsmaßes – um etwa das 5,6fache vermindert werden.

Teil 6 Schallschutz in der Bauleitplanung   453

biet mit einem Flächenschalleistungspegel von 65 dB(A) für die Nachtzeit und von 70 dB(A) für die Tagzeit kann in schalltechnischer Hinsicht als weitestgehend uneingeschränkt bezeichnet werden.

Um einem immer wieder anzutreffenden Mißverständnis vorzubeugen, wird betont, daß die Flächenschalleistungspegel (und die zulässigen Flächenschalleistungspegel) aus den Punktschalleistungspegeln (bzw. den zulässigen Punktschalleistungspegeln) abgeleitete Hilfsgrößen darstellen. Erwirbt ein Betreiber in einem Industrie- oder Gewerbegebiet eine Fläche S mit einem zulässigen Flächenschalleistungspegel, so konkretisiert sich dadurch nach der Formel $L_W^{zul} = L_W^{zul''} + 10 \lg S$ der „zu seiner Anlage gehörige" Punktschalleistungspegel, über dessen Verteilung und Ausschöpfung er unter fachkundiger Beratung nach eigenem Bedarf entscheiden kann. Aufgabe des bau- oder immissionsschutzrechtlichen Genehmigungsverfahrens oder eines Planfeststellungsverfahrens ist es dann zu prüfen, ob die Geräusche einer Anlage in beantragter Form oder mit verhältnismäßigen Schallschutzmaßnahmen den zulässigen Punktschalleistungspegel nicht überschreiten oder ob das Vorhaben nicht genehmigungsfähig ist.

Es ist dann nicht so, daß auf keinem Quadratmeter eines mit einem zulässigen Flächenschalleistungspegel von 58 dB(A) versehenen Gewerbegrundstücks von 3 ha Größe nach Ansiedlung eines Betriebes mehr als 58 dB(A) gemessen werden dürften. Vielmehr soll der beurteilte Schalleistungspegel aller einzelnen Geräuschquellen auf dem Gelände zusammen $58 + 10 \lg 30\,000 = 103$ dB(A) nicht überschreiten. Der Wert von 103 dB(A) könnte z. B. durch energetische Addition der *beurteilten* Schalleistungspegel von 100 dB(A) für den Lkw-Verkehr auf dem Werksgelände, von 91 dB(A) für den Gabelstaplerverkehr im Freien, von 94 dB(A) für ein großes Hallendach, dessen mittleres Bauschalldämmaß aus irgendwelchen Gründen, z. B. wegen der teilweisen Ausführung als Sheddach zur Wärmeabfuhr, nur relativ gering sein kann, von 97 dB(A) für einen größeren Luftkühler höherer Schallschutzklasse (vgl. VDI 3734) und von je 88 dB(A) für zwei große Abluftöffnungen mit Schalldämpfern zustande kommen.

Wird das Industrie- oder Gewerbegebiet schon parzelliert, sollen für die Grundstücke gleich die zulässigen Punktschalleistungspegel eingetragen und der Umweg über die zulässigen Flächenschalleistungspegel nicht mehr gewählt werden.(Dies gilt erst recht für bereits vorhandene geräuschabstrahlende Teilflächen. Auch bei Baugebieten, die nur von einem Betrieb belegt sind oder werden, ist es meist nicht zweckmäßig *Flächen*schalleistungspegel im *Bauleitplan* festzulegen.)

Selbstverständlich lassen sich die zulässigen Pegel bei fortschreitender Ansiedlung von Betrieben im vereinfachten Verfahren ändern, wenn nur die vorgegebenen Sollwerte als (schalltechnischer) Grundzug des Bebauungsplans gemäß § 13 BBauG nicht überschritten werden. Soweit durch die Realisierung des Bebauungsplans das Abschirm- und Bebauungsdämpfungsmaß im Gebiet zunehmen oder sich auch Betriebe ansiedeln, die ihr Geräuschkontingent nicht ausschöpfen und auch nicht ausschöpfen werden, ist eine entsprechende Erhöhung zulässiger Pegel erforderlichenfalls möglich.

Bei richtig angewandten (zulässigen) Emissionspegeln und Immissionsanteilen, insbesondere gemäß dem Formalismus in 6.3.2, wird automatisch die Summenwirkung berücksichtigt. Irgendwelche reduzierte Immissionswerte in emittierenden Gebieten für die schalltechnische Beschränkung festzusetzen, kann zu falschen Ergebnissen und für das Gebiet, in dem sie gelten sollen, zu unnötigen Schwierigkeiten führen. Reduzierte Immissionsrichtwerte beschränken eben die Immissionen auf ein Gebiet und nicht die aus ihm abgestrahlten Emissionen. Ein mit (abgestuften) Emissionswerten versehenes Gewerbe- oder Industriegebiet bleibt außerhalb des Belanges Schallschutz unbeschränkt. Um Mißverständnisse zu vermeiden, sollte daher von *schalltechnisch* eingeschränkten Gebieten gesprochen werden.

Nun wird das Beispiel, das in Darstellung 6.8a angedeutet ist, beschrieben, wobei die Verkehrserschließung außer Betracht bleiben soll. Die größte Abmessung E des geplanten Gebietes mit 5 ha genüge der Bedingung $s \geq 1{,}5\,E$ [27] mit $s = 500$ m. Dadurch ist im Rahmen der erforderlichen Genauigkeit die Ausbreitungsrechnung für eine Punktschallquelle anwendbar. Folgende Berechnung ist durchzuführen:

$$L_W^{zul} \leq NSW + 8 + 20\lg s + \Delta$$
$$L_W^{zul''} \leq NSW + 8 + 20\lg s + \Delta - 10\lg S$$

$\Delta = K_\Omega' + \Delta L_M + \Delta L_L + \Delta L_B = 0 + 2{,}5 + 1 + 2 = 5{,}5$ nach VDI 2714 E (vgl. auch 1.9), wobei NSW für den Sollwert von 40 dB(A) zur Nachtzeit steht.

$$L_W^{zul''} \leq 40 + 8 + 20\lg 500 + 5{,}5 - 10\lg 5 \cdot 10^4$$
$$= 48 + 54 + 5{,}5 - 47 = \underline{60{,}5\,dB(A)}$$

Unter den gegebenen Voraussetzungen darf also jeder Quadratmeter des geplanten Gebietes zur Nachtzeit rechnerisch nicht mehr als 60 dB(A) abstrahlen; oder anders ausgedrückt, jeder Quadratmeter kann *im Mittel* nur mit einer Schallquelle von höchstens 60 dB(A) Schalleistungspegel belegt sein. Der Vergleich mit dem Flächenschalleistungspegel von 65 dB(A) für ein Industriegebiet zeigt, daß in diesem Fall kein uneingeschränktes Industriegebiet mehr vorliegt. Ein Gewerbegebiet hingegen wäre in schalltechnischer Hinsicht als weitgehend unbeschränkt zu bezeichnen.

Für das Industriegebiet wäre also im Bebauungsplan ein zulässiger Flächenschalleistungspegel während der Nachtzeit von 60 dB(A) festzulegen. Sollte das

---

[27] Ist dies nicht der Fall, muß die Fläche so oft geeignet unterteilt werden, bis die Bedingung für alle Teilflächen gilt (vgl. dazu Nr. 4.1.1 der DIN 18005 (E 4.82) und Abschnitt 6.3.2, dessen dort dargestellter Formalismus die Behandlung dieser Aufgabe sehr erleichtert).

Teil 6 Schallschutz in der Bauleitplanung

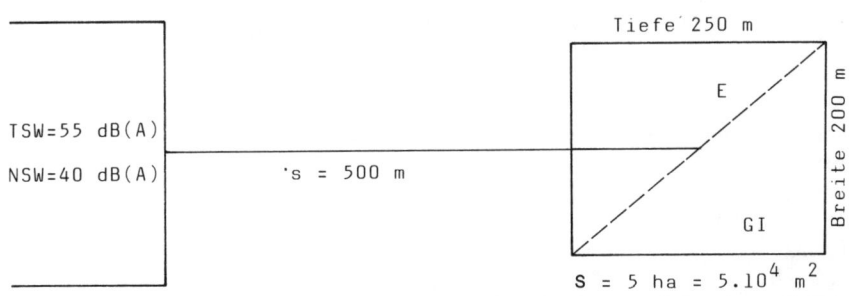

```
                                    Tiefe 250 m
┌─────────────┐        ┌──────────────────────────┐
│             │        │                     E   /│
│             │        │                        / │ E
│TSW=55 dB(A) │        │                       /  │ 0
│             │        │                      /   │ 0
│NSW=40 dB(A) │    ·s = 500 m                /    │ 2
│             │        │                    /     │ .
│             │        │                   /      │ t
│             │        │                  /       │ i
│             │        │                 /    GI  │ e
│             │        │                /         │ r
│             │        │               /          │ B
└─────────────┘        └──────────────────────────┘
                                        S = 5 ha = 5·10⁴ m²
```

Darstellung 6.8 a Ausweisung eines Industriegebietes in Bezug auf ein schutzwürdiges Gebiet (Skizze).

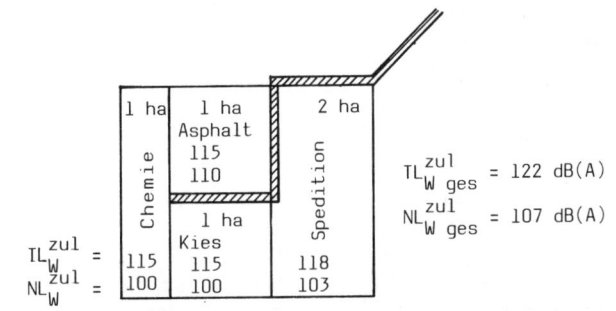

```
                    ┌─────┬─────────┬─────┐
                    │1 ha │  1 ha   │2 ha │
                    │     │Asphalt  │     │
                    │ e   │  115    │ n   │
                    │ i   │  110    │ o   │
                    │ m   ├─────────┤ i   │      TL^zul
                    │ e   │  1 ha   │ t   │        W ges = 122 dB(A)
                    │ h   │  Kies   │ i   │      NL^zul
       TL^zul       │ C   │         │ d   │        W ges = 107 dB(A)
         W    =     │ 115 │  115    │e 118│
       NL^zul       │ 100 │  100    │p 103│
         W    =     └─────┴─────────┴─────┘
```

Darstellung 6.8 b Vorschlag zur schalltechnisch verträglichen Belegung des Industriegebietes (Skizze, Ausschnitt aus Darstellung 6.8a). Die schraffierten Streifen sollen eine schalltechnisch günstige Verkehrserschließung andeuten.

Gebiet bereits parzelliert werden, beispielsweise in drei Flächen mit je einem Hektar und eine Fläche mit zwei Hektar, so dürften die Geräusche der jeweiligen Betriebe auf den drei gleich großen Flächen 100 dB(A) Schalleistungspegel zur Nachtzeit und 115 dB(A) zur Tagzeit und die Geräusche des Betriebes auf der größeren Fläche 103 bzw. 118 dB(A) nicht überschreiten. Eine andere Beschränkung wäre nur Ein- maximal Zweischichtbetriebe mit den entsprechenden Schalleistungspegeln für die Tagzeit zuzulassen.

Das Baugebiet könnte also beispielsweise mit einem Kieswerk, einer Asphaltmischanlage, bei denen der manchmal noch übliche Betriebsbeginn in der letzten Nachtstunde ausgeschlossen werden müßte, einem mittleren Chemieunternehmen ohne größere Freianlagen, das auch nachts durchläuft, und einer Spedition – wie in Darstellung 6.8b) eingetragen – belegt werden. Die teilweise Abschirmung der Betriebe hinter dem Chemiewerk wird mangels genauerer Kenntnisse bei der Aufstellung des Bebauungsplans noch nicht in Rechnung gesetzt. Das wirkt sich bei Realisierung der Vorhaben im Sinne des Optimierungsgrundsatzes aus. Anläßlich einer Änderung gemäß § 13 BBauG oder im konkreten Baugenehmigungsverfahren wäre erforderlichenfalls genauer zu prüfen, in welchem Umfang die Spedition nachts betrieben werden darf.

Bei nicht mehr vergrößerbarem Abstand zwischen schutzwürdigem Gebiet und geplantem Gebiet von 250 m könnte letzteres immer noch verwirklicht werden. Es wären bei der selben Belegung lediglich um ca. 7 dB wirksamere Schallschutzmaßnahmen erforderlich, die nach dem Stand der Schallminderungstechnik zu verkraften wären. Ein noch wesentlich geringerer Abstand wäre bei gleichbleibenden Betrieben nur dann noch sinnvoll, wenn eine der Wirkung der Abstandsverringerung entsprechende Schallabschirmung durch Bauwerke mit geschlossener Baulinie (gemäß § 23 Abs. 1 BauNVO) und mit einer Mindestbauhöhe (gemäß § 16 Abs. 3 BauNVO (Bebauungsplan)) oder durch Wände und Wälle (gemäß § 5 Abs. 1 Nr. 6 BBauG (im Flächennutzungsplan) oder gemäß § 9 Abs. 1 Nr. 24 BBauG (im Bebauungsplan)) dargestellt bzw. festgesetzt wird. Eine solche Schallabschirmung könnte im vorliegenden Beispiel durch Hallen des Chemiebetriebes selbst, ersatzweise durch ausreichend hohe Wälle oder Wände bewerkstelligt werden.

An diesem Beispiel läßt sich erkennen, daß bei Planungen auch ohne Kenntnis der Art der zuzugswilligen Betriebe und ihrer Emissionsstärke ein großer Spielraum besteht. Das gilt umso mehr, als laute Werke der Chemie oder eisenschaffenden Industrie, Zementwerke, Automobilfabriken, Raffinerien usw. kaum mehr und wenn, dann in einem eigens dafür ausgewiesenen Gebiet, errichtet werden. Ferner sind bei dem hier ausgeführten Beispiel u. a. recht emissionsstarke Betriebe gewählt worden, die bezüglich der Geräuschabstrahlung nicht allzu oft übertroffen werden. Auch Betonwerke, die ursprünglich ziemlich laut sind und heute noch häufig errichtet werden, können so gebaut werden, daß allein der zugehörige Werksverkehr schalltechnisch ausschlaggebend ist (vgl. [51]).

Ein derzeit auf Vorrat geplantes Industrie- oder Gewerbegebiet wird wegen der Fortschritte der Schallschutztechnik in Zukunft mit großer Wahrscheinlichkeit mit emissionsärmeren Betrieben belegt werden als früher. Zudem gehören die Zeiten der stürmischen Entwicklung in den emissionsträchtigen Branchen der Vergangenheit an und die sog. sauberen Arbeitsplätze gewinnen an Bedeutung.

6.4.1.2 Planung mit Vorkenntnissen

Branchenspezifische Flächenschalleistungspegel sind in der Literatur nur spärlich zu finden. Zum Teil detaillierte und auch für die Bauleitplanung geeignete schalltechnische Angaben enthalten [12], [13], [30], [54], [68] Heft 2 und 3 sowie [73] (bzgl. des Flächenbedarfs verschiedener Branchen vgl. [52]).

In Nr. 4.2.5 der DIN 18005 (E 4.82) – ebenso in den früheren Fassungen – wird zu Recht festgestellt, daß sich über die Geräuschentwicklung von Gewerbe- und Industriebetrieben sowie vergleichbaren Einrichtungen keine allgemeinen Angaben machen lassen. Selbst gleichartige Betriebe würden häufig je nach Bauart sehr unterschiedliche Geräuschemissionen aufweisen. So weist die Literatur relativ wenig Angaben zu Schalleistungspegeln für ganze Anlagenkomplexe in Abhängigkeit vom Durchsatz oder der installierten Leistung aus (vgl. die vorhergehenden Literaturhinweise, [55]–[63] und [76]). Das gilt vorallem für mittlere und kleinere Betriebe. Für einzelne Aggregate hingegen liegt, insbesondere mit den VDI-Richtlinien „Emissionskennwerte technischer Schallquellen", eine Fülle von Emissionsdaten vor (vgl. 7.2.2).

In der Mehrzahl der Fälle werden also fallbezogene Vergleichsuntersuchungen mit Emissions- und Immissionsprognosen am besten zum Ziel führen. Dazu ist der ansiedlungswillige Betrieb zu befragen. Aufgrund von Globalangaben, wie z. B. Ein- oder Mehrschichtbetrieb, Werksverkehr tags/nachts, Freianlage mit Betriebszeiten, Gebäude, geplanter Materialdurchsatz, installierte Leistung der Hauptaggregate, ungefähre Anordnung der Anlagenteile, können mit Hilfe der DIN-Normen und VDI-Richtlinien und von Literaturangaben die erforderlichen Emissionsdaten gewonnen werden (vgl. Teil 3). Häufig ergeben einfache Emissions- und Immissionsmessungen an vergleichbaren Anlagen brauchbare Anhaltswerte.

Über die in 6.4.1.1 genannten Maßnahmen hinaus bieten sich hier noch konkretere Möglichkeiten an. So kann die Lage der baulichen Anlagen zueinander schalltechnisch optimiert werden. Die Gebäude lassen sich orientieren; damit wird die Abstrahlung in Richtung empfindlicher Nutzung beeinflußt. Der Verkehrsführung auf dem Betriebsgelände ist vor allem bei nächtlichem Einsatz besonderes Augenmerk zu widmen. Außerdem können bei der Gliederung der Gebiete für die technischen Anlagen Emissionsdaten festgesetzt werden, die dem Stand der Schallschutztechnik im Sinne des § 3 Abs. 6 BImSchG entsprechen.

Hier soll ein zu Recht optimistischer Satz aus Nr. 4.2.5 DIN 18005 (E 4.82) – ähnlich in den früheren Fassungen – zitiert werden: „Bei Neubauten von Gewerbe- und Industrie-Anlagen ohne nächtlichen Ladeverkehr, bei denen sich Schallquellen nur in geschlossenen Gebäuden befinden, läßt sich die Schallemission im allgemeinen hinreichend begrenzen." Wenn ein nächtliches Verkehrsverbot ausgesprochen werden kann, sind die schalltechnischen Probleme häufig bereits weitgehend bewältigt. Die Festsetzung von verhaltensorientierten Auflagen, wie z. B., daß die Bedienung von Werksfahrzeugen möglichst geräuscharm zu erfolgen habe, ist hingegen im Stadium der Bauleitplanung wenig sinnvoll.

6.4.1.3 Überplanung

Wird ein bereits ganz oder teilweise bebautes Gebiet überplant, so sind die gegebenen Immissionsverhältnisse durch Messungen präzise zu ermitteln, da darauf gegebenenfalls Lärmsanierungsmaßnahmen gegründet werden müssen (s. Teil 3). Es würde in der Bauleitplanung nicht dem Stand der Beurteilungstechnik entsprechen, nur Berechnungen anzustellen, wo gemessen werden kann. Für die unbebauten, aber noch nicht parzellierten Flächen lassen sich zulässige Flächenschalleistungspegel und für die bereits parzellierten oder belegten Flächen zulässige Punktschalleistungspegel, besser noch zulässige gewichtete Immissionsanteile festsetzen (s. auch 6.3.2). Wie vorgegangen werden soll, wenn der

Schritt vom Bebauungsplan zur Ansiedlung und Inbetriebnahme eines emittierenden Betriebes erfolgt, ist in [10] gut dargestellt (vgl. zudem VDI 2570).

6.4.2 Übrige Lärmarten

Für die Behandlung des Freizeitlärms in der Bauleitplanung gilt ähnliches wie für den Gewerbelärm. Der Optimierungsgrundsatz und die Summierung für alle Geräusche stationärer Quellen führen dazu, daß manchmal über die Hinweise zur Beurteilung von Freizeitlärm [39] hinauszugehen ist.

Die Emissionsdaten für Straßenverkehrsgeräusche werden der DIN 18005 (E. 4.82) entnommen (vgl. auch Teil 4).

Zur Berechnung der Immissionen vom Schienenverkehr vergleiche Teil 5. Bezüglich der Maßnahmen gegen Schienenverkehrsgeräusche in der Bauleitplanung gilt ähnliches wie für den Straßenverkehrslärm.

6.5 Maßnahmen gegen Straßenverkehrslärm

Bei der Minderung der verschiedenen Geräuscharten kommen auch in der Bauleitplanung Maßnahmen an der Quelle, am Ausbreitungsweg und zuletzt am Immissionsort in Frage. Die mehr emissionsseitigen Maßnahmen sind für den Gewerbelärm in Teil 3, für den Straßenverkehrslärm in Teil 4 und für den Schienenverkehrslärm in Teil 5 dargestellt. Ebenso sind straßenverkehrsrechtliche Gebote und Verbote in die Überlegungen einzubeziehen. Außer der Orientierung von Hauptwohnräumen auf die belastungsabgewandte Seite dürfen immissionsseitige Maßnahmen gegen Geräusche von „stationären" Quellen („Gewerbelärm") nur in Ausnahmefällen vorgesehen werden (vgl. 6.2.2 zu Nr. 5 und 6).

Hier sollen vorwiegend die nur in der Bauleitplanung gegebenen Möglichkeiten des Schutzes vor Straßenverkehrslärm behandelt werden. Sie beruhen im wesentlichen darauf, daß Gebäude und Straßen häufig integriert geplant werden können und daß bei der Bauleitplanung die Lage der Gebäude im Verhältnis zur Straße grundsätzlich weitgehend variabel ist[28], während bei der Straßenpla-

---

[28] Allerdings müssen die Gemeinden, die keine Bodenbevorratung betreiben, trotz ihrer Planungshoheit auf Baulandangebote punktuell reagieren. Neu auf den Markt gekommene, immissionsschutztechnisch ungünstig gelegene Grundstücke lassen sich so häufig nicht austauschen oder einer anderen Nutzung zuführen. Eine vorausschauende und ausreichende Bodenbevorratungspolitik im Rahmen eines ausgereiften Gemeindeentwicklungsplans und/oder Flächennutzungsplans als klassisch hoheitlicher und damit vorrangiger Aufgabe kann in ihrer Bedeutung auch für den Schallschutz nicht genügend betont werden.

nung die Trassenführung durch Zwangspunkte beeinflußt wird und die Bebauung bereits feststeht.

Die Möglichkeiten des Schutzes vor Straßenverkehrslärm in der Bauleitplanung sind also umfangreicher und vielfältiger als diejenigen, die beim Straßenbau allein bestehen. Eine allgemeine, hierarchisch gegliederte Systematik von Lärmschutzmaßnahmen für die Bauleitplanung läßt sich allerdings nicht aufstellen, da der Einzelfall und seine Optimierung im Vordergrund stehen. So ist auch in der Literatur zu recht keine einheitliche Zusammenstellung von Maßnahmen und Prioritäten enthalten. Lediglich Minderungsmaßnahmen an oder nahe der Quelle muß auch in der Bauleitplanung meistens der Vorzug gegeben werden. Es ist jedenfalls unzutreffend zu meinen, in der Bauleitplanung sei nur auf ausreichenden Abstand zu achten. Unnötige Zeit- und Ressourcenverluste wären häufig die Folge dieser Auffassung.

Der Einbau von Schallschutzfenstern (vgl. VDI 2719 und [53]) in Wohngebäuden gegen Straßenverkehrslärm kommt nur in Fällen des § 34 BBauG in Frage, wenn keine anderen Maßnahmen mehr möglich sind. Dabei ist auf ausreichende und den Belangen der Luftreinhaltung entsprechende Belüftungsmöglichkeiten bei geschlossenen Schallschutzfenstern zu achten (vgl. auch [44] und [64]).

6.5.1 Abschirmung

Da in der Bundesrepublik häufig ausreichende Schutzabstände zwischen Bebauung und Straße nicht zur Verfügung stehen und auch ökologisch und ökonomisch vielfach nicht tragbar wären, ist die Anwendung der Abschirmung, speziell durch die Gebäude selbst (Eigenabschirmung), in der Bauleitplanung eines der wichtigsten schalltechnischen Mittel. Es kommt dem heute weit verbreiteten Wunsch entgegen, im Wohnbereich möglichst große Privatheit gewährleistet zu sehen, aber bei Bedarf auch Kommunikation mit der Nachbarschaft pflegen zu können. Die Schallabschirmung kann vielgestaltig sein:

– Ausbildung von Grundstückseinfriedungen als Schallschirme,

– Einsatz von Zweckbauten (wie Garagen, Läden, nicht störenden Handwerksbetrieben) zur Abschirmung,

– Randbebauung,
– Orientierung der Wohnungen (s. Darstellung 6.9)

– Laubengang-Terrassen-, Gartenhof- und Atriumhäuser sowie Penthousewohnungen.

Bezüglich der Abschirmung von Straßenverkehrslärm durch Wände und Wälle, Einschnitt und Tunell wird auf Teil 4 verwiesen (vgl. auch [40]).

Die schon in früheren Jahrhunderten übliche geschlossene Rand- oder Zeilenbebauung und Abwandlungen davon sollen als nunmehr wieder modern und schalltechnisch besonders wirksam sowie wirtschaftlich herausgestellt werden. Dabei sind die in Innenstädten vorzufindende Block- oder Geviertbebauung für

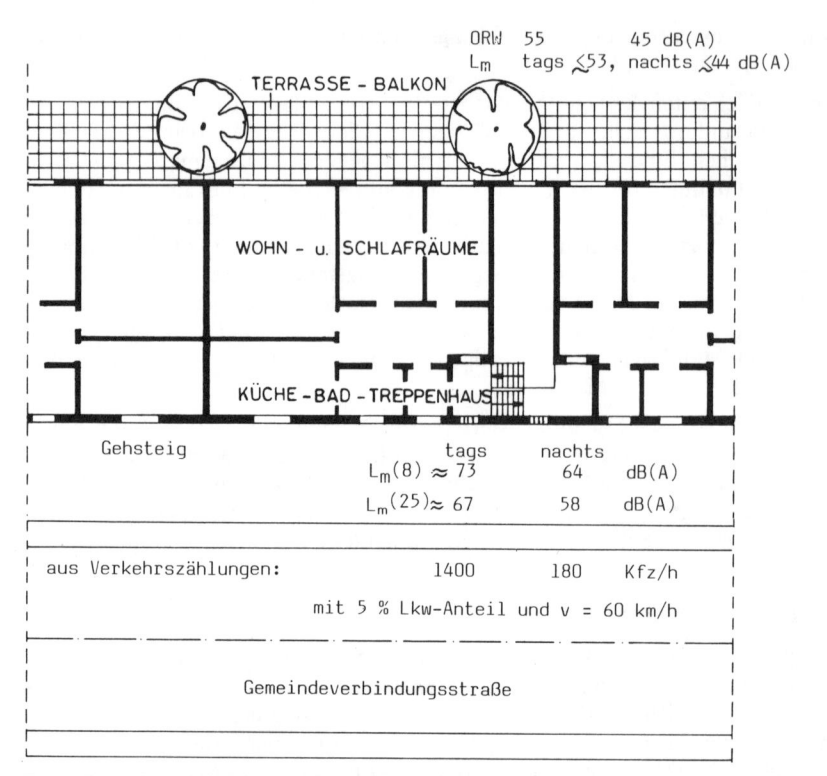

Darstellung 6.9 Orientierung der Haupt- und Nebenwohnräume zur Eigenabschirmung der maßgebenden Immissionsorte (vgl. 6.2.6). Wenn anderweitige Schallschutzmaßnahmen z. B. Wälle oder Wände, nicht möglich oder unverhältnismäßig sind, ist eine derartige Bebauung bei der angedeuteten Geräuschsituation in einem allgemeinen Wohngebiet schalltechnisch noch unbedenklich und sie kann vor allem in städtischen Gegenden mehr als andere Lösungen dem Optimierungsgrundsatz entsprechen. Bei Inanspruchnahme des Überschreitungsspielraums von 7 dB für Straßenverkehrslärm nach 6.2.5.3 wäre eine derartige Bebauung aus schalltechnischer Sicht auch noch bei der fünffachen Verkehrsmenge zulässig.

straßenabgewandte Räume und die gegebenenfalls dahinterliegenden Gebäulichkeiten schalltechnisch sehr günstig. Je nach Höhe und Geschlossenheit der Gebäudefronten kann das Geräuschklima an der Rückseite bis zu 30 dB milder ausfallen als an der Straßenseite. Die Häuserfronten müssen dazu lückenlos geschlossen und auch die Zufahrten mit schalldichten Toren versehen oder schalldämpfend ausgekleidet sein.

Bei geschickter Anwendung der Eigenabschirmung der Gebäude werden zusätzlicher Flächenverbrauch oder zusätzliche Aufwendungen für anderweitige

Teil 6 Schallschutz in der Bauleitplanung 461

Schallschutzmaßnahmen vermieden. Wenn eine Geviertbebauung oder eine lükkenlose Zeilenbebauung nicht in Frage kommt, was in ländlichen Gegenden häufig der Fall ist, wo eher eine offene Bauweise vorgezogen wird, kann durch Zweckbauten und/oder sonstige einfache Abschirmmaßnahmen oft eine ausreichende Wirkung erzielt werden.

Darstellung 6.10 Doppelhäuser in der gezeigten Anordnung (Vorderansicht) sind auch an stark befahrenen Straßen noch häufig zu finden. Eine erhebliche Verbesserung des Geräuschklimas wäre durch eine abschirmende Wand zwischen den beiden Garagen (gestrichelt) zu erreichen. Die Wirkung könnte wesentlich verbessert werden, wenn die Abschirmung erhöht würde (strichpunktiert). Eine Orientierung der Hauptwohnräume zur straßenabgewandten Seite ist vorausgesetzt. Bei entsprechender Baulinien- und Grundrißgestaltung könnten solche Maßnahmen sogar bei offener Bauweise angewandt werden. Gegenüber der Zeilenbauweise lassen sich derartige Anordnungen wesentlich aufgelockerter gestalten; sie bieten trotzdem bei geringfügigem Mehraufwand an Schallschutzmaßnahmen für die dahinterliegenden Flächen und Räume fast einen ähnlichen Schutz.

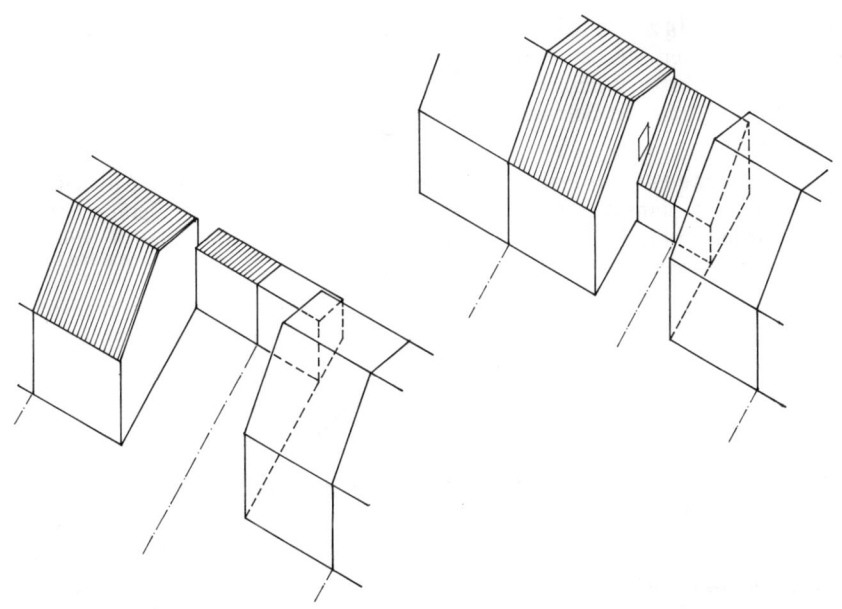

Darstellung 6.11 Nutzbauten können zur Abschirmung auch etwas anders als in Darstellung 6.10 angeordnet werden.

Eine Bebauung – wie in Darstellung 6.10 angedeutet – ist häufiger anzutreffen. Sie entspricht nicht dem schalltechnischen Optimierungsgrundsatz. Durch die Baulücken bleibt die Geräuschbelastung der dahinterliegenden Freiräume und gegebenenfalls orientierter Wohnräume unnötig hoch. Minderungen um 10 bis 20 dB sind im hinten liegenden Freiraum und z. T. an den dorthin orientierten Fenstern von Wohnräumen zu erreichen, wenn die in der Darstellung beschriebenen Abschirmungen durchgeführt werden. Mit Hilfe von Holzwänden oder vergleichbaren Konstruktionen statt Mauerwerk sind auch Sanierungsmaßnahmen möglich. Werden solche Abschirmungen rechtzeitig eingeplant, so können z. B. Garagendächer als Terrassen oder Teil des Gartens ausgestaltet und in Ruhe genutzt werden. Eine Variationsmöglichkeit zeigt Darstellung 6.11.

Allgemein können nicht alle Möglichkeiten des Schallschutzes in Städten aufs Land übertragen werden. So sind beispielsweise Laubenganghäuser bei ländlicher Bauweise nur schwer vertretbar. Andererseits wird hier der Abstand als Hilfsmittel mehr im Vordergrund stehen als in Städten.

Bei einer offenen Einfamilienhausbebauung, deren Baulinie unmittelbar an den Bürgersteig einer Straße grenzt und deren Hauptwohnräume nicht zur straßenabgewandten Seite orientiert sind, wird schon ab einem durchschnittlichen täglichen Verkehr (DTV) von ca. 1000 Kraftfahrzeugen der Überschreitungsspielraum ausgeschöpft. Die Schnittzeichnung in Darstellung 6.12 zeigt eine Lösungsmöglichkeit auf. Einen originellen Grundriß enthält Darstellung 6.13.

Darstellung 6.14 zeigt einen Vorschlag, wie das Geräuschklima an einer nicht zu stark befahrenen Straße vertretbar gehalten wird. Hinter der ersten Bauzeile kann dann selbstverständlich, wenn dort keine störenden Geräuschquellen vorhanden sind, anderen Belangen als dem Schallschutz der Vorrang eingeräumt werden.

Eine Mißachtung von schalltechnischen Gesichtspunkten bei der Aufstellung des Bebauungsplans verrät das Beispiel in Darstellung 6.15. Die Geräuschbelastung dringt in die Bebauung nahezu so ein, als wären Freifeldausbreitungsbedingungen gegeben.

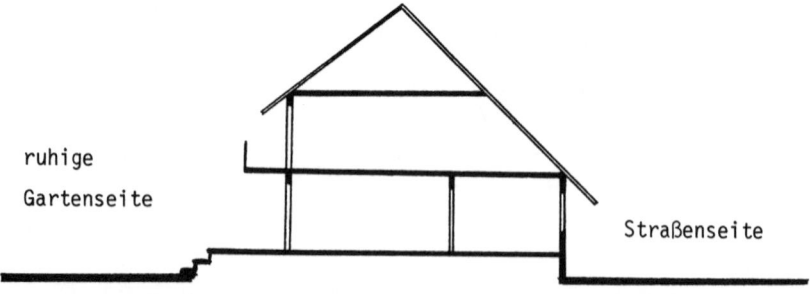

Darstellung 6.12 Schnittzeichnung eines zweigeschoßigen Gebäudetyps für die Orientierung nach der ruhigen Seite.

Teil 6   Schallschutz in der Bauleitplanung   463

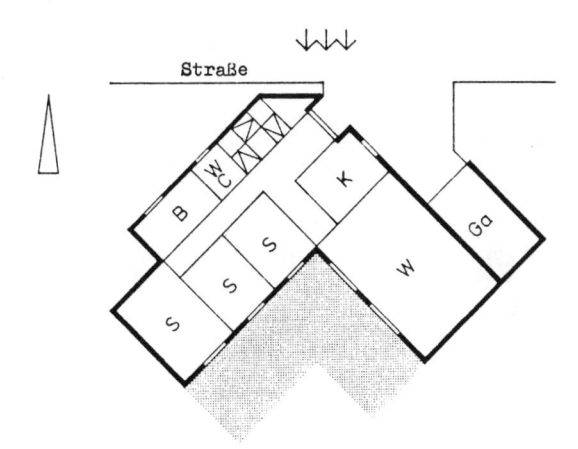

Darstellung 6.13   Verbesserung der Abschirmung durch Drehen des Grundrisses.

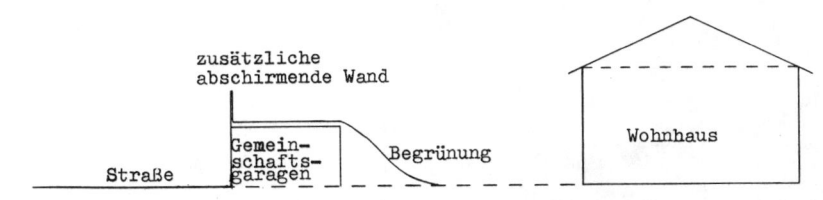

Darstellung 6.14   Zeilenförmige Abschirmung durch Zweckbauten (Querschnitt).

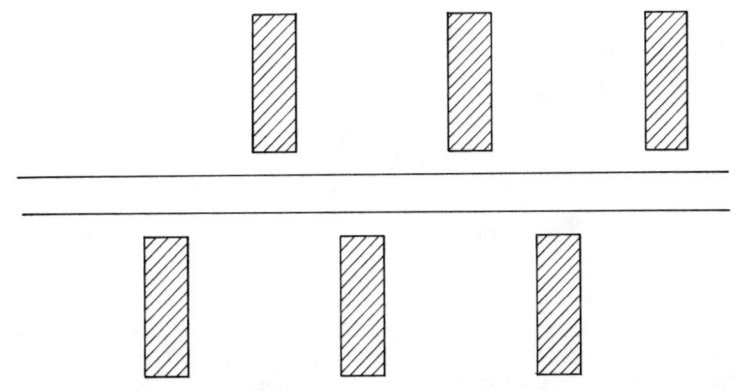

Darstellung 6.15   Eine derartige, senkrecht zu einer auch gering belasteten Straße angeordnete Bebauung (Grundriß) läßt die Möglichkeiten der Abschirmung ungenutzt.

464　　　Teil 6　Schallschutz in der Bauleitplanung

6.5.2 Integrierte Maßnahmen

Die größte Gestaltungsfreiheit bietet sich dem Planentwerfer in Zusammenarbeit mit dem Akustiker, wenn in einem umfangreicheren Gebiet Bebauung und Straßen gleichzeitig geplant werden. Zwei klassische Möglichkeiten für die Bewältigung des Straßenverkehrs und damit weitgehend des Straßenverkehrslärms sollen hier erwähnt werden. In beiden Fällen wird der Straßenverkehr vom Wohnbereich weitgehend getrennt. Zum einen werden die Straßen unter Geländeniveau oder ins Tiefparterre gelegt und überbaut. Diese Schaffung einer eigenen Verkehrsebene bietet sich besonders bei hohen Grundstückspreisen an. Ein Beispiel dafür ist das Olympiadorf in München.

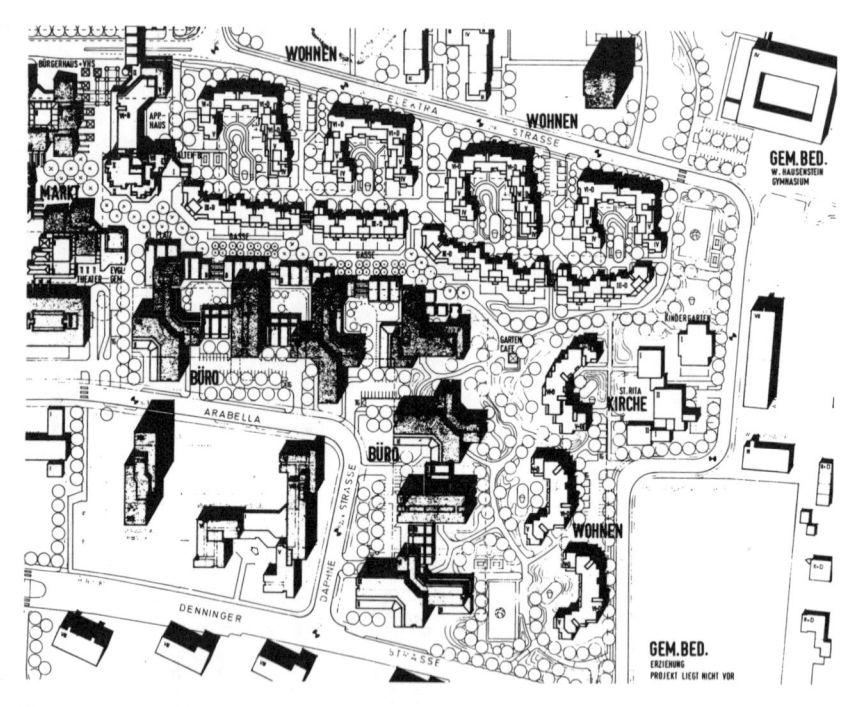

Darstellung 6.16 Der Straßenverkehr wird im gezeigten Beispiel (München, Arabellapark / Elektrastraße) am Rand gehalten. Nur im Süden führt eine Durchgangsstraße vorbei, auf die auch der Verkehr zu den Büros gelenkt wird. Das Gebiet ist im Inneren durch Fuß- und Radwege erschlossen. Die vier U-förmigen Hauptgruppen der Wohngebäude mit dem jeweiligen südlichen Abschluß sind der Blockbebauung nachempfunden und verfügen über zwei Tiefgaragen.

Teil 6 Schallschutz in der Bauleitplanung   465

Zum anderen wird der Verkehr weitgehend am Rand der Wohnbaufläche gehalten (vgl. Darstellung 6.16)[29]. Wichtige Hilfsmittel sind hier die Straßenschleife (U-förmige Straße), Stich- oder Sackstraße, Einbahnstraße und die sogenannte Wohnstraße. Eine Wohnstraße ist durch bauliche Maßnahmen (z. B. Krümmung der Trasse, Verengungen, versetzte Parkbuchten, Bepflanzungen u. ä.) und verkehrsrechtliche Maßnahmen (wie Geschwindigkeitsbeschränkungen und Beschränkungen auf berechtigte Fahrzeuge oder besondere Fahrzeugklassen, vor allem geräuscharme Fahrzeuge) gekennzeichnet (vgl. [14]).

Diese Straßen haben den Vorteil, daß der im Baugebiet selbst erzeugte Verkehrslärm gering gehalten und vor allem der gebietsfremde Verkehr größtenteils abgewehrt wird. Mit der Neufassung des § 9 des Straßenverkehrsgesetzes und in der Folge des § 45 Abs. 1 Straßenverkehrsordnung im Jahre 1980 sind solche Maßnahmen zur Lenkung des Verkehrs im Bebauungsplan in der Folge auch verkehrsrechtlich abgesichert.

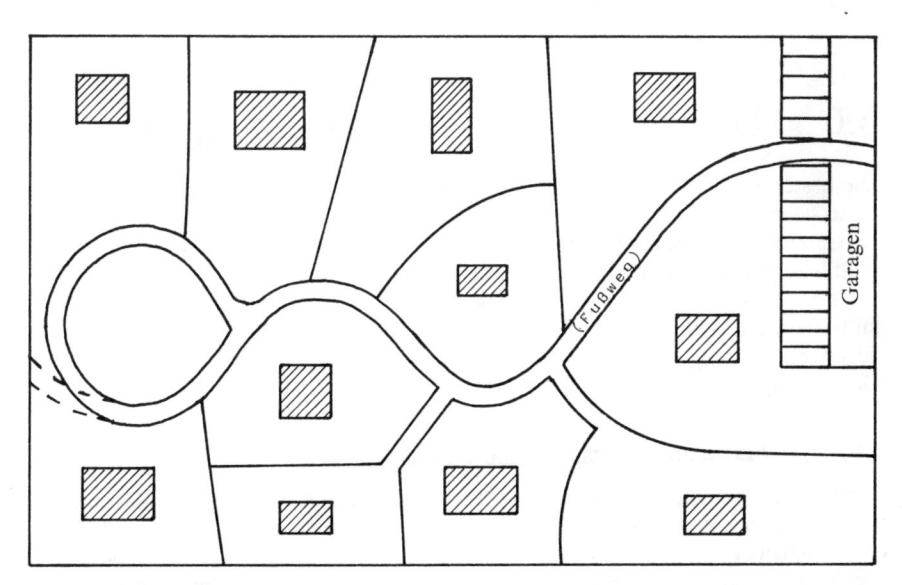

Darstellung 6.17 Prinzipskizze. Der Fußweg ist durch Verbreiterung mit Rasensteinen für Ver- und Entsorgungsfahrzeuge befahrbar gemacht. Die Wegeführung wäre auch als. durchgehende Einbahnstraße (ohne Wendeschleife) eine in der Bauleitplanung integrierte gute Verkehrsberuhigungsmaßnahme.

---

[29] Tiefgaragen sind dabei häufig unentbehrlich. Wird mit einer Tiefgarage der Bau eines Luftschutzraumes verbunden, so können dafür beim Bund erhebliche Zuschüsse beantragt werden. Fußwege zu Gemeinschaftsgaragen bis zu 300 m gelten noch als zumutbar.

Verkehrsberuhigung (vgl. [46], Zonengeschwindigkeits-Verordnung und 4.8.3) im Stadium der Bauleitplanung erweist sich nachträglichen Maßnahmen als weit überlegen. Wie sich Verkehrsberuhigung in ein Gesamtkonzept einfügt, das als „lebens- und liebenswert" oder als Lebensqualität bezeichnet wird, ist z. B. in [67] geschildert. Auch wenn nur Flächen von wenigen Hektar Größe zu beplanen sind, können schallschutzgerechte und moderne Lösungen gefunden werden, sofern man sich von der Vorstellung befreit, daß eine Straße durchgehend und vor allem gerade sein muß. Nicht die Bebauung hat sich der Straße anzupassen, sondern die Straße der Bebauung (vgl. Darstellung 6.17).

Eine Fülle von Anregungen enthalten die Schriften von A. Machtemes „Schallschutz im Städtebau – Beispielsammlung" [15][30] und A. Machtemes, K. Glück „Schallschutz im Städtebau 2 – Schallpegelminderung bei typischen Baukörperformen und -stellungen" [16]. Auch die Broschüre von E. Kühn u. a., „Einfluß städtebaulicher Einzelbauelemente auf die Lärmausbreitung" [17] sowie der Beitrag von H. Sonntag „Verkehrslärmschutz durch Gebäudeplanung" [45] seien in diesem Zusammenhang empfohlen.

6.6 Darstellungen und Festsetzungen

Die besten schalltechnischen Vorschläge nützen für die Bauleitplanung nichts, wenn sie nicht sachgerecht in die planmäßigen und textlichen Darstellungen und Festsetzungen der Bauleitpläne einfließen. Hier können nicht für jeden Fall verbindliche Formvorschriften aufgestellt werden. Vielmehr gilt der allgemeine Grundsatz: Je stärker die Geräuschbelastung ist und je umfangreicher und detaillierter (damit) die Gegenmaßnahmen sind, um den schalltechnischen Anforderungen zu genügen, desto eingehender müssen die planmäßigen und textlichen Darstellungen und Festsetzungen sein.

6.6.1 Flächennutzungsplan und Bebauungsplan

Soweit es erforderlich ist, sind nach § 5 Abs. 2 Nr. 1 und 6 BBauG im Flächennutzungsplan insbesondere darzustellen die für die Bebauung vorgesehenen Flächen nach der allgemeinen Art ihrer baulichen Nutzung sowie nach der besonderen Art und dem allgemeinen Maß ihrer baulichen Nutzung und die Flächen für Nutzungsbeschränkungen oder für Vorkehrungen zum Schutz gegen schädliche Umwelteinwirkungen im Sinne des BImSchG. Nach § 9 Abs. 1 Nr. 2 und 24 setzt der Bebauungsplan, soweit es erforderlich ist, durch Zeichnung, Farbe, Schrift oder Text die Bauweise, die überbaubaren und die nicht überbaubaren Grundstücksflächen sowie die Stellung der baulichen Anlagen und die von der Bebau-

---

[30] Eine Reihe von Beispielen daraus ist in der VDI 2718 E wiederholt. Der textliche Hauptteil dieser Richtlinie ist in einigen Ländererlassen abgedruckt.

ung freizuhaltenden Schutzflächen und ihre Nutzung, die Flächen für besondere Anlagen und Vorkehrungen zum Schutz vor schädlichen Umwelteinwirkungen im Sinne des BImSchG sowie die zum Schutz vor solchen Einwirkungen oder zur Vermeidung oder Verminderung solcher Einwirkungen zu treffenden Vorkehrungen fest.

Die Darstellungen für den Flächennutzungsplan (vorbereitender Bauleitplan, vgl. § 1 Abs. 2 BBauG) und die Festsetzungen für den Bebauungsplan (verbindlicher Bauleitplan) unterscheiden sich in ihrem Konkretisierungsgrad. In der Regel liegt die Kartengrundlage des Flächennutzungsplans im Maßstab 1 : 5000 und die des Bebauungsplans im Maßstab 1 : 1000 vor. Der Bebauungsplan soll in ca. 5 Jahren verwirklicht sein, während sich die Vorausschau des Flächennutzungsplans auf einen Zeitraum von etwa 15 bis 20 Jahren erstrecken kann.

Der Flächennutzungsplan beinhaltet das gesamte Gemeindegebiet und umfaßt damit grundsätzlich eine größere Fläche als der Bebauungsplan. Gemäß § 8 Abs. 2 BBauG hat der Bebauungsplan aus dem Flächennutzungsplan hervorzugehen. Der Bebauungsplan ist für die betroffenen Bürger rechtsverbindlich, während der Flächennutzungsplan seine Wirkung nur gegenüber den Behörden und öffentlichen Körperschaften entfaltet.

Für den Flächennutzungsplan ist also eine mehr globale schalltechnische Behandlung erforderlich. Dabei geht es vorrangig um die immissionsschutztechnisch günstigste lagemäßige Zuordnung[31] der beabsichtigten Bauflächen. Die Lageverhältnisse sind so zu beeinflussen, daß bei Verwirklichung der Planungen, insbesondere beim Übergang zum Bebauungsplan gegebenenfalls mit verhältnismäßigen weiteren Schallschutzmaßnahmen, die durch die großflächige Aufteilung vorgegebenen schalltechnischen Sollwerte erreicht werden können. So sind Geräuschquellen besser im Norden von Wohngebieten anzuordnen oder größere Verkehrswege an Hängen oberhalb der Bebauung zu führen.

Der Flächennutzungsplan darf in seinen Darstellungen dem Bebauungsplan nur so viel wie nötig vorgreifen. In ihm sind insbesondere die für den Schallschutz notwendigen Flächen, wie Abstandsflächen und Flächen für Abschirmbauwerke, festzuhalten. So ist es z. B. nicht möglich, die Orientierung von Wohnungen im Flächennutzungsplan darzustellen. Dagegen sollen im Text und Erläuterungsbericht kurz die Maßnahmen zumindest beispielhaft genannt werden, die – über Abstandsflächen und schalltechnisch günstige Zuordnung der Nutzung hinausgehend – die Erreichung der Sollwerte im Bebauungsplan sicherstellen können und sollen.

---

[31] Es dient den nach § 1 Abs. 6 BBauG ebenfalls zu berücksichtigenden Belangen der Wirtschaft und des Verkehrs, wenn aufgrund einer zweckmäßigen Anordnung der Baugebiete und Verkehrsflächen weitergehende Maßnahmen zum Schutz vor Immissionen oder zur Beschränkung von Emissionen nicht getroffen werden müssen und mit Einschränkungen der gewerblichen Nutzung oder des Verkehrs auf den dafür vorgesehenen Flächen nicht gerechnet werden muß.

Eine besonders wichtige Aufgabe des Flächennutzungsplans, in die der Bebauungsplan nur noch mit erhöhtem Aufwand korrigierend eingreifen kann, ist die Einfügung der Hauptverkehrswege. Das Verkehrsaufkommen und die Wege sowie die davon herrührenden Schallimmissionen lassen sich durch zweckmäßige Zuordnung der Bauflächen minimieren. Verkehrswege sollen möglichst gebündelt und die Gewerbe- und Industriegebiete mit größerem Verkehrsaufkommen sollen möglichst direkt an das überörtliche Straßenverkehrsnetz angeschlossen werden. Am ehesten läßt sich die häufig erhobene Forderung „Lärm zu Lärm" bei der Aufstellung des Flächennutzungsplans verwirklichen, ohne daß dabei unzulässig stark belastet würde. Der Generalverkehrsplan ist mit dem Flächennutzungsplan untrennbar verknüpft. Umgehungsstraßen sind bereits im Stadium des vorbereitenden Bauleitplans zu beachten.

In den Bebauungsplan können alle erforderlich erscheinenden Schallschutzmaßnahmen, die Grund und Boden beanspruchen oder baulicher und technischer sowie verkehrslenkender Art sind, aufgenommen werden [32]. Soweit nicht schon die Stellung der Gebäude (vgl. § 9 Abs. 1 Nr. 2 BBauG) die Orientierung der Hauptwohnräume (vgl. Darstellung 6.9) festlegt, kann im Text zum Bebauungsplan gefordert werden, daß diese bei bestimmten im Plan gekennzeichneten Gebäuden zur straßenabgewandten Seite liegen müssen (z. B. Laubenganghäuser, vgl. Darstellung 6.18) [33].

Wird die Unterseite von Balkonen vom Schall so getroffen, daß er auf Fensterflächen von Hauptwohnräumen reflektiert wird, kann die Anbringung von schalldämpfenden Materialien (z. B. Platten aus Mineralwolle) verlangt werden. In den Innenhöfen von Blockbebauungen wird durch einen möglichst gut absorbierenden Verputz die Echowirkung für Wohngeräusche vermindert. Eine Bepflanzung des Innenhofs dient ebenfalls etwas der Schalldämpfung- und -streuung [34].

---

[32] Der Bearbeiter kann davon ausgehen, daß alle schalltechnisch sinnvollen und verhältnismäßigen Maßnahmen im Bebauungsplan festsetzbar sind. Auf die vielfältigen Möglichkeiten und Auswirkungen der §§ 1 Abs. 4–9 und 15 BBauNVO für den Schallschutz in der Bauleitplanung sei besonders hingewiesen.

[33] Vgl. z. B. auch Art. 59 Abs. 3 Satz 4 der Bayer. Bauordnung: „An verkehrsreichen Straßen sollen die Aufenthaltsräume einer Wohnung überwiegend auf der vom Verkehrslärm abgewandten Seite des Gebäudes liegen" und § 21 Abs. 1 der Hessischen Bauordnung: „Gebäude sind so anzuordnen, zu errichten und zu unterhalten, daß ein ihrer Nutzung entsprechender ausreichender Schallschutz vorhanden ist, der auch den Besonderheiten ihrer Lage, insbesondere zu Verkehrswegen Rechnung trägt." Solche Forderungen sollten möglichst mit den Besonnungsverhältnissen verträglich sein.

[34] Zwar greifen derart ins einzelne gehende Forderungen – wie aus der Fußnote 33 ersichtlich – bereits in den Regelungsbereich der Länderbauordnungen über. Doch scheinen inzwischen solche Festsetzungen üblich zu sein und juristisch kaum beanstandet zu werden. Manchmal sind sie die letzte Möglichkeit, einen Bebauungsplan mit verhältnismäßigen Mitteln schalltechnisch (gerade noch) befriedigend zu gestalten. Der Wortlaut des § 9 Abs. 1 Nr. 24 BBauG widerspricht derartigen Festsetzungen nicht.

Teil 6 Schallschutz in der Bauleitplanung 469

Darstellung 6.18 Auf der straßenzugewandten Seite des abgebildeten Bauwerks befinden sich die Wohnungszugänge und Nebenwohnräume (vgl. 6.2.6). Diese Gebäudeart wird Laubenganghaus genannt.

Gemäß § 1 Abs. 4 bis 9 BauNVO können die Baugebiete nach ihrer Nutzung im Bebauungsplan vielfältig gegliedert werden. Gemischte Baugebiete, vor allem wenn sie gleichzeitig der Abschirmung von Wohnbauflächen dienen, sollten z. B. so gegliedert werden, daß in den durch Immissionen belasteten Randbereichen nur weniger schutzbedürftige Nutzungen (Läden, Gemeinschaftsgaragen, nicht störende Handwerksbetriebe, Räume für freie Berufe usw.) zulässig sind.

Ein Bauleitplan, in dem z. B. schlicht festgestellt wird: „Die Orientierungswerte der DIN 18005 (E 4.82) können nicht eingehalten werden" und dessen Darstellungen oder Festsetzungen sowie Erläuterungsbericht bzw. Begründung eine entsprechende schalltechnische Behandlung erkennen lassen, genügt nicht der vom BBauG geforderten Berücksichtigung der Belange des Umweltschutzes. Bei ihm kann auch keine pflichtgemäße Abwägung der einzelnen Belange erfolgt sein. Er dürfte damit einer gerichtlichen Nachprüfung kaum standhalten (vgl. z. B. [66]).

Die schalltechnischen Kennzeichnungen in den Bauleitplänen haben sich, soweit als möglich, im Rahmen der Planzeichenverordnung 1981 [48] zu halten[35]. Ferner ist es sehr wichtig, daß im Erläuterungsbericht zum Flächennutzungsplan (vgl. § 5 Abs. 7 BBauG) und in der Begründung zum Bebauungsplan (vgl. § 9 Abs. 8 BBauG) die Voraussetzungen und die Berechnungsmethoden und -ergebnisse, die zu den schalltechnischen Festsetzungen geführt haben, aufgeführt werden. Dies muß vor allem im Bebauungsplan umso genauer und umfangreicher erfolgen, je aufwendiger die vorgeschlagenen Maßnahmen sind. Das

---

[35] Auch in DIN 18002 und 18003 sind entsprechende Regelungen enthalten.

ist erforderlich, weil für die spätere Entscheidung über die schalltechnische Zulässigkeit von Bauvorhaben (vgl. § 30 BBauG), insbesondere gewerblicher Art, die Berechnungen und Festsetzungen nachvollziehbar sein müssen. Die schalltechnischen Qualitäten des Baugebietes sollen in Plan und Text sowie in der Begründung kurz beschrieben werden, damit der Interessent das Geräuschklima auf der betrachteten Immobilie in seine (Kauf-)Entscheidung qualifiziert einbeziehen kann. Besonders die durch verschiedene Lärmarten belasteten Bereiche sollen erkennbar sein.

Hinweise im Bebauungsplan für die Baugenehmigungen sind ebenfalls ein Mittel, erforderlichenfalls detaillierte Schallschutzmaßnahmen zu veranlassen. Werden sie später allerdings nicht beachtet und durchgesetzt, ist der Bebauungsplan unter falschen Voraussetzungen zustande gekommen.

(Schalltechnische) Festsetzungen im Bebauungsplan haben die Wirkung von Ortsrecht. Das erfordert ein hohes Maß an Verantwortungsbewußtsein und Sachkenntnis der Planer und vor allem die Bereitschaft der zuständigen kommunalen Entscheidungsträger den Bürgern nicht nur unter kurzfristigen Gesichtspunkten zu dienen. Mag der Grad der Verbindlichkeit der Sollwerte, insbesondere der Orientierungswerte in der DIN 18005 (E 4.82), umstritten sein; durch Setzung im Bebauungsplan werden sie bindend.

6.6.2 Bearbeitung der Bauleitpläne

Die Bauleitpläne sind von der Gemeinde in eigener Verantwortung aufzustellen (§ 2 Abs. 2 BBauG). Die Befähigung zur Ausarbeitung der Bauleitpläne setzt eine fachliche Ausbildung auf dem Gebiet des Städtebaus voraus. Wenn die Gemeinde die Planung nicht selbst sachverständig durchführen kann, beauftragt sie damit einschlägige Stellen[36].

Leider sind die Städteplaner häufig mit dem Spezialgebiet Schallschutz nicht ausreichend vertraut. Dann muß eigens ein Fachmann oder ein schalltechnisches Büro zugezogen werden. Dabei ist die Schallschutztechnik inzwischen eine ausgereifte Ingenieurtechnik, deren man sich ähnlich wie der Statik bedienen kann.

Allerdings wäre es sehr vorteilhaft, wenn freie Planungsbüros oder die Stellen nach § 2 Abs. 3 BBauG[37] über einen ausreichenden schalltechnischen Sachverstand verfügen würden, weil nur so eine integrierte Planung erfolgen kann. Zeitverzögerungen wegen Umplanungen, falls die Belange des Schallschutzes nicht berücksichtigt wurden, und damit verbunden häufig erheblich vermehrter Planungsaufwand könnten vermieden werden.

---

[36] In manchen Bundesländern können dafür staatliche Planungszuschüsse erhalten werden.
[37] In Bayern werden diese Stellen Ortsplanungsstellen genannt. Sie sind bei den Bezirksregierungen eingerichtet.

Teil 6 Schallschutz in der Bauleitplanung   471

Als *Mindestausstattung* an Literatur für den schalltechnischen Bearbeiter von Bauleitplänen sind zu nennen: BBauG, BauNVO, DIN 18005 (E 4.82)[38] und VDI 2718 E als die Bauleitplanung direkt betreffende Regelwerke; ferner DIN 4109, DIN 45642, VDI 2719, 2714 E, 2720 E (vgl. auch 4.2.5) und 2571 sowie die einschlägigen landesrechtlichen Regelungen (Bauordnung, Vollzugserlasse, Zuständigkeitsregelungen für Träger öffentlicher Belange (§ 2 Abs. 5 BBauG) und Genehmigungsbehörden (§§ 6 Abs. 1 und 11 BBauG)). Empfehlenswert sind [15], [16] und [45]. Dazu kommen Grundkenntnisse über die einzelnen Lärmarten Gewerbelärm, Straßenverkehrslärm, Fluglärm, Freizeit- und Wohnlärm sowie allgemein über die Schallausbreitung. (Eine Gesamtdarstellung zum Schallschutz in der Bauleitplanung – außer einem älteren [28] und jüngeren [29] Versuch – liegt nicht vor; ein solches Werk würde wohl auch nur einem eingespielten Team von Akustikern, Architekten, Juristen und erfahrenen Städteplanern gelingen.)

Dem § 2 Abs. 1 und 5 BBauG widerspricht die oft anzutreffende Unsitte, erst dem Träger öffentlicher Belange nach § 2 Abs. 5 BBauG[39] die schalltechnische Bearbeitung der Bauleitpläne zu überlassen. Er hat zwar im frühen Stadium der Beteiligung nach § 2 Abs. 5 BBauG bei der Findung und Vorgabe der globalen immissionsseitigen Zielanforderungen mitzuwirken, aber bei der späteren Beteiligung im wesentlichen nur zu prüfen, ob die Belange des Schallschutzes ausreichend berücksichtigt sind. Der Träger öffentlicher Belange soll gegebenenfalls eine Bauleitplanung mit Hinweisen zur schalltechnischen Überarbeitung an die Gemeinde zurückgeben. Ein anderes Vorgehen höhlt die von den Gemeinden sonst so sehr gehütete Planungshoheit auf die Dauer aus. Aufgrund der Vielfältigkeit des Schallschutzes in der Bauleitplanung ist es einsichtig, daß die schalltechnische Qualität und Wirtschaftlichkeit des Bauleitplans ganz entscheidend von der Qualität des Bearbeiters, dem auch genügend Freiraum für die optimale Umsetzung seiner Kenntnisse gewährt werden muß, abhängt.

6.6.3 Bestandsaufnahme

Auch für den Lärmschutz in der Bauleitplanung, besonders für die Bebauungspläne, hat der Planer eine umfassende Bestandsaufnahme zu erarbeiten. Sie überschneidet sich selbstverständlich mit der Bestandsaufnahme für die übrigen Belange. So ist zum einen eine genaue kartenmäßige Erfassung des zu beplanenden Gebiets in allen drei Dimensionen erforderlich. Höhenlinien allein genügen nicht; zusätzlich müssen zur Berücksichtigung von Abschirmungen auch Höhenschnitte angefertigt werden. Dauerhafter Bewuchs sowie bereits bestehende Gebäude mit ihren Abmessungen sind darzustellen. Die Bestandsaufnahme muß gegebenenfalls erheblich über die Grenzen des Plangebietes – bei Auto-

---

[38] Die ISO 1996 [38] hat für die schalltechnische Praxis keine Bedeutung.
[39] Die unter anderem für den Schallschutz in der Bauleitplanung zuständigen Träger öffentlicher Belange werden von den Ländern benannt (vgl. z. B. [18]).

bahnen oder großen Werksanlagen in der Umgebung um 1 km und mehr – hinausgehen. Ebenso müssen die Auswirkungen der Ausweisung eines Baugebiets – nicht nur eines Gewerbe- oder Industriegebiets – für die Umgebung erwogen werden. So kann z. B. der Verkehr auf einer Sammelstraße für ein größeres neues Wohngebiet ein anderes schutzwürdiges Gebiet, das sie berührt, erheblich belasten.

Luftbilder, die das Bundesgebiet immer vollständiger und aussagekräftiger erfassen, sind eine gute Grundlage. Trotzdem bleiben eine sorgfältige Begehung und je nach den Geräuschverhältnissen mehr oder weniger umfangreiche schalltechnische Erhebungen ggf. durch Schallpegelmessungen (vgl. Teil 2) erforderlich, durch die alle auf das Gebiet und im Gebiet selbst dauernd wirkenden Geräuschquellen technischer Art erfaßt werden.

Der Bedeutung des Verkehrs entsprechen muß auch die Verkehrsbestandsaufnahme und -prognose im Plangebiet und in der einwirkenden Umgebung. Sie ist für den Schallschutz in der Bauleitplanung ähnlich grundlegend wie für die Dimensionierung der erforderlichen Straßen. Zumindest die wichtigsten Fakten der schalltechnischen Bestandsaufnahme sind in den Erläuterungsbericht bzw. in die Begründung zum Bauleitplan einzuarbeiten.

Für die schalltechnische Bestandsaufnahme und Prognose in der Bauleitplanung kann die Lärmkarte ein geeignetes Hilfsmittel sein. Sie verdankt ihre Bedeutung zu einem großen Teil der „optischen Darstellung" der Geräuschbelastung. Auf sie hier näher einzugehen, vor allem aber auf ihre Erarbeitung mit Hilfe der EDV^{40}, würde den gegebenen Rahmen sprengen. Außerdem ist ihr Einsatz für die Mehrzahl der Fälle zumindest derzeit noch nicht wirtschaftlich genug. Schließlich sei die DIN 18005 T 2 E „Schallschutz im Städtebau – Richtlinien für die schalltechnische Bestandsaufnahme" erwähnt (siehe ferner 4.6, [19] – [22] und [68]).

Ein weiteres Hilfsmittel, das allerdings manchmal überbewertet wird, stellen sogenannte Abstandserlasse dar (vgl. [23] und [24]). Die darin für eine Reihe von gewerblichen Anlagen angegebenen Mindestabstände zu reinen Wohngebieten haben aus der Sicht des Immissionsschutzes lediglich Warnfunktion in der Planung. Wenn diese Abstände unterschritten werden, ist eine genauere Untersuchung erforderlich. Werden sie überschritten, so sind die Orientierungswerte in aller Regel nicht gefährdet; allerdings wird damit dem Optimierungsgrundsatz nicht Rechnung getragen.

Solche Abstandserlasse dürfen aus der Sicht des Schallschutzes keinesfalls schematisch angewandt werden. Der Stand der Schallschutztechnik würde bei den dort genannten Anlagen eingefroren, da ja alles durch den Abstand geregelt würde und keine weitergehenden technischen Schallschutzmaßnahmen mehr erforderlich wären. Vorallem stehen in der dicht besiedelten Bundesrepublik die

---

[40] Einige schalltechnische Fachstellen verfügen bereits über entsprechende Computerprogramme.

vorausgesetzten Abstandsflächen meist gar nicht zur Verfügung, so daß von vornherein weitergehende Untersuchungen und Schallschutzmaßnahmen regelmäßig unvermeidbar sind. Außerdem würde die Landschaft zu sehr zersiedelt, da bei starrer Anwendung des Abstandsprinzips viele Anlagen nur im Außenbereich untergebracht würden.

Auch die in 6.4.1.2 zitierten Äußerungen der DIN 18005 (E 4.82) widersprechen schematischen Abstandserlassen. Ein eindrucksvolles anlagenspezifisches Beispiel dafür bietet [12], wonach der erforderliche Abstand zwischen reinem Wohngebiet und Kraftwerk in Abhängigkeit vom schalltechnischen Aufwand von ca. 0,25 bis 1 km variieren kann.

6.6.4 Typisierung

In der BauNVO spielen die Begriffe „nicht störende Anlage", „nicht wesentlich störende Anlage" und „nicht erheblich belästigende Anlage" (vgl. die §§ 2 bis 8 BauNVO) eine wichtige Rolle. In der einschlägigen Rechtsprechung und in der Praxis des Baurechts wird häufig im Umkehrschluß davon ausgegangen, daß alle Anlagen nach der 4. BImSchV wesentlich störend und erheblich belästigend im Sinne der BauNVO seien und daß sie damit nur in einem Industriegebiet zugelassen werden düften. Dabei wird teilweise noch zwischen Anlagen, für die ein förmliches oder ein vereinfachtes Genehmigungsverfahren durchzuführen ist, unterschieden. Die letzteren Anlagen können danach auch noch in Gewerbegebieten untergebracht werden.

Selbstverständlich ist es besser, wenn eine immissionsschutzrechtlich zu genehmigende Anlage in einem Industriegebiet und nicht in einem anderen Gebiet liegt. Doch soll hier vor einer übertriebenen Schematisierung gewarnt werden. Der grundsätzlichen Typisierung widersprechen aus der Sicht des Schallschutzes die in 6.4.1.2 zitierten Feststellungen der DIN 18005 über die Emissionen von gewerblichen Anlagen und vor allem der Optimierungsgrundsatz. Es kommt vorrangig darauf an, ob im Einzelfall unter strengen Voraussetzungen von der jeweils zu betrachtenden Anlage die Sollwerte, insbesondere die Orientierungswerte, nicht gefährdet werden.

Gegen eine starre Typisierung der Anlagen nach der 4. BImSchV sprechen auch die Schwankungsbreite der Geräuschemissionen genehmigungsbedürftiger Anlagen, die prinzipielle Gleichartigkeit der Geräusche genehmigungspflichtiger wie nicht genehmigungspflichtiger Anlagen und das Instrumentarium des Schallschutzes, das erhebliche Minderungen der Emissionen erlaubt. Es besteht auch keine Abstimmung zwischen BImSchG und BauNVO bezüglich der oben genannten Begriffe und der Definition von schädlichen Umwelteinwirkungen. Besonders § 15 BauNVO stellt eine starre Typisierung in Frage.

Die Typisierung verführt dazu, die Umgebung der Anlage außerhalb des Industriegebietes zu vernachlässigen, die für die Anlage meist emissionsbeschränkend ist. Die abstrakte Betrachtungsweise kann bewirken, daß eine konkrete genehmigungspflichtige Anlage trotz Kenntnis ihrer schalltechnischen Unbedenklichkeit in einem anderen als einem festgesetzten Industriegebiet unnötigerweise abgelehnt wird. Im übrigen gibt es viel zu wenig rechtsverbindlich ausgewiesene Industriegebiete. Zudem sind sie nur selten schalltechnisch uneingeschränkt. Häufig liegen Gewerbegebiete günstiger als Industriegebiete (vgl. [37]).

6.6.5 Erschließungskosten

Nach § 127 Abs. 2 Nr. 5 BBauG gehören Anlagen zum Schutz von Baugebieten gegen schädliche Umwelteinwirkungen im Sinne des BImSchG zu den Erschließungsanlagen. Die Gemeinden können daher die Kosten für Maßnahmen zum Schutz von Wohngebieten vor Geräuschen außerhalb des Gebietes bis zu 90% auf die Käufer der Grundstücke umlegen. Die Unterhaltung der Erschließungsanlagen richtet sich nach den landesrechtlichen Vorschriften. In den Bauordnungen und kommunalen Abgabegesetzen der Länder sind weitere Regelungen über Herstellung, Unterhaltung und Verwaltung von Anlagen zum Lärmschutz enthalten (s. auch das Beispiel in 6.2.5.1)[41].

6.6.6 Raumordnung

Gemäß § 1 Abs. 4 BBauG ist die Bauleitplanung den Zielen der Raumordnung anzupassen. Das Raumordnungsgesetz des Bundes und die Landesplanungsgesetze sowie Landesentwicklungsprogramme der Länder enthalten Leitsätze zum Umweltschutz. Die Raumordnung beeinflußt die Bauleitplanung, insbesondere den Flächennutzungsplan, vor allem über die Regionalplanung. Allerdings werden in den Regionalplänen und Gebietsentwicklungsplänen außer zum Fluglärm nur selten konkrete Ziele zum Lärmschutz in der Bauleitplanung aufgestellt, weil die übrigen Geräusche im Vergleich zu anderen raumbedeutsamen Belangen verhältnismäßig kurzreichweitige Auswirkungen haben. Vielmehr wirken die Pläne indirekt dadurch ein, daß sie beispielsweise Hauptverkehrsadern, großräumige Industrieansiedlungen und ähnliches, aber auch die Siedlungsbereiche, Natur- sowie Landschaftsschutzgebiete, Bannwälder und anderes mehr festlegen. Darauf ist dann aus der Sicht des Lärmschutzes in der Bauleitplanung Rücksicht zu nehmen. Die entsprechenden Hinweise haben gegebenenfalls die zuständigen Träger öffentlicher Belange zu geben, soweit sie nicht schon als Planvorgaben bekannt sind.

Zum Instrument des Raumordnungsverfahrens siehe 3.2.1 und 4.2.6. Landesplanerische Beurteilungen, die Raumordnungsverfahren abschließen, haben den Flächennutzungsplänen vergleichbare Bindungswirkung und ähnlichen Bedarf an schalltechnischer Bearbeitung.

---

[41] Vgl. z. B. Artikel 53 BayBO.

6.7 Ausblick

So vielfältig und situationsgerecht das Instrumentarium des Schallschutzes in der Bauleitplanung gemäß dem Optimierungsgrundsatz angewandt werden muß, so eindeutig hat die Stellung bei unzumutbaren Lärmbelastungen, also bei Überschreitungen der zulässigen Werte, zu sein. Schallschutz erschwert oder verhindert in aller Regel die Bebauung nur scheinbar. Er führt vielmehr zu einer Wertsteigerung der Immobilien über die Aufwendungen für Schallschutzmaßnahmen hinaus, ist Teil einer wohlverstandenen Sozialpolitik und dient dem physischen, psychischen und sozialen Wohlbefinden des Menschen.

Sogar ein anspruchsvoller Schallschutz in der Bauleitplanung wäre meist eine verhältnismäßig leicht zu bewältigende Aufgabe, wenn der Kraftfahrzeugverkehr die Wohngebiete nicht so stark belasten würde. Daher kann aus der Sicht des Schallschutzes in der Bauleitplanung nicht eindringlich genug eine wesentliche Minderung der Geräuschbelastung durch den Kraftfahrzeugverkehr gefordert werden. Die technischen und organisatorischen Möglichkeiten dazu, vor allem Maßnahmen am Kraftfahrzeug, sind auch unter der Bedingung des „wirtschaftlich Machbaren" bei weitem noch nicht ausgeschöpft. Der Mensch hat sich „seine" Lärmbelastung selbst gemacht; er kann sie auch wieder beseitigen.

Danksagung: Herrn Architekt Heinz Sonntag, München, sei für die umfangreichen und anregenden Diskussionen sehr herzlich gedankt.

Literaturverzeichnis

[1] Einführungserlasse für die Vornorm DIN 18005 Bl. 1 „Schallschutz im Städtebau – Hinweise für die Planung, Berechnungs- und Bewertungsgrundlagen" 5, 1971
[1a] BADEN-WÜRTTEMBERG
Erl. des IM v. 09.12.1971, GABl. 72 S. 73
[1b] BAYERN
Bek. des StMI v. 19.05.1972, MABl. S. 295 und Bek. des StMI v. 13.03.1973, MABl. S. 252 (in der Praxis weitgehend außer Kraft)
[1c] HESSEN
Erl. vom 02.07.1971, Stanz. S. 1203
[1d] NIEDERSACHSEN
RdErl. des SM v. 10.02.1983, MABl. S. 317 (neu)
[1e] NORDRHEIN-WESTFALEN
RdErl. des IM v. 18.11.1971, MABl. S. 2129
[1f] SCHLESWIG-HOLSTEIN
RdErl. des IM v. 05.11.1971, Ambl. S. 712
[2] Müller, W.: Lärmbelastung in städtischen Wohngebieten zur Nachtzeit, KdL 77 S. 132
[3] Probst, W.: Schallpegelmessungen in städtischen Wohngebieten, Untersuchung i. A. der LHS München 78 (unveröffentlicht)

[4] Fakiner, H. u. a.: Belastung der Bevölkerung durch Lärm Phase 2, UBA-FB 81 – 10502803/02, 8. 81
[5] Auslegung der TALärm, Beschluß des LAI vom 02./03.06.77
[6] Appel, D.: Kraftverkehr und Umweltqualität von Stadtstraßen, Kohlhammer, Stuttgart 73
[7] Gelzer, K.: Die Industrieansiedlung unter Berücksichtigung des Planungsrechts und des Immissionsschutzes, BauR 75 S. 145
[8] Christ, J.: Technische Anleitung zum Schutz gegen Lärm (TALärm) – Textausgabe mit Einführung und ausführlichen Erläuterungen, WEKA-Verlag, Kissing 77
[9] BVerwG: Urteil vom 12.12.1975 – IV C 71.73, z. B. in DVBl. 76 S. 214
[10] Schreiber, L.: Schallschutzplanung und Immissionsberechnungen bei Industrieanlagen, G + H-Fachtagung „Schallschutz im Betrieb", München 7.85
[11] Kötter, J.: Bauleitplanung: Festsetzung von Nutzungseinschränkungen für GI- und GE-Gebiete unter Berücksichtigung von Immissionsrichtwerten, Erfahrungsaustausch der Ländermeßstellen – Fachbereich Geräusche und Erschütterungen, 78
[12] Lärmschutz bei Kraftwerken, MAGS, Düsseldorf 81
[13] Stüber, B. u. a.: Stand der Technik bei der Lärmminderung in der Petrochemie, UBA Texte 9/81
[14] Linde, R. u. a.: Sicherheit für den Fußgänger II – Verkehrsberuhigung – Erfahrungen und Vorschläge für die Verkehrsplanung in Städten und Gemeinden und Schlußfolgerungen aus dem Städtewettbewerb 1977, BMV u. ADAC
[15] Machtemes, A.: Schallschutz im Städtebau – Beispielsammlung, Verlag für Wirtschaft und Verwaltung Hubert Wingen, Essen 74
[16] Machtemes, A., Glück, K.: Schallschutz im Städtebau 2 – Schallpegelminderung bei typischen Baukörperformen und -stellungen, w.v. 77
[17] Kühn, E. u. a.: Einfluß städtebaulicher Einzelelemente auf die Lärmausbreitung; Schriftenreihe „Städtebauliche Forschung" des BMBauRS 03.035, 75
[18] Bek. d. StMI v. 02. Febr. 1976 „Vollzug des BBauG, des StBauFG und der BayBO, Träger öffentlicher Belange", MABl. S. 66
[19] Glück, K.: Möglichkeiten zur Erstellung und Verwendung von Lärmkarten als Hilfsmittel für die Stadtplanung; Schriftenreihe „Städtebauliche Forschung" des BMBauRS 013, 73
[20] Lärm-Übersichtskarten für das Land Hessen (Erläuterungsbroschüre und 48 Einzelkarten), Hessische Minister für Landwirtschaft und Umwelt, Wiesbaden 6, 74
[21] Bschorr, O. u. a.: Erstellung und Erprobung eines Computerprogramms zur Berechnung von Lärmkarten, MBB-Bericht Nr. BB-221-76, Ottobrunn bei München 22.03.76
[22] Thomassen, H.G.: Vorausberechnung von Geräuschsituationen mittels EDV, VDI-Bericht Nr. 203, 73
[23] Abstände zwischen Industrie- bzw. Gewerbegebieten und Wohngebieten im Rahmen der Bauleitplanung, RdErl. des MAGS v. 09.07.82, MABl. S. 1376
[24] Liste der Schutzabstände zwischen emittierenden Anlagen und Wohngebieten (Abstandsliste), Stand 3.76, Ministerium für Soziales, Gesundheit und Sport des Landes Rheinland-Pfalz (unveröffentlicht)
[25] Lärmschutz in Raumordnung und städtebaulicher Planung, Abschlußbericht des Arbeitskreises 10 der Projektgruppe Lärmbekämpfung beim BMI 4.78
[26] Glück, K., Krasser, G.: Wichtung von Umweltkriterien, Forschung Straßenbau und Straßenverkehrstechnik, Heft 299, BMV 80
[27] Fachtechnische Beurteilung von Asphaltmischanlagen aus der Sicht des Immissionsschutzes, BayLfU, München 2. 82

Teil 6 Schallschutz in der Bauleitplanung

[28] Schreiber, L.: Lärmschutz im Städtebau, schalltechnische Grundlagen, städtebauliche Schallschutzmaßnahmen, Bauverlag GmbH, Wiesbaden und Berlin 71
[29] Sälzer, E.: Städtebaulicher Schallschutz; Planerische und technische Maßnahmen, Wirtschaftlichkeit, Dimensionierung und Gestaltung, Bauverlag GmbH, Wiesbaden und Berlin 82
[30] Strauch, H.: Hinweise zur Anwendung flächenbezogener Schalleistungspegel, LIS-Bericht Nr. 21, Essen 82
[31] Finke, H.-O., u.a.: Betroffenheit einer Stadt durch Lärm – Bericht über eine interdisziplinäre Untersuchung, UBA, Berlin 9. 80
[32] Müller, H.: Entwurf einer Richtlinie für die Ermittlung und Beurteilung von Fluggeräuschimmissionen in der Umgebung von Landeplätzen und Segelfluggeländen in Bayern (FluggeräuschRL), BayLfU, München 8. 80
[33] OVG Münster, Urt. vom 12.04.1978 – VII A 1112/74
[34] Weyreuther, F.: Rechtliche Bindung und gerichtliche Kontrolle planender Verwaltung im Bereich des Bodenrechts, BauR 77 S. 293 und z. B. Gelzer, K.: Bauplanungsrecht, Verlag Dr. Otto Schmidt KG, Köln 79
[35] Glück, K., Koppen, G.-F.: Kostenmäßige Auswirkungen der DIN 18005 Teil 1 „Schallschutz im Städtebau", Z. Lärmbekämpfung 84 S. 158
[36] Verkehr in Zahlen 1984, BMV 9.84
[37] Vierling, W.: Die „starre" Typisierung im Baurecht aus der Sicht des Lärmschutzes, NuR 83 S. 300
[38] ISO 1996 Acoustics-Descriptions and measurement of environmental noise – Part 1–3
[39] Hinweise zur Beurteilung des durch Freizeitaktivitäten verursachten Lärms, Länderausschuß für Immissionsschutz, Stand 6.83, z. B. in NVwZ 85 S. 98 oder Z. Lärmbekämpfung 83 S. 87
[40] Jährliches Verzeichnis 1983/84 der Hersteller von Lärmschutzwänden und -steilwänden, Z. Lärmbekämpfung 84 S. 133
[41] Schreiber, L.: Die akustischen Grundlagen des Entwurfs April 1982 zu DIN 18005 Teil 1: Schallschutz im Städtebau, Z. Lärmbekämpfung 84 S. 149
[42] Einsele, M. u.a.: Zur Beurteilung von Schallimmissionen in vorhandenen und geplanten Baugebieten, Schriftenreihe „Städtebauliche Forschung" des BMBauRS 03.080
[43] Kurze, K.I. u.a.: Vergleich der Schallausbreitung von Schiene und Straße, Z. Lärmbekämpfung 82 S. 71
[44] BVerWG, Urt. v. 25.06.82 – 8 C 15.80
[45] Sonntag, H.: Verkehrslärmschutz durch Gebäudeplanung, in Klippel, P. u.a.: Straßenverkehrslärm – Immissionsermittlung und Planung von Verkehrsberuhigung, expert Verlag, 7030 Grafenau 84
[46] Döldissen, A.: Minderung des Verkehrslärms durch flächenhafte Verkehrsberuhigung, in w.v.
[47] Vierling, W.: Verwendung der Summenformel zur Lösung schalltechnischer Aufgaben, Erfahrungsaustausch der Ländermeßstellen – Fachbereich Geräusche und Erschütterungen, München 82
[48] Verordnung über die Ausarbeitung der Bauleitpläne und Darstellung des Planinhalts (Planzeichenverordnung 1981 – PlanzV 81) vom 30.07.81, BGBl. I S. 833
[49] Lärmschutz – Berücksichtigung in der Bauleitplanung – Erfahrungen der Hessischen Landesanstalt für Umwelt –, 3. 82
[50] Landesentwicklungsplan IV, Bek. des MP vom 08.02.80, NRW – MABl. S. 518

[51] Schuhbauer, J. Mernberger, H.: Entwicklung und Erprobung einer lärmarmen Steinfertigungsmaschine, BMFT-FB-HA 84 – 049, 12.84
[52] Hottes, K. u. Kersting, H.: Der industrielle Flächenbedarf – Grundlagen und Maßzahlen zu seiner Ermittlung, Komunalverband Ruhrkohle, Essen 77
[53] Das Umweltbundesamt informiert: „Lärmschutz an Gebäuden", Erich-Schmidt-Verlag, Berlin 78
[54] Wedde, F. u. Tegeder, K.: Stand der Lärmbekämpfungstechnik bei Müllverbrennungsanlagen und Möglichkeiten der Lärmminderung, UBA Texte 39/82
[55] Lärmschutz bei Erdölraffinerien – Planungshinweise, MAGS, Düsseldorf 77
[56] Lärmschutz an Hochofen- und Sinteranlagen, MAGS, Düsseldorf 8.82
[57] Lärmschutz an Elektrostahlwerken, MAGS, Düsseldorf 4.80
[58] Borgmann, R. u. Blaschek, D.: Lärmemissionen bei Anlagen zur Herstellung von Holzspan- und Holzfaserplatten und einzuleitende Minderungsmaßnahmen, Haustechnik – Bauphysik – Umwelttechnik – Gesundheitsingenieur 81 S. 315
[59] Mustergutachten Tankläger, BayLfU, München 6.83
[60] Untersuchung von Geräuschemissionen und -immissionen an Betonfertigteilwerken, Transportbetonwerken und Kies-Sandwerken, Umweltschutz in Niedersachsen, Lärmbekämpfung Heft 2, Hannover 10.82
[61] Frenking, H.: Geräuschuntersuchungen bei gewerblichen Anlagen und Gewerbebetrieben sowie an einzelnen Maschinen und Maschinengruppen zur Ermittlung kennzeichnender Emissionswerte – wissenschaftlich-technische Vorbereitung von Vorschriften zur Durchführung des BImSchG, Aachen 77 (unveröffentlicht, betrifft Transportbeton-, Asphaltmisch- und Autowaschanlagen)
[62] Lärmschutz an Klärwerken, MAGS, Düsseldorf 8.80
[63] Lärmbekämpfung '81, Entwicklung – Stand – Tendenzen, UBA, Erich Schmidt Verlag, Berlin 81
[64] Glück, K.: Schallschutz bei Sanierungsplanungen; Schriftenreihe „Städtebauliche Forschung" des BMBauRS 03.052, 77
[65] Thesen zum Lärmschutz im Städtebau, BMI-Umwelt 82 Nr. 92 S. 33
[66] Bay. VGH: Urteil vom 30.10.1984, Nr. 1 N 84 A.1021
[67] Busch, H. u.a.: Lärm und Ruhe – Aufgezeigt am Beispiel von Bad Soden a. Ts. –, Heft 14 der Hessischen Landesanstalt für Umweltschutz, Wiesbaden 1984
[68] Umweltschutz in Niedersachsen, Lärmbekämpfung Heft 1 Schallimmissionsplan Hannover; Heft 2 Teil A Betonfertigteilwerke, Transportbetonwerke und Kies-, Sandwerke, Teil B Schallimmissionsplan Cuxhafen; Heft 3 Teil A Feuerverzinkereien, Teil B Zuckerfabriken, Teil C Schallimmissionsplan Singen; Niedersächsischer Minister für Bundesangelegenheiten, Hannover 1984, 1982 bzw. 1985
[69] Kötter, J.: Flächenbezogene Schalleistungspegel als Hilfsmittel bei der Bauleitplanung (I–III), Bauverwaltung 84 S. 248
[70] Schröder, P.-J.: Flächenbezogene Schalleistungspegel kein Hilfsmittel für eine wirtschaftliche akustische Planung und Immissionspegelminderung, Fortschritte der Akustik – DAGA'85 S. 159
[71] Krisch, H.: Schallimmissionen durch Binnengüterschiffe, BAU INTERN 85 S. 168
[72] Umfrage des BStMLU bei den Umweltschutzingenieuren der bayerischen Kreisverwaltungsbehörden und Regierungen vom November 1982.
[73] Gaschler, R.: Geräuschemission von Anlagen der Holzbearbeitung, UBA Text 8/85
[74] Schalltechnische Beurteilung von Parkplätzen, BayLfU, München 10.84
[75] Busche, H.-I. u.a.: Auswirkungen des Einsatzes lärmarmer Nutzfahrzeuge auf die Geräuschimmisionen von Gewerbebetrieben, BMI-FB 84-105-04-706/04, 12.84

Teil 6 Schallschutz in der Bauleitplanung 479

[76] Studie zur Geräuschemission von Rauchgasentschefelungsanlagen, MURL (vormals MAGS), Düsseldorf 85

Zu den in Teil 6 genannten, aber in diesem Verzeichnis nicht aufgelisteten Vorschriften, DIN-Normen und VDI-Richtlinien siehe Teil 7.

Bildnachweise

Darstellung 6.7, 6.9 und 6.12 aus [49]; 6.11, 6.13 und 6.18 Sonntag, H., München; 6.16 AG Stöter – Tillmann u. Kaiser, Kleye.

Teil 7
Vorschriften, Behörden
Karl-Heinz Kellner

Inhaltsübersicht

7.1	Gesetze und Verordnungen
7.1.1	Bundesrepublik Deutschland
7.1.2	Länder
7.2	Technische Normen, Richtlinien
7.2.1	DIN-Normen
7.2.2	VDI-Richtlinien
7.2.3	Sonstige Richtlinien
7.3	Behörden, Institute
7.3.1	Bundesrepublik Deutschland
7.3.2	Länder

Es ist hier nicht vorgesehen, eine voll umfassende Darstellung der Zuständigkeiten für den Bereich Lärmschutz in der Bundesrepublik Deutschland und in den Bundesländern zu geben, da diese so weit verzweigt und vielfältig sind, daß die Benennung von hunderten von Behörden, Anstalten und Instituten erforderlich wäre. Dies gilt noch vermehrt für den Bereich der Gesetzgebung. Es wird deshalb nur auf die wesentlichen Behörden und die grundlegenden Gesetze, Verordnungen usw. verwiesen. Hierzu besteht eine umfangreiche Spezialliteratur, die auf einen kleineren Umfang nicht sinnvoll und lückenlos zusammengefaßt werden kann.

7.1 Gesetze und Verordnungen

Die nachstehende Auflistung umfaßt die wichtigsten Gesetze und Verordnungen. Für weitergehende Angaben, die den hier vorgesehenen Rahmen sprengen würden, wird auf die vorhandene Spezialliteratur verwiesen [1], [2], [3], [4]. Es wurde im allgemeinen auch darauf verzichtet, die jeweils letzte Änderung anzugeben, da dies nur im Rahmen einer Loseblattsammlung oder bei einer periodisch erscheinenden Ausgabe sinnvoll wäre.

7.1.1 Bundesrepublik Deutschland

Abkürzungen

BAnz = Bundesanzeiger
Bek = Bekanntmachung
BGBl I = Bundesgesetzblatt Teil I
BGBl II = Bundesgesetzblatt Teil II
BMA = Bundesminister für Arbeit und Sozialordnung
BMI = Bundesminister des Innern
BMV = Bundesminister für Verkehr
BMWi = Bundesminister für Wirtschaft
GMBl = Gemeinsames Ministerialblatt
i.d.F. = in der Fassung
NfL I = Nachrichten für Luftfahrer Teil I
NfL II = Nachrichten für Luftfahrer Teil II
RArBl = Reichsarbeitsblatt
RdErl = Runderlaß
RdSchr = Rundschreiben
RGBl I = Reichsgesetzblatt Teil I
VkBl = Verkehrsblatt.

Übergeordnete Gesetze

Grundgesetz für die Bundesrepublik Deutschland (GG) vom 23.05.1949 (BGBl S.1), zuletzt geändert am 21.12.1983 (BGBl I S.1481).

Bürgerliches Gesetzbuch (BGB) vom 18.08.1896 (RGBl S.195), zuletzt geändert am 04.05.1982 (BGBl I S. 693), insbesondere §§ 618, 619, 823, 858, 863, 865, 868, 869, 903, 905–907, 1004 (Schadenersatzpflicht bei Verletzung der Gesundheit, Widerrechtlichkeit der Störung eines Besitzers im Besitz).

Strafgesetzbuch (StGB) in der Fassung vom 02.01.1975 (BGBl I S. 1), zuletzt geändert am 08.12.1981 (BGBl I S. 1329), insbesondere §§ 223, 224, 230, 232, 303, 304, 305, 267 bis 271 (Strafbarkeit von Körperverletzung bzw. Sachbeschädigung).

Gesetz zum Schutz vor schädlichen Umwelteinwirkungen durch Luftverunreinigungen, Geräusche, Erschütterungen und ähnliche Vorgänge (Bundes-Immis-

Teil 7 Vorschriften, Behörden 483

sionsschutzgesetz – BImSchG) vom 15.03.1974 (BGBl I S. 721), zuletzt geändert am 04.03.1982 (BGBl I S. 281).
Zweites Gesetz zur Änderung des Bundesimmissionsschutzgesetzes vom 04.10.1985 (BGBl I S. 1950).
Gesetz über die Errichtung eines Umweltbundesamtes vom 22.07.1974 (BGBl I S. 1505).

Bereich Eichwesen, Meßtechnik
Gesetz über das Meß- und Eichwesen (Eichgesetz) vom 22.02.1985 (BGBl I S. 410)
(Eichpflicht für Meßgeräte im geschäftlichen amtlichen Bereich und im Verkehrswesen).
Verordnung über die Eichpflicht von Meßgeräten vom 10.03.1972 (BGBl I S. 436)
(Eichpflicht für Schallpegelmesser für die Verkehrsüberwachung).
Dritte Verordnung über die Eichpflicht von Meßgeräten vom 26.07.1978 (BGBl I S. 1139)
(Eichpflicht für Schallpegelmesser bei Verwendung auf dem Gebiet des Immissionsschutzes).
Verordnung über die Gültigkeitsdauer der Eichung (Eichgültigkeitsverordnung) vom 18.06.1970 (BGBl I S. 802).
Verordnung über die Pflichten der Besitzer von Meßgeräten vom 04.07.1974 (BGBl I S. 1444).
Eichordnung (EO) vom 15.01.1975 (BGBl I S. 233)
(Technische und organisatorische Abwicklung von Bauartzulassung und Eichung von Meßgeräten innerhalb der Bundesrepublik Deutschland und der Europäischen Wirtschaftsgemeinschaft).
Kostenordnung für Amtshandlungen der nach dem Eichgesetz zuständigen Behörden der Länder (Eichkostenordnung) vom 26.06.1978 (BGBl I S. 804)
(Gebühren für die Eichung von Meßgeräten).
Eich- und Beglaubigungskostenordnung vom 21.04.1982 (BGBl I S. 428)
Verwaltungskostengesetz (VwKostG) vom 18.06.1970 (BGBl I S. 821).

Bereich gewerbliche – industrielle Anlagen, Freizeitanlagen
Vierte Verordnung zur Durchführung des Bundes-Immissionsschutzgesetzes (Verordnung über genehmigungsbedürftige Anlagen – 4. BImSchV) vom 24.07.1985 (BGBl I S. 1586)
(Auflistung von Anlagen, die einem förmlichen oder vereinfachten Genehmigungsverfahren unterworfen werden müssen).

Fünfte Verordnung zur Durchführung des Bundes-Immissionsschutzgesetzes (Verordnung über Immissionsschutzbeauftragte – 5. BImSchV) vom 14.02.1975 (BGBl I S. 504)

(Angabe von genehmigungsbedürftigen Anlagen, bei deren Betrieb ein Immissionsschutzbeauftragter zu bestellen ist).

Sechste Verordnung zur Durchführung des Bundes-Immissionsschutzgesetzes (Verordnung über die Fachkunde und Zuverlässigkeit der Immissionsschutzbeauftragten – 6. BImSchV) vom 12.04.1975 (BGBl I S. 957)
(Katalog von Anforderungen an die Fachkunde und Zuverlässigkeit der Immissionsschutzbeauftragten).

Achte Verordnung zur Durchführung des Bundes-Immissionsschutzgesetzes (Rasenmäherlärm – 8. BImSchV) vom 28.07.1976 (BGBl I S. 2024)
(Festsetzung von Emissionswerten und zeitlichen Einschränkungen für die Benutzung von Rasenmähern).

Neunte Verordnung zur Durchführung des Bundes-Immissionsschutzgesetzes (Grundsätze des Genehmigungsverfahrens – 9. BImSchV) vom 18.02.1977 (BGBl I S. 274).

Allgemeine Verwaltungsvorschrift über genehmigungsbedürftige Anlagen nach § 16 der Gewerbeordnung – Technische Anleitung zum Schutz gegen Lärm (TA-Lärm) vom 16.07.1968 (Beilage zum Bundesanzeiger Nr. 137 vom 26.07.1968).

Gaststättengesetz (GastG) vom 05.05.1970 (BGBl I S. 465, ber. S. 1298)
(Auflagen zum Schutz vor schädlichen Umwelteinflüssen, Versagungsgründe wegen schädlicher Umwelteinflüsse).

Gewerbeordnung (GewO) in der Fassung vom 01.01.1978 (BGBl I S. 97), insbesondere §§ 16–19, 24–27, 49, 51
(Genehmigung zur Errichtung von überwachungsbedürftigen Anlagen).

Verordnung über Dampfkesselanlagen (Dampfkesselverordnung – DampfkV) vom 27.02.1980 (BGBl I S. 173).

Waffengesetz (WaffG) vom 19.09.1972 (BGBl I S. 1797), insbesondere §§ 44, 45, 55
(Immissionsschutz an Schießstätten, Auflagen betreffend Umweltschutz bei der Anlage von Schießständen und beim Umgang mit Schußwaffen).

Bereich Baulärm

Allgemeine Verwaltungsvorschrift zum Schutz gegen Baulärm – Geräuschimmissionen (GeräuschimmissionenVwV) vom 19.08.1970 (Beilage zum Bundesanzeiger Nr. 160 vom 01.09.1978)
(Bestimmung von Richtlinien für die von Baumaschinen hervorgerufenen Geräuschimmissionen, Meßverfahren und Abhilfemaßnahmen).

Allgemeine Verwaltungsvorschrift zum Schutz gegen Baulärm – Emissionsmeßverfahren (EmissionsmeßverfahrenVwV) vom 22.12.1970 (Bundesanzeiger Nr. 242 vom 30.12.1970)
(Meßvorschrift für Ermittlung der Geräuschemission von gewerblichen Baumaschinen).

Allgemeine Verwaltungsvorschrift zum Schutz gegen Baulärm – Emissionswerte für Betonmischeinrichtungen und Transportbetonmischer (BetonmischerVwV) vom 06.12.1971 (Bundesanzeiger Nr. 231 vom 11.12.1971, ber. Nr. 235 vom 17.12.1971)
(Festsetzung von Emissionsrichtwerten für Betonmischer).

Allgemeine Verwaltungsvorschrift zum Schutz gegen Baulärm – Emissionsrichtwerte für Radlader (RadladerVwV) vom 16.08.1972 (Bundesanzeiger Nr. 156 vom 22.08.1972)
(Festsetzung von Emissionsrichtwerten für Radlader).

Allgemeine Verwaltungsvorschrift zum Schutz gegen Baulärm – Emissionsrichtwerte für Kompressoren (KompressorenVwV) vom 24.10.1972 (Bundesanzeiger Nr. 205 vom 28.10.1972)
(Festsetzung von Emissionsrichtwerten für Kompressoren).

Allgemeine Verwaltungsvorschrift zum Schutz gegen Baulärm – Emissionsrichtwerte für Betonpumpen (BetonpumpenVwV) vom 28.03.1973 (Bundesanzeiger Nr. 64 vom 31.03.1973)
(Festsetzung von Emissionsrichtwerten für Betonpumpen).

Allgemeine Verwaltungsvorschrift zum Schutz gegen Baulärm – Emissionsrichtwerte für Planierraupen (PlanierraupenVwV) vom 04.05.1973 (Bundesanzeiger Nr. 87 vom 10.05.1973)
(Festsetzung von Emissionsrichtwerten für Planierraupen).

Allgemeine Verwaltungsvorschrift zum Schutz gegen Baulärm – Emissionsrichtwerte für Kettenlader (KettenladerVwV) vom 14.05.1973 (Bundesanzeiger Nr. 94 vom 19.05.1973)
(Festsetzung von Emissionsrichtwerten für Kettenlader).

Allgemeine Verwaltungsvorschrift zum Schutz gegen Baulärm – Emissionsrichtwerte für Bagger (BaggerVwV) vom 17.12.1973 (Bundesanzeiger Nr. 239 vom 21.12.1973)
(Festsetzung von Emissionsrichtwerten für Bagger).

Zweite Allgemeine Verwaltungsvorschrift zum Bundes-Immissionsschutzgesetz (Emissionsrichtwerte für Krane – 2. BImSchVwV) vom 19.07.1974 (Bundesanzeiger Nr. 135 vom 25.07.1974)
(Festsetzung von Emissionsrichtwerten für Krane).

Dritte Allgemeine Verwaltungsvorschrift zum Bundes-Immissionsschutzgesetz (Emissionswerte für Drucklufthämmer – 3. BImSchVwV) vom 10.06.1966 (Bundesanzeiger Nr. 112)
(Festsetzung von Emissionsrichtwerten für Drucklufthämmer).

Bekanntmachung über das Verfahren zur Ermittlung des Geräuschemissionspegels von Baumaschinen und Baugeräten vom 11.02.1980 (Bundesanzeiger Nr. 47 vom 07.03.1980)
(Richtlinie des Rates der Europäischen Gemeinschaften vom 19.12.1978).

Bereich Straßenverkehrslärm

Bundesfernstraßengesetz (FStrG) vom 06.08.1953 (BGBl I S. 903) i.d.F. der Bek vom 01.10.1974 (BGBl I S. 2413, ber. S. 2908).

Lärmschutz an Bundesfernstraßen in der Baulast des Bundes, BMV, VkBl 1983 H.14 S. 306–308.

Zusätzliche Technische Vorschriften und Richtlinien für die Ausführung von Lärmschutzwänden an Straßen – ZTV-LSw 81 – RdSchr Straßenbau des BMV Nr. 21/81 vom 25.01.1982 (VkBl S. 152).

Straßenverkehrsgesetz vom 19.12.1952 (BGBl I S. 837), zuletzt geändert am 28.12.1982 (BGBl I S. 2090).

Straßenverkehrs-Ordnung (StVO) vom 16.11.1970 (BGBl I S. 1565), zuletzt geändert am 21.07.1983 (BGBl I S. 949).

Allgemeine Verwaltungsvorschrift zur Straßenverkehrsordnung – VwV-StVO – vom 24.11.1970 (Beilage zum BAnz Nr. 228).

Vorläufige Richtlinien für straßenverkehrsrechtliche Maßnahmen zum Schutz der Bevölkerung vor Lärm (Lärmschutz-Richtlinien-StV) vom 06.11.1981 (VkBl S. 428).

Empfehlungen zur Verkehrsberuhigung in Wohngebieten, Schr. des BMV vom 30.11.1981 (VkBl S. 501).

Verordnung über die versuchsweise Einführung einer Zonen-Geschwindigkeits-Beschränkung (Zonengeschwindigkeitsverordnung) vom 19.02.1985 (BGBl I S. 385).

Straßenverkehrs-Zulassungs-Ordnung (StVZO) i.d.F. der Bek. vom 15.11.1974 (BGBl I S. 3193), zuletzt geändert am 17.04.1984 (BGBl I S. 632).

Richtlinien für die Geräuschmessung an Kraftfahrzeugen vom 13.09.1966 (VkBl S. 531).

Richtlinien für die Messung des Standgeräusches von Kraftfahrzeugen im Nahfeld im Rahmen der obligatorischen Überwachung nach § 29 StVZO und der Anlage VIII zur StVZO vom 16.02.1975 (VkBl 1976 S. 27).

Vierundzwanzigste Ausnahmeverordnung über Ausnahme von den Vorschriften der Straßenverkehrs-Zulassungs-Ordnung (24. Ausnahmeverordnung zur StVZO) vom 09.09.1975 (BGBl I S. 2508).

Achte Verordnung zur Änderung der Straßenverkehrs-Zulassungs-Ordnung vom 16.11.1984 (BGBl. S. 1971).

Anwendung von EG-Richtlinien, Kraftfahrzeuge und Kraftfahrzeuganhänger, Bek vom 11.08.1981 über die Anwendung der EG-Richtlinie 81/334/EWG über die Kraftfahrzeuggeräusche (VkBl S. 360).

Bereich Schienenverkehrslärm

Bundesbahngesetz (BundesbahnG) vom 13.12.1951 (BGBl I S. 955), insbesondere §§ 4, 36, 38
(Berücksichtigung des Lärmschutzes beim Bau von Anlagen und Betriebsmitteln der DB).

Allgemeines Eisenbahngesetz (I. Allg. EisenbG) vom 29.03.1951 (BGBl I S. 225, ber. S. 438), insbesondere § 3
(Ermächtigung zum Erlaß von Verordnungen über Lärmschutzmaßnahmen bei den Fahrzeugen der DB).

Eisenbahnbau- und Betriebsordnung (EBO) vom 08.05.1967 (BGBl II S.1563).

Personenbeförderungsgesetz (PBefG) vom 21.03.1961 (BGBl I S. 241).

Verordnung über den Bau und Betrieb der Straßenbahnen (Straßenbau-Bau- und Betriebsordnung – BOStrab) vom 31.08.1965 (BGBl I S. 1513), insbesondere §§ 2, 4, 5, 6 und 48
(Bauliche Anforderungen sowie Verpflichtungen der Unternehmer zum lärmarmen Betrieb, Emissionsrichtwerte für Schallzeichen).

Gesetz über den Bau und den Betrieb von Versuchsanlagen zur Erprobung von Techniken für den spurgeführten Verkehr vom 29.01.1976 (BGBl I S. 241)
(Möglichkeit von Auflagen).

Bereich Fluglärm

Luftverkehrsgesetz (LuftVG) vom 01.08.1922 (RGBl I S. 681) i.d.F. der Bek vom 14.01.1981 (BGBl I S. 61).

Betrieb von Verkehrsflughäfen; Nachtflugbeschränkungen, RdSchr des BMV an die Verkehrsminister der Länder vom 21.03.1972 (L 4/62.10.20/2087 Vm 72)
– nicht veröffentlicht –
(Abdruck: Feldhaus, Bundesimmissionsschutzrecht II, Nr. 2.8.0.1, Klöpfer, Deutsches Umweltschutzrecht Nr. 571/1).

Richtlinien über Einrichtung und Betrieb von Fluglärm-Meßanlagen für Verkehrsflughäfen, RdSchr des BMV an die Verkehrsminister der Länder vom 19.06.1972 (VkBl S. 533).

Bekanntmachung des Luftfahrtbundesamtes über die Lärmschutzanforderungen für Luftfahrzeuge (LSL) vom 23.04.1981 (Beilage zum BAnz Nr. 199).

Luftverkehrs-Ordnung (LuftVO) vom 10.08.1963 (BGBl I S. 652) i.d.F. der Bek vom 14.11.1969 (BGBl I S. 2117).

Bekanntmachung über Sicherheitsmindesthöhen über Stadtgebieten vom 31.10.1963 (NfL B S. 244).

Luftverkehrs-Zulassungs-Ordnung (LuftVZO) vom 19.06.1964 (BGBl I S. 370).

Betriebsordnung für Luftfahrtgerät (LuftBO) vom 04.03.1970 (BGBl I S. 262).

Bauordnung für Luftfahrtgerät (LuftBauO) vom 16.08.1974 (BGBl I S. 2058).

Verordnung über die zeitliche Einschränkung des Flugbetriebes mit Leichtflugzeugen und Motorseglern an Landeplätzen vom 16.08.1976 (BGBl I, S. 2216).

Bekanntmachung über die Luftfahrzeugmuster und -baureihen, die erhöhten Schallschutzanforderungen entsprechen, Bek des Luftfahrt-Bundesamtes vom 05.11.1979 (BAnz Nr. 224 vom 30.11.1979).

Bekanntmachung über die Kennzeichnung von Luftfahrzeugen, die den erhöhten Schallschutzanforderungen entsprechen, Bek des Luftfahrt-Bundesamtes vom 09.02.1977 (BAnz Nr. 36 vom 22.02.1977).

Bekanntmachung gemäß § 3 der Verordnung über die zeitliche Einschränkung des Flugbetriebes mit Leichtflugzeugen und Motorseglern an Landeplätzen, Bek des BMV vom 14.03.1980 (BAnz Nr. 56 vom 20.03.1980).

Gesetz zum Schutz gegen Fluglärm vom 30.03.1971 (BGBl I S. 281).

Verordnung über bauliche Schallschutzanforderungen nach dem Gesetz zum Schutz gegen Fluglärm (Schallschutz-Verordnung – SchallschutzV) vom 05.04.1974 (BGBl I S. 903).

Verordnungen über die Festsetzung der Lärmschutzbereiche für Flughäfen

Verkehrsflughafen Düsseldorf vom 04.03.1974 (BGBl I S. 657).

Verkehrsflughafen Bremen vom 28.05.1974 (BGBl I S. 1201).

Verkehrsflughafen Nürnberg vom 29.07.1974 (BGBl I S. 1611).

Militärischer Flugplatz Leipheim vom 29.07.1974 (BGBl I S. 1614), geändert durch V vom 10.05.1979 (BGBl I S. 536).

Militärischer Flugplatz Nörvenich vom 28.10.1974 (BGBl I S. 3102).

Verkehrsflughafen Hannover-Langenhagen vom 22.01.1975 (BGBl I S. 299).

Militärischer Flugplatz Gütersloh vom 23.06.1975 (BGBl I S. 1483) – § 4 und Anlagen 1 und 2 neugefaßt durch die in Berlin nicht geltende V vom 25.06.1981 (BGBl I S. 563).

Militärischer Flugplatz Memmingen vom 23.06.1975 (BGBl I S. 1490) – V mit dem GG nicht vereinbar und deshalb nichtig; BVerfGE vom 07.10.1980, 1981 (BGBl I S. 348).

Militärischer Flugplatz Bremgarten vom 04.07.1975 (BGBl I S. 1849).

Militärischer Flugplatz Erding vom 18.11.1975 (BGBl I S. 2861).

Verkehrsflughafen Stuttgart vom 21.11.1975 (BGBl I S. 2891).

Militärischer Flugplatz Neuburg a.d. Donau vom 25.11.1975 (BGBl I S. 2905).

Militärischer Flugplatz Söllingen vom 27.11.1975 (BGBl I S. 2928).

Verkehrsflughafen Köln/Bonn vom 01.12.1975 (BGBl I S. 2953).

Verkehrsflughafen Hamburg (Fuhlsbüttel) vom 24.05.1976 (BGBl I S. 1309).

Militärischer Flugplatz Hopsten vom 26.05.1976 (BGBl I S. 1325) – § 4 und Anlagen 1 und 2 neugefaßt durch die in Berlin nicht geltende V vom 14.07.1980 (BGBl I S. 1004).

Militärischer Flugplatz Zweibrücken vom 05.08.1976 (BGBl I S. 2069).

Militärischer Flugplatz Pferdsfeld vom 20.08 1976 (BGBl I S. 2394).

Verkehrsflughafen München (Riem) vom 01.09.1976 (BGBl I S. 2629).

Militärischer Flugplatz Wittmundhafen vom 03.09.1976 (BGBl I S. 2708).

Militärischer Flugplatz Lechfeld vom 23.11.1976 (BGBl I S. 3237).

Militärischer Flugplatz Jever vom 22.12.1976 (BGBl I S. 3811).

Militärischer Flugplatz Ramstein vom 22.12.1976 (BGBl I S. 3818).

Militärischer Flugplatz Büchel vom 22.12.1976 (BGBl I S. 3829).

Militärischer Flugplatz Laarbruck vom 15.04.1977 (BGBl I S. 585).

Verkehrsflughafen Saarbrücken vom 23.05.1977 (BGBl I S. 769).

Verkehrsflughafen Frankfurt/Main vom 05.08.1977 (BGBl I S. 1532).

Militärischer Flugplatz Hahn vom 24.11.1977 (BGBl I S. 2265).

Militärischer Flugplatz Leck vom 06.03.1978 (BGBl I S. 376).

Militärische Flugplätze Bitburg und Spangdahlem vom 17.07.1978 (BGBl I S. 1041)
– § 4 Anlage 1 und 2 neugefaßt durch V vom 10.03.1981 (BGBl I S. 279).

Luft/Boden-Schießplatz Nordhorn vom 09.11.1978 (BGBl I S. 1739).

Militärischer Flugplatz Eggebek vom 06.03.1979 (BGBl I S. 270).

Militärischer Flugplatz Oldenburg vom 06.03.1979 (BGBl I S. 278).

Militärischer Flugplatz Fürstenfeldbruck vom 12.07.1979 (BGBl I, S. 1004).

Militärischer Flugplatz Brüggen vom 12.10.1979 (BGBl I S. 1740).

Militärischer Flugplatz Wildenrath vom 25.01.1980 (BGBl I S. 93).

Militärischer Flugplatz Husum vom 24.11.1980 (BGBl I S. 2186).

Militärischer Flugplatz Ingolstadt vom 30.01.1981 (BGBl I S. 135).

Militärischer Flugplatz Schleswig vom 23.04.1982 (BGBl I S. 494).

Militärischer Flugplatz Geilenkirchen vom 28.10.1982 (BGBl I S. 1467).

Militärischer Flugplatz Memmingen vom 09.11.1982 (BGBl I S. 1497).

Militärischer Flugplatz Lahr vom 02.06.1983 (BGBl I S. 669).

Bereich Raumordnung, Städtebau, Bauleitplanung, Bauordnung

Raumordnungsgesetz (ROG) vom 08.04.1965 (BGBl I S. 306), zuletzt geändert am 01.06.1980 (BGBl I S. 649), insbesonder §§ 2, 3, 7
(Aufstellung von Grundsätzen, die bei der Raumordnung berücksichtigt werden sollen, u.a. auch Lärm).

Bundesbaugesetz (BBauG) in der Fassung vom 18.08.1976 (BGBl I S. 2257), zuletzt geändert am 06.07.1979 (BGBl I S. 949), insbesondere § 1
(Grundlagen der Bauleitplanung und der baulichen Nutzung, Bauleitplanung hat Rücksicht auf die Gesundheit und den Umweltschutz zu nehmen).

Verordnung über die bauliche Nutzung der Grundstücke (Baunutzungsverordnung – BauNVO) in der Fassung vom 15.09.1977 (BGBl I S. 1763), insbesondere §§ 1–15, 22, 23
(Festlegung von Kriterien für Bauflächen und Baugebiete, Aufstellung von Bebauungsplänen).

Verordnung über die Ausarbeitung der Bauleitpläne und die Darstellung des Planinhalts (Planzeichenverordnung 1981 – PlanzV 81) vom 30.07.1981 (BGBl I S. 833).

Gesetz zur Förderung der Modernisierung von Wohnungen und von Maßnahmen zur Einsparung von Heizenergie (Modernisierungs- und Energieeinsparungsgesetz) in der Fassung vom 12.07.1978 (BGBl I S. 933)
(regelt die finanzielle Förderung durch Bund und Länder bei Verbesserungen von Wohnungen durch bauliche Maßnahmen).

Gesetz über städtebauliche Sanierungs- und Entwicklungsmaßnahmen in den Gemeinden (Städtebauförderungsgesetz – StBauFG) in der Fassung vom 18.07.1976 (BGBl I S. 2318), zuletzt geändert am 22.12.1983 (BGBl I S.1532).

7.1.2 Länder

7.1.2.1 Baden-Württemberg

Abkürzungen

GABl = Gemeinsames Amtsblatt des Innenministeriums, des Finanzministeriums, des Ministeriums für Wirtschaft, Mittelstand und Verkehr, des Ministeriums für Ernährung, Landwirtschaft und Umwelt, des Ministeriums für Arbeit, Gesundheit und Sozialordnung sowie der Regierungspräsidenten des Landes Baden-Württemberg

GBl = Gesetzblatt für Baden-Württemberg.

Verordnung der Landesregierung über Zuständigkeiten nach dem Gesetz über Ordnungswidrigkeiten (OWiZuV) vom 03.12.1974 (GBl S. 524).

Erlaß des Ministeriums für Ernährung, Landwirtschaft und Umwelt über die Einführung eines Bußgeldkatalogs zur Ahndung von Ordnungswidrigkeiten im Bereich des Umweltschutzes vom 05.11.1975 (GABl S. 1375).

Teil 7 Vorschriften, Behörden

Bekanntgabe des Ministeriums für Arbeit, Gesundheit und Sozialordnung der Stellen für Emissions- und Immissionsermittlungen nach § 26 des Bundes-Immissionsschutzgesetzes vom 04.01.1982 (GABl S. 246).

Gem. Erl. des Ministeriums für Arbeit, Gesundheit und Sozialordnung, des Innenministeriums, des Ministeriums für Wirtschaft, Mittelstand und Verkehr und des Ministeriums für Ernährung, Landwirtschaft und Umwelt über Verwaltungsvorschriften zum Bundes-Immissionsschutzgesetz vom 19.01.1978 (GABl S. 249).

Verordnung des Ministeriums für Arbeit, Gesundheit und Sozialordnung, des Ministeriums für Wirtschaft, Mittelstand und Verkehr und des Ministeriums für Ernährung, Landwirtschaft und Umwelt über Zuständigkeiten nach dem Bundes-Immissionsschutzgesetz und der nach diesem Gesetz ergangenen Rechtsverordnungen (BImSchG-ZuV) vom 15.08.1975 (GBl S. 625).

Verordnung des Ministeriums für Arbeit, Gesundheit und Sozialordnung über die Zuständigkeit nach der Achten Verordnung zur Durchführung des Bundes-Immissionsschutzgesetzes vom 02.09.1976 (GBl S. 568).

Verwaltungsvorschrift des Ministeriums für Arbeit, Gesundheit und Sozialordnung zum Immissionsschutz, Auslegung der Vierten Verordnung zur Durchführung des Bundes-Immissionsschutzgesetzes – 4. BImSchV vom 21.10.1977 (GABl 1981 S. 1591).

Gesetz über Kinderspielplätze (Kinderspielplatzgesetz) vom 06.05.1975 (GBl S. 260).

Verordnung der Landesregierung über Zuständigkeiten nach der Gewerbeordnung (GewOZuVO) vom 27.08.1981 (GBl S. 466).

Verordnung der Landesregierung zur Ausführung des Gaststättengesetzes (Gaststättenverordnung) vom 20.04.1971 (GBl S. 148) i.d.F. der Bek vom 19.11.1979 (GBl 1980 S. 43).

Verordnung der Landesregierung zur Durchführung des Waffengesetzes (DVO-WaffG) vom 12.05.1981 (GBl S. 264).

Erlaß des Innenministeriums und des Wirtschaftsministeriums zur Ausführung des Waffengesetzes – Waffenerlaß 1980 – vom 22.04.1980 (GABl S. 365).

Verordnung der Landesregierung über Zuständigkeiten nach dem Sprengstoffgesetz (SprengG-ZuV) vom 16.08.1977 (GBl S. 373).

Verordnung der Landesregierung zur Ausführung des Bundesfernstraßengesetzes vom 12.07.1954 (GBl S. 101) i.d.F. der Bek vom 23.10.1975 (GBl S. 787).

Verwaltungsvorschriften des Ministeriums für Wirtschaft, Mittelstand und Verkehr
a) zur Einführung der Richtlinien für den Lärmschutz an Straßen – Ausgabe 1981 – RLS 81 – vom 10.08.1981 (GBl S. 1894) i.d.F. der Bek vom 28.05.1982 (GBl S. 474)

b) für Lärmschutzmaßnahmen (Lärmsanierung) an bestehenden Landesstraßen in der Baulast des Landes vom 02.03.1982 (GBl S. 472)
c) über den Lärmschutz beim Neubau und der wesentlichen Änderung von Straßen (Lärmvorsorge) i.d.F. der Bek vom 28.05.1982 (GBl S. 472)
d) über den Lärmschutz an Straßen, Lärmvorsorge aus Anlaß der Modernisierung von Autobahnen i.d.F. der Bek vom 28.05.1982 (GBl S. 474).

Verordnung des Ministeriums für Wirtschaft, Mittelstand und Verkehr über Zuständigkeiten auf dem Gebiet der Luftverkehrsverwaltung vom 20.04.1974 (GBl S. 197).

Landesbauordnung für Baden-Württemberg (LBO) vom 06.04.1964 (GBl S. 151) i.d.F. der Bek vom 20.06.1972 (GBl S. 351).

Allgemeine Ausführungsverordnung des Innenministeriums zur Landesbauordnung (AVO/LBO) vom 23.11.1965 (GBl S. 305).

Verordnung des Innenministeriums über Garagen und Stellplätze (Garagenverordnung – GaVO) vom 25.07.1973 (GBl S. 325).

7.1.2.2 Bayern

Abkürzungen

BayRS = Bayerische Rechtssammlung
GVBl = Bayerisches Gesetz- und Verordnungsblatt
LUMBl = Amtsblatt des Bayerischen Staatsministeriums für Landesentwicklung und Umweltfragen
MABl = Ministerialamtsblatt der bayerischen inneren Verwaltung
WVMBl = Amtsblatt des Bayerischen Staatsministeriums für Wirtschaft und Verkehr
StAnz = Bayerischer Staatsanzeiger.

Verfassung des Freistaates Bayern vom 02.12.1946 (BayRS I S. 3), zuletzt geändert durch Gesetz vom 20.06.1984 (GVBl S. 223).

Gesetz über die Zuständigkeiten in der Landesentwicklung und in den Umweltfragen vom 19.02.1971 (GVBl S. 294).

Verordnung über das Bayerische Landesamt für Umweltschutz vom 15.12.1971 (GVBl S. 453) i.d.F. der VO vom 24.11.1976 (GVBl S. 467).

Gesetz über das Landesstrafrecht und das Verordnungsrecht auf dem Gebiet der öffentlichen Sicherheit und Ordnung (Landesstraf- und Verordnungsgesetz – LStVG) vom 17.11.1956 (BayRS I S. 327) i.d.F. der Bek vom 07.11.1974 (GVBl S. 753; ber. S. 814).

Vollzug des Landesstraf- und Verordnungsgesetzes, Bek des Bayerischen Staatsministeriums des Innern vom 10.06.1975 (MABl S. 510).

Verordnung über Zuständigkeiten im Ordnungswidrigkeitenrecht (ZuVOWiG) vom 16.12.1980 (GVBl S. 721).

Bußgeldkatalog „Bundes-Immissionsschutzrecht", Gem Bek der Bayerischen Staatsministerien für Landesentwicklung und Umweltfragen, für Arbeit und Sozialordnung und des Innern vom 28.04.1976 (LUMBl S. 95) mit Bek vom 27.10.1976 (LUMBl S. 287).

Richtlinien zur Durchführung des Bayerischen Darlehensprogrammes für Maßnahmen zur Reinhaltung der Luft, zum Schutz vor Lärm und Erschütterungen und zur ordnungsgemäßen Abfallbeseitigung, Bek des Bayerischen Staatsministeriums für Landesentwicklung und Umweltfragen vom 08.02.1974 (LUMBl S. 31), zuletzt geändert durch Bek vom 14.04.1982 (LUMBl S. 45).

Verordnung über die Zuständigkeit für die Erteilung von Bescheinigungen nach § 7d Abs. 2 des Einkommensteuergesetzes vom 13.08.1975 (GVBl S. 258).

Richtlinien für die Erteilung von Bescheinigungen nach § 7d des Einkommensteuergesetzes (erhöhte Absetzungen für Wirtschaftsgüter, die dem Umweltschutz dienen), Gem Bek der Bayerischen Staatsministerien für Landesentwicklung und Umweltfragen sowie des Innern vom 26.02.1982 (LUMBl S. 21).

Bayerisches Immissionsschutzgesetz (BayImSchG) vom 08.10.1974 (GVBl S. 499).

Vollzug des Bundes-Immissionsschutzgesetzes und des Bayerischen Immissionsschutzgesetzes, Bek des Bayerischen Staatsministeriums für Landesentwicklung und Umweltfragen vom 27.04.1977 (LUMBl S. 59).

Auslegung der 4. BImSchV, Bek des Bayerischen Staatsministeriums für Landesentwicklung und Umweltfragen vom 03.01.1978 (LUMBl S. 36).

Bekanntgabe von Stellen nach § 26 Bundes-Immissionsschutzgesetz, Bek des Bayerischen Staatsministeriums für Landesentwicklung und Umweltfragen vom 02.01.1985 (LUMBl S. 3).

Betrieb motorisierter Fahrzeuge für die Pflege von Pisten und Loipen vom 04.11.1974 (MABl S. 830).

Allgemeine Verwaltungsvorschrift zum Gaststättengesetz (VwVGastG), Bek des Bayerischen Staatsministeriums für Wirtschaft und Verkehr vom 02.03.1973 (WVMBl S. 27).

Verordnung zur Ausführung des Gaststättengesetzes (Gaststätten-Verordnung – GastV) vom 23.04.1971 (GVBl S. 150).

Vollzug der Sperrzeitregelung, Bek des Bayerischen Staatsministeriums des Innern vom 14.05.1971 (MABl S. 624).

Verordnung zur Ausführung des Waffengesetzes (AVWaffG) vom 23.06.1976 (GVBl S. 264).

Schießstätten des Bundes, der Stationierungsstreitkräfte und des Freistaates Bayern, Gem Bek der Bayerischen Staatskanzlei und der Bayerischen Staatsministerien der Finanzen und für Landesentwicklung und Umweltfragen vom 20.02.1975 (MABl S. 284).

Richtlinie für die Messung und Beurteilung von Schießlärmimmissionen in der Nachbarschaft von Schießanlagen vom 14.10.1982, LUMBl S. 108.

Verordnung zur Übertragung der Befugnisse der obersten Landesstraßenbaubehörde nach dem Bundesfernstraßengesetz vom 18.11.1974 (GVBl S. 791).

Bayerisches Straßen- und Wegegesetz – BayStrWG vom 25.04.1968 (GVBl S. 448).

Verkehrslärmschutz im Straßenbau, Bek des Bayerischen Staatsministeriums des Innern vom 20.12.1982 (MABl S. 58).

Gesetz zur Ausführung des Gesetzes zum Schutz gegen Fluglärm vom 27.06.1972 (GVBl S. 219).

Verordnung über die Festsetzungsbehörden nach dem Schutzbereichsgesetz, dem Luftverkehrsgesetz und dem Gesetz zum Schutz gegen Fluglärm vom 13.03.1972 (GVBl S. 77).

Verordnung über die Übertragung von Zuständigkeiten auf dem Gebiet der Luftverkehrsverwaltung in Bayern (BayLuftZust) vom 01.02.1971 (GVBl S. 72).

Bayerisches Landesplanungsgesetz (BayLplG i.d.F. vom 04.01.1982 (GVBl S. 2)), zuletzt geändert am 03.08.1982 (GVBl S. 500).

Verordnung über das Landesentwicklungsprogramm Bayern (LEP) vom 03.05.1984 (GVBl S. 121, ber. S. 337).

Durchführung von Raumordnungsverfahren und landesplanerische Abstimmung auf andere Weise, Bek. des Bayerischen Staatsministeriums für Landesentwicklung und Umweltfragen vom 27.07.1984 (LUMBl S. 29).

Vollzug des Bundesbaugesetzes; Ergänzende Hinweise für die Ausarbeitung und Aufstellung der Bauleitpläne, Entschließung des Bayerischen Staatsministeriums des Innern vom 15.09.1969 (MABl S. 549).

Vollzug des Bundesbaugesetzes, der Bayerischen Bauordnung, des Bundesfernstraßengesetzes und des Bayerischen Straßen- und Wegegesetzes; Berücksichtigung des Lärmschutzes an Hauptverkehrsstraßen in der Bauleit- und Straßenplanung, Bek des Bayerischen Staatsministeriums des Innern vom 13.03.1973 (MABl S. 252).

Vollzug des Bundesbaugesetzes vom 23.06.1960 (BGBl I S. 341); Berücksichtigung des Schallschutzes im Städtebau, Bek des Bayerischen Staatsministeriums des Innern vom 19.05.1972 (MABl S. 295).

Vollzug des Bundesbaugesetzes, des Städtebauförderungsgesetzes und der Bayerischen Bauordnung; Träger öffentlicher Belange, Bek des Bayerisches Staatsministeriums des Innern vom 02.02.1976 (MABl S. 66).

Einführung technischer Baubestimmungen; Normblatt DIN 4109, Bek des Bayerischen Staatsministeriums des Innern vom 29.11.1963 (MABl S. 609).

Ergänzung des Normblattes DIN 4109 – Schallschutz im Hochbau –, Bek des Bayerischen Staatsministeriums des Innern vom 07.07.1970 (MABl S. 476).

Schallschutz im Hochbau; Anerkannte Prüfstellen für die Durchführung von Schallpegelmessungen, Bek des Bayerischen Staatsministeriums des Innern vom 29.10.1968 (MABl S. 577).

Bayerische Bauordnung (BayBO) vom 01.08.1962 i.d.F. der Bek vom 02.07.1982 (GVBl S. 419, ber. S. 1032).

Garagenverordnung (GaV) vom 12.10.1973 (GVBl S. 585), zuletzt geändert am 17.03.1981).

7.1.2.3 Berlin

Abkürzungen

Abl = Amtsblatt für Berlin
BK/O = Alliierte Kommandatura Berlin, Anordnung
DBl IV = Dienstblatt des Senats von Berlin, Teil IV
GVBl = Gesetz- und Verordnungsblatt für Berlin.

Verordnung über sachliche Zuständigkeiten für die Verfolgung und Ahndung von Ordnungswidrigkeiten (ZuständigkeitsVO-OWiG) vom 26.09.1978 (GVBl S. 1955).

Verordnung über die Zuständigkeit der Ordnungsbehörden (DVO-ASOG) vom 30.08.1978 (GVBl S. 1900).

Allgemeine Anweisung über Bußgeldkatalog zur Ahndung von Ordnungswidrigkeiten im Bereich des Umweltschutzes vom 21.06.1977 (ABl S. 1015).

Stellen zur Ermittlung von Emissionen und Immissionen nach § 26 des Bundes-Immissionsschutzgesetzes, Bek des Senators für Gesundheit und Umweltschutz vom 05.01.1977 (ABl S. 66).

Verordnung zur Bekämpfung des Lärms (LärmVO) vom 02.07.1974 (GVBl S. 1511) i.d.F. der Bek vom 04.05.1980 (GVBl S. 976).

Verordnung zur Ausführung des Gaststättengesetzes (Gaststättenverordnung – GastV) vom 10.09.1971 (GVBl S. 1778).

Verordnung über das zeitliche Fahrverbot für Sportboote mit Verbrennungsmotor vom 01.04.1981 (GVBl S. 562).

Gesetz zum Schutz gegen Fluglärm in Berlin (Fluglärmgesetz Berlin-FlLärmG Bln) vom 07.02.1975 (GVBl S. 671).

Verordnung über die Festsetzung des Lärmschutzbereichs für den Flughafen Berlin-Tegel vom 04.06.1976 (GVBl S. 1242).

Verordnung über bauliche Schallschutzanforderungen nach dem Fluglärm-Gesetz Berlin vom 09.11.1976 (GVBl S. 2591).

Verordnung über die Erstattung von Kosten für bauliche Schallschutzmaßnahmen nach dem Fluglärm-Gesetz Berlin vom 09.11.1976 (GVBl S. 2593).

Luftverkehrsgesetz – BK/O (66)11 – vom 30.11.1966 (GVBl 1967 S. 188).

Bauordnung für Berlin (BauO Bln) vom 29.07.1966 (GVBl S. 1175) i.d.F. der Bek vom 01.07.1979 (GVBl S. 898).

Verordnung zur Durchführung der Bauordnung für Berlin (Baudurchführungsverordnung – BauDVO –) vom 01.10.1979 (GVBl S. 1774).

Verordnung über Garagen (Garagenverordnung – GaVO) vom 12.12.1973 (GVBl 1974 S. 125).

Polizeiverordnung über die Benutzung von Gebäuden zum Wohnen und Schlafen (Wohnungsordnung) vom 05.08.1958 (GVBl S. 747).

7.1.2.4 Bremen

Abkürzungen

ABl = Amtsblatt der Freien Hansestadt Bremen
GBl = Gesetzblatt der Freien Hansestadt Bremen
SaBremR = Sammlung des bremischen Rechts.

Gesetz zum Schutz vor Luftverunreinigungen, Geräuschen und Erschütterungen (Immissionsschutzgesetz – ImSchG –) vom 30.06.1970 (GBl S. 71).

Verordnung über die Zuständigkeit für die Verfolgung und Ahndung von Ordnungswidrigkeiten vom 11.03.1975 (GBl S. 151), zuletzt geändert durch Verordnung vom 07.06.1982 (GBl S. 165).

Einführung eines Bußgeldkataloges für den Umweltschutz, Gem Erlaß des Senators für das Bauwesen, des Senators für Arbeit, des Senators für Inneres und des Senators für Häfen, Schiffahrt und Verkehr vom 22.03.1976 (ABl S. 167).

Bekanntgabe von Meßstellen nach § 26 Bundes-Immissionsschutzgesetz vom 10.03.1980 (ABl S. 556).

Verordnung über die nach dem Bundes-Immissionsschutz zuständigen Behörden vom 11.02.1975 (GBl S. 98).

Bekanntmachung über die nach der Fünften und Sechsten Verordnung zur Durchführung des Bundes-Immissionsschutzgesetzes zuständigen Behörden vom 01.07.1975 (ABl S. 499).

Bekanntmachung über die nach der Achten Verordnung zur Durchführung des Bundes-Immissionsschutzgesetzes zuständigen Behörden vom 22.11.1976 (ABl S. 543).

Bekanntmachung über die Bestimmung der Prüfstelle nach Nr. 2.411 der Technischen Anleitung zum Schutz gegen Lärm (TALärm) vom 16.07.1968 (ABl 1970 S. 206).

Teil 7 Vorschriften, Behörden 497

Richtlinien zur Förderung von Maßnahmen des passiven Lärmschutzes durch den Senator für Gesundheit und Umweltschutz in der Stadtgemeinde Bremen (Lärmschutz-Richtlinie) vom 27.04.1981 (ABs S. 557).

Bekanntmachung über die nach dem Gesetz zum Schutz gegen Fluglärm zuständigen Behörden vom 07.05.1974 (ABs S. 306/SaBremR 2129-d-1).

Verordnung zur Ausführung des Gaststättengesetzes (Gaststättenverordnung – GastV –) vom 03.05.1971 (GBl S. 131).

Erstes Ortsgesetz über Kinderspielflächen in der Stadtgemeinde Bremen vom 03.04.1973 (GBl S. 31/SaBremR 2130-d-14).

Verordnung über den Verkehr mit Wasserfahrzeugen im Stadtgebiet Bremen außerhalb der Bundeswasserstraßen vom 19.02.1954 (GBl. S. 351).

Bekanntmachung über die Zuständigkeit nach dem Luftverkehrsgesetz und der Luftverkehrs-Zulassungsordnung vom 06.08.1974 (ABl S. 519/SaBremR 96-b-1).

Verordnung zur Durchführung des Bundesbaugesetzes vom 03.01.1961 (GBl S. 1/SaBremR 2130-a-1).

Verordnung über die Weiterführung eines Planfeststellungsverfahrens nach dem Bundesbaugesetz vom 24.10.1961 (GBl S. 213/SaBremR 2130-a-3).

Verordnung über den Inhalt des Bebauungsplanes vom 05.12.1961 (GBl S. 239/SaBremR 2130-a-5).

Bremische Landesbauordnung (BremLBO) vom 21.09.1971 (GBl S. 207/SaBremR 2130-d-1) i.d.F. der Bek vom 10.04.1979 (GBl S. 159).

Verordnung über Bauvorlagen im Bauaufsichtsverfahren (Bauvorlagenverordnung – BVorlVO –) vom 26.09.1972 (GBl S. 203/SaBremR 2130-d-11).

Verordnung zur Durchführung der Bremischen Landesbauordnung (Baudurchführungsverordnung-BremBauDVO) vom 09.08.1979 (GBl S. 321).

Bremische Verordnung über Garagen und Stellplätze (BremGaVO) vom 10.11.1980 (GBl S. 281).

7.1.2.5 Hamburg

Abkürzungen

Anz = Amtlicher Anzeiger (Teil II des Hamburgischen Gesetz- und Verordnungsblattes)
BL I = Sammlung des bereinigten hamburgischen Landesrechtes
GVBl = Hamburgisches Gesetz- und Verordnungsblatt.

Immissionsschutzrechtliche Vorschriften, Bek der Baubehörde vom 23.08.1977 (Anz S. 1301).

Richtlinien für die Gewährung von Finanzierungshilfen zur Förderung von

498   Teil 7 Vorschriften, Behörden

Umweltschutzinvestitionen – Hamburgisches Umweltschutzförderungsprogramm – vom 21.07.1981 (Anz S. 1433).

Ermittlungen nach § 26 des Bundes-Immissionsschutzgesetzes, Bek der Gesundheitsbehörde vom 20.06.1975 (Anz S. 1037).

Verordnung zur Bekämpfung gesundheitsgefährdenden Lärms (LärmVO) vom 06.01.1981 (GVBl S. 4).

Anordnung zur Durchführung des Bundes-Immissionsschutzgesetzes vom 07.10.1975 (Anz S. 1521).

Verordnung über den Betrieb von Gaststätten vom 25.10.1957 (GVBl S. 541).

Verordnung über die Sperrzeit im Gaststätten- und Vergnügungsgewerbe (Sperrstundenverordnung) vom 15.12.1970 (GVBl S. 315).

Anordnung über Zuständigkeiten nach der Gewerbeordnung (ZustAO/GewO) vom 13.09.1960 (Anz S. 883).

Verordnung über das Halten und das Beaufsichtigen von Hunden und Katzen vom 15.10.1963 (GVBl S. 185).

Hamburgische Bauordnung (HBauO) vom 10.12.1969 (GVBl S. 249).

Verordnung zur Durchführung der hamburgischen Bauordnung (Baudurchführungsverordnung – BauDVO –) vom 29.09.1970 (GVBl S. 251).

Verordnung über den Bau und Betrieb von Garagen (Garagenverordnung – GarVO) vom 03.10.1972 (GVBl S. 195).

Verordnung über die Freistellung baulicher Anlagen von der Genehmigungsbedürftigkeit nach der Hamburgischen Bauordnung (Baufreistellungsverordnung – BaufreiVO –) vom 20.04.1976 (GVBl S. 111).

7.1.2.6 Hessen

Abkürzungen

GVBl I = Verordnungsblatt für das Land Hessen, Teil I
StAnz = Staatsanzeiger für das Land Hessen.

Gesetz über die Ermächtigung zur Bestimmung von Zuständigkeiten nach dem Bundes-Immissionsschutzgesetz vom 04.09.1974 (GVBl I S. 402).

Immissionsschutz; Zuständigkeiten der Hessischen Landesanstalt für Umwelt vom 12.06.1975 (StAnz S. 1428).

Meldedienstliche Erfassung der Umweltschutzdelikte auf dem Gebiete des Wasserrechts, Abfallrechts und des Immissionsrechts, Gem RdErl des Hessischen Ministers für Landwirtschaft und Umwelt und des Hessischen Sozialministers vom 24.09.1975 (StAnz S. 1877).

Anordnung zur Bestimmung der zuständigen Stellen für die Ausstellung von

Teil 7 Vorschriften, Behörden 499

Umweltschutzbescheinigungen nach § 7 b Abs. 2 Nr. 2 des Einkommensteuergesetzes vom 13.02.1976 (GVBl I S. 191), geändert am 22.02.1979 (GVBl I S. 63).

Buß- und Verwarnungsgeldkatalog für die Verfolgung und Ahndung von Zuwiderhandlungen nach dem Abfallbeseitigungsgesetz und dem Immissionsschutzrecht des Bundes, Gem RdErl des Hessischen Ministers für Landwirtschaft und Umwelt, des Hessischen Sozialministers, des Hessischen Ministers für Wirtschaft und Technik und des Hessischen Ministers des Innern vom 01.04.1977 (StAnz S. 1112).

Gewerbeaufsicht – Immissionsschutz; Durchführung der § 17 und 24 des Bundes-Immissionsschutzgesetzes (BImSchG) vom 30.04.1975 (StAnz S. 977).

Bekanntgabe von Stellen nach § 26 des Bundes-Immissionsschutzgesetzes (BImSchG) vom 12.12.1974 (StAnz 1975 S. 13).

Bekanntgabe von Stellen nach § 26 des Bundes-Immissionsschutzgesetzes (BImSchG); Verfahren und grundsätzliche Anforderungen, Erlaß des Hessischen Ministers für Landesentwicklung, Umwelt, Landwirtschaft und Forsten vom 24.07.1980 (StAnz S. 1512).

Bundes-Immissionsschutzgesetz (BImSchG); Anwendung und Zuständigkeit für Anlagen der ausländischen Streitkräfte, Gem Erlaß des Hessischen Ministers für Landesentwicklung, Umwelt, Landwirtschaft und Forsten, des Hessischen Sozialministers, des Hessischen Ministers für Wirtschaft und Technik, des Hessischen Ministers der Finanzen und des Hessischen Ministers des Innern vom 04.03.1980 (StAnz S. 536).

Bundes-Immissionsschutzgesetz (BImSchG); Meß- und Beurteilungsverfahren für die Ermittlung von Geräuschen; Anwendung der Technischen Anleitung zum Schutz gegen Lärm (TALärm) und der VDI-Richtlinie 2058/1 vom 08.06.1975 (StAnz S. 1164).

Bundes-Immissionsschutzgesetz (BImSchG); Meßverfahren für die Ermittlung von Schießlärm; Anwendung der Technischen Anleitung zum Schutz gegen Lärm (TALärm), Gem Erlaß vom 03.03.1977 (StAnz S. 716).

Verordnung zur Regelung von Zuständigkeiten nach dem Bundes-Immissionsschutzgesetz vom 28.02.1978 (GVBl I S. 145), geändert durch Verordnung vom 05.03.1981 (GVBl S. 61).

Immissionsschutz; Auslegung der Vierten Verordnung zur Durchführung des Bundes-Immissionsschutzgesetzes (Verordnung über genehmigungsbedürftige Anlagen – 4. BImSchV) vom 14.02.1975 (BGBl I S. 499), Gem RdErl des Hessischen Sozialministers und des Hessischen Ministers für Landesentwicklung, Umwelt, Landwirtschaft und Forsten vom 04.02.1980 (StAnz S. 536).

Durchführung des Bundes-Immissionsschutzgesetzes (BImSchG); Verordnung über die Fachkunde und Zuverlässigkeit der Immissionsschutzbeauftragten – 6. BImSchV, Erlaß des Hessischen Sozialministers vom 22.05.1975 (I C 3–53 e 168) – nicht veröffentlicht –.

Gewerbeaufsicht-Informations- und Erfahrungsaustausch; Informationsdienst für die Gewerbeaufsicht-Immissionsschutz, Erlaß des Hessischen Sozialministers vom 08.05.1976 (StAnz S. 943).

Polizeiliche Lärmbekämpfung; Achte Verordnung zur Durchführung des Bundes-Immissionsschutzgesetzes (Rasenmäherlärm) – 8. BImSchV –, Erlaß des Hessischen Ministers des Innern vom 09.08.1976 (StAnz S. 1491).

Immissionsschutz auf Baustellen, Erlaß vom 12.10.1977 (StAnz 1978 S. 82).

Lärmschutz an Straßen, Erlaß vom 29.10.1981 (StAnz S. 2204).

Polizeiverordnung über die Bekämpfung des Lärms vom 23.04.1959 (GVBl S. 9) i.d.F. der Bek vom 08.12.1970 (GVBl S. 745).

Gesetz über Zuständigkeit nach dem Gesetz zum Schutz gegen Fluglärm vom 23.05.1973 (GVBl I S. 161).

Anordnung über die Zuständigkeit von Landesbehörden nach dem Gesetz zum Schutz gegen Fluglärm vom 28.02.1973 (GVBl I S. 89).

Anordnung über die Zuständigkeiten nach der Dampfkesselverordnung vom 26.01.1981 (GVBl I S. 36).

Vollzug des Gaststättengesetzes, Gem RdErl vom 06.09.1973 (StAnz S. 1746).

Verordnung zur Ausführung des Gaststättengesetzes (Gaststättenverordnung – GastVO) vom 21.04.1971 (GVBl I S. 97).

Verordnung über die Sperrzeit (SperrzeitVO) vom 19.04.1971 (GVBl I S. 96), geändert durch Verordnung vom 08.08.1979 (GVBl I S. 207).

Polizeiverordnung über die Benutzung von Schießstätten (Schießstättenbenutzungsverordnung) vom 05.09.1973 (GVBl I S. 345).

Durchführung des Bundesbaugesetzes; Anbaugebiete für landwirtschaftliche Betriebsgebäude vom 24.07.1972 (StAnz S. 1423).

Richtlinien „Schallschutz im Städtebau – Hinweise für die Planung" vom 20.06.1973 (StAnz S. 1317) und vom 21.12.1981 (StAnz 1982 S. 38).

Schulhaus-Richtlinien vom 22.11.1973 (StAnz S. 2182).

Hinweise für die städtebauliche Planung von Parkbauten für Kernbereiche vom 09.01.1974 (StAnz S. 151).

Kinderspielplätze im Baurecht vom 12.06.1974 (StAnz S. 1141).

Hessische Bauordnung (HBO) vom 31.08.1976 (GVBl I S. 339) i.d.F. der Bek vom 16.12.1977 (GVBl I 1978 S. 1).

Garagenverordnung (GaV) vom 18.05.1977 (GVBl I S. 210).

7.1.2.7 Niedersachsen

Abkürzungen

GueltL = Listen der geltenden niedersächsischen Verwaltungsvorschriften
GVBl = Niedersächsisches Gesetz- und Verordnungsblatt
MBl = Niedersächsisches Ministerialblatt.

Gesetz zum Schutz vor Luftverunreinigungen, Geräuschen und Erschütterungen – Immissionsschutzgesetz – vom 06.01.1966 (GVBl S. 1).

Verordnung zur Bekämpfung des Lärms vom 23.08.1962 (GVBl S. 146).

Richtlinien für die Verfolgung und Ahndung von Zuwiderhandlungen gegen Bestimmungen des Umweltschutzes, Gem RdErl des Sozialministers und des Ministers für Ernährung, Landwirtschaft und Forsten vom 17.08.1976 (GueltL MS 89/2 – MBl S. 1588).

Meßstellen nach § 26 des Bundes-Immissionsschutzgesetzes, RdErl des Sozialministers vom 18.06.1981 (MBl S. 619).

Verordnung über die Regelung von Zuständigkeiten im Gewerbe- und Arbeitsschutzrecht sowie in anderen Rechtsgebieten (Zust.VO GeWAR80) vom 23.04.1980 (GVBl S. 87).

Lärmschutz bei Baumaschinen, RdErl des Sozialministers vom 29.07.1976 (GueltL 92/21 – MBl S. 1447).

Immissionsschutz bei Massentierhaltungen von Schweinen und Geflügel, RdErl des Sozialministers vom 30.12.1977 (GueltL 92/33 – MBl 1978 S. 96).

Meß- und Beurteilungsverfahren für die Ermittlung von Geräuschen, Anwendung der TALärm und VDI-Richtlinie 2058/1, Erlaß vom 30.11.1976 (MBl 1977 S. 8).

Meß- und Beurteilungsverfahren für Geräuschimmissionen in der Umgebung von Schießanlagen, Erlaß vom 17.03.1977 (MBl S. 320).

Schutz vor Gesundheitsgefährdungen und schädlichen Umwelteinwirkungen durch Diskotheken und diskothekenähnliche Betriebe, Erlaß vom 02.10.1981 (MBl S. 1175).

Verordnung zur Durchführung des Gaststättengesetzes (DVOGast G) vom 07.05.1971 (GVBl S. 215).

Verordnung über die Festsetzung der Sperrzeit für Schank- und Speisewirtschaften sowie für öffentliche Vergnügungsstätten vom 08.06.1971 (GVBl S. 223).

Niedersächsisches Gesetz über Spielplätze vom 06.02.1973 (GVBl S. 29).

Ausführungsbestimmungen zum Nds. Gesetz über Spielplätze, Gem RdErl des Sozialministers, Ministers des Innern und des Kultusministers vom 03.05.1974 (GueltL MS 391/89 – MBl S. 1064).

Anwendung des Bundes-Immissionsschutzgesetzes auf Anlagen der Stationierungsstreitkräfte, Erlaß vom 23.06.1982 (MBl S. 760).

Verordnung über den Betrieb von Schnell-Gleiskettenfahrzeugen vom 21.03.1974 (GVBl S. 196).

Erstattung von Aufwendungen für bauliche Schallschutzmaßnahmen nach dem Gesetz zum Schutz gegen Fluglärm, RdErl des Sozialministers vom 08.07.1975 (Gueltl 322/880 – MBl S. 1073).

Verwaltungsvorschriften zum Bundesbaugesetz – VwVBBauG 1980 – vom 31.10.1980 (MBl S. 1513).

Niedersächsische Bauordnung (NBauO) vom 23.07.1973 (GVBl S. 259).

Allgemeine Durchführungsverordnung zur niedersächsischen Bauordnung (DVNBauO) vom 24.06.1976 (GVBl S. 141).

Verordnung über den Bau und Betrieb von Garagen (Garagenverordnung – GaVO) vom 26.11.1975 (GVBl S. 373).

7.1.2.8 Nordrhein-Westfalen

Abkürzungen

GVBl = Gesetz- und Verordnungsblatt für das Land Nordrhein-Westfalen

MBl = Ministerialblatt für das Land Nordrhein-Westfalen

PrGS.NW = Sammlung des in Nordrhein-Westfalen geltenden preußischen Rechts (1806–1945)

SGV.NW = Sammlung des bereinigten Gesetz- und Verordnungsblattes für das Land Nordrhein-Westfalen

SMBl.NW = Sammlung des bereinigten Ministerialblattes für das Land Nordrhein-Westfalen.

Errichtung der Landesanstalt für Immissionsschutz des Landes Nordrhein-Westfalen, Bek des Ministers für Arbeit, Gesundheit und Soziales vom 22.11.1976 (MBl S. 2515).

Bildung eines Landesbeirates für Immissionsschutz, Bek der Landesregierung vom 19.06.1962 (MBl S. 1059/SMBl.NW 7129).

Gesetz zum Schutz vor Luftverunreinigungen, Geräuschen und ähnlichen Umwelteinwirkungen (Landes-Immissionsschutzgesetz – LImschG –) vom 18.03.1975 (GVBl S. 232/SGV.NW 7129), geändert durch Gesetz vom 18.09.1979 (GVBl S. 552).

Verwaltungsvorschriften zum Landes-Immissionsschutzgesetz, Gem RdErl des Ministers für Arbeit, Gesundheit und Soziales, des Innenministers, des Ministers für Wirtschaft, Mittelstand und Verkehr und des Ministers für Ernährung, Landwirtschaft und Forsten vom 14.07.1980 (MBl S. 1860).

Verwaltungsvorschriften zum Bundes-Immissionsschutzgesetz, Gem RdErl des Ministers für Arbeit, Gesundheit und Soziales, des Innenministers, des Ministers für Ernährung, Landwirtschaft und Forsten und des Ministers für Wirtschaft, Mittelstand und Verkehr vom 15.07.1976 (MBl S. 1488).

Verwaltungsvorschriften zum Genehmigungsverfahren nach dem Bundes-Immissionsschutzgesetz, Gem RdErl des Ministers für Arbeit, Gesundheit und Soziales, des Innenministers und des Ministers für Wirtschaft, Mittelstand und Verkehr vom 21.11.1975 (MBl S. 2216/SMBl.NW 7130).

Ausführung der §§ 26, 28 des Bundes-Immissionsschutzgesetzes, Gem RdErl des Ministers für Arbeit, Gesundheit und Soziales und des Ministers für Wirtschaft, Mittelstand und Verkehr vom 24.10.1975 (MBl S. 2070/SMBl.NW 7130).

Verwaltungsvorschriften zum Genehmigungsverfahren nach §§ 6, 15 Bundes-Immissionsschutzgesetz (BImSchG) für Mineralölraffinerien und petrochemische Anlagen zur Kohlenwasserstoffherstellung, RdErl des Ministers für Arbeit, Gesundheit und Soziales vom 14.04.1975 (MBl S. 965/SMBl.NW 7130).

Arbeits- und Immissionsschutz bei der Herstellung und Verarbeitung von Vinylchlorid (VC), RdErl des Ministers für Arbeit, Gesundheit und Soziales vom 06.03.1975 (MBl S. 357/SMBl.NW 7130).

Zulassung von Berghalden im Bereich der Bergaufsicht, Gem RdErl des Ministers für Wirtschaft, Mittelstand und Verkehr, des Ministers für Ernährung, Landwirtschaft und Forsten, des Ministers für Wohnungsbau und öffentliche Arbeiten und des Chefs der Staatskanzlei vom 04.09.1967 (MBl S. 1689/SMBl.NW 750).

Kohlen- und Kokshalden im Bereich der Bergaufsicht, Gem RdErl des Ministers für Wirtschaft, Mittelstand und Verkehr, des Ministers für Ernährung, Landwirtschaft und Forsten, des Ministers für Wohnungsbau und öffentliche Arbeiten und des Chefs der Staatskanzlei vom 17.10.1972 (MBl S. 1814/SMBl.NW 750).

Technische Anleitung zum Schutz gegen Lärm, Gem RdErl des Ministers für Arbeit, Gesundheit und Soziales, des Ministers für Wirtschaft, Mittelstand und Verkehr und des Innenministers vom 06.02.1975 (MBl S. 2344/SMBl.NW 7130).

Nachweis über den Stand der Genehmigungsverfahren nach dem Bundes-Immissionsschutzgesetz unter besonderer Berücksichtigung wirtschaftlicher Fragen, Gem RdErl des Ministers für Arbeit, Gesundheit und Soziales und des Ministers für Wirtschaft, Mittelstand und Verkehr vom 07.02.1980 (MBl S. 1537).

Auslegung der Vierten Verordnung zur Durchführung des Bundes-Immissionsschutzgesetzes (Verordnung über genehmigungsbedürftige Anlagen), Gem RdErl des Ministers für Arbeit, Gesundheit und Soziales, des Ministers für Wirtschaft, Mittelstand und Verkehr, des Innenministers und des Ministers für

Ernährung, Landwirtschaft und Forsten vom 26.08.1977 (MBl S. 1380/SMBl.NW 7130).

Richtlinien für die Gewährung von Finanzierungsbeihilfen zur Förderung von Maßnahmen zur Verhinderung, Beseitigung oder Verminderung der Luftverunreinigungen, Geräusche und Erschütterungen (Immissionsschutzförderungsprogramm), Gem RdErl des Ministers für Arbeit, Gesundheit und Soziales, des Ministers für Wirtschaft, Mittelstand und Verkehr und des Finanzministers vom 19.03.1980 (MBl S. 674).

Durchführung des Immissionsschutzförderungsprogrammes, RdErl des Ministers für Arbeit, Gesundheit und Soziales vom 09.05.1980 (MBl S. 1139).

Vierte Verordnung zur Durchführung des Immissionsschutzgesetzes (Lärmschutz bei Baumaschinen) vom 26.10.1965 (GVBl S. 322), geändert durch Verordnung vom 25.07.1967 (GVBl S. 137).

Verordnung zur Regelung von Zuständigkeiten auf dem Gebiet des Arbeits-, Immissions- und technischen Gefahrenschutzes (ZustVO AItG) vom 06.02.1973 (GVBl S. 66/SGV.NW 28).

Geltungsbereich des § 24 Abs. 2 der Gewerbeordnung, RdErl des Arbeits- und Sozialministers vom 06.04.1965 (MBl S. 492/SMBl.NW 7131).

Genehmigungsbedürftige Anlagen; Überwachung von Dampfkesselanlagen, Heiß- und Warmwasseranlagen mit einer Feuerungswärmeleistung von 8000 kcal/h und darüber, Gem RdErl des Arbeits- und Sozialministers und des Ministers für Wirtschaft, Mittelstand und Verkehr vom 25.02.1969 (MBl S. 549).

Ausführungsanweisung zum Gaststättengesetz, Gem RdErl des Ministers für Wirtschaft, Mittelstand und Verkehr und des Innenministers vom 26.01.1973 (MBl S. 540/SMBl.NW 710300), geändert durch Gem RdErl vom 09.02.1978 (MBl S. 341).

Verordnung zur Ausführung des Gaststättengesetzes (Gaststättenverordnung – GastV –) vom 20.04.1971 (GVBl S. 119).

Zuständigkeit zur Erteilung von Auflagen zum Schutz gegen schädliche Umwelteinwirkungen bei Gaststätten und Veranstaltungen nach der Gewerbeordnung, Gem RdErl des Ministers für Wirtschaft, Mittelstand und Verkehr, des Innenministers und des Ministers für Arbeit, Gesundheit und Soziales vom 15.05.1975 (MBl S. 1096/SMBl.NW 710300).

Durchführungsverordnung zum Waffengesetz vom 29.06.1976 (GVBl S. 243), geändert durch Verordnung vom 28.01.1981 (GVBl S. 46).

Erstattung von Aufwendungen für bauliche Schallschutzmaßnahmen nach dem Gesetz zum Schutz gegen Fluglärm, RdErl des Innenministers vom 30.06.1976 (MBl S. 1638).

Teil 7 Vorschriften, Behörden 505

Verordnung über Zuständigkeiten nach dem Gesetz zum Schutz gegen Fluglärm vom 19.11.1974 (GVBl S. 1491/SGV.NW 96).

Verordnung zur Bestimmung der zuständigen Behörden auf dem Gebiet der Luftfahrt vom 30.10.1961 (GVBl S. 291), geändert durch Gesetz vom 16.12.1969 (GVBl 1970 S. 22).

Vollzug des Bundesbaugesetzes; Berücksichtigung des Schallschutzes im Städtebau, RdErl des Innenministers vom 18.11.1971 (MLB S. 2129/SMBl.NW 2311).

DIN 4109 – Schallschutz im Hochbau, RdErl des Ministers für Landesplanung, Wohnungsbau und öffentliche Arbeiten vom 14.06.1963 (MBl S. 1193/SMBl.NW 2372), zuletzt geändert durch RdErl vom 29.06.1981 (MBl S. 1458).

Berücksichtigung von Emissionen und Immissionen bei der Bauleitplanung sowie bei der Genehmigung von Vorhaben (Planungserlaß) vom 08.07.1982 (MBl S. 1366).

Abstände zwischen Industrie- bzw. Gewerbegebieten und Wohngebieten im Rahmen der Bauleitplanung (Abstandserlaß) vom 09.07.1982 (MBl S. 1376).

Bauordnung für das Land Nordrhein-Westfalen – Landesbauordnung (BauONW) – vom 25.06.1962 (GVBl S. 373) i.d.F. der Bek vom 27.01.1970 (GVBl S. 96; ber. 1971 S. 331).

Allgemeine Verordnung zur Landesbauordnung (AVOBauONW) vom 16.06.1975 (GVBl S. 482).

Verordnung über den Bau und Betrieb von Garagen (Garagenverordnung – GarVO –) vom 16.03.1973 (GVBl S. 180).

Vollzug des Abfallbeseitigungsgesetzes, immissionsrechtlicher Vorschriften und des Gesetzes über Ordnungswidrigkeiten (Buß- und Verwarnungsgeldkatalog für den Umweltschutz), Gem RdErl des Ministers für Ernährung, Landwirtschaft und Forsten, des Ministers für Arbeit, Gesundheit und Soziales und des Ministers für Wirtschaft, Mittelstand und Verkehr vom 25.06.1976 (MBl S. 1508).

7.1.2.9 Rheinland-Pfalz

Abkürzungen

GVBl = Gesetz- und Verordnungsblatt für das Land Rheinland-Pfalz

MinBl = Ministerialblatt der Landesregierung von Rheinland-Pfalz

StAnz = Staatsanzeiger für Rheinland-Pfalz.

Landesgesetz zum Schutz vor Luftverunreinigungen, Geräuschen und Erschütterungen (Immissionsschutzgesetz – ImSchG –) vom 28.07.1966 (GVBl S. 211) i. d. F. der Bek vom 05.03.1970 (GVBl S. 96).

Landesverordnung zur Bekämpfung des Lärms (Lärmschutzverordnung) vom 25.10.1973 (GVBl S. 312).

Landesverordnung über die Zuständigkeiten nach dem Bundes-Imissionsschutzgesetz vom 22.01.1975 (GVBl S. 45) i. d. F. der Bek vom 06.12.1978 (GVBl S. 719).

Landesverordnung über die Zuständigkeiten auf dem Gebiet des Arbeits-, Immissions- und technischen Gefahrenschutzes vom 21.10.1981 (GVBl S. 263).

Meß- und Beurteilungsverfahren für die Ermittlung von Geräuschen; Anwendung der Technischen Anleitung zum Schutz gegen Lärm (TALärm) und der VDI-Richtlinie 2058 Bl. 1, Erlaß vom 16.11.1979 (MinBl S. 419).

Durchführung des Bundes-Immissionsschutzgesetzes; Genehmigungsbedürftige Anlagen, Einführungen von Formularmustern und sonstigen Antragsunterlagen für Anträge nach § 4 und § 15 Absatz 1 Bundes-Immissionsschutzgesetz (BImSchG), Gem RdErl des Ministeriums für Soziales, Gesundheit und Sport, des Ministeriums des Innern, des Ministeriums für Landwirtschaft, Weinbau und Umweltschutz und des Ministeriums der Finanzen vom 03.10.1977 (MinBl Sp 73).

Bundes-Immissionsschutzgesetz; Mitteilungspflicht nach § 16, Gem RdErl des MfSGuSp, des Ministeriums für Wirtschaft und Verkehr und des Ministeriums des Innern vom 01.10.1976 (MinBl Sp 1259).

Verwaltungsvorschrift zur Überwachung der Emissionen und Immissionen – Ausführung der §§ 26, 28 des Bundes-Immissionsschutzgesetzes, Erlaß vom 22.01.1981 (MinBl S. 342).

Mindestentfernungen zwischen Schreckschußapparaten zur Starenabwehr und Wohngebieten, Erlaß vom 24.08.1979 (MinBl S. 364).

Verwaltungsvorschrift zur Waffen-, immissions- und baurechtlichen Behandlung von Schießstätten vom 01.10.1980 (MinBl S. 780).

Durchführung des Gaststättengesetzes, der Gewerbeordnung und der Landesbauordnung; Lärm von Diskotheken und Gaststätten, Gem RdErl des Ministeriums für Soziales, Gesundheit und Sport, des Ministeriums der Finanzen, des Ministeriums des Innern und des Ministeriums für Wirtschaft und Verkehr vom 30.09.1975 (MinBl Sp 1025).

Landesverordnung zur Ausführung des Gaststättengesetzes (Gaststättenverordnung-GastVO) vom 02.12.1971 (GVBl S. 274).

Bundes-Immissionsschutzgesetz; Lärmschutz bei Baumaschinen, Gem RdErl des Ministeriums für Soziales, Gesundheit und Sport und des Ministeriums für Wirtschaft und Verkehr vom 14.01.1977 (MinBl Sp 95).

Landesverordnung über die zuständigen Behörden nach dem Gesetz zum Schutz gegen Fluglärm und nach § 19 Abs. 6 und § 29 Abs. 1 Satz 3 des Luftverkehrsgesetzes vom 13.01.1976 (GVBl S. 37).

Richtlinien für die Erstattung von Aufwendungen für bauliche Schallschutzmaßnahmen nach den §§ 9 und 10 des Gesetzes zum Schutz gegen Fluglärm, Bek des Ministeriums für Wirtschaft und Verkehr vom 06.08.1976 (MinBl Sp 1185).

Berücksichtigung des Immissionsschutzes bei der Bauleitplanung, RdErl des Ministeriums für Finanzen und Wiederaufbau vom 26.10.1966 (MinBl Sp 1327).

Beteiligung der staatlichen Gewerbeaufsichtsämter an der Bauleitplanung, RdErl des Ministeriums der Finanzen vom 26.09.1973 (MinBl Sp 532).

Geruchs- und Lärmbelästigung durch einzelne Bauvorhaben, RdErl des Ministeriums der Finanzen vom 12.09.1973 (MinBl Sp 416).

Landesbauordnung für Rheinland-Pfalz (LBauO) vom 27.02.1974 (GVBl S. 53).

7.1.2.10 Saarland

Abkürzungen

ABl = Amtsblatt des Saarlandes
GMBl = Gemeinsames Ministerialblatt des Saarlandes.

Gemeinsamer Erlaß des Ministers für Umwelt, Raumordnung und Bauwesen und des Ministers für Wirtschaft, Verkehr und Landwirtschaft, Verwaltungsvorschriften zum Bundes-Immissionsschutzgesetz vom 03.05.1977 (GMBl S. 485).

Gemeinsamer Erlaß des Ministers für Wirtschaft, Verkehr und Landwirtschaft und des Ministers für Umwelt, Raumordnung und Bauwesen zum Genehmigungsverfahren nach dem Bundes-Immissionsschutzgesetz vom 30.06.1977 (GMBl S. 513).

Verordnung zur Regelung von Zuständigkeiten nach dem Bundes-Immissionsschutzgesetz vom 04.06.1974 (ABl S. 649).

Gemeinsamer Erlaß des Ministers für Umwelt, Raumordnung und Bauwesen und des Ministers für Wirtschaft, Verkehr und Landwirtschaft betreffend die Anzeigepflicht nach § 67 Abs. 2 Bundes-Immissionsschutzgesetz vom 20.05.1975 (GMBl S. 426).

Gemeinsamer Erlaß des Ministers für Umwelt, Raumordnung und Bauwesen und des Ministers für Wirtschaft, Verkehr und Landwirtschaft betreffend Anwendung der Technischen Anleitung zum Schutz gegen Lärm – TALärm – vom 16.07.1968 bei genehmigungsbedürftigen Anlagen nach § 4 Bundes-Immissionsschutzgesetz vom 25.08.1975 (GMBl S. 634).

Bek der für die Durchführung von Emissions- und Immissionsmessungen nach

§§ 26 und 28 Bundes-Immissionsschutzgesetz zuständigen Stellen vom 05.11.1974 (ABl 1975 S. 144).

Verordnung zur Regelung von Zuständigkeiten nach der Fünften Verordnung zur Durchführung des Bundes-Immissionsschutzgesetzes (Verordnung über Immissionsschutzbeauftragte – 5. BImSchV) vom 09.07.1975 (ABl S. 939).

Verordnung zur Regelung von Zuständigkeiten nach der Sechsten Verordnung zur Durchführung des Bundes-Immissionsschutzgesetzes (Verordnung über die Fachkunde und Zuverlässigkeit der Immissionsschutzbeauftragten – 6. BImSchV) vom 09.07.1975 (ABl S. 939).

Verordnung zur Regelung von Zuständigkeiten nach der Achten Verordnung zur Durchführung des Bundes-Immissionsschutzgesetzes vom 16.03.1977 (ABl S. 355).

Erlaß betreffend Meß- und Bewertungsverfahren für Geräuschimmissionen in der Umgebung von Schießanlagen vom 17.12.1976 (GMBl 1977 S. 94).

Verordnung zur Ausführung des Gaststättengesetzes (Gaststättenverordnung – GastVO) vom 22.01.1979 (ABl S. 237, ber. S. 708).

Verordnung zum Gesetz über Spielplätze (Spielplatzverordnung – SpielVO –) vom 14.03.1975 (ABl S. 438).

Erlaß betreffend die Beurteilung des durch Freizeitaktivitäten verursachten Lärms vom 02.12.1983 (GMBl 1983).

Erlaß betreffend Lärmschutz bei Baumaschinen vom 27.03.1975 (GMBl S. 302).

Bauordnung für das Saarland (Landesbauordnung – LBO –) vom 12.05.1965 (ABl S. 529) i.d.F. der Bek vom 27.12.1974 (ABl S. 85).

Erlaß betreffend § 67 LBO (Stellplätze und Garagen) – Garagenerlaß – vom 01.03.1976 (GMBl S. 275).

Dritte Verordnung zur Landesbauordnung (Garagenverordnung – GarVO) vom 23.12.1965 (ABl S. 1093) i.d.F. der Bek vom 30.08.1976 (ABl S. 950).

Fünfte Verordnung zur Landesbauordnung (Technische Durchführungsverordnung – TVO) vom 25.02.1966 (ABl S. 181) i.d.F. der Bek vom 07.09.1979 (ABl S. 792).

Vierundzwanzigste Verordnung zur Landesbauordnung (Gaststättenbauverordnung-GastBauVO) vom 22.01.1979 (ABl S. 237; ber. S. 708).

Bekanntmachung des Bußgeldkatalogs für den Umweltschutz – Sachbereichskatalog Immissionsschutz – vom November 1976 (GMBl S. 727).

Teil 7 Vorschriften, Behörden 509

7.1.2.11 Schleswig-Holstein

Abkürzungen

ABl = Amtsblatt für Schleswig-Holstein
GVOBl = Gesetz- und Verordnungsblatt für Schleswig-Holstein.

Landesverordnung über die zuständigen Behörden nach dem Bundes-Immissionsschutzgesetz vom 08.12.1980 (GVBl S. 364).

Ahndung von Ordnungswidrigkeiten nach dem Bundes-Immissionsschutzgesetz, Bek des Sozialministers vom 03.03.1978 (ABl S. 137).

Landesverordnung zur Bestimmung der zuständigen Behörden nach der Gewerbeordnung vom 26.03.1971 (GVOBl S. 132), zuletzt geändert durch Verordnung vom 11.07.1980 (GVOBl S. 232).

Ausführung der §§ 26, 28 des Bundes-Immissionsschutzgesetzes – Bekanntgabe der Stellen, Durchführung von Ermittlungen nach den §§ 26, 28 BImSchG –, Erlaß des Sozialministers vom 17.03.1978 (ABl S. 156).

Allgemeine Verwaltungsvorschrift zum Gaststättengesetz, Gem RdErl des Ministers für Wirtschaft und Verkehr, des Innenministers und des Sozialministers vom 09.08.1973 (ABl S. 690).

Landesverordnung zur Ausführung des Gaststättengesetzes – Gaststättenverordnung – vom 03.05.1971 (GVOBl S. 220).

Landesverordnung zur Ausführung des Waffengesetzes vom 22.12.1972 (GVOBl S. 263).

Landesverordnung über die zuständigen Behörden nach dem Gesetz zum Schutz gegen Fluglärm vom 28.09.1973 (GVOBl S. 333).

Landesbauordnung für das Land Schleswig-Holstein (LBO) vom 09.02.1967 (GVOBl S. 142) i.d.F. der Bek vom 20.06.1975 (GVOBl S. 141).

Landesverordnung zur Bestimmung der zuständigen Behörden für die Verfolgung und Ahndung von Ordnungswidrigkeiten (Zuständigkeits-VO OWiG) vom 17.09.1977 (GVOBl S. 337, ber. S. 408).

7.2 Technische Normen, Richtlinien

Nachfolgend werden die für die vorausgegangenen fachlichen Teilabschnitte einschlägigen DIN-Normen, VDI-Richtlinien und einige sonstige wesentlichen technischen Regelungen zusammengestellt.

Teilweise wurden sie in den Teilabschnitten bereits zitiert.

Ein vollständiges Verzeichnis aller DIN-Normen und VDI-Richtlinien ist im jeweils jährlich erscheinenden DIN-Katalog bzw. in den VDI-Handbüchern enthalten [5], [6].

7.2.1 Normen des Deutschen Institutes für Normung – DIN-Normen – [5]

DIN-Nr.	Datum	Titel
1304	02.78	Allgemeine Formelzeichen
1304	04.79	Beiblatt 1 Allgemeine Formelzeichen; Zusammenhang mit internationalen Normen
1311	02.74	T. 1 Schwingungslehre; Kinematische Begriffe
1311	12.74	T. 2 Schwingungslehre; Einfache Schwinger
1311	12.74	T. 3 Schwingungslehre; Schwingungssysteme mit endlich vielen Freiheitsgraden
1311	02.74	T. 4 Schwingungslehre; Schwingende Kontinua, Wellen
1318	09.70	Lautstärkepegel: Begriffe Meßverfahren
1319	11.71	Grundbegriffe der Meßtechnik; Messen, Zählen, Prüfen
1319	11.83	Entwurf T. 1 Grundbegriffe der Meßtechnik; Allgemeine Grundbegriffe
1319	01.80	T. 2 Grundbegriffe der Meßtechnik; Begriffe für die Anwendung von Meßgeräten
1319	08.83	T. 3 Grundbegriffe der Meßtechnik; Begriffe für die Meßunsicherheit
1319	10.83	Entwurf T. 4 Grundbegriffe der Meßtechnik; Behandlung von Unsicherheiten bei der Auswertung
1320	10.69	Akustik; Grundbegriffe
1332	10.69	Akustik; Formelzeichen
1344	12.73	Elektrische Nachrichtentechnik; Formelzeichen
5483	06.83	T. 1 Zeitabhängige Größen; Benennungen der Zeitabhängigkeit
5483	09.82	T. 2 Zeitabhängige Größen; Formelzeichen
5483	02.83	Entwurf T. 3 Zeitabhängige Größen; Komplexe Darstellung sinusförmiger zeitabhängiger Größen
5485	05.77	Wortzusammensetzungen mit den Wörtern Konstante, Koeffizient, Zahl, Faktor, Grad, Maß, Pegel
5493	10.82	Logarithmierte Größenverhältnisse; Maße, Pegel in Neper und Dezibel
5493	10.82	Bbl. 1 Logarithmierte Größenverhältnisse; Hinweiszeichen auf Bezugsgrößen und Meßbedingungen
40148	11.78	T. 1 Übertragungssysteme und Zweitore; Begriffe und Größen
40148	03.70	T. 2 Übertragungssysteme und Vierpole; Symmetrieeigenschaften von linearen Vierpolen und Klemmenpaaren
40148	04.82	Entwurf T. 2 Übertragungssysteme und Zweitore; Symmetrieeigenschaften von linearen Zweitoren
40148	11.71	T. 3 Übertragungssysteme und Vierpole; Spezielle Dämpfungsmaße
42540	11.66	Geräuschstärke von Transformatoren; Bewerteter Schalldruckpegel (Schallpegel)
45401	03.70	Akustik, Elektroakustik; Normfrequenzen für akustische Messungen
45401	07.80	Entwurf Akustik, Elektroakustik; Normfrequenzen für Messungen
45408	10.63	Logarithmen-Papier für Frequenzkurven im Hörbereich

Teil 7 Vorschriften, Behörden   511

45409	06.56	Akustik; Polarkoordinatenpapier
45667	10.69	Klassierverfahren für das Erfassen regelloser Schwingungen
45630	12.71	T. 1 Grundlagen der Schallmessung; Physikalische und subjektive Größen von Schall
45630	09.67	T. 2 Grundlagen der Schallmessung; Normalkurven gleicher Lautstärkepegel
45631	10.67	Berechnung des Lautstärkepegels aus dem Geräuschspektrum, Verfahren nach E. Zwicker
45655	12.78	Entwurf Schallpegelmesser mit Mittelungseinrichtung
IEC 651	12.81	Schallpegelmesser
45635	02.79	Anforderungen, Prüfung
		Bbl. 1 Geräuschmessung an Maschinen; Luftschallmessung, Hüllflächen-Verfahren, Formblatt für Meßbericht (Meßprotokoll) für Hüllflächen-Verfahren
45635	12.77	Bbl. 2 Geräuschmessung an Maschinen; Erläuterungen zu den Geräuschemissions-Kenngrößen
45635	10.82	Bbl. 3 Geräuschmessung an Maschinen; Verzeichnis der in den Normen der Reihe DIN 45635 behandelten Maschinenarten
45635	01.72	T. 1 Geräuschmessung an Maschinen; Luftschallmessung, Hüllflächen-Verfahren, Rahmen-Meßvorschrift
45635	01.82	Entwurf T. 1 Geräuschmessung an Maschinen; Luftschallemission, Hüllflächen-Verfahren; Rahmenverfahren für 3 Genauigkeitsklassen
45635	12.77	T. 2 Geräuschmessung an Maschinen; Luftschallmessung, Hallraum-Verfahren, Rahmen-Meßverfahren (Genauigkeitsklasse 1)
45635	09.78	Entwurf T. 3 Geräuschmessung an Maschinen; Luftschallmessung, Sonder-Hallraum-Verfahren, Rahmen-Meßverfahren (Genauigkeitsklasse 2)
45635	07.81	Entwurf T. 8 Geräuschmessung an Maschinen; Luftschallemission, Körperschallmessung; Rahmen-Verfahren
45635	09.77	Entwurf T. 9 Geräuschmessung an Maschinen; Luftschallmessung, Kanal-Verfahren, Rahmen-Meßverfahren
45635	05.74	T. 10 Geräuschmessung an Maschinen; Luftschallmessung, Hüllflächen-Verfahren, Rotierende elektrische Maschinen
43635	09.74	T. 11 Geräuschmessung an Maschinen; Luftschallmessung, Hüllflächen-Verfahren, Verbrennungsmotoren
45635	03.78	T. 12 Geräuschmessung an Maschinen; Luftschallmessung, Hüllflächen-Verfahren, elektrische Schallgeräte
45635	02.77	T. 13 Geräuschmessung an Maschinen; Luftschallmessung, Hüllflächen-Verfahren, Verdichter einschließlich Vakuumpumpen
45635	07.80	T. 14 Geräuschmessung an Maschinen; Luftschallmessung, Hüllflächen-Verfahren, luftgekühlte Wärmeaustauscher (Luftkühler)
45635	02.76	Entwurf T. 15 Geräuschmessung an Maschinen; Luftschallmessung, Hüllflächen-Verfahren, Turbosätze
45635	06.78	T. 16 Geräuschmessung an Maschinen; Luftschallmessung, Hüllflächen-Verfahren, Werkzeugmaschinen
45635	03.78	T. 17 Geräuschmessung an Maschinen; Luftschallmessung, Hüllflächen-Verfahren, Handkettensägemaschinen mit Antrieb durch Verbrennungsmotor

45635	01.76	Entwurf T. 18 Geräuschmessung an Maschinen; Luftschallmessung, Hüllflächen-Verfahren, Geräte für den Hausgebrauch und ähnliche Zwecke
45635	08.78	T. 19 Geräuschmessung an Maschinen; Luftschallmessung, Hüllflächen-Verfahren, Büromaschinen
45635	07.75	Entwurf T. 20 Geräuschmessung an Maschinen, Luftschallmessung, Hüllflächen-Verfahren, Druckluft-Werkzeuge und -Maschinen
45635	12.77	T. 21 Geräuschmessung an Maschinen; Luftschallmessung, Hüllflächen-Verfahren, Elektrowerkzeuge
45635	07.83	Entwurf T. 22 Geräuschmessung an Maschinen; Luftschallmessung, Hüllflächen-Verfahren, Fackeln
45635	07.78	T. 23 Geräuschmessung an Maschinen; Luftschallmessung, Hüllflächen-Verfahren, Getriebe
45635	03.80	T. 24 Geräuschmessung an Maschinen; Luftschallmessung, Hüllflächen-Verfahren, Flüssigkeitspumpen
45635	11.80	T. 25 Geräuschmessung an Maschinen; Luftschallmessung, Hüllflächen-Verfahren, Autogen- und Plasma-Brenner und -Maschinen
45635	07.79	T. 26 Geräuschmessung an Maschinen; Luftschallmessung, Hüllflächen-Verfahren, Hydropumpen
45635	09.78	T. 27 Geräuschmessung an Maschinen; Luftschallmessung, Hüllflächen-Verfahren, Druck- und Papierverarbeitungsmaschinen
45635	11.80	T. 28 Geräuschmessung an Maschinen; Luftschallmessung, Hüllflächen-Verfahren, Verpackungs- und Verpackungshilfsmaschinen
45635	11.80	T. 29 Geräuschmessung an Maschinen; Luftschallmessung, Hüllflächen-Verfahren, Maschinen zur Herstellung von Nahrungsmitteln, Genußmitteln, Kosmetika und Pharmazeutika
45635	04.81	T. 30 Geräuschmessung an Maschinen; Luftschallmessung, Hüllflächen-Verfahren, Transformatoren und Drosselspulen
45635	11.80	T. 31 Geräuschmessung an Maschinen; Luftschallmessung, Hüllflächen-Verfahren, Zerkleinerungsmaschinen
45635	02.79	Entwurf T. 31 Bbl. 1 Geräuschmessung an Maschinen; Luftschallmessung, Hüllflächen-Verfahren, Formblatt für Meßbericht (Meßprotokoll), Zerkleinerungsmaschinen
45635	05.80	T. 32 Geräuschmessung an Maschinen; Luftschallmessung, Hüllflächen-Verfahren, Textilmaschinen
45635	04.81	T. 32 Bbl. 1 Geräuschmessung an Maschinen; Luftschallmessung, Hüllflächen-Verfahren, Formblatt für Meßbericht (Meßprotokoll), Textilmaschinen
45635	07.79	T. 33 Geräuschmessung an Maschinen; Luftschallmessung, Hüllflächen-Verfahren, Baumaschinen
45635	08.77	Entwurf T. 34 Geräuschmessung an Maschinen; Luftschallmessung, Hüllflächen-Verfahren, Bolzensetzwerkzeuge
45635	12.83	Entwurf T. 35 Geräuschmessung an Maschinen; Luftschallemission, Hüllflächen-Verfahren, Wärmepumpen
45635	03.81	T. 36 Geräuschmessung an Maschinen; Luftschallmessung, Hüllflächen-Verfahren, Sitz-Gabelstapler mit Antrieb durch Verbrennungsmotor
45635	03.81	T. 36 Bbl. 1 Geräuschmessung an Maschinen; Luftschallmessung,

		Hüllflächen-Verfahren, Formblatt für Meßbericht (Meßprotokoll), Sitz-Gabelstapler mit Antrieb durch Verbrennungsmotor
45635	11.80	T. 37 Geräuschmessung an Maschinen; Luftschallmessung, Hüllflächen-Verfahren, Maschinen zur Verarbeitung von Kunststoff und Kautschuk
45635	06.80	Entwurf T. 38 Geräuschmessung an Maschinen; Luftschallmessung, Hüllflächen-Verfahren, Ventilatoren
45635	08.83	T. 39 Geräuschmessung an Maschinen; Luftschallmessung, Hüllflächen-Verfahren, Prozeßöfen
45635	07.81	Entwurf T. 40 Geräuschmessung an Maschinen; Luftschallmessung, Hüllflächen-Verfahren, Maschinensätze in Wasserkraftanlagen und Wasserpumpanlagen
45635	01.82	Entwurf Teil 41 Geräuschmessung an Maschinen; Luftschallmessung, Hüllflächen-Verfahren, Hydroaggregate
45635	01.82	Entwurf Teil 41 Beiblatt 1 Geräuschmessung an Maschinen; Luftschallmessung, Hüllflächen-Verfahren, Formblatt für Meßbericht (Meßprotokoll); Hydroaggregate
45635	01.82	Entwurf Teil 42 Geräuschmessung an Maschinen; Luftschallmessung, Hüllflächen-Verfahren, Maschinen der Papierherstellung
45635	08.82	Entwurf Teil 44 Geräuschmessung an Maschinen; Luftschallemission, Hüllflächen-Verfahren, Müllsammelfahrzeuge
45635	07.82	Entwurf Teil 45 Geräuschmessung an Maschinen; Luftschallemission, Hüllflächen-Verfahren, Stetigförderer
45635	07.83	Entwurf Teil 46 Geräuschmessung an Maschinen; Luftschallemission, Hüllflächen-Verfahren, Kühltürme
45635	07.83	Entwurf Teil 47 Geräuschmessung an Maschinen; Luftschallemission, Hüllflächen-Verfahren, Schornsteine
45635	05.83	Entwurf Teil 49 Geräuschmessung an Maschinen; Luftschallemission, Hüllflächen-Verfahren, Oberflächenbehandlungsanlagen
45635	05.83	Entwurf Teil 49 Beiblatt 1 Geräuschmessung an Maschinen; Luftschallemission, Hüllflächen-Verfahren, Oberflächenbehandlungsanlagen; Meßbeispiel
45635	12.78	Entwurf T. 202 Geräuschmessung an Maschinen; Luftschallmessung, Hüllflächen-Verfahren, Geräte für den Hausgebrauch und ähnliche Zwecke (Änderung und Ergänzung zum Entwurf DIN 45635 Teil 18: Anhänge für Rührer und Kneter, Mixer, Waschmaschinen, Trocknungsgeräte und Dunstabzugshauben)
45635	07.78	T. 1601 Geräuschmessung an Maschinen; Luftschallmessung, Hüllflächen-Verfahren, Werkzeugmaschinen für Metallbearbeitung, besondere Festlegungen für Drehmaschinen
45635	06.78	T. 1602 Geräuschmessung an Maschinen; Luftschallmessung,

		Hüllflächen-Verfahren, Werkzeugmaschinen für Metallbearbeitung, besondere Festlegungen für Gesenkschmiedehämmer
45635	06.78	T. 1603 Geräuschmessung an Maschinen; Luftschallmessung, Hüllflächen-Verfahren, Werkzeugmaschinen für Metallbearbeitung, besondere Festlegungen für Mehrzweckpressen
45635	04.81	T. 1605 Geräuschmessung an Maschinen; Luftschallmessung, Hüllflächen-Verfahren, Werkzeugmaschinen für Metallbearbeitung, besondere Festlegungen für Fräsmaschinen
45635	01.81	Entwurf T. 1606 Geräuschmessung an Maschinen; Luftschallmessung, Hüllflächen-Verfahren, Werkzeugmaschinen für Metallbearbeitung, besondere Festlegungen für Bohrmaschinen
45635	01.81	Entwurf T. 1607 Geräuschmessung an Maschinen; Luftschallmessung, Hüllflächen-Verfahren, Werkzeugmaschinen für Metallbearbeitung, besondere Festlegungen für Wälzfräsmaschinen
45635	01.81	Entwurf T. 1609 Geräuschmessung an Maschinen; Luftschallmessung, Hüllflächen-Verfahren, Werkzeugmaschinen für Metallbearbeitung, besondere Festlegungen für Kaltkreissägemaschinen
45635	01.81	Entwurf T. 1610 Geräuschmessung an Maschinen; Luftschallmessung, Hüllflächen-Verfahren, Werkzeugmaschinen für Metallbearbeitung, besondere Festlegungen für Schleifmaschinen
45635	07.78	T. 1650 Geräuschmessung an Maschinen; Luftschallmessung, Hüllflächen-Verfahren, Holzbearbeitungsmaschinen, besondere Festlegungen für Hobelmaschinen
45635	06.78	T. 1651 Geräuschmessung an Maschinen; Luftschallmessung, Hüllflächen-Verfahren, Holzbearbeitungsmaschinen, besondere Festlegungen für Tischkreissägemaschinen
45635	06.78	T. 1652 Geräuschmessung an Maschinen; Luftschallmessung, Hüllflächen-Verfahren, Holzbearbeitungsmaschinen, besondere Festlegungen für Fräsmaschinen für einseitige Bearbeitung
45635	10.82	T. 1653 Geräuschmessung an Maschinen; Luftschallmessung, Hüllflächen-Verfahren, Holzbearbeitungsmaschinen, besondere Festlegungen für Doppelendprofiler
45635	10.82	T. 1654 Geräuschmessung an Maschinen; Luftschallmessung, Hüllflächen-Verfahren, Holzbearbeitungsmaschinen, besondere Festlegungen für mehrstufige Kantenverleimmaschinen
45635	10.82	T. 1655 Geräuschmessung an Maschinen; Luftschallmessung, Hüllflächen-Verfahren, Holzbearbeitungsmaschinen, besondere Festlegungen für Formatbearbeitungs- und Kantenverleimmaschinen
45635	10.82	T. 1656 Geräuschmessung an Maschinen; Luftschallmessung, Hüllflächen-Verfahren, Holzbearbeitungsmaschinen, besondere Festlegungen für zwei- und mehrseitige Hobel- und Fräsmaschinen
45636	06.67	Außengeräuschmessungen an Kraftfahrzeugen
45637	11.68	Außengeräuschmessungen an Schienenfahrzeugen
45637	04.77	Entwurf Außengeräuschmessungen an spurgebundenen Fahrzeugen
45638	02.71	Innengeräuschmessungen in Schienenfahrzeugen

Teil 7 Vorschriften, Behörden 515

45639	10.69	Innengeräuschmessungen in Kraftfahrzeugen
45649	06.70	Außengeräuschmessungen an Wasserfahrzeugen auf Binnengewässern
45641	06.76	Mittelungspegel und Beurteilungspegel zeitlich schwankender Schallvorgänge
45642	10.74	Messung von Verkehrsgeräuschen
45643	08.74	Fluglärmüberwachung in der Umgebung von Flugplätzen; Meß- und Beurteilungsgrößen, Fluglärmüberwachungsanlage
45643	02.83	Entwurf Teil 1 Messung und Beurteilung von Flugzeuggeräuschen; Meß- und Kenngrößen
45643	02.83	Entwurf Teil 2 Messung und Beurteilung von Flugzeuggeräuschen; Fluglärmüberwachungsanlage nach § 19a Luftverkehrsgesetz
45643	02.83	Entwurf Teil 3 Messung und Beurteilung von Flugzeuggeräuschen; Ermittlung des Beurteilungspegels für Fluglärmimmissionen
45644	04.77	Entwurf Schalldosimeter für Personen
45645	04.77	T. 1 Einheitliche Ermittlung des Beurteilungspegels für Geräuschimmissionen
45645	08.80	T. 2 Einheitliche Ermittlung des Beurteilungspegels für Geräuschimmissionen; Geräuschimmissionen am Arbeitsplatz
80061	03.82	Akustik; Geräuschmessungen auf Wasserfahrzeugen, Luftschallmessungen
4109	09.62	T. 1 Schallschutz im Hochbau; Begriffe
4109	09.62	T. 2 Schallschutz im Hochbau; Anforderungen
4109	09.62	T. 3 Schallschutz im Hochbau; Ausführungsbeispiele
4109	04.63	T. 5 Schallschutz im Hochbau; Erläuterungen
18005	50.71	Vornorm T. 1 Schallschutz im Städtebau; Hinweise für die Planung; Berechnungs- und Bewertungsgrundlagen
18005	04.82	Entwurf T. 1 Schallschutz im Städtebau; Berechnungs- und Bewertungsgrundlagen
18005	01.76	Entwurf T. 2 Schallschutz im Städtebau; Richtlinien für die schalltechnische Bestandsaufnahme
18041	10.68	Hörsamkeit in kleinen bis mittelgroßen Räumen
52210	07.75	T. 1 Bauakustische Prüfungen; Luft- und Trittschalldämmung, Meßverfahren
52210	08.83	Entwurf T. 1 Bauakustische Prüfungen, Luft- und Trittschalldämmung; Meßverfahren
52210	08.81	T. 2 Bauakustische Prüfungen; Luft- und Trittschalldämmung; Prüfstände für Schalldämm-Messungen an Bauteilen
52210	08.82	Entwurf T. 2, A. 1 Bauakustische Prüfungen; Luft- und Trittschalldämmung; Prüfstände für Schalldämm-Messungen an Bauteilen; Änderung 1
52210	08.81	T. 3 Bauakustische Prüfungen; Luft- und Trittschalldämmung; Eignungs-, Güte- und Baumuster-Prüfungen
52210	07.75	T. 4 Bauakustische Prüfungen; Luft- und Trittschalldämmung; Ermittlung von Einzahl-Angaben
52210	08.82	Entwurf T. 4 Bauakustische Prüfungen; Luft- und Trittschalldämmung; Ermittlung von Einzahl-Angaben

		Teil 7 Vorschriften, Behörden
52210	10.76	T. 5 Bauakustische Prüfungen; Luft- und Trittschalldämmung; Messung der Luftschalldämmung von Fenstern und Außenwänden am Bau
52210	04.80	T. 6 Bauakustische Prüfungen; Luft- und Trittschalldämmung; Bestimmung der Schallpegeldifferenz
52210	08.82	Entwurf T. 7 Bauakustische Prüfungen, Luft- und Trittschalldämmung; Bestimmung des Schall-Längsdämm-Maßes
52212	01.61	Bauakustische Prüfungen; Bestimmung des Schallabsorptionsgrades im Hallraum
52213	05.80	Bauakustische Prüfungen; Bestimmung des Strömungswiderstandes
52214	09.76	Bauakustische Prüfungen; Bestimmung der dynamischen Steifigkeit von Dämmschichten für schwimmende Estriche
52215	12.63	Bauakustische Prüfungen; Bestimmung des Schallabsorptionsgrades und der Impedanz im Rohr
52216	08.65	Bauakustische Prüfungen; Messung der Nachhallzeit in Zuhörerräumen
52217	09.71	Bauakustische Prüfungen; Flankenübertragung; Begriffe
52217	08.82	Entwurf Bauakustische Prüfungen; Flankenübertragung; Begriffe
52218	12.76	T. 1 Bauakustische Prüfungen; Prüfung des Geräuschverhaltens von Armaturen und Geräten der Wasserinstallation im Laboratorium; Meßverfahren und Prüfanordnung
52218	05.83	T. 2 Bauakustische Prüfungen; Prüfung des Geräuschverhaltens von Armaturen und Geräten der Wasserinstallation im Laboratorium; Armaturenanschluß und Durchführung der Prüfung
52218	05.83	T. 3 Bauakustische Prüfungen; Prüfung des Geräuschverhaltens von Armaturen und Geräten der Wasserinstallation im Laboratorium; Geräuscharme Strömungswiderstände und Adapter
52219	12.78	Bauakustische Prüfungen; Messung von Geräuschen der Wasserinstallation am Bau
52219	08.83	Entwurf Bauakustische Prüfungen; Messung von Geräuschen der Trinkwasser- und Abwasserinstallation in Gebäuden
52221	05.80	Bauakustische Prüfungen; Körperschallmessungen bei haustechnischen Anlagen
45402	05.75	Effektivwertmessung in der Elektroakustik; Prüfverfahren für Meßgeräte
45651	01.64	Oktavfilter für elektroakustische Messungen
45652	01.64	Terzfilter für elektroakustische Messungen
45590	03.74	Mikrofone; Begriffe, Formelzeichen, Einheiten
45593	08.76	Mikrofone; Angabe von Eigenschaften
45570	08.76	Mikrofone; Angabe von Eigenschaften
45570	11.79	T. 1 Lautsprecher; Begriffe, Formelzeichen, Einheiten
45570	06.62	T. 2 Lautsprecher; Systematische Einteilungen, Benennungen
45570	10.83	Entwurf T. 2 Lautsprecher; Systematische Einteilungen, Benennungen
45512	08.68	T. 1 Magnetbänder für Schallaufzeichnung; Maße und anzugebende mechanische Eigenschaften
45512	09.81	Entwurf T. 1 Magnetbänder für Schallaufzeichnung; Maße und allgemeine Eigenschaften
45512	02.78	Vornorm T. 2 Magnetbänder für Schallaufzeichnung; Elektroakustische Eigenschaften

Teil 7   Vorschriften, Behörden   517

7.2.2 Richtlinien des Vereins Deutscher Ingenieure
– VDI-Richtlinien [6]

VDI-Nr.	Datum	Titel
2057	12.83	Entwurf Blatt 1 Beurteilung der Einwirkung mechanischer Schwingungen auf den Menschen, Grundlagen, Gliederung, Begriffe
2057	05.81	Blatt 2 Schwingungseinwirkung auf den menschlichen Körper
2057	02.79	Entwurf Blatt 3 Schwingungsbeanspruchung des Menschen
2057	06.83	Entwurf Blatt 4.2 Messung und Bewertung für Landfahrzeuge – einschließlich fahrbarer Arbeitsmaschinen und Transportmittel – bei nicht festgelegten Betriebsbedingungen
2057	06.83	Entwurf Blatt 4.3 Messung und Bewertung für Wasserfahrzeuge
2058	09.85	Blatt 1 Beurteilung von Arbeitslärm in der Nachbarschaft
2058	10.70	Blatt 2 – am Arbeitsplatz hinsichtlich Gehörschäden
2058	04.81	Blatt 3 Beurteilung von Lärm am Arbeitsplatz unter Berücksichtigung unterschiedlicher Tätigkeiten
2062	01.76	Blatt 1 Schwingungsisolierung, Begriffe und Methoden
2062	01.76	Blatt 2 – Isolierelemente
2081	03.83	Geräuscherzeugung und Lärmminderung in raumlufttechnischen Anlagen
2159	09.83	Entwurf Emissionskennwerte technischer Schallquellen; Getriebegeräusche
2560	12.83	Persönlicher Schallschutz
2561	07.68	Die Geräuschemission von Gesenk- und Freiformschmieden und Maßnahmen zu ihrer Minderung
2562	10.73	Schallmessungen an Schienenbahnen
2563	10.70	Bestimmen der Geräuschanteile von Straßenfahrzeugen mit Verbrennungskraftmaschine
2564	06.71	Blatt 1 Lärmminderung bei der Blechbearbeitung. Übersicht
2564	06.71	Blatt 2 – Pressen
2564	06.71	Blatt 3 – Transporteinrichtungen (Zubringeeinrichtungen)
2566	06.71	Lärmminderung an Aufzugsanlagen
2566	01.84	Entwurf Lärmminderung an Aufzugsanlagen
2567	09.71	Schallschutz durch Schalldämpfer
2569	03.82	Entwurf Schallschutz und akustische Gestaltung im Büro
2570	09.80	Lärmminderung in Betrieben. Allgemeine Grundlagen
2571	08.76	Schallabstrahlung von Industriebauten
2572	06.71	Geräusche von Textilmaschinen und Maßnahmen zu ihrer Minderung
2573	02.74	Schutz gegen Verkehrslärm. Hinweise für Planer und Architekten
2574	04.81	Hinweise für die Bewertung der Innengeräusche von Kraftfahrzeugen
2711	06.78	Schallschutz durch Kapselung
2713	07.74	Lärmminderung bei Wärmekraftanlagen
2714	12.76	Entwurf Schallausbreitung im Freien
2715	09.77	Lärmminderung an Warm- und Heißwasser-Heizungsanlagen
2716	07.75	Geräuschsituation bei Stadtbahnen
2717	01.82	Entwurf Lärmminderung auf Binnenschiffen

518   Teil 7   Vorschriften, Behörden

2718	06.75	Entwurf Schallschutz im Städtebau. Hinweise für Planung
2719	10.73	Schalldämmung von Fenstern
2719	09.83	Entwurf Schalldämmung von Fenstern und deren Zusatzeinrichtungen
2720	06.81	Entwurf Blatt 1 Schallschutz durch Abschirmung im Freien
2720	04.83	Blatt 2 Schallschutz durch Abschirmung in Räumen
2720	02.83	Entwurf Blatt 3 Schallschutz durch Abschirmung im Nahfeld – teilweise Umschließung
3720	11.80	Blatt 1 Lärmarm Konstruieren. Allgemeine Grundlagen
3720	11.82	Blatt 2 – Beispielsammlung
3720	04.78	Entwurf Blatt 3 – Systematisches Vorgehen
3720	01.84	Blatt 4 – Rotierende Bauteile und deren Lagerung
3720	03.84	Blatt 5 – Hydrokomponenten und -systeme
3720	07.84	Entwurf Blatt 6 – Mechanische Eingangsimpedanzen von Bauteilen, insbesondere von Normprofilen
3723	10.82	Entwurf Blatt 1 Anwendung statistischer Methoden bei der Kennzeichnung schwankender Geräuschimmissionen
3725	08.75	Entwurf Geräusche und Lärmminderung in Druckereien und Verarbeitungsbetrieben dieser Branche
3726	11.85	Entwurf Schallschutz bei Gaststätten und Kegelbahnen
3727	02.84	Blatt 1 Schallschutz durch Körperschalldämpfung, Physikalische Grundlagen und Abschätzungsverfahren
3727	02.82	Entwurf Blatt 2 – Anwendungshinweise
3729	08.82	Blatt 1 Emissionskennwerte technischer Schallquellen. Büromaschinen; Rahmen-Richtlinie
3729	08.82	Blatt 2 ––; Schreibmaschinen
3729	08.82	Blatt 3 ––; Vervielfältigungsmaschinen und Bürokopiergeräte
3729	08.82	Blatt 4 ––; Abrechnungsmaschinen und Registrierkassen
3729	08.82	Blatt 5 ––; Postbearbeitungsmaschinen
3730	02.81	Emissionskennwerte technischer Schallquellen. Prozeßöfen
3731	12.82	Blatt 1 – Kompressoren
3732	02.81	– Fackeln
3733	09.83	Entwurf Geräusche bei Rohrleitungen
3734	02.81	Blatt 1 Emissionskennwerte technischer Schallquellen. Rückkühlanlagen; Luftkühler
3736	04.84	Blatt 1 –. Umlaufende elektrische Maschinen; Asynchronmaschinen
3737	08.81	Blatt 1 –. Elektrische Geräte für den Hausgebrauch; Rahmenrichtlinie
3737	08.81	Blatt 2 ––; Küchenmaschinen. Rührer und Kneter, Mixer
3737	08.81	Blatt 3 ––; Geschirrspülmaschinen
3737	08.81	Blatt 4 –. Staubsauger
3737	08.81	Blatt 5 –. Waschmaschinen
3737	08.81	Blatt 6 –. Wäschetrockner
3737	08.81	Blatt 7 –. Kühl- und Gefriergeräte
3737	08.81	Blatt 8 –. Dunstabzugshauben
3739	07.82	–. Transformatoren
3740	05.82	Blatt 1 –. Holzbearbeitungsmaschinen; Rahmen-Richtlinie
3740	05.82	Blatt 2 ––; Hobelmaschinen für einseitige Bearbeitung
3740	06.83	Blatt 3 ––; Tischkreissägemaschinen

Teil 7 Vorschriften, Behörden 519

3740	06.83	Blatt 4 ––; Tischfräsmaschinen
3741	01.81	–. Maschinen in Flaschen-Abfüllanlagen
3742	02.81	Blatt 1 –. Spanende Werkzeugmaschinen, Drehmaschinen
3742	02.81	Blatt 2 ––; Fräsmaschinen
3742	06.83	Blatt 3 ––; Wälzfräsmaschinen
3742	06.83	Blatt 4 ––; Kaltkreissägemaschinen
3742	06.83	Blatt 5 ––; Schleifmaschinen
3742	06.83	Blatt 6 ––; Bohrmaschinen
3743	01.82	Blatt 1 –. Pumpen; Kreiselpumpen
3744	02.83	Entwurf Schallschutz bei Krankenhäusern und Sanatorien. Hinweise für die Planung
3748	07.83	Entwurf Emissionskennwerte technischer Schallquellen. Handkettensägemaschinen
3749	06.83	Blatt 1 –. Druckluft-Werkzeuge und -Maschinen; Rahmen-Richtlinie
3749	06.83	Blatt 2 ––; Schlagende Maschinen
3749	06.83	Blatt 3 ––; Bohrhämmer und Hammerbohrmaschinen
3749	06.83	Entwurf Blatt 4 ––; Bohrmaschine
3800	04.79	Kostenermittlung für Anlagen und Maßnahmen zur Emissionsminderung
1000	10.81	Richtlinienarbeit. Grundsätze und Anleitungen

7.2.3 Sonstige Richtlinien, Normen

Neben den vorab aufgeführten Regelwerken gibt es noch eine Reihe anderer nationaler und internationaler Richtlinien, Normen und Arbeitsgrundlagen, die hier nicht vollständig aufgeführt werden können. Einige für den praktischen Gebrauch wesentliche nationale Arbeitsunterlagen sind nachfolgend genannt:

VGB-Richtlinien für die Lärmminderung in Wärmekraftanlagen, VGB Technische Vereinigung der Großkraftwerksbetreiber e.V., Essen.

Arbeitswissenschaftliche Erkenntnisse, Handlungsanleitung für die Praxis, Lärmminderung – Anlagen – Bundesanstalt für Arbeitsschutz und Unfallforschung.

Lärmschutz-Arbeitsblätter vom Hauptverband der gewerblichen Berufsgenossenschaften e.V., Bonn, IfL-Institut für Lärmbekämpfung.

Forschungsberichte zu Lärmproblemen der Bundesanstalt für Arbeitsschutz und Unfallforschung.

Veröffentlichungen zu Fragen der Lärmminderung vom Ministerium für Arbeit, Gesundheit und Soziales des Landes Nordrhein-Westfalen (z.B. Lärmschutz bei Kraftwerken, Lärmschutz an Klärwerken, Lärmschutz beim Raffineriebau).

Veröffentlichungen zu Lärmproblemen der Landesanstalt für Immissionsschutz des Landes Nordrhein-Westfalen (z.B. Luftschalldämmung von Bauelementen für Industriebauten).

SEB-Richtlinien, Stahl-Eisen-Betriebsblätter des Vereins Deutscher Eisenhüttenleute, Lärmminderung bei Maschinen und Anlagen.

Richtlinie für die Messung und Beurteilung von Schießlärmimmissionen in der Nachbarschaft von Schießanlagen, Bekanntmachung des Bayer. Staatsministerium für Landesentwicklung und Umweltfragen vom 14.10.1982 (LUMBl. S. 108).

Richtlinie für die Ermittlung der Fluglärmimmissionen in der Umgebung von Landeplätzen und Segelfluggeländen in Bayern, Entwurf 1980, Bayer. Landesamt für Umweltschutz.

Fachtechnisches Arbeitspapier. Hinweise zur Beurteilung des durch Freizeitaktivitäten verursachten Lärms, Länderausschuß für Immissionsschutz, Stand Juli 1983 (NVwZ 1985, S. 98).

7.3 Behörden, Institutionen

Neben dem technischen Wissen und dem technischen Regelwerk ist zur Erfüllung der Aufgaben auf dem Gebiet des Lärmschutzes eine entsprechende Verwaltungsorganisation des Staates erforderlich. Die Zuständigkeiten überstreichen dabei, wie auch in anderen Bereichen des Umweltschutzes, eine große Anzahl von Behörden in Bund und Ländern; außerdem ist das System der Zuständigkeitsregelung nicht einheitlich. Der Verwaltungsaufbau entspricht jedoch jeweils ähnlichen Regeln.

Die Ministerien sind oberste Bundes- oder Landesbehörden und für die Entwicklung des Umweltrechts und Fragen der Finanzierung zuständig. Wesentliche Aufgaben im Bereich des Umweltschutzes übernehmen die nachgeordneten Behörden; dies können Sonderbehörden, Sondereinrichtungen (zum Teil Oberbehörden) und nachgeordnete Behörden der allgemeinen Verwaltung sein.

Beispielsweise sind das Umweltbundesamt eine Bundesbehörde im Geschäftsbereich des Bundesministeriums des Innern und das Bayerische Landesamt für Umweltschutz eine Landesbehörde im Geschäftsbereich des Bayerischen Staatsministeriums für Landesentwicklung und Umweltfragen. Landessonderbehörden sind beispielsweise die Gewerbeaufsichtsämter in Bayern im Geschäftsbereich des Staatsministeriums für Arbeit und Sozialordnung. Die Länder haben darüber hinaus noch nachgeordnete Behörden der allgemeinen Verwaltung, die Bezirksregierungen und Kreisverwaltungsbehörden. Die Kreisverwaltungsbehörden sind z. B. in Bayern als untere Behörden unter anderem zuständig für den Vollzug des Lärmschutzes. Im Rahmen des vorliegenden Buches ist es nicht möglich, hierzu eine vollkommen umfassende Darstellung zu geben. Es sollen vielmehr nur die wesentlichen Stellen genannt werden, bei denen für den Einzelfall auch die jeweiligen Zuständigkeitsregelungen erfragt werden können; auf die hierzu vorliegende Literatur wird verwiesen [7], [8].

7.3.1 Bundesrepublik Deutschland

Der Bundesminister des Innern
Graurheindorfer Straße 198
5300 Bonn 1

Grundsatzfragen des Rechts der Lärmbekämpfung;

Bundes-Immissionsschutzgesetz (einschließlich Rechts- und Verwaltungsvorschriften);
Fluglärmgesetz (einschließlich Rechts- und Verwaltungsvorschriften);

Mitwirkung an Rechts- und Verwaltungsvorschriften anderer Bundesministerien hinsichtlich der Belange des Lärmschutzes (z. B. Verkehr- und Bauwesen);

Angelegenheiten der Lärmbekämpfungsplanung, vor allem betreffend Bau- und Verkehrslärm;

Immissionsschutzbericht;

Fachliche Wahrnehmung der Aufgaben in nationalen und internationalen Gremien;

Übergreifende Fachfragen im internationalen Bereich;

Verbindung des BMI zum Länderausschuß für Immissionsschutz;

Planung von Forschungs- und Entwicklungsvorhaben auf dem Gebiet des Lärms und der Erschütterungen.

Der Bundesminister für Forschung und Technologie
Stresemannstr. 2
5300 Bonn-Bad Godesberg 1

Vergabe von Forschungs- und Entwicklungsvorhaben auf dem Gebiet Lärm und Erschütterungen.

Der Bundesminister für Raumordnung, Bauwesen und Städtebau
Deichmanns Aue
5300 Bonn-Bad Godesberg

Erarbeitung von Gesetzesvorhaben, Erlaß von Rechtsvorschriften und Richtlinien, Erarbeitung von technischen Anleitungen und Herausgabe von Merkblättern für den Lärmschutz im Zusammenhang mit Städtebau und Raumordnung;

Mitwirkung bei der Erarbeitung von Gesetzesvorhaben, dem Erlaß von Rechtsvorschriften und Richtlinien, Mitwirkung bei der Erarbeitung von technischen Anleitungen und der Herausgabe von Merkblättern für den Lärmschutz, soweit Belange des Städtebaus und der Raumordnung angesprochen sind;

Koordinierung ressortübergreifender Belange des städtebaulichen Lärmschutzes;

Mitarbeit in nationalen und internationalen Beratungsgremien zu Fragen des Lärmschutzes in Städtebau und Raumordnung;

Forschungsförderung und -begleitung bei Vorhaben über Lärmschutz im Städtebau und in der Raumordnung.

Der Bundesminister für Verkehr
Kennedyalle 72
5300 Bonn-Bad Godesberg

Mitarbeit an und Erlaß von gesetzlichen Regelungen, die den Immissionsschutz im Bereich des Verkehrswesens betreffen;

Gesetzliche Regelungen (auch international) zur Begrenzung der Lärmemissionen von Fahrzeugen;

Weisungsbefugnis gegenüber den Genehmigungs- und Aufsichtsbehörden für Flugplätze;

Weisungsbefugnis gegenüber den Auftragsverwaltungen der Länder im Bundesfernstraßenbau;

Berücksichtigung der Erfordernisse des Lärmschutzes bei der Verkehrsplanung;

Internationale Zusammenarbeit zwecks Lärmbekämpfung im Verkehrsbereich;

Vergabe von Forschungs- und Entwicklungsvorhaben auf dem Gebiet Lärm und Erschütterungen;

Fachaufsicht über die Deutsche Bundesbahn.

Der Bundesminister für Wirtschaft
Villemombler Str. 76
5300 Bonn-Duisdorf

Bundesamt für Wehrtechnik und Beschaffung
Konrad-Adenauer-Ufer 2–6
5400 Koblenz 1

Lärmbekämpfung im militärischen Bereich;

Prüfen von militärischen Anlagen bezüglich der Lärmerzeugung;

Lärmmessung im militärischen Bereich;

Erstellung von Gutachten, Studien und Mitarbeit in Beratungsausschüssen wie VDI, FANAK B 2;

Entwicklung von leiseren Strahltriebwerken;

Entwicklung von Verbrennungskraftmaschinen mit geringer Schallabstrahlung.

Bundesanstalt für Flugsicherung
Opernplatz 14
6000 Frankfurt/Main 1

Erstellung und Veröffentlichung von lärmmindernden An- und Abflugverfahren unter Anhörung der jeweiligen Lärmschutzbeauftragten an den Verkehrsflughäfen;

Einführung lärmmindernder Verfahren beim Starten von Luftfahrzeugen (rolling take off's);

Untersuchung lärmmindernder Techniken auf der Bordseite;

Untersuchung von Lärmeinwirkungen durch Luftfahrzeuge;

Zuarbeit bei Beschwerden über Fluglärm an Verkehrsflughäfen;

Mitwirkung in den Lärmschutzkommissionen (§ 32b Luftverkehrsgesetz);

Mitwirkung im „Beratenden Ausschuß" beim BMI und BMV (§ 32a des Luftverkehrsgesetzes);

Mitwirkung in der Arbeitsgruppe „Datenerfassungssystem für die Ermittlung von Lärmschutzbereichen" (§ 3 des Gesetzes zum Schutz gegen Fluglärm).

Bundesanstalt für Materialprüfung
Unter den Eichen 87
1000 Berlin 45

Entwickeln von Richtlinien für den Schall- und Erschütterungsschutz;

Überprüfung der Einhaltung von Schallschutzvorschriften;

Bauakustische Messungen;

Lärmschutz am Arbeitsplatz durch bauliche Maßnahmen;

Bauakustische Beratung und Gutachten;

Verkehrserschütterungen (Gutachten);

Ausbreitung von U-Bahnerschütterungen und Möglichkeiten zu ihrer Abschirmung, Entwicklung von Meß-Systemen.

Bundesanstalt für Straßenwesen
Bruehler Str. 1
5000 Köln

Entwicklung von Richtlinien und Grenzwerten auf dem Gebiet der Lärmbekämpfung;

Messung und statistische Aufbereitung unterschiedlicher Verkehrslärmarten, Erstellung von Prognosen;

Erstellung von Lärmgutachten für den BMV und andere Bundes- und Landesbehörden;

Untersuchungen auf dem Gebiet des Verkehrslärms, des Luft- und Körperschalls sowie der Erschütterungen;

Entwicklung von Lärmschutzmaßnahmen;

Entwicklung von Meßverfahren und -geräten;

International Road Research Documentation (RRD) – Datenbank: Lärm.

Bundesforschungsanstalt für Forst- und Holzwirtschaft
Leuschnerstr. 91
2050 Hamburg 80

Messung von Lärmwirkungen auf Mitarbeiter und Umgebung;

Verbesserung der Umweltverträglichkeit von Produktionsverfahren in der Forst- und Holzwirtschaft;

Schutz- und Erholungsfunktion des Waldes.

Bundesforschungsanstalt für Landeskunde und Raumordnung
Michaelstr. 8
5300 Bonn-Bad Godesberg

Mitarbeit in der Projektgruppe Lärmbekämpfung beim BMI;

Darstellung und Bewertung lärmbelasteter Räume im Bundesgebiet.

Institut für Wasser-, Boden- und Lufthygiene Bundesgesundheitsamt
Correnplatz 1
1000 Berlin 33

Untersuchung physiologischer Lärmeinwirkungen bei Mensch und Tier.

Luftfahrt-Bundesamt
Flughafen
3300 Braunschweig

Mitwirkung bei der Erarbeitung von Rechtsvorschriften zur Geräuschminderung an Luftfahrzeugen;

Festlegung von Lärmgrenzwerten nach dem Stand der Technik;

Überprüfung der Lärmdaten und Lärmzulassung von Luftfahrzeugen;

Mitwirkung bei flugbetrieblichen Maßnahmen, z. B. bei der Festlegung lärmarmer Anflugverfahren;

Mitarbeit im Ausschuß nach § 32a Luftverkehrsgesetz;

Veranlassung von Forschungsvorhaben zur Geräuschminderung an Luftfahrzeugen;

Erfassung der Lärmdaten von Luftfahrzeugen.

Physikalisch-Technische Bundesanstalt
Bundesallee 100
3300 Braunschweig

Mitarbeit am Gesetz über das Meß- und Eichwesen (Eichgesetz);

Erarbeitung von Eichvorschriften für Eichordnung Anlage 21 – Schallpegelmesser;

Erarbeitung von Prüf- und Zulassungsvorschriften für Schallpegelmesser;

Bauartzulassung und Prüfung von Schallpegelmessern;

Ausarbeitung von Anforderungen an Schallmeßgeräte und -meßverfahren;

Meßtechnische Überwachung der anerkannten Prüfstellen für baulichen Schallschutz;

Untersuchungen über die Wirksamkeit von Gehörschützern;

Mitarbeit bei nationalen und internationalen Normenverbänden zur Sicherung der Einheitlichkeit des Schallmeßwesens;

Grundlagenforschung auf dem Gebiet des Lärmschutzes sowie für die Normen- und Richtlinienarbeit;

Erarbeitung meßtechnischer Grundlagen zur Lärmmessung;

Entwicklung einheitlicher Schallmeß- und Bewertungsverfahren;

Verbesserung der raum- und bauakustischen Meßtechnik;

Erprobung und Entwicklung von Schallmeßgeräten und -verfahren;

Verbesserung des Schallschutzes.

Umweltbundesamt
Bismarckplatz 1
1000 Berlin 33

Erarbeitung wissenschaftlicher Grundlagen für Vorschriften des Bundes auf dem Gebiet der Lärmbekämpfung;

Mitwirkung bei DIN-Normen und VDI-Richtlinien;

Planungshilfen für die Verkehrsplanung im Hinblick auf die Vermeidung von Lärmbelästigungen;

Mitwirkung bei der Aufstellung des Aktionsprogramms Lärmschutz;

Erstellung des Materialienbandes und Entwurf des Immissionsschutzberichtes der Bundesregierung;

Geschäftsführung für die Projektgruppe Lärmbekämpfung;

Mitwirkung in nationalen und internationalen Beratungsgremien auf dem Gebiet der Lärmbekämpfung;

Vergabe von Forschungs- und Entwicklungsvorhaben, insbesondere auf den Gebieten: Lärmwirkung, Entwicklung einheitlicher Meß- und Überwachungsverfahren, Entwicklung neuer lärmarmer Techniken, Lärm gewerblicher und nichtgewerblicher Anlagen, Minderung des Verkehrslärms, Minderung des Lärms durch Planung und bauliche Maßnahmen;

Untersuchungen zur Lärmmessung und Lärmabschirmung;

Herausgabe des Literaturinformationsdienstes Umwelt (LIDUM), Teil Lärmbekämpfung im Rahmen von UMPLIS.

7.3.2 Länder

7.3.2.1 Baden-Württemberg

Ministerium für Ernährung, Landwirtschaft und Umwelt Baden-Württemberg
Marienstr. 41
7000 Stuttgart 1

Erarbeitung von Vorschriften für die Erklärung zum Schutzwald gegen schädliche Umwelteinwirkungen nach § 31 Landeswaldgesetz;

Erarbeitung von Richtlinien für die Ausweisung von Immissionsschutzwald im Rahmen der Waldfunktionenkartierung;

Erarbeiten von Richtlinien für die waldbauliche Behandlung von Immissionsschutzwald;

Anlage von Wald zur Lärmdämmung (Immissionsschutzwald); Lärmdämmung durch Waldbestände;

Herausgabe der Waldfunktionenkarten.

Landesanstalt für Umweltschutz Baden-Württemberg
Griesbachstr. 3
7500 Karlsruhe 21

Emissions- und Immissionsmessungen von Geräuschen und Erschütterungen

Betrieb eines Lärmmeßwagens;

Erstellen von Gutachten zu Fragen der Lärmbekämpfung;

Mitarbeit im Unterausschuß „Lärm/Erschütterungen" und in Arbeitskreisen des Länderausschusses für Immissionsschutz;

Mitarbeit in Ausschüssen des VDI und Fachnormausschüssen des DIN;

Untersuchungen auf dem Gebiet der Lärmschutztechnik;

Durchführung von Informationslehrgängen für Angehörige der Gewerbeaufsichtsämter.

7.3.2.2 Bayern

Bayerisches Staatsministerium für Landesentwicklung und Umweltfragen
Rosenkavalierplatz 2
8000 München 81

Federführung bei der Rechtssetzung in allen Fragen des Lärmschutzes (ausgenommen das Baurecht) im Einvernehmen mit dem jeweils betroffenen Staatsministerium;

Mitwirkung bei der Erarbeitung von Normen und Richtlinien;

Mitwirkung in allen grundsätzlichen Fragen des Vollzugs der Rechtsvorschriften auf dem Gebiet des Lärmschutzes (ausgenommen das Baurecht);

Mitwirkung bei Raumordnung und Landesplanung unter dem Gesichtspunkt der Lärmbekämpfung;

Erarbeitung von Lärmschutzbereichen zur Lenkung der Bauleitplanung in der Umgebung von Flughäfen im Rahmen des Bayerischen Landesentwicklungsprogramms;

Mitarbeit im Länderausschuß Immissionsschutz;

Beratung und Verkehr mit dem Landtag und allen einschlägig interessierten Bürgern und Behörden inner- und außerhalb Bayerns im Rahmen der Möglichkeiten einer obersten Landesbehörde;

Erstellen von Studien und Gutachten zu Fragen der Lärmbekämpfung;

Maßnahmen zur Minderung von Lärm und Erschütterungen;

Fach- und Rechtsaufsicht über den Vollzug der einschlägigen Bestimmungen in den §§ 4–31 Bundes-Immissionsschutzgesetz durch die Regierungen und die Landratsämter.

Bayerisches Landesamt für Umweltschutz
Rosenkavalierplatz 3
8000 München 81

Ausarbeitung von technischen Richtlinien auf dem Gebiet des Lärmschutzes einschließlich Fluglärm;

Grundsatzfragen des Lärmschutzes;

Erstellung und Vertretung von Gutachten in Verwaltungsverfahren zu den Bereichen Industrie/Gewerbe, Freizeit, Straßen-, Schienen-, Schiff- und Flugverkehr;

Erstellung und Vertretung von Gutachten in gerichtlichen Verfahren;

Mitwirkung beim Vollzug des Gesetzes zum Schutz gegen Baulärm;

Erfassung des Standes der Lärmbelastung der Bevölkerung;

Betrieb von Laboratorien und Meßeinrichtungen zur Bestimmung von Lärm;

Messung und Beurteilung von Lärm;

Ausarbeitung von Sonderplänen auf dem Gebiet des Lärmschutzes;

Fachtechnische Beratung von Behörden und Gebietskörperschaften im Rahmen der Bauleit- und Bauplanung;

Fachtechnische Prüfung von Förderungsfragen für Maßnahmen zur Verminderung von Lärmemissionen;

Aus- und Fortbildung auf dem Gebiet des Lärmschutzes.

Bayerisches Staatsministerium für Arbeit und Sozialordnung
Winzererstraße 9
8000 München 13

Mitarbeit bei rechtlichen Regelungen im Rahmen der Arbeitsschutzgesetze und des Bundes-Immissionsschutzgesetzes;

Überwachung von Anlagen gemäß Gewerbeordnung;

Gewerbeaufsicht und Gewerbehygiene;

Arbeitsmedizin und Berufskrankheiten;

Erteilung von Bauartzulassungen und allgemeine Ausnahmen;

Arbeitsschutzplanung;

Aufsicht über den Technischen Überwachungsverein Bayern e.V..

7.3.2.3 Berlin

Der Senator für Gesundheit und Umweltschutz
Lentzeallee 12–14
1000 Berlin 33

Bundes-Immissionsschutzgesetz und dazu ergangene Rechtsverordnungen und Verwaltungsvorschriften zur Lärmbekämpfung;

Neufassung der Verordnung zur Bekämpfung des Lärms;

Grundsätze für die Lärmbekämpfung in Berlin;

§ 117 des Gesetzes über Ordnungswidrigkeiten;

Verordnung über die Festsetzung des Lärmschutzbereichs für den Flughafen Berlin-Tegel;

Gesetz zum Schutz gegen Fluglärm in Berlin;

Präventive Lärmbekämpfung im Rahmen des Genehmigungsverfahrens für genehmigungsbedürftige Anlagen im Sinne der §§ 4ff des Bundes-Immissionsschutzgesetzes sowie der nichtgenehmigungsbedürftigen Anlagen nach § 22 Bundes-Immissionsschutzgesetz;

Technische Beurteilung des Schallschutzes von Wohnungen;

Technische Vorschläge für nachträgliche Schallschutzmaßnahmen an bestehenden Gebäuden;

Präventive Lärmbekämpfung im Rahmen des Ausnahmezulassungsverfahrens nach § 8 Lärmverordnung;

Präventive Lärmbekämpfung im Rahmen der Überwachungspflicht nach § 52 Bundes-Immissionsschutzgesetz;

Baulärmbekämpfung durch Erteilung von Auflagen zur Umrüstung von Baumaschinen;

Überwachung des Motorbootlärms auf den Berliner Seen durch Schallpegelmessungen;

Überwachung von Lärmquellen auf allen Gebieten des Lärms;

Ermittlung und Wertung der Fluglärmbelastung, Maßnahmen zum Schutz gegen Fluglärm, insbesondere nächtliches Lande- und Abflugverbot, Einhaltung der Flugrouten, lärmmindernde Start- und Landeverfahren, Probelaufbeschränkungen, Errichtung einer Fluglärmmeßanlage sowie Vorsitz und Geschäftsführung der Fluglärmkommission;

Meßaktionen zur Verkehrslärmermittlung und -überwachung;

Berücksichtigung von lärmmindernden Maßnahmen im Rahmen der Verkehrs- und Bauleitplanung sowie Grün- und Freiflächenplanung;

Berechnung des Lärmschutzbereiches;

Mitwirkung bei der Erstellung von Bebauungs- und Flächennutzungsplänen;

Beteiligung bei der Errichtung von Abenteuerspielplätzen und Kindertagesstätten;

Bildung einer Arbeitsgruppe Lärmverhütung und -bekämpfung;

Einrichtung einer Lärmberatungsstelle für technische und rechtliche Beratung in Fragen der Lärmverhütung und -bekämpfung;

Untersuchungen über Fluglärm;

Ausbau eines Geräuschpegelkatasters;

Installierung einer Lärmerfassungs- und -auswertungsanlage mit vollautomatischer Meßdatenauswertung.

7.3.2.4 Bremen

Der Senator für Arbeit
Contrescarpe 73
2800 Bremen 1

Erarbeiten von Gesetzesentwürfen, Erlaß von Rechtsverordnungen, Dienstanweisungen (Erlässe) und Richtlinien, Herausgabe von Merkblättern: für den Immissionsschutz bei gewerblichen und nichtgewerblichen Anlagen mit Ausnahme des Verkehrs und des Bergwesens; für den sozialen und technischen Arbeitsschutz; für das Eichwesen;

Eichung von Meßgeräten in Sonderfällen durch die Landeseichdirektion;

Aufsicht über die Durchführung des medizinischen Arbeitsschutzes durch den Landesgewerbearzt;

Mitarbeit bei Standortplanungen unter dem Gesichtspunkt der Lärmbekämpfung;

Mitarbeit in Beratungsausschüssen zu Fragen der Lärmbekämpfung;

Aufstellen von Lärmkatastern für Gewerbe- und Industrielärm;

Fachaufsicht über die Eichämter Bremen und Bremerhaven.

Der Senator für Gesundheit und Umweltschutz
Bahnhofsplatz 29
2800 Bremen 1

Mitwirkung beim Erlaß von Zuständigkeitsregelungen im Bereich des Bundes-Immissionsschutzes und der Bremischen Landesbauordnung;

Mitarbeit in der Fluglärmkommission;

Verringerung der Lärmbelastung am Arbeitsplatz;

Bearbeitung von Nachbarschaftsbeschwerden;

Erfassung von bestehenden Lärmbelastungen und Prognose von zu erwartenden Lärmbelastungen;

Errichtung von Lärmmeßstellen in der Umgebung des Flughafens;

Laufende Berücksichtigung aller Erkenntnisse des Lärmschutzes in der Raumordnung, Landesplanung und Stadtentwicklung;

Verringerung der Lärmbelastung durch aktive und passive Schallschutzmaßnahmen und flugbetriebliche Maßnahmen;

Erstellung von Lärmübersichtskarten.

7.3.2.5 Hamburg

Baubehörde
Stadthausbrücke 8
2000 Hamburg 36

Erarbeiten von Gesetzentwürfen, Verordnungen und Richtlinien auf dem Gebiet der Lärmbekämpfung;

Genehmigung der Errichtung bzw. Änderung lärmbelästigender Anlagen;

Teil 7 Vorschriften, Behörden 531

Überwachung und Festlegung von Maßnahmen zum Schutz gegen Baulärm;

Prüfung von Bauteilen im Hinblick auf Lärmschutz;

Schallpegelmessungen;

Schaffung von Lärmschutzzonen an Verkehrswegen.

Behörde für Wirtschaft, Verkehr und Landwirtschaft
Alter Steinweg 4
2000 Hamburg 11

Sitz des Fluglärmschutzbeauftragten: Überwachung des Fluglärms;

Ermittlung und Bekämpfung gesundheitsgefährdenden Lärms;

Bergaufsicht;

Eichaufsicht;

Überwachung von Luft- und Wasserfahrzeugen sowie nicht bundeseigenen Eisenbahnen bezüglich ihrer Emissionen.

7.3.2.6 Hessen

Der Hessische Minister für Landesentwicklung, Umwelt, Landwirtschaft und Forsten
Hölderlinstr. 1
6200 Wiesbaden 1

Mitwirkung bei der Erarbeitung von Gesetzen und Verordnungen;

Grundsatzfragen der Umweltpolitik;

Lärmminderungspläne;

Ausweisung besonders schutzwürdiger Gebiete;

Koordinierung des Lärmschutzes.

Der Hessische Sozialminister
Adolfsallee 53/59
62000 Wiesbaden

Mitwirkung bei rechtlichen Regelungen des Immissions- und Arbeitsschutzes;

Anlagen, produkt- und gebietsbezogener Immissionsschutz;

Mitarbeit im Länderausschuß für Immissionsschutz;

Mitarbeit im Unterausschuß „Lärm/Technik", im beratenden Ausschuß für Immissionsschutz und ähnlichen Gremien;

Aufklärung der Bevölkerung über Fragen der Lärmbekämpfung;

Erfassung und Auswertung von Daten der Lärmbekämpfung aus dem Bereich der Gewerbeaufsicht (Datenbank bei der Hessischen Zentrale für Datenverarbeitung);

Mitarbeit an Emissionskatastern;

Fachaufsicht über die Regierungspräsidenten betreffend Immissionsschutz.

Hessische Landesanstalt für Umwelt
Aarstr. 1
6200 Wiesbaden

Messen von Geräuschen und Erschütterungen;

Betrieb von Meßwagen und Meßstationen im Rahmen des Hessischen Umweltmeßnetzes;

Meßstelle nach § 26 Bundes-Immissionsschutzgesetz;

Mitwirkung bei der Planung von Schallschutzmaßnahmen im Rahmen von Linienfestlegungs- und Planfeststellungsverfahren von Straßen und Bahnlinien;

Gutachtliche Stellungnahmen im Rahmen der Verkehrs-, Bauleit-, Regional- und Standortplanung aus der Sicht des Lärmschutzes;

Mitarbeit in Fachgremien für Fragen des Schutzes vor Lärm und Erschütterungen;

Stellungnahmen zur Regionalplanung, zu Bauleitplänen und im Rahmen der Standortplanung sowie zu Flugplätzen aus der Sicht des Lärmschutzes;

Modelluntersuchungen zu Fragen des Lärmschutzes in der Regional-, Bauleit-, Verkehrs- und Standortplanung;

Erstellung von Planungshilfsmitteln (z. B. Lärm-Übersichtskarten für das Land Hessen).

7.3.2.7 Niedersachsen

Der Niedersächsische Sozialminister
Hinrich-Wilhelm-Kopf-Platz 2
3000 Hannover

Mitarbeit bei gesetzlichen Regelungen zum Lärmschutz;

Durchführung des Bundes-Immissionsschutzgesetzes und der hierzu ergangenen Rechts- und Verwaltungsvorschriften;

Durchführung des Niedersächsischen Immissionsschutzgesetzes;

Stellungnahme zu Anträgen für Steuervergünstigungen für Wirtschaftsgüter, die unmittelbar dem Lärm dienen;

Messungen von industriellem und gewerblichem Lärm (z. B. Baulärm);

Bekanntgabe von Meßstellen zur Ermittlung von Emissionen und Immissionen;

Planungen betreffend den allgemeinen Schallschutz;

Mitarbeit im Länderausschuß für Immissionsschutz;

Erstellen eines Emissionskatasters und Ausarbeiten von Lärmkarten für besondere Gebiete;

Dienstaufsicht über die Gewerbeaufsichtsverwaltung.

Niedersächsisches Landesverwaltungsamt – Arbeitsmedizin und Gewerbehygiene
Bertastr. 4
3000 Hannover

Gutachtliche Prüfung von Genehmigungsanträgen nach dem Bundes-Immissionsschutzgesetz;

Prüfung von Meßstellen für Lärm und Erschütterungen und deren Überwachung;

Schallpegelmessungen und Auswertung;

Messen von Schwingungen und Erschütterungen sowie Auswertung und Beurteilung;

Begutachtung und Anerkennung von Berufskrankheiten.

7.3.2.8 Nordrhein-Westfalen

Der Minister für Umwelt, Raumordnung und Landwirtschaft
Schwannstr. 3
4000 Düsseldorf 30

Bekanntgabe der Stellen nach § 26 Bundes-Immissionsschutzgesetz;

Bereitstellung von Finanzhilfen für Schallschutzmaßnahmen;

Berücksichtigung des Lärmschutzes bei der Landes- und Bauleitplanung und in den Landesentwicklungsplänen, sowie im Verkehr;

Vorsitz im Länderausschuß für Immissionsschutz;

Förderung von Entwicklungsvorhaben im Bereich Lärm und Erschütterungen;

Förderung von Entwicklungen zu lärmarmen Maschinen und lärmmindernden Einrichtungen;

Grundlagenuntersuchungen über den Lärmschutz;

Wirkung von Geräuschen auf den Menschen;

Berichte über die Ergebnisse geförderter Entwicklungsvorhaben auf dem Gebiet der Lärmbekämpfung;

Fachaufsicht über die staatliche Gewerbeaufsicht.

Landesanstalt für Immissionsschutz Nordrhein-Westfalen − Meßstelle für Geräusche und Erschütterungen
Wallneyerstr. 6
4300 Essen

Mitwirkung bei der Erarbeitung von Verordnungen, Richtlinien und Erlassen auf dem Gebiet der Lärmbekämpfung;

Beratung der Gewerbeaufsicht und Bergaufsicht sowie der Ministerien bei Genehmigungsverfahren und Beschwerdefällen, Erstattung von Gutachten vor Gerichten;

Entwicklung von Meßverfahren für Fluglärm;

Erhebungen über Verkehrslärm an Straßen und Schiene;

Einwirkungen von Erschütterungen auf Gebäude und Bauteile;

Fortbildungsprogramm für Teilnehmer aus Verwaltung und Industrie zu Fragen des Schutzes vor Geräuschen und Erschütterungen;

Information und Dokumentation auf dem Gebiet des Lärmschutzes;

Erstellung von Lärmkatastern.

7.3.2.9 Rheinland-Pfalz

Ministerium für Soziales, Gesundheit und Sport des Landes Rheinland-Pfalz
Bauhofstr. 4
6500 Mainz

Erarbeitung gesetzlicher Grundlagen auf dem Gebiet der Lärmbekämpfung und des Schutzes vor Erschütterungen;

Oberste Landesbehörde auf dem Gebiet der Lärmbekämpfung (ausgenommen Flug- und Verkehrslärm);

Aktiver und passiver Schallschutz bzw. Lärmminderung in den Bereichen Bau, Gewerbe, Haus und Freizeit;

Grundsätzliche Planungen auf dem Gebiet der Lärmbekämpfung, ausgenommen Verkehrsbereich;

Herausgabe von Informationsmaterial und Durchführung von Informationsveranstaltungen im Bereich Lärmbekämpfung (außer Verkehrsbereich).

7.3.2.10 Saarland

Ministerium für Umwelt, Raumordnung und Bauwesen
Hardenbergstr. 8
6600 Saarbrücken

Erarbeiten von Gesetzesentwürfen, Erlaß von Rechtsvorschriften und Richtli-

nien, Erarbeiten von technischen Anleitungen, Herausgabe von Merkblättern auf dem Gebiet der Lärmbekämpfung;
Durchführung des Bundes-Immissionsschutzgesetzes;
Lärmschutzplanung;
Mitarbeit im Länderausschuß für Immissionsschutz.

Materialprüfamt des Saarlandes
Saaruferstr. 66
6600 Saarbrücken

Kontrolle von Bauteilen und Baukonstruktionen sowie Installationen auf Geräuschdämmung, Zulassung von Bauteilen;
Elektronische Messungen von Erschütterungen, Schwingungen und Schall.

7.3.2.11 Schleswig-Holstein

Der Sozialminister des Landes Schleswig-Holstein
Brunswiker Str. 16–22
2300 Kiel

Erweiterung des Bundesgesetzes zum Schutz gegen Fluglärm durch Berücksichtigung der Einzelüberfluggeräusche Ausdehnung der Schutzzonen;
Erteilung bzw. Entziehung von Betriebsgenehmigungen durch die Gewerbeaufsicht;
Überwachung der Arbeitsschutzbestimmungen im Bereich Lärm und Erschütterungen durch den Landesgewerbearzt;
Lärmquellenuntersuchungen zur Gewinnung objektiver Meßdaten und verläßlicher Grundlagen für die Anordnung von Maßnahmen.

Literaturverzeichnis

[1] Feldhaus, G.: Bundes-Immissionsschutzrecht, Deutscher Fachschriften-Verlag, Wiesbaden
[2] Handbuch des Lärmschutzes und der Luftreinhaltung – Gesetze, Verordnungen, Verwaltungsvorschriften, technische Normen, Rechtssprechung –, Erich Schmidt Verlag, Berlin
[3] Fundstellennachweis A, Bundesrecht ohne völkerrechtliche Vereinbarungen und Verträge mit der DDR, Stand Dezember 1984, Beilage zum BGBl I; Z 5702 A
[4] Verzeichnis von Rechts- und Verwaltungsvorschriften des Bundes und der Länder auf dem Gebiet des Immissionsschutzes, Umweltbundesamt, Berlin
[5] DIN-Katalog, Beuth-Verlag GmbH, Berlin, Köln
[6] VDI-Handbuch Lärmminderung, Beuth-Verlag GmbH, Berlin, Köln
[7] Umweltbundesamt: Behördenverzeichnis Umweltschutz, Erich-Schmidt-Verlag, Berlin, 1982
[8] Behördenführer – Zuständigkeiten im Umweltschutz, Umweltbundesamt, Berlin, 1983.

Stichwortverzeichnis

(Verweise auf Tabellen und Diagramme in Kursiv)

A-Bewertung 23, 26, 44, 99, 143, 376
Abfallcontainer 441
Abfallzeit 144
Abgabengesetze, kommunale 474
Ablesebereich 129
Ablesegenauigkeit 145,171
Ablösung von Nutzungen 432
Abluftöffung 453
Abnahmemessung 125, 239
Abschirmmaß 57–61, 445, 453
– nahmen 461, 467
Abschirmung 55, 167, 253, 312, 326, 337 ff, 350, 351, 352, 387, 434, 437, 440, 443, 445, 448, 452, 456, 459, 461, 462, 463, 469
Absiedlung 432, 434
Absorption 174, 176, 253, 254, 255, 326
Absorptionsfläche, äqivalente 70, 75, 76, 93, 133
Absorptionsgrad (Schallabsorptionsgrad) 69–70, 110-113, 133, 253
Abtastrate 127, 128, 139
Abstand 329–333, 385–387, 445–447, 455, 462
Abstandserlaß 472, 473
Abstandsfläche 430, 431, 467, 473
Abstandsmaß 49, 119, 441, 445, 452
Abstandsverringerung 456
Abstandsvorgabe 433
Abstrahlung 457
Abstufung (von Gebieten) 449, 452
Abwägung 303, 426, 434, 438, 439
Abwägungsausfall 434
Abwägungsdefizit 438
Abwägungsfehleinschätzung 438
Abwägungsgebot 302, 303
Abwehrender Immissionsschutz 434
Addition, energetische 26, 342, 453
Aerodynamische Geräusche 368
Altenheim 358, 428
Altglassammelbehälter 441
Amplitude 137
Amplituden-Modulation (AM) 139, 152
Analog-Anzeige 145, 148, 149

Analog/Digitalwandler 146
Anfahrgeräusch 368
Anhaltswerte für Innengeräusche 92
Anlage
– nicht störende 473
– nicht wesentlich störende 473
– nicht erheblich belästigende 473
Anlagen, gewerbliche 201, 432, 452
Anlagenkomplex 456
Anpassungsfaktor 431, 432
Anzeige
– schnell (fast) 14, 35–36, 130, 139, 144, 149, 161, 376
– langsam (slow) 14, 35–36, 138, 144, 161
– Impuls 14, 35–36, 128, 139, 144, 161, 376
Anzeigebereich 138, 144
Anzeigeeinheit 140
Anzeigedynamik 134
Anzeigeinstrument 141, 144, 155
Äquivalente (Schall)absorptionsfläche s. Absorptionsfläche, äqivalente
Äquivalenter Dauerschallpegel s. Dauerschallpegel, äquivalenter
Äquivalenzparameter 39
Arbeitsschutz 440
Asphaltmischanlage 451, 455
Atriumhäuser 459
Aufenthaltsraum 440, 468
Auflagen zum Schallschutz 260 ff, 302, 303
Aufnahmedauer 162
Aufnahmekopf 153, 155
Aufnahmeregelung 154
Aufnahmeregler 153
Aufnahmerichtung 141, 174
Aufsprechverstärker 155
Ausbreitungsmodell 444, 449
Ausbreitungsrechnung 234 ff, 454
Ausbreitungsverhältnisse 449
Ausbreitungsweg 458
Außenbereich 358, 473
Ausgangswerte s. Emissionswerte

Auslastung 219
Austasteinrichtung 147
Austasten 139
Aussteuerung 171
Aussteuerungsanzeige 154, 155
Ausweisung (eines Baugebietes) 437, 472
Auswertegerät 138, 140, 161, 164, 165, 178
Auswerteverfahren 125
Autokorrelation 140, 157
Automobilfabrik 456
AVwV Baulärm 374, 399

Bäder 440
Bahnbetriebsanlagen 375, 381
Bahnhöfe 373, 377, 379, 380
Bahnstrecken
- Abschnittseinteilung 386
- Emmissionen 377
- Lage der Schallquelle 376, 411
- lange, gerade 385
Balkone 439, 460, 468
Bandbreite 41–43, 159
Bandpaßfilter 157
Batterie-Zustand 169, 172, 173
Bauakustik 131
Bauartprüfung 138, 139, 162
Baugebiet 437, 440, 441, 449, 450, 451, 455, 469
Baugenehmigungsverfahren 455
Baukörperformen/stellungen 466
Bauleitplan 424, 437, 449, 469
- verbindlicher 467
- vorbereitender 467, 468
Bauleitplanung 312, 313, 374, 423 ff
Baulinie 431, 456, 462
Bauliniengestaltung 461
Baunutzungsverordnung (BauNVO) 424, 428, 429, 430, 431, 440, 441, 456, 468, 469, 471, 473
Bauordnung/Bayerische/Hessische 468
Bauordnungsrecht 435, 471
Bauplanungsrecht 435
Bauschalldämmung 453
Baustellenlärm 124, 168
Bauteil 253, 270 ff
- einschalig 80
- zweischalig 82
Bauweise 466
- offene 460, 461

Bauzeile 462
Bearbeiter, schalltechnischer 468
Bebauungsdämpfungsmaß 52, 342, 445, 452, 453
Bebauungsplan 434, 453, 455, 456, 457, 462, 466 ff
- Begründung, Text, Plan 469, 470, 472
- verfahren 436, 438
Bedienfeld 153
Belange des Lärmschutzes 438, 439
Belästigung 300, 301, 344, 355, 356, 357
Belastungsabgewandte (vgl. straßenabgewandte) Seite 458
Belüftungsmöglichkeiten 312, 352, 459
Benutzervorteile 307, 310, 354 ff
Bepflanzung 353, 393, 465, 468
Beschränkungen auf geräuscharme Fahrzeuge 354, 465
Beschwerden 209, 210, 253, 263, 315
Besonderheiten des Eisenbahnlärms 369, 439
Besonnungsverhältnisse 468
Bestandsaufnahme 444, 471
Bestandsschutz 434
Betonwerk 456
Betrieb 449, 450
Betriebsbedingungen 168, 241
Betriebsbeschränkung 449
Betriebsdauer 446, 455
Betriebsfläche 451
Betriebsgenehmigung 372
Betriebsinhaber oder Betriebsleiter 429
Betriebsruhe, nächtliche 392, 452
Beurteilung
- Bahnstrecken 370, 371, 372, 374, 396, 400
- großflächige Bahnanlagen 370, 373, 374, 396, 402
Beurteilungsgrundlagen für Gewerbelärm 211, 212, 245, 260
Beurteilungsmethoden 436
Beurteilungspegel 126, 128, 168, 212, 224, 231, 232, 235, 236, 239, 345, 423, 426, 427, 431, 433, 436, 439, 449
- großflächige Bahnanlagen 373, 375, 380, 382, 387, 402
Beurteilungszeiträume 214, 315, 375, 399, 401, 403
Bevorratungslager 451
Bewertete Schallpegel 23

Stichwortverzeichnis

Bewertetes Schalldämm-Maß 80, 89, 93, 270–274
Bewertungskurven 25, 99
Bewertungsfilter 143
Bewuchs 326, 341, 342, 352, 393
Bewuchsdämpfungsmaß 52, 105, 445
Bezugsleistung 126
Bezugszeitraum 126, 129, 131, 169
Biegesteife 9, 83
Biegeweiche Platte 86
Biegewelle 9, 84 ff
Blockbebauung 459, 464, 468
Bluthochdruck 301
Bodenbevorratung 458
Bodendämpfungsmaß 51, 442, 446
Bolzplatz 441
Bremsgeräusch 368
Bremssysteme s. Zugbremsen
Bundesautobahn 437, 471
Bundesbahn 368, 437
Bundesbaugesetz (BBauG) 303, 313, 424, 425, 426, 431, 434, 438, 450, 453, 455, 456, 459, 466, 469, 471, 474
Bundesfernstraßengesetz 302
Bundes-Immissionsschutzgesetz (BImSchG) 208, 211, 303, 304, 306, 313, 370, 426, 431, 432, 433, 434, 439, 466, 467, 474
Bürogebäude 452, 464
Büro, schalltechnisches 470
Bushaltestelle 441

Cassetten-Recorder 139, 152
C-Bewertung 25
Charakteristischer Radius 442, 443
Chemieunternehmen/werk/betrieb 455, 456

Dämpfung 158, 159
Darstellungen (im Flächennutzungsplan) 450, 466
Datenspeicher 147
Datenverarbeitung 145
Dauercamping 428
Dauerschallpegel 437
– äquivalenter 75, 76, 93, 131
– energieäquivalenter 29, 125, 127, 128, 147
Diesel 301, 354
Digitalanzeige 145, 148

Digitalrechner 147
Digitalspeicher 147
DIN 4109   81, 310, 423, 440, 471
DIN 18005   311, 376, 378, 387, 423, 425, 426, 428, 429, 430, 436, 444, 445, 451, 456, 458, 469, 470, 471, 472, 473
DIN 45642   311, 471
DIN-Normen 215
DIN-phon 26
Disketten-Laufwerk 140
Doppelhaus 440, 461
Dorfgebiet 358, 429
Dreischichtbetrieb 430
Druckempfänger 136
Druckgradient-Mikrofon 136
Durchgangsstraße 464
Durchschnittlicher, täglicher Verkehr (DTV) 315, 462
Dynamik 139, 149, 152, 162, 163, 170

Ebene Welle 10
Echowirkung 468
Echtzeit-Analysator 158, 160
– -Analyse 134
Effektivwert 14–15, 141, 143, 144
– bildung 143, 149, 162
Eichamt 163
Eichgesetz 162
Eichung 162, 169
Eigenabschirmmaß 54, 106
Eigenabschirmung 352, 442, 459, 460
Einbahnstraße 465
Einfamilienhausbebauung 462
Eingänge (vgl. Treppenhäuser)
Eingangsimpedanz 153
Eingangsspannung 150
Einschichtbetrieb 451, 452, 454, 457
Einschnitt 459
Einschwingverhalten 151
Einschwingzeit 134, 159, 161
Einwirkdauer 124, 126, 129
Einwirkungsbereich 164
Einwirkzeit 374
Einzelbauelemente, städtebauliche 466
Einzelereignis 169
Einzelmeßwert 125
Einzeltöne 201, 210, 213, 219, *228*, 229, 230, 231, 262
Einzimmerwohnung 440
Eisenbahnlärm 363 ff, 439

Eisenschaffende Indsustrie 456
Elektret-Mikrofon 140
Elektrode 140, 142
Emissionen 205, 216, 217, 233, 234, 275, 310, 315 ff, 325, 353, 357, 371, 376, 377 ff, 372, 405, 442,446, 451, 453
– zulässige 430, 444, 445, 448, 449
Emissionsbelegung 443
Emissionsdaten 456, 457, 458
Emissionskennwerte technischer Schallquellen 457
Emissionsmessung 124, 167, 457
Emissionspotential 449
Emissionsprognose 456
Emissionsträchtigkeit 430
Emissionsverhältnisse (tatsächliche) 449
Emissionswerte 376, 404, 405 ff, 452, 454
Empfangsmembran 140
Energieäquivalenter Dauerschallpegel s. Dauerschallpegel, energieäquivalenter
Energiebilanz 125
Enteignung 303, 393, 432
Entfernungsmesser 166
Entschädigung 302, 303, 371, 373, 432
Entsorgungsfahrzeuge 465
Entzerrer 154, 156
Erholungsfunktion 428
Erläuterungsbericht (zum Flächennutzungsplan) 469, 472
Erschließung 437
Erschließungskosten 474
Erschütterungen 367, 369, 391, 394
Ersteichung 163
EVLärmSchG 304, 371, 397

Fahrbahn s. Straßenoberfläche
Fahrverhalten 301, 357
Fahrzeugbestand 300
Fast s. Anzeige schnell
Felder, elektromagnetische 173
Fenster (vgl. Schallschutzfenster) 91, 312, 439, 462, 468
Fenster, knapp geöffnet 440
Ferienhausgebiet 428
Fernfeld 137
Festsetzungen (im Bebauungsplan) 450, 466
Flächenbedarf 456
Flächenhafte Schallquellen 379
– Aufteilung 381

– Emissionen 380
– Höhenlage 376, 405 ff
Flächenintegral 441
Flächennutzungsplan 456, 458, 466 ff
Flächenschalleistungspegel 227, 430, 441–454
– abgestufter 452
– beurteilter 451
– beurteilter, zulässiger 451
– branchenspezifischer 456
– mittlerer 451, 454
– zulässiger 443, 445, 449, 452, 453, 454, 457
Flächenstrahler 22, 54–55, 107–109
Flankenübertragung 132
Fließender Verkehr 431, 433, 436
Fluggeräusche 435
Fluggeräuschrichtlinie 131, 435
Flughafen 164
Fluglärm 39, 124, 130, 143, 431, 435, 436, 471, 474
– gesetz (FluglärmG) 130, 435
Flugplätze 435
Fourier-Analyse 157
Fourier-Transformation 134, 140
Freianlagen 452, 455, 457
Freifeldausbreitung 437, 462
Freifeld-Messung 141
Freiraum 439, 440, 460
– hinten liegender 462
Freizeitanlage 433, 441
Freizeitlärm 436, 457, 458, 471
Fremdgeräuschanteil 129
Fremdgeräusche 139, 213, 219, 230, 239, 242
Frequenzanalysator 140, 151, 156
Frequenzanalyse 42, 134, 135, 139, 140, 159
Frequenzband 133, 158
Frequenzbereich 161
Frequenzbewertung 124, 125, 129, 141, 143, 161, 170, 219, 235, 237, 376
– lineare 143
Frequenzdiagramm 134, 140, 152, 159
Frequenzfilter 41, 140, 143, 156
Frequenzgang 136, 139, 152, 161
Frequenz-Modulationen (FM) 139, 152
Frequenzspektrum 134, 140
Frequenzstruktur 201, 232, 245

Stichwortverzeichnis

Frequenzumfang des menschlichen Gehörs 7, 40
Frequenzzusammensetzung 124, 369, 374, 405 ff, 423
Friedhöfe 430
Fußballstadion 430
Fußweg 464, 465

Gabelstaplerverkehr 453
Garagen 440, 459, 461, 465
– dächer 462
Garten 439, 440, 462
– hofhäuser 459
Gebäude 434, 457
– fronten, geschlossene 459
– geschlossene 457
Gebiet, ländliches 429
Gebiete für Einkaufszentren 430
– für großflächige Handelsbetriebe 430
– für Messen, Ausstellungen und Kongresse 430
– schutzwürdige 430, 449
Gebietsart 429
Gebietsentwicklungsplan 474
Gebietsfremder Verkehr 465
Gebietsinneres (vgl. auch Inneres eines Gebietes) 427, 441
Gehör 124
Gemeinde 470, 471
– entwicklungsplan 458
– gebiet 467
– verbindungsstraße 460
Gemeinschaftsgaragen (vgl. Garagen und Tiefgaragen) 463, 465, 469
Genehmigungspflichtige Anlage (nichtgenehmigungspflichtige) 208, 473, 474
Genehmigungsverfahren, immissionsschutzrechtliches 449, 453
Generalverkehrsplan 468
Geräte-Lagerung 172, 173
Geräte-Wartung 172
Geräusch 124
– abstrahlung 133, 168
– belastung 427, 438, 441, 460, 462, 466, 472
– dynamik 431
– emission 405 ff, 441, 456
– entwicklung 456
– impulshaltiges 130
– klima 423, 431, 434, 460, 461, 462, 470

– kontingent 434, 454
– pegel 132
– quelle (vgl. Schallquelle) 124, 453, 462, 467
– situation 124, 139, 460
– spektrum 444
– verhältnisse 472
– verteilung 441
– verursacher 436
Gesamtimmission 453
Gesamtschalleistungspegel 447, 448, 449
Geschwindigkeitsbeschränkung 309, 316, 356, 465
Gesetzgebung
– Eisenbahnen 367, 372, 396
– Schienenverkehrslärm 370
Gesunde Wohnbedingungen 438
Geviertbebauung 459, 460
Gewerbebetriebe 432
Gewerbegebiet 428, 430, 431, 437, 442, 443, 448, 450, 451–454, 456, 472–474
Gewerbegrundstück 453
Gewerbelärm 124, 138, 201, 206
Gewerbelärm/geräusche 429, 431, 433, 435, 436, 441, 444, 445, 451, 457, 471
Gewichtsfaktor 446, 448
Gewöhnung 301, 370
Gleichheitsgrundsatz 427
Gleichrichter 140, 141, 143
Gleichspannungsausgang 139, 141, 145, 170
Gleichspannungsschreiber 139
Gleichspannungssignal 149
Gliederung (von Gebieten) 452
Grenzfrequenz, obere 137, 157, 159
– untere 137, 149, 157, 159, 170
Grenzwerte 304–307, 309, 345, 350, 358, 359, 432, 435
Grundbelastung 125
Grundrißgestaltung 352, 461
Grünflächen 430

Hafengebiete 430
Halbierungsparameter 39, 130, 131
Hallendach 453
Halleninnenpegel 168, 235, 236
Hallradius 74, 75, 168
Hallraum 141, 445
Hallraum-Verfahren 133
Handwerksbetriebe 459, 469

Hauptaggregate 457
Hauptgebietsart 428, 450
Hauptgeräuschquellen 206, 210
Hauptverkehrswege 468
Hauptwohnräume 440, 460–462, 468
Hinterbandkontrolle 156
Hintergrundgeräusch 128, 222, 226, 230, 246, 423, 431, 434, 448
Hochfrequenzsignal 173
Höhenlinien 471
Höhenmesser 166
Höhenschnitte 471
Holzwände 462
Hüllfläche 126
Hüllflächenverfahren 132, 167
Hygrometer 166

Immissionen 234
– gleiche 446, 448
Immissionsanteile
– zulässige, gewichtete 430, 447–449, 451, 457
Immissionsbeitrag 441
Immissonsbelastung 450
Immission (Schall-) 327 ff, 384 ff
Immissionsgrenzwerte 304, 358
Immissionsmessungen 124, 457
Immissionsort 127, 129, 137, 172, 436, 437, 439, 440, 441, 443, 444, 452
– maßgebender 436, 439, 440, 441, 460
Immissionsprognose 232 ff, 456
Immissionsrichtwerte 126, 129, 207, 208, 210, 211, 214, *222*, 224, 225, 231, 260, 264, 266, 267, 432
– reduzierte 454
Immissionsschutz 436, 437
– beauftragter 208
– recht 473
– rechtliches Verfahren 208
Immissionswerte 437, 449, 454
Immissionsseitige Maßnahmen 458
Impedanzwandler 141
Impulsbewertung 130, 144, 145
Impulsgeräusche 210, 219, 230, 232
Impuls s. Anzeige Impuls
Industrieanlagen 164
Industriegebiet 428, 430, 431, 437, 448, 450–456, 472–474
Industrielärm (vgl. Gewerbelärm)
Information, akustische 424

Informationshaltigkeit 423, 430
Inkohärent 20
Innenhöfe 468
Innenpegel 133, 440
Innenraum-Messung 141
Innenstädte (vgl. innerstädtisches Gebiet) 459
Inneres eines Gebietes (vgl. auch Gebietsinneres) 427, 445
Innerstädtisches Gebiet (vgl. Innenstädte) 440
Integriergerät 129
Interferenzen 167
Inversionsschicht 176
ISO 1996 471
Isolinie 347, 349, 350, 433, 434

Jahresfahrleistung 300

Kalibrator 165
Kalibriereinrichtung 142, 165
Kalibrierung 149, 150, 169, 170
Kapselungen 253, 255, 257
Keramik-Mikrofon 140
Kerngebiet 358, 429
Kieswerk 455
Kindergärten 430, 440
Kinderspielplatz 441
Kinderzimmer 440
Klangregler 154, 156
Klassiergerät 128, 129, 138
Kleingartenanlagen 430
Kleinsiedlungsgebiet 429
Klinikgebiete 428
Klirrfaktor 162
Kohärent 20
Koinzidenzfrequenz 10, 85, 86
Kommunikation 459
Kondensator 140
Kondensator-Mikrofon 136, 140, 142
Körperschall 367, 369, 391, 394
– dämpfung 132
Kosten (vgl. Schallschutzkosten) 216, 223, 235, 252, 253, 259, 270 ff, 437, 438, 446, 474
Kosten-Nutzenanalyse 432, 438
Kraftfahrzeuge 168, 300
Kraftfahrzeugverkehr 475
Krafträder 300, 301, 307, 308, 316, 354
Kraftwerk 473

Stichwortverzeichnis

Krankenhäuser 358, 428, 440
Kreuzkorrelation 140, 157
Kreuzungszuschlag s. Lästigkeitszuschlag
Küchen 440, 460
Kugelcharakteristk 141, 161, 174
Kugelwelle 13
Kurgebiet 358, 428, 430
Kurzzeitcamping 429

Läden 459, 469
Ladengebiet 430
Ladungsverschiebung 140
Lage der Schallqelle 376, 405 ff, 411
Länderbauordnung 432, 433
Ländermeßstellen 209
Langzeitbeobachtung 138, 164
Langzeitmessung 171
Lärmarmes Fahrzeug 307, 310, 354, 451
Lärmarten 471
Lärmausbreitung (vgl. Schallausbreitung)
Lärmbelästigung 131, 300, 301, 313, 355–357
Lärmbelastung 124, 138, 167, 300
Lärmdosis 138
Lärmgewöhnung 370
Lärmkarte 138, 345 ff, 472
Lärmmeßtechnik 121
Lärmprognose (vgl. Prognose/Schalltechn.)
Lärmquelle 124, 172
Lärmsanierung (s. auch Sanierung durch Änderung) 125, 210, 211, 304, 359, 449, 457
Lärmschädigung 131
Lärmschutzmaßnahmen (vgl. Schallschutzmaßnahmen)
Lärmschutzwall 176, 326, 351 ff, 427, 434, 456, 459, 460
– wand 55 ff, 61, 351, 434, 456, 459, 460
Lärmschutzzonen 130
Lärmsituation 124, 126
Lärmüberlagerung 374
Lärmvorsorge 304, 358
– plan 431
Lärmwirkung 124, 301
Lärmwirkungsforschung 424, 426, 435
Lagerhallen 452
Landeplätze 435
Landesentwicklungsprogramm 435, 474
Landesplanerische Beurteilung 476

Landesplanungsgesetz 476
Landschaft 351, 473
Landverkehrswege 439
Lästigkeit 124, 126, 129, 134, 344, 369, 405 ff
Lästigkeitszuschlag 228, 344 ff
Laubenganghäuser 459, 462, 468, 469
Lautsprecher 154, 156
– anlage 430
Lautstärke 124
Lebensqualität 438, 466
Leichtathletik 430
Leistung, installierte 457
Lenkung der Bauleitplanung 435
Lenkung des Verkehrs 355, 465, 468
Linienschallquelle (Straße) 327 ff, 446
Linienquelle 20–22, 377
Lkw-Verkehr 355, 451, 453
Löschgerät 155
Löschkopf 153, 155
Löschvorrichtung 162
Luftabsorptionsmaß 50, 110, 442, 446, 447
Luftbild 472
Luftdruck 165
Luftfeuchte 165, 176
Luftkühler 453
Luftschall 368
– dämmung 131, 132
– schutzmaß 79, 114, 132

Magnetband 154, 155
– gerät 152, 154
Manipulation 300, 308, 354
Materialdurchsatz 457
Maximaler Schalleistungspegel 446, 448
Maximalpegel (Spitzenpegel) 144, 212, 222, 223, 231, 232, 244, 245, 375, 381, 383
Maximalwert 129, 159
– speicher 147
Mehrfach-Reflexionen 137, 342, 388, 389
Mehrschichtbetriebe 457
Meßablauf 172
Meßabweichung 173
Meßbereich 128, 138, 139, 145, 169, 170, 171, 173
Meßbereichsschalter 141, 142, 145
Meßdaten 179
Meßdauer 138, 168

Meßdynamik 139
Meßeinheit, mobile 163
– stationäre 163
Meßfehler 137, 173
Meßfläche 132, 133
Meßgerät 136, 138, 140, 178
– integrierendes 161
Meßgröße 125
Meßmast 166
Meßnormale 137
Meßort 167
Meßpotentiometer 149
Meßprotokoll 172, 177
Meßpunkt 164, 168
Meßstation 139, 164
Meßstellen § 26   179
Meßsystem 131, 163, 164
Messungen 210, 211, 216, *223*, 224, 225, 232, 237, *238* ff, 262, *265*, 304, 310, 311, 314, 375
Meßtechnik, akustische 124 ff
Meßüberwachung 139
Meßunsicherheit 126, 129, 314
Meßunsicherheitsabzug 213, 214, *224*
Meßverfahren 125, 178
Meßwandler 146
Meßwertanzeige 148
– analoge 145
– digitale 145
Meßzeit 129, 167, 168
Meßzubehör 164
Meteorologie 125, 164
Meteorologische Einflüsse (auf die Schallausbreitung) 58, 61 ff, 174, 210, 237, *239*, 240, 241, 280
Mikrofon 140, 141, 145, 146, 161
– kapsel 140
Militärische Flugplätze 435
Minderungsmaßnahme (vgl. Schallschutzmaßnahmen) 433
Mindestbauhöhe 456
Minimaler Schalleistungspegel 446, 448
Mischgebiet 358, 428, 429, 450
Mittelungspegel 29–38, 100, 101, 125, 138, 139, 147, 148, 214, 226, 239, 241, 315, 371, 377, 378, 385, 386
Mittelungsverfahren 139
Mittelung, überenergetische 129
Mittenfrequenz 157, 159
Mitwind 65, 175, 327

– wetterlage 66, 224, 225, 237, 239, 277, 445
Motorsport 430

Nachhallzeit 70–72, 132, 133
Nachtzeit 315, 375, 428–431, 436, 440, 447, 451, 452, 454, 455, 457, 460
Nahfeld 167
Nahfeldmessung 134
Nebenwege 78, 83, 84
Nebenwohnräume 440, 460, 469
Nennenswerter Immissionsanteil 231
Normenkontrollklage 438
Normhammerwerk 132
Normschallquelle 165
Nutzbauten (vgl. Zweckbauten)
Nutzsignal 138
Nutzwertanalyse 432

Öffentliches Interesse 371
Oktavbandbreite 133, 134
Oktavfilter 43, 102, 140, 143, 151, 157, 159, 161
Oktavpegelspektrum 44, 249
Oktavrauschen 132
Oktavschalleistungsspektren 201, 204
Optimierungsgrundsatz 426, 427, 429, 431, 434, 436, 438–440, 445, 448, 455, 458, 462, 472, 473, 475
Orientierung (von Räumen) 457–462, 467, 468
Orientierungswerte 126, 425–432, 435–441, 448, 450, 451, 469, 470, 472, 473
Orographie 125

Papiersteuerung 149, 151
Papiervorschub 152
Parkanlagen 430
Parkbuchten 465
Parkplätze (vgl. Garagen) 325, 441
Peak 144
Pegelabfall 129
Pegeladdition 27
Pegelanstieg 129
Pegelbereich 161
Pegeldifferenz 132
Pegelerhöhung
– Fahrzeugmängel 355, 388, 413
– Gleismängel 388, 412

- Schallreflexion 342, 388
Pegelhäufigkeitsverteilung 138
Pegelintegrator 162
Pegelklasse 147
Pegelkorrektur 126
Pegelminderung 125, 134
- Abschirmung 337, 387
- Bewuchs 341, 393
- Entfernung 330, 385, 386, 387
Pegelschreiber 139, 145, 149, 152, 161, 162, 163, 170
Pegelschrieb 147
Pegelschwankung 128, 129, 138, 169
Pegelspitze 128, 130, 138, 171
Pegelstatistik 128
Pegelunterschied für Tag und Nacht 324, 430
Pegelverteilung 128, 148
Penthousewohnungen 459
Percentile 146, 147, 148, 431
Pflegeanstalten 428
Phase 137
Phasengang 136
Pistonphon 165
Planentwurf 450
Planfeststellung 302, 303, 372
Planfeststellungsverfahren 208, 302, 303, 436, 453
Planungshoheit 438, 439, 458
Planungsrichtpegel 425, 428
Planzeichenverordnung 469
Polarisationsspannung 140, 141
Präzisions-Impulsschallpegelmesser 138, 140, 176, 177
Prioritäten bei Schallschutzmaßnahmen 459
Prognose (schalltechnische) 208, 209, 215, 224, 228, *232*, 234, 238, 261, 281, 375, 376, 437
Prüfschall 132
Pulse-Code-Modulation (PCM) 152
Punktquelle (vgl. Punktschallquelle)
Punktschalleistungspegel 445, 453
- zulässiger 453, 457
Punktschallquelle 375, 444, 445, 452, 454
- (Straße) 332 ff

Radweg 464
Raffinerien 456
Räume für freie Berufe 469
Räume, straßenabgewandte 460
Randbebauung 459
Randbereich 441, 469
Rand des Gebietes 444, 464, 465
Randintegral 441
Rangierbahnhof (vgl. Bahnhöfe)
Raumordnung 312, 313, 370, 372, 474
Raumordnungsgesetz des Bundes 313, 474
Raumordnungsverfahren 207, 313, 474
Raumvolumen 132, 133
Raumwinkelmaß 50, 103, 445, 446, 447
Rechtsbehelfe 268
Rechtsprechung 374
Rechtsverordnung
- Schienenverkehrslärm 371, 396
Referenzspannung 149, 150, 170
Reflexionen 134, 174, 326, 342, 442
Reflexionsgrad 70
Reflexionsverluste 389
Regionalpläne 435, 474
Reifengeräusch 300, 316, 355
Reihenhaus 440
Reset 144
Resonanzfrequenz 82
Richtwirkung 251
Richtwirkungsfaktor 45 ff
Richtwirkungsmaß (directivity index) 47, 49, 446
Riffeln 368, 412
RLS-81 305, 310, 311, 312, 314, 444
Rollgeräusch 300, 355
Rücklöscheinrichtung 147
Rücklöschen 139
Rücksichtnahme, gegenseitige 432
Ruhe 430, 462
Ruhezeiten 129, 301, 356, 435
- zuschlag 214
Ruhige Lage 431, 438

Sackstraße 465
Sammelstraße 472
Sanierung, (Sanierungsplan) 211, 231, 253, 259, 260, 359, 434
Sanierungsfall 433
Sanierungsmaßnahmen 462
Schallabschirmung (vgl. Abschirmung)
Schallabschirmung durch Bauwerke 456
Schallabsorber 72, 76

Schallabsorptionsgrad (Schallschluckgrad) 69, 70, 110–113
Schallabstrahlung 87, 167
Schallaufzeichnung 152
Schallausbreitung 16, 19, 21, 49, 125, 175, 216, 223, 227, 228, 234 ff, 310, 311, 326 ff, 337, 445, 446
– freie 384
Schalldämm-Maß 78, 89, 116–118, 132
Schalldämmung 78, 131, 132, 137, 310, 312, 352
Schalldämpfer 253, 255, 256, 453
Schalldämpfung 445
Schalldruck 11, 24, 75, 124, 125, 136, 142
Schalldruckgradient 136
Schalldruckpegel 22, 24, 26, 49, 75, 90, 125, 133
Schalleistung 18–22, 90, 126, 137, 217, 228, 232, 233, 292 ff
Schalleistungsmessung 132
Schalleistungspegel 22, 26, 49, 126, 127, 132, 133, 380, 430, 445, 446, 449, 451, 453, 454, 456
– beurteilter 453
– Bahnstrecken 377
– großflächige Bahnanlagen 375, 380, 382, 383
– zulässiger 446, 447, 449
Schallemissionen (s. Emissionen)
Schallemittent 132, 167, 172
Schallenergie 127, 136, 138, 147
Schallereignis, transientes 134
Schallfeld, diffuses 69, 74
Schallgeschwindigkeit 8, 98
Schallimmission (vgl. Immissionen) 468
Schall, impulshaltiger 143
Schall-Integrator 138
Schallintensität 16, 19, 20, 24, 73, 136, 137
Schallintensitätspegel 22
Schallkennimpedanz 11, 98
Schallpegel, maximaler (s. Maximalpegel)
Schallpegelmeßanlage 163
Schallpegelmesser 124, 138, 140, 161, 169, 176
– integrierender 145, 146, 177
– klassierender 145, 148
Schallpegelmessungen 472

Schallpegelverlauf 139
Schallquelle (vgl. Geräuschquelle) 454
Schallquellenform-Korrekturmaß 21, 50, 107–109
Schallschirm 253, 312, 337 ff, 342
Schallschnelle (s. Schnelle)
Schallschutz 11,14, 15, 20, 23, 27, 29, 56 ff, 61, 63, 207, 210, 211, 216, 219, 223, 225, 252 ff, 257, 259
Schallschutz durch Bepflanzung 352, 353, 393
Schallschutzfenster (vgl. Fenster) 91, 302, 304, 310, 312, 352, 429, 459
Schallschutzklassen (Fenster) 93–94
Schallschutzkosten (s. Kosten)
Schallschutzmaßnahmen 125, 127, 134, 253, 303, 304, 352, 390 ff, 432, 434, 437, 438, 450, 452, 455, 458–461, 467, 468, 472, 473
Schallschutzwand (s. Lärmschutzwand)
Schallstrahlen 52, 53, 54, 58, 63–66, 235, 236, 237, 238
Schalltechnische Institute 209
Schall, tieffrequenter 143
Schallwelle, ebene 10, 141
– longitudinale 8
– transversale 9
Schattengrenze 64, 66
Scheitelfaktor 171
Schienenanlage 430
Schienenbonus 369, 439
Schienenrauhigkeit 386
Schienenverkehr 168, 169
Schienenverkehrslärm/geräusche 124, 367, 377, 439, 444, 458
Schießlärm 130, 168
Schiffahrtslärm 439
Schirmwert 56
Schmalbandanalyse 47, 221, 229, 243, 246, 247
Schmalbandfilter 134, 140, 157
Schlafräume 440, 460
Schlaf, ungestörter 440
Schnelle 11, 136
Schnelle-Empfänger 136
Schreibgeschwindigkeit 170
Schreibschlitten 149, 150
Schulen 358, 430
Schutzabstände 430, 459
Schutzbedürfnis 431, 450
Schutzflächen (s. Abstandsflächen)

Schutzwürdige Gebiete 430, 440, 455
Schwerpunktfrequenz 445
Schwingungen 368, 369, 391
Seltene Ereignisse 224, 226
Sheddach 453
Sicherheit, statistische 147
Signalausgang 154, 156
Signaleingang 153, 154
Signal, pegelproportional 149
– schalldruckproportional 149
Signalspeicher 152, 161
Signalsteuerung 149, 150
Signalverarbeitung 124
Signalverzerrung 136
Slow (s. Anzeige langsam)
Sollwert 426, 427, 431, 433, 439–441, 443, 445–449, 451–454, 467, 470
Sondergebiet 428, 430
Sozialgebäude 452
Spedition 455
Speicherdauer 162
Speichergerät 128, 136, 138, 161, 165
Speicher-Oszillograph 134
Speicherräume 440
Speicher-Schaltung 144, 159
Spitzenschallpegel 93, 128, 214, 267, 301 338, 371, 375, 380, 382, 387, 402, 405 ff, 423, 430, 431, 435, 439
Sportanlage 430, 433, 441
Sprachverständlichkeit 430, 440
Sprechfunkgerät 165
Städtebauförderungsgesetz 423
Stand der Beurteilungstechnik 438, 457
Stand der Technik 211, 212, 215, 222, 225, 227, 228, 232, 258, 261, 262, 371, 372, 375, 432, 434, 436, 455, 457, 472
– fortgeschrittener 436
Standgeräusch 368, 405, 409
Stationäre Emissionsquellen 436, 458
Statistik 226, 230, 232, 241, 242, 250, 251, 288 ff
Stativ 165
Staudruck 141
Stichprobenhäufigkeitsverteilung 147
Stichprobenverfahren 33 ff, 127, 128, 138
Stichstraße 465
Stockwerk 437
Störanteil 129
Störgeräusche 126, 139, 147, 163, 174, 431, 440

Störpegel 137
Störsignal 138
Störspannungsabstand 139
Störwirkung 375
Stoppvorrichtung 162
Strahlflugzeuge 435
Straßenabgewandt (vgl. belastungsabgewandt) 440, 460, 461, 462, 468
Straßenbahn 367, 378
Straßenbau 458
Straßenlärm 124, 127
Straßenoberfläche 300, 316, 355
Straßenschleife 465
Straßenverkehr 168, 436, 441, 464
Straßenverkehrsgesetz 306, 308, 465
Straßenverkehrslärm (-geräusche) 124, 127, 300 ff, 425, 435 ff, 444, 451, 458, 459, 460, 464, 471
Straßenverkehrsnetz, überörtliches 468
Straßenverkehrsordnung 308, 309, 465
Straßenverkehrsrechtliche Gebote und Verbote 355, 356, 458
Straßenverkehrs-Zulassungsordnung 306, 307, 308, 354
Streubebauung 437
Streuung 169
Strömungsgeräusch 166
Stromversorgung 172
Summe der Geräusche 431, 435, 457
Summenhäufigkeitspegel 128, 139
Summenhäufigkeitsverteilung 147
Summenpegel 128
Summenwirkung 208, 209, 227, 228, 231, 244, 260, 433, 436, 439, 444, 453

Tagesgang 163
Tagzeit 229, 315, 375, 428, 451, 452, 454, 457, 460
Taktmaximalpegel 37, 147, 213, 375, 380
Taktmaximalwert-Verfahren 128, 129, 138, 144
Taktmehrfachbelegung 382, 383
Tanklager 451
Technische Anleitung zum Schutz gegen Lärm (TALärm) 38, 128, 134, 167, 205, 212, 213, 214, 217, 218 ff, 264, 265, 373, 375, 398, 429, 430, 432, 440, 441
Teilabschirmung 452

Teilbeurteilungspegel 209, *228*, 232, 245, 262
Teilfläche 381, 454
Temperaturschichtung 62, 175
Tennislärm 130
Terrassen 439, 440, 460, 462
Terrasssenhäuser 459
Terzanalyse 134
Terzbandbreite 133, 134
Terzfilter 43, 102, 140, 143, 151, 157, 158, 159
Terzrauschen 132
Terzspektrum 135, 203, 230, 248
Thermometer 166
Tieffrequente Geräusche 216, 217, 219, 220, 221, 369
Tiefgaragen 464, 465
Tiefgaragenzufahrt 441
Tiefparterre 464
Tonale Komponenten (s. Tonhaltigkeit)
Tonbandaufzeichnung 164
Tonbandgerät 139, 145, 152, 161, 163, 170
Tonhaltigkeit 213, 214, 217, 431
Tonhaltigkeitszuschlag 134
Topographie 164, 175
Träger öffentlicher Belange 302, 471
Trassenführung 350, 458
Treppenhäuser 440, 460
Trittschalldämmung 131
Trockenkapsel 173
Tunnel (Lärmschutz) 351, 459
Tunnelofenurteil 432
Typisierung 473

U-Bahn 367, 378
Überplanung 457
Überschreitungen 436, 441, 449 475
Überschreitungsdauer 138
Überschreitungsspielraum 436, 437-439, 441, 460, 462
Überschwinger 128, 151
Übersteuerung 171, 173
Übersteuerungsanzeige 141, 142, 143, 171
Übertragungsfaktor 161
Überwachungsmessung 125
Umgebung 472, 473
Umgebungsbedingungen 174
Umgebungspegel 132, 167
Umgebungstemperatur 165, 170, 174

Umgehungsstraßen 468
Umlage 434
Umspannwerke 380
Umwelteinwirkung, schädliche 466, 467, 474

Verdeckung 230
Verdichtungsraum 437
VDI 2058 Bl. 1   134, 167, 213, 214, 217, 218 ff, 266, 267, 423, 426, 430, 431, 435, 440
VDI 2081   440
VDI 2571   89, 234, 235 ff, 242, 253, 282, 283, 284, 444, 471
VDI 2714 E   49–55, 66–88, 234, 235 ff, 242, 285 ff, 311, 387, 444, 454, 471
VDI 2718 E   311, 466, 471
VDI 2719   91–96, 312, 440, 459, 471
VDI 2720 E   55–61, 312, 387, 445, 471
VDI 3723 Bl. 1 E   241, 288, 289
VDI 3734   453
VDI-Richtlinien 215
Verhältnismäßige Maßnahmen 429, 434
Verhältnismäßigkeit (der Mittel) 426, 460
Verhältnismäßigkeitsgrundsatz 452
Verhältnis Wohnbebauung zu gewerblicher Nutzung 429
Verkehrsaufkommen (vgl. Verkehrsmenge) 165, 169, 315, 460, 468
Verkehrsberuhigung 309, 355, 356, 357, 465, 466
Verkehrsbeschränkungen 309, 355
Verkehrsebene, eigene 464
Verkehrserschließung 455
Verkehrsgeräusche (s. Verkehrslärm)
Verkehrsführung auf dem Betriebsgelände 457
Verkehrslärm 135, 436, 437, 438
Verkehrslärmarten 439
Verkehrslärmmessung 138
Verkehrslärmschutz durch Gebäudeplanung 466
Verkehrslärmschutzgesetz (s. EV-LärmSchG)
Verkehrsmenge (s. Verkehrsaufkommen)
Verkehrsrechtliche Maßnahmen 309, 355, 465
Verkehrsverbot, nächtliches 457
Verkehrswege 468

Stichwortverzeichnis

Verkehrszählung 169, 315
Verputz, absorbierender 468
Verursacherprinzip 434
Versorgungsfahrzeuge 465
Versorgungsspannung 174
Verstärker 140
Verstärkerrauschen 173
Verwaltungsverfahren 370 ff
Vierte Verordnung zum Bundes-Immissionsschutzgesetz (4. BImSchV) 205, 206, 208, 212, 473
Vollaussteuerung 153
Vorbeifahrtpegel 307, 371
Vorbeiflugzeit 130
Vorbelastung, schalltechnische 208, 232, 239, 374, 376
Vorgarten 440
Vormagnetisierung 154, 155, 156
Vorsatzschale 83
Vorsorgeprinzip oder -grundsatz 426, 433, 434
Vorverstärker 142

Wälle (s. Lärmschutzwall)
Wände (s. Lärmschutzwand)
Wand
– einschalig 80 ff
– zweischalig 82 ff
Wandler, elektroakustischer 140
Weber-Fechnersches-Gesetz 23
Wechselspannungsausgang 141, 145, 170
Wechselspannungssignal 149, 158
Wendeschleife 465
Wellenlänge 136
Werksgelände 446, 451, 453
Werksverkehr 452, 456, 457
Wertsteigerung einer Immobilie 475
Wesentliche Änderung 231, 358
Widerspruchsverfahren 209
Widerstandsanpassung 171
Wiedergabekopf 153, 154, 156
Windeinfluß (vgl. Meteorologische Einflüsse)
Windgeschwindigkeit 174
Windgradient 65
Windkonus 166
Windmeßeinrichtung 164
Windmeßgerät 166
Windschirm 174
Windschutz 166

Wirkpegel (vgl. Taktmaximalpegel) 37, 125, 129, 163, 212, 213, 380, 381, 407
Wirkung des Lärms 424, 436
Wirtschaftlichkeit 432, 437, 438, 471
Witterungsdämpfungsmaß 67 ff, 442, 446, 447
Wochenendhausgebiet 428
Wohlbefinden, physisches, psychisches, soziales 475
Wohnbereich 459, 464
Wohngebäude 429, 437, 459, 464
Wohngebiete 427, 428, 437, 440, 441, 450, 452, 467, 472, 474
– allgemeine 358, 427, 428, 429, 433, 447, 448, 450, 460
– besondere 429
– reine 358, 427, 430, 450, 472, 473
Wohnhaus 463
Wohnküche (s. Küche)
Wohnlärm/geräusche 468, 471
Wohnräume 440, 460, 462
Wohnstraße 465
Wohnungen 432, 438, 439, 468
Wohnungseingänge (s. Treppenhäuser)
Wohnungsmodernisierungsgesetz 423

XY-Schreiber 139, 140, 148

YT-Schreiber 140, 148

Zählgerät 165
Zeilenbebauung 459, 460, 461
Zeitbewertung (vgl. a. Anzeige) 124, 125, 137, 143, 146, 147, 162, 170
Zeitgenerator 151
Zeitkonstante 129, 139, 144, 145, 149
Zeitstruktur 201, 202
Zeitverlauf 124
Zonengeschwindigkeits-Verordnung 309, 465
Zugbremsen 371, 377
Zulässigkeit, schalltechnische 438
– störender Nutzungen 450
Zumutbarkeit 372, 438
Zuordnung von
  Gebieten/Nutzungen/Bauflächen 449, 467, 468
Zusatzeinrichtung zum Schallpegelmesser 163
Zusatzlänge 340, 341

Zwangspunkte 458
Zweckbauten (vgl. Nutzbauten) 440, 459, 460
Zweischichtbetrieb 452, 454
Zwischenspeicher 139
Zwischenwertbildung 432

HOESCH Lärmschutz-elemente

Hoesch-Lärmschutz-elemente sind robust und korrosionssicher, dabei in Form und Farbe vielseitig gestaltbar.
Sie entsprechen der Richtlinie ZTV-L SW 81.

Sonderausführung für absorbierende Wandverkleidungen.

HOESCH
HOHENLIMBURG AG
Profilwerk Schwerte
Postfach 13 60
5840 Schwerte
Telefon (02304) 10 63 90

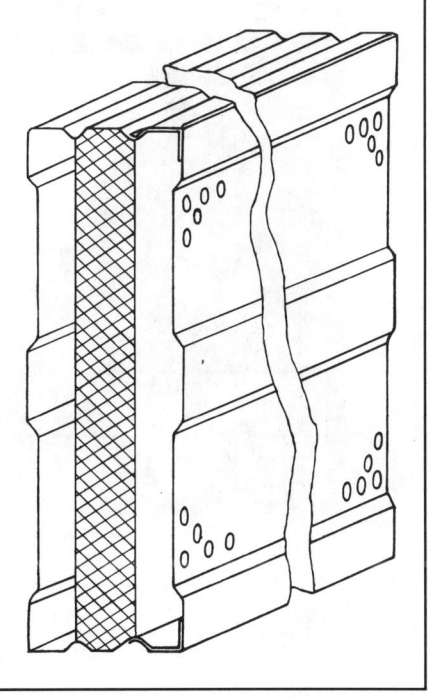

HOESCH

BASALTIN®

Mehr als nur Betonprodukt...

Der »Schallschlucker« aus Naturbaustoff

basilent®

dabau-Lärmschutzwälle

Fragen Sie uns auch nach:
- Sichtkorn-Waschbeton
- Bordsteinen
- Verbundpflaster
- Platten usw.

BASALTIN GmbH & Co.
5460 Linz/Rh. · Postfach 95
Tel. 02644/1781-83

Alles aus einer Hand:

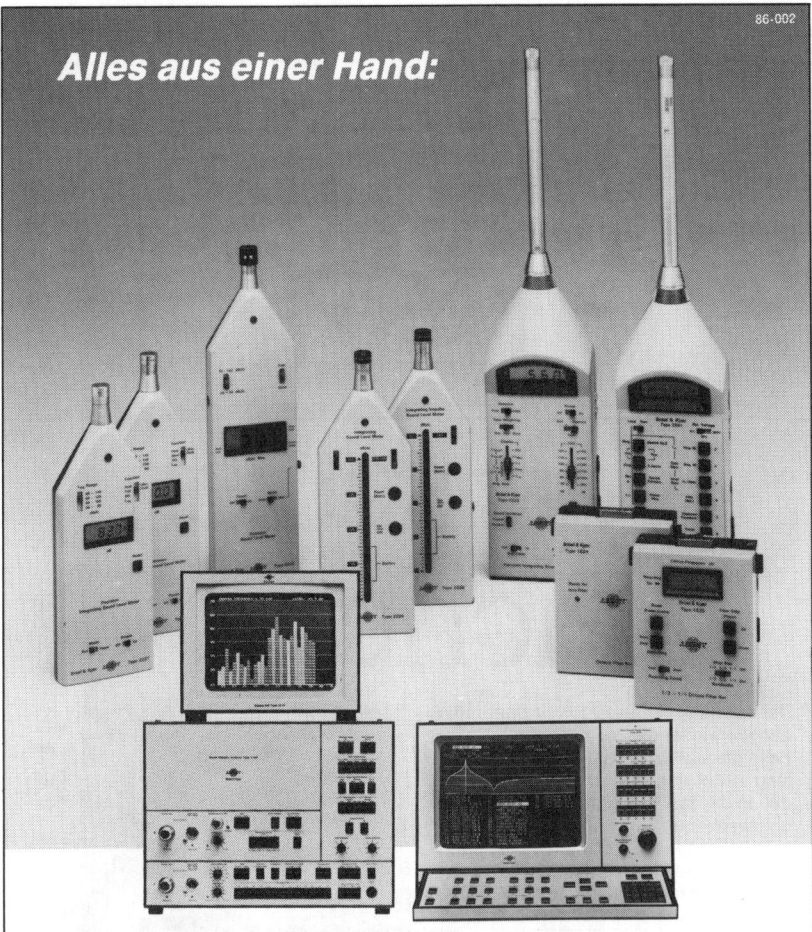

vom Schallpegelmesser
bis zum Zweikanal-Signal-Analysator
und Schallintensitäts-Analysiersystem
von

Brüel & Kjær Fordern Sie ausführliche Unterlagen
Brüel & Kjaer GmbH an unter B 10-2200!

Postfach 1160, 2085 Quickborn · Telefon (04106) 4055 · Telex 215084 · Telefax (04106) 69955
Zweigstellen: Düsseldorf (0211) 627064
Frankfurt (06152) 56374 · München (089) 7930944 · Stuttgart (07195) 4548 · Nürnberg (0911) 533830

**WÄRMESCHUTZ · KÄLTESCHUTZ · KLIMASCHUTZ
SCHALLSCHUTZ · BRANDSCHUTZ**

Wir setzen Zeichen

Der Ruf nach verbesserten Umweltbedingungen wird immer zwingender.
Besonderes Problem ist die Lärmentwicklung in der Industrie. In lauten Hallen, in denen die dort Beschäftigten vorwiegend überwachende Tätigkeiten ausüben, sind schalldämmende Kabinen oder Lärmerholungskabinen vorzusehen.
Eine der wirkungsvollsten und am häufigsten angewandten Schallschutzmaßnahmen ist die schalldämmende Kapselung oder schalldämmende Haube. Sie dämmt wirkungsvoll den Lärmerreger und bietet für die im Bereich der Schallquelle arbeitenden Personen guten Schutz.
Wir beraten, planen, führen aus. Geben Sie uns ein Zeichen.

**KAEFER
ISOLIERTECHNIK**

ZENTRALE
Bürgermeister-Smidt-Str. 70, Postf. 104307
D-2800 Bremen 1, West-Germany
Tel. (0421) 3055-0, Telex 244054

Niederlassungen im gesamten Bundesgebiet und Gesellschaften im Ausland

WESTAG GETALIT

Schallstop-Türelemente mit praxisgerechten R'w

WESTAG-Schallstop-Türelemente der neuen Generation wurden ausschließlich mit Zarge, mit Dichtungen und mit Beschlägen geprüft.

Denn nur Prüfungen funktionsfähig eingebauter Türsysteme in einem Prüfstand unter Berücksichtigung bauähnlicher Nebenwege garantieren Türelemente mit dem **praxisgerechten Bau-Schalldämm-Maß (R'w).**

WESTAG-Schallstop-Türelemente entsprechen den VDI-Schallschutzklassen. Ausgestattet mit dem wirkungsvollen WESTAG Stabilisator sind WESTAG-Schallstop-Türelemente lieferbar in Echtholz oder mit Getalit-Kunststoffoberflächen.

Beisp.: Typ 4 DS - 43 dB R'w

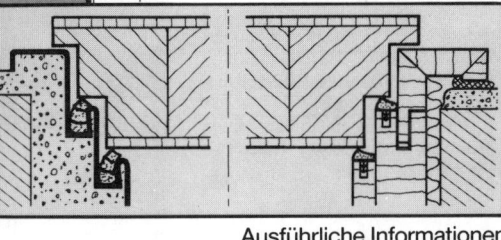

Ausführliche Informationen auch über das Gesamtprogramm „Türen" von:

Westag & Getalit AG

D-4840 Rheda-Wiedenbrück, Hellweg 21, Telefon (0 52 42) 17-0

igi Ingenieur-Geolog. Institut
Dipl.-Ing. S. Niedermeyer

8821 Westheim, Kr. Weißenburg-Gunzenhausen/Mfr.
Telefon 09082/73-0 Telex 51782

**Beratung, Begutachtung, Planung und Betreuung
auf den Gebieten**
- Geologie, Hydrologie, Hydraulik, Boden- und Felsmechanik
- Landschaftspflege und -planung
- Entwicklungsplanung
- Umweltschutz (Wasser, Abwasser, Luft)
- Bauphysik, Bau- und Raumakustik
- Lärmschutz (Bemessung, Berechnung, Beurteilung)
- Bauingenieurwesen (Wasser, Abwasser, Konstruktion)
- Kosten-Nutzen-Analysen
- Modelluntersuchungen zur Lösung von chemischen, geologischen, hydrologischen und hydraulischen Fragen

**Boden- und Wasserlabor · Geräte zur Messung der Geräuschimmissionen · Geräte zur Messung von Erschütterungen
Haftung für sämtliche Arbeiten**

Eingetragen in die Liste der Erd- und Grundbauinstitute nach DIN 1054 – Schallprüfstelle gem. BImSchG § 26 – Sachverständiger für Wasser und Abwasser

---

(MAGSILENT)

magnetische Lärmschutzplatten für den
Lärmschutz im Betrieb

hohe Körperschallreduzierung
- flexibel ● einfache Handhabung
- magnetisch selbsthaftend
- leicht lösbar ● wiederverwendbar
- erhöhte Wirkung durch Mehrfachschichtung ● Haftung auf NE-Blechen (mittels Dauermagneten ● kein Kleben, klemmen oder dergleichen

Magnetfabrik Bonn GmbH

Postfach 2005 · D-5300 Bonn 1 ·
Tel. 0228/72905-0 · Tx 886778 mfbd

Hannover Messe · electronica München

Beispiel: Lärmminderung (L)
beim Hämmern 10 – 16 dB (A)
beim Schleifen 8 – 14 dB (A)

WIR HALTEN DIE PREISE FÜR SCHWINGMETALL®!

Es ist uns gelungen, durch rationellere Fertigungs- und Abwicklungs-Methoden, die Rabatte zu verbessern.

Schwing METALL®

- -PUFFER
- -SCHIENEN
- -ELEMENTE

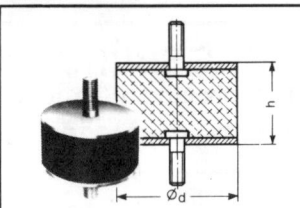

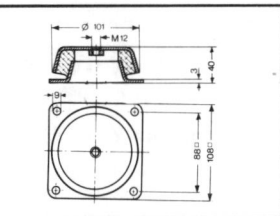

Unsere Vorteile:
- Technische Beratung und Know-how
- Günstige Preise
- Großes Lager mit breitgefächertem Sortiment
- Schnelle Lieferung
- Abholmöglichkeit in Feldkirchen und Blumenstraße
- Extraanfertigungen
- Weiterverarbeitung zum Fertigprodukt in eigener Werkstätte

fragen Sie SAHLBERG

Hauptbetrieb
Friedrich-Schüle-Str. 20 · Postfach 220
8016 Feldkirchen b. München
Telefon (089) 90 95-0 · Telex 522 562

Filiale
Blumenstraße 17
8000 München 2
Telefon (089) 26 40 24

Beratende Ingenieure VBI für Akustik

Die Beratenden Ingenieure VBI für Akustik planen, beraten, prüfen, forschen, entwickeln, begutachten unabhängig und treuhänderisch auf folgenden Arbeitsgebieten:
Raumakustik, Bauakustik, Elektroakustik, Schallimmisionsschutz, Städtebaulicher Schallschutz, Schallschutz bei Verkehrsanlagen, Erschütterungsschutz, Schallmeßtechnik. Der Beratende Ingenieur VBI ist berufsständisch vertreten durch den Verband Beratender Ingenieure VBI, Zweigstr. 37-41, 4300 Essen 1, Telefon 0201/ 79 20 46, Telex 8 57 799

DR. GRUSCHKA · PLANUNGSBÜRO · VBI
für Schallschutz, Schwingungstechnik und Wärmeschutz
Schlinkengasse 7 · 6140 Bensheim 1 · Telefon (06251) 38684

Ingenieurbüro für Schallschutz –
Akustik – thermische Bauphysik
Dipl.-Ing. Werner Hoffmann
Beratender Ingenieur VBI   Amtlich anerkannte Güteprüfstelle
Vereidigter Sachverständiger   für den Schallschutz im Hochbau
Eichäckerstr. 28 · 6382 Friedrichsdorf 1 · Tel. (06172) 5902

MÜLLER - BBM GMBH
Beratende Ingenieure VBI
- Akustik und Schallschutz, Emissions- und Immissionsmessungen, Planung, Beratung
- Entwicklung von Meß-Systemen und Software

**Büro: Robert-Koch-Straße 11 · 8033 Planegg bei München
Telefon (089) 8 56 02-0 · Telex 5 212 880**

Hans Sorge Ingenieurbüro für Bauphysik GmbH

Dipl.-Ing. Wolfgang Sorge
Hans-Sachs-Straße 6
8502 Zirndorf bei Nürnberg   0911/6 00 96

Wölfel

Beratende Ingenieure

Otto-Hahn-Straße 2a   Amtlich anerkannte Meßstelle
8706 Höchberg   § 26 BImSchG
Telefon 0931/4 80 07
Telex 68698

Fritz Baum
Praxis des Umweltschutzes

Einführung in die Methodik und technische Möglichkeiten

1979. 452 Seiten, 181 Abbildungen, 90 Tabellen, DM 96,–

Aus dem Inhalt: Grundbegriffe – Wirkungen – Grundzüge der Gesetzgebung – Technische Maßnahmen – Meßtechnische Erfassung von Emissionen und Immissionen – Methodik der Emissionsanalyse.

R. Oldenbourg Verlag · Rosenheimer Str. 145 · 8000 München 80

Erschütterungsschutz – Körperschalldämmung
Schwingungsisolierung

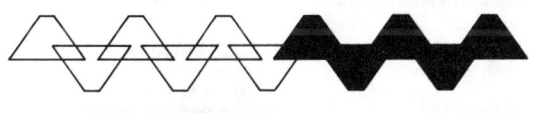

CALENBERG INGENIEURE
Flöthstr. 6 · Telefon (0 51 53) 60 15 · 3216 Salzhemmendorf 1

zum Beispiel:
bi-Trapezlager
DBP 2318649
variables Baulager- und
Schwingungsdämmsystem seit
12 Jahren praxisbewährt.

StangL AG

Schallschutzwall + Hangbefestigung
Schallschutzwand
Hangbefestigung

8264 Waldkraiburg-Niederndorf
Telefon: 0 86 38/77 96
Telex: 56405

Betonprodukte –
ein Qualitätsbegriff (Vertrieb nur durch den Fachhandel)

Oskar Gerber
Schall- und Schwingungstechnik GmbH

- SCHALLDÄMPFER
  zum Einbau in Kanäle und Rohrleitungen auch für hohe Drücke und Temperaturen
- SCHALLDÄMPFER-KULISSEN
- WELLENLÄNGE- 1/4-RESONANZSCHALLDÄMPFER
- SCHALLDÄMMENDE UMMANTELUNGEN
- SCHALLDÄMMENDE HAUBEN
  Kabinen und Kapseln für Maschinen
- REFLEXIONSARME MESSRÄUME
  mit Auskleidung in Würfel- oder Keilform, mit hochschalldämmenden Türen und Toren, Gehnetzen und Laufrosten
- PRÜFSTÄNDE
  für Motoren, Ventilatoren, Pumpen, Verdichter, Jet-Triebwerke und komplette Flugzeuge
- HOCHSCHALLDÄMMENDE TÜREN UND TORE
  Fenster, Türen und Tore in allen Größen und mit verschiedenen Schalldämmaßen
- FEDERISOLATOREN
- BERATUNGEN
- GUTACHTEN
- MESSUNGEN

8000 München 2
Tal 18
Tel. 089/22 32 74
Tlx. 5 23 538

7000 Stuttgart 70
Königsträssle 2
Tel. 07 11/76 50 91
Tlx. 7 255 662

4600 Dortmund-Marten
Planetenfeldstr. 120
Tel. 02 31/61 1 41
Tlx. 8 22 653

2100 Hamburg 90
Heimfelderstr. 69
Tel. 040/7 90 48 14

NIEDERLANDE
4143 HN Leerdam
Nijverheidstraat 5
Tel. 00 31 34 51/1 66 44
Tlx. 04 440 447

Gesundheits Ingenieur

Haustechnik · Bauphysik · Umwelttechnik

Erscheint jeden 2. Monat, jeweils am 1.

1986 107. Jahrgang   Gründungsjahr 1877

Zeitschrift für Hygiene, Gesundheitstechnik, Bauphysik mit den Fachgebieten Heizungs- und Klimatechnik, Haustechnik, Wasser, Abwasser, Umweltschutz; in Verbindung mit dem Institut für Wasser-, Boden- und Lufthygiene des Bundesgesundheitsamtes, Berlin-Dahlem, dem Bayerischen Landesamt für Umweltschutz, München, dem Institut für Bauphysik der Fraunhofer-Gesellschaft zur Förderung der angewandten Forschung e. V., Stuttgart und Holzkirchen und der Gesundheitstechnischen Gesellschaft, Berlin.

Mit Sonderteil „Aktuelles aus Haustechnik und Umweltschutz".

Lärmschutz – ein wichtiges Thema auch in den Fachaufsätzen des „gi"!

Fordern Sie kostenlose Probehefte an!

R. Oldenbourg Verlag GmbH
Zeitschriftenvertrieb
Postfach 80 13 60 8000 München 80